高等学校教学用书

# 有色金属材料工程概论

黎文献　主编

北　京

冶金工业出版社

2007

## 内 容 简 介

本书以有色金属及其合金的特性和加工方法为重点,阐述了有色金属材料的概貌及一般规律。全书共分4章。第1章为有色金属及其合金,包括铝、镁、钛、铜、难熔金属及其合金的分类、特性、生产和加工方法。第2章为铸锭生产,介绍了有色金属的熔炼和铸锭技术。第3章为有色金属材料塑性加工,包括锻造、轧制、挤压、拉拔等。第4章为有色金属材料塑性加工工艺,介绍了有色金属材料的生产方法、热加工和冷加工工艺以及一些典型产品的生产工艺,如铝箔、建筑型材、内螺纹铜盘管、钨丝等。

本书可作为高等院校冶金和材料专业的教材,也可供与冶金和材料专业相关的科研、生产、技术、管理人员参考。

**图书在版编目(CIP)数据**

有色金属材料工程概论/黎文献主编. —北京:冶金
工业出版社,2007.6
高等学校教学用书
ISBN 978-7-5024-4227-9

Ⅰ.有…  Ⅱ.黎…  Ⅲ.有色金属-高等学校-教材
Ⅳ.TG146

中国版本图书馆 CIP 数据核字(2007)第 067705 号

出 版 人  曹胜利(北京沙滩嵩祝院北巷39号,邮编100009)
责任编辑 李 梅(电话:010-64027928)  美术编辑 李 心
版面设计 张 青 责任校对 符燕蓉 李文彦 责任印制 牛晓波
ISBN 978-7-5024-4227-9
北京兴华印刷厂印刷;冶金工业出版社发行;各地新华书店经销
2007年6月第1版;2007年6月第1次印刷
787mm×1092mm 1/16;28.25印张;752千字;440页;1-3000册
**49.00元**

冶金工业出版社发行部  电话:(010)64044283  传真:(010)64027893
冶金书店  地址:北京东四西大街46号(100711)  电话:(010)65289081
(本社图书如有印装质量问题,本社发行部负责退换)

# 前　言

材料是社会进步的物质基础和先导，是现代科学技术发展和国民经济建设的重要支柱。有色金属材料为材料领域的一个分支，在国民经济建设和国防建设中有着不可替代的作用。

除钢铁以外的金属都属有色金属，亦称非铁金属(non-ferrous metals)。尽管与钢铁相比，有色金属的消耗量较小，但众多的有色金属各具独特的性能，因此有色金属材料在各个方面都起着重要的作用。

有色金属材料按用途可分为结构材料和功能材料；按加工方法可分为铸造材料和变形材料。但通常按金属和金属特性划分，如铝及铝合金、镁及镁合金、钛及钛合金(铝、镁、钛及其合金又称为轻金属材料)，铜及铜合金(称为重金属材料)，难熔金属及其合金，贵金属及其合金，稀土金属及其合金等。有色金属品种繁多，性能各异，加工方法多种，加上不同热处理状态，从而能生产出满足诸多服役条件的材料。

有色金属材料虽然牌号众多，但同类材料有许多共同特点，加工过程也有许多共同规律，本书以常用有色金属材料及其加工方法为重点，阐述有色金属材料工程概貌及其一般规律，并力图与材料科学的基本问题相结合。材料科学与材料工程紧密结合是开发新型材料的重要途径。

本书由中南大学长期从事有色金属材料教学、科研的教授及其他相关单位专家编写，全书由黎文献主编、整理和定稿。具体编写人员如下：

第1章　有色金属及其合金

　　第1节　铝及铝合金　黎文献

　　第2节　镁及镁合金　余　琨

　　第3节　钛及钛合金　邓　炬(西北有色金属研究院)

　　第4节　铜及铜合金　王碧文(中铝洛阳铜加工集团公司)

　　第5节　难熔金属及其合金　邓　炬

第2章　铸锭生产　刘维镉　陈存中　章四琪

第3章　有色金属材料塑性加工　彭大暑

第4章　有色金属材料塑性加工工艺　胡其平

本书可以作为高等院校冶金和材料相关专业的教材，亦可供有关科研、生产技术人员及企业管理人员参考。

由于篇幅有限，有色金属材料热处理未专列篇章介绍，不足之处，敬请读者指正。

编　者

2007年3月于长沙

# 目　　录

# 1 有色金属及其合金

## 1.1 铝及铝合金

除钢铁以外,铝材是用量最多、应用范围最广的第二大类金属材料,广泛用于航空、航天、建筑、电力、交通运输及包装等领域。铝(Al)作为一种金属元素是 1825 年被发现的,1866 年 Hall-Héroult 熔盐电解法问世后,铝的生产进入了工业化规模阶段。近百年来,铝工业发展很快,1921 年全世界铝产量仅为 20.3 万 t,到 2005 年,全世界铝产量已达 3170 万 t(其中中国 786.6 万 t)。其应用广泛和发展迅速是由铝及其合金优良的性能所决定的。

### 1.1.1 纯铝的特性

纯铝有着许多独特的性质和优良的综合性能,主要为:

(1) 密度小。铝的密度为 2.699 $g/cm^3$,约为钢的密度的 1/3。铝与镁(1.738 $g/cm^3$)、铍(1.848 $g/cm^3$)、钛(4.507 $g/cm^3$)统称为常用的轻金属。

(2) 可强化。纯铝的抗拉强度虽然不高(高纯铝退火状态的抗拉强度约为 50 MPa),但它可以通过固溶强化、沉淀强化、应变强化等手段,使铝合金的强度提高到适合的预定目标。今天超高强度铝合金的抗拉强度已超过 700 MPa,其比强度可与优质的合金钢媲美。

(3) 易加工。铝及其合金可用任何一种铸造方法铸造;其塑性好,可轧制成板材和箔材,拉拔成线材和丝材,挤压成管材、棒材及复杂断面的型材;可以以很高速度进行车、铣、镗、刨等机械加工。

(4) 耐腐蚀。虽然在热力学上铝是最活泼的金属之一,但铝及其合金的表面极易形成一薄层致密、牢固的 $Al_2O_3$ 保护膜,这层保护膜只有在卤素离子或碱离子的激烈作用下才会遭到破坏,这层保护膜使铝在大气中、氧化性介质中、弱酸性介质中、pH 值介于 4.5~8.5 之间的水溶液中是稳定的,属耐腐蚀性能良好的金属材料。

(5) 导电、电热性好。铝是良好的电导体和热导体。99.99% 的纯铝在 20℃ 时的电阻率为 2.6548 $\mu\Omega\cdot cm$,相当于国际退火铜标准电导率(IACS)的 64.94%,在长度和重量相等的情况下,铝导体导输的电流是铜导体导输电流的 2 倍。所有高纯金属的电阻率均随温度的降低而迅速单调降低,铝的电阻率降低得特别快,并超过了铜,在低于 62 K 时,高纯铝的电阻率小于高纯铜的电阻率,而且在很低温度下受磁场的有害影响较小。

铝的热导率约为铜的 1/2,铁的 3 倍,不锈钢的 12 倍。完全退火的高纯铝在 273.2 K 时的热导率为 2.36 $W/(cm\cdot K)$,高于 100 K 时,其热导率对杂质含量不敏感。

(6) 无磁性,冲击不产生火花。这对某些特殊用途十分可贵,如作仪表材料,电气设备屏蔽材料,易燃、易爆物生产器材及容器等。

(7) 耐核辐射。对低能范围的中子,其吸收面积小,仅次于铍、镁、锆等金属。而铝耐辐射的最大优点是对照射生成的感应放射能衰减很快。

(8) 耐低温,无低温脆性。铝在零摄氏度以下,随着温度的降低,强度和塑性不仅不会降低,反而提高。

(9) 反射能力强。铝的抛光表面对白光的反射率达 80% 以上,纯度越高反射率越高。铝对红外线、紫外线、电磁波、热辐射等都有良好的反射性能。

（10）美观，呈银白色光泽。铝经机加工就可以达到很低的粗糙度和很好的光亮度。如果经阳极氧化和着色，不仅可以提高耐蚀性能，而且可以获得五颜六色光彩夺目的制品。铝可以电镀、覆盖陶瓷、涂漆，而且涂漆后不会产生裂纹和剥皮，即使局部损坏也不会产生蚀斑。

铝的上述特性是由它的物理、化学性质所决定的。铝的晶体结构为面心立方，原子序数为13，相对原子质量为26.98。铝有多个同位素，主要的同位素是$^{27}$Al，很稳定。铝的主要物理性能列于表1-1-1。

表 1-1-1　铝的主要物理性能

| 性　　能 | 数　　值 |
|---|---|
| 晶格常数(298 K) | $4.0496 \times 10^{-10}$ m |
| 密度(固体) | $2.699$ g/cm$^3$ |
| 线胀系数(298 K) | $23 \times 10^{-6}$/K |
| 热导率(298 K) | $2.37$ W/(cm·K) |
| 体积电阻率(298 K) | $2.655 \times 10^{-8}$ Ω·m |
| 表面张力(熔点) | $0.868$ N/m |
| 熔点 | 933.5 K |
| 沸点 | 2767 K |
| 熔化潜热 | 397 J/g |
| 热容 | 0.90 J/(g·K) |

### 1.1.2　铝的合金化规律

大多数金属元素可与铝形成合金，使铝获得固溶强化和沉淀强化。但只有几种元素在铝中有较大固溶度，从而成为常用的合金化元素。一些元素在铝中的最大平衡固溶度见表1-1-2，从表中可以看出，最大平衡固溶度超过1%（摩尔分数）的元素有8个：银、铜、镓、锗、锂、镁、硅和锌。

表 1-1-2　主要合金元素在铝中的最大平衡固溶度和因快速凝固扩展的固溶度

| 元　　素 | 温度/℃ | 平衡溶解度[1] /% | 扩展溶解度/% |
|---|---|---|---|
| Ag | 566 | 55.6 | 66.6 |
| Cu | 548 | 5.67 | 34.0 |
| Zn | 382 | 82.8 | 60.0 |
| Mg | 450 | 14.9 | 37.5 |
| Li | 600 | 4.2 | — |
| Fe | 655 | 0.052 | 9.7 |
| Si | 577 | 1.65 | 16.5 |
| Cr | 660 | 0.77 | 11.0 |
| Mn | 650 | 1.82 | 16.8 |
| Ni | 640 | 0.05 | 10.3 |
| Co | 660 | <0.02 | 10.3 |
| Mo | 660 | 0.25 | 3.5 |
| V | 665 | 0.6 | 3.7 |
| Ti | 665 | 1.0 | 3.5 |
| Zr | 660 | 0.28 | 4.9 |

---

❶　本书凡未注明的百分含量均为质量分数。

续表 1-1-2

| 元　　素 | 温度/℃ | 平衡溶解度/% | 扩展溶解度/% |
|---|---|---|---|
| Sn | 230 | <0.01 | 1.1 |
| Ga | 30 | 20.0 | 82.8 |
| Ge | 424 | 7.2 | 16.8 |

锰的最大平衡固溶度达 0.9%(摩尔分数),其他元素的平衡固溶度都比较低。由于银、镓、锗属稀贵金属,不可能用作一般工业合金的主要添加元素,因此,铜、镁、锌、硅、锰、锂成为铝合金的主要合金化元素,它们不仅有足够大的固溶能力而显示明显的固溶强化作用,而且相互之间可以形成许多金属间化合物,通过热处理进行控制,从而对沉淀强化起重要作用。因此无论是变形铝合金或铸造铝合金,其主要合金系列都是以铜、镁、锰、锌、硅为主要合金化元素建立起来的。锂由于化学性质十分活泼,获取金属锂较困难,成本高,在一定程度上阻碍了其应用。但是 Al-Li 合金具有突出的优良性能,在航空航天领域有着广泛用途,近十年来 Al-Li 合金有了很快的发展。

铬、钛、锆、钒等过渡族元素,在铝中的固溶度都比较小。这些元素主要用于形成金属间化合物以细化晶粒或控制回复和再结晶,使合金组织结构得到改善。铁和镍主要作为提高合金耐热性能元素加入。

合金元素对纯铝性能的影响示于图 1-1-1～图 1-1-9。

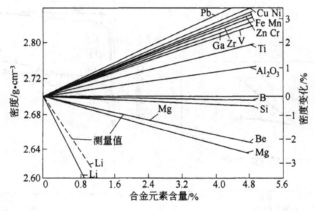

图 1-1-1　合金元素的含量对纯铝密度的影响(计算值)

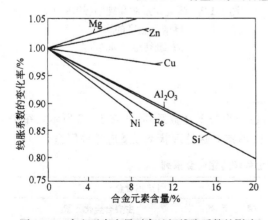

图 1-1-2　合金元素含量对高纯铝线胀系数的影响
　　　　　(以 99.996% Al 的线胀系数为 1 作基准)

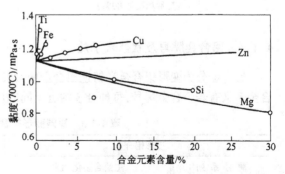

图 1-1-3　合金元素对纯铝在 700℃时黏度的影响

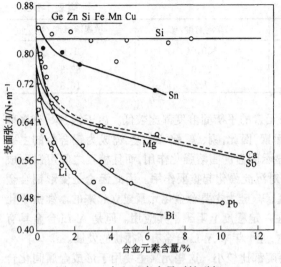

图 1-1-4　合金元素含量对熔融铝
（99.99％）表面张力的影响

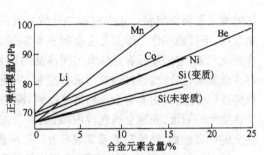

图 1-1-5　合金元素对纯铝弹性模量的影响

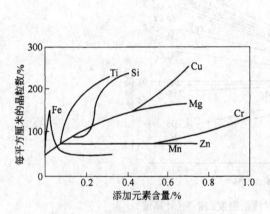

图 1-1-6　少量添加元素对 99.99％
铝再结晶晶粒尺寸的影响
（冷变形程度为 80％）

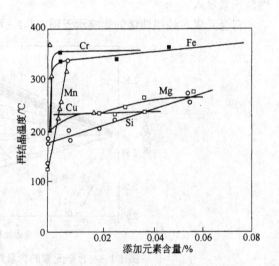

图 1-1-7　微量元素对高纯铝（99.999％）
再结晶温度的影响
（冷变形程度为 40％）

### 1.1.3　铝合金牌号及状态表示法

　　铝合金分为变形铝合金和铸造铝合金两大类，各分为若干合金系列，如表 1-1-3 所示。每个合金系又有若干合金牌号，每种合金均有不同的加工状态和热处理状态以适应各种用途。

表 1-1-3　我国变形铝合金和铸造铝合金系列

| 变形铝合金 | | 铸造铝合金 | |
|---|---|---|---|
| 牌 号 系 列 | 主要合金化元素 | 牌 号 系 列 | 主要合金化元素 |
| 1××× | 无（铝含量不小于 99.00％） | ZL1×× | Si |

续表 1-1-3

| 变形铝合金 | | 铸造铝合金 | |
|---|---|---|---|
| 牌号系列 | 主要合金化元素 | 牌号系列 | 主要合金化元素 |
| 2×××  | Cu | ZL2×× | Cu |
| 3×××  | Mn | ZL3×× | Mg |
| 4×××  | Si | ZL4×× | Zn |
| 5×××  | Mg | | |
| 6×××  | Mg 和 Si 并以 Mg$_2$Si 为强化相 | | |
| 7×××  | Zn | | |
| 8×××  | 除上述元素外的其他元素 | | |
| 9×××  | 备用组 | | |

我国变形铝合金和铸造铝合金牌号和成分见表 1-1-4～表 1-1-6,状态表示法简述如下。

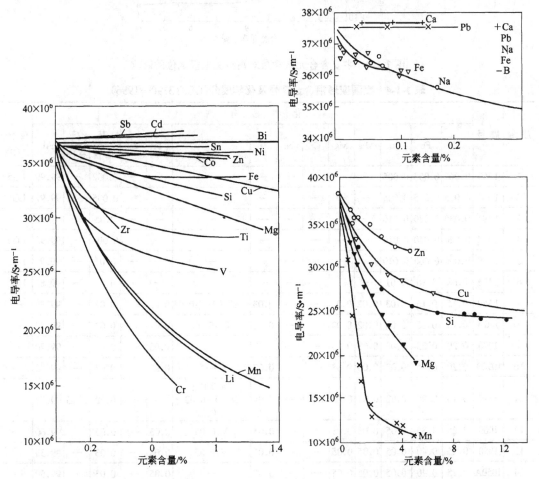

图 1-1-8　合金元素和杂质含量对纯铝(99.99%)导电性能的影响

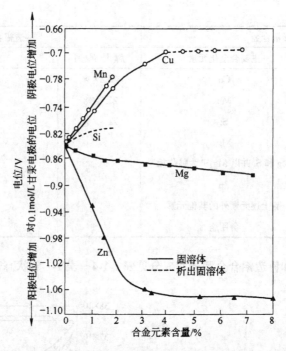

图 1-1-9  主要合金元素含量对高纯铝电极电位的影响

**表 1-1-4  我国变形铝合金牌号及化学成分**(GB/T3190—1996)

| 序号 | 牌号 | 化学成分 /% | | | | | | | | | | | 其他 | | Al | 备注 |
| | | Si | Fe | Cu | Mn | Mg | Cr | Ni | Zn | | Ti | Zr | 单个 | 合计 | | |
|---|---|---|---|---|---|---|---|---|---|---|---|---|---|---|---|---|
| 1 | 1A99 | 0.003 | 0.003 | 0.005 | — | — | — | — | — | | — | — | 0.002 | — | 99.99 | LG5 |
| 2 | 1A97 | 0.015 | 0.015 | 0.005 | — | — | — | — | — | | — | — | 0.005 | — | 99.97 | LG4 |
| 3 | 1A95 | 0.030 | 0.030 | 0.010 | — | — | — | — | — | | | | 0.05 | — | 99.95 | — |
| 4 | 1A93 | 0.040 | 0.040 | 0.010 | — | — | — | — | — | | | | 0.007 | — | 99.93 | LG3 |
| 5 | 1A90 | 0.060 | 0.060 | 0.010 | — | — | — | — | — | | | | 0.01 | — | 99.90 | LG2 |
| 6 | 1A85 | 0.08 | 0.10 | 0.01 | — | — | — | — | — | | | | 0.01 | — | 99.85 | LG1 |
| 7 | 1A80 | 0.15 | 0.15 | 0.03 | 0.02 | 0.02 | — | — | 0.03 | Ca:0.03;V:0.05 | 0.03 | — | 0.02 | — | 99.80 | — |
| 8 | 180A | 0.15 | 0.15 | 0.03 | 0.02 | | — | — | 0.06 | Ca:0.03 | 0.02 | — | 0.02 | — | 99.80 | — |
| 9 | 1070 | 0.20 | 0.25 | 0.03 | 0.03 | 0.03 | — | — | 0.07 | — | 0.03 | — | 0.03 | — | 99.70 | — |
| 10 | 1070A | 0.20 | 0.25 | 0.03 | 0.03 | 0.03 | — | — | 0.07 | — | 0.03 | — | 0.03 | — | 99.70 | — |
| 11 | 1370 | 0.10 | 0.25 | 0.02 | 0.01 | 0.02 | 0.01 | — | 0.04 | Ca:0.03; V+Ti:0.02 B:0.02 | — | — | 0.02 | 0.10 | 99.70 | — |
| 12 | 1060 | 0.25 | 0.35 | 0.05 | 0.03 | 0.03 | — | — | 0.05 | V:0.05 | 0.03 | — | 0.03 | — | 99.60 | — |
| 13 | 1050 | 0.25 | 0.40 | 0.05 | 0.05 | 0.05 | — | — | 0.05 | V:0.05 | 0.03 | — | 0.03 | — | 99.50 | — |
| 14 | 1050A | 0.25 | 0.40 | 0.05 | 0.05 | 0.05 | — | — | 0.07 | | 0.05 | — | 0.03 | — | 99.50 | — |
| 15 | 1A50 | 0.30 | 0.30 | 0.01 | 0.05 | 0.05 | — | — | 0.03 | Fe+Si:0.45 | | | 0.03 | — | 99.50 | LB2 |

| 序号 | 牌号 | 化学成分 /% | | | | | | | | | | | 其他 | | Al | 备注 |
|---|---|---|---|---|---|---|---|---|---|---|---|---|---|---|---|---|
| | | Si | Fe | Cu | Mn | Mg | Cr | Ni | Zn | | Ti | Zr | 单个 | 合计 | | |
| 16 | 1350 | 0.10 | 0.40 | 0.05 | 0.01 | — | 0.01 | — | 0.05 | Ca:0.03;<br>V+Ti:0.02<br>B:0.05 | — | — | 0.03 | 0.10 | 99.50 | — |
| 17 | 1145 | Si+Fe:0.55 | | 0.05 | 0.05 | 0.05 | — | — | 0.05 | V:0.05 | 0.03 | — | 0.03 | — | 99.45 | — |
| 18 | 1030 | 0.35 | 0.6 | 0.10 | 0.05 | 0.05 | — | — | 0.10 | V:0.05 | 0.03 | — | 0.03 | — | 99.35 | — |
| 19 | 1A30 | 0.10~0.20 | 0.15~0.30 | 0.05 | 0.01 | 0.01 | — | 0.01 | 0.02 | — | 0.02 | — | 0.03 | — | 99.30 | L4-1 |
| 20 | 1100 | Si+Fe:0.95 | | 0.05~0.20 | 0.05 | — | — | — | 0.10 | ① | — | — | 0.05 | 0.15 | 99.00 | — |
| 21 | 1200 | Si+Fe:1.00 | | 0.05 | 0.05 | — | — | — | 0.10 | — | 0.05 | — | 0.05 | 0.15 | 99.00 | — |
| 22 | 1235 | Si+Fe:0.65 | | 0.05 | 0.05 | 0.05 | — | — | 0.10 | V:0.05 | 0.06 | — | 0.03 | — | 99.35 | — |
| 23 | 2A01 | 0.50 | 0.50 | 2.2~3.0 | 0.20 | 0.20~0.50 | — | — | 0.10 | — | 0.15 | — | 0.05 | 0.10 | 余量 | LY1 |
| 24 | 2A02 | 0.30 | 0.30 | 2.6~3.2 | 0.45~0.70 | 2.0~2.4 | — | — | 0.10 | — | 0.15 | — | 0.05 | 0 | 余量 | LY2 |
| 25 | 2A04 | 0.30 | 0.30 | 3.2~3.7 | 0.5~0.8 | 2.1~2.6 | — | — | 0.10 | Be:0.001~0.01② | 0.05~0.40 | — | 0.05 | 0.10 | 余量 | LY4 |
| 26 | 2A06 | 0.50 | 0.50 | 3.8~4.3 | 0.5~1.0 | 1.7~2.3 | — | — | 0.10 | Be:0.001~0.005② | 0.03~0.15 | — | 0.05 | 0.10 | 余量 | LY6 |
| 27 | 2A10 | 0.25 | 0.20 | 3.9~4.5 | 0.30~0.50 | 0.15~0.30 | — | — | 0.10 | — | 0.15 | — | 0.05 | 0.10 | 余量 | LY10 |
| 28 | 2A11 | 0.7 | 0.7 | 3.8~4.8 | 0.4~0.8 | 0.4~0.8 | — | — | 0.10 | — | 0.15 | — | 0.05 | 0.10 | 余量 | LY11 |
| 29 | 2B11 | 0.50 | 0.50 | 3.8~4.5 | 0.4~0.8 | 0.4~0.8 | — | — | 0.10 | — | 0.15 | — | 0.05 | 0.10 | 余量 | LY8 |
| 30 | 2A12 | 0.50 | 0.50 | 3.8~4.9 | 0.3~0.9 | 1.2~1.8 | — | 0.10 | 0.30 | Fe+Ni:0.50 | 0.15 | — | 0.05 | 0.10 | 余量 | LY12 |
| 31 | 2B12 | 0.50 | 0.50 | 3.8~4.5 | 0.3~0.7 | 1.2~1.6 | — | — | 0.10 | — | 0.15 | — | 0.05 | 0.10 | 余量 | LY9 |
| 32 | 2A13 | 0.7 | 0.6 | 4.0~5.0 | — | 0.30~0.50 | — | — | 0.6 | — | 0.15 | — | 0.05 | 0.10 | 余量 | LY13 |
| 33 | 2A14 | 0.6~1.2 | 0.7 | 3.9~4.8 | 0.4~1.0 | 0.4~0.8 | — | 0.10 | 0.30 | — | 0.15 | — | 0.05 | 0.10 | 余量 | LD10 |

| 序号 | 牌号 | 化学成分 /% | | | | | | | | | | | 其他 | | Al | 备注 |
|---|---|---|---|---|---|---|---|---|---|---|---|---|---|---|---|---|
| | | Si | Fe | Cu | Mn | Mg | Cr | Ni | Zn | | Ti | Zr | 单个 | 合计 | | |
| 34 | 2A16 | 0.30 | 0.30 | 6.0~7.0 | 0.4~0.8 | 0.05 | — | — | 0.10 | — | 0.10~0.20 | 0.20 | 0.05 | 0.10 | 余量 | LY16 |
| 35 | 2B16 | 0.25 | 0.30 | 5.8~6.8 | 0.2~0.4 | 0.05 | — | — | — | V:0.05~0.15 | 0.08~0.20 | 0.10~0.25 | 0.05 | 0.10 | 余量 | — |
| 36 | 2A17 | 0.30 | 0.30 | 6.0~7.0 | 0.4~0.8 | 0.25~0.45 | — | — | 0.10 | — | 0.10~0.20 | — | 0.05 | 0.10 | 余量 | LY17 |
| 37 | 2A20 | 0.20 | 0.30 | 5.8~6.8 | — | 0.02 | — | — | 0.10 | V:0.05~0.15 B:0.001~0.01 | 0.07~0.16 | 0.10~0.25 | 0.05 | 0.15 | 余量 | LY20 |
| 38 | 2A21 | 0.20 | 0.2~0.6 | 3.0~4.0 | 0.05 | 0.8~1.2 | — | 1.8~2.3 | 0.20 | — | 0.05 | — | 0.05 | 0.15 | 余量 | — |
| 39 | 2A25 | 0.06 | 0.06 | 3.6~4.2 | 0.5~0.7 | 1.0~1.5 | — | 0.06 | — | — | — | — | 0.05 | 0.10 | 余量 | — |
| 40 | 2A49 | 0.25 | 0.8~1.2 | 3.2~3.8 | 0.3~0.6 | 1.8~2.2 | — | 0.8~1.2 | — | — | 0.08~0.12 | — | 0.05 | 0.15 | 余量 | — |
| 41 | 2A50 | 0.7~1.2 | 0.7 | 1.8~2.6 | 0.4~0.8 | 0.4~0.8 | — | 0.10 | 0.30 | Fe+Ni:0.7 | 0.15 | — | 0.05 | 0.10 | 余量 | LD5 |
| 42 | 2B50 | 0.7~1.2 | 0.7 | 1.8~2.6 | 0.4~0.8 | 0.4~0.8 | 0.01~0.20 | 0.10 | 0.30 | Fe+Ni:0.7 | 0.02~0.10 | — | 0.05 | 0.10 | 余量 | LD6 |
| 43 | 2A70 | 0.35 | 0.9~1.5 | 1.9~2.5 | 0.20 | 1.4~1.8 | — | 0.9~1.5 | 0.30 | — | 0.02~0.10 | — | 0.05 | 0.10 | 余量 | LD7 |
| 44 | 2B70 | 0.25 | 0.9~1.4 | 1.8~2.7 | 0.20 | 1.2~1.8 | — | 0.8~1.4 | 0.15 | Pb:0.05; Sn:0.05 Ti+Zr:0.20 | 0.10 | -0.05 | 0.15 | 余量 | — |
| 45 | 2A80 | 0.5~1.2 | 1.0~1.6 | 1.9~2.5 | 0.20 | 1.4~1.8 | — | 0.9~1.5 | 0.30 | — | 0.15 | — | 0.05 | 0.10 | 余量 | LD8 |
| 46 | 2A90 | 0.5~1.0 | 0.5~1.0 | 3.5~4.5 | 0.20 | 0.4~0.8 | — | 1.8~2.3 | 0.30 | — | 0.15 | — | 0.05 | 0.10 | 余量 | LD9 |
| 47 | 2004 | 0.20 | 0.20 | 5.5~6.5 | 0.10 | 0.50 | — | — | 0.10 | — | 0.05 | 0.30~0.50 | 0.05 | 0.15 | 余量 | — |
| 48 | 2011 | 0.40 | 0.7 | 5.0~6.0 | — | — | — | — | 0.30 | Bi:0.20~0.6 Pb:0.20~0.6 | — | — | 0.05 | 0.15 | 余量 | — |
| 49 | 2014 | 0.5~1.2 | 0.7 | 3.9~5.0 | 0.4~1.2 | 0.2~0.8 | 0.10 | — | 0.25 | ③ | 0.15 | — | 0.05 | 0.15 | 余量 | — |
| 50 | 2014A | 0.5~0.9 | 0.50 | 3.9~5.0 | 0.4~1.2 | 0.2~0.8 | 0.10 | 0.10 | 0.25 | Ti+Zr:0.20 | 0.15 | — | 0.05 | 0.15 | 余量 | — |

| 序号 | 牌号 | 化学成分 /% | | | | | | | | | | | 其他 | | Al | 备注 |
|---|---|---|---|---|---|---|---|---|---|---|---|---|---|---|---|---|
| | | Si | Fe | Cu | Mn | Mg | Cr | Ni | Zn | | Ti | Zr | 单个 | 合计 | | |
| 51 | 2214 | 0.5~1.2 | 0.30 | 3.9~5.0 | 0.4~1.2 | 0.2~0.8 | 0.10 | — | 0.25 | ③ | 0.15 | — | 0.05 | 0.15 | 余量 | — |
| 52 | 2017 | 0.2~0.8 | 0.7 | 3.5~4.5 | 0.4~1.0 | 0.4~0.8 | 0.10 | — | 0.25 | ③ | 0.15 | — | 0.05 | 0.15 | 余量 | — |
| 53 | 2017A | 0.2~0.8 | 0.7 | 3.5~4.5 | 0.4~1.0 | 0.4~0.8 | 0.10 | — | 0.25 | Ti+Zr:0.25 | — | — | 0.05 | 0.15 | 余量 | — |
| 54 | 2117 | 0.8 | 0.7 | 2.2~3.0 | 0.20 | 0.2~0.5 | 0.10 | — | 0.25 | — | — | — | 0.05 | 0.15 | 余量 | — |
| 55 | 2218 | 0.9 | 1.0 | 3.5~4.5 | 0.20 | 1.2~1.8 | 0.10 | 1.7~2.3 | 0.25 | — | — | — | 0.05 | 0.15 | 余量 | — |
| 56 | 2618 | 0.10~0.25 | 0.9~1.3 | 1.9~2.7 | — | 1.3~1.8 | — | 0.9~1.2 | 0.10 | — | 0.04~0.10 | — | 0.05 | 0.15 | 余量 | — |
| 57 | 2219 | 0.20 | 0.30 | 5.8~6.8 | 0.20~0.40 | 0.02 | — | — | 0.10 | V:0.05~0.15 | 0.02~0.10 | 0.10~0.25 | 0.05 | 0.15 | 余量 | LY19 |
| 58 | 2024 | 0.50 | 0.50 | 3.8~4.9 | 0.3~0.9 | 1.2~1.8 | 0.10 | — | 0.25 | ③ | 0.15 | — | 0.05 | 0.15 | 余量 | — |
| 59 | 2124 | 0.20 | 0.30 | 3.8~4.9 | 0.3~0.9 | 1.2~1.8 | 0.10 | — | 0.25 | ③ | 0.15 | — | 0.05 | 0.15 | 余量 | — |
| 60 | 3A21 | 0.6 | 0.7 | 0.20 | 1.0~1.6 | 0.05 | — | — | 0.10 ④ | — | 0.15 | — | 0.05 | 0.10 | 余量 | LF21 |
| 61 | 3003 | 0.6 | 0.7 | 0.05~0.20 | 1.0~1.5 | — | — | — | 0.10 | — | — | — | 0.05 | 0.15 | 余量 | — |
| 62 | 3103 | 0.50 | 0.7 | 0.10 | 0.9~1.5 | 0.30 | 0.10 | — | 0.20 | Ti+Zr:0.10 | — | — | 0.05 | 0.15 | 余量 | — |
| 63 | 3004 | 0.30 | 0.7 | 0.25 | 1.0~1.5 | 0.8~1.3 | — | — | 0.25 | — | — | — | 0.05 | 0.15 | 余量 | — |
| 64 | 3005 | 0.6 | 0.7 | 0.30 | 1.0~1.5 | 0.2~0.6 | 0.10 | — | 0.25 | — | 0.10 | — | 0.05 | 0.15 | 余量 | — |
| 65 | 3105 | 0.6 | 0.7 | 0.30 | 0.3~0.8 | 0.2~0.8 | 0.20 | — | 0.40 | — | 0.10 | — | 0.05 | 0.15 | 余量 | — |
| 66 | 4A01 | 4.5~6.0 | 0.6 | 0.20 | — | — | — | — | Zn+Sn:0.10 | — | 0.15 | — | 0.05 | 0.15 | 余量 | LT1 |
| 67 | 4A11 | 11.5~13.5 | 1.0 | 0.5~1.3 | 0.20 | 0.8~1.3 | 0.10 | 0.5~1.3 | 0.25 | — | 0.15 | — | 0.05 | 0.15 | 余量 | LD11 |

| 序号 | 牌号 | 化学成分 /% | | | | | | | | | | | 其他 | | Al | 备注 |
|---|---|---|---|---|---|---|---|---|---|---|---|---|---|---|---|---|
| | | Si | Fe | Cu | Mn | Mg | Cr | Ni | Zn | | Ti | Zr | 单个 | 合计 | | |
| 68 | 4A13 | 6.8~8.2 | 0.50 | Cu+Zn: 0.15 | 0.50 | 0.05 | — | — | — | Ca:0.10 | 0.15 | — | 0.05 | 0.15 | 余量 | LT13 |
| 69 | 4A17 | 11.0~12.5 | 0.50 | Cu+Zn: 0.15 | 0.50 | 0.05 | — | — | — | Ca:0.10 | 0.15 | — | 0.05 | 0.15 | 余量 | LT17 |
| 70 | 4004 | 9.0~10.5 | 0.8 | 0.25 | 0.10 | 1.0~2.0 | — | — | 0.20 | — | — | — | 0.05 | 0.15 | 余量 | — |
| 71 | 4032 | 11.0~13.5 | 1.0 | 0.50~1.3 | — | 0.8~1.3 | 0.10 | 0.5~1.3 | 0.25 | — | — | — | 0.05 | 0.15 | 余量 | — |
| 72 | 4043 | 4.5~6.0 | 0.8 | 0.30 | 0.05 | 0.05 | — | — | 0.10 | ① | 0.20 | — | 0.05 | 0.15 | 余量 | — |
| 73 | 4043A | 4.5~6.0 | 0.6 | 0.30 | 0.15 | 0.20 | — | — | 0.10 | ① | 0.15 | — | 0.05 | 0.15 | 余量 | — |
| 74 | 4047 | 11.0~13.0 | 0.8 | 0.30 | 0.15 | 0.10 | — | — | 0.20 | ① | — | — | 0.05 | 0.15 | 余量 | — |
| 75 | 4047A | 11.0~13.0 | 0.6 | 0.30 | 0.15 | 0.10 | — | — | 0.20 | ① | 0.15 | — | 0.05 | 0.15 | 余量 | — |
| 76 | 5A01 | Si+Fe:0.40 | | 0.10 | 0.3~0.7 | 6.0~7.0 | 0.10~0.20 | — | 0.25 | — | 0.15 | 0.10~0.20 | 0.05 | 0.15 | 余量 | LF15 |
| 77 | 5A02 | 0.40 | 0.40 | 0.10 | 或Cr 0.15~0.4 | 2.0~2.8 | — | — | — | Si+Fe:0.6 | 0.15 | — | 0.05 | 0.15 | 余量 | LF2 |
| 78 | 5A03 | 0.5~0.8 | 0.50 | 0.10 | 0.3~0.6 | 3.2~3.8 | — | — | 0.20 | — | 0.15 | — | 0.05 | 0.10 | 余量 | LF3 |
| 79 | 5A05 | 0.50 | 0.50 | 0.10 | 0.3~0.6 | 4.8~5.5 | — | — | 0.20 | — | — | — | 0.05 | 0.10 | 余量 | LF5 |
| 80 | 5B05 | 0.40 | 0.40 | 0.20 | 0.2~0.6 | 4.7~5.7 | — | — | | Si+Fe:0.6 | 0.15 | — | 0.05 | 0.10 | 余量 | LF10 |
| 81 | 5A06 | 0.40 | 0.40 | 0.10 | 0.5~0.8 | 5.8~6.8 | — | — | 0.20 | Be:0.0001~0.005② | 0.02~0.10 | — | 0.05 | 0.10 | 余量 | LF6 |
| 82 | 5B06 | 0.40 | 0.40 | 0.10 | 0.5~0.8 | 5.8~6.8 | — | — | 0.20 | Be:0.0001~0.005② | 0.10~0.30 | — | 0.05 | 0.10 | 余量 | LF14 |
| 83 | 5A12 | 0.30 | 0.30 | 0.05 | 0.4~0.8 | 8.3~9.6 | — | 0.10 | 0.20 | Be:0.005 Sb:0.004~0.05 | 0.05~0.15 | — | 0.05 | 0.10 | 余量 | LF12 |
| 84 | 5A13 | 0.30 | 0.30 | 0.05 | 0.4~0.8 | 9.2~10.5 | — | 0.10 | 0.20 | Be:0.005 Sb:0.004~0.05 | 0.05~0.15 | — | 0.05 | 0.10 | 余量 | LF13 |

| 序号 | 牌号 | 化学成分 /% | | | | | | | | | | | | 其他 | | Al | 备注 |
|---|---|---|---|---|---|---|---|---|---|---|---|---|---|---|---|---|---|
| | | Si | Fe | Cu | Mn | Mg | Cr | Ni | Zn | | | Ti | Zr | 单个 | 合计 | | |
| 85 | 5A30 | Si+Fe:0.40 | | 0.10 | 0.5~1.0 | 4.7~5.5 | — | — | 0.25 | Cr:0.05~0.20 | | 0.03~0.15 | — | 0.05 | 0.10 | 余量 | LF16 |
| 86 | 5A33 | 0.35 | 0.35 | 0.10 | 0.10 | 6.0~7.5 | — | — | 0.5~1.5 | Be:0.0005~0.005② | | 0.05~0.15 | 0.10~0.30 | 0.05 | 0.10 | 余量 | LF33 |
| 87 | 5A41 | 0.40 | 0.40 | 0.10 | 0.3~0.6 | 6.0~7.0 | — | — | 0.20 | — | | 0.02~0.10 | — | 0.05 | 0.10 | 余量 | LF41 |
| 88 | 5A43 | 0.40 | 0.40 | 0.10 | 0.15~0.40 | 0.6~1.4 | — | — | — | — | | 0.15 | — | 0.05 | 0.15 | 余量 | LF43 |
| 89 | 5A66 | 0.005 | 0.01 | 0.005 | — | 1.5~2.0 | — | — | — | — | | — | — | 0.005 | 0.01 | 余量 | — |
| 90 | 5005 | 0.30 | 0.7 | 0.20 | 0.20 | 0.5~1.1 | 0.10 | — | 0.25 | — | | — | — | 0.005 | 0.01 | 余量 | — |
| 91 | 5019 | 0.40 | 0.50 | 0.10 | 0.1~0.6 | 4.5~5.6 | 0.20 | — | 0.20 | Mn+Cr:0.1~0.6 | | 0.20 | — | 0.005 | 0.01 | 余量 | — |
| 92 | 5050 | 0.40 | 0.7 | 0.20 | 0.10 | 1.1~1.8 | 0.10 | — | 0.25 | — | | — | — | 0.005 | 0.01 | 余量 | — |
| 93 | 5251 | 0.40 | 0.50 | 0.15 | 0.10~0.50 | 1.7~2.4 | 0.15 | — | 0.15 | — | | 0.15 | — | 0.005 | 0.01 | 余量 | — |
| 94 | 5052 | 0.25 | 0.40 | 0.10 | 0.10 | 2.2~2.8 | 0.15~0.35 | — | 0.10 | — | | — | — | 0.005 | 0.01 | 余量 | — |
| 95 | 5154 | 0.25 | 0.40 | 0.10 | 0.10 | 3.1~3.9 | 0.15~0.35 | — | 0.20 | ① | | — | 0.005 | 0.01 | 余量 | — | |
| 96 | 5154A | 0.50 | 0.50 | 0.10 | 0.50 | 3.1~3.9 | 0.25 | — | 0.20 | ① Mn+Cr:0.10~0.50 | | 0.20 | — | 0.005 | 0.01 | 余量 | — |
| 97 | 5454 | 0.25 | 0.40 | 0.10 | 0.5~1.0 | 2.4~3.0 | 0.05~0.20 | — | 0.25 | — | | 0.20 | — | 0.005 | 0.01 | 余量 | — |
| 98 | 5554 | 0.25 | 0.40 | 0.10 | 0.5~1.0 | 2.4~3.0 | 0.05~0.20 | — | 0.25 | ① | | 0.05~0.20 | — | 0.005 | 0.01 | 余量 | — |
| 99 | 5754 | 0.40 | 0.40 | 0.10 | 0.50 | 2.6~3.6 | 0.30 | — | 0.20 | Mn+Cr:0.1~0.6 | | 0.15 | — | 0.005 | 0.01 | 余量 | — |
| 100 | 5056 | 0.30 | 0.40 | 0.10 | 0.05~0.20 | 4.5~5.6 | 0.05~0.20 | — | 0.10 | — | | — | — | 0.005 | 0.01 | 余量 | — |
| 101 | 5356 | 0.25 | 0.40 | 0.10 | 0.05~0.20 | 4.5~5.5 | 0.05~0.20 | — | 0.10 | ① | | 0.06~0.20 | — | 0.005 | 0.01 | 余量 | — |

| 序号 | 牌号 | 化学成分 /% | | | | | | | | | | | 其他 | | Al | 备注 |
|---|---|---|---|---|---|---|---|---|---|---|---|---|---|---|---|---|
| | | Si | Fe | Cu | Mn | Mg | Cr | Ni | Zn | | Ti | Zr | 单个 | 合计 | Al | |
| 102 | 5456 | 0.25 | 0.40 | 0.10 | 0.5~1.0 | 4.7~5.5 | 0.05~0.20 | — | 0.25 | — | 0.20 | — | 0.005 | 0.01 | 余量 | — |
| 103 | 5082 | 0.20 | 0.35 | 0.15 | 0.15 | 4.0~5.0 | 0.15 | — | 0.25 | — | 0.10 | — | 0.005 | 0.01 | 余量 | — |
| 104 | 5182 | 0.20 | 0.35 | 0.15 | 0.20~0.50 | 4.0~5.0 | 0.10 | — | 0.25 | — | 0.10 | — | 0.05 | 0.15 | 余量 | — |
| 105 | 5083 | 0.40 | 0.40 | 0.10 | 0.4~1.0 | 4.0~4.9 | 0.05~0.25 | — | 0.25 | — | 0.15 | — | 0.05 | 0.15 | 余量 | LF4 |
| 106 | 5183 | 0.40 | 0.40 | 0.10 | 0.5~1.0 | 4.3~5.2 | 0.05~0.25 | — | 0.25 | ① | 0.15 | — | 0.05 | 0.15 | 余量 | — |
| 107 | 5086 | 0.40 | 0.50 | 0.10 | 0.2~0.7 | 3.5~4.5 | 0.05~0.25 | — | 0.25 | — | 0.15 | — | 0.05 | 0.15 | 余量 | — |
| 108 | 6A02 | 0.5~1.2 | 0.50 | 0.2~0.6 | 或Cr 0.15~0.35 | 0.45~0.90 | — | — | 0.20 | — | 0.15 | — | 0.05 | 0.10 | 余量 | — |
| 109 | 6B02 | 0.7~1.1 | 0.40 | 0.1~0.4 | 0.10~0.30 | 0.4~0.8 | — | — | 0.15 | — | 0.01~0.04 | — | 0.05 | 0.10 | 余量 | — |
| 110 | 6A51 | 0.5~0.7 | 0.50 | 0.15~0.35 | — | 0.45~0.60 | — | — | 0.25 | Sn:0.15~0.35 | 0.01~0.04 | — | 0.05 | 0.15 | 余量 | — |
| 111 | 6101 | 0.3~0.7 | 0.50 | 0.10 | 0.03 | 0.35~0.80 | 0.03 | — | 0.10 | B:0.06 | — | — | 0.03 | 0.10 | 余量 | — |
| 112 | 6101A | 0.3~0.7 | 0.40 | 0.05 | — | 0.4~0.9 | — | — | — | — | — | — | 0.03 | 0 | 余量 | — |
| 113 | 6005 | 0.6~0.9 | 0.35 | 0.10 | 0.10 | 0.4~0.6 | 0.10 | — | 0.10 | — | 0.10 | — | 0.05 | 0.5 | 余量 | — |
| 114 | 6005A | 0.5~0.9 | 0.35 | 0.30 | 0.50 | 0.4~0.7 | 0.30 | — | 0.20 | Mn+Cr: 0.12~0.50 | 0.10 | — | 0.05 | 0.15 | 余量 | — |
| 115 | 6351 | 0.7~1.3 | 0.50 | 0.10 | 0.4~0.8 | 0.4~0.8 | — | — | 0.20 | — | 0.20 | — | 0.05 | 0.15 | 余量 | — |
| 116 | 6060 | 0.3~0.6 | 0.10~0.30 | 0.10 | 0.10 | 0.35~0.60 | 0.05 | — | 0.15 | — | 0.10 | — | 0.05 | 0.5 | 余量 | — |
| 117 | 6061 | 0.4~0.8 | 0.7 | 0.15~0.40 | 0.15 | 0.8~1.2 | 0.04~0.35 | — | 0.25 | — | 0.15 | — | 0.05 | 0.5 | 余量 | — |
| 118 | 6063 | 0.2~0.6 | 0.35 | 0.10 | 0.10 | 0.45~0.90 | 0.10 | — | 0.10 | — | 0.10 | — | 0.05 | 0.5 | 余量 | — |

| 序号 | 牌号 | 化学成分 /% | | | | | | | | | | | 其他 | | Al | 备注 |
|---|---|---|---|---|---|---|---|---|---|---|---|---|---|---|---|---|
| | | Si | Fe | Cu | Mn | Mg | Cr | Ni | Zn | | Ti | Zr | 单个 | 合计 | | |
| 119 | 6063A | 0.3~0.6 | 0.15~0.35 | 0.10 | 0.15 | 0.6~0.9 | 0.05 | — | 0.15 | — | 0.10 | — | 0.05 | 0.15 | 余量 | — |
| 120 | 6070 | 1.0~1.7 | 0.50 | 0.15~0.40 | 0.4~1.0 | 0.5~1.2 | 0.10 | — | 0.25 | — | 0.15 | — | 0.05 | 0.15 | 余量 | LD2-2 |
| 121 | 6181 | 0.8~1.2 | 0.45 | 0.10 | 0.15 | 0.6~1.0 | 0.10 | — | 0.20 | — | 0.10 | — | 0.05 | 0.15 | 余量 | — |
| 122 | 6082 | 0.7~1.3 | 0.50 | 0.10 | 0.4~1.0 | 0.6~1.2 | 0.25 | — | 0.20 | — | 0.10 | — | 0.05 | 0.15 | 余量 | — |
| 123 | 7A01 | 0.30 | 0.30 | 0.01 | — | — | — | — | 0.9~1.3 | Si+Fe:0.45 | — | — | 0.03 | — | 余量 | LB1 |
| 124 | 7A03 | 0.20 | 0.20 | 1.8~2.4 | 0.10 | 1.2~1.6 | 0.05 | — | 6.0~6.7 | — | 0.02~0.08 | — | 0.05 | 0.10 | 余量 | LC3 |
| 125 | 7A04 | 0.50 | 0.50 | 1.4~2.0 | 0.2~0.6 | 1.8~2.8 | 0.10~0.25 | — | 5.0~7.0 | — | 0.10 | — | 0.05 | 0.10 | 余量 | LC4 |
| 126 | 7A05 | 0.25 | 0.25 | 0.20 | 0.15~0.40 | 1.1~1.7 | 0.05~0.15 | — | 4.4~5.0 | — | 0.02~0.06 | 0.10~0.25 | 0.05 | 0.15 | 余量 | — |
| 127 | 7A09 | 0.50 | 0.50 | 1.2~2.0 | 0.15 | 2.0~3.0 | 0.16~0.30 | — | 5.1~6.1 | — | 0.10 | — | 0.05 | 0.10 | 余量 | LC9 |
| 128 | 7A10 | 0.30 | 0.30 | 0.5~1.0 | 0.10~0.40 | 2.4~3.0 | 0.10~0.20 | — | 3.2~4.2 | — | 0.10 | — | 0.05 | 0.10 | 余量 | LC10 |
| 129 | 7A15 | 0.50 | 0.50 | 0.5~1.0 | 0.10~0.40 | 2.4~3.0 | 0.10~0.30 | — | 4.4~5.0 | Be:0.005~0.01 | 0.05~0.15 | — | 0.05 | 0.15 | 余量 | LC15 |
| 130 | 7A19 | 0.30 | 0.40 | 0.08~0.30 | 0.30~0.50 | 1.3~1.9 | 0.10~0.20 | — | 4.5~5.3 | Be:0.0001~0.004② | — | 0.08~0.20 | 0.05 | 0.15 | 余量 | LC19 |
| 131 | 7A31 | 0.30 | 0.6 | 0.10~0.40 | 0.20~0.40 | 2.5~3.3 | 0.10~0.20 | — | 3.6~4.5 | Be:0.0001~0.001② | 0.02~0.10 | 0.08~0.25 | 0.05 | 0.15 | 余量 | — |
| 132 | 7A33 | 0.25 | 0.30 | 0.25~0.55 | 0.05 | 2.2~2.7 | 0.10~0.20 | — | 4.6~5.4 | — | 0.05 | — | 0.05 | 0.10 | 余量 | — |
| 133 | 7A52 | 0.25 | 0.30 | 0.05~0.20 | 0.20~0.50 | 2.0~2.8 | 0.15~0.25 | — | 4.0~4.8 | — | 0.05~0.18 | 0.05~0.15 | 0.05 | 0.15 | 余量 | LC52 |
| 134 | 7003 | 0.30 | 0.35 | 0.20 | 0.30 | 0.5~1.0 | 0.20 | — | 5.0~6.5 | — | 0.20 | 0.05~0.25 | 0.05 | 0.15 | 余量 | LC12 |
| 135 | 7005 | 0.35 | 0.40 | 0.10 | 0.2~0.7 | 1.0~1.8 | 0.06~0.20 | — | 4.0~5.0 | — | 0.01~0.06 | 0.08~0.20 | 0.05 | 0.15 | 余量 | — |

| 序号 | 牌号 | 化学成分 /% | | | | | | | | | | | 其他 | | Al | 备注 |
|---|---|---|---|---|---|---|---|---|---|---|---|---|---|---|---|---|
| | | Si | Fe | Cu | Mn | Mg | Cr | Ni | Zn | | Ti | Zr | 单个 | 合计 | | |
| 136 | 7020 | 0.35 | 0.40 | 0.20 | 0.05~0.50 | 1.0~1.4 | 0.10~0.35 | — | 4.0~5.0 | Zr+Ti:0.08~0.25 | — | 0.08~0.20 | 0.05 | 0.15 | 余量 | — |
| 137 | 7022 | 0.50 | 0.50 | 0.5~1.0 | 0.10~0.40 | 2.6~3.7 | 0.10~0.30 | — | 4.3~5.2 | Zr+Ti:0.20 | — | — | 0.05 | 0.15 | 余量 | — |
| 138 | 7050 | 0.12 | 0.15 | 2.0~2.6 | 0.10 | 1.9~2.6 | 0.04 | — | 5.7~6.7 | — | 0.06 | 0.08~0.15 | 0.05 | 0.15 | 余量 | — |
| 139 | 7075 | 0.40 | 0.50 | 1.2~2.0 | 0.30 | 2.1~2.9 | 0.18~0.28 | — | 5.1~6.1 | ⑤ | 0.20 | — | 0.05 | 0.15 | 余量 | — |
| 140 | 7475 | 0.10 | 0.12 | 1.2~1.9 | 0.06 | 1.9~2.6 | 0.18~0.25 | — | 5.2~6.2 | — | 0.06 | — | 0.05 | 0.15 | 余量 | — |
| 141 | 8A06 | 0.55 | 0.50 | 0.10 | 0.10 | 0.10 | — | — | 0.10 | Fe+Si:1.0 | — | — | 0.05 | 0.15 | 余量 | — |
| 142 | 8011 | 0.5~0.9 | 0.6~1.0 | 0.10 | 0.20 | 0.05 | 0.05 | — | 0.10 | — | 0.08 | — | 0.05 | 0.15 | 余量 | — |
| 143 | 8090 | 0.20 | 0.30 | 1.0~1.6 | 0.10 | 0.6~1.3 | 0.10 | — | 0.25 | Li:2.2~2.7 | 0.10 | 0.04~0.16 | 0.05 | 0.15 | 余量 | — |

①用于电焊条和堆焊时,铍含量不大于 0.0008%;②铍含量均按规定量加入,可不作分析;③仅在供需双方商定时,对挤压和锻造产品限定 Ti+Zr 含量不大于 0.20%;④作铆钉线材的 3A21 合金的锌含量应不大于 0.03%;⑤仅在供需双方商定时,对挤压和锻造产品限定 Ti+Zr 含量不大于 0.25%。

**表 1-1-5　Al-Si 合金的化学成分**(摘自 GB/T 1173—1995、GB/T 15115—1994)

| 合金牌号 | 合金代号 | 主要元素含量/% | | | | | | Al |
|---|---|---|---|---|---|---|---|---|
| | | Si | Cu | Mg | Mn | Ti | 其他 | |
| ZAlSi7Mg | ZL101 | 6.5~7.5 | — | 0.25~0.45 | — | — | — | 余量 |
| ZAlSi7MgA | ZL101A | 6.5~7.5 | — | 0.25~0.45 | — | 0.08~0.20 | — | 余量 |
| ZAlSi12 | ZL102 | 10.0~13.0 | — | — | — | — | — | 余量 |
| — | ZL103① | 4.5~6.0 | 1.5~3.0 | 0.3~0.7 | 0.3~0.7 | — | — | 余量 |
| ZAlSi9Mg | ZL104 | 8.0~10.5 | — | 0.17~0.35 | 0.2~0.5 | — | — | 余量 |
| ZAlSi5Cu1Mg | ZL105 | 4.5~5.5 | 1.0~1.5 | 0.4~0.6 | — | — | — | 余量 |
| ZAlSi5Cu1MgA | ZL105A | 4.5~5.5 | 1.0~1.5 | 0.4~0.55 | — | — | — | 余量 |
| ZAlSi8Cu1Mg | ZL106 | 7.5~8.5 | 1.0~1.5 | 0.3~0.5 | 0.3~0.5 | 0.10~0.25 | — | 余量 |
| ZAlSi7Cu4 | ZL107 | 6.5~7.5 | 3.5~4.5 | — | — | — | — | 余量 |
| ZAlSi12Cu1Mg1 | ZL108 | 11.0~13.0 | 1.0~2.0 | 0.4~1.0 | 0.3~0.9 | — | — | 余量 |
| ZAlSi12Cu1Mg1Ni1 | ZL109 | 11.0~13.0 | 0.5~1.5 | 0.8~1.3 | — | — | Ni0.8~1.5 | 余量 |

| 合金牌号 | 合金代号 | 主要元素含量/% | | | | | | |
|---|---|---|---|---|---|---|---|---|
| | | Si | Cu | Mg | Mn | Ti | 其 他 | Al |
| ZAlSi5Cu6Mg | ZL110 | 4.0～6.0 | 5.0～8.0 | 0.2～0.5 | — | — | — | 余量 |
| ZAlSi9Cu2Mg | ZL111 | 8.0～10.0 | 1.3～1.8 | 0.4～0.6 | 0.10～0.35 | 0.10～0.35 | — | 余量 |
| ZAlSi7Mg1A | ZL114A | 6.5～7.5 | — | 0.45～0.60 | — | 0.10～0.20 | Be0.05～0.07② | 余量 |
| ZAlSi5Zn1Mg | ZL115 | 4.8～6.2 | — | 0.4～0.65 | — | — | Zn1.2～1.8 Sb0.1～0.25 | 余量 |
| ZAlSi8MgBe | ZL116 | 6.5～8.5 | — | 0.35～0.55 | — | 0.10～0.30 | Be0.15～0.40 | 余量 |
| ZAlSi20Cu2RE1 | ZL107 | 19～22 | 1.0～2.0 | 0.4～0.8 | 0.3～0.5 | — | RE0.5～1.5 | 余量 |
| YZAlSi12 | YL102 | 10.0～13.0 | — | — | — | — | — | 余量 |
| YZAlSi10Mg | YL104 | 8.0～10.5 | — | 0.17～0.30 | 0.2～0.5 | — | — | 余量 |
| YZAlSi12Cu2 | YL108 | 11.0～13.0 | 1.0～2.0 | 0.4～1.0 | 0.3～0.9 | — | — | 余量 |
| YZAlSi9Cu4 | YL112 | 7.5～9.5 | 3.0～4.0 | — | — | — | — | 余量 |
| YZAlSi11Cu3 | YL113 | 9.6～12.0 | 1.5～3.5 | — | — | — | — | 余量 |
| YZAlSi17Cu5Mg | YL117 | 16.0～18.0 | 4.0～5.0 | 0.45～0.65 | — | — | — | 余量 |

① 该合金为 GB/T 1173—1974 标准代号,部分企业还在使用;② 在保证合金力学性能的前提下,可以不加 Be。

**表 1-1-6 Al-Cu 合金的化学成分**(摘自 GB/T 1173—1995)

| 合金牌号 | 合金代号 | 主要元素含量/% | | | | | |
|---|---|---|---|---|---|---|---|
| | | Cu | Mg | Mn | Ti | 其 他 | Al |
| ZAlCu5Mn | ZL201 | 4.5～5.3 | — | 0.6～1.0 | 0.15～0.35 | — | 余量 |
| ZAlCu5MnA | ZL201A | 4.8～5.3 | — | 0.6～1.0 | 0.15～0.35 | — | 余量 |
| ZAlCu10 | ZL202① | 9.0～11.0 | — | — | — | — | 余量 |
| ZAlCu4 | ZL203 | 4.0～5.0 | — | — | — | — | 余量 |
| ZAlCu5MnCdA | ZL204A | 4.6～5.3 | — | 0.6～0.9 | 0.15～0.35 | Cd0.15～0.25 | 余量 |
| ZAlCu5MnCdVA | ZL205A | 4.6～5.3 | — | 0.3～0.5 | 0.15～0.35 | Cd0.15～0.25 V0.05～0.3 Zr0.05～0.2 B0.005～0.06 | 余量 |
| ZAlRE5Cu3Si2 | ZL207 | 3.0～3.4 | 0.15～0.25 | 0.9～1.2 | — | Ni0.2～0.3 Zr0.15～0.25 Si1.6～2.0 RE4.4～5.0② | 余量 |

① GB/T 1173—1986 合金成分;② 混合稀土含各种稀土总量不少于 98%,其中含铈约 45%。

**表 1-1-7 Al-Mg 合金的化学成分**(摘自 GB/T 1173—1995)

| 合金牌号 | 合金代号 | 主要元素含量/% | | | | | | |
|---|---|---|---|---|---|---|---|---|
| | | Si | Mg | Zn | Mn | Ti | 其 他 | Al |
| ZAlMg10 | ZL301 | — | 9.5～11.0 | — | — | — | — | 余量 |
| ZAlMg5Si | ZL303 | 0.8～1.3 | 4.5～5.5 | — | 0.1～0.4 | — | — | 余量 |
| ZAlMg8Zn1 | ZL305 | — | 7.5～9.0 | 1.0～1.5 | — | 0.1～0.2 | Be0.03～0.1 | 余量 |

**表 1-1-8　Al-Zn 合金的化学成分**(摘自 GB/T 1173—1995)

| 合金牌号 | 合金代号 | 主要元素含量/% | | | | | |
|---|---|---|---|---|---|---|---|
| | | Si | Mg | Zn | Ti | 其　他 | Al |
| ZAlZn11Si7 | ZL401 | 6.0~8.0 | 0.1~0.3 | 9.0~13.0 | — | — | 余量 |
| ZAlZn6Mg | ZL402 | — | 0.5~0.65 | 5.0~0.65 | 0.15~0.25 | Cr0.4~0.6 | 余量 |

#### 1.1.3.1　变形铝合金状态代号

变形铝合金状态代号如下:

F—自由加工状态;

O—退火状态;

H—加工硬化状态;

W—固溶热处理状态;

T—热处理状态(不同于 F、O、H 状态)。

A　H 的细分状态

在字母 H 后面添加两位数字(H××)和三位数字(H×××)表示 H 的细化状态。

(1) H××状态。H 后面的第一位数字表示获得该状态的基本处理程序。

H1—单纯加工硬化状态;

H2—加工硬化及不完全退火状态;

H3—加工硬化及稳定化处理状态;

H4—加工硬化及涂漆处理状态。

H 后面的第二位数字表示加工硬化程度,数字 8 表示硬状态,数字 1~7 表示硬化程度。第二位数字为 2 对应 1/4 硬,4 对应于 1/2 硬,6 对应为 3/4 硬,8 对应硬,9 对应超硬。如 H18 表示严重冷加工或完全硬化状态,相当于原始横断面积大约减小 75%。

(2) H×××状态。H111 适用于最终退火后又进行了适量的加工硬化,但加工硬化不及 H11。H112 适用于热加工成形产品,力学性能有规定要求。H116 适用于镁含量不小于 40% 的 5 ××× 系合金产品,具有规定的力学性能和抗剥落腐蚀性能要求。

B　T 的细化状态

T 的细化状态代号如下:

T0—固溶热处理后经自然时效再冷加工状态;

T1—由高温成形过程中冷却,然后自然时效至基本稳定的状态;

T2—由高温成形过程中冷却,经冷加工后自然时效至基本稳定的状态;

T3—固溶处理后进行冷加工,再经自然时效至基本稳定的状态;

T4—固溶处理后自然时效至基本稳定状态;

T5—由高温成形过程中冷却然后进行人工时效的状态;

T6—固溶处理后进行人工时效的状态;

T7—固溶处理后进行过时效的状态;

T8—固溶处理后经冷加工然后进行人工时效的状态;

T9—固溶处理后人工时效,然后进行冷加工的状态;

T10—由高温成形过程中冷却后,进行冷加工然后人工时效状态;

T××、T×××、T××××等均表示各种特定的热处理工艺,具有丰富的内涵。

### 1.1.3.2 铸造铝合金牌号及状态代号

**A 铸造铝合金牌号**

牌号由 Al 及主要合金化元素的符号组成,元素符号后为表示其名义质量分数(单位为 $10^{-2}$)的整数值,如果名义质量分数小于 1,则不标数字。牌号前冠以汉语拼音字母 Z 表示铸造合金,有的牌号后标 A,表示优质合金。

合金代号由字母 ZL(表示铸铝)及后面的三个阿拉伯数字组成,第一位数字表示合金类别,如:1 代表 Al-Si,2 代表 Al-Cu,3 代表 Al-Mg,4 代表 Al-Zn,第二位和第三位代表顺序号。

**B 铸造铝合金状态代号**

铸造铝合金状态代号如下:

B—变质处理;

F—铸态;

T1—铸态加人工时效;

T2—退火;

T3—淬火;

T4—淬火加自然时效;

T5—淬火加不完全人工时效;

T6—淬火加完全人工时效;

T7—淬火加稳定化回火处理;

T8—淬火软化回火处理;

T9—冷热循环处理。

**C 铸造方法代号**

铸造方法代号如下:

S—砂型铸造;

J—金属型铸造;

R—熔模铸造;

K—壳型铸造;

Y—压力铸造。

## 1.1.4 变形铝合金

### 1.1.4.1 高纯铝及工业纯铝(1×××系)

高纯铝(99.99%以上)的主要工业用途是作高压电容铝箔,对杂质有极严格的要求。工业纯铝主要用作电导体、化工设备和日用品等耐蚀件,更主要的是用作铝合金的基体材料。工业纯铝中杂质含量最高可达 1%,随着纯度的降低,强度增加(图 1-1-10)。应变强化可使工业纯铝强度明显提高(图 1-1-11)。

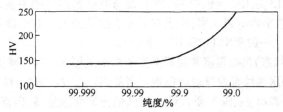

图 1-1-10 铝的纯度与硬度的关系

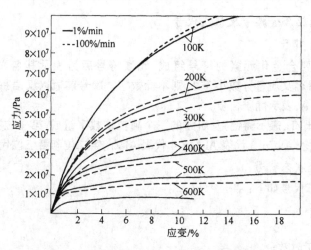

图 1-1-11　纯铝(99.99%)的应力-应变曲线

工业纯铝中的常见杂质是铁和硅,Al-Fe-Si 富铝角的平衡相图见图 1-1-12,从图中可以看出,Fe 和 Si 与 Al 生成 $FeAl_3$、$\alpha(AlFeSi)$ 和 $\beta(AlFeSi)$,Si 在 Al 中有较大的固溶度,而 Fe 在 Al 中的固溶度很小,在 Al-Fe 二元系中,除稳定的 $FeAl_3$ 外,还可生成几种亚稳态 Al-Fe 化合物,如 $FeAl_6$、$FeAl_x$、$FeAl_9$ 等,在凝固过程中依次结晶出来,退火时可转变为稳定相 $FeAl_3$。$FeAl_3$ 有细化再结晶晶粒的作用,但对抗蚀性能影响较大。当有 Mn 存在时,Fe 可溶入 $MnAl_6$ 中形成 $(Fe,Mn)Al_6$,而 $(Fe、Mn)Al_6$ 与 Al 的电位差可忽略不计,因而工业铝合金中往往加入少量 Mn,可减小 Fe 的有害作用是其目的之一。

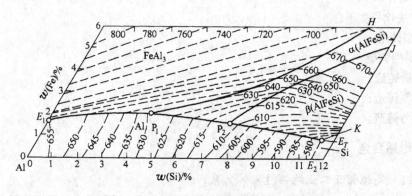

图 1-1-12　Al-Fe-Si 系富铝角的平衡相图

从加工性能考虑,往往要求 Fe 和 Si 杂质含量中,Fe 大于 Si,当 Fe 和 Si 比例不当时,会引起铸锭产生裂纹。图 1-1-13 为工业纯铝中 Fe、Si 含量与裂纹倾向性的关系,该图是根据铸造环的实验结果得出的,图中数字表示裂纹率,曲线右下方裂纹倾向大。对于冷冲压用的纯铝板,也要求 Fe 含量大于 Si 含量。一般要求 Fe/Si 比不小于 3。

铁和硅对纯铝(M 状态)抗拉强度和屈服强度的影响见图 1-1-14。减少 Fe、Si 杂质含量对提高高强铝合金的韧性和耐蚀性有着显著的作用。当前铝合金发展方向:纯净化、细晶化、均质化。其中纯净化目的之一是减小 Fe、Si 杂质含量。我国铝土矿含硅量高,因而我国电解铝中的杂质硅含量高,这是一个有待解决的冶金学课题。

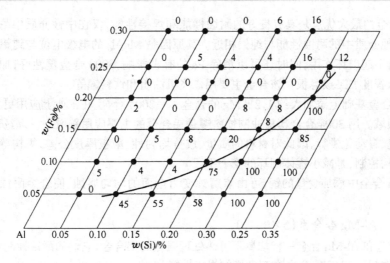

图 1-1-13　工业纯铝中铁、硅含量与裂纹倾向性的关系

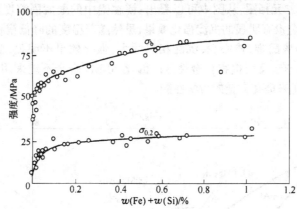

图 1-1-14　铁和硅对纯铝(M 状态)抗拉强度和屈服强度的影响

#### 1.1.4.2　Al-Mn 合金系(3×××系)

Al-Mn 合金为热处理不可强化的铝合金。

图 1-1-15 为 Al-Mn 二元系富铝角相图。虽然 Mn 在 Al 中的最大固溶度达 1.82%,但是工业的 Al-Mn 合金中 Mn 含量的上限为 1.5%,因为杂质 Fe 会降低 Mn 的溶解度,有促使初生 $MnAl_6$生成的危险,而初生 $MnAl_6$ 对局部的延性具有灾难性的影响。得到广泛应用的 Al-Mn 合金是 3003 薄板,不可热处理强化。细小的 $MnAl_6$ 有一定的弥散强化作用,但主要靠 Mn 的固溶强化和加工硬化提高合金强度。$MnAl_6$ 还可提高合金再结晶温度。

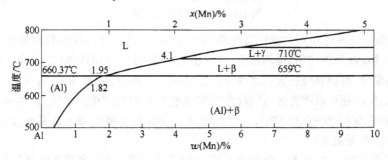

图 1-1-15　二元 Al-Mn 系的富铝角相图

Al-Mn 合金的最大优点是具有良好的耐蚀性能和焊接性能,仅在中性介质中耐蚀性能稍次于纯铝,在其他介质中的耐蚀性能与纯铝相近。其原因是 $MnAl_6$ 的电极电位与纯铝相近,且 Mn 对表面氧化膜不起破坏作用,同时还可以消除 Fe 的有害影响,3003 合金塑性好,加工过程中可采用大的变形程度加工成薄板。该合金主要用作飞机油箱和饮料罐等。

在 3003 合金基础上添加大约 1.2% Mg 的合金——3004 合金,在工业上应用更为广泛,特别是在饮料罐领域。用 3004 合金薄板冲制饮料罐是铝合金的主要应用领域之一,消费量很大。由于冲罐是高速、自动化进行,因此对材料的质量、成分均匀性、薄板厚度公差,织构等都有很高要求,特别是织构控制,是减小罐体制耳的唯一手段。

在 Al-Mn 合金中添加少量的铜,可由点腐蚀变为全面的均匀腐蚀,使合金耐蚀性能得到进一步改善。

### 1.1.4.3  Al-Mg 合金系(5×××)

Al-Mg 合金和 Al-Mn 合金一样均属不可热处理强化的铝合金,它们的耐蚀性能均优良,所以又统称为"防锈铝"。Al-Mg 合金亦有良好的焊接性能。

图 1-1-16 为铝-镁二元相图,从图中可以看出:镁在铝中的最大固溶度可达 17.4%,但镁含量低于 7% 时,二元合金没有明显的沉淀强化效果,虽然随着温度的降低镁在铝中的固溶度迅速减小,但由于沉淀时形核困难,核心少,沉淀相尺寸大,强化效果不明显,而且粗大的沉淀相 β($Mg_5Al_8$)往往沿晶界分布,反而损害合金性能。因此 Al-Mg 合金不能采用热处理强化,而需依靠固溶强化和加工硬化来提高合金的力学性能。

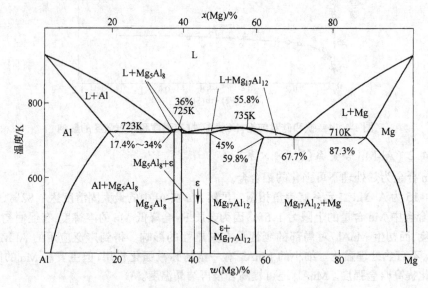

图 1-1-16  铝-镁二元相图

Al-Mg 合金中通常还加入少量或微量的 Mn、Cr、Be、Ti 等。Mn 除少量固溶外,大部分形成 $MnAl_6$,可使含 Mg 相沉淀均匀,提高强度,进一步提高合金抗应力腐蚀能力。同时 Mn 还可以提高合金再结晶温度,抑制晶粒长大。某些合金添加一定含量的 Cr(如 5052 合金),不仅有一定的弥散强化作用,同时还可以改善合金的抗应力腐蚀能力和焊接性能。加入 Ti 主要是细化晶粒。加入微量的 Be(0.0001% ~0.005%),主要是提高 Al-Mg 合金氧化膜的致密性,降低熔炼烧损,改善加工产品的表面质量。

图 1-1-17 为几种工业 Al-Mg 合金退火状态的屈服强度、伸长率随 Mg 含量的变化。从图

1-1-17可以看出,退火状态的合金伸长率变化不大,均在25%左右;而Al-0.8%Mg(5005)屈服强度为40 MPa,Al-5%Mg(5456)屈服强度为160 MPa,随着Mg含量的提高,合金强度明显提高。另外,Al-Mg合金的加工硬化速率大,如完全加工硬化的5456合金,屈服强度达300 MPa,抗拉强度达385 MPa,伸长率仅为5%。

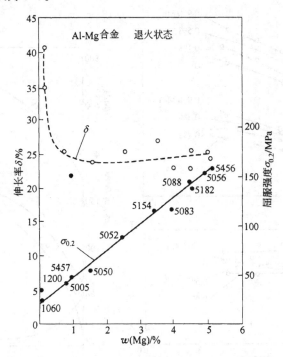

图1-1-17 一些工业铝合金的屈服强度、伸长率与镁含量的关系

需要指出的是,Al-Mg合金存在组织、性能的不稳定性,表现在两个方面:

(1)如果Mg含量较高(一般大于3%时),此时β相$Al_8Mg_5$有优先在晶界和滑移带沉淀的倾向,因而有可能导致晶间腐蚀和应力腐蚀。即使在室温下,β相也会缓慢析出,当冷变形程度大或加热时,β相的析出速度加快。在Al-Mg合金中添加微量Mn和Cr,所形成的化合物可以起到弥散强化的作用(图1-1-18),同时可以提高再结晶温度。含2.7%Mg-0.7%Mn-0.12%Cr的5054合金,其抗拉强度与Al-4%Mg的合金强度相当,也不存在加热时不稳定的问题,这就是5054合金用途广泛的原因。

(2)加工硬化的合金在室温下有可能产生所谓"时效软化"。随着加工硬化速率增大,软化量也增大,即拉伸性能由于变形合金晶粒内部的局部回复而下降。这可用弛豫过程或β相在滑移带优先析出来解释。H3状态系列可以克服这种现象,也就是使加工硬化达到稍高于要求的水平,然后加热到120~150℃使之稳定。这样可使拉伸性能降低到所要求的水平,而且也达到了稳定化的目的。

在Al-Mg或某些铝合金的拉伸或成形过程中,往往会出现拉伸变形条纹(Lüders带),这与应力-应变曲线上观察到的不连续、不平滑现象有关,可用Cottrell理论解释。Al-Mg合金薄板对Lüders带特别敏感,为了防止拉伸应变条纹的产生,可用表面光轧或辊轧校平等轻微塑性变形而使位错脱离溶质气团来解决。

### 1.1.4.4 Al-Si合金系(4×××)

Al-Si系合金由于流动性好,铸造时收缩小,耐腐蚀,焊接性能好,易钎焊等一系列优点,成为广泛应用的工业铝合金。但 Al-Si 合金最多的是用作铸造合金,这将在铸造铝合金中介绍。Al-Si 系亚共晶合金也有良好的加工性能,硅加入铝中具有一定的强化作用,如图 1-1-19 所示。

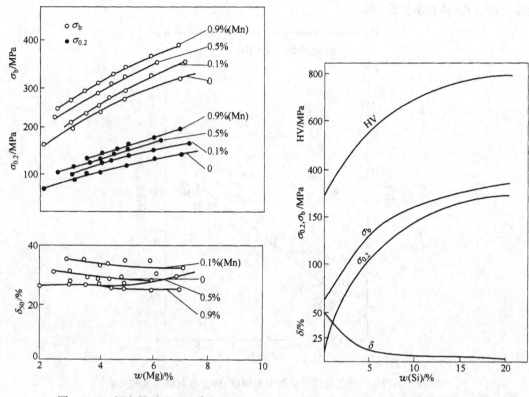

图 1-1-18　锰含量对 Al-Mg 合金　　　　图 1-1-19　硅对 Al-Si 合金力学性能的影响
　　　　（M 状态)力学性能的影响

　　Al-Si 变形合金主要是加工成焊料,用于焊接镁含量不高的所有变形铝合金和铸造铝合金;其次是加工成锻件,制造活塞和在高温下工作的零部件。

### 1.1.4.5　Al-Mg-Si 合金系（6×××）

　　Al-Mg-Si 系合金是广泛应用的中强结构铝合金,强化相为 $Mg_2Si$（图 1-1-20）。$Mg_2Si$ 相中 Mg 与 Si 的质量比为 1.73:1,可形成(Al)-$Mg_2Si$ 伪二元系。根据 Mg、Si 和 Fe 的不同比例,可形成富 Fe 相 $Al_{12}Fe_3Si$ 和 $Al_9Fe_2Si_2$ 或它们的混合物。该系合金在固溶处理后的时效过程中,其沉淀顺序为:SSSS(过饱和固溶体)→含大量空位的针状 GP 区→内部有序的针状 GP 区→棒状的 $β'$-$Mg_2Si$ 过渡相→板状 $β$-$Mg_2Si$ 平衡相。GP 区平行于 Al 基体的⟨100⟩方向,在针状相的周围存在共格应变。

　　在工业合金中,合金成分基本上是按形成 $Mg_2Si$ 的化学计量比来确定 Mg 和 Si 成分的,或使 Si 含量适量过剩,因为如果 Mg 过量会明显减少 $Mg_2Si$ 的固溶度而降低沉淀强化效果,而适量的过剩 Si 可以细化 $Mg_2Si$,同时 Si 沉淀后也有强化效果。但过量 Si 易在晶界偏析引起合金脆化,降低塑性。加入 Cr 和 Mn 有利于减小过剩 Si 的不良作用。

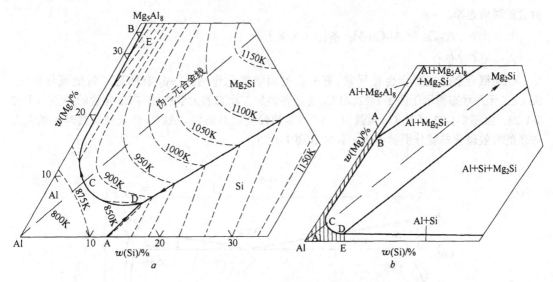

图 1-1-20　铝-镁-硅 三元相图($a$)和富铝角($b$)

Al-Mg-Si 工业合金大致可以分为三组(见图 1-1-21):

第一组合金有平衡的 Mg、Si 含量,可形成 0.8%~1.2% 的 Mg₂Si,典型合金为 6063 合金。该合金塑性好,淬火敏感性低,可以实现"挤压淬火",即从挤压模中高速挤出的工件采用风冷或喷水雾即可实现淬火,从而省去固溶处理工序,进行人工时效后即可达到相应的强度,同时 6063 合金耐蚀性高,阳极氧化效果好,而且可以着色,因此广泛应用于建筑装饰上。

第二组合金虽然也有平衡的 Mg、Si 含量,但 Mg₂Si 含量较高,达 1.6% 左右。典型合金为 6061。该合金还加入了适量的 Cu 以提高强度,同时又加入适量的 Cr 以抵消铜对抗蚀性的不良影

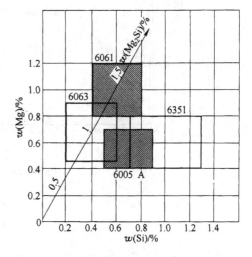

图 1-1-21　典型的 Al-Mg-Si 合金的成分范围

响。总体来说,该合金耐蚀性能仍然优良,而强度高于 6063 合金,可作为舰船和海洋环境使用的结构件。但该合金不能实现"挤压淬火",需进行固溶处理,水淬然后时效。

第三组合金的 Si 含量超过形成 Mg₂Si 所需的量,过剩 Si 能提高合金的抗拉强度,但会降低塑性,其原因与 Si 在晶界偏聚有关。因而加入 Mn 或 Cr 以细化晶粒和延缓再结晶,并可防止上述有害影响,典型合金为 6005 合金。

Mg₂Si 含量大于 0.9% 的 Al-Mg₂Si 合金,人工时效前在室温停放会导致抗拉性能低于淬火后立即时效的合金的性能。Pashley 等人认为,室温停放产生的自然时效会发生溶质原子的团簇化,使溶质原子在固溶体中的过饱和度降低,当温度提高到人工时效温度时,空位和溶质过饱和度会进一步下降,形成稳定团簇的临界尺寸增大,致使一些团簇继续长大,另一些团簇则溶解。在室温停留的时间越长,人工时效开始时的过饱和度就越低,团簇数量也越少,沉淀相更为粗大,因而使力学性能降低,加入约 0.24% 的 Cu 能有效地减少这种有害影响,因为 Cu 能降低 Al-Mg₂Si

合金的时效速率。

### 1.1.4.6　Al-Cu 和 Al-Cu-Mg 系(2×××)

#### A　Al-Cu 合金

铜是铝合金的重要合金化元素,有一定的固溶强化作用,CuAl$_2$ 有明显的时效强化作用。Al-Cu 二元系状态图示于图 1-1-22,Al-Cu 合金各种加工状态的力学性能与 Cu 含量的关系示于图 1-1-23。由图 1-1-23 可见,Cu 含量为 3%～7% 的强化效果最好。Al-Cu 合金的自然时效和人工时效的时效硬化曲线分别示于图 1-1-24 和图 1-1-25。

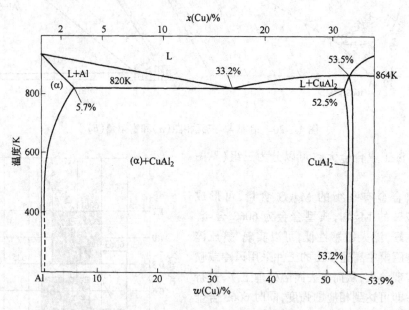

图 1-1-22　Al-Cu 二元相图

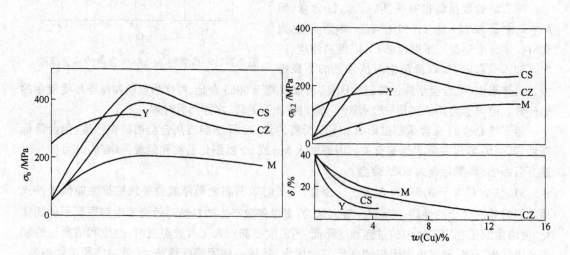

图 1-1-23　Al-Cu 合金力学性能与铜含量的关系

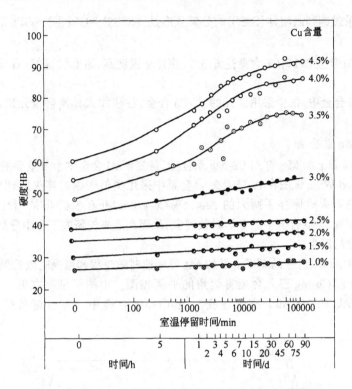

图 1-1-24  Al-Cu 合金自然时效硬化曲线(100℃水中淬火)

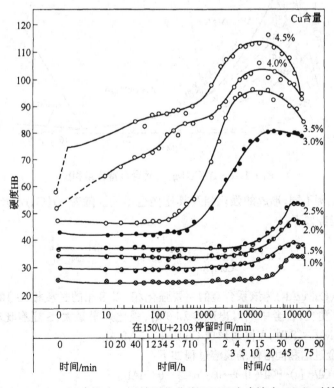

图 1-1-25  Al-Cu 合金人工时效硬化曲线(100℃水中淬火,150℃时效)

Al-Cu 二元系过饱和固溶体(SSSS)的分解顺序是:(SSSS)→GP(Ⅰ)→GP(Ⅱ)→θ′-CuAl$_2$→θ-CuAl$_2$。

典型的 Al-Cu 合金 2219,Cu 含量达 6.3%,该合金强度高,耐热性能好,焊接性能好,但耐蚀性较低。

工业变形 Al 合金中,很少采用二元的 Al-Cu 合金,往往加入其他合金元素以提高强度和改善其综合性能。

B  Al-Cu-Mg 系合金

在 Al-Cu 系基础上加 Mg 的 Al-Cu-Mg 系合金,是变形 Al 合金中十分重要的一类合金。

1906 年 Alfred Wilm 试图在 Al-Cu-Mg 合金系中采用类似于钢的淬火原理来开发高强度的铝合金,偶然发现淬火后保存了两天的 Al-4.5%Cu-1.0%Mg-0.5%Mn 的“杜拉铝”,硬度特别高,这样第一次发现了 Al 合金中的自然时效现象,从而在后来的研究工作中导致了 2124 合金和著名的 2024 合金的诞生。

研究证明,在 Al-Cu 合金的基础上添加 Mg 可加速时效过程和增强时效效果。

图 1-1-26 是 Al-Cu-Mg 三元合金富铝角的平衡相图。由图可见存在五个相:(Al)、CuAl$_2$、CuMgAl$_2$、CuMg$_4$Al$_6$ 和 Mg$_5$Al$_8$。在工业变形 Al-Cu-Mg 合金中,Mg 含量较低,一般不会出现 Mg$_5$Al$_8$。

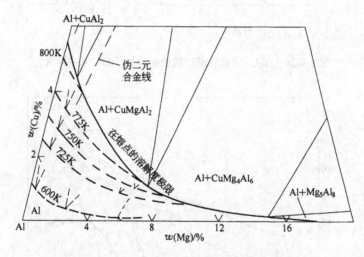

图 1-1-26  Al-Cu-Mg 三元合金富铝角相图

Cu 与 Mg 的比例不同,形成的强化相及其比例也不同。随着 $w(Cu)/w(Mg)$ 的减小,所形成强化相的变化趋势如下:

$$\xleftarrow{\quad} 8:1 \xrightarrow{\quad} 4:1 \xrightarrow{\quad} 1.5:1 \xrightarrow{\quad}$$
CuAl$_2$    CuAl$_2$    CuMgAl$_2$    CuMg$_4$Al$_6$
            CuMgAl$_2$

θ(CuAl$_2$)和 S(CuMgAl$_2$)为该系合金的主要强化相,以 S 相的过渡相(S′)的强化效果最好,θ相的过渡强化相 θ′稍次,合金中同时出现 S′和 θ′时,强化效果最大,S′还有比较好的耐热性能。当 4<$w(Cu)/w(Mg)$<8 时,可同时形成 CuAl$_2$ 和 CuMgAl$_2$。

Al-Cu-Mg 合金过饱和固溶体的脱溶过程如下:

(1) (SSSS)→GP(Ⅰ)→GP(Ⅱ)→θ′-CuAl$_2$→θ-CuAl$_2$。

(2) (SSSS)→GPB(Ⅰ)→GPB(Ⅱ)→S′-CuMgAl$_2$→S-CuMgAl$_2$。

GPB(Ⅰ)和 GPB(Ⅱ)是相当于含 Cu 和 Mg 的 GP(Ⅰ)和 GP(Ⅱ)。

GPB 可在{110}面上形成,Cu-Mg 可预先形成原子对,共格的 S′在人工时效过程中起重要的作用。

2024 合金广泛用于航空航天领域,因此除一般性能外,对其断裂韧性、抗应力腐蚀性能有很高的要求。为了提高 2024 合金性能,美国从 20 世纪 70 年代以来,通过降低 Fe、Si 杂质含量,改变或添加微量合金元素,开发了 2124、2048、2419、2224、2324、2424 等一系列新合金,并通过热处理工艺的调整,使合金的断裂韧性和抗应力腐蚀性能明显提高。

不过,也有以 Fe 为主要合金化元素的合金——2618(Al-2.2Cu-1.5Mg-1Ni-1Fe),它属于耐热性能较好的合金。Fe 和 Ni 与 Al 形成 FeNiAl$_9$ 相,可改善其高温性能。2×××合金通常都含有不大于 1.0% 的 Mn、Co、Cr 等元素,它们在合金中的作用与 Mn 相似。Ag 对 Al-Cu 和 Al-Cu-Mg 合金的时效过程有明显的影响,可改善合金的力学性能。

Al-Cu-Mg 系合金是发展最早的一种热处理强化型合金,也是发展较为成熟的合金系,如 2024、2618、2219 等合金均在航空航天领域得到了广泛的应用。Al-Cu-Mg 合金富铝角相图示于图 1-1-26,等强度曲线示于图 1-1-27。

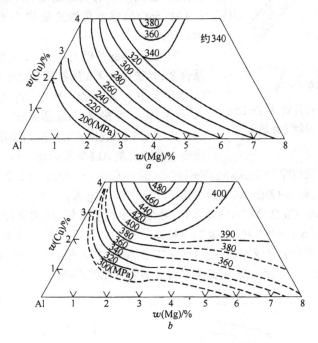

图 1-1-27  Al-Cu-Mg 系合金等强度曲线

*a*—刚淬火状态;*b*—自然时效状态

### 1.1.4.7  Al-Zn-Mg-Cu 系(7×××)

Al-Cu-Mg 系和 Al-Zn-Mg-Cu 系合金通称为高强度铝合金,前者静强度略低于后者,但使用温度却比后者高。

Al-Zn-Mg 系在 20 世纪 30 年代就开始被研究,该系合金强度高,但由于存在严重的应力腐蚀现象未得到应用。直至 40 年代初研究者才发现在 Al-Zn-Mg 合金基础上加入 Cu、Mn、Cr 等元素能显著改善该系合金抗应力腐蚀和抗剥落腐蚀的性能,从而开发出 7075 合金。70 年代以后,在 7075 合金的基础上,开发出了几种新合金,例如,为了提高强度,通过增加 Zn、Mg 元素含量,开发出 7178 合金;为了提高塑性和锻件的均匀性,通过降低 Zn 含量,产生了 7079 合金;为了获得良好的综合性能,通过调整 $w(Zn)/w(Mg)$ 和提高 Cu 含量以及以 Zr 代 Cr,研制出了 7050 合金;在 7050 合金基础上,通过降低 Fe、Si 杂质含量和纯净化手段,开发出了韧性和抗应力腐蚀性能更好的 7175 合金和 7475 合金。近年来,国内外均在大力开发高强、高韧、高均匀的新一代高强铝合金,以满足航空、航天等部门的需求。

在 Al 中同时加入 Zn 和 Mg,可形成强化相 $MgZn_2$,对合金产生明显的强化作用。$MgZn_2$ 含量从 0.5% 提高到 12% 时,可不断提高合金的抗拉强度和屈服强度。而且 Mg 的含量超过形成 $MgZn_2$ 相所需要的量时,还会产生补充强化作用。

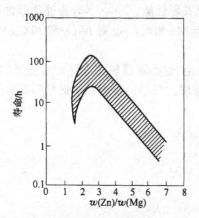

图 1-1-28 锌、镁比值对 Al-Zn-Mg 合金应力腐蚀开裂敏感性的影响

$MgZn_2$ 含量增加,在强化合金的同时却大大降低了合金的应力腐蚀拉力。为此,需通过成分调整和热处理工艺控制两个方面来减小这一矛盾。在成分方面,由于抗拉强度和应力腐蚀开裂敏感性都随 Zn、Mg 含量的增加而增加,因此,对 Zn、Mg 总量应加以控制,同时应注意 $w(Zn)/w(Mg)$。有资料指出:$w(Zn)/w(Mg) = 2.7 \sim 2.9$ 时,合金的应力腐蚀开裂抗力最大,如图 1-1-28 所示。

在 Al-Zn-Mg 基础上加入 Cu 所形成的 Al-Zn-Mg-Cu 系合金,其强化效果在所有铝合金中是最好的,合金中的 Cu 大部分溶入 $\eta(MgZn_2)$ 和 $T(Al_2Mg_3Zn_3)$ 相内,少量溶入 $\alpha(Al)$ 内。可按 Zn/Mg 质量比,将此系合金分为四类:(1) $w(Zn)/w(Mg) \leqslant 1:6$,主要沉淀相为 $Mg_5Al_8$,这类合金实际上是 Al-Mg 系合金。(2) $w(Zn)/w(Mg) = (1:6) \sim (7:3)$,主要沉淀相为 $T(Al_2Mg_3Zn_3)$ 相。(3) $w(Zn)/w(Mg) = (5:2) \sim (7:1)$,主要沉淀相为 $\eta(MgZn_2)$ 相。(4) $w(Zn)/w(Mg) > 10:1$,沉淀相为 $Mg_2Al_{11}$。

一般来说,Zn、Mg、Cu 总量在 6% 以下时,合金成形性能良好,应力腐蚀开裂敏感性基本消失。合金元素总量在 6% ~ 8% 时,合金能保持高的强度和较好的综合性能。合金元素总量在 9% 以上时,强度高,但合金的成形性、可焊性、抗应力腐蚀性能、缺口敏感性、韧性、抗疲劳性能等均会明显降低。图 1-1-29 为锌、镁、铜总量对合金力学性能的影响。

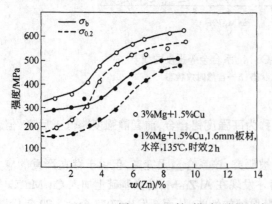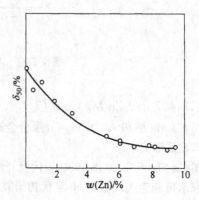

图 1-1-29 锌、镁、铜总量对合金力学性能的影响

采用降低杂质(主要是 Fe 和 Si)和气体含量,减小金属间化合物尺寸,是提高合金断裂韧性的有效途径,见图 1-1-30。改善热处理工艺可大大提高合金的应力腐蚀抗力。纯净化、均质化、晶粒细化和新的热处理工艺,是开发高强高韧铝合金的主要途径。

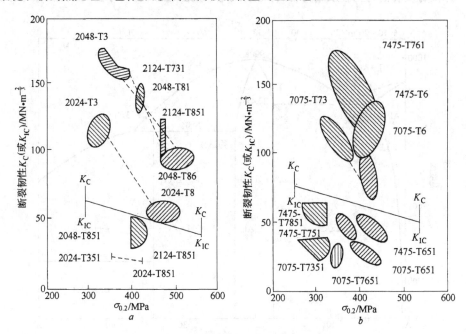

图 1-1-30 超纯铝合金与工业铝合金断裂韧性的比较

a—Al-Cu-Mg 系合金;b—Al-Zn-Mg-Cu 系合金

高强铝合金的强度、韧性、应力腐蚀敏感性等与微观组织结构有着十分密切的关系,受热处理条件的影响特别显著,为了控制合金微观结构,已经利用当今可以采用的各种实验技术,对高强铝合金的时效沉淀顺序进行过详细的研究。

Al-Zn-Mg 三元系合金的沉淀顺序是:SSSS→GP 区→η′-MgZn2→η-MgZn2。这一沉淀过程是连续变化的。GP 区与基体共格,形状为球形。在较高的温度下时效,球形的 GP 区沿基体的 (111)面扩展,随着时效时间的延长和温度的升高,其厚度虽无明显增加,但直径却迅速增大。η′为过渡相,与基体保持半共格,呈针状,六方结构。η 为平衡相,与基体非共格,六方结构,呈板条状。

关于 Al-Zn-Mg-Cu 四元系合金的过饱和固溶体的分解,有两种不同的观点。一种观点认为,与 Al-Zn-Mg 三元合金过饱和固溶体分解过程相似,但有 Cu 原子进入 GP 区和 η′相,而分解过程不发生其他变化。另一种观点认为,Al-Zn-Mg-Cu 四元系合金的过饱和固溶体分解过程为:SSSS →GPB 区→S′(Al2CuMg)→S。但是,只有当时效温度高于 175℃ 时可以观察到 S′相之外,在实际时效过程中往往只能确认 η′ 和 η 相。

Al-Zn-Mg-Cu 系合金在 160~170℃ 时效时,析出 η′相,使应力腐蚀抗力明显提高,但抗拉性能却显著下降。为此,采用双级时效,如采用 T73 状态,通过在预先存在的 GP 区形核,可获得更加弥散细小的 η′相,既保持了较高的强度,又提高了抗应力腐蚀性能。形变热处理对该系合金的组织和性能也有着明显的影响。

### 1.1.4.8 Al-Li 合金

Li 的密度小,为 0.534 g/cm³,是最轻的金属元素。Li 在 Al 中的最大固溶度为 4%(摩尔分数为13.9%),并且随温度变化固溶度有显著变化,因此有很好的热处理强化效果。向Al中每添加1%的Li,可使合金密度减小约3%,弹性模量提高约6%,Al-Li合金是一种高比强、高比模合金,是一种很有发展潜力的轻质结构材料,特别是对于航空、航天领域有着十分重要的意义。

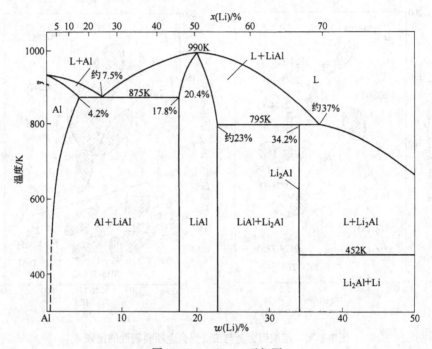

图 1-1-31　Al-Li 二元相图

20世纪20年代初德国就研制出含Li的铝合金Scleron合金(Al-12Zn-3Cu-0.1Li)。1942年美国铝业公司(Alcoa)申报了X2020(Al-4.5Cu-1.0Li-0.8Mn-0.5Cd)合金专利,该合金 $\sigma_b = 576$ MPa, $\sigma_{0.2} = 523$ MPa, $\delta = 7.8\%$。美国海军将其用在RA-5C预警飞机上,使飞机减重6%,但因该合金 $K_{IC}$ 值低和缺口敏感性高,于1969年停止了生产。1960~1965年,前苏联研制出Al-Mg-Li系的1420合金,随后发展出1421合金和1423合金。20世纪70年代,为适应航空、航天工业的迅速发展,再加上当时的石油危机,加速了节能飞行器的发展,Al-Li合金的研究再度受到重视,现已成为航空航天领域重点开发的材料之一。表1-1-9为国外开发的主要Al-Li合金牌号及成分。

表 1-1-9　欧美国家 Al-Li 合金牌号及化学成分表

| 合金牌号 | 开发国 | 化 学 成 分/% | | | | | | | | | | 密度/g·cm⁻³ |
|---|---|---|---|---|---|---|---|---|---|---|---|---|
| | | Li | Cu | Mg | Ag | Zr | Mn | Cr | Zn | 其他 | Al | |
| 2020 | 美国 | 1.0 | 4.5 | — | — | — | 0.8 | — | — | 0.15Cd | 余量 | — |
| 2090 | 美国 | 1.9~2.6 | 2.4~3.0 | 0.25 | — | 0.08~0.15 | 0.05 | 0.05 | 0.10 | — | 余量 | — |
| 2091 | 法国 | 1.7~2.3 | 1.8~2.5 | 1.1~1.9 | — | 0.04~0.16 | 0.1 | 0.1 | 0.25 | — | 余量 | — |
| 2094 | 美国 | 0.7~1.4 | 4.4~5.2 | 0.25~0.8 | 0.25~0.6 | 0.04~0.18 | 0.25 | | 0.25 | — | 余量 | 2.72 |
| 2095 | 美国 | 0.7~1.5 | 3.9~4.6 | 0.25~0.8 | 0.25~0.6 | 0.04~0.18 | 0.25 | | 0.25 | — | 余量 | 2.68 |
| 2195 | 美国 | 0.8~1.2 | 3.7~4.3 | 0.25~0.8 | 0.25~0.6 | 0.04~0.18 | 0.25 | | 0.25 | — | 余量 | 2.71 |
| 2096 | 美国 | 1.3~1.9 | 2.3~3.0 | 0.25~0.8 | 0.25~0.6 | 0.04~0.18 | 0.25 | | 0.25 | — | 余量 | 2.62 |
| 2097 | 美国 | 1.2~1.8 | 2.5~3.1 | 0.4 | — | 0.08~0.16 | 0.1~0.6 | | 0.35 | — | 余量 | — |

| 合金牌号 | 开发国 | 化学成分/% | | | | | | | | | | 密度/g·cm⁻³ |
|---|---|---|---|---|---|---|---|---|---|---|---|---|
| | | Li | Cu | Mg | Ag | Zr | Mn | Cr | Zn | 其他 | Al | $/g \cdot cm^{-3}$ |
| 2197 | 美国 | 1.3~1.7 | 2.5~3.1 | 0.3 | — | 0.08~0.15 | 0.1~0.5 | — | 0.05 | — | 余量 | — |
| 5091 | 美国 | 1.2~1.4 | — | 3.7~4.2 | — | — | — | — | — | 1.0~1.3C | 余量 | — |
| 8090 | 欧盟 | 2.2~2.7 | 1.0~1.6 | 0.6~1.3 | — | 0.04~0.16 | 0.1 | 0.1 | 0.25 | — | 余量 | — |
| 8091 | 英国 | 2.4~2.8 | 1.6~2.2 | 0.5~1.2 | — | 0.08~0.16 | 0.1 | 0.1 | 0.25 | — | 余量 | — |
| 8093 | 法国 | 1.9~2.6 | 1.0~1.6 | 0.9~1.6 | — | 0.04~0.14 | 0.1 | 0.1 | 0.25 | — | 余量 | — |
| 1420 | 前苏联 | 2.2 | — | 5.0 | — | 0.1 | 0.5 | — | — | — | 余量 | 2.47~2.49 |
| 1421 | 前苏联 | 1.8~2.1 | — | 4.9~5.5 | — | 0.08~0.15 | — | — | — | 0.1~0.2Sc | 余量 | 2.47~2.49 |
| 1430 | 前苏联 | 1.5~1.9 | 1.5~1.8 | 2.5~3.0 | — | 0.08~0.14 | — | — | — | Sc、Be、Y | 余量 | 2.58 |
| 1423 | 前苏联 | 1.8~2.1 | — | 3.2~4.2 | — | 0.06~0.1 | — | — | — | 0.1~0.2Sc | 余量 | 2.48~2.52 |
| 1440 | 前苏联 | 2.1 | 1.4 | 1.0 | — | 0.1 | — | — | — | 0.05Be | 余量 | 2.48 |
| 1429 | 前苏联 | 1.8~2.3 | — | 4.8~6.0 | — | 0.08~0.15 | — | — | — | 0.2~0.3Be | 余量 | 2.45~2.47 |
| 1441 | 前苏联 | 1.9 | 1.7 | 0.9 | — | 0.1 | — | — | — | — | 余量 | — |
| 1451 | 前苏联 | 1.5~1.8 | 2.7~3.2 | — | — | 0.08~0.16 | — | — | — | — | 余量 | 2.60 |
| 1450 | 前苏联 | 2.1 | 3.0 | — | — | 0.1 | — | — | — | 0.03Ce | 余量 | 2.58 |
| 1470 | 前苏联 | 2.3~2.6 | 0.3~0.8 | 1.2~1.9 | 0.2~0.6Ti | 0.08~0.14 | 0.05~0.6Ni | — | — | — | 余量 | — |
| 1460 | 前苏联 | 2.0~2.5 | 2.5~3.5 | — | — | 0.15 | — | — | — | 0.03Ce,0.1Sc | 余量 | 2.58 |
| BA л23 | 前苏联 | 0.9~1.4 | 4.8~5.3 | — | — | 0.1~0.2Cd | 0.4~0.8Mn | — | — | — | 余量 | 2.58 |

Al-Li 为时效强化型合金,二元 Al-Li 合金的沉淀过程为:SSSS(过饱和固溶体)→中间相 $\delta'$ ($Al_3Li$)→平衡相 $\delta(Al_3Li)$。$\delta'$ 与母相完全共格,呈球形,起强化作用。一旦在晶内和晶界沉淀出 $\delta$ 相,合金强度便下降。$\delta$ 相可从 $\delta'$ 相转变而形成,也可以独立形核成长。

Al-Mg-Li、Al-Cu-Li、Al-Cu-Mg-Li 系合金的沉淀过程相似。Al-Mg-Li 系的沉淀过程为:

$$SSSS \longrightarrow \delta' \diagup^{\delta}_{\diagdown Al_2LiMg}$$

在 Al-Cu-Li 系合金中,其沉淀过程为:

$$SSSS \begin{cases} \longrightarrow \delta'\text{-}Al_3Li \longrightarrow \delta\text{-}Al_3Li \\ \longrightarrow GP(I) \longrightarrow GP(II) \longrightarrow \theta'\text{-}CuAl_2 \longrightarrow \theta\text{-}CuAl_2 \\ \longrightarrow T_1'\text{-}Al_2CuLi \longrightarrow T_1\text{-}Al_2CuLi \end{cases}$$

Cu 的沉淀与 Li 无关,按 Al-Cu 二元系中的沉淀顺序沉淀,Li 以 $\delta' \to \delta$ 和 $T_1' \to T_1$ 相形式沉淀。

Al-Cu-Mg-Li 系的沉淀顺序很复杂,至今尚未完全清楚,各种时效硬化相都可能沉淀,包括 $\delta'$ 和 $\delta$、$T_1$ 以及 $S'(Al_2CuMg)$ 等。

Al-Li 合金有许多优良性能,但断裂韧性较差,各向异性较大,长时间在室温或短时间在较高温度下暴露,合金韧性会变差。为改善 Al-Li 合金性能可采取以下措施:

(1) 添加微量的 Zr(或 Sc),在均匀化和热加工过程中,析出 $\alpha'$-$Al_3Zr$,与基体共格和均匀沉淀,$\alpha'$-$Al_3Zr$ 能为 $\delta'$-$Al_3Li$ 提供形核位置,所以 $\delta'$-$Al_3Li$ 往往围绕 $\alpha'$-$Al_3Zr$ 沉淀,形成复合析出物,不容易被运动位错所切割,从而提高材料的韧性。Sc 也起同样的作用。

(2) 添加微量 Be 可抑制 Na 在晶界析出。添加 Ag 可增加时效效果,减少无脱溶带(PF2)的宽度,降低共面滑移,而且有可能促使新的强化相析出。

(3) 加强熔体纯净化,采用形变热处理、分级时效等都是提高 Al-Li 合金性能的有效工艺措施。

### 1.1.5  铸造铝合金

工程应用的铝合金铸件,可以采用任何一种铸造工艺进行生产。根据使用性能的要求和批量大小,可以分别采用砂型模、永久模、熔模、压铸、真空吸铸、流变铸造等生产方法。这些生产工艺简便,同时铸造铝合金力学性能和工艺性能优良,因此,铝合金铸件广泛用于航空航天、船舶、汽车、电器、仪器仪表、日用品等部门。

#### 1.1.5.1  Al-Si 铸造合金

以硅为主要合金化元素的铸造 Al-Si 合金是最重要的工业铸造合金。图 1-1-32 为 Al-Si 二元状态图。亚共晶、共晶、过共晶 Al-Si 合金都有着广泛的工业应用。亚共晶和共晶型合金的组织由韧性的 $\alpha$ 固溶体和硬脆的共晶硅相组成,具有高强度,并保留一定的塑性,流动性好,缩松少,线胀系数小,有良好的气密性,并有较好的耐蚀性和焊接性。其物理性能和力学性能可通过调整合金成分在较大范围内调节。过共晶合金有坚硬的初生硅相,有良好的耐磨性、低的线胀系数和极好的铸造性能,已成为内燃机活塞的专用合金。

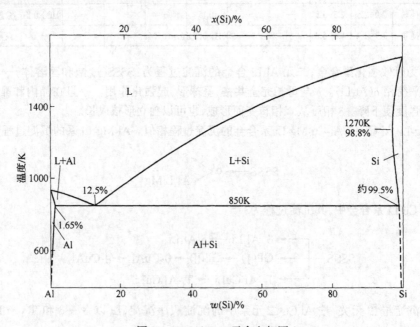

图 1-1-32  Al-Si 二元合金相图

Al-Si 合金共晶体中的硅相,在自发生长条件下会长成片状,这种片状脆性相会严重地割裂基体。过共晶 Al-Si 合金中的初晶硅还会长成粗大的片状。为了改善 Al-Si 合金的组织和性能,必须使初晶硅和共晶中的硅相细化,即必须变质处理。Al-Si 合金共晶体的变质常在合金熔体中加入氟化钠与氯盐的混合物,或加入微量的纯钠,或加入 Sr 等其他变质剂进行变质处理。Al-Si

共晶合金变质后,原本粗大的片状硅晶体和 α 组成的共晶组织,变为树枝状初生 α 固溶体和(α +Si)的亚共晶组织,共晶体中粗大硅相变为细小纤维状。初生 α 晶的出现意味着变质处理后使共晶点右移,伪共晶倾向加剧。过共晶 Al-Si 合金变质处理,一般多采用磷(Cu-P 合金或磷化物)使之成为初晶硅的晶核。细化后的初晶硅的尺寸通常只有未变质前的 1/10 左右,可使合金的组织和性能得到根本的改善。Na、Ca、Sr、Sb 四种元素中的每一种,均可使 Al-Si 共晶组织中的 Si 变质,过共晶中的初晶硅可加入 0.01%～0.03% P 使其变质而细化。

　　二元 Al-Si 合金虽然有着良好的铸造性能、优良的气密性和耐磨性,但强度较低,耐热性能差,往往加入其他合金化元素以改善其性能,在 Al-Si 二元合金中加入适量的 Mg,可显著提高其强度。因加入 Mg 后,可生成 $Mg_2Si$ 相,因而可以通过热处理使合金强化。在 Al-Si 合金中同时加入 Mg 和 Cu,比单独加入其中一种元素所获得的热处理效果要好。在 Al-Si-Mg 系中加入 Cu,随 Cu 含量的增加,合金强度显著增加,伸长率下降,而耐热性能提高。这是因为 Cu 含量增加时,合金中 $\beta(Mg_2Si)$ 相逐渐减少,而出现 $W(Al_xMg_5Si_4Cu_4)$ 和 $\theta(CuAl_2)$ 相。Al-Si-Mg 合金未加 Cu 时其组织为 α + Si + β,加 Cu 后,除上述三相外还将出现 W 相,Cu 含量增加 W 相也增加,当 Cu/Mg 质量比约 2.1 时,β 相将消失,而成为 α + Si + W 三相组织,当 Cu/Mg 质量比大于 2.1 时,除 α + Si + W 外还将出现 θ 相。W 相耐热性最好,β 相耐热性最差。由于希望出现比 β 相耐热的 θ 相,因此常将 Cu/Mg 质量比保持在 2.5 左右。

### 1.1.5.2　Al-Cu 铸造合金

　　Al-Cu 系铸造合金是耐热性能最好的铸造铝合金。从 Al-Cu 二元相图(图 1-1-33)可知,Cu 在 Al 中可形成 $\theta(CuAl_2)$ 相,Cu 在 Al 中的最大固溶度在共晶温度时为 5.7%,室温时为 0.05%,因此是典型的热处理可强化合金。在 350℃ 以下 Cu 在 Al 中的溶解度变化小,而且 Cu 在 Al 中扩散系数小,因此赋予了合金良好的耐热性能。Cu 含量一般应控制在 5% 左右,过低强化不足,过高则固溶处理后的组织中将有未溶的 $CuAl_2$ 存在,会降低合金的塑性。Cu 含量约为 10% 的 Al-Cu 铸造合金,多用于高温下强度和硬度都要求高的零件。

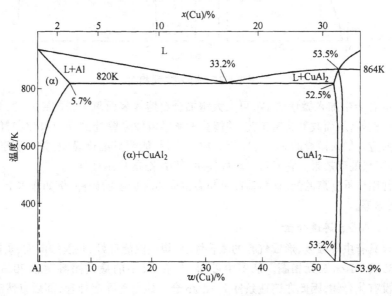

图 1-1-33　铝-铜二元相图

在该系合金中添加 Mn,可提高其耐热性能。Mn 溶入 α 固溶体,阻碍 Cu 原子的扩散,同时

可生成 $Al_{12}CuMn_2$ 相,通过热处理使合金强化。加入 Ni 也可提高其耐热性能。通常还加入 Ti 或稀土元素以细化晶粒。

Al-Cu 合金结晶范围宽,铸件缩松倾向大,流动性低,铸造性能较差,对工艺要求严格。切削性能良好,焊接性尚可,气密性和耐蚀性较低。该类合金的重要用途是铸造柴油发动机活塞和航空发动机缸盖等,其应用范围仅次于 Al-Si 铸造合金。

### 1.1.5.3 Al-Mg 铸造合金

该类合金室温力学性能高,切削性能好,耐蚀性优良,是铸造铝合金中耐蚀性能最好的,可在海洋环境中服役,但长期使用时有产生应力腐蚀倾向,且熔铸工艺性能差。

从图 1-1-34 Al-Mg 二元相图中可以看出,Mg 在 Al 中的最大固溶度在共晶温度时达 14.9%,共晶组织为 α+β($Mg_2Al_3$)虽然 Mg 在 Al 中有很大的固溶度,但 Mg 含量低于 7% 时,二元合金没有明显的沉淀强化作用。因此,Al-Mg 变形合金属于热处理不可强化的合金。铸造 Al-Mg 合金中,ZL301 和 ZL305 合金 Mg 含量均在 7% 以上,可进行热处理强化。而 ZL303 合金 Mg 含量较低,因而热处理强化效果不明显。该合金在铸态下使用。

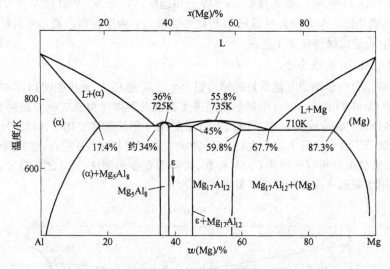

图 1-1-34　铝-镁二元相图

在 Al-Mg 合金中加入微量的 Be,可大大增加合金熔体表面氧化膜的致密度,提高合金熔体表面的抗氧化性能,从而改善熔铸工艺,并能显著减轻铸件厚壁处的晶间氧化和气孔,降低力学性能的壁厚效应。加入微量的 Zr、B、Ti 等晶粒细化剂,能明显细化晶粒,并有利于补缩,使 β 相更为细小,提高热处理效果。它们可以单独使用,其中 Zr 的作用最强。

该合金常用作承受高的静、动负荷以及与腐蚀介质相接触的铸件,例如作水上飞机及船舶的零件、氨用泵体等。

### 1.1.5.4 Al-Zn 铸造合金

该系合金具有中等强度,形成气孔的敏感性小,焊接性能良好,热裂倾向大,耐蚀性能差。

图 1-1-35 为 Al-Zn 二元相图。从图中可知,Zn 在 Al 中的最大固溶度达 70%,室温时降至 2%,室温下没有化合物,因此在铸造条件下 Al-Zn 合金能自动固溶处理,随后自然时效或人工时效可使合金强化,节约了热处理工序。该类合金可采用砂型模铸造,特别适宜压铸。

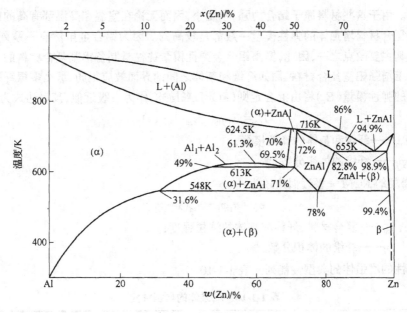

图 1-1-35 铝-锌二元相图

Al-Zn 合金强度不高,需进一步合金化,加 Si 可进一步固溶强化,在 Al-Zn-Si 系合金(如 ZL401)中加入 Mg,形成 Al-Zn-Mg 系合金(如 ZL402),强化效果明显。合金加 Cr 和 Mn,可使 MgZn$_2$ 相和 T 相均匀弥散析出,提高强度和提高抗应力腐蚀能力。Al-Zn 铸造合金中加 Ti 和 Zr 可以细化晶粒。

该类合金适宜于制造需进行钎焊的铸件。

### 1.1.6 铝基复合材料

复合材料是由两种或两种以上化学性质不同的单体材料组合而成的第三种材料。或者说是由基体材料和增强体材料经复合处理而制得的新材料。与单体材料相比,其性能有许多独特之处,主要优点是力学性能和物理性能可满足特定的需要,这一点是单体材料往往不能实现的。复合材料可分为三类:聚合物基复合材料(PMC$_S$)、金属基复合材料(MMC$_S$)和陶瓷基复合材料(CMC$_S$)。

铝基复合材料在金属基复合材料乃至整个复合材料中都占有重要的地位,发展相对成熟,已逐步应用于汽车、航空航天、电子、休闲品等领域。这种复合材料不仅用作结构材料,而且向功能材料发展,如电子封装材料和阻尼材料等。

#### 1.1.6.1 基体

尽管镁、钛、超合金和金属间化合物等都有其独特的物理和力学性能,用作金属基复合材料基体各有其独特的吸引力,但最常用和较成熟的基体材料还是铝及其合金。铝及其合金之所以适合于作金属基复合材料的基体,是因为铝具有密度小、熔点不高、比强度高、塑性好、导热性和导电性好、易于与增强体复合和可进行二次加工等优点。

铝基复合材料常用的基体合金有:工业纯铝,变形铝合金中的 2×××系、7×××系(适用于高强度)和 6×××系(适用于耐蚀和加工性),以及铸造铝合金的 Al-Si 系。一般不采用含有 Mn 和 Cr 的铝合金,以避免生成脆性化合物。

#### 1.1.6.2 增强体

MMC$_S$ 的增强材料可分为四类:颗粒、晶须、短纤维和长纤维。增强材料一般为氧化物、碳化物或氮化物。由于这些材料原子结合力强,密度小,因而无论在室温和高温都有高的比强度和比刚度。铝基复合材料增强体的弹性模量一般都是较高的。因为铝合金虽然有一系列优点,但弹性模量低是其主要缺点之一,因此,提高铝合金弹性模量往往是制备铝基复合材料的主要目的之一。对于纤维增强铝基复合材料,假如纤维和基体之间的界面效应很弱,那么多根纤维同轴排列的复合材料的弹性模量($E_c$)将由混合定则(ROM)来描述,作为一级近似,其表达式为:

$$E_c = E_f \varphi_f + E_m(1 - \varphi_f)$$

式中　　$E_f$、$E_m$——纤维和基体的弹性模量;

　　　　　$\varphi_f$——纤维的体积分数,%。

同理,强度的 ROM 一级近似描述为:

$$\sigma_c = \sigma_f \varphi_f + \sigma_m(1 - \varphi_f)$$

式中　　$\sigma_c$、$\sigma_f$、$\sigma_m$——复合材料、纤维和基体的抗拉强度;

　　　　　$\varphi_f$——纤维的体积分数,%。

有代表性的增强体的典型性能列入表 1-1-10。

表 1-1-10　增强体的典型性能

| | 种　类 | 生产者 | 直径/μm | 长度/μm | 密度/g·cm⁻³ | 抗拉强度/GPa | 弹性模量/GPa |
|---|---|---|---|---|---|---|---|
| 晶　须 | β-SiC | Tokai 碳 | 0.1~1.0 | 50~200 | 3.19 | 3~14 | 400~700 |
| | α-Si₃N₄ | Tateho 化学制品 | 0.1~0.6 | 20~200 | 3.18 | 14 | 380 |
| | 石墨 | Nikkiso | 0.1~1.0 | 10~200 | 2.25 | 7~21 | 700~800 |
| | K₂·6TiO₂ | Otsuka 化学制品 | 0.2~0.5 | 10~20 | <3.3 | >7 | >270 |
| | 种　类 | 生产者 | 化学成分 | 直径/μm | 密度/g·cm⁻³ | 抗拉强度/GPa | 弹性模量/GPa |
| 短纤维 | 氧化铝 | Nichiasu | Al₂O₃ 95%<br>SiO₂ 5% | 3 | 3.6 | 1.1 | |
| | 氧化铝/氧化硅 | Isolite | Al₂O₃ 47.3%<br>SiO₂ 52.3% | 2.8 | 2.6 | 1.3 | 120 |
| | 氧化锆 | Shinagawa | ZrO₂ 95%<br>CaO 4% | 5 | 5.8 | 1.5 | |
| | 种　　类 | | 细丝数目 | 直径/μm | 密度/g·cm⁻³ | 抗拉强度/GPa | 弹性模量/GPa |
| 长纤维 | CVD 纤维 | B/W | 1 | 100 | 2.57 | 3.4 | 390 |
| | | SiC/C | 1 | 140 | 3.0 | 3.4 | 420 |
| | 多根 Al₂O₃<br>细丝 | Al₂O₃ 85%<br>SiO₂ 15% | 1000 | 17 | 3.25 | 1.8 | 210 |
| | SiC | SiC | 500 | 10~15 | 2.55 | 2.4~2.9 | 180~200 |
| | C | PAN[①] | 6000 | 7 | 1.76 | 3.5 | 230 |
| | | | 3000 | 6.5 | 1.81 | 2.7 | 390 |
| | | 树脂 | 1000~12000 | | 2.0 | 1.9 | 200 |
| | | | 1000~12000 | | 2.1 | >2.9 | 690 |

① PAN 表示聚丙烯腈基碳纤维。

### 1.1.6.3　主要制备方法

复合材料的加工制备方法有很多种,连续纤维增强和非连续纤维(晶须、短纤维)增强以及颗粒增强的铝基复合材料,有着不同的加工方法,而特定的加工方法对复合材料的性能和成本会产生很大的影响。在选择制备方法时必须考虑增强体在基体中的均匀分布,增强体与基体的浸润性、增强体与基体的界面反应和制造成本四大基本问题。复合材料性能的优越性促使研究者克服各种困难进行探索,到目前为止,已经有几种方法达到或接近复合材料工业生产水平,即液态金属浸渗法、扩散连接法、搅拌铸造法、粉末冶金法和喷射共沉积法。

(1) 液态金属浸渗法。将连续纤维或短纤维用框架固定或用黏结剂黏结成一定形状并预热,然后施加一定的压力(可用惰性气体施压和保护),待其凝固后即形成坯体材料,再进行后续加工。

(2) 扩散连接法。对于可靠性要求高的连续纤维增强复合材料,可使连续纤维通过熔融金属槽或将熔融铝喷射到纤维上,再将纤维排列于两层铝箔或多层铝箔之间,加适当压力辊轧成形,然后加热模压,使之扩散结合,制成所需零件形状。

(3) 搅拌铸造法。将增强相颗粒加入熔融的铝合金中,通过机械搅拌或电磁搅拌、超声搅拌等方法,使颗粒分布均匀,必须控制好温度和搅拌方式,使颗粒不与基体产生严重的化学反应并使搅入的空气最少。也可在真空下或惰性气体保护下搅拌、半固态搅拌和加压铸造成形,以生产铸件和重熔锭,也可以生产压力加工用的锭。

(4) 压力铸造法。将增强体制成预制件,在压力作用下使液态金属强制进入增强体预制件,一直施加压力到凝固结束。该方法不要求熔融金属与增强体有好的润湿性,增强体与基体之间的反应小,并可避免孔隙和缩孔等铸造缺陷。在加工中用惰性气体加压能起到更好的保护作用。

(5) 粉末冶金法。将增强体(增强颗粒、晶须或短纤维)和快速凝固的铝合金粉末混合均匀,然后加热除气,在液相线和固相线之间的温度进行真空热压烧结,即制成复合材料坯料。此方法的优点是增强体体积分数可准确控制,增强体与基体界面反应小,混合均匀;缺点是工艺较复杂。

(6) 喷射共沉积法(图 1-1-36)。实际上它是在喷射沉积工艺基础上发展起来的一种新工艺。喷射沉积是介于铸锭冶金和粉末冶金之间的近成形工艺,其原理是熔融金属流被高压惰性气体雾化成细小液滴,然后高速飞行的液滴在飞行过程中快速凝固。液滴由于尺寸大小和传热条件等的差异,保持着一定的固/液质量比,从而沉积在基板上形成锭坯。喷射共沉积就是将强化相陶瓷颗粒引入雾化锥中,增强体像基体金属的固相一样被液滴捕获而共同沉积在基板上制成复合材料锭坯。强化相与液滴接触时间短,避免了有害的界面反应。生产中可选择不同的增强体,增强体体积分数可达 20% 甚至 20% 以上。

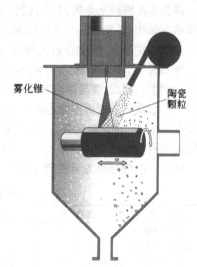

图 1-1-36　喷射共沉积制备复合材料

表 1-1-11 为几种颗粒增强铝基复合材料制备方法的评价与比较。

表 1-1-11　颗粒增强铝基复合材料主要制备方法评价与比较

| 特　性 | 制　备　方　法 | | | |
| --- | --- | --- | --- | --- |
| | 搅拌铸造 | 压力铸造 | 粉末冶金 | 喷射共沉积 |
| 增强体体积分数 | <30% | 20%左右 | <70% | <30% |
| 增强体尺寸 | ≥10μm | ≥5μm | 微米级、纳米级 | 微米级 |
| 增强体均匀性 | C | C | A | B |
| 界面结合状况 | C | B | A | A |
| 微观结构多样性 | B | B | A | A |
| 气孔率 | 1%左右 | 很小 | 很小 | 很小 |
| 工艺成熟性 | B | C | A | B |
| 力学性能 | C | B | A | B |
| 低成本潜力 | A | B | A | C |
| 半机械化生产能力 | B | B | C | A |

注:A 为最好,B 为其次,C 为差。

# 1.2　镁及镁合金

## 1.2.1　镁的特性及合金化规律

### 1.2.1.1　金属镁

金属镁可由菱镁矿、光卤石、盐矿、卤水以及海水中提炼制取,主要通过熔融氯化镁($MgCl_2$)电解还原或热法生产。

镁为ⅡA族碱土金属,2 价,银白色。在 20℃ 时纯镁密度为 1.738 $g/cm^3$。镁的晶体结构为密排六方结构,晶轴比 $c/a=1.6236$。对于密排六方结构,原子排列 $c/a$ 的理论值为 1.633,镁与其值的差别不大,因此普通的镁及镁合金材料与体心立方的铁和面心立方的铝比较,塑性较差。在室温下,多晶密排六方结构的镁塑性变形仅为基面 $\{000\bar{1}\}$ $\langle11\bar{2}0\rangle$ 滑移和锥面 $\{10\bar{1}2\}$ $\langle10\bar{1}1\rangle$ 孪生。因此,镁晶体在产生塑性变形时,只有三个几何滑移系。多晶镁及其合金在变形时不易产生宏观的屈服而易在晶界产生大的应力集中,从而容易导致晶间断裂的产生。只有在纯镁中加入 Li、In 等合金元素,才可以激活镁晶体的棱柱滑移面 $\{10\bar{1}0\}$ $\langle11\bar{2}0\rangle$,使镁合金在较低温度时具有延展性。

镁的一些物理与力学性能见表 1-2-1。

表 1-2-1　镁的基本物理性能

| 性　质 | 温度/℃ | 数　值 | 性　质 | 温度/℃ | 数　值 |
| --- | --- | --- | --- | --- | --- |
| 原子序数 | | 12 | 电阻率/Ω·m | 20 | $4.46\times10^{-8}$ |
| 相对原子质量 | | 24 | 多晶镁弹性模量/GPa | 25 | 45 |
| 熔点/℃ | | 650.0±0.5 | 多晶镁泊松比 | 25 | 0.35 |
| 沸点/℃ | | 1090 | 多晶镁线胀系数/$K^{-1}$ | 27 | $25.0\times10^{-6}$ |
| 结构 | 25 | $hcp$ | | 527 | $30.0\times10^{-6}$ |
| $a$/nm | | 0.32094 | 热容/J·$(mol\cdot K)^{-1}$ | 27 | 24.86 |
| $c$/nm | | 0.52107 | | 527 | 31.05 |
| $c/a$ | | 1.6236 | 热导率/W·$(m\cdot K)^{-1}$ | 27 | 156 |
| 密度/g·$cm^{-3}$ | | 1.738 | | 527 | 146 |

镁的化学活性极强,在高温下(包括切削加工时)可以在空气中发生氧化甚至燃烧。镁活泼的化学性质使其耐蚀性能较差,并且成为该类材料使用过程中不可忽视的一个方面。镁在所有金属结构材料中具有最低的电位,其标准电位 $U_{NHE} = -2.37$ V,极易氧化,生成 MgO 薄膜。MgO 表面膜疏松,很难阻止金属的进一步氧化,而且 MgO 可以与水反应生成 $Mg(OH)_2$,造成材料的腐蚀。

镁的腐蚀行为随环境而改变。在普通工业大气中,镁发生轻微腐蚀。在静止的淡水中,镁的腐蚀程度也类似其在大气中。而盐类,尤其是氯化物会大大增加镁的腐蚀速率,它可使 MgO 膜迅速破坏,杂质的含量和分布强烈影响镁在盐溶液中的腐蚀行为。氯化物杂质可以形成 $MgCl_2$,而 $MgCl_2$ 与水生成 $Mg(OH)_2$ 并进一步形成氯化物,从而导致镁产生灾难性破坏。镁在所有无机酸中都能被迅速腐蚀,而对稀碱有一定抗蚀能力,因此可以用碱性清洗液清洗镁,但随着温度的升高,其腐蚀速率会迅速增加。

### 1.2.1.2 镁的合金化规律

镁常常与其他元素一起作为镁基合金在工业上获得应用。常规镁合金的研究、开发和应用始于 20 世纪 30 年代。目前,镁及其合金密度小,比强度、比刚度高,尺寸稳定性和热导率高,机械加工性能好,而且其产品易回收利用,世界工业发达国家十分重视该材料的科学研究,使镁合金有望成为 21 世纪重要的商用轻质结构材料。

常见镁合金在合金设计中主要考虑固溶硬化和沉淀硬化作用,并同时考虑合金显微组织结构的控制和变质处理。

根据 Hume-Rothery 合金化原则,若溶剂与溶质原子半径差不大于 15%,则两者可生成宽广的固溶体。镁的原子半径为 0.1602 nm,符合该规则的元素有:Li、Al、Ti、Cr、Zn、Ge、Y、Zr、Nb、Mo、Pd、Ag、Cd、In、Sb、Sn、Te、Nd、Hf、W、Os、Pt、Au、Hg、Tl、Pb 和 Bi。当然这一规则并不充分,若考虑到晶体结构、原子价因素和电化学因素的有利性,则大多数合金元素在镁中可形成有限固溶体,见图 1-2-1 虚线以内的元素与镁形成固溶体。在镁基体中有最大固溶度的是同样具有密排六方结构的锌和镉,其中镉与镁生成连续固溶体。

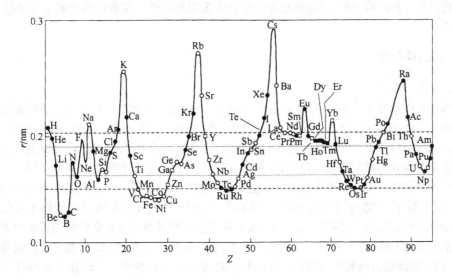

图 1-2-1 合金元素与镁原子半径比较

合金元素与镁也形成各种形式的化合物。其中最常见的三类化合物结构是:

(1) AB 型简单立方结构(CsCl)。如 MgTl、MgAg、MgCe、MgSn 等化合物。

(2) $AB_2$ 型 Laves 相,原子半径比 $R_A/R_B = 1.23$。如 $MgCu_2$、$MgZn_2$、$MgNi_2$。

(3) $CaF_2$ 型 $fcc$ 面心立方结构,包含所有Ⅳ族元素与镁形成的化合物,如 $Mg_2Si$、$Mg_2Sn$ 等。

合金设计时应针对镁合金的不同用途选择合适的合金化元素。例如对需要抗蠕变性能的合金材料,合金设计时就要保证所选合金元素可以在镁基体中形成细小弥散的沉淀物来抑制晶界的滑移,并且令合金具有较大的晶粒。元素 Ce、Ca、Sr、Sb 等在镁中就具有上述特点可以被采用。一般认为,二元镁合金系中的主要元素的作用可以被划分为三类:

(1) 可同时提高合金强度和塑性的合金元素。按强度递增顺序为 Al、Zn、Ca、Ag、Ce、Ga、Ni、Cu、Th;按塑性递增顺序为:Th、Ga、Zn、Ag、Ce、Ca、Al、Ni、Cu。

(2) 对合金强度提高不明显,但对塑性有显著提高的元素,如 Cd、Tl、Li。

(3) 牺牲塑性来提高强度的元素,如 Sn、Pb、Bi、Sb 等。

### 1.2.1.3　镁合金牌号表示法

目前,镁合金有三种主要的合金系,即 Mg-Al 系、Mg-Zn 系和 Mg-RE(稀土)系合金。镁不具备像铝、铜、铁等金属那样丰富的合金系列,对新合金的开发需要新的需求。镁合金系尚无国际统一的合金牌号标准。一般国际上多按美国 ASTM(American Society for Testing Materials)标准表示镁合金牌号。其合金牌号前两位为英文字母,代表合金系中的主合金化元素,后两位数字则分别代表各合金元素的名义成分(质量分数)。合金中字母与所对应的元素为:A—铝,B—铋,C—铜,D—镉,E—稀土,F—铁,H—钍,K—锆,L—锂,M—锰,N—镍,P—铅,Q—银,S—硅,T—锡,W—钇,Z—锌。例如,AZ91 表示 Mg-Al-Zn 系合金,其中 Al 的名义成分为 9%,Zn 的名义成分为 1%。镁合金与铝合金一样,有各种热处理状态,其表示方法与铝合金的相同。

镁合金产品有铸造镁合金、变形镁合金和镁基复合材料三大类。其中目前应用最广泛的是铸造镁合金材料,它的产品占镁合金产品产量的 85%～90%,在航天航空、交通运输、电子器件、办公、体育用品等各领域都有广泛应用。变形镁合金具有优良的性能,它包括普通的变形镁合金和快速凝固镁合金两类,是目前与将来研究与开发先进镁合金材料的重要领域。镁基复合材料是新型高比强轻质结构材料,是金属基复合材料中重要的一类。本章重点介绍这三类镁合金材料的特性。

## 1.2.2　铸造镁合金

### 1.2.2.1　概述

铸造镁合金密度为 1.75～1.91 g/cm³,有很高的比强度,在铸造材料中仅次于铸造钛合金和高强度铸钢。铸造镁合金的弹性模量 $E$ 比较低(约 43 GPa),约为铝的 60%,钢的 20%,故其刚度较低,但比刚度高,受力时能产生较大的弹性变形,具有抗冲击振动的能力,尤其是低合金化的铸造镁合金有很好的阻尼性能,可用作精密电子仪器的底座、轮毂和风动工具等零件。

铸造镁合金中重要的一类合金是在高温环境下使用的耐热镁合金。大多数耐热镁合金工作温度在 260℃ 以下,少数可以达到 300℃。在高温环境下,铸造镁合金的力学性能比耐热铸造铝合金的要低一些,但高温比强度却高得多,故在航天航空领域耐热镁合金的应用日益增多。

如前所述,镁及其合金的表面氧化膜不致密,使其在潮湿大气、海水、无机酸及盐类等介质中抗蚀性能差,因此镁合金铸件均需进行表面氧化处理和涂漆保护等。同时镁合金铸件在装配中应避免与铝、铜、含镍钢等零件直接接触,否则会引起电化学腐蚀。但铸造镁合金在干燥大气、碳酸盐、铬酸盐、氢氧化钠溶液、汽油、煤油、润滑油中耐蚀性能良好,故可以用作齿轮箱、燃油系统零件。大多数镁合金的应力腐蚀敏感性均低于铝合金,这是它的一个明显优点。

镁与氧的化学亲和力很大,液态下 MgO 的表面膜非常疏松,它的致密系数 $\alpha$ 值为 0.79,远小于 1,故镁合金在熔炼时很容易燃烧,镁的熔炼与铸造均需要专门的防护措施,熔铸工艺性独特。镁合金的熔炼通常在熔剂覆盖和保护下进行,或者采用气体($SF_6$)保护,也有采用合金化方法添加阻燃合金元素(如 Ca、Sr、Be 等)制备阻燃镁合金的工艺。采用熔剂保护,容易在镁铸件中带入氧化物夹杂和熔剂夹杂,造成铸件成品率下降,并产生有害气体,劳动环境差。采用 $SF_6$ 气体保护会造成环境污染和温室效应,而添加阻燃合金元素的合金成分不好控制,如 Be 的加入量须控制在 0.003% 以下,否则造成合金组织粗化,严重影响合金铸件力学性能,而且其重熔阻燃性还需研究。因此镁合金的熔铸工艺还需要大力研究。

铸造镁合金的结晶温度间隔一般较大,组织中共晶体含量较少,体收缩和线收缩均较大,单位体积的热容和凝固潜热比铝小。铸造镁合金的铸造性能比铸铝差,其流动性低 20%,热裂、缩松倾向大,气密性低。镁液还易与水分发生反应,生成氢溶于镁中,铸件易形成气孔。镁液易燃烧,遇水可导致爆炸,镁的沸点低(1107℃),漏入炉膛会激烈燃烧爆炸。因此,铸镁合金的熔铸工艺复杂,废品较多,生产成本高。

铸镁合金切削性能良好,不需要磨削和抛光就可得到非常光洁的表面。焊接性能一般,需要采用氩弧焊焊接。

近年来,许多新的镁合金熔铸工艺不断被开发应用。由于镁合金结晶潜热小,凝固区间大,有良好的压铸充型能力,而且镁合金充型后凝固速度快,对压铸模热冲击小,可减轻压铸模热疲劳,延长铸模使用寿命。压铸镁合金收缩均匀,具有高的尺寸准确性,而且镁基本上不与铁模发生反应,使压铸镁合金不但可以像铝合金一样用冷室压铸机压铸,还能使用效率更高的热室压铸机,压铸生产效率比铝合金快约 75%。镁合金的压铸特性,保证了镁合金的压铸高生产率和低生产成本,一般以 Mg-Al-Zn(AZ)、Mg-Al-Mn(AM)和 Mg-Al-Si-Mn(AS)系合金为主,压铸是目前商用镁合金主要的先进生产技术。

压铸镁合金可以采用熔剂保护熔炼,目前也可以采用 $SF_6$ 气体保护镁熔体,可以生产出"高纯"(HP)合金,合金中的铁、镍、铜的含量可获得严格控制,使生产的铸件耐蚀性能大大提高,在标准盐雾试验中其耐蚀性能比普通铸造合金提高 30 倍,腐蚀速率可低于铸造铝合金 Al-9Si-3Cu。

镁合金的半固态铸造技术也是一项新兴技术,和铝合金半固态铸造一样,将事先准备好的合金材料,通过加热至固相线 40%~60% 的温度,然后挤压成形。这种工艺成形的铸件质量好,无气孔和缩松,而且成形温度低,铸型寿命长,尤其是降低了镁合金熔炼时的氧化和燃烧。由于该方法效率高、质量好、安全可靠,日、美等国开始用于产品制造。

铸造镁合金的一种先进铸造技术是获美国专利的半固态 Thixomolding 技术,采用镁颗粒或碎屑为原料,在成形机内一边加热一边搅拌,类似塑料压射成形。镁合金具有在压力下发生触变的特性,使合金成为糊状进行挤压成形。采用该方法可以生产大型、薄壁铸件,该方法成为镁合金铸造领域的先进工艺。

### 1.2.2.2 铸造镁合金的特性

铸造镁合金主要分常规的 Mg-Al-Zn 系、Mg-Zn-Zr 系和耐热类镁合金 Mg-RE-Zr 系。

Mg-Al-Zn 系合金不含稀贵元素,力学性能优良,流动性好,热裂倾向小,熔炼铸造工艺相对简单,成本较低,在工业中应用最早最普遍。但该类合金屈服强度低,屈强比约为 0.33~0.43,铸件缩松严重,高温力学性能差,使用温度不超过 120℃。近年来,基于该类合金开发出一系列新的合金系和新的合金加工方法,成为镁合金研究和应用领域最常用合金系,在商用镁合金材料中,该系合金占主要地位。

Mg-Zn-Zr 系合金有更高的强度,特别是合金的屈服强度比 Mg-Al-Zn 系有显著提高,在该类合金中还可以加入 RE、Ag 等合金元素进一步改善性能。

Mg-RE-Zr 系合金中有较多含量的稀土(RE),很好地提高了合金的高温力学性能,可以用于 100℃ 以上,尤其是 200~250℃ 工作的零部件。含 Y 的稀土镁合金有优良的抗蠕变和持久强度,室温、高温性能优良,是军工材料领域常用镁合金。

铸造镁合金中常用合金元素有铝、锌、锆、银、稀土、锰等,按 ASTM 标准,常见铸造镁合金的化学名义成分见表 1-2-2,相应的铸造镁合金的基本力学性能见表 1-2-3。

表 1-2-2　常用铸造镁合金名义成分

| 合金牌号 | 合金元素及质量分数/% | | | | | | | | | | |
|---|---|---|---|---|---|---|---|---|---|---|---|
| | Al | Zn | Mn | Si | Cu | Zr | MM[①] | Nd | Th | Y | Ag |
| AZ63 | 6 | 3 | 0.3 | — | — | — | — | — | — | — | — |
| AZ81 | 8 | 0.5 | 0.3 | — | — | — | — | — | — | — | — |
| AZ91 | 9.5 | 0.5 | 0.3 | — | — | — | — | — | — | — | — |
| AM50 | 5 | | 0.3 | — | — | — | — | — | — | — | — |
| AM20 | 2 | | 0.5 | — | — | — | — | — | — | — | — |
| AS41 | 4 | | 0.3 | 1 | — | — | — | — | — | — | — |
| AS21 | 2 | — | 0.4 | 1 | — | — | — | — | — | — | — |
| ZK51 | — | 4.5 | — | — | — | 0.7 | — | — | — | — | — |
| ZK61 | — | 6 | — | — | — | 0.7 | — | — | — | — | — |
| ZE41 | — | 4.2 | — | — | — | 0.7 | 1.3 | — | — | — | — |
| ZC63 | — | 6 | 0.5 | — | 3 | — | — | — | — | — | — |
| EZ33 | — | 2.7 | — | — | — | 0.7 | 3.2 | — | — | — | — |
| HK31 | — | — | — | — | — | 0.7 | — | — | 3.2 | — | — |
| HZ32 | — | 2.2 | — | — | — | 0.7 | — | — | 3.2 | — | — |
| QE22 | — | — | — | — | — | 0.7 | — | 2.5 | — | — | 2.5 |
| QH21 | — | — | — | — | — | 0.7 | — | 1 | 1 | — | 2.5 |
| WE54 | — | — | — | — | — | 0.5 | — | 3.25 | — | 5.1 | — |
| WE43 | — | — | — | — | — | 0.5 | — | 3.25 | — | 4 | — |

① MM 表示富铈混合稀土。

**表 1-2-3　铸造镁合金的典型力学性能及特性**

| 合金牌号 | 状 态 | 拉伸性能 | | | 特 性 |
|---|---|---|---|---|---|
| | | $\sigma_{0.2}$/MPa | $\sigma_b$/MPa | $\delta$/% | |
| AZ63 | 砂铸 | 75 | 180 | 4 | 良好的室温强度和伸长率 |
| | T6 | 110 | 230 | 3 | |
| AZ81 | 砂铸 | 80 | 140 | 3 | 良好的刚度,加入 Be 可压铸 |
| | T4 | 80 | 220 | 5 | |
| AZ91 | 砂铸 | 95 | 135 | 2 | 砂铸及压铸最常用合金,综合性能优良 |
| | T4 | 80 | 230 | 4 | |
| | T6 | 120 | 200 | 3 | |
| | 激冷铸造 | 100 | 170 | 2 | |
| | T4 | 80 | 215 | 5 | |
| | T6 | 120 | 215 | 2 | |
| AM50 | 压铸 | 125 | 200 | 7 | 好的断裂韧性 |
| AM20 | 压铸 | 105 | 135 | 10 | 好的伸长率和抗冲击性 |
| AS41 | 压铸 | 135 | 225 | 4.5 | 150℃下优良的抗蠕变性能 |
| AS21 | 压铸 | 110 | 170 | 4 | 150℃下优良的抗蠕变性能 |
| ZK51 | T5 | 140 | 235 | 5 | 好的室温强度和塑性 |
| ZK61 | T5 | 175 | 275 | 5 | 好的室温强度和塑性 |
| ZE41 | T5 | 135 | 180 | 5 | 优良的室温性能和铸造性能 |
| ZC63 | T6 | 145 | 240 | 5 | 优良的高温强度,可焊 |
| EZ33 | 砂铸 T5 | 95 | 140 | 3 | 250℃下优良的抗蠕变性能,好的铸造性能 |
| | 激冷铸造 T5 | 100 | 155 | 3 | |
| HK31 | T6 | 90 | 185 | 4 | 350℃下优良的抗蠕变性能 |
| HZ32 | T5 | 90 | 185 | 3 | 350℃下优良的抗蠕变性能 |
| QE22 | T6 | 185 | 240 | 2 | 高强、可焊,可用于250℃ |
| QH21 | T6 | 185 | 240 | 2 | 高强、可焊,可用于300℃ |
| WE54 | T6 | 200 | 285 | 4 | 室温和高温下的强度高,优良的耐蚀性能,可焊 |
| WE43 | T6 | 190 | 250 | 7 | |

### 1.2.2.3　Mg-Al-Zn 系合金

#### A　合金成分对组织性能的影响

##### a　铝

在 Mg-Al 系合金中铝是最主要的组元。Mg-Al 二元系富镁侧是共晶型相图(图 1-2-2)。在437℃时发生共晶反应:L→α(Mg) + β($Mg_{17}Al_{12}$)。铝在 α(Mg)固溶体中的最大固溶度为12.7%,在 100℃时降到2%。在快冷铸造条件下最大固溶度降低到5%～6.5%。铝含量在6%时,铸造综合性能最差,此时对应相图上实际结晶温度间隔最大的区域。随着铝含量的增加,结晶温度间隔逐渐减小,凝固时 α(Mg) + β($Mg_{17}Al_{12}$)共晶体逐渐增多,使合金的铸造性能不断改善。在铝含量大于8%时,合金的铸造性能较好。

合金的力学性能在一定范围内随铝含量的增加、T4 状态的合金强度($\sigma_{0.2}$和 $\sigma_b$)和塑性升高而增强(图 1-2-3)。根据固溶强化原理,铝与镁原子半径相差较大(约12%),铝在镁中的固溶度随温

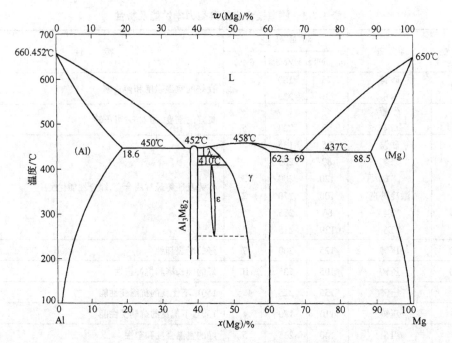

图 1-2-2　Mg-Al 合金二元状态图

度升高而增加,故铝固溶愈多,固溶强化效应愈明显。当铝含量大于 9% 时,含铝相 β($Mg_{17}Al_{12}$)完全溶入 α(Mg)固溶体中所需的时间急剧增长,组织中残留的未溶解的 β 相分布在基体晶界上,使力学性能降低。由于在时效过程中,β($Mg_{17}Al_{12}$)相直接从 α(Mg)基体中析出,其时效强化效果不明显,只是屈服强度有所提高而伸长率降低,因此合金 T6 状态的情况与 T4 状态相似。

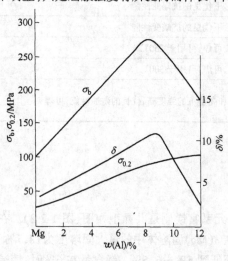

图 1-2-3　铝含量对 Mg-Al 二元
合金力学性能的影响

Mg-Al 合金中铝含量过高,β($Mg_{17}Al_{12}$)相与 α(Mg)基体的电极电位相差较大,易引起应力腐蚀。因此,兼顾合金的力学性能和铸造性能,合金中铝最佳含量取 8% ~ 9%,这也是该铝含量合金最常被使用的原因。

　　b　锌

　　锌是 Mg-Al 系合金中的一个重要合金元素。锌在镁中的溶解度较大,在二元共晶温度 340℃ 时达 6.2%。当少量锌(约 1%)加入到 Mg-Al 合金中,可显著增加室温下铝在镁基体中的固溶度,由 2% 提高到 4%,增大了合金的固溶强化作用。同时,锌的加入大大提高合金的抗蚀性能和合金在 T4、T6 状态下的力学性能。但锌含量过高,显著增大了合金的结晶温度间隔,增加了合金的热裂和缩松倾向。如 Mg-8% Al 合金中加入 2% 的 Zn,不平衡结晶温度间隔增大 40 ~ 50℃。故 Mg-Al 合金中 Zn 含量一般控制在 1% 左右。

　　c　锰

　　镁中加入少量锰可明显提高耐蚀性能。这是因为锰在镁液中易与铁形成高熔点的 Mn-Fe

化合物而从镁液中沉淀,减少了杂质铁对耐蚀性的危害。锰含量不宜过多,否则引起锰的偏析形成脆性相,对合金塑性、冲击韧性有不利影响,通常锰含量控制在 0.5% 以下。

d 铍和钙

铍和钙是近年来研究的 Mg-Al 合金新添加合金化元素。铍和钙对镁呈表面活性,可阻滞合金液的氧化和燃烧,成为新型阻燃镁合金不可缺少的合金元素。在镁液中加入微量的铍,形成 α 值为 1.71 的 BeO 填充到疏松的 MgO 膜中可有效阻燃。此外,钙的加入不但可以阻燃,还可以明显提高 Mg-Al 合金的抗蠕变性能和高温性能,使合金可以在更高温度下使用。但是铍含量过高却会引起晶粒粗化,恶化力学性能,增加热裂倾向,因此要控制在 0.003% 以下,故加铍只是防止镁液燃烧氧化的辅助措施。

e 硅和稀土

在普通铸造条件下,硅是作为杂质控制的,但为了提高 Mg-Al 系合金高温下力学性能,硅与稀土元素都成为不可缺少的合金元素。在相对较快的冷却条件下(如压铸),硅、稀土都能与镁形成粗大的化合物硬质点而提高合金的耐热性能。但硅的加入会降低合金的流动性使铸造性能降低,而稀土却可提高合金铸造性能,是极有研究价值的合金元素。

f 杂质铜、铁、镍

合金中这些元素均为有害杂质,大大降低合金的抗蚀性能。因为这些元素在镁中固溶度很小,微量就可以在晶界上生成与基体有较大电位差的不溶相,因此要严格控制。由于熔炼镁时高温镁液长时间与钢坩埚、工具接触,故很难杜绝铁进入合金中,因此要加入一定量的锰去除铁。

B AZ91 合金

此合金目前应用最广泛,力学性能、耐蚀性、工艺性能等综合性能优良。合金成分为 8.5%~9.5%Al,0.45%~0.9%Zn,0.15%~0.2%Mn,其余为 Mg。可以加不大于 0.002%Be。合金铸态组织为 α(Mg)基体晶界上分布呈不连续网状的 β($Mg_{17}Al_{12}$)相,部分 β($Mg_{17}Al_{12}$)相在枝晶间呈粒状和短条状。在 α(Mg)晶内有 MnAl 相小质点。合金经过固溶处理后,β($Mg_{17}Al_{12}$)相一般固溶到基体中,但较粗大的块状 β($Mg_{17}Al_{12}$)相不会全部溶解而残留在晶界上,MnAl 相则仍在基体中。合金再经时效处理后,β($Mg_{17}Al_{12}$)相可以重新从饱和的 α 固溶体中析出,析出的 β($Mg_{17}Al_{12}$)相细小弥散,在一般光学显微镜下不易观察。

析出的 β($Mg_{17}Al_{12}$)相有两种形态。一种为片层状 β($Mg_{17}Al_{12}$)相,它是由过饱和的 α′ 基体转变为由接近平衡成分的片状 α 相和新的片状 β($Mg_{17}Al_{12}$)相叠加分布的两相组织,即 α′→α+β。β($Mg_{17}Al_{12}$)相一形成,两层间的 α 固溶体立即由过饱和状态转变为近平衡成分,并与原始成分的 α′ 形成界面,界面两边固溶体的成分及晶格位向发生突变,即合金按"不连续析出"形式析出。这时 β($Mg_{17}Al_{12}$)相的成长只依靠界面附近的原子扩散,而非远距离扩散,不连续析出往往由局部晶界等处开始,然后向晶内逐步伸展,故多为不均匀的局部析出。另外,以细小弥散形态析出的 β($Mg_{17}Al_{12}$)相一形成,在其附近固溶体中的铝浓度降低,在固溶体内不产生新的界面,称为"连续析出"。连续析出可以是遍布基体的普遍析出,也可以是局部析出。很明显,普遍析出的细小弥散的 β($Mg_{17}Al_{12}$)相强化效果比局部析出的片状 β($Mg_{17}Al_{12}$)相高。

时效条件尤其是温度不同,对合金的两种析出形式和析出量都有很大影响。当温度较低时(小于 165℃)时,β 相主要以细小弥散质点的方式析出,片层状 β 相较少,即使有,其片层间距也很细密。时效温度升高,片层状 β 相数量增多,而弥散析出的 β 质点减少,尺寸粗大。时效温度高于 200℃时,弥散析出的 β 相将变成粗大颗粒,失去强化效果。在更高温度下,组织中将形成全部的片层状 β 相。因此,对合金的时效处理要抑制不连续脱溶而加速连续脱溶来提高强度。采用较低的时效温度和短的时效时间可改善析出相的形貌。值得注意的是,沉淀相 β 与基体不存在共格关系,也无任何过渡的亚稳相形成。

　　AZ91 合金可以应用在 F、T4、T6 等多种热处理状态下。T4 状态可用作承受冲击载荷的零件,T6 状态合金抗拉强度和塑性好,甚至超过了铝合金 ZL104T6 状态的相应性能,可用作承受较大动静载荷的零件。

　　针对 AZ91 合金成分和组织,近年来研究重点是合金成分的纯净化和均质化。例如,开发出了 AZ91D、AZ91E、AZ91F 等一系列牌号的合金,其中高纯的 AZ91HP 合金的耐蚀性能获得很大的提高。

　　AZ91 合金的铸造性能属中等,铸造流动性好,但缩松较严重,有热裂倾向。AZ91 合金生产中最突出的问题是容易形成缩松,缩松可分布在铸件的整个断面,尤其在晶粒间,枝晶边界上缩松最严重,可以使强度下降 50%,伸长率下降 80%,造成整个铸件报废。此外,在铸件壁厚处,β相可以产生凝聚,这种粗大的 β 相经热处理也不能完全溶解,使力学性能降低,并且缩松在厚壁处更严重,产生壁厚效应。

　　AZ91 合金适合采用压铸的方法生产,可使该合金压铸件的整体力学性能获得提高,组织更细小并减少了铸造缺陷的产生,还可以加入微量其他合金化元素调整性能,从而使 AZ91 合金得到很大的发展。

### 1.2.2.4　Mg-Zn 系合金

#### A　合金成分对组织性能的影响

##### a　锌

　　Mg-Zn 系中锌(Zn)是主要的组元。图 1-2-4 为 Mg-Zn 二元相图,其共晶成分为 51.2% Zn。在 340℃发生共晶反应:L→α(Mg) + β($Mg_7Zn_3$),温度下降至 312℃时发生共析反应:β($Mg_7Zn_3$) →α(Mg) + γ(MgZn)。锌在镁中的最大固溶度为 6.2%,温度下降固溶度逐渐减小,因此合金具有热处理强化的潜力,其强化相质点为 γ(MgZn)。合金中随锌含量的增加,强化作用增加,当锌增加到 5% ~6% 时,合金强度达最大值。

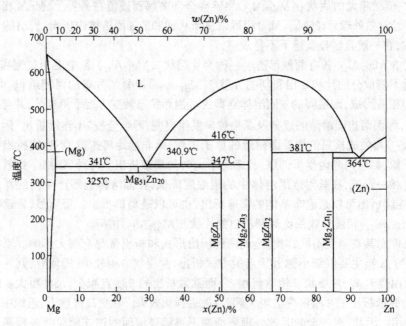

图 1-2-4　Mg-Zn 二元合金状态图

Mg-Zn 系合金的结晶温度间隔比 Mg-Al 系合金大许多,不平衡状态下最大可达 290℃,所以 Mg-Zn 二元合金的铸造性能很差。在不平衡条件下,锌在镁中的最大固溶度约为 3.5%,当锌含量更多时,合金组织中共晶体的数量增多,但合金的热裂和缩松并不因为共晶体的增多而有所改善。这是因为合金中锌含量较高,在凝固时,后凝固的富锌的合金液密度增大,而先凝固的 α(Mg)固溶体密度较小,两者密度相差大。在凝固过程中,α(Mg)晶体容易上浮,而富锌的合金液向下流动,在一定小范围内液体不易补缩,结果锌含量增高反而使缩松严重。同时,锌含量增多使合金 α(Mg)树枝晶粗大,促使缩松加剧。锌含量使合金热裂倾向变大,是由于共晶体中 $Mg_7Zn_3$ 相具有热脆性,同时缩松的加剧也使合金容易热裂。在铸造镁合金中,Mg-Zn 合金的热裂倾向是最大的。因此,从力学性能和铸造性能综合考虑,锌含量在 5%~6% 是较适宜的。

b　锆

Mg-Zn 二元合金晶粒粗大,树枝晶发达,加入少量锆(Zr)能显著细化晶粒。Mg-Zr 二元相图是包晶相图(图 1-2-5)。锆在液态镁中溶解度很小,包晶温度时镁液中只能溶解 0.6%Zr,锆与镁不形成化合物,凝固时首先以 α(Zr)质点析出,α(Mg)包在其外。由于 α(Zr)与 Mg 都是六方晶型,晶格常数接近(Mg:$a=0.320$ nm,$c=0.520$ nm;Zr:$a=0.323$ nm,$c=0.514$ nm),因此 α(Zr)符合"尺寸结构匹配"原则,成为 α(Mg)的结晶核心。当 Zr 含量大于

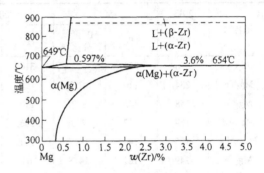

图 1-2-5　Mg-Zr 二元合金状态图

0.6% 时,可以在镁液中形成大量的 α(Zr)质点,使晶粒显著细化。但锆的含量不可能加入太多,从相图看,900℃下镁中仅能溶解 0.7%Zr,在熔炼时,锆不容易加入到镁液中,过多的锆将沉于坩埚的底部。

Mg-Zn 二元系合金铸造性能差,加入少量的锆能显著地改善其铸造性能,因为锆大大细化了基体的树枝晶,而且明显缩小了结晶温度间隔。如在 Mg-4.5%Zn 的合金中加入 0.7%Zr 后,平衡结晶温度间隔由 180℃降到 90℃,不平衡状态由 290℃降到 110℃,这样就大大降低了合金的缩松和热裂倾向。

锆能与镁液中的铁、硅等杂质形成固态化合物下沉,故有去除杂质的作用,并且锆可以在合金表面形成致密的氧化膜,可以提高合金的抗蚀性能。

B　ZK61 合金

此合金的成分是 5.5%~6.5%Zn,0.7%Zr。合金中含有少量的铝、锰、硅、铁及镍等杂质时,均使锆在镁液中的溶解度剧烈下降而沉淀在坩埚底部,有些杂质还与锆形成难溶化合物,使合金中有效的锆含量达不到标准,故对杂质均应严格控制。在铸造 Mg-Zn-Zr 合金中,常见组织是晶内富锆,由中心向外锆浓度逐渐降低。锌大多富集在枝晶网边界。高温均匀化退火可消除锆偏析。ZK61 合金中锆含量低,一般不出现锆偏析,不会出现含锆的化合物。铸态组织为 α(Mg)基体晶界上断续分布少量 γ(MgZn)相。若经 T4 处理,则晶界上的 γ(MgZn)相先完全溶入到基体中。在人工时效时,则在基体中析出弥散 γ(MgZn)质点。由于铸件 T6 与 T5 状态力学性能相差不大,该合金常在 T5 状态下使用,即铸造后直接人工时效。ZK61 合金力学性能明显高于 AZ91 合金,因此它有更高的承受载荷的能力。与 AZ91 合金比较,此合金铸造时充型能力较差,焊接性能差,因此它一般用于砂型铸件,金属型仅铸造简单小型件。由于它具有高的承载能力,近年来已代替 AZ91 合金来铸造飞机轮毂、起落架支架等受力铸件。

### 1.2.2.5　Mg-RE 系合金

此类合金中稀土元素是主要合金化元素,常用元素是 Ce、La、Nd、Pr 等,该类合金耐热性能好,适用在 200~300℃ 下使用。

**A　稀土元素对合金组织性能的影响**

镁与常见稀土元素形成共晶相图,它们具有较高的共晶温度。稀土元素可以和镁形成 $Mg_9Ce$、$Mg_{12}Nd$ 等金属间化合物,这些化合物的特点是高温下稳定,不易长大,而且热硬性高。由表 1-2-4 可见,Mg-RE 化合物在室温下与镁合金中其他常见化合物 $Mg_{17}Al_{12}$ 等比较,硬度是较低的,而在高温下却高很多。因此,Mg-RE 系合金有良好的热强性,可在高温下使用。

**表 1-2-4　镁合金中各合金相在不同温度下的硬度**

| 相名称 | 20℃ | 150℃ | | 200℃ | | 250℃ | | 300℃ | |
|---|---|---|---|---|---|---|---|---|---|
| | HV | HV | HV 降低百分比/% | HV | HV 降低百分比/% | HV | HV 降低百分比/% | HV | HV 降低百分比/% |
| $Al_2Ca$ | 356 | 350 | 1.8 | 318 | 10.9 | 310 | 12.9 | 294 | 17.4 |
| $Mg_4Th$ | 234 | 210 | 10.2 | 190 | 18.7 | 161 | 30.9 | 139 | 40.7 |
| $Mg_9Ce$ | 158 | 145 | 8.2 | 117 | 20.6 | 102 | 35.5 | 85 | 46.0 |
| $Mg_{12}Nd$ | 169 | 157 | 7.6 | 136 | 19.6 | 102 | 39.7 | 36 | 79.0 |
| $Mg_{17}Al_{12}$ | 175 | 149 | 14.7 | 104 | 40.7 | 42 | 76.0 | 13 | 92.7 |
| $Mg_2Ca$ | 149 | 127 | 14.8 | 63 | 50.7 | 15 | 89.9 | 10 | 93.4 |
| $MgZn$ | 246 | 124 | 49.1 | 99 | 59.7 | 53 | 78.3 | 21 | 91.5 |

试验表明,稀土元素对镁的力学性能的增强基本是按 La、Ce、MM(富铈)、Pr、Nd 的顺序排列的,即随原子序数的增加而增加。稀土元素中的钕在 α(Mg) 中的极限固溶度较大,且随温度降低而减少,因此具有热处理强化效应。室温下,Mg-Nd 合金的力学性能是 Mg-RE 合金中最高的。在 250℃ 以内,Mg-Nd 合金的强度也最高。高温下,钕原子在镁基体中扩散速率很小,因此 Mg-Nd 合金相的稳定性很高。只有在 250℃ 以上长期工作时,Mg-Nd 合金的强度才会剧烈降低。

Mg-RE 合金的结晶温度间隔较小,Mg-Ce 系合金最大结晶温度间隔为 57℃,Mg-La 系为 76℃,Mg-Nd 系为 100℃,因此,合金中可以含有较多的共晶成分,合金的铸造性能很好,其缩松、热裂倾向比 Mg-Al、Mg-Zn 系都小很多,充型性能也很好,可以用来铸造形状复杂和要求气密性高的铸件。

由于稀土元素的电子结构和物理化学性质接近,在矿物中又常常多种元素共生,将冶炼所得的稀土元素混合物分离成纯的单质,其分离提纯工艺复杂困难,成本高,因此镁合金中可以使用混合稀土。最常用的混合稀土是富铈混合稀土,代号为 MM,其铈含量不小于 45% 即可。

**B　Mg-Ce 合金**

Mg-Ce 合金形成二元共晶相图(见图 1-2-6),该合金系典型合金成分为:2.5%~4.0%MM,0.2%~0.7%Zn,0.4%~1.0%Zr,其余为 Mg,合金元素中稀土为富铈混合稀土。当稀土含量增加时,开始强度急剧升高,到 MM 含量大于 1% 后 $\sigma_b$ 略有下降,而伸长率不断下降。这是因为稀土含量增加,在 α(Mg) 基体晶界上共晶体含量也不断增加,由于这种共晶体呈脆性,并在 α(Mg) 晶界上逐渐连成网状,造成合金塑性下降。但晶界上的共晶体是含稀土的耐热相,可以使高温强度迅速提高,直到 MM 含量大于 1% 后,耐热相基本在晶界形成网状,高温强度的增加才逐渐趋向缓和,因此,从力学性能角度看,合金中稀土含量控制在 1% 左右最佳。但根据 Mg-Ce 相图,共晶点成分为 19.4%Ce,故只有当稀土含量较大时,一般当 MM 含量大于 2% 时,合金才有较好的

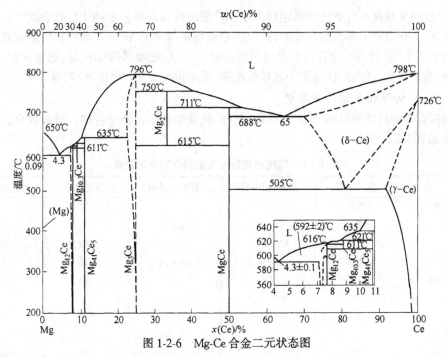

图 1-2-6 Mg-Ce 合金二元状态图

铸造性能。当 MM 含量大于 4% 时,可以基本消除铸造时的热裂。所以从铸造性能的角度看,合金中稀土含量应大于 4%。

稀土的加入还可以细化镁合金的晶粒,但稀土含量过多,则晶粒又会重新变粗。可以在 Mg-Ce 合金中同时加入锆,可以显著细化晶粒并提高合金的室温、高温力学性能。而 Mg-Ce-Zr 合金有较大的收缩倾向,易形成表面缺陷。加入少量的锌可以减轻这些缺陷,而对合金的力学性能基本无影响。

Mg-Ce 合金铸态组织为 α(Mg) 基体晶界上分布网状的 $Mg_9Ce$ 等化合物。退火后化合物以小质点的形式从晶内析出。此合金铸造性能优良,缩松和热裂倾向小,充型能力良好,气密性好,可以用来铸造大型复杂铸件,如发动机机匣等。合金的抗蚀性能、焊接性能良好。

C Mg-Nd 合金

合金中钕(Nd)或者富钕混合稀土(Di)是主要组元。在常用稀土元素中,钕在镁中的溶解度较大,热处理强化效果好。此外,钕在镁中的扩散速度较小,Mg-Nd 化合物热硬性很高,耐热性能好,因此 Mg-Nd 系合金的室温和高温综合性能高(图 1-2-7)。当合金中钕含量在最大固溶度 3.6% 左右时,合金的室温和

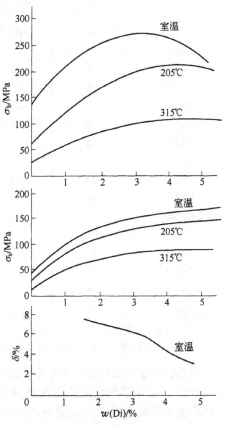

图 1-2-7 Mg-Nd 合金室温和高温性能

200℃的抗拉强度最高。合金的铸态组织为 α(Mg)固溶体和晶界分布的块状化合物 $Mg_{12}Nd$,经过固溶处理后,化合物大部分溶入固溶体,仅少量残留在晶界上,同时晶内析出密集点状相。因此该合金多用于 T6 状态。而且由于合金铸造性能良好,缩松和热裂倾向低,充型性好,抗蚀性良好,综合性能优良,因此广泛应用于发动机机匣、壳体和飞机受力构件、轮毂等。

### 1.2.2.6　铸造镁合金的热处理

铸造镁合金的热处理目的、特点与状态、名称、代号和铸造铝合金一样。铸造镁合金热处理工艺规范见表 1-2-5。

表 1-2-5　常见铸造镁合金的典型热处理制度

| 合　　金 | 状　　态 | 固溶温度/℃ | 固溶时间/h | 时效温度/℃ | 时效时间/h |
|---|---|---|---|---|---|
| AM100A | T5 | — | — | 232 | 5 |
|  | T4 | 424～432 | 16～24 | — | — |
|  | T6 | 424～432 | 16～24 | 232 | 5 |
|  | T61 | 424～432 | 16～24 | 218 | 25 |
| AZ63A | T5 | — | — | 260 | 4 |
|  | T4 | 385～391 | 10～14 | — | — |
|  | T6 | 385～391 | 10～14 | 218 | 5 |
| AZ81A | T4 | 413～418 | 16～24 | — | — |
| AZ91C | T5 | — | — | 168 | 16 |
|  | T4 | 413～418 | 16～24 | — | — |
|  | T6 | 413～418 | 16～24 | 168 | 16 |
| AZ92A | T5 | — | — | 260 | 4 |
|  | T4 | 407～413 | 16～24 | — | — |
|  | T6 | 407～413 | 16～24 | 218 | 5 |
| ZC63A | T6 | 440～445 | 4～8 | 200 | 16 |
| EQ21A | T6 | 520～530 | 4～8 | 200 | 16 |
| EZ33A | T5 | — | — | 175 | 16 |
| QE22A | T6 | 525～538 | 4～8 | 204 | 8 |
| QH21A | T6 | 525～538 | 4～8 | 204 | 8 |
| WE43A | T6 | 525～535 | 4～8 | 250 | 16 |
| WE54A | T6 | 527～535 | 4～8 | 250 | 16 |
| ZE41A | T5 | — | — | 329 | 2 |
| ZE63A | T6 | 480～491 | 10～72 | 141 | 48 |
| ZK51A | T5 | — | — | 177 | 12 |
| ZK61A | T5 | — | — | 149 | 48 |
| ZK61A | T6 | 499～502 | 2 | 129 | 48 |

注:1. T5 状态是指铸造后进行人工时效。
　　2. 固溶处理后铸件一般采用风冷冷却到室温。400℃以上固溶处理采用 $CO_2$、$SO_2$ 或 $SF_6$ 气体保护热处理。

铸造镁合金热处理的设备与铸造铝合金的基本相同。但铸造镁合金固溶处理加热炉的炉膛应该封闭,并带有炉气强制循环装置,铸件在炉中应避免加热元件的直接热辐射,可装设隔热板。镁在高温下易氧化燃烧,因此热处理时要特别注意安全,固溶处理时可使用 $CO_2$,$SO_2$ 等保护剂。并且铸件由于成分偏析容易在加热时引起过烧,很多时候要采用分段加热的方法。由于镁基体中合金元素的原子扩散缓慢,固溶的冷却介质可以采用空气或吹强风冷却。

### 1.2.3　变形镁合金

#### 1.2.3.1　变形镁合金的基本性质

镁及其合金的压力加工性能不如铁合金、铜合金和铝合金。镁塑性变形时的主要滑移面及滑移方向如图 1-2-8 所示。原子排列最密的晶面是基面 $\{0001\}$，滑移方向是 $OA$、$OC$、$OE$ 三个方向。在室温下变形只有基面产生滑移，其滑移系数目为 3 个，而铝的滑移系数目是 12 个。可见，镁的塑性很低。因此，镁及镁合金在冷态下进行压力加工是很困难的。室温下慢速拉伸镁的单晶体，由于镁在室温下只沿基面 $\{0001\}$ 产生滑移，所以塑性很低，几乎尚未出现缩颈就拉断了。

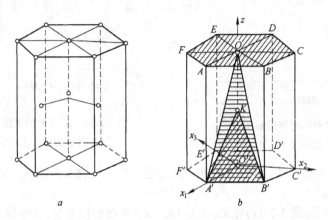

图 1-2-8　镁的密排六方晶格（$a$）和主要滑移面与滑移方向（$b$）

但是当温度升高到 200℃ 以上时，由于镁的原子密度仅次于基面 $\{0001\}$ 的第一类角锥平面 $\{10\bar{1}1\}$，也产生滑移，因而镁的塑性得到很大的提高。镁的伸长率较室温下提高将近 10 倍。当温度超过 225℃，除 $\{0001\}$ 和 $\{10\bar{1}1\}$ 面外，$\{10\bar{1}2\}$ 也可能参与滑移，镁的塑性将进一步提高。

图 1-2-9 所示为镁在静镦粗下最大变形程度与温度的关系曲线。由图不难看出，随着温度升高到 212～225℃ 时，镁的塑性得到了很大提高。当温度上升到 350～450℃ 时，塑性提高尤其明显，所以镁在 350～450℃ 温度范围进行压力加工。

单晶镁的变形抗力（屈服极限）是随其相对于外作用力的方向变化而变化（图 1-2-10）。$\chi$ 为密排六方晶轴与外力方向所成的夹角，当 $\chi = 0°$ 及 90°时，镁的屈服极限较 $\chi = 45°$ 时大 400%～500%，而对于铝合金来说，当方向改变时，屈服极限的变化则不超过 84%。因此，镁的变形抗力与晶体相对于作用力的位向关系很大。

#### 1.2.3.2　变形镁合金的合金化

纯镁变形后力学性能较低，如挤压后，$\sigma_b = 230\sim240$ MPa，$\sigma_{0.2} = 130\sim140$ MPa，$\delta = 4\%$，HB = 30。纯镁的抗腐蚀能力也很低，因而不能直接用作结构材料。为了改善镁的力学性能和提高抗腐蚀能力，在镁中加入铝、锌、锰、锆、铈合金元素，研制了各种不同用途的变形镁合金。

变形镁合金可制成板材、棒材、型材、线材、管材、自由锻件、模锻件等各种半成品。由于镁合金的密度小、强度高，能承受较大的冲击载荷，并有适当的塑性，所以，被广泛应用在结构件的重量具有重要意义的航空制造业中。

变形镁合金牌号表示方法与铸造镁合金相同，主要的变形镁合金的化学成分如表 1-2-6 所示。

变形镁合金主要分为 Mg-Mn 系、Mg-Al-Zn 系、Mg-Zn-Zr 系和 Mg-Mn-Ce 系四类。

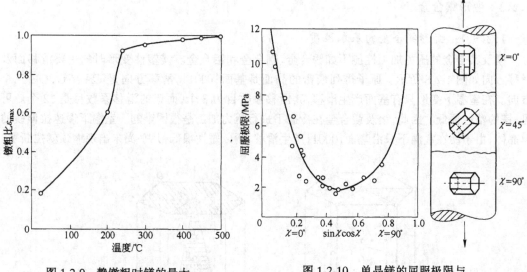

图 1-2-9　静镦粗时镁的最大　　　　　　　　图 1-2-10　单晶镁的屈服极限与
　　　　压缩量与温度的关系　　　　　　　　　　　　其相对于加载方向的关系

（1）Mg-Mn 系合金。这一类合金的锰含量约在 1.2%～2.5%范围内。M1A 是这类合金中
具有代表性的合金。

由 Mg-Mn 状态图（图 1-2-11）可见，含 1.3%～2.5%锰的镁合金，在结晶之后具有单相状态
（锰溶于镁的 α 固溶体）。随后，在冷却时便发生固溶体的分解并析出 β(Mn) 相。这种析出相分
布于固溶体的晶界和晶内（图 1-2-12）。正是由于这些弥散相的溶解和析出，才使 Mg-Mn 系合金
获得必要的硬度与强度。由图 1-2-11 可见，随着温度的变化，锰在镁中的溶解度变化很大，在共
晶温度（650℃）最大溶解度达到 2.46%，而在室温下则降到接近于零。但是，由于第二相 β 是纯
锰，对合金的强化效果不大，所以该系合金是不能通过热处理来强化的。使用的热处理状态，主
要是退火，但是这组合金可以通过冷作硬化稍微提高其强度。由此可见，Mg-Mn 系合金中加锰
的目的不在于强化合金，而在于提高合金的抗腐蚀能力，这类合金的抗腐蚀性也是所有镁合金中
最高的。

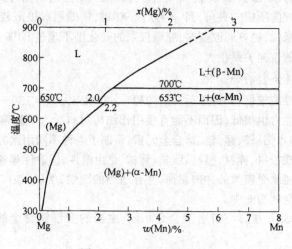

图 1-2-11　Mg-Mn 状态图

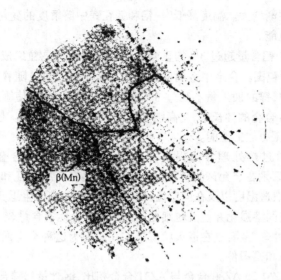

图 1-2-12 M1A 合金铸态显微组织

可以在 Mg-Mn 系合金中加入少量 Ce(0.15%~0.35%),铈一部分溶解于固溶体中,另一部分与镁形成化合物 Mg$_9$Ce,并呈细小弥散分布于 α 基体中,起到强化合金和细化晶粒的作用。其强度可提高 50 MPa,伸长率提高 10% 以上,而且具有 M1A 合金的一切优点。这种合金具有高的塑性,可以在热态下加工成板材、棒材和各种类型的模锻件。

表 1-2-6 变形镁合金的化学成分

| 合金 | 化学成分及含量/% | | | | | | | | | | | | |
| --- | --- | --- | --- | --- | --- | --- | --- | --- | --- | --- | --- | --- | --- |
| | Al | Mn | Zn | Zr | 稀土 | Th | Ca | Si | Cu | Ni | Fe | 其他杂质 | Mg |
| AZ31B | 2.5~3.5 | 0.20 min | 0.7~1.3 | | | | 0.04max | 0.03max | 0.05max | 0.005max | 0.005max | 0.30max | 其余 |
| AZ31C | 2.5~3.5 | 0.20 min | 0.6~1.4 | | | | 0.04max | 0.03max | 0.1max | 0.03max | | 0.30max | 其余 |
| AZ61A | 5.8~7.2 | 0.15 min | 0.4~1.5 | | | | | 0.30max | 0.05max | 0.005max | 0.005max | 0.30max | 其余 |
| AZ80A | 7.8~9.2 | 0.15 min | 0.2~0.8 | | | | | 0.30max | 0.05max | 0.005max | 0.005max | 0.30max | 其余 |
| M1A | | 1.20 min | | | | | 0.08~0.14 | 0.30max | 0.05max | 0.03max | | 0.30max | 其余 |
| HM21A | | 0.35~0.80 | | | | 1.5~2.5 | | | | | | 0.30max | 其余 |
| HM31A | | 1.2 | | | | 2.5~3.5 | | | | | | 0.30max | 其余 |
| ZE10A | | | 1.0~1.5 | | 0.12~0.22 | | | | | | | 0.30max | 其余 |
| ZK11 | | | 1.3 | 0.7 | | | | | | | | | 其余 |
| ZK31 | | | 3.0 | 0.7 | | | | | | | | | 其余 |
| ZK60A | | | 4.8~6.2 | 0.45 min | | | | | | | | 0.30max | 其余 |

注:min 表示最小;max 表示最大。

(2) Mg-Al-Zn 系合金。这一组合金包括 AZ31B、AZ31C、AZ61 和 AZ80 等几个主要牌号的合金。这些合金中加入的铝、锌主要和镁形成金属间化合物 Mg$_{17}$Al$_{12}$ 相和 MgZn$_2$ 相,同时还形成三元金属间化合物 Mg$_{17}$(Al,Zn)$_{12}$ 相。铝和锌还能与镁形成有限固溶体,并且随着温度的升高,铝和锌在镁中的溶解度逐渐增大。温度降低时,铝和锌在镁中溶解度的变化,说明可以用热处理方法来提高合金的力学性能。

Mg-Al-Zn 系合金中铝含量超过 3% 的显微组织由固溶体的晶粒组成,这些晶粒被析出的金属间化合物 $Mg_{17}Al_{12}$ 所包围。合金中金属间化合物 $Mg_{17}Al_{12}$ 的数量随着铝含量的增加而增加。在含铝的工业镁合金中,锌的加入量不超过 3%。锌溶入固溶体中,使固溶体强化,但其效果不如铝。锌能提高 Mg-Al 合金的伸长率,是高强度镁合金的有益添加剂。但在变形镁合金中增加锌含量,会恶化合金的压力加工性能。

Mg-Al-Zn 系合金通过热处理方法提高力学性能的程度,比铝合金小得多,如 AZ31B 和 AZ31C 两种合金,两者区别在于允许的杂质含量。AZ31 具有高的强度和延展性,这主要是因为通过控制轧制、挤压或锻造温度以及在向室温冷却时有意退火或伴生退火效应保留部分加工硬化。镁中加铝及锌导致固溶强化并使晶粒细化。由于该合金元素含量较少,淬火、时效强化效果差,一般不进行强化热处理,主要是在退火状态下使用。因为这种合金的塑性高,所以一般都用于制造形状复杂的锻件和模锻件。

由表 1-2-6 可知,AZ61 和 AZ80 合金与 AZ31 合金相比,锰含量和锌含量都差不多,主要区别在于铝含量不同,AZ31 合金的铝含量比前两者少。铝含量越多,合金的强度或变形抗力越高,塑性越低。这是因为铝和镁形成了硬脆化合物 $Mg_{17}Al_{12}$ 相的粒子。AZ61 合金一般用于制造受力不大的零件。因其热处理强化效果差,一般也不进行强化热处理。AZ80 合金的特点是强度高,所以多用于制造承受重载的零件,一般经淬火、时效来提高其强度。

(3) Mg-Zn-Zr 系合金。该类合金成分与铸造 Mg-Zn-Zr 合金类似,加入少量锆的目的主要是细化晶粒和提高力学性能。ZK60 就是这一合金系的典型合金。这种合金不但在热加工态下具有较高的塑性,而且室温下的力学性能也很高,没有应力腐蚀的倾向,室温下的工作性能较好。为了提高其力学性能,可通过淬火、时效进行强化。

(4) Mg-Mn-Ce 系合金。该合金属于新型镁合金。为了提高镁合金的工作温度,在镁中加入铈。当铈的含量不多时,它以细小弥散状在晶内和晶界上析出,当铈的含量较多时,它和镁形成熔点为 780℃的金属间化合物 $Mg_9Ce$,分布于晶内和晶界上,强化了晶界,阻止了再结晶晶粒的长大。因此,含铈的镁合金,如 ZE10A 属于热强镁合金,其最高工作温度可达 200℃。由于这种合金中所含的化合物 $Mg_9Ce$,在 300℃的温度下显微硬度高,而塑性很低,因此,当终锻温度较低时,$Mg_9Ce$ 的存在,将会降低合金的工艺塑性。

### 1.2.3.3　典型变形镁合金及其性能

轧制板材,挤压棒材、管材及型材,加工成锻件的典型变形镁合金室温下的力学性能见表 1-2-7～表 1-2-10。

**表 1-2-7　镁合金轧制薄板和厚板室温下的典型力学性能**

| 合　金 | 状　态① | 抗拉强度/MPa | 拉伸屈服强度/MPa | 压缩屈服强度/MPa | 伸长率/% |
|---|---|---|---|---|---|
| AZ31B | O | 250～255 | 145～150 | 75～110 | 17～21 |
| | H24 | 255～290 | 145～220 | 85～180 | 14～19 |
| | H26 | 260～275 | 170～205 | 105～165 | 10～16 |
| M1A | | 232 | 100 | | 6 |
| HK31A | O | 220～230 | 115～140 | 90～95 | 17～23 |
| | H24 | 255～270 | 200～215 | 150～170 | 9～14 |
| HM21 | T8 | 230～255 | 160～185 | 125～160 | 10～12 |

| 合 金 | 状 态[①] | 抗拉强度/MPa | 拉伸屈服强度/MPa | 压缩屈服强度/MPa | 伸长率/% |
|---|---|---|---|---|---|
| ZE10A | O | 215~230 | 110~160 | 105~110 | 18~23 |
| | H24 | 235~260 | 165~200 | 160~180 | 8~12 |
| HA11A | O | 235 | 125 | | 6 |
| | H24 | 260 | 170 | | 12 |
| ZK10A | | 263 | 178 | 154 | 10 |
| ZK30A | | 270 | 185 | 154 | 8 |
| ZM21A | O | 233 | 131 | | 13 |

① O:最软态(退火,再结晶);H24:应变硬化后退火(中度,50%硬);H26:与 H24 相同,75%硬;T8:固溶处理,冷变形并高温人工时效。

**表 1-2-8  镁合金挤压棒材及型材的典型室温力学性能**

| 合 金 | 状 态[①] | 抗拉强度/MPa | 拉伸屈服强度/MPa | 压缩屈服强度/MPa | 伸长率/% |
|---|---|---|---|---|---|
| AZ10A | F | 204~240 | 145~150 | 70~75 | 10 |
| AZ31B(或 C) | F | 260 | 195~200 | 95~105 | 14~15 |
| AZ61 | F | 310~315 | 215~230 | 130~145 | 15~17 |
| AZ80A | F | 330~340 | 240~250 | | 9~12 |
| | T5 | 345~380 | 260~275 | 215~240 | 6~8 |
| M1A | F | 225 | 180 | 125 | 12 |
| HM31A | T5 | 305 | 270 | 160~185 | 10 |
| ZC71A | T6 | 356 | 330 | 141 | 5 |
| ZH11A | F | 263 | 147 | | 18 |
| ZK10A | F | 293 | 208 | | 13 |
| ZK30A | F | 309 | 239 | 213 | 18 |
| ZK60A | F | 330~340 | 250~260 | 160~230 | 9~14 |
| | T5 | 360~365 | 295~305 | 215~250 | 11~12 |
| ZN21A | F | 255 | 162 | | 11 |

① F:加工态;T5:热加工后人工时效;T6:固溶处理及人工时效。

**表 1-2-9  镁合金挤压管材的典型室温力学性能**

| 合 金 | 状 态 | 抗拉强度/MPa | 拉伸屈服强度/MPa | 压缩屈服强度/MPa | 伸长率/% |
|---|---|---|---|---|---|
| AZ10A | F | 230 | 145 | 70 | 8 |
| | F | 250 | 165 | 85 | 12 |
| | F | 285 | 165 | 110 | 14 |
| | F | 240 | 145 | | 9 |
| | F | 278 | 193 | | 7 |
| | F | 325 | 240 | 175 | 13 |
| | T5 | 340 | 270 | 180 | 12 |

**表 1-2-10　镁合金锻件室温下的典型力学性能**

| 合　金 | 状　态 | 抗拉强度<br>/MPa | 拉伸屈服强度<br>/MPa | 压缩屈服强度<br>/MPa | 伸长率/% |
|--------|--------|------------------|----------------------|----------------------|----------|
| AZ31B | F | 260 | 195 | 85 | 9 |
| AZ61B | F | 195 | 180 | 115 | 12 |
| AZ80A | F | 315 | 215 | 170 | 8 |
|  | T5 | 345 | 235 | 195 | 6 |
|  | T6 | 345 | 250 | 185 | 5 |
| EK31A | T6 | 290 | 195 | 155 | 7 |
| HK31A | F | 260 | 195 | 140 | 21 |
| HM21 | T5 | 235 | 150 | 110 | 9 |
| ZH11A | F | 232 | 147 |  | 13 |
| HK30A | F | 309 | 224 | 193 | 8 |
| ZK60A | T5 | 305 | 205 | 195 | 16 |
|  | T6 | 325 | 270 | 170 | 11 |

　　高温下使用的轧制和挤压镁合金中加入稀土金属和钍来减小晶粒长大和降低再结晶倾向。图 1-2-13～图 1-2-15 分别表示镁合金板材抗拉强度、抗拉屈服强度及断裂应变与温度的关系。图 1-2-16～图 1-2-18 分别表示挤压的镁合金的抗拉强度、屈服强度及断裂应变与温度的关系。温度升高,抗拉强度降低,断裂应变增加。高于 350℃ 时,断裂应变高达 100% 以上,但应变量与合金成分有关。未发现变形镁合金的低温脆化。

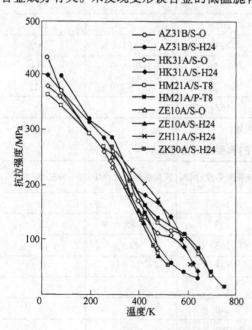
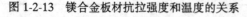

图 1-2-13　镁合金板材抗拉强度和温度的关系

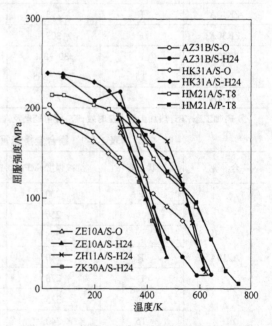

图 1-2-14　镁合金板材屈服强度和温度的关系

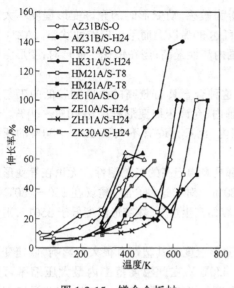

图 1-2-15　镁合金板材
伸长率和温度的关系

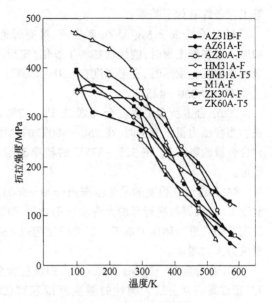

图 1-2-16　挤压镁合金抗拉
强度和温度的关系

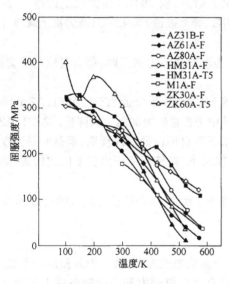

图 1-2-17　挤压镁合金拉伸
屈服强度和温度的关系

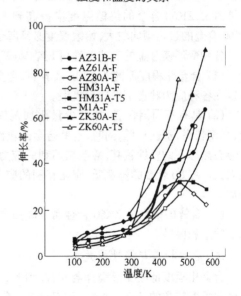

图 1-2-18　挤压镁合金
伸长率和温度的关系

#### 1.2.3.4　变形镁合金的加工工艺

镁合金变形加工工艺应根据其塑性、变形抗力、再结晶组织及力学性能与变形条件之间的关系来确定。例如,变形速度对大多数铝合金塑性的影响并不明显,但对镁合金来说,除少数 Mg-Mn 系合金外,变形速度对镁合金塑性的影响却很大。镁合金对变形温度、变形程度、应力状态等热力因素的改变比较敏感。所以镁合金比铝合金的变形要困难,必须严格选择工艺规范。

A　变形镁合金的工程塑性

由于合金成分和性能不同,镁合金工程塑性有很大差异。几种典型合金的塑性和变形温度等工艺条件有如下关系：

AZ31 合金属于 Mg-Al-Zn 系合金，对变形速度极为敏感，动变形时的允许变形程度不大于 40%。但在静变形时，塑性增加约 1.5 倍，变形程度可达 80% 以上而不出现脆性状态。AZ31 合金在压力机上变形时，变形温度在 350～450℃ 的范围内塑性最高；当在锻锤上变形时，变形温度范围缩小为 350～425℃。

AZ61 合金所含主要合金元素是 5%～7% 铝。这种合金具有较高的强度和较低的工艺塑性。当在压力机上变形时，在 250～400℃ 的温度范围内，允许压缩变形程度达 40%～60%。这种合金锻造很困难，在 325～375℃ 的较窄温度范围内，也只允许有不大于 20%～30% 的压缩变形。

M1A 合金在很宽的温度范围内(300～500℃)，都具有相当高的工艺塑性。无论在静变形或动变形时，机器每次行程的允许变形都达到 70%～80%。对于这种合金，建议在 350～480℃ 的温度范围内进行热压力加工。加热温度超过 480℃，容易产生过热；热变形温度低于 350℃，则变形抗力大大增加。

ZK60 合金是一种 Mg-Zn-Zr 系高强度镁合金。变形速度对其塑性有很大的影响，低速变形时，塑性高。合金最大塑性的温度范围较宽(200～450℃)，在此温度范围内最大压缩率可达 90%；在高速变形时，塑性则显著降低，最大塑性的温度范围缩减到 250～400℃，在此温度范围内的允许变形程度，不得超过 30% 或 40%。例如在锻造时，考虑到合金在低温时的塑性低和变形抗力大，ZK60 合金的终锻温度应提高到 320℃(锤上锻造)或 280℃(压力机上锻造)。由于 ZK60 合金的过热倾向较大，始锻温度必须降低到 410℃(锤上锻造)或 420℃(压力机上锻造)。

各种变形镁合金的工艺塑性可归结为如下几点：

(1) 合金化程度低的 Mg-Mn 系 M1A 合金，在热态和冷态压力加工时，都具有较高的塑性，可以在各种应力状态下锻造和模锻。

(2) 具有不同铝含量、加有少量添加剂锌和锰的 Mg-Al-Zn 系合金 AZ31、AZ61、AZ80 等合金，强度较高，塑性较低，同时，这些合金的塑性随着其中铝含量的增加而大大降低。AZ31、AZ61 合金在热态下的塑性较高，甚至在不利的应力-应变状态下也可以锻造和模锻，但是变形速度不能太大。AZ80 合金的塑性低，应在有利的应力-应变状态下(如挤压或压力机上闭式模锻)热压力加工。

(3) 含锌的镁合金 ZK60 合金属于高强度、低塑性镁合金，应该在拉应力最小的应力-应变状态下锻造和模锻。

B　应力状态与塑性的关系

合金化程度低的变形镁合金 M1A 和 Mg-Mn-Ce 合金的塑性高，对拉应力及拉应变不敏感。合金化程度较高的 AZ61、AZ80 和 ZK60 合金，若在具有明显拉应力和拉应变条件下压力加工时，塑性显著降低，铸态合金塑性的降低则更为显著。

例如，含 3.73% 锌和 2.78% 铝的镁合金在 250℃ 温度下自由镦粗时，其最大压缩率只有 35%，若改为在模具中镦粗，则最大压缩率达到 60% 尚未出现裂纹；在 300℃ 下自由镦粗时，压缩率达 60% 后出现了裂纹，但在模具中镦粗时则未出现裂纹。自由镦粗时，由于试件的表面上出现了拉应力，导致发生晶间变形，因而降低了合金的塑性。而在模具中镦粗时，由于锻模刚性侧壁的限制作用，金属处于明显的三向压应力状态下，合金的塑性变形靠晶内滑移来完成，因而合金的塑性得到了提高。这说明镁合金最适宜的热压力加工方法是挤压、在型砧中自由锻及在闭式模中模锻。当用这些方法进行压力加工时，工具壁对金属形成的侧压力，可使其中的拉应力和拉应变减至最小。变形镁合金铸锭的初次加工，希望采用挤压方法。AZ61 合金在三向受压状态下的塑性比其在单向受压或两向受压状态下的塑性高几倍。

C 变形程度与力学性能的关系

镁合金锻件或挤压件的宏观组织及力学性能与总变形程度有很大关系。变形程度为 50%～75% 的 AZ31 镁合金挤压棒材与变形程度更大的挤压棒材相比时,可以发现前者的力学性能低,在截面上各处的性能不均匀,顺纤维方向(纵向)与横纤维方向(横向)的力学性能差异也较大(图 1-2-19)。

挤压件截面各处性能不均匀的主要原因是挤压时金属的变形极不均匀。总变形程度愈小,这种不均匀变形对合金的组织和力学性能的影响也就愈大。为了使挤压棒材中心和外层都获得一致的力学性能,挤压的总变形程度不应小于 75%。

AZ61 镁合金挤压棒材顺纤维方向和横纤维方向的力学性能与变形程度之间

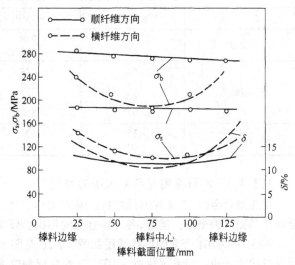

图 1-2-19 总变形程度为 75% 及枝晶为 120 mm 的
AZ31 棒材截面上力学性能的变化

的关系,如表 1-2-11 所示。为了提高 MB5 镁合金挤压棒材的力学性能,挤压时的总变形程度应不小于 95%。

**表 1-2-11 AZ61 镁合金棒材的力学性能与变形程度的关系**

| 变形程度/% | 试样部位 | $\sigma_{0.2}$/MPa | | $\sigma_b$/MPa | | $\delta$/% | | $\psi$/% | | HB |
|---|---|---|---|---|---|---|---|---|---|---|
| | | 纵向 | 横向 | 纵向 | 横向 | 纵向 | 横向 | 纵向 | 横向 | |
| 50 | 外层 | 185 | 140 | 285 | 246 | 14.2 | 10.2 | 10.5 | 6.3 | 66 |
| | 中心 | 170 | 100 | 250 | 140 | 8.4 | 4.0 | 1.5 | 4.8 | |
| 75 | 外层 | 197 | 178 | 300 | 276 | 15.6 | 11.4 | 20.0 | 16.5 | 70 |
| | 中心 | 189 | 122 | 298 | 150 | 14.7 | 6.6 | 17.6 | 8.4 | |
| 85 | 中心 | 198 | 148 | 305 | 258 | 13.5 | 9.6 | 18.8 | 12.6 | 71 |
| 92 | | 202 | 180 | 313 | 305 | 14.0 | 11.2 | 22.7 | 15.0 | 71.5 |
| 96 | | 210 | 186 | 321 | 310 | 12.0 | 10.4 | 18.3 | 17.5 | 72 |

AZ61 合金铸锭经挤压成棒材后,其强度指标得到了提高,而当挤压时的变形程度超过 90% 以上时,塑性指标 $\delta$ 也从 8.7% 提高到 10.1%,当变形程度由 90% 增大到 98% 时,力学性能达更高值,如表 1-2-12 所示。

**表 1-2-12 AZ61 合金铸态与挤压棒材的力学性能**

| 合金状态 | | $\sigma_b$/MPa | $\delta$/% |
|---|---|---|---|
| 铸 造 | | 226 | 8.7 |
| 挤压<br>(变形程度/%) | 65 | 232 | 6.8 |
| | 80 | 269 | 5.9 |
| | 90 | 285 | 10.1 |
| | 98 | 292 | 29.2 |

表 1-2-13 为 AZ31、AZ61、AZ80 合金挤压棒材随变形程度而改变的力学性能。

**表 1-2-13   不同变形程度的挤压对镁合金力学性能的影响**

| 合　　金 | 变形程度/% | $\sigma_b$/MPa | $\sigma_{0.2}$/MPa | $\delta$/% |
|---|---|---|---|---|
| AZ31 | 75 | 270 | 180 | 14.5 |
|  | 90 | 280 | 190 | 13.6 |
| AZ61 | 50 | 275 | 175 | 13.0 |
|  | 75 | 290 | 190 | 14.8 |
|  | 85 | 300 | 200 | 13.0 |
|  | 92 | 310 | 210 | 12.0 |
| AZ80 | 75 | 300 | 205 | 12.6 |
|  | 90 | 320 | 214 | 11.8 |

### 1.2.3.5   再结晶图与晶粒大小的控制

加工镁合金时,需要控制晶粒度。晶粒大小与变形程度、变形温度及变形速度的关系,由合金再结晶图反映出来。但是,各种镁合金的再结晶倾向是不一样的。

AZ31 和 AZ61 合金的再结晶图如图 1-2-20 及图 1-2-21 所示。当温度达 300℃ 时,它们的再结晶过程才开始。当温度超过 350℃,不管变形程度多大,晶粒均显著长大。在 MB2 合金的再结晶图上,对应于临界变形程度,曲线比较陡,其再结晶起点随温度升高而移向较小变形程度方向。AZ31 和 AZ61 合金在压力机上的临界变形程度与纯镁相近,不超过 10%。

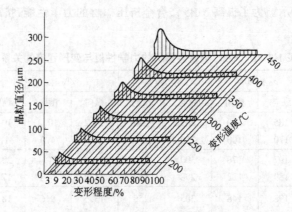

图 1-2-20   AZ31 合金再结晶图

在锤上锻造时,由于变形速度较大,抑制了软化过程。锤上锻造和静变形比较,需要在高得多的温度下,再结晶才能进行。

表 1-2-14 所示为几种镁合金在压力机上变形时的回复和再结晶温度。

**表 1-2-14   镁合金在压力机上变形时的回复和再结晶温度**

| 合　　金 | Mg | AZ31 | M1A | ZK60 |
|---|---|---|---|---|
| 回复开始温度/℃ | 150 | 200 | — | 250 |
| 再结晶开始温度/℃ | 250 | 300～350 | 325～350 | 425 |

对于在锻造温度下有晶粒长大倾向的 Mg-Al-Zn 系镁合金,为了细化其晶粒,应在较低的温度下结束锻造,即应在锻造温度的下限结束锻造。因为终锻时的变形量一般是不大的,不足以使其晶粒细化。如果是两次或多次模锻,还要注意依次降低其终锻温度,后一次模锻比前一次模锻

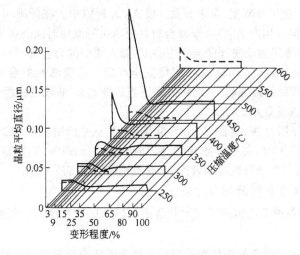

图 1-2-21 AZ61 合金的再结晶图

要降低 15℃ 左右。

### 1.2.4 镁基复合材料

轻质材料的很多应用要求是高刚度和低热膨胀。镁的刚度及热膨胀低于与之竞争的材料,而且用常规手段不能得到明显改善。镁金属基复合材料(MMCs)提供了解决这些缺点的一个方案。采用具有高弹性模量及低热膨胀的材料,如氧化物、陶瓷、石墨、金属间相等去克服这些缺点。许多材料已用于或试验用于增强镁的性能,最主要的是石墨纤维、SiC 质点及 $Al_2O_3$ 纤维和质点。

因为镁不易生成碳化物,故碳纤维是镁的一种理想增强材料。石墨纤维的低密度可使镁基复合材料的密度小于 2000 kg/m³。采用的方法是按混合原则,即对镁基体和所用增强剂的弹性和热膨胀的加和行为从理论上进行预估,当然,性能的最终改善不仅与增强剂的性质和体积分数有关,而且也与增强剂的形状(长纤维、短纤维、质点、片状物)及增强剂和镁基体间形成的界面有关。用这类增强剂可以很好地改善镁的其他性质,包括耐磨性、抗拉性能,特别是高温抗拉性能和蠕变抗力。

大多数碳化物很适合增强镁合金的性能。粒状 SiC 及 $B_4C$ 相当便宜且质量小,密度分别为 3.1 g/cm³ 及 2.5 g/cm³,这些碳化物与镁能很好地结合。该种镁 MMCs 可用熔体搅拌法生产,要求质点对镁熔体的化学侵蚀具有良好的稳定性。Laurent 等人采用在固相线及液相线之间加入 SiC,随后在液相线温度以上搅拌这种混合物以降低 SiC 质点与液态 AZ91D 之间的反应。Lim 及 Choh 报道,SiC 掺和入熔融纯镁中的时间明显短于纯铝,并且质点均匀分布的条件较纯铝中更好。镁中加入铈、锰、锆、铋、铅、锡及锌不影响掺和时间,但加入铝、铜、钙及硅则可能延长掺和时间,加钙后发现会使质点团聚。

SiC 晶须较 SiC 颗粒增强镁的性能更为有效,但在镁及铝中难以使晶须均匀分布。液态金属渗入 SiC 晶须预构件,常发现使晶须聚合。粉末冶金过程经常造成挤压时纤维严重破损,这两种现象使力学性能降低。SiC 晶须提供了唯一可行的增强 Mg-Li 合金的方案,但为了找到增强 Mg-Li 合金在经济上可行的方案还要做更进一步的研究工作。

在用 $Al_2O_3$ 纤维和 $Al_2O_3$ 质点增强镁的性能方面已做了许多工作。与铝基体比较,镁及镁合金对 $Al_2O_3$ 有极好的润湿性。从热力学观点看,$Al_2O_3$ 对于镁的化学反应是不稳定的,会形成 $MgAl_2O_4$ 尖晶石或 MgO。镁与氧化硅反应更强烈,在商业上可用的 $Al_2O_3$ 纤维产品中,氧化硅作为一种无机黏合剂,存在于硅酸铝、莫来石及 δ 型 $Al_2O_3$ 纤维中。在纤维和/或无机黏合剂上,金属间相沉淀有形核倾向。生产 $Al_2O_3$-Mg 复合材料要求将纤维短时间暴露于镁熔体中,因而使用温度有限制。纤维-基体间的反应程度与使用温度、加入镁中的合金元素以及 $Al_2O_3$ 增强剂类型有关。硅酸铝纤维(50% $Al_2O_3$,50% $SiO_2$)与镁完全反应。高度活性的合金元素如稀土元素和锆,有向增强剂-基体界面偏聚的趋向,因而需要适当选择基体-增强剂的组合。这种偏聚降低了这些元素相应的晶粒细化效果。

　　Schroder 及 Kainer 用含 $Al_2O_3$ 的 Saffil 纤维及 SiC 质点的预制坯在 QE22 中通过渗透法制得混杂的镁复合材料。用 10%(体积分数)纤维和 15%(体积分数)SiC 质点得到了最好结果。这种结合使材料刚度好,但与单用纤维增强者比较,高温抗拉性能有所下降。

### 1.2.4.1 镁基复合材料的制备方法

制造镁 MMCs 的各种工艺包括了用于制造铝 MMCs 的所有技术。主要应用的工艺如下。

**A 粉末冶金法**

粉末冶金法是把均匀混合的陶瓷颗粒与微细纯净的镁合金粉末在模中冷压,然后加热至合金两相区,再加压,使增强物与镁合金基体聚成一体的方法。粉末冶金法的特点为:工艺设备复杂,成本较高。但可以任意改变增强物与基体的配比,从而获得不同体积分数的复合材料,并且增强物在基体中分布较均匀。

**B 喷射沉积法**

该工艺是使液态镁合金在高压惰性气体喷射下雾化,形成熔融镁合金喷射流,同时将颗粒喷入熔融的镁合金射流中,使液固两相颗粒混合并共同沉积到经预处理的衬底上,最终凝固得到颗粒增强的镁基复合材料。该法制备的复合材料颗粒在基体中分布均匀、无偏聚、凝固迅速、无界面反应。由于颗粒与金属界面属机械结合,抗拉强度有待进一步提高。另外制备的复合材料一般存在孔洞,不适合生产近尺寸零件。

**C 挤压铸造法**

挤压铸造法通常包括两个阶段:(1)增强物经加压成形或抽吸成形制成预制件。(2)将加热的预制件放入热态挤压模中,浇入液态镁合金后加压使熔融镁合金浸渗到预制件中,保压一定时间使之凝固,脱模后即得镁基复合材料。挤压铸造法的特点为:工艺简单,成本低,产量高。采用高压浸渗,克服了增强体与基体不润滑的现象,保证了基体与增强体的连接,且消除了气孔、缩孔等铸造缺陷,但此法不适合制备形状复杂的零件。

**D 无压浸渗法**

熔融镁合金在惰性气体保护下,不施加任何压力对压实后的陶瓷颗粒床或纤维预制件进行浸渗,从而制备出复合材料。该工艺设备简单,成本低,但陶瓷增强相与镁合金基体之间的润湿性成了该工艺的关键技术。

**E 半固态搅熔铸造法**

该法是把颗粒加到高速剪切(搅拌)的半固态镁合金熔体中,颗粒与先凝固的金属晶粒均匀混合后再升温浇铸,凝固后即得到镁基复合材料。该法工艺设备简单,生产效率高。但是该法因颗粒增强相与基体合金密度不同易造成颗粒沉淀和聚集现象。同时,由于搅拌时搅拌头后产生负压,复合材料很容易吸气而形成气孔。

### 1.2.4.2 镁基复合材料的性能

**A 线胀系数**

Timothy C. Wilks 研究了 ZC71 合金与 12%(体积分数)SiC/ZC71 合金从室温至 300℃ 范围内

线胀系数与温度的关系。结果表明，线胀系数在使用温度范围内，随温度提高明显增大。但加 SiC 颗粒强化后，线胀系数均有所降低。如 20℃时 ZC61 合金的线胀系数为 $27×10^{-6}/℃$，加入 12%（体积分数）SiC 强化后，合金的线胀系数下降为 $18.5×10^{-6}/℃$。

### B　力学性能

从表 1-2-15 可以看出，与基体合金相比，复合材料的弹性模量提高，伸长率下降。9.4% $SiC_p$ 和 15.1% $SiC_p$ 增加的复合材料抗拉强度减小，而 20% $SiC_p$ 增强的复合材料抗拉强度却比基体 AZ91 合金高。复合材料抗拉强度减少的原因是铸态的复合材料颗粒团聚，并带有一定量的气孔。在拉应力作用下此处优先形成微裂纹，从而使强度降低，在 Mg-SiC 界面上形成的金属间化合物在承受载荷时首先破裂致使复合材料过早破坏。

**表 1-2-15　铸态 $SiC_p$/AZ91 复合材料的常温拉伸性能**

| 工　艺 | 材　料 | 体积分数/% | 抗拉强度/MPa | 弹性模量/GPa | 伸长率/% |
|---|---|---|---|---|---|
| 搅拌铸造 | AZ91 | 0 | 311 | 49 | 21 |
| | | 9.4 | 236 | 47.5 | 2 |
| | $SiC_p$/AZ91 | 15.1 | 236 | 54 | 7 |
| | | 20 | 328 | 80 | 2.5 |

对铸态复合材料进行压延可使复合材料的力学性能大大提高，如表 1-2-16 所示。与基体合金相比，室温时复合材料弹性模量提高 76%，屈服强度提高 52%，抗拉强度提高 32%，压缩强度提高 111%。高温时不论是基体还是复合材料，强度和模量均下降，但伸长率提高。特别值得一提的是，复合材料在高温（150℃）时的抗拉强度还保持为 215MPa，比室温基体的抗拉强度稍低。因此，高温时增强相对基体能发挥较好的强化作用。压延后的镁基复合材料力学性能明显改善的原因是：(1)减少了因增强体团聚以及界面处增强体偏聚所造成的不均匀性；(2)消除了复合材料内部的缩孔、缩松以及搅拌时形成的气泡。

由表 1-2-16 还可以看出，小颗粒（0.016 mm（1000 目））增强的复合材料的屈服强度、抗拉强度和压缩强度均比大颗粒（0.024 mm（600 目））增强的复合材料要好。这是因为当体积分数相同时，增强相颗粒越小，粒子间距 λ 就越小，复合材料的强度就愈高。

**表 1-2-16　铸态复合材料压延后的常温和高温性能**

| 材　料 | 体积分数/% | 颗粒尺寸/mm(目) | 温度/℃ | 弹性模量/GPa | 屈服强度/MPa | 抗拉强度/MPa | 压缩强度/MPa | 伸长率/% |
|---|---|---|---|---|---|---|---|---|
| SiC/AZ31B | 20 | 0.024(600) | 25 | 79 | 251 | 336 | 179 | 5.7 |
| | | | 150 | 56 | 154 | 251 | 158 | 10.4 |
| | | 0.016(1000) | 25 | 79 | 270 | 341 | 197 | 4.0 |
| | | | 150 | 68 | 167 | 215 | 167 | 9.2 |
| AZ31B | | | 25 | 45 | 165 | 250 | 85 | 12 |
| | | | 150 | | 105 | 170 | 95 | 39 |

研究的结果表明，16% $Al_2O_3$（体积分数）纤维增强 AZ91 合金在 180℃时，复合材料的蠕变寿命是基体合金的 10 倍，而疲劳寿命是基体合金的 2 倍。

### C　摩擦磨损及腐蚀性能

当镁合金基体中分布着陶瓷增强体（如 $Al_2O_3$ 颗粒和短纤维，SiC 晶须和颗粒等）时，陶瓷增强体在磨损过程中将起到支撑载荷的作用，因而减少了镁合金与对磨件发生黏合的可能，使镁基复合材料具有优良的耐磨性。

$Al_2O_3$ 颗粒增强 AZ91 镁合金的磨损行为表明,少量的 $Al_2O_3$(1%)就可以显著提高基体合金的耐磨性。Susan E. Housh 和 Daniel J. Sakkinen 对 SiC 颗粒增强 AZ91 镁合金复合材料的磨粒磨损行为进行了研究。结果表明,随着 SiC 颗粒体积分数的提高,耐磨性变好。体积分数在 0~3% 之间 0.044 mm(320 目)的 SiC 颗粒增强的复合材料其耐磨性优于 0.016 mm(1000 目)的 SiC 颗粒增强的复合材料。当体积分数大于 3% 时,颗粒大小对复合材料的磨粒磨损影响不大。

### 1.2.4.3 镁基复合材料的界面行为

在铝基复合材料中加入少量的镁可改善铝合金与陶瓷相的润湿性已有许多报道。但镁与各陶瓷相之间的润湿角数值未见系统论述。镁没有稳定的碳化物,因此在纯镁中碳化物是稳定的,不会发生化学反应。但其他合金元素如铝会形成碳化物,所以,如果含有铝的镁合金与碳化物增强相(如 SiC)接触时间足够长将会在界面发生化学反应。其反应方程式为:

$$4Al + 3SiC \Longrightarrow Al_4C_3 + 3Si$$

$Al_2O_3$ 在铝中是稳定的,但与镁会发生化学反应。其反应方程式为:

$$3Mg + Al_2O_3 \Longrightarrow 3MgO + 2Al$$

或
$$3Mg + 4Al_2O_3 \Longrightarrow 3MgAl_2O_4 + 2Al$$

界面发生反应有许多不利的影响:

(1) 因为 $Al_4C_3$ 溶于水,因而降低复合材料的耐腐蚀性能。$Al_4C_3$ 的形成同时伴随 Si 的析出,这就改变了基体合金的化学成分。$MgAl_2O_4$ 的形成虽不直接影响复合材料的腐蚀性能,但同样会改变合金的化学成分。

(2) 界面反应物会降低界面力学性能。

(3) 界面反应物使复合材料在铸造中的流动性降低。因此,除基体和增强相外,基体与增强相之间的界面行为是影响镁基复合材料性能的主要因素。

石墨/Mg 复合材料的界面特性研究结果发现,在基体与 $SiO_2$ 涂层上由于化学黏结而形成 $Mg_2Si$ 和 MgO 相。B. Inem 和 G. Polard 对 SiC/ZCM630 复合材料的界面进行了研究。结果表明,在基体与 SiC 界面上有细小的共晶颗粒和 $Mg_2Si$ 相,共晶相趋向于在界面上形核。为改善润湿性,已用二氧化硅包覆的石墨纤维进行了各种试验。Chin 及 Nunes 报道,在用非晶 $SiO_2$ 包覆在这些纤维上时,Cr/AZ91C 具有较 Cr/Mg 及 Cr/ZE41A 更为优良的纵向及横向力学性能。由于涂层与稀土元素间的反应,观察到纤维-基体的衰变。这种研究证明了选择适当的纤维-基体系的重要性。

Diwanji 及 Hall 发现,在 Mg-Al 合金中未涂覆及未处理的石墨纤维与表面处理过的纤维相比,合金的力学性能增加两倍。基体与纤维间结合得好,基体中的铝与纤维表面反应生成细小的 $Al_4C_3$ 沉淀相,并且该反应区不受热处理的影响。

采用未涂层的纤维并用挤铸法生产的合金可获得令人满意的力学性能。表面处理改善了合金界面剪切强度但降低抗拉强度。倘若无连续裂纹通道通过所产生的脆性相,那么合金化元素会改善其抗拉性能。

总之,所有镁基 MMCs 都要求改进增强剂与基体间相应界面以满足用户提出的要求。选择有关的镁 MMCs 主要依赖于特定的应用及使用温度。开发更好的镁基复合材料是当前一个大的研究领域。

## 1.2.5　镁合金的发展趋势

镁合金可以应用的领域十分广阔,其发展潜力很大,1996 年,著名的材料专家 R. W. Cahn 指出,"在材料领域中还没有任何材料像镁那样存在潜力与现实如此大的颠倒"。但近几年来镁合金的研究与开发得到国内外材料工作者重视,新合金、新工艺、新技术被用来促进镁合金的研究与开发。

在镁的合金系列开发方面,按不同的使用目的,镁合金呈现出不同的发展趋势。

在提高镁合金塑性方面,以 Mg-Al-Zn、Mg-Al-Mn 等系列合金为基础,研究开发了 Mg-Li、Mg-Li-Al 等新型合金。通过晶体结构的变化可提高塑性,如 Mg-Li 合金中随 Li 含量提高,合金晶体结构可改变为体心立方。典型的 LA141 合金(Mg-14％Li-1％Al)合金就是以 β 体心立方结构为基体,密度 1.35 g/cm³,其塑性变形能力强,已应用于航空领域中。还可以进一步减小合金密度,日本成功制备出密度小于水的 Mg-Li 合金,能应用在航天航空器上,从而大大减轻质量。

在提高合金强度、比强度等方面,开发了新型的 Mg-Zn-Cu、Mg-Zn-Zr 等合金,使镁合金有望应用于重要的受力件,从而可大大扩大其应用领域。

最重要的是在提高镁合金耐热性能的方面,正在进行大量有意义的工作。如研究的新型耐热镁合金 Mg-Ag-RE-Zr、Mg-Zn-RE-Zr、Mg-Th-Zn-Zr、Mg-Sc-X、Mg-Gd-X 等,使镁合金应用在300℃的高温环境下,同时这类合金常常具有良好的室温和高温综合性能,可以应用在航天航空、国防军事等重要领域。

在改进镁合金制备工艺技术方面,通过"快速凝固＋粉末冶金"工艺制备变形镁合金可以使镁合金的所有性能得到很大程度的改善和提高,快速凝固工艺成为引起材料科学工作者开发新型镁合金十分重视的一种新工艺。

采用快速凝固工艺开发和生产商业镁合金集中在两个发展阶段:第一阶段是 1950～1960年,由 Dow Chemical Co.采用气体雾化法和旋转冷却盘法进行的研究开发工作;第二阶段是从1984 年至现在,由 Allied Signal 公司开发的平面流法(PFC)生产快速凝固合金材料。

快速凝固工艺可以制备出性能非常优良的变形镁合金。Allied Signal 公司通过平面流法,以实验室及试生产规模制取的 RS Mg-Al-Zn 基的 EA55RS 变形镁合金型材,成为迄今已报道过的性能最好的镁合金材料。其代表性能为:挤压制品拉伸屈服强度 343 MPa,压缩屈服强度384 MPa,极限抗拉强度 423 MPa,伸长率 13％,腐蚀速率大约每年 0.25 mm。其性能绝对值、相对值均高于许多先进的轻质变形合金材料。与常规镁合金比较,快速凝固镁合金材料具有室温比抗拉强度高、压缩强度/拉伸强度的比值高、挤压态伸长率高(可达 15％～22％),在 373 K 以上的温度具有优良的塑性变形行为和超塑性,综合力学性能优良等特点。此外,快速凝固镁合金的大气腐蚀行为与新型高纯常规镁合金 AZ91E 及 WE43 和铝合金 2024-T6 相当,比其他镁合金腐蚀速率小将近 2 个数量级。

目前,快速凝固镁合金正着手应用于民用及军用飞机和汽车上,以促进变形镁合金产品的大规模应用,快速凝固工艺在未来变形镁合金领域的研究中必然会出现许多创造性的成果。

镁合金材料用来大规模减轻零部件的重量,不仅要求镁合金综合性能大大改善,同时还要求合金及最终产品有低且稳定的价格。对于镁的新合金、新工艺、新技术的研究,其发展趋势主要在于提高合金断裂韧性、降低腐蚀速率以及获得超高强度和优良塑性这几个方面,并使镁合金材料最终向系列化发展。

# 1.3　钛及钛合金

## 1.3.1　概述

钛在化学元素周期表中属ⅣB族过渡元素,原子序数为 22,相对原子质量为 47.9。它属于高熔点(1668℃)的活性金属。

钛及其合金由于密度低($4.5\sim4.8\,\mathrm{g/cm^3}$,比钢约轻40%)、比强度高和耐蚀性好而成为一种优良的结构材料,在航空、航天、海洋及化工机械领域非常引人注目,在国防科技领域占有重要地位。钛合金又由于具有某些特殊功能(如储氢特性、形状记忆、超弹性)和无毒、生理相容性好等特性而成为新型功能材料和重要的生物医学材料。

钛是第二次世界大战后才登上工业舞台的新型工业金属。虽然钛元素发现于18世纪末,但由于它的化学活性高,提取困难,金属钛直到1910年才被美国科学家用钠还原法(亨特法)提炼出来。1936年卢森堡科学家克劳尔用镁还原法(克劳尔法)还原$TiCl_4$,制得海绵钛,奠定了金属钛生产的工业基础。其技术转让到美国,1948年在美国首先开始海绵钛的工业生产。中国继美、日、前苏联之后,于1958年开始钛的生产。

钛及其合金一般是用真空自耗电弧熔炼方法(VAR)将海绵钛制成铸锭,然后用与钢材生产相近的工艺和设备加工成各种钛材(板、带、箔、管、棒、丝及锻件等)。精密铸造及粉末冶金法也用于钛制品的生产。

钛一般被列为"稀有金属",但钛元素在地壳中的含量是十分丰富的。它在全部元素中名列第10位,在金属元素中仅次于铝、铁、镁,居第4位,钛的储量是常用元素镍的30倍,铜的60倍。

钛在地壳中大都以金红石(含 $TiO_2$ 90%以上)和钛铁矿(含 $TiO_2$ 50%左右)等形式存在。目前,95%的钛矿用于制取化工产品(钛白粉),只有约 5% $TiO_2$ 用于制成金属钛。

20世纪50年代钛开始用于航空工业,用作航空发动机和机体的结构件,然后逐渐扩展到一般工业领域,用作容器、管路、泵、阀类的耐蚀结构材料。20世纪末,钛逐渐进入人们的日常生活,用作高档建材、医疗器材、体育娱乐用品、餐具器皿及工艺美术品等。钛将由高科技领域应用的"稀有金属"变为公众熟知、广泛应用的"常用有色金属"。钛应用的发展示于图1-3-1。

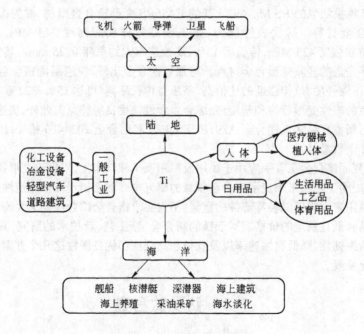

图1-3-1　全能的金属钛

钛由于综合性能好,用途广,资源丰富,发展前景好,被誉为正在崛起的"第三金属"。

目前,全世界年产海绵钛约 7 万 t,钛材约 5 万 t。从长远的观点看,钛工业还处于它的幼年期。从事钛工业生产的主要是美、俄、日、西欧和中国等少数国家。在过去 50 多年中,钛工业的发展不太稳定,起伏比较大。目前制约钛材工业发展的主要因素是钛的冶炼和熔炼成本较高。钛材虽然性能很好,但性价比不能完全令人满意。在 21 世纪,随着钛冶炼与加工技术的进步和社会对优质材料需求的增长,预计钛材工业将会有较大的发展。

### 1.3.2 工业纯钛

钛是一种银白色的金属,在空气中长时间暴露后会略为发暗,但不会生锈。钛耐蚀性优良,特别是对氯离子具有很强的抗蚀能力。这是因为在钛表面易形成坚固的氧化钛钝化膜,膜的厚度为几十纳米到几百纳米。经过氧化处理的钛,由于氧化膜的结构与厚度的变化,钛会呈现各种美丽的色彩。

钛原子的电子结构为 $1s^2 2s^2 2p^6 3s^2 3p^6 3d^2 4s^2$,其价电子是电离势很小(小于 50 eV)的 4 个外层电子($4s^2 3d^2$),钛的最高氧化态是正 4 价。

元素钛的基本物理特性列于表 1-3-1。

**表 1-3-1　元素钛的物理特性**

| 原子序数 | 22 | 电导率 | 3%IACS(铜为 100%) |
|---|---|---|---|
| 相对原子质量 | 47.90 | 电阻率/$\mu\Omega\cdot m$ | 0.478 |
| 晶体结构 | | 电阻温度系数/$K^{-1}$ | 0.0026 |
| | α 密排六方(低温相) | 磁化率 | |
| | β 体心立方(高温相) | 20℃ | $3.2\times10^{-6}(\alpha)$ |
| 密度/$g\cdot cm^{-3}$ | 4.50(α,20℃) | 900℃ | $4.5\times10^{-6}(\beta)$ |
| | 4.35(β,885℃) | 磁导率/$H\cdot m^{-1}$ | 1.00004 |
| 熔点/℃ | 1668±4 | 弹性模量/GPa | 102.7 |
| 沸点/℃ | 3400(3250) | 泊松比 | 0.41 |
| 热容(25℃)/$J\cdot(kg\cdot K)^{-1}$ | 0.518 | 摩擦系数 | 0.8(40 m/min) |
| 热导率/$W\cdot(m\cdot K)^{-1}$ | 21 | | 0.68(300 m/min) |
| 熔化热/$kJ\cdot kg^{-1}$ | 440 | 光发射率 | 0.482(1000℃,652 nm) |
| 晶型转变潜热/$kJ\cdot mol^{-1}$ | 3.68~3.97 | 光反射率/% | 57.9(600 nm) |
| 气化潜热/$kJ\cdot mol^{-1}$ | 428.5~470 | 光折射指数 | 1.82(600 nm) |
| 线胀系数/$K^{-1}$ | $8.64\times10^{-6}$ | 光吸收系数 | 2.69(600 nm) |

工业纯钛与常用结构金属材料性能的比较列于表 1-3-2。由该表可见,钛的主要特性如下:

(1) 钛具有同素异构转变,低温 α 相具有密排六方结构($hcp$),而高温 β 相为体心立方结构($bcc$)(见图 1-3-2)。转变点($T_\beta$)为 880℃。钛合金转变点随成分而变。在转变点上下,钛的许多性能会发生显著变化。这种同素异形转变为钛合金的组织、性能的多样性和复杂性奠定了冶金基础。

(2) 钛密度小而强度高。大致在 -253~600℃ 范围内,钛的比强度是最高的。

表 1-3-2　工业纯钛与常用金属材料性能比较

| 性　能 | Ti | Mg | Al | Fe | Ni | Cu | 18－8 不锈钢 |
|---|---|---|---|---|---|---|---|
| 密度/g·cm⁻³ | 4.5 | 1.74 | 2.7 | 7.87 | 8.9 | 8.9 | 8.03 |
| 熔点/℃ | 1668 | 650 | 660 | 1335 | 1455 | 1083 | ＞1400 |
| 沸点/℃ | 3400 | 1107 | 220 | 2735 | 3000 | 2360 | |
| 弹性模量/MPa | 110000 | 43600 | 72400 | 200000 | 210000 | 130000 | 203200 |
| 电阻率(20℃)/μΩ·m | 50 | | 2.7 | 9.7 | | 1.7 | 72 |
| 电导率(与 Cu 相比)/% | 3.1 | | 64.0 | 18.0 | | 100 | 2.4 |
| 热导率/W·(m·℃)⁻¹ | 17.2 | 146.3 | 217.7 | 83.7 | 59.5 | 385.2 | 16.3 |
| 线胀系数/℃⁻¹ | 0.83 | 2.6 | 2.39 | 1.17 | 1.33 | 1.64 | 1.65 |
| 质量热容/J·(g·℃)⁻¹ | 0.50 | | 0.88 | 0.46 | | 0.38 | 0.50 |
| 抗拉强度/MPa | 300～600 | 110 | 80～110 | 180～250 | 400～500 | 240 | |
| 布氏硬度/MPa | 800～1400 | 250～350 | 150～250 | 450 | 700～900 | 450～500 | |
| 伸长率/% | 27 | 7 | 32～40 | 40 | 40 | 50 | |

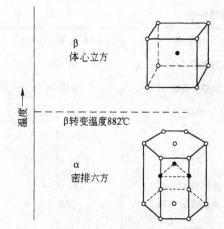

图 1-3-2　钛的两种同素异构体
（从低温 α 相向高温 β 相转变发生在 882℃）

（3）钛的塑性是中等的。它的塑脆转变温度低，在超低温下仍可保持足够塑性。

（4）钛的弹性模量是中等的，比不锈钢约低 50%，比弹性模量稍低于钢，适于做弹性元件，但加工时回弹比较大。合金化可使钛弹性模量发生很大变化。

（5）钛具有电导率、热导率和线胀系数均低的特性。钛的热容与不锈钢相当，电阻率比不锈钢稍大。

（6）钛的磁导率约为 1.0H/m，非磁性（严格说为顺磁性）。

（7）钛的熔点高，但由于同素异构转变和高温下吸气、氧化倾向的影响，它的耐热性为中等，介于铝与镍之间。

（8）钛的屈强比（$\sigma_s/\sigma_b$）很高（达 0.9～0.95），这对钛的应用与加工均有很大的影响。

（9）钛对超声波的阻抗较小，透声系数较高，适于做声纳导流罩之类材料。

（10）钛对 X 射线呈半阻射性，放射性同位素的半衰期很短（β、γ 辐射半衰期小于 1 年）。

（11）钛元素与人体相容性好，耐体液腐蚀。

（12）钛在大多数情况下，具有极好的耐蚀性。同不锈钢、铝、钢、镍相比，钛具有优异的抗局部腐蚀性能。钛抗海水及氯化物点蚀、抗缝隙腐蚀、抗应力腐蚀、抗焊接头腐蚀和抗疲劳腐蚀的能力都很强，详见表 1-3-3 和表 1-3-4。

表 1-3-3　钛与其他合金的相对耐蚀性

| 合　金 | 相对 18－8 不锈钢的耐蚀性 |
|---|---|
| Fe18Cr8Ni | 1 |
| Cu10Ni90 | 1.1 |
| Fe18Cr2Mo | 1.4 |

| 合　　金 | 相对 18-8 不锈钢的耐蚀性 |
|---|---|
| Fe18Cr12Ni2 | 1.5 |
| Fe26Cr1Mo | 2.4 |
| Fe29Cr4Mo | 2.9 |
| Ti | 3.1 |
| Ni15Cr7Fe（Inconel600） | 3.5 |

表 1-3-4　各种材料在海水中的相对耐蚀性

| 腐蚀类型 | 海军黄铜 | 铝黄铜 | 90-10Cu-Ni | 70-30Cu-Ni | 不锈钢 | 钛 |
|---|---|---|---|---|---|---|
| 均匀腐蚀 | 2 | 3 | 4 | 4 | 5 | 6 |
| 磨　蚀 | 2 | 2 | 4 | 5 | 6 | 6 |
| 点蚀（运转中） | 4 | 4 | 6 | 5 | 6 | 6 |
| 点蚀（停止中） | 2 | 2 | 5 | 4 | 1 | 6 |
| 高流速水 | 3 | 3 | 4 | 5 | 6 | 6 |
| 入口磨蚀 | 2 | 2 | 3 | 4 | 6 | 6 |
| 蒸汽腐蚀 | 2 | 2 | 3 | 4 | 6 | 6 |
| 应力腐蚀 | 1 | 1 | 6 | 5 | 1 | 6 |

　　钛的纯度对性质,特别是力学性能有重要影响,而纯度又与冶炼方法有关。钛中的主要有害杂质是氧、氮、碳、氢、氯、铁、硅。这些杂质均提高钛的强度和硬度,降低钛的塑性和韧性。气体杂质氧、氮及碳在钛中有很大的溶解度,一旦进入钛中,很难除去,只会在熔炼与加工、热处理过程中逐渐增加。氯可在真空熔炼过程中除去。氢在钛中可能引起"氢脆",但氢可以通过真空熔炼或真空热处理除去。

　　钛本质上是高塑性的。用碘化法制取的高纯钛的强度仅 $220\sim290\,MPa$,而伸长率可达 $50\%$ $\sim60\%$,面缩率可达 $70\%\sim80\%$。这是因为密排六方结构的纯钛晶轴比（$c/a$）$=1.5873$,在室温下变形时,不仅底面(0001)参加滑移,而且棱锥面 $\{10\bar{1}1\}$ 和棱柱面 $\{10\bar{1}0\}$ 也参加滑移,并起主要作用。滑移方向都是沿基面的密排方向 $\langle1\bar{2}10\rangle$,这是纯钛不同于六方晶系的镁、锌、镉的原因。纯钛变形的另一个特点是,当温度降低时,虽然滑移变形会减少,但孪晶大量增加。孪晶变形的增加会使钛在低温时具有很好的塑性(甚至比室温还高)。α-Ti 的孪晶面为 $\{10\bar{1}2\}$、$\{11\bar{2}1\}$、$\{11\bar{2}2\}$ 和 $\{11\bar{2}4\}$。

　　所谓的"工业纯钛"是指含有一定量杂质的纯钛,其氧、氮、碳、铁、硅等杂质总量一般为 $0.2\%\sim0.5\%$。这些杂质使工业纯钛既具有一定的强度和硬度,又具有适当的塑性和韧性,可用作结构材料。

　　我国按杂质含量和硬度将海绵钛(原料)分为五级(0、1、2、3、4 级)。按杂质含量和力学性能将钛材分为 5 级(TD、TA0、TA1、TA2、TA3),详见表 1-3-5、表 1-3-6。杂质对钛硬度的影响示于图 1-3-3。

表 1-3-5　海绵钛分类及成分(%)(GB2524—1981)

| 牌　号 | Ti(不小于) | Fe | Si | Cl | C | N | O | HB(不大于) |
|---|---|---|---|---|---|---|---|---|
| MHTi-0 | 99.76 | 0.06 | 0.02 | 0.06 | 0.02 | 0.02 | 0.06 | 100 |
| MHTi-1 | 99.65 | 0.10 | 0.03 | 0.08 | 0.03 | 0.03 | 0.08 | 110 |
| MHTi-2 | 99.54 | 0.15 | 0.04 | 0.10 | 0.02 | 0.04 | 0.10 | 125 |
| MHTi-3 | 99.35 | 0.20 | 0.05 | 0.15 | 0.04 | 0.05 | 0.15 | 155 |
| MHTi-4 | 99.15 | 0.35 | 0.05 | 0.15 | 0.04 | 0.06 | 0.20 | 175 |

表 1-3-6　工业纯钛分类

| 牌　号 | 杂质含量(不大于)/% | | | | | | | 室温性能不小于 | | |
|---|---|---|---|---|---|---|---|---|---|---|
| | Fe | 其他元素 | | C | N | H | O | $\sigma_b$/MPa | $\delta$/% | $\psi$/% |
| | | 单一 | 总和 | | | | | | | |
| TD(碘化钛) | 0.03 | — | — | 0.03 | 0.01 | 0.015 | 0.10 | | | |
| TA0 | 0.15 | | | 0.10 | 0.03 | 0.015 | 0.15 | | | |
| TA1 | 0.25 | 0.01 | 0.4 | 0.10 | 0.03 | 0.015 | 0.20 | 343 | 25 | 50 |
| TA2 | 0.30 | 0.01 | 0.4 | 0.10 | 0.05 | 0.015 | 0.25 | 441 | 20 | 40 |
| TA3 | 0.40 | 0.01 | 0.4 | 0.10 | 0.05 | 0.015 | 0.30 | 539 | 15 | 35 |

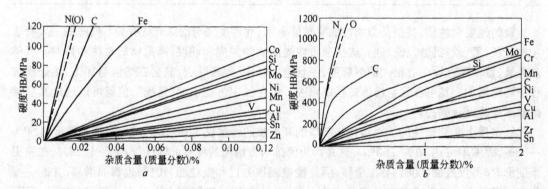

图 1-3-3　一些杂质含量对钛硬度的影响
a—杂质含量 0～0.12%；b—杂质含量 0～2%

工业纯钛的硬度是每个杂质元素强化效应叠加的结果,经验公式如下:

$$HB = 57 + 196\sqrt{w(N)} + 158\sqrt{w(O)} + 45\sqrt{w(C)} + 20\sqrt{w(Fe)}$$

式中,$w$ 为杂质的质量分数,%。

### 1.3.3　钛合金

#### 1.3.3.1　钛与各元素的相互作用分类

钛的化学性质活泼,在较高温度下,钛与许多元素发生作用。钛与其他元素的作用,取决于这些元素外层电子结构、原子尺寸和晶体结构三者的差异,而这些差异与元素在周期表中的位置有关。按钛与其他元素作用的强弱,元素可分为四类(见图1-3-4)。

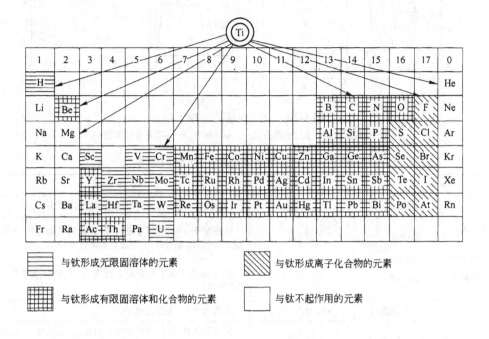

图 1-3-4　钛与元素周期表中各元素的相互作用

（1）第一类:与钛形成离子键与共价键的元素。包括卤素和氧,它们的负电性很强。

（2）第二类:与钛形成有限固溶体和金属间化合物的元素。包括许多过渡族元素以及氢、铍、硼族、碳族和氮族元素。

（3）第三类:与钛生成无限固溶体的元素。包括同族元素(Zr、Hf)、钒族、铬族和钪族。其中锆、铪与钛的外层电子结构相同,原子直径差很小,所以它们与 α-Ti 和 β-Ti 均形成无限固溶体,而近族元素(V、Nb、Ta、Cr、Mo)与钛的电子结构和原子直径相差不大,晶型则与 β-Ti 相同,而与 α-Ti 有差异,故它们与 β-Ti 无限固溶,但在 α-Ti 中有限固溶。

（4）第四类:与钛不发生反应或基本不发生反应的元素。此类元素包括惰性元素、碱金属、碱土金属、稀土元素(钪除外)、铜、钍等。

第一类元素与钛的提取冶金及化工应用有很大关系。第二、三类元素对钛的合金化至关重要。第四类元素中的惰性气体常用于钛冶金与加工过程中的高温保护,防止吸气与氧化。微量稀土元素可改善钛合金的组织和性能,有时用作合金化元素。

### 1.3.3.2　二元相图和合金元素的分类

合金元素对钛的不同作用突出地表现在它对钛 α/β 同素异晶转变和二元相图上。钛与其他元素的二元相图有四种基本形式,如图1-3-5所示。据此,将钛的合金化元素分成三类:(1)α 稳定元素,多溶于 α 相,升高相变点,扩大 α 相区,如铝和氧、氮、碳等;(2)β 稳定元素,多溶于 β 相,降低相变点,扩大 β 相区,β 稳定元素又分为完全固溶型(Mo、Nb、V 等)和共析型(Fe、Cr、Mn 等)。(3)中性元素,在 α 相和 β 相中均有较大溶解度,对相变点影响不大,如 Sn、Zr 等。常用合金元素的分类详见表1-3-7。

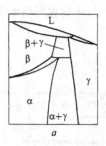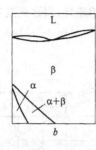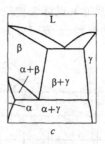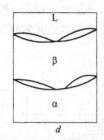

图 1-3-5　钛二元系状态图分类

*a*—α 稳定型；*b*—β 完全固溶型；*c*—β 共析型；*d*—α-β 完全固溶型

表 1-3-7　钛及钛合金中最常见元素的分类

| 分　类 | | 元素名称 | 作用特点 |
|---|---|---|---|
| α 稳定元素 | 间隙式 | O、C、N、B | 主要溶于 α 相，形成间隙固溶体，升高相变点 |
| | 替代式 | Al、Ga | 主要溶于 α 相，固溶度较大，形成替代式固溶体，升高相变点，但添加量大时，会形成金属间化合物 |
| 中性元素 | 替代式 | Zr、Sn、Hf | 在 α 相和 β 相均有较大固溶度，对相变点影响不大（略降低） |
| β 稳定元素 | 替代式　同晶型 | Mo、V、Ta、Nb | 降低相变点，无限固溶于 β |
| | 快共析型 | Cu、Ni | 强烈降低相变点，与钛发生共析反应，生成化合物，易生成片层状组织 |
| | 慢共析型 | Cr、Fe、Mn、Co、Pd | 强烈降低相变点，与钛发生共析相变，生成化合物，但不易出现珠光体片层状组织 |
| | 间隙型 | H、Si | |

相变温度是钛合金一个很重要的参数。一些合金元素对钛的相变温度（α→β 转变温度、β 固溶体共析分解温度和包析转变温度）的影响如图 1-3-6～图 1-3-8 所示。

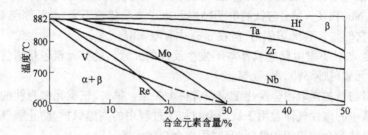

图 1-3-6　合金元素含量对钛的 α→β 转变温度的影响

当某些合金从高温 β 区快速冷却（如铸造、淬火）时，会得到非平稳的马氏体 α′组织。如图 1-3-9 所示。

$M_s$ 表示马氏体开始形成的温度，$M_f$ 表示马氏体转变的终止温度。如果合金中 β 稳定元素的含量低于图 1-3-9 中的①处，则因 $M_s$ 及 $M_f$ 均在室温以下，故淬火组织全部为马氏体 α′；如果合金成分处于图 1-3-9①～②之间，则会产生残留的 β 相（转变不完全），淬火组织应为 α′＋β残。当合金成分达到②处时，则无马氏体转变，淬火后保留为全 β 组织。

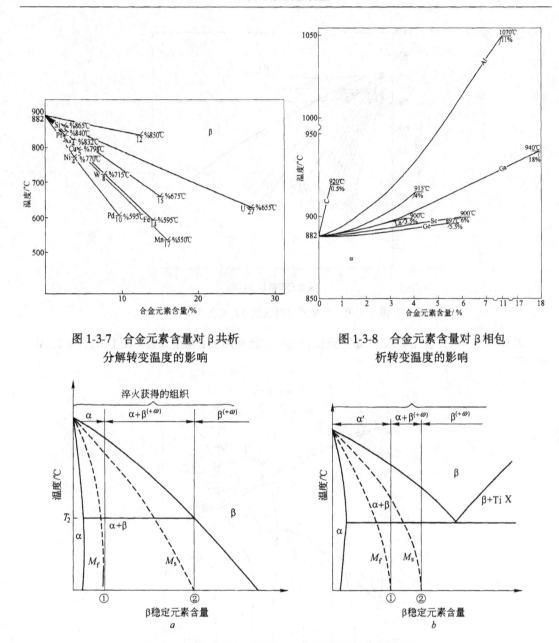

图 1-3-7  合金元素含量对 β 共析
分解转变温度的影响

图 1-3-8  合金元素含量对 β 相包
析转变温度的影响

图 1-3-9  含 β 稳定元素的钛合金平衡图和马氏体转变点

a—β 稳定的固溶体系合金；b—β 稳定的共析系合金

合金元素对 $M_s$ 的影响有明显的差异。如图 1-3-10 所示强 β 稳定元素铁、锰、钴、铬、镍、钼等元素降低 $M_s$ 的效果大，而 α 稳定元素和中性元素铝、锡、锆等对 $M_s$ 几乎没有影响。日本学者的研究表明，元素对 $M_s$ 的影响与其原子直径有密切关系。大致的规律是：钛原子直径与溶质元素原子直径之差愈大，$M_s$ 下降的程度愈大。

### 1.3.3.3  合金类型随合金成分演变的规律

钛合金的类型取决于新添加的 α 稳定元素、β 稳定元素及中性元素含量。这个含量可以用铝当量和钼当量来表征。

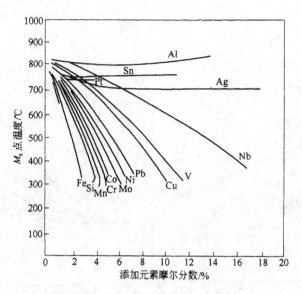

图 1-3-10　合金元素对钛的 $M_s$ 点的影响

铝质轻、价廉、合金化效果好,是工业钛合金中广泛使用的 α 稳定元素。图 1-3-11 为 Ti-Al 二元相图。

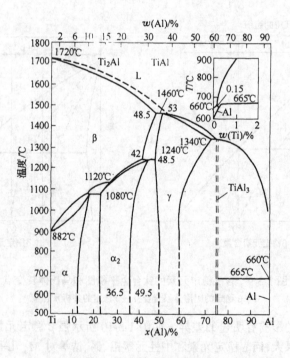

图 1-3-11　Ti-Al 系相图

铝在 α-Ti 中的最大固溶度出现在 1080℃,约为 11%。550℃ 时,铝在 α-Ti 中的固溶度约为7%。在 Ti-Al 相图的富钛侧,存在 α、β、α₂ 和 γ 四个单相区。α₂ 与 γ 相的晶体结构示于图 1-3-12。α 和 β 无序固溶体是塑性相,而 α₂(Ti₃Al)和 γ(TiAl)分别是正方和六方晶型的有序化合物,是脆性相。因此,随着铝含量的增加,可能形成 α、α + α₂、α₂、α₂ + γ 和 γ 等五种不同类型的钛合金。

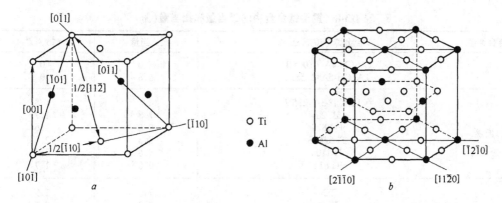

图 1-3-12 γ相($a$)和 $\alpha_2$ 相($b$)的晶体结构

$a$—$L1_0$；$b$—$D0_{19}$

铝是钛合金中最重要的固溶强化元素，它可提高钛的 α/β 相变点、再结晶开始温度、弹性模量和比电阻等，但会降低合金的塑性和韧性。铝在钛合金中用作基本强化元素。添加 1% Al，可提高钛室温强度 30～50 MPa。但超过 α 相的极限溶解度时，铝会导致 $\alpha_2(Ti_3Al)$ 相的析出，引起脆化。在研究高温钛合金热稳定性时发现，由于其他 α 稳定元素和中性元素对钛合金的相结构和性能有类似的影响，因此提出了"铝当量"和"氧当量"的概念。

铝当量计算公式如下：

$$w(Al^*) = w(Al) + \frac{1}{3}w(Sn) + \frac{1}{6}w(Zr) + \frac{1}{2}w(Ga) + 4w(Si) + 10w(O^*)$$

式中，$w(O^*)$ 为氧当量，%，表征间隙元素的综合影响，氧当量计算式为：$w(O^*) = w(O) + w(C) + 2w(N)$

以上的分析表明，当钛中添加 α 稳定和中性元素时，钛合金的类型将按照 Ti-Al 二元相图的规律演变；铝当量在 8% 以下时，将形成单相 α 钛合金；铝当量很高时，将形成金属间化合物 $\alpha_2$ 或 γ 为基的钛合金。

当合金中添加 β 稳定元素时，合金的类型将按照图 1-3-12 所示的规律演变：当 β 稳定剂由低到高时，合金将由 α 转变为 α + β(如 Ti-6Al-4V)、亚稳 β(如 Ti-15V-3Cr-3Sn-3Al)和稳定 β(如 Ti-32Mo)合金。

钼是一个常用的典型 β 稳定元素，常用钼当量($w(Mo^*)$)来表征各种 β 稳定元素的综合影响。由于实验条件的差异，人们总结出不同的 $w(Mo^*)$ 计算公式：

$$w(Mo^*) = w(Mo) + \frac{w(Nb)}{3.3} + \frac{w(Ta)}{4} + \frac{w(W)}{2} + \frac{w(Cr)}{0.6} + \frac{w(Mn)}{0.6} + \frac{w(V)}{1.4} + \frac{w(Fe)}{0.5}$$
$$+ \frac{w(Co)}{0.9} + \frac{w(Ni)}{0.8} \tag{1-3-1}$$

$$w(Mo^*) = w(Mo) + \frac{w(Nb)}{3.5} + \frac{w(Ta)}{4.5} + \frac{w(W)}{2} + \frac{w(Cr)}{0.63} + \frac{w(Mn)}{0.65} + \frac{w(V)}{1.5}$$
$$+ \frac{w(Fe)}{0.35} + \frac{w(Ni)}{0.8} \tag{1-3-2}$$

$$w(Mo^*) = w(Mo) + 0.67w(V) + 0.28w(Nb) + 0.22w(Ta) + 0.44w(W) + 2.9w(Fe)$$
$$+ 1.6w(Cr) - w(Al) \tag{1-3-3}$$

典型钛合金的 Mo 当量列于表 1-3-8。

**表 1-3-8　重要钛合金中的铝当量和钼当量**(%)

| 合金类型 | 合金牌号或成分 | Al 当量 | Mo 当量 |
|---|---|---|---|
| α | TA5(Ti-4Al-0.005B)<br>TA7(Ti-5Al-2.5Sn) | 5.0<br>6.8 | 0<br>0 |
| 近 α | 半 TC4(Ti-3Al-2.5V)<br>BT20<br>IMI829<br>Ti-6242S<br>Ti-1100<br>Ti-811 | 4.0<br>7.8<br>8.8<br>8.8<br>8.6<br>9.0 | 1.8<br>1.7<br>0.6<br>2.0<br>0.4<br>1.7 |
| α+β | TC4<br>TC11<br>TC6<br>Ti-451<br>Ti-6246<br>SP-700<br>BT-16<br>Ti-17 | 7.0<br>7.3<br>7.0<br>5.5<br>8.3<br>5.5<br>4.0<br>5.0 | 2.9<br>3.5<br>6.0<br>7.5<br>6.0<br>8.1<br>8.2<br>10.0 |
| β | Ti-15-3<br>Ti-1023<br>β21S<br>TB3<br>Ti-32Mo | 5.0<br>5.0<br>4.5<br>4.7<br>0 | 15.7<br>15.8<br>17.7<br>19.7<br>32 |
| Ti₃Al(α₂)+β | Ti-24Al-11Nb<br>Ti-25Al-10Nb-3V-1Mo | 13.5<br>14.0 | 6.4<br>9.1 |
| TiAl(γ)+α₂ | Ti-48Al-2Cr-2Nb | 30 | 6.8 |

钼当量越高,β相越稳定,即合金的淬透性越高。高钼当量的合金,即使空冷也能获得全 β 合金。

在两相钛合金中,β 稳定元素更多地溶于 β 相中,它使 β 相晶格参数减小,应注意的是,β 相中 β 稳定元素的含量是随固溶温度而变化的。

研究还表明钼、钒、铬、铁等元素虽然都是 β 稳定元素,多溶于 β 相中,但它们在钛合金枝晶内各部分的分布是不同的。因此 β 合金中常使用多个 β 稳定元素,使它们的分布和强化作用互补,以改善合金微观组织与性能均匀性。

根据表 1-3-8,可以得出如下结论:合金的类型与合金成分的关系可表述为合金类型与合金的铝当量和钼当量(%)的关系:

当 Al 当量小于 7,Mo 当量为 0 时,合金为 α 钛合金。

当 Al 当量为 7~10,Mo 当量小于 2 时,合金为近 α 钛合金。

当 Al 当量为 4~10,Mo 当量为 3~10 时,合金为 α+β 钛合金。

当 Al 当量小于 6,Mo 当量大于 10 时,合金为 β 钛合金。

当 Al 当量为 12~15 时,Mo 当量大于 10 时,合金为 Ti₃Al 基合金。

当 Al 当量为 25 以上,而 Mo 当量大于 10 时,合金为 TiAl 基合金。

$w(\beta_c)$ 是通过淬火可获得亚稳 β 合金的 β 稳定剂临界含量,列于表 1-3-9,从该表可以看出,铁、铬、锰、钴、镍、钼、钒在稳定 β 相方面是非常有效的。在工业实践中,β 合金中主要添加钼、钒、铬、铁等元素,镍主要用于形状记忆合金。

表 1-3-9　β 稳定剂的临界浓度

| β 稳定剂 | 类　型 | $w(\beta_c)/\%$ | 添加 1%β 稳定元素可降低的 β 转变温度/°F |
|---|---|---|---|
| Mo | 同晶型 | 12 | 17 |
| V | 同晶型 | 15 | 22 |
| W | 同晶型 | 26 | 7 |
| Nb | 同晶型 | 36 | 13 |
| Ta | 同晶型 | 40 | 4 |
| Fe | 共析型 | 4 | 32 |
| Cr | 共析型 | 8 | 27 |
| Cu | 共析型 | 13 | 22 |
| Ni | 共析型 | 8 | 40 |
| Co | 共析型 | 7 | 38 |
| Mn | 共析型 | 6.5 | 40 |
| Si | 共析型 | | 70 |

注:$t = \dfrac{5}{9}(\theta - 32)$。$t$,℃;$\theta$,°F。

#### 1.3.3.4　钛合金中的固态相变

钛由于存在同素异构转变,钛合金的固态相变非常丰富。这些相变是钛合金物理冶金的重要基础。

**A　加热时的转变**

**a　回复与再结晶**

同其他金属一样,冷变形的钛及钛合金在一定温度下会发生回复与再结晶。回复温度一般为 $500 \sim 600$℃。再结晶温度根据合金成分的不同,会有较大变化。例如,再结晶开始温度对工业纯钛约为 550℃,对 TA7 约为 600℃,TC4 合金约为 700℃,而 TB2 合金则为 750℃。近 α 与 α+β 合金在再结晶过程中常伴随着 α 相的溶解及 β 相成分的变化。

**b　α→β 多型性转变**

将钛及钛合金加热到 β 相区时,会发生 α→β 多型性转变。这一过程也称为重结晶,α 相和 β 相始终保持一定的位向关系。对 α+β 钛合金,这一过程为固溶处理的一部分。钛合金的一个显著特点是:在 β 区晶粒长大的速度要比在 α 区快得多,这是因为扩散系数 $D_\beta \approx 100 D_\alpha$。防止 β 晶粒长大是钛合金加工与热处理工艺中一个极为重要的问题。

α+β 两相钛合金的固溶处理通常选在 β 相变点以下约 40℃,一方面可保留少量初生 α 相,另一方面可防止晶粒过分长大,这都有利于改善合金的塑性。β 合金的固溶处理是在高于相变点的温度下进行,以利于所有合金元素均匀地溶于 β 相中。

**B　冷却时的转变**

**a　在缓慢冷却时的转变**

从 β 区缓慢冷却到 α+β 相区时,要发生 β→α 的多型性转变,此时 α 相的形核是马氏体型的,靠热激活长大。新相与母相的位向关系是:

$$(110)_\beta // (0001)_\alpha$$

$$[111]_\beta /\!/ [11\bar{2}0]_\alpha$$

b　在快速冷却时的转变

从 β 区快速冷却时,会形成各种亚稳定相。随着钼当量的不同,会发生四种不同类型的转变:马氏体相变、ω 相变、保留高温 β 相和形成过饱和 α 相。这些转变的产物、产生的条件及特点详见表 1-3-10。

表 1-3-10　钛及钛合金在快速冷却时的转变及转变产物

| 转变类型 | 转变产物 | 晶格类型 | 生成条件 | 转变机构及形态 | 特　　点 |
|---|---|---|---|---|---|
| 马氏体型相变 | α′ | 六方 | α 合金或 β 稳定元素含量较小的 α+β 合金,从 β 相区或接近 α+β/β 相变点的高温淬火 | 依 β 稳定元素含量大小而不同,含量小时 β 相以块状结构转变;含量大时 β 相以针状结构转变 | 块状马氏体无法测得位向关系;<br>针状马氏体 α′ 与 β 相保持布喇格位向关系,惯析面为 (334)_β 或 (344)_β |
| | α″ | 斜方 | 在 β 稳定元素较多的 α+β 合金中,由 β 相区或接近 α+β/β 相变点的高温淬火 | | 在 Ti-Mo、Ti-W、Ti-Re 中发现,但 Ti-V 系却没有;α″ 的点阵参数随成分而变化;α″ 使合金塑性降低 |
| 淬火 ω 相形成 | ω_q | 六方 | 在 β 稳定元素含量处于临界浓度附近的系统中,由 β 相区淬火 | 通过位移控制型相变方式进行 | ω_q 是尺寸很小的粒子,仅能通过电子显微术观察;ω_q 使弹性模量及硬度提高,使塑性下降 |
| 高温 β 相的保留 | 过冷 β 相 | 体心立方 | β 相中 β 稳定元素含量在临界浓度以上,其成分在室温时处于 β 相区 | 高温相保留 | 温度和应力不能使其发生分解 |
| | 亚稳定 β 相 (β_m) | 体心立方 | β 相中 β 稳定元素含量在临界浓度以上,其成分在室温处于 α+β 相区 | 高温相保留 | 提高温度或施加应力可以发生分解 |
| 过饱和 α 相形成 | 过饱和 α 相 (α_过饱和) | 六方 | 在钛与快共析型 β 稳定元素的系统中,亚-共析成分,于共析温度之下快速冷却 | 高温相保留 | 提高温度可以发生分解 |

应特别指出的是,钛合金中的马氏体 α′ 和 α″ 是软相,即它的强度和硬度与 α 相相差无几。淬火获得的亚稳 β 相也是软相,只有时效后才产生明显的强化,这与钢铁中的淬火强化现象是非常不同的。

ω 相是过渡相,结构复杂,硬度极高,会使合金变脆。在高钼当量的合金中会出现 ω 相。在合金中添加少量铝,有利于抑制 ω 相形成。含 ω 相的钛合金,经过回火处理也可消除 ω 相,获得平衡的 α+β 或 α+Ti_xM_y 组织。Ti_xM_y 为金属间化合物。

c　在时效中的转变

钛合金同铝合金相似,可产生时效强化。但必须是人工时效,而不能进行自然时效。

在快冷时生成的亚稳定相在时效时向平衡组织转变。这种相转变过程可分为 β 相的分解、ω 相分解、马氏体 α′ 或 α″ 的分解和过饱和 α 相分解 4 种类型。这些转变的过程、转变条件、转变方式及转变产物的形态特点列于表 1-3-11。

表 1-3-11　钛及钛合金在时效时的相变

| 转变类型 | 转变过程 | 转变条件 | 转变方式 | 形态及特点 |
|---|---|---|---|---|
| 亚稳定β相的分解 | $\beta_m \rightarrow \beta + \omega_a \rightarrow \beta + \alpha$ | 亚稳定β相在550℃以下温度时效时首先析出$\omega_a$，继续时效$\omega_a$转变为α相 | $\beta_m \rightarrow \beta + \omega_a$的机理尚不清楚，但$\omega_a$向α相转变可按合金系统和时效温度分为三种情况：<br>（1）在$\beta_m/\omega_a$之间点阵错配度小的系统中，α相在$\beta_m$晶界或$\beta_m + \omega_a$母相上不均匀生核，长大并吞食$\omega_a$；<br>（2）在点阵错配度大的系统中，α相在$\beta_m/\omega_a$界面位错或锋刃处形核并吞食$\omega_a$长大；<br>（3）在接近$\omega_a$相稳定限的高温时效，上述系统中$\omega_a$均以共析反应析出α相 | 在全部分解方式中这是最快的一种；<br>$\omega_a$呈椭球形态，最终组织为片层状α+β瘤状区或不均匀的α相；<br>$\omega_a$呈立方形态，α相粒子均匀弥散 |
| 亚稳定β相的分解 | $\beta_m \rightarrow \beta + \beta' \rightarrow \beta + \alpha$ | 在$\omega_a$不能出现的低温时效，或在β稳定元素含量高，或因第三组元作用$\omega_a$被抑制的系统中于低温时效 | $\beta_m \rightarrow \beta + \beta'$为相分离反应，是通过拐点分解方式进行；$\beta'$向α相转变是直接由$\beta'$相上生核，长大过程则依合金系统而异 | $\beta'$与$\beta_m$具有相同晶格，粒子极小，且均匀弥散，此时α粒子也细小弥散 |
| 亚稳定β相的分解 | $\beta_m \rightarrow \alpha$ | 在相分离反应和$\omega_a$相均不能出现的高温时效 | 在β稳定元素含量较小和有大量铝的系统中，$\beta_m$直接析出魏氏体α，与母相保持布喇格位向关系；<br>在β稳定元素含量较多和少量无铝的系统中，$\beta_m$则以群集的α粒子或透镜状α片形式析出 | 无论怎样，α相是不均匀的；<br>魏氏体α；<br>群集α粒子及透镜状α片 |
| 马氏体α'的回火 | $\alpha' \rightarrow \beta + \alpha$ | 在钛与同晶型β稳定元素的系统中，α'的回火 | 在α'相界面或亚结构上非均匀形核，在回火后期，在平衡β相量少的系统中，α母相发生再结晶，在平衡β相量多的系统中，β相在α'界面上形成连续的β层 | 形核转变α相发生再结晶 |
| 马氏体α'的回火 | $\alpha' \rightarrow \alpha +$ 化合物 | 在钛与快共析元素形成的系统中α'的回火 | 回火初期首先生成富溶质区。即G.P区与母相共格，进而共析关系破坏生成化合物相 | 形成共格区 |
| 马氏体α'的回火 | $\alpha' \rightarrow \beta \rightarrow \beta +$ 化合物 | 在钛与慢共析元素形成的系统中，α'的回火 | 首先生成β相而后再析出化合物 | 析出化合物的过程十分缓慢 |

| 转变类型 | 转变过程 | 转变条件 | 转变方式 | 形态及特点 |
|---|---|---|---|---|
| 马氏体 $\alpha''$ 的回火 | $\alpha'' \rightarrow \beta + \alpha$ | 在 $M_s(\alpha'')$ 明显高于室温的系统中 | $\alpha$ 首先在 $\alpha''$ 基体上均匀析出，随后粗化，最终形成 $\alpha + \beta$ 瘤状区 | 均匀生核转变有瘤状区形成 |
| | $\alpha'' \rightarrow \beta \rightarrow$ 再分解 | 在 $M_s(\alpha'')$ 接近室温的系统中 | $\alpha''$ 向 $\beta$ 相转变而后 $\beta$ 相再分解 | |
| 过饱和 $\alpha$ 相的分解 | $\alpha_{过饱和} \rightarrow \alpha + $ 化合物 | 在钛与共析型 $\beta$ 稳定元素形成的系统中，主要是快共析元素，铜、硅等 | 与相同系统 $\alpha'$ 回火的过程和方式相同 | |
| | $\alpha_{过饱和} \rightarrow \alpha_2 + \alpha$ | 在钛与铝、锡、镓等元素形成的系统中 | 析出方式随合金系统和时效温度而变化 | |

钛合金的时效温度一般为 $450 \sim 600℃$，时效时间一般为 $4 \sim 24\ h$。含快共析 $\beta$ 稳定元素的钛合金，时效时间较短。

亚稳 $\beta$ 相的分解要经历三个阶段：合金元素偏聚分为贫化 $\beta'$ 和富化 $\beta$；$\beta'$ 中析出 $\alpha''$ 或 $\omega$ 相；$\alpha''$ 或 $\omega$ 相分解为 $\alpha + \beta$ 相。

在含 $\beta$ 同晶型元素的合金中，$\alpha'$ 通过生核和长大过程直接分解为 $\alpha + \beta$ 相；在含 $\beta$ 共析型元素的合金中，$\alpha'$ 通过合金元素偏聚后再分解为 $\alpha + Ti_xM_y$ 混合物。

在 Ti-Cu、Ti-Si、Ti-Al、Ti-Sn、Ti-Ga 等合金中，会发生过饱和固溶体分解。时效时产生的 $Ti_xM_y$ 或 $Ti_3Al$ 有序相（$\alpha_2$）会使合金变脆。

C　共析转变

在某些含快共析元素的合金中（如 Ti-2.5Cu），$100℃/s$ 的冷却速度下会出现细小的珠光体型片状组织，在珠光体形成温度以下进行等温处理时，也可以转变为贝氏体型的非片层组织。这种转变常使合金塑性降低。

D　应力诱发相变

在一定钼当量的 $\alpha + \beta$ 亚稳定 $\beta$ 钛合金中，在外加应力的作用下，过饱和 $\alpha$ 固溶体会发生马氏体相变，转变产物可能是六方马氏体 $\alpha'$ 或斜方马氏体 $\alpha''$。这一转变使钛合金均匀伸长率提高，屈服强度 $\sigma_{0.2}$ 下降，有利于降低钛合金过大的屈强比（$\sigma_{0.2}/\sigma_b$）。

在 Ti-Ni 基形状记忆合金中，在 $M_s$ 点以上发生的应力诱发相变，会产生机械记忆效应或超弹性。

### 1.3.3.5　显微组织演变规律

钛合金由于同时存在多型性转变、马氏体转变和时效反应，因此钛合金的组织多样性集钢铁与铜、铝合金之大成，非常复杂。钛合金的显微组织演变与下列因素有关：(1)合金成分（合金类型）；(2)变形温度（变形温度分 $\beta$ 区、$\alpha + \beta$ 区和跨 $\beta$ 区）和变形程度；(3)变形方式（锻造、挤压、轧制、拉拔等）；(4)加热温度和时间；(5)冷却速度（一般分水淬 WQ、空冷 AC 和炉冷 FC）。

$\alpha$ 钛合金和稳定 $\beta$ 钛合金的组织变化比较简单，亚稳 $\beta$ 钛合金的组织变化与铝合金相似，在此不详述，这里主要讨论在工业上广泛应用的 $\alpha + \beta$ 两相钛合金（以 Ti-6Al-4V 为例）的组织演变规律。

A　变形条件对显微组织的影响

图 1-3-13 示出了在 $\beta$ 区变形和冷却后形成的典型显微组织。可以看出，在变形程度低时（1

~3),β晶粒仅被压扁和拉长,在变形程度高时(4～5),由于出现动态再结晶,产生新晶粒而使组织细化。冷却后,获得不同粗细程度的片状 α+β 组织。

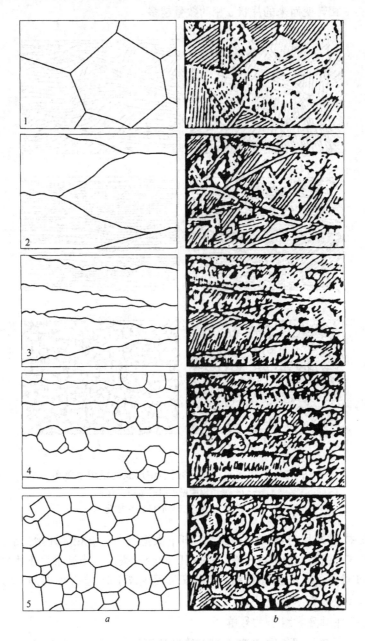

图 1-3-13 在 β 区变形和冷却过程中形成的片状组织示意图
a—同素异构转变前;b—同素异构转变后
1～5—变形程度,由低到高

图 1-3-14 示出了在 α+β 两相区变形后形成的显微组织。在两相区变形时,随着变形程度的增加(a→b),原始 β 晶粒和晶内 α 片同时被压扁、拉长、破碎。当变形程度达 60%～70% 时,就没有了可见的片状组织痕迹。在一定变形程度和温度下,发生再结晶。α 相内的再结晶先于 β 相

内的再结晶。再结晶后的 α 晶粒呈扁球状,没有经过再结晶的 α 晶粒可以是盘状(常见于锻件和模锻件中)、杆状(见于挤压半成品中)或纤维状(见于轧制和锻造棒材中)。变形温度越高(越接近相变点 $T_\beta$),由 β 相转变而来的片状 α 相的数量越多。

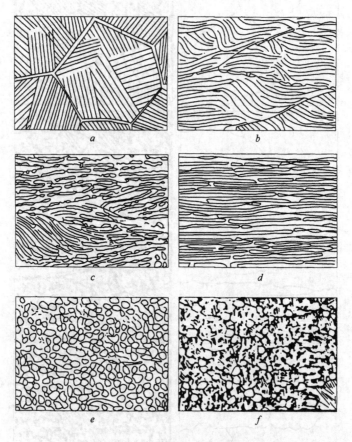

图 1-3-14　在 α+β 区变形过程中形成的组织示意图

*a~d*—变形程度增加时的组织变化;

*e~f*—变形温度升高时的组织变化

在工业实践中,常采用的是"跨 β 锻造"或"亚 β 锻造",即从 β 相区开始变形,在 α+β 相区结束变形。这时形成的组织主要取决于在 α+β 相区的变形程度。当变形程度大约为 50% ~ 60% 时,其组织类似于通常的 α+β 锻造组织。但如变形程度较小时,会产生局部不均匀组织,它由交替的片状和球状 α 构成,如图 1-3-15 所示。

　　B　热处理条件对显微组织的影响

图 1-3-16 示出了热处理条件(加热温度和冷却速度)对已充分变形的 Ti-6Al-4V 合金显微组织的影响。在工业实践中,原始 β 晶粒尺寸、初生 α 相的含量、尺寸、形貌和分布是五个非常重要的参数,对材料的综合性能有很大影响。例如,为保证材料有良好的塑性,一般初生 α 相含量要达到 20% 以上,初生 α 与转变 β 各为 50% 时,塑性最好。细小等轴状初生 α 有利于增加塑性,而粗大扁豆状 α 有利于提高断裂韧性。初生 α 相的含量取决于加热温度,而新生 α 的大小还取决于加热的时间。因此,控制热处理条件是很重要的。

α+β 两相钛合金的显微组织虽然是多种多样的,但可以归纳为以下四个基本类型:

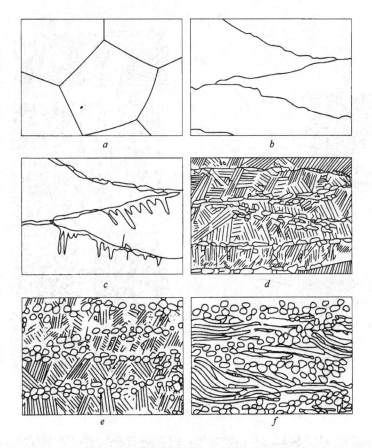

图 1-3-15　跨 β 变形时产生的组织变化
a～f—在 β 和 α+β 相区温度下的组织变化顺序

Ⅰ类,典型魏氏组织;Ⅱ类,网篮状组织;Ⅲ类,双态组织;Ⅳ类,等轴组织。其典型组织形貌分别见图 1-3-17a～d,这四类组织的特征及形成条件见表 1-3-12。

表 1-3-12　α+β 两相钛合金的典型组织和形成条件

| 类　型 | 组　织　特　征 | 形　成　条　件 |
|---|---|---|
| 全魏氏组织 | 原始 β 晶界完整清晰<br>晶界 α 明显<br>晶内 α 呈粗片状规则排列 | 加热和变形都在 β 相区进行 |
| 网篮状组织 | 原始 β 晶界不同程度破碎<br>晶界 α 不明显<br>晶内 α 片短而粗,排列呈网篮编织物状 | 加热或开始变形在 β 区,在 α+β 区有不大的变形 |
| 双态组织 | 原始 β 晶界完全消失,转变 β 成为基体,等轴状的初生 α 无序地分布在 β转 上,初生 α 量小于 50%。β转 为次生 α 和保留 β 相的混合体。这类组织又称为"混合组织" | 加热和变形均在 α+β 区的上部 |
| 等轴组织 | 原始 β 晶界完全消失,等轴状的 α初 成为基体,均匀分布,α初 量大于 50%,β转 无序分布在 α初 基体上 | 加热和变形在 α+β 区的中部,低于相变点约 50℃ |

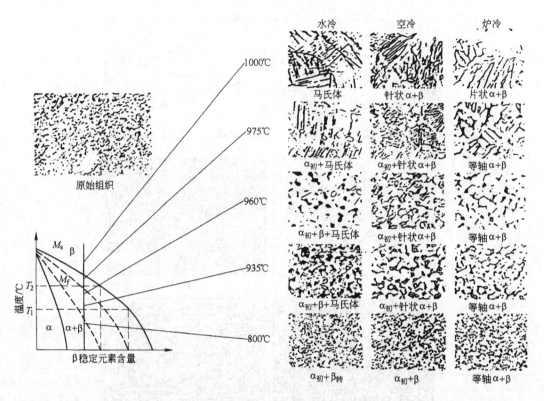

图 1-3-16　Ti-6Al-4V 合金的显微组织与热处理条件的关系

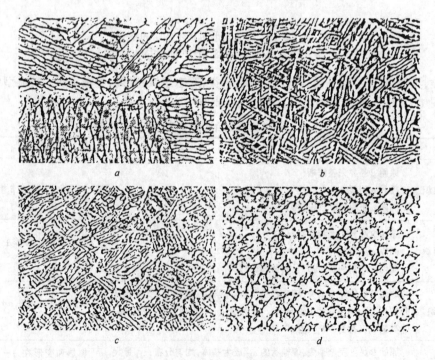

图 1-3-17　Ti-6Al-4V 合金的典型显微组织

a—魏氏组织；b—网篮状组织；c—混合组织；d—等轴 α 组织

C 性能与显微组织的关系

性能与显微组织的关系如下：

(1) 对室温强度的影响。α-β合金的组织类型对其室温抗拉强度($\sigma_b$)和屈服强度($\sigma_{0.2}$)有些影响,但不大(最大不超过 10% 或 100 MPa)。

(2) 对拉伸塑性的影响。魏氏组织的塑性($\delta$、$\psi$)最低,网篮组织和双态组织居中,而等轴组织的最高。其差异可达 50%～100%。

(3) 对疲劳强度的影响。魏氏组织疲劳强度最低,等轴组织最好,规律与拉伸塑性相同。

(4) 对韧性的影响。对冲击韧性($A_K$)来说,魏氏组织最低,网篮组织最高,这是因为晶界上粗大的 α 易成为裂纹的策源地,而双态组织和等轴组织居中,与塑性变化规律略有不同;对断裂韧性($K_{IC}$)来说,魏氏组织最高,等轴组织最低。这是因为裂纹沿着魏氏 α/β 界面扩展时,高纵横比的相界面引起裂纹方向的多次改变,有利于吸收更多的能量。

(5) 对高温性能的影响。在高温下,晶界是薄弱环节。对高温变形抗力,特别是持久和蠕变抗力来说,粗晶组织比细晶好,因此,魏氏组织和网篮组织的高温性能最好,双态组织次之,等轴组织最差。

显微组织类型对钛力学性能的影响概括于表 1-3-13,典型实例见表 1-3-14。

表 1-3-13　α+β 钛合金性能与组织类型的关系

| 性　能 | 魏氏组织 | 网篮组织 | 双态组织 | 等轴组织 |
|---|---|---|---|---|
| 抗拉强度和屈服及强度($\sigma_b$,$\sigma_{0.2}$) | 高 | 较高 | 较高 | 稍低 |
| 拉伸塑性($\delta$,$\psi$) | 低 | 良 | 好 | 优 |
| 冲击韧性($A_K$) | 低 | 优 | 好 | 较好 |
| 疲劳强度($\sigma_{-1}$) | 低 | 较好 | 好 | 优 |
| 断裂韧性($K_{IC}$) | 高 | 较好 | 较好 | 低 |
| 蠕变抗力 | 高 | 较好 | 较好 | 低 |

表 1-3-14　不同显微组织类型对 Ti-6Al-4V 合金力学性能的影响

| 力学性能 | 魏氏组织 | 网篮组织 | 混合组织 | 等轴组织 |
|---|---|---|---|---|
| $\sigma_b$/MPa | 1040 | 1030 | 1000 | 980 |
| $\sigma_{0.2}$/MPa | 977 | 931 | 834 | 900 |
| $\delta_5$/% | 9.5 | 13.5 | 13.0 | 16.5 |
| $\psi$/% | 19.5 | 35 | 40 | 45 |
| $A_K$/J | 0.292 | 0.432 | 0.352 | 0.384 |
| $K_{IC}$/MPa·mm$^{\frac{1}{2}}$ | 3290 | | | 1900 |
| $\sigma_{-1}(N=10^7)$/MPa | 427 | 496 | 507 | 533 |
| 断裂持续时间(400℃,600 MPa)/h | | >400 | 187 | 92 |
| 蠕变残余变形(400℃,300 MPa,100 h)/% | | 0.125 | 0.142 | 0.162 |

由于各种组织在性能上各有优缺点,在工业实践中,需要根据用途(使用温度、载荷水平、寿命长短)、产品类型(半成品或成品)、产品形状与规格以及加工热处理条件(可获得的变形温度、变形程度及冷却速度)来综合选择合金的组织。例如,承受振动载荷的叶片等,希望具有高疲劳性能的等轴组织,在半成品生产中可提供这种组织,但在成品生产中实际上并不能经常获得这种组织,尤其是大型锻件和模锻件中,常见的是双态组织,有时是网篮状组织。对于高温应用来说,网篮组织的综合性能更可取。又例如,对防弹装甲来说,不需要考虑高温强度和断裂韧性,要求有良好的室温强度、塑性和冲击韧性的配合,应选择α纵横比较高的双态组织。

### 1.3.3.6　塑性变形

**A　α-Ti 的滑移变形**

密排六方的 α-Ti,其 $c/a = 1.587$,小于理论值 1.633,(0001)面、棱柱面、棱锥面均是密排面,即滑移面。α-Ti 的滑移主要沿着棱柱面 $\{10\bar{1}0\}$ 和棱锥面 $\{10\bar{1}1\}$ 进行。而滑移方向主要是沿着基面的密排方向 $\langle 12\bar{1}0 \rangle$。α-Ti 的滑移要素见图 1-3-18。

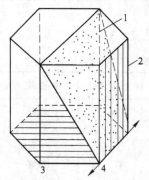

图 1-3-18　α-Ti 的滑移要素

1—棱锥面;2—棱柱面;
3—基面;4—滑移方向

单晶和多晶钛的塑性变形,基本上是按 $\{10\bar{1}0\}\langle 1\bar{2}10 \rangle$ 系的棱柱面系进行滑移,其次是按锥面 $\{10\bar{1}1\}$ 和 $\{\bar{1}012\}$ 滑移的。非常纯的 α-Ti 棱柱面滑移的临界切应力,在室温和 200 K 时分别为 20 MPa 和 40 MPa。而沿基面的临界切应力在室温和 200 K 时分别为 85 MPa 和 175 MPa。

**B　α-Ti 的孪生变形**

孪生在钛及钛合金的塑性变形中特别是低温下的变形中起相当大的作用。

α-Ti 的晶体对称性较差,滑移系统少,在晶体取向不利时,孪生就成为塑性变形的主要变形方式。孪晶在总的塑性变形中的贡献是随着温度的下降而增加的。这是由于随着温度的下降,滑移的临界切应力比开始孪生的临界应力增加得更快。

在室温时,α-Ti 的孪晶面是:$\{10\bar{1}2\}$、$\{11\bar{2}1\}$ $\{11\bar{2}2\}$ 和 $\{11\bar{2}4\}$。

多晶钛的孪生倾向随着间隙杂质含量的增加和晶粒的细化而下降。换言之,高纯钛与粗晶的孪晶倾向较大。铝阻碍钛中的孪生。

孪生倾向还随着形变速率的增加而增加。

应指出的是,孪生对钛塑性变形的直接贡献并不太大(小于 10 %),它的重要贡献在于可以触发新的滑移系。

**C　β-Ti 的塑性变形**

体心立方 β-Ti 的塑性变形可以是滑移和孪生。滑移与孪生对塑性变形贡献的比值与合金成分有关。

在 β-Ti 中,滑移主要是沿 $\{112\}$ 面,其次是沿 $\{123\}$ 和 $\{110\}$ 面。其滑移方向都是 $\langle 111 \rangle$ 方向。滑移线通常是弯曲的。在应力较低(小于 $0.9\sigma_{0.2}$ 时),在某些晶粒内可看到滑移的痕迹。

**D　α+β 钛合金的塑性变形**

α+β 钛合金的塑性变形是 α 相变形与 β 相变形叠加的结果,与组织类型、α 相和 β 相的强度和相对数量、α 相和 β 相的化学不均匀性等因素有关。

α 相与 β 相的强度差值越大,合金塑性变形的不均匀性上升,塑性愈低。由于局部滑移造成过早损伤,在不大的总变形时,材料就断裂了。因此,使 $\alpha$ 相和 $\beta$ 相平衡强化是重要的。

E 形变织构与织构强化

钛易于形成织构,形变织构多半在 $\alpha$ 相中。

形变织构与变形方式有关,拉丝时沿 $\langle 10\bar{1}0 \rangle$ 方向:在冷轧钛板里,$\langle 10\bar{1}0 \rangle$ 方向平行于轧制方向,而基面(0001)同轧面成 $\pm 30°$ 角。在 $\beta$ 区挤压的棒材,$\langle \bar{1}10 \rangle$ 方向平行于挤压轴,冷却后 $\beta$ 相的 $\langle 110 \rangle$ 织构轴转变成 $\alpha$ 相的织构轴[0001],而基面(0001)平行于棒轴或与棒轴成 45° 角。合金成分不同,形变织构类型不同。

在 $\alpha$ 相区或 $\alpha + \beta$ 区退火,可减弱织构或发生织构类型转变;在 $\beta$ 区退火,则可消除织构。

形变织构与变形产生的纤维组织和第二相的带状分布一起造成钛合金的各向异向。例如,纵向与横向的屈服强度差可达 $20 \sim 40$ MPa。

钛及钛合金中还存在"织构强化"现象,即双轴拉伸的强度远高于单轴拉伸的强度。在个别情况下,具有形变织构的板材的双轴拉伸强度超过单轴拉伸强度的 2 倍。在压力容器设计时,利用这一效应,可以节省钛材。

### 1.3.3.7 合金元素的作用与钛合金的开发

A 合金化的一般规律

合金化的一般规律如下:

(1) 钛合金的四个基本相为 $\alpha$、$\beta$、$\alpha_2$ 和 $\gamma$。由于晶体结构复杂性和扩散系数的差异,相对而言,$\alpha$、$\alpha_2$、$\gamma$ 为耐热相,$\beta$ 为塑性相。

耐热性顺序是 $\gamma > \alpha_2 > \alpha > \alpha + \beta > \beta$;

塑性顺序是 $\gamma < \alpha_2 < \alpha < \alpha + \beta < \beta$。

(2) 发展传统型耐热钛合金(以固溶体为基)应选择高合金化(高 Al 当量)的 $\alpha$ 或近 $\alpha$ 钛合金,即钛中应添加较多的 $\alpha$ 稳定元素(Al)和中性元素(Sn、Zr)进行固溶强化,添加微量 Si,进行硅化物弥散强化,并添加可改善高温抗氧化性的元素(如 Nb)。

(3) 发展以有序金属间化合物为基的耐热钛合金,主要是克服 $\alpha_2$ 相与 $\gamma$ 相的室温脆性。对 $\alpha_2$(Ti$_3$Al)而言,其韧化途径主要是添加某些 $\beta$ 稳定元素(如 Nb、Mo、V),产生少量 $\beta$ 塑性相,细化晶粒和激活非基面滑移,形成 $\alpha_2 + \beta$ 两相合金。对 $\gamma$(TiAl)型合金而言,其韧化途径是添加少量 $\beta$ 稳定元素(如 Mn、Cr)、细化晶粒、激活孪晶和减小单位晶胞体积来获得 $\gamma + \alpha_2$ 型两相合金($\alpha_2$ 约占 10%)。

(4) 发展结构钛合金(要求强度、塑性、韧性与工艺性能的良好匹配),应主要选择亚稳定 $\beta$ 钛合金或 $\alpha + \beta$ 两相钛合金。通过 $\beta$ 稳定元素(Mo、V、Cr、Fe 等)的高合金化,获得固溶强化和 $\beta$ 相分解产生第二相(次生 $\alpha$)进行弥散强化。通过调控第二相的形状、数量、大小、分布来调节钛合金的强度、塑性、韧性及工艺性能。对合金的淬透性要求愈高,钼当量应愈大。

B 重要合金元素的作用

实践表明,对钛合金最常用的合金化元素是 $\alpha$ 稳定元素铝、中性元素锡和锆,$\beta$ 稳定元素钼、钒、铬、铁、镍。最有影响力的非金属元素是氧、氮、碳、氢、硅和硼。

(1) 铝。铝是钛最重要的固溶强化元素,在 $\alpha$-Ti 中的固溶度约为 7%(550℃)。它同时提高钛的室温强度和高温强度,提高 $\alpha/\beta$ 相变点、再结晶开始温度、弹性模量和比电阻等,但降低合金的塑性和韧性。超过溶解度极限(7%),铝会导致 $\alpha_2$ 相(Ti$_3$Al)析出,引起合金脆化,严重损害室温塑性和韧性,降低高温热稳定性。常规钛合金中一般要求合金中铝当量要小于 8%。

在亚稳β钛合金中,添加少量铝(3%左右)可防止亚稳β相分解时产生ω相而引起脆化。

添加大量铝可形成有序金属间化合物为基的 $Ti_3Al$ 型和TiAl型高温钛合金,其使用温度可分别达到700℃和900℃,可与镍基超合金竞争。

(2)锡和锆。锡和锆主要起固溶强化作用,提高钛合金的耐热性。

锡在α钛中的最大固溶度为18.6%,出现在865℃。锡密度大,本身熔点低,制备含锡钛合金较困难。因此,锡是用在某些耐热钛合金(如TC9、Ti-679)和低温钛合金(如TA7)中,添加量一般小于3%。

锆为无限固溶元素,它同时提高钛的强度、耐热性、耐蚀性,并可细化晶粒,改善可焊性。它对室温和低温塑性的不利影响比较小。锆还有抑制高钼合金中ω相析出的作用。锆与钛的熔点、密度差不大,合金化时成分易均匀。因此,锆是高强钛合金、耐蚀钛合金、耐热钛合金和低温钛合金中均用的一种元素。但锆资源有限,价贵,且锆增加合金的吸氢性,要控制使用。一般锆含量小于4%。

(3)钼。钼在α-Ti中的固溶度在600℃时仅为0.8%,在β-Ti中无限固溶。

钼具有中等程度稳定β相的能力。钼提高钛的强度、耐热性和耐蚀性。钼含量越高,钛合金的淬透性越好,高钼(超过24%)或高钼当量的合金,即使空冷,也能获得全β合金。一些著名的高强钛合金(如 $β_c$、β21S、TB3)、耐热钛合金(如 IMI829、IMI834)、耐蚀钛合金(如 Ti-32Mo、Ti-25Mo-5Nb)等都含有大量的钼。但是,钼密度大,熔点高,易生成钼夹杂或钼偏析。大量的钼对塑性、抗氧化性和可焊性也不利。

(4)钒。钒与β-Ti形成无限固溶体,在α-Ti中有限固溶。600℃时钒在α-Ti中的固溶度为3.5%,但钒在α相中的固溶度是随着温度下降而略为增加,合金中没有过饱和α相及其分解问题。钒提高合金的室温强度和淬透性,而不降低其塑性。因此,钒是中强和高强钛合金中最常用的合金元素。著名的Ti-6Al-4V合金是世界上第一个实用钛合金,其用量占全部钛合金的50%以上。高钒合金(如Ti-15-3、TB3等)的加工性、冷成形性很好。钒还是阻燃钛合金(如Ti-35V-15Cr)的重要组元。但钒降低钛合金的耐热性和耐蚀性。钒还有毒性,价格也较贵,人们正在努力发展不含钒或少含钒的合金。

(5)铬。铬在β相中无限固溶,在α相中的最大溶解度为0.5%,出现在670℃。在此温度下发生共析转变 $β→α+TiCr_2$。

铬在钛合金中主要起固溶强化作用。高铬合金往往有较好的塑性、韧性和高的淬透性。由于铬是快共析元素,含铬合金的时效强化时间较短。近年来,铬在阻燃钛合金和TiAl基合金中也在发挥作用。

(6)铁。铁在β-Ti中的最大固溶度为25%,出现在1085℃。铁在α-Ti中的最大固溶度为0.5%,出现在590℃,在此温度下发生共析转变,$β→α+TiFe$,共析点的固溶度约为15%。

铁是最强的β稳定元素,其钼当量系数达2.5,添加1%Fe,使 $t_β$ 下降约18℃,它显著提高钛合金的淬透性。因此,铁主要用于高强高韧高淬透性的β钛合金(如Ti-1023)和形状记忆合金(如Ti-Ni-Fe)。铁在大铸锭中易产生偏析,在钛材中形成"β斑"型冶金缺陷。铁还降低钛的耐蚀性,但由于铁便宜,在发展低成本钛合金时它是一个重要合金元素。在钛合金中一般添加1.5%~3%Fe就足够了。

(7)铌和钽。铌和钽是弱的β稳定元素。

铌在β-Ti中无限固溶,600℃时它在α-Ti中的固溶度为4%。铌提高钛合金的耐热性、抗氧化性和耐蚀性,降低钛的氢脆敏感性。铌在高温钛合金(如 IMI829)、高强高温钛合金(如β21S:Ti-15Mo-3Nb-3Al)、 $Ti_3Al$ 基合金(如 Ti-24Al-11Nb)、TiAl基合金(如 Ti-48Al-2Nb-2Cr)、耐蚀钛合金(如 Ti-15Mo-5Nb)、宽滞后形状记忆合金和生物工程用钛合金(Ti-12Nb-10Zr)中获得了应用。铌是一个日益受到重视的合金元素,但由于熔点高,价较贵,其应用受到限制。

钽对钛合金的耐蚀性和耐热性有益,但由于其熔点高(2996℃),密度大(16.6 g/cm³),合金化困难,并降低比强度,它只在耐硝酸的钛合金(如 Ti-5Ta)和某些实验型高温钛合金中使用。

(8) 镍。镍在 β-Ti 中的最大固溶度为 13%,出现在 955℃。镍在 α-Ti 中的最大固溶度为 0.2%,出现在 770℃。在此温度下发生共析转变($\beta \rightarrow \alpha + Ti_2Ni$),共析点的固溶度为 5.0%。

近似等物质的量比的 TiNi 合金具有形状记忆效应、超弹性、高阻尼性和耐蚀耐磨性。TiNi 是目前广泛使用的形状记忆合金。镍改善钛的抗缝隙腐蚀能力,但镍增加钛的吸氢性。含镍合金在真空热处理时,如果冷却速度太慢,会导致 $Ti_2Ni$ 析出,降低合金的冲击韧性。

(9) 锰。锰也是钛的一个有益合金元素。少量锰有固溶强化作用,并使其保持较好的塑性和可焊性。前苏联在缺钒时代曾大力发展含锰的钛合金。近来发现,在 TiAl 基合金中添加锰,可降低其室温脆性。但锰蒸气压高,在真空熔炼时挥发,合金成分难控制,一般避免使用。

(10) 硅。硅在 β-Ti 和 α-Ti 中的最大溶解度分别为 3.0% 和 0.45%,一般将硅看作是降低钛塑性和韧性的有害杂质。但在耐热钛合金中,微量硅能起固溶强化作用,并通过 $Ti_5Si_3$ 化合物起弥散强化作用,提高合金的蠕变强度。耐热钛合金中的硅含量一般控制在 0.3% 以下,过量硅会严重损害热稳定性。

(11) 氧、氮、碳。氧、氮、碳三种间隙元素,一般视为降低塑韧性的杂质,其中氮的害处最大,但有时也看作合金元素。氧提高基体屈服强度,可看作钛的基本强化元素。在一切热加工过程与使用过程中,氧往往扮演重要角色,必须特别关注。国外在发展含氮钛合金。在 IMI834 合金中,碳被作为合金添加剂,碳的作用是提高相变点,增加初生 α 相的含量,以便获得所需要的双态组织。在工业实践中,氧、氮、碳是通过合理选择原料品位来综合加以控制的。

(12) 氢。氢与钛的关系比较复杂。如前所述,存在钛中的氢可能引起"氢脆";应变时效氢脆和氢化物氢脆。在应力的长时间作用下,晶格间隙中的氢原子向应力集中处扩散,氢原子与位错交互作用,钉扎位错,使基体变脆,这称为应变时效氢脆。当温度降低,氢在钛中的溶解度下降,从钛固溶体中析出氢化钛而引起的脆性,称为氢化物氢脆。

氢在 β-Ti 中的固溶度远大于 α-Ti 中的溶解度,而在 α-Ti 中的溶解度随温度降低而剧烈减少。因此,当 β-Ti 共析分解和 α-Ti 从高温冷却到低温时,在氢含量较高的钛中,均可沉淀出 TiH。片状 TiH 密度小,析出时质量体积增加,引起氢脆。如果钛中氢含量不高,尚不足以析出氢化物,即氢仍以过饱和状态存在时,则在应力作用下,将产生应变时效型氢脆或延迟性氢脆。氢脆最明显的特征不是塑性下降而是冲击韧性剧烈下降。纯钛中氢含量低于 $200 \times 10^{-4}$% 时,可避免氢化物氢脆,但可出现应变时效氢脆(又称应力感生氢脆)。

应指出的是,氢与氧、氮、碳不同,它在钛中的存在是可逆的。在热加工及酸洗过程中钛可能吸氢,但在真空熔炼和真空热处理时也可以脱氢。人们常用"氢化—脱氢"原理制取高纯钛粉,也利用这一原理使某些难变形的钛合金产生"氢增塑性",氢被看作"临时性合金元素"。

### 1.3.3.8 工业钛合金

#### A 工业钛合金的分类

工业钛合金按其室温下的组织分为 α、α+β 和 β 三类。各类合金的特点见表 1-3-15。在我国的国家标准中,这三类合金分别以 TA、TC 和 TB 标记。其中 TA 系列中包括工业纯钛、全 α 合金、近 α 合金和 $\alpha + Ti_x M_y$(金属间化合物)复合金。至 2000 年为止,已列入国家标准的钛合金有 40 多个,详见表 1-3-16。美国、俄罗斯、英国一些著名钛合金我国均有相应的牌号。

## 表 1-3-15 各类钛合金的特点

| 钛合金 | 合金化 | 组织 | 性能 | 典型合金 |
|---|---|---|---|---|
| α合金 | 全α:只含α稳定元素及中性元素<br>近α:含少量β稳定元素 | 100%α<br>α+少量β<br>α+少量化合物 | 低强或中强<br><br>耐热性、耐蚀性、可焊性好 | Ti-5Al-2.5Sn<br><br>Ti-8Al-1Mo-1V<br>Ti-2.5Cu |
| α+β合金 | 含α及β稳定元素 | α+β转 | 可强化热处理,性能介于α与β合金之间 | Ti-6Al-4V |
| β合金 | 亚稳β:含大量稳定β元素 | β+α次 | 强度高,塑性好,成材性好 | Ti-15V-3Cr-3Sn-3Al |
|  | 稳定β:全部为β稳定元素 | 100%β | 耐热性、低温性不好 | Ti-32Mo |

## 表 1-3-16 中国钛及钛合金牌号

| 牌号 | 名义化学成分 | 美(英)牌号 | 俄罗斯牌号 | 合金组织类型 |
|---|---|---|---|---|
| TA0 | 工业纯钛 | Gr.1 | BT1-00 | α |
| TA0-1 | 工业纯钛 |  | BT1-00CB |  |
| TA1 | 工业纯钛 | Gr.2 | BT1-0 |  |
| TA2 | 工业纯钛 | Gr.3 |  |  |
| TA2 ELI | 工业纯钛 |  |  |  |
| TA3 | 工业纯钛 | Gr.4 |  |  |
| TA4 | Ti-3Al |  |  |  |
| TA5 | Ti-4Al-0.005B |  |  |  |
| TA6 | Ti-5Al |  | BT5 |  |
| TA7 | Ti-5Al-2.5Sn | Gr.6 | BT5-1 |  |
| TA7EL1 | Ti-5Al-2.5Sn(ELI) |  |  |  |
| TA8 | Ti-5Al-2.5Sn-3Cu-1.5Zr |  |  |  |
| TA9 | Ti-0.2Pd | Gr.7 |  |  |
| TA10 | Ti-0.3Mo-0.8Ni | Gr.12 |  |  |
| TA11 | Ti-8Al-1Mo-1V | Ti-811 |  |  |
| TA12 | Ti-5.5Al-4Sn-2Zr-1Mo-0.2Si-1Nb |  |  |  |
| TA13 | Ti-2.5Cu | IMI230(英) |  |  |
| TA14 | Ti-2.3Al-11Sn-5Zr-1Mo-0.2Si | IMI679(英) |  | 近α |
| TA15 | Ti-6.5Al-1Mo-1V-2Zr |  | BT20 |  |
| TA16 | Ti-2Al-2.5Zr |  | ПT-7M |  |
| TA17 | Ti-4Al-2V |  | ПT-3B |  |
| TA18 | Ti-3Al-2.5V | Gr.9 | OT4-1B |  |
| TA19 | Ti-6Al-2Sn-4Zr-2Mo-0.1Si | Ti-6242s |  |  |
| TA20 | Ti-4Al-3V-1.5Zr |  |  |  |
| TA21 | Ti-1Al-1Mo |  | OT4-0 |  |

续表 1-3-16

| 牌 号 | 名义化学成分 | 国外相应牌号 | | 合金组织类型 |
| --- | --- | --- | --- | --- |
| | | 美(英)牌号 | 俄罗斯牌号 | |
| TB1 | Ti-8Mo-11Cr-3Al | | | β |
| TB2 | Ti-5Mo-5V-8Cr-3Al | | | |
| TB3 | Ti-3.5Al-10Mo-8V-1Fe | | | |
| TB4 | Ti-4Al-7Mo-10V-2Fe-1Zr | | | |
| TB5 | Ti-15V-3Cr-3Sn-3Al | Ti-15-3-3-3 | | |
| TB6 | Ti-10V-2Fe-3Al | Ti-10-2-3 | | |
| TB7 | Ti-32Mo | | | |
| TB8 | Ti-15Mo-3Al-2.7Nb-0.25Si | β-21s | | |
| TB9 | Ti-3Al-8V-6Cr-4Mo-4Zr | β-C | | |
| TC1 | Ti-2Al-1.5Mn | | OT4-1 | α+β |
| TC2 | Ti-4Al-1.5Mn | | OT4 | |
| TC3 | Ti-5Al-4V | | | |
| TC4 | Ti-6Al-4V | Gr.5 | BT6 | |
| TC5 | Ti-5Al-2.5Cr | | | |
| TC6 | Ti-6Al-1.5Cr-2.5Mo-0.5Fe-0.3Si | | BT3-1 | |
| TC7 | Ti-6Al-0.6Cr-0.4Fe-0.4Si-0.01B | | | |
| TC8 | Ti-6Al-3.5Mo-0.25Si | | | |
| TC9 | Ti-6.5Al-3.5Mo-2.5Sn-0.3Si | | | |
| TC10 | Ti-6Al-6V-2Sn-0.5Cu-0.5Fe | Ti-662 | | |
| TC11 | Ti-6.5Al-3.5Mo-1.5Zr-0.3Si | | BT9 | |
| TC12 | Ti-5Al-4Mo-4Cr-2Zr-2Sn-1Nb | | | |
| TC15 | Ti-5Al-2.5Fe | | | |
| TC16 | Ti-3Al-5Mo-4.5V | | | |
| TC17 | Ti-5Al-2Sn-2Zr-4Mo-4Cr | Ti-17 | | |
| TC18 | Ti-5Al-4.75Mo-4.75V-1Cr-1Fe | | | |
| TC19 | Ti-6Al-2Sn-4Zr-6Mo | Ti-6246 | | |
| TC20 | Ti-6Al-7Nb | IMI367(英) | | |

注:ELI 表示低间隙杂质元素。

尚未列入国标,但已有重要工程应用的合金如下:

Ti-31    Ti-3Al-1Mo-1Zr-0.8Ni(船用耐蚀钛合金)

Ti-75    Ti-3Al-2Mo-2Zr(船用钛合金)

Ti-53311S  Ti-5Al-3Sn-3Zr-1Mo-1Nb-0.25Si(550℃高温钛合金)

Ti-451   Ti-4.5Al-5Mo-1.5Cr(高强高韧性钛合金)

Ti-40    Ti-25V-15Cr(阻燃钛合金)

按照性能特点和用途,常将钛合金分为高温钛合金(或耐热钛合金)、结构钛合金(高强钛合金、高强高韧钛合金、高强高塑钛合金)、耐蚀钛合金、功能钛合金(包括形状记忆合金、恒弹性钛合金、储氢钛合金等)和生物工程用钛合金等。

按照钛合金的生产工艺,将钛合金分为变形钛合金、铸造钛合金和粉末钛合金等。

B　典型变形钛合金简介

下面介绍典型变形钛合金。

(1) TC4(Ti-6Al-4V)合金。TC4 合金是最广泛使用的两相钛合金,各国都有相应的牌号。在该合金中铝主要对 α 相起固溶强化作用,稳定 α 相,提高相变温度,提高热加工的温度范围,提高合金的比强度和耐热性。钒增加 β 塑性相,主要起强化作用,改善合金塑性和韧性。该合金可加工成板、棒、丝及锻件等各种材料,但加工成薄板和管材困难。

TC4 合金主要在退火状态使用,以获得较好的综合性能。消除应力退火的制度为:540～650℃下保温 0.5～1 h,空冷。完全退火处理是在 700～800℃下保持 1～2 h,随后冷却到 600℃,再空冷到室温。淬火和时效处理(850～950℃固溶 + 水淬 + 480～600℃时效)可以使该合金抗拉强度达 1100 MPa 以上,但塑韧性下降较多,一般不采用这种处理。

TC4 合金的密度为 4.42 g/cm³,弹性模量为 108 GPa,相变点为 995℃ ±15℃。

退火态的 TC4 合金的典型性能如下:室温下 $\sigma_b$ = 950～1100 MPa,$\delta_5$ = 10%～15%,$\psi$ = 30%,在 400℃,$\sigma_b$ = 650 MPa,100 h 持久强度为 600 MPa,蠕变极限 $\sigma_{0.2}^{100} \geqslant$ 360 MPa。

TC4 合金还具有满意的耐蚀性、可焊性和机加工性能。

TC4 合金一般用做 400℃ 下长期使用的部件。它已广泛用做飞机发动机机匣、压气机盘和叶片,高性能飞机的骨架和蒙皮、火箭发动机气瓶、深潜器耐压壳体等。

TC4 合金的缺点主要是冷加工与冷成形性较差,淬透性不高。强度、塑性、韧性、耐蚀性及成本均居中等水平。它是一个综合性能较好的合金,又是一个特色不突出的合金,但由于对它研究开发历史最长,积累的工程数据最多,被广泛应用。它在钛合金中的地位任何其他钛合金都无法取代,其他钛合金都可看做对 Ti-6Al-4V 合金在某一方面的改进与补充。因此,人们了解钛合金,首先要了解 Ti-6Al-4V 合金。

(2) TA7(Ti-5Al-2.5Sn)合金。TA7 合金是典型的 α 钛合金。铝和锡使 α 相强化,并使再结晶温度由 600℃ 提高到 800℃。该合金具有中等强度、良好的耐热性和可焊性。由于缺少 β 相,冷热加工性不好。它的突出优点是在超低温(4K)下仍保持良好的塑性和韧性,从而使它在低温领域获得有限应用。

(3) TC11(Ti-6.5Al-3.5Mo-1.5Zr-0.3Si)合金。该合金为 α+β 型合金。同 TC4 合金相比,由于添加钼、锆、硅等元素代替钒,耐热性大大提高,成为可在 500℃ 使用的耐热钛合金。TC11 合金通常采用双重热处理(1025℃水淬 + 950℃,1 h 空冷 + 570℃空冷)可以获得较好的综合性能。但研究发现,TC11 合金采用三重热处理效果较好。一次处理在 $t_\beta$ 以上 20～30℃ 进行 β 处理,防止 β 晶粒过分长大,通过水淬获得马氏体组织。二次处理是在 α+β 区上部(950℃)退火,形成网篮状的魏氏组织,且 β 相含量较高,增加延性。三次处理为稳定化处理。这种处理可使 TC11 合金使用温度提高到 520～540℃。

(4) TB3(Ti-10Mo-8V-2Fe-3Al)合金。该合金为亚稳定 β 钛合金。其特点是固溶状态有良好的冷变形性,可深冲、冷镦、冷铆等。在时效状态可获得 1100～1300 MPa 的抗拉强度。该合金目前主要用做航空紧固件(螺栓和铆钉)。

(5) TB5(Ti-15V-3Cr-3Sn-3Al)合金。该合金为亚稳 β 型合金,同 TC4 合金相比,其特点是有良好的冷加工与冷成形性,易加工成薄板、箔材和管材。在时效状态,TB5 强度可达 1250 MPa,比 TC4 合金具有更高的比强度。该合金的缺点是钒含量很高,而铝含量低,无法用 Al-V 中间合金加入,而纯钒的成本很高,因此该合金只能获得有限应用。

(6) TB6(Ti-10V-2Fe-3Al)合金。该合金为近 β 型合金,是具有代表性的高强高韧钛合金。铁、钒稳定强化 β 相,铝对低温 α 沉淀相起强化作用。同 TC4 合金相比,它有一系列优点:(1)相变点低($t_\beta$ 约为 795℃),加工温度低,热模锻性好;(2)淬透性高,淬透深度可达 125 mm(TC4 仅 25 mm);(3)强度和韧性高,如 760℃,1 h 空冷 + 510℃,8 h 时效后,可获得 $\sigma_b = 1245$ MPa,$\sigma_{0.2} = 1196$ MPa,$\delta = 12\%$,$\psi = 44\%$,$K_{IC} = 85$ MPa·m$^{1/2}$ 的综合性能。

TB6 合金主要用做航空锻件,如飞机起落架。

(7) TA10(Ti-0.3Mo-0.8Ni)合金。这是一种 α 型耐蚀钛合金,少量钼和镍改善了钛的耐蚀性,并提高了钛的强度。同纯钛相比,TA10 的特点是:1)在还原性酸(硫酸、盐酸)以及甲酸、柠檬酸中的耐蚀性明显提高,例如在室温 10% $H_2SO_4$ 和 HCl 中,在沸腾的 45% 甲酸和 50% 柠檬酸中,工业纯钛遭活性溶解,而 TA10 保持稳定;2)在高温高浓度的氯化物,TA10 抗局部缝隙腐蚀性能好;3)在 200~300℃,TA10 合金的强度比纯钛高 1.5~2 倍。

TA10 合金有类似 TA3 纯钛的可塑性、冷成形性和可焊性,可加工成薄板、管、棒、丝材。板材的典型性能是:室温下 $\sigma_b = 490$ MPa,$\delta = 20\%$,$\psi = 25\%$。该合金用于工业纯钛容易出现缝隙腐蚀的环境中,例如高温海水、盐水、高温湿氯气及各种高温氯化物溶液中,主要用做热交换器、压力容器、电解槽、蒸发器及管道等。

(8) TB7(Ti-32Mo)合金。该合金是稳定型 β 钛合金,是在还原性酸中最耐蚀的钛合金。在沸腾的 20% HCl、40% $H_2SO_4$ 中腐蚀率不超过 0.25 mm/a,TB7 由于添加大量高熔点的钼,熔炼比较困难,易产生偏析,同时高温变形抗力大,塑性低,生产和使用都受到限制。

### 1.3.4 钛及钛合金半成品生产

钛及钛合金有许多特点,如高温化学活性,易产生吸气和氧化;钛变形抗力高而塑性比铜、铝低;导热性低,弹性模量低;在高温下存在 α→β 同素异晶转变,而 α 相与 β 相态存在着性能的重大差别。所有这些特点造成了钛和钛合金与铝、铜及其合金半成品生产工艺有重大差别。许多方面,钛及钛合金的生产工艺更接近不锈钢的生产工艺。

#### 1.3.4.1 熔炼

生产钛及其合金的原料为海绵钛和添加剂(单质或中间合金)。铝、铬、锆、铁等添加剂常以纯元素加入,而钒、钼、锡、铌等则必须以中间合金形式添加。

由于钛对氧、氮、氢、碳等间隙元素的活性大,熔炼必须是在真空或惰性气体保护下进行。又由于钛与绝大多数耐火材料发生作用,熔炼要用水冷铜坩埚。

工业中采用的熔炼方法有真空自耗电弧熔炼(VAR)、电子束熔炼(EB)和等离子熔炼(PM)法。VAR 熔炼时,先将海绵钛压制成电极,再通过氩弧焊或等离子焊接成电极。然后进行二次或三次真空熔炼(航空级用钛要求三次熔炼)。一般工业铸锭直径为 $\phi$500~1000 mm,锭重 2~10 t。熔炼时高电耗,需要大电流的直流电。例如,生产 $\phi$622 mm 铸锭时,电流达 24000 A,电流密度为 36.7 A/cm$^2$,比电能为 0.9 kW·h/kg。

真空熔炼是钛材生产的首要难关。它需要大吨位压力机制备电极,需要大型等离子焊箱和昂贵的炉子。为防止电弧击穿坩埚,造成液态钛与水作用产生爆炸。真空电弧炉要置于防爆墙内,进行远距离操作。

#### 1.3.4.2 锻造

铸锭首先进行开坯锻造。锻造设备与钢材生产设备相同。最好采用快锻机。

一般开坯锻造用煤气炉加热,成品锻造用电炉加热。开坯温度在 β 区,一般为 1100～1150℃。大铸锭的加热要分阶段缓慢进行。某厂曾经发生过 φ622 mm 铸锭加热时突然断裂的事故,这是铸造应力与热应力叠加的结果。加热温度过高、时间过长会造成晶粒粗大和吸气,氧化严重。

为保证铸造组织充分变形,变形率必须在 60% 以上。钛及钛合金的热导率低,形变热效应容易造成局部过热。局部温升产生组织不均匀性。锻件表面冷却快,内部传热慢,容易造成表面开裂。因此,控制加热温度、变形率和变形速度都很重要。

成品锻造时,加热温度要按产品要求适当控制(一般在两相区终锻)。

锻坯要经过修磨、刨面或车削,去除表面裂纹、吸气氧化层才能转入随后的加工。

### 1.3.4.3 半成品加工

各种钛材的加工流程见图 1-3-19。下面介绍几种钛材的生产方法。

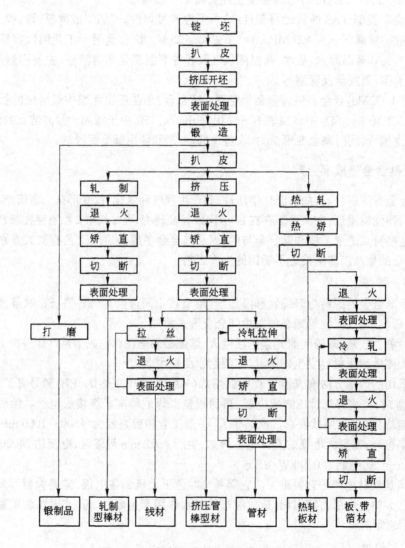

图 1-3-19 钛材压力加工的一般工艺流程图

(1) 棒材生产。车光的棒坯采用自由锻、孔型轧制、精锻、步进轧制与旋锻等工艺可以加工成棒材。工艺的选择取决于产品质量等级、规格、批量大小等要求。

(2) 管材生产。无缝管材的制造工艺为:棒坯—冲孔—包套挤压或玻璃润滑挤压—表面处理—开坯轧制—退火—冷轧(多次)—退火(多次)—无损检测—成品。纯钛常用铜做包套材料。

电站用的管材多为有缝薄壁管材,是用钛带卷经自动氩弧焊接而成。

(3) 板材生产。板材厚度在 3 mm 以上的采用热轧,3 mm 以下的需采用冷轧,冷轧前要对表面进行碱洗与酸洗。碱洗采用 90% NaOH + 10% $NaNO_3$ 混合液,温度为 450℃。酸洗采用 $HNO_3$-HF 酸水溶液。

箔材的轧制要采用多辊冷轧机,如二十辊森吉米尔轧机。

薄板与箔材的退火要在真空下进行,防止吸气与氧化。

### 1.3.4.4 变形产品成形

钛变形产品成形主要有冲压成形、等温锻造、超塑成形/扩散连接(SPF/DB)和化学铣。

纯钛与不锈钢和软钢相比,屈强•比高,加工硬化指数 $n$ 低($n \approx 0.15$),而塑性各向异性值 $r$ 很大($\gamma = 4 \sim 5$),在冷冲压时,要充分考虑这些特点。由于钛的回弹大,实际变形量应大于预定形状的变形量,即过变形。如 90°V 形弯曲时,模具角度应定为 87°~88°,这样才能得到精确变形。β 钛合金在固溶态也可以冷成形,如冲压成球形气瓶。

α 及 α-β 钛合金变形常采用中温或热成形。600~800℃ 下,可提高成形能力和减少回弹,成形温度过高会产生表面污染。

等温锻造是利用高温进行低应变速率变形。同普通锻造相比,锻造载荷下降 80%~85%,材料利用率也大为提高。模具材料要用镍基合金或 TZM 钼合金。锻造温度一般为 900~950℃,中高强钛合金(Ti-6Al-4V、Ti-1023)的大型锻件适于采用等温锻造。

钛合金具有超塑性。例如,细晶(小于 10 μm)的 Ti-6Al-4V 合金在 930℃ 下低速变形($0.0001 \sim 0.01~\mathrm{s}^{-1}$)时拉伸变形率可高达 1000% 以上。钛合金还具有优良扩散焊接性能。在 930℃ 和 2 MPa 的应力下,即可以进行焊合。由于钛合金的超塑成形与扩散连接温度一致。因此采用 SPF/DB 组合工艺,可以低成本地加工出形状非常复杂的零件,如空心叶片等。

化学铣是利用化学试剂有控制地溶解金属表面,达到材料或零部件加工的目的。化学铣适于外形复杂件或大型薄壁钛件的加工。化铣剂可以用 HF + $HNO_3$ 混合溶液或 HF + $Fe_2(SO_4)_3$ 溶液。化铣过程中会吸氢,一般要进行真空除氢热处理。

### 1.3.4.5 机械加工

钛切削加工性能与不锈钢相近,属较难切削材料。这一方面是由于钛热导率低,切削热不易散失,积蓄在工具和工件上,使工具磨损增大。另一方面是钛表面的吸气层硬度高,对刀具磨损大。另外,钛件受力时变形大(弹性模量小),切削时振动大,回弹大,影响加工精度和刀具寿命。钛的切削采用 YG8 型硬质合金刀具和低的切削速度较好。

钛的半成品切割可以采用棕色刚玉或碳化硅砂轮片和高速钢刀具的弓形锯。精密件的切割最好采用激光切割。

### 1.3.4.6 喷砂(喷丸)处理

喷砂除鳞与碱洗相比,比较简单经济。β 钛合金在碱洗时会发生时效硬化,影响组织和性能。因此,β 合金采用喷砂很必要。

### 1.3.4.7 焊接

焊接无论对半成品生产还是成品生产都很重要。钛及钛合金由于化学活性高,不能采用普通的气焊与电焊,而必须采用氩弧焊、电子束焊及等离子弧焊等特殊焊接方法。

钛及钛合金的焊接接头一般都有很高的强度,焊接强度系数一般在 0.9 以上。焊接件的薄弱环节是热影响区,这里因晶粒粗大而使强度和塑性下降。防止吸气和氧化及控制热影响区是钛及钛焊接的关键。

### 1.3.4.8　铸造钛合金

铸造钛合金的发展落后于变形钛合金。20 世纪 50 年代变形钛合金已开始批量生产与应用,而钛铸件 60 年代应用于民用工业,90 年代才用于航空工业。由于工业纯钛和大部分变形钛合金(如 Ti-6Al-4V)都具有较为满意的铸造工艺性能,因此对专用铸造钛合金的研究较少。我国现有的几种铸造钛合金都是变形钛合金的变种,在变形钛合金牌号之前冠以"Z",表示铸态。

铸造钛合金同主成分相同的变形钛合金相比,其差别主要是:(1)允许杂质含量较高,如铸造工业纯钛 ZTA1 与变形工业纯钛 TA1 相比,最大氧含量和其他杂质元素总和分别由 0.15 % 和 0.3 % 提高到 0.25 % 和 0.40 %;(2)铸造钛合金的伸长率、冲击韧性和疲劳强度较低。铸造钛合金的显微组织通常由粗大的原始 β 晶粒、宽的晶界 α 和粗厚的晶内 α 片组成。同时,铸件中常存在气孔、缩孔、缩松等缺陷,有时还出现裂纹、冷隔和夹杂。铸件表面因气体污染会形成"α"脆性层。这些均引起合金塑性和韧性的下降。

通过热等静压(HIP)处理、氢处理和循环热处理,可改善铸件延性和疲劳强度,但使工艺复杂化,升高了成本。这些特殊处理工艺(主要是 HIP)主要在高性能的航空航天铸件生产中应用。

国产铸造钛合金的性能见表 1-3-17 和表 1-3-18。

**表 1-3-17　铸造钛合金力学性能**(GB/T6614—94)

| 牌　号 | 抗拉强度 $\sigma_b$(不小于)<br>/MPa | 屈服强度 $\sigma_{0.2}$(不小于)<br>/MPa | 伸长率 $\delta_5$(不小于)<br>/% | 硬度 HB(不大于) |
|---|---|---|---|---|
| ZTA1 | 345 | 275 | 20 | 210 |
| ZTA2 | 440 | 370 | 13 | 235 |
| ZTA3 | 540 | 470 | 12 | 245 |
| ZTA5 | 590 | 490 | 10 | 270 |
| ZTA7 | 795 | 725 | 8 | 335 |
| ZTC4 | 895 | 825 | 6 | 365 |
| ZTB32 | 795 | | 2 | 260 |
| ZTC21 | 980 | 850 | 5 | 350 |

**表 1-3-18　钛合金铸件的冲击功和硬度平均值**

| 合　金 | 工　艺 | 铸件名称 | 冲击功 $A_{KU}$/J<br>(平均值) | 硬度 HB |
|---|---|---|---|---|
| ZTC4 | 石墨加工型 | 支撑座、空心叶片 | 33.6 | 315 |
| ZTC4 | 熔模铸造 | 支臂、接头 | 44.8 | 298 |
| ZTC3 | 石墨加工型 | 机　匣 | 22.7 | 316 |

### 1.3.5 钛残料回收

#### 1.3.5.1 钛残料回收的重要性

据统计,在海绵钛生产时约有 10%海绵钛因污染而成为等外品,在钛半成品生产中会产生 40%~50%的残料,而钛材在制成成品时又会因机械加工而产生大量残废料,如航空应用时,二次残废料高达 80%~85%。钛材的成本中原料占相当大的比重。充分利用这些残废料,对降低钛材与钛制品的成本有重要意义。

#### 1.3.5.2 回收残料的途径

工业实践中,回收残废料有三种方法:

(1) 粉末冶金法。利用氢化脱氢原理,将钛残料转化为钛粉末。

(2) 真空电弧炉熔炼法。将钛残料分类、切割、清洗(除污染物)和磁选,与海绵钛混合,制成电极,熔化成锭。

(3) 电子束冷床炉熔炼法。将清洗过的钛残料投入电子束冷床炉的炉床中,熔化后流入结晶器中成锭。它有利于消除残料中的高密度夹杂(如 WC)和低密度夹杂(如 TiN)。

工艺(1)、(2)在我国都已采用,利用工艺(2)我国已回收了数千吨残钛,获得良好经济效益。工艺(3)在美国最先获得发展并已实现工业化。

### 1.3.6 钛合金的发展趋势

钛是有巨大发展前景的优质材料。钛对国防建设及社会发展具有极其重要的战略意义,先进的钛工业是国家综合国力的体现。在 21 世纪,钛材工业必定会有一个较大的发展。

在过去的 50 多年中,全世界已研制了几百种钛合金,但投入工业生产的不到 100 种。我国研制的钛合金有近 60 种。列入国家标准的已有 40 余种。从长远看,钛合金还处于发展的早期。目前钛合金发展的趋势是开发竞争力更强的钛合金,实现高性能化、多功能化和低成本化。主要在如下五个领域进行研究。

(1) 研究耐热性更高的高温钛合金。为满足高推重比航空发动机生产的需要,国内外正在研究 600~650℃长时使用的钛合金,共计有三条研究途径:1)研究传统型(以固溶体为基的)钛合金。受抗氧化性的制约,这种钛合金的极限温度估计为 650℃;2)发展金属间化合物为基的钛合金,即 $Ti_3Al$ 基与 TiAl 基合金,其极限使用温度分别达 750℃和 900℃,高铌的 TiAl 基合金甚至可达 1000~1100℃。这些高比强、高比模、抗氧化的钛合金,可以向镍基超合金挑战,用于航空发动机的“热端”(涡轮部分)。$\alpha_2$ 和 $\gamma$ 型合金已进入工程评价阶段,预计在近 10 年内可获得实际应用;3)发展以 SiC 纤维增强的钛基复合材料和以 TiC 或 TiB 颗粒增强的钛基复合材料。SiC 纤维增强的钛基复合材料技术已比较成熟,它将使航空发动机的结构发生革命性变化,实现压气机的“叶盘一体化”,使发动机的推重比达到 20 以上。

(2) 发展综合性能更好的高强钛合金。高强钛合金目前已达到 $\sigma_b \geqslant 1250$ MPa 水平,其强度可与 30CrMnSiA 优质结构钢媲美,但其伸长率与断裂韧性($K_{IC}$)及弹性模量还差一些,耐热性在 350℃以下。人们正努力提高其综合性能,如近年研制出了既高强又耐热的 β21S 合金。

(3) 发展耐蚀性更好的钛合金。特别是发展在还原性介质中像 Ti-32Mo 一样耐蚀,但加工性较好的合金。

(4) 发展多用途的专用钛合金。如新型形状记忆合金、新型储氢钛合金、恒弹性钛合金、低膨胀钛合金、高电阻钛合金、消气剂用钛合金、抗弹钛合金、透声钛合金、低屈强比易冷成形的钛合金和高应变速率的超塑成形钛合金等。

(5) 发展低成本的钛合金。包括不含或少含贵重元素的钛合金,能充分利用残料的钛合金和易切削加工的钛合金等。

# 1.4　铜及铜合金

## 1.4.1　铜的特性、微量元素对其影响及合金化规律

铜是极其宝贵的有色金属,它具有美丽的颜色,优良的导电、导热、耐蚀、耐磨等性能,容易提取、加工、回收,在国民经济和人民生活中被广泛使用。

铜是人类认识、生产、使用最早的金属之一,早在 8000 多年前,人类就开始冶炼和使用铜,中华民族是开发和使用铜最早的民族之一,在中国的历史上曾经有过灿烂的"青铜时代",铜为人类社会进步作出了不可磨灭的贡献。随着生产和科学技术的发展,铜的宝贵价值更显重要,它已成为不可缺少的现代工程材料,铜工业也成为现代大工业的重要组成部分。

### 1.4.1.1　铜的基本性质

A　原子结构

铜的原子序数为 29,相对原子质量为 63.54,占据元素周期表ⅠB的第一个位置。在ⅠB副族中还有银和金。由于原子结构相近的特点,所以铜与这些贵金属在性能上有许多相似之处。

铜的原子核有 29 个质子和 34～36 个中子,周围环绕着 29 个电子。其电子分布可表示为: $1s^2 2s^2 2p^6 3s^2 3p^6 3d^{10} 4s^1$,此结构基本上是一个氩原子的核加上填满了的 3d 态及一个 4s 电子,所以有时可写成 $Ar3d^{10}4s^1$。单个的外壳层 4s 电子不属于任何特定原子,而是成为弥散在晶格中的电子云的一部分,使铜具有优良的导电性能。4s 电子的电离势相当低,为 7.724eV,因而一价铜离子 $Cu^+$ 易于形成。3d 态的电离势仅仅稍高一点,因而铜也呈二价($Cu^{2+}$)。

B　铜的物理性质

铜的理论密度20℃时为 $8.932 \, g/cm^3$,1913 年国际电化学协会(IEC)确定工业铜的标准密度为 $8.89 \, g/cm^3$,液态铜的密度为 $7.99 \, g/cm^3$,铜的密度随温度升高而降低。

C　物理性质

铜具有优良的导电和导热性能,工程界通常把铜的电导率作为比较标准,1913 年国际电技术委员会制定了国际软铜电导率标准(IACS),确定含铜 99.90%、退火状态软铜、20℃时的电导率为 100% IACS,其电导率为 $58.0 \times 10^6 \, S/m$,电阻率为 $0.017241 \, \mu\Omega \cdot m$。

各种元素进入铜,都会引起铜的电导率和热导率降低,元素的不同、含量多少对其影响程度也不相同(图 1-4-1);随着温度升高,铜的电阻增加,电导率降低,冷加工会导致铜的晶格畸变,自由电子定向流动受阻,也会导致电导率降低(图 1-4-2)。

铜是抗磁体,是优良的磁屏蔽材料,常温下铜的磁化率为 $-0.085 \times 10^{-6} \, cm^3/g$,铁能提高其磁化率,对于抗磁用途的铜及铜合

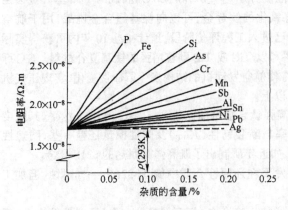

图 1-4-1　溶解在铜中的溶质元素
对铜室温电阻率的影响

金来说,都应严格控制铁的含量;铜对光的反射率随着光的波长减小而下降,发射率随温度升高而增加;铜的主要物理性能列入表1-4-1。

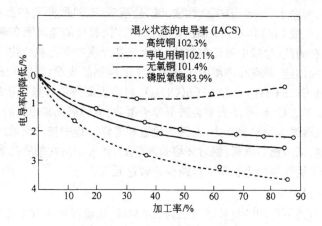

图 1-4-2　加工率对铜的电导率影响

**表 1-4-1　纯铜的物理性质**

| 性　质 | 数　值 |
|---|---|
| 颜色 | |
| 　反射光 | 橙红色 |
| 　透射光 | 绿色 |
| 晶体结构 | 面心立方 |
| 点阵常数 $a$/nm | 0.3608 |
| 最小原子间距/nm | 0.2551 |
| 主滑移面 | 〔111〕 |
| 孪生面 | 〔111〕 |
| 密度/kg·m$^{-3}$ | |
| 　固态 | $8.90 \times 10^3$ |
| 　在熔点时的固态 | $8.89 \times 10^3$ |
| 　刚超过熔点时的液态 | $8.53 \times 10^3$ |
| 凝固时的体积变化/% | 4.0 |
| 熔点/℃ | 1083 |
| 沸点/℃ | 2500 |
| 热容/J·(kg·K)$^{-1}$ | 388 |
| 热容(在1000℃时)/J·(kg·K)$^{-1}$ | 1025.60 |
| 熔化潜热/J·g$^{-1}$ | 205 |
| 汽化潜热/J·g$^{-1}$ | 5024 |
| 线胀系数(0~100℃)/℃$^{-1}$ | $17.0 \times 10^{-6}$ |
| 线胀系数(0~25℃)/℃$^{-1}$ | $16.5 \times 10^{-6}$ |
| 线胀系数(1000℃)/℃$^{-1}$ | $20.3 \times 10^{-6}$ |
| 熔点时的黏度/mPa·s | 4~4.5 |
| 熔点时的表面张力/mN·m$^{-1}$ | 1285 |
| 热导率(0~100℃)/W·(m·K)$^{-1}$ | 399 |
| 电导率(IACS)/% | 100~103 |
| 电阻率/$\mu\Omega$·m(20℃) | 0.01673 |
| 电阻温度系数(0~100℃) | (0.00393) |
| 热电势(相对于铂,冷端为0℃)/V | |
| 　100℃ | -0.37 |
| 　1000℃ | +0.76 |

D　铜的化学性质

铜具有高的正电位,$Cu^+$和$Cu^{2+}$离子标准电极电位分别为 + 0.522 V 及 + 0.345 V,在水中不能置换氢,在大气、纯净水、海水、非氧化性酸、碱、盐溶液、有机酸介质和土壤中具有优良的耐蚀性,但是铜易氧化,生成 CuO 和 $Cu_2O$,温度高于 200℃时,氧化加速。铜在氧化剂、氧化性酸中发生去极化腐蚀,如在硝酸、盐酸中被迅速腐蚀,当大气和介质中含有氯化物、硫化物、含硫气体、含氨气体时,铜的腐蚀加速,暴露在潮湿的工业大气中的铜制品表面,很快失去光泽,形成碱式硫酸铜和碳酸铜($CuSO_4 \cdot 3Cu(OH)_2$、$CuCO_3 \cdot Cu(OH)_2$),制品表面颜色一般经历红绿色、棕色、蓝色等变化过程,大约 10 年之后,铜制品表面会被铜绿所覆盖;铜的氧化物也很容易被还原。

铜具有优良的抗海洋生物附着能力,在舰船建造和海洋工程中被广泛地应用,包覆铜镍合金的船壳可以提高船速,减少燃料消耗;铜对环境是友善的,各种细菌在铜制品表面不能存活,铜的许多有机化合物,是人类和植物生长所不可缺少的微量元素。

E　铜的力学性能

铜的强度较低,软态下纯铜的抗拉强度仅为 250 MPa,屈服强度为 100 MPa,但具有优良的塑性,软态铜可以承受 90% ~95% 的冷变形,可以很容易加工成箔材和细丝;纯铜的强度随着变形程度的增加而增加,塑性则相反;铜的强度随温度升高而降低,铜在低温下没有脆性,强度反而有所增加,是优良的耐低温材料,在低温技术中被广泛采用。铜的力学性能可以通过压力加工和合金化的办法来改变,因此铜制品以软、半硬、硬态供应。铜的合金化是在金属铜中加入强化元素,这些元素通过固溶强化和弥散强化来提高铜的强度。一大批具有高强度、高耐磨、高导电、高导热性能的铜合金,已在工程技术中广泛地应用。在通讯工程中应用的单晶铜,具有超塑性。

F　铜的工艺性能

铜在自然界中的主要矿物有硫化矿和氧化矿,铜很容易被还原,也很容易用硫酸浸出,可以用普通的火法和湿法提取,可以用电解方法提纯,其纯度可以达到 99.99%,纯铜可以在各种类型的炉子中熔化,配制人们所希望的合金;铜及其合金铸锭可以承受热塑性加工和冷塑性加工,如热轧、热锻、热挤、冷轧、冷锻、冷拉、冷冲等;铜及其合金可以制成各种形式半成品和成品;铜及其合金具有优良的焊接性能,可以钎焊、电子焊、自耗电极焊和非自耗电极焊;铜及其合金还具有良好的机械加工性能,可以加工成各种精密元件;铜及其合金的各种废料、残料可以直接配制合金,具有宝贵的回收价值,有利于降低铜制品成本。

### 1.4.1.2　微量元素对铜性能的影响

微量元素进入铜是不可避免的,有的是在铜及其合金生产过程中进入的,有的是各种原料带入的,也有人为加入的。这些元素通过改变铜的组织,从而对铜的性能产生重要的影响,由于各种元素特性的不同,可以不固溶于铜、微量固溶、大量固溶、无限互溶,固溶度随温度下降而激烈降低,固相下有复杂相变等,因此对铜性能的影响千差万别。元素在铜中的行为需要辩证地看待,从某种需要来看是有害的,但从另一种需要来看却是有利的,铜合金工作者正是根据实际需要,研制出许多宝贵的合金,以适应工程和科学界不同的需求。各元素在铜中的行为研究正不断深入,现对各元素对铜性能的影响分别加以介绍。

A　氢

氢与铜不形成氢化物,Cu-H 相图(图 1-4-3)表明,氢在液态和固态铜中的溶解度随着温度升高而增大(表 1-4-2),特别是在液态铜中有很大的溶解度,在凝固时,会在铜中形成气孔,从而导致铜制品的脆性;在固态铜中,氢以质子状态存在。氢的电子填充铜原子的 s 层轨道,形成质子型固溶体,氢对铜的性能虽然影响甚微,但氢对铜及铜合金来说是有害的,含氧铜在氢气中退火时会产生裂纹，即"氢病"，原因是发生 $Cu_2O + H_2 \rightleftharpoons 2Cu + H_2O$ 反应，产生的水蒸气会造成气孔和裂纹。各种元素对氢在铜中的溶解度影响不一，其中 Ni、Mn 等元素引起溶解度增加，P、Si 等元素减少氢在铜中的溶解度，可以通过减少熔炼时间、调整成分、控制炉料中氢气含量、熔体表面采用木炭覆盖等办法减少铜中氢的含量。

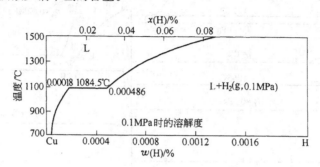

图 1-4-3　Cu-H 二元相图

表 1-4-2　在 0.1 MPa 下，氢在铜中的溶解度

| 温　度/℃ | 400 | 500 | 600 | 700 | 800 | 900 | 1000 | 1100 | 1200 | 1300 | 1400 | 1500 |
|---|---|---|---|---|---|---|---|---|---|---|---|---|
| 溶解度/$cm^3 \cdot (100 \text{ g 铜})^{-1}$ | 0.06 | 0.16 | 0.30 | 0.49 | 0.72 | 1.08 | 1.58 | 6.3 | 8.1 | 10.9 | 11.8 | 13.6 |

B　氧

氧对铜的影响在铜的生产过程中是不可避免的，其影响非常重要，Cu-O 二元状态图表明（图1-4-4），氧很少固溶于铜，1065℃ 时为 0.06%，600℃ 时为 0.002%；氧在铜中除极少量固溶外，均以 $Cu_2O$ 形式存在，铜的氧化物不固溶于铜，呈现 $Cu + Cu_2O$ 共晶组织，分布于晶界，共晶反应为：

$$L_{含氧0.39\%} \xrightarrow{1065℃} \alpha_{含氧0.08\%} + Cu_2O，$$

亚共晶铜中的氧含量与共晶量成正比，可以在显微镜下与标准图片比较来精确测定铜中的氧含量。

氧对铜及其合金性能的影响是复杂的，微量氧对铜的电导率和力学性能影响甚微，氧对铜电导率的影响示于图 1-4-5。工业铜具有很高的电导率，其原因是氧作为清洁剂，可以从铜中清除掉许多有害杂质，以氧化物形式进入炉渣，特别是能够清除砷、锑、铋等元素，含有少量氧的铜其电导率可以达到 100%～103% IACS，高纯铜如 6NCu 在深冷条件下电阻值是相当低的（图1-4-6）。

电真空构件用铜应严格控制其中氧的含量，其原因是电真空器件需要在氢气中封装，铜中氧的存在会导致"氢病"发生，引起器件高真空环境下破坏，因此电真空用铜应该是无氧铜，我国国家标准中规定无氧铜中氧含量小于 $20 \times 10^{-4}\%$，美国 ASTM 标准中规定为 $3 \times 10^{-4}\%$。为控制氧含量，在无氧铜生产中都应选择优质电解铜原料，在熔炼工艺中采取还原性气氛，加强熔池表面覆盖，一般使用木炭保护；铜及铜合金熔炼时一般均应进行脱氧，脱氧剂有磷、硼、镁等，以中间合金方式加入，磷是最有效的脱氧剂，不过应严格控制磷的残留量，因其能够强烈降低铜及铜合金的电导率。

C　铁、锆、铬、硅、银、铍、镉

铁、锆、铬、硅、银、铍、镉这七种金属元素的共同特点是：它们有限固溶于铜，固溶度随着温度变化而激烈地变化，当温度从合金结晶完成之后开始下降时，它们在铜中的固溶度也开始降低，以金属化合物或单质形态从固相中析出（表 1-4-3）。当这些元素固溶于铜中时，能够明显地提高其强度，具有固溶强化效应。当它们从固相中析出时，又产生了弥散强化效应，导电和导热性能

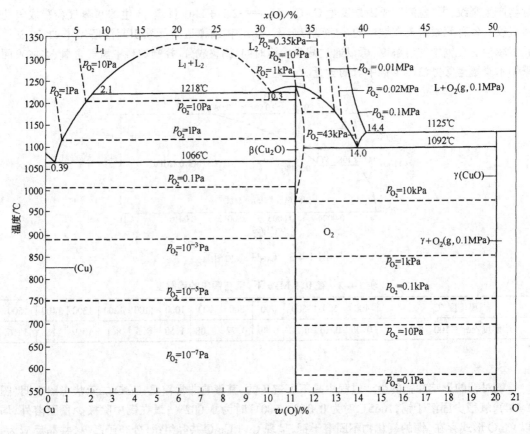

图 1-4-4　Cu-O 二元相图

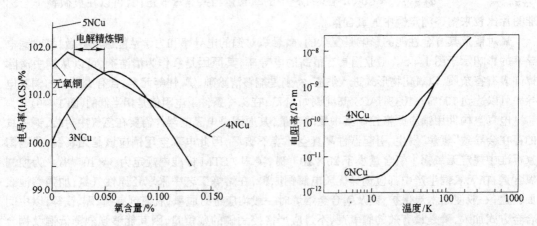

图 1-4-5　氧含量对退火铜电导率的影响　　　　图 1-4-6　工业纯度电解精炼铜和
　　　　　　　　　　　　　　　　　　　　　　　极高纯无氧铜在深冷温度和
　　　　　　　　　　　　　　　　　　　　　　　高于深冷温度的电阻率

得到了恢复,它们是典型的时效热处理型铜合金,通过淬火(950~980℃,水淬)和时效(450~550℃、2~4 h),可以获得高强高导电性能。其中微量银对铜的电导率、热导率降低不大,并能显著提高再结晶温度、抗蠕变性能和耐磨性能,广泛用于电机整流子,近来又普遍用于制造高速列车的接触导线;镉铜具有冲击时不发生火花特性,也是重要的航空仪表材料,但由于镉具有毒性,污染环境,用途日益缩小;铍铜是著名的弹性材料,铍对铜的强化最为显著,热处理后的铍铜强度,可达纯铜的4~5倍;铁可以细化晶粒,改善铜及其合金性能,在要求抗磁的环境下,应严格控制铁的含量,一般应控制在0.003%以下;锆、铬铜合金具有很高的电导率,在航天发动机中有重要的应用;硅青铜具有高的强度和耐磨性能;铁、锆、铬青铜是著名的高强高导铜合金,在电极制造中有重要应用;铁、硅、锆、铬铜合金构筑了集成电路引线框架铜合金的基础,关于其合金成分、性能的研究非常活跃。

难熔金属钨、钼、钽、铌不固溶于铜,微量存在可以作为结晶核心细化晶粒,提高再结晶温度。粉末冶金法生产的钨铜、钼铜具有很高的耐热性能,热容很大,导热性优于难熔合金,是重要的热沉材料,可用于电子工业中的固体器件。

稀贵金属中金、钯、铂、铑与铜无限互溶,是宝贵的焊料合金,用于电子元器件的封装和各种触点;其他稀有、稀散和锕系元素微量存在于铜中,或与铜形成合金,在特殊环境中有着重要应用,许多元素在铜中行为的研究正不断深化。

表1-4-3 各元素在铜中固溶度的变化

| 元素名称 | 固溶度变化质量分数/% |
|---|---|
| Ag | 779℃,8 ⟶ 450℃,0.85 |
| Cd | 549℃,3.7 ⟶ 400℃,0.5 |
| Fe | 1094℃,2.8 ⟶ 600℃,0.15 |
| Si | 852℃,5.2 ⟶ 20℃,2.0 |
| Be | 866℃,2.7 ⟶ 300℃,0.2 |
| Cr | 1070℃,1.5 ⟶ 20℃,0.01 |
| Zr | 965℃,0.15 ⟶ 20℃,0.01 |

**D 锌、锡、铝、镍**

锌、锡、铝和镍这四个元素的共同特点是在铜中的固溶度很大,具有宽阔的单相区,它们能够明显地提高铜的力学性能、耐蚀性能,同时使铜的导电、导热性能降低,但与其他金属材料相比较,仍属于优良的导电和导热材料,它们与铜形成宝贵的合金,可分为黄铜、青铜、白铜合金,构筑了庞大合金系的基础,这些合金具有优秀的综合性能,比如,黄铜具有高强度、耐蚀、耐磨、高导热性、低成本的特点;青铜具有高强、耐磨、耐蚀的特点;白铜具有极为优秀的耐恶劣水质和海水腐蚀性能,所有这些优点都是其他金属材料不能代替的。

**E 锑、铋、硫、碲、硒**

锑、铋、硫、碲和硒这些元素在铜中固溶度极小,室温下基本不溶于铜,它们以金属化合物形式存在,分布于晶界,对铜的导电、导热影响不大,但是却严重恶化了铜及合金的塑性加工性能,应该严格控制其含量,各国标准中规定不应超出0.005%;由于含有这些元素的铜,具有良好的切削性能,在工程技术界也有应用,比如铋铜,可以作为真空开关中断路器的触头,在断路时,防止开关触头的黏结,铋铜中铋含量可高达0.5%~1.0%;含碲0.15%~0.5%的碲铜合金,可作为高导电、易切削无氧铜使用,能够加工成精密的电子元器件;作为特殊用途的铜合金,可以加入这些元素,但其加工工艺是特殊的,可采用包套挤压、冷挤、铸造、粉末冶金等方法进行加工。

**F 砷、硼**

砷在铜中有很大的固溶度(图1-4-7),在α固溶体中的含量可达6.8%~7.0%,砷在铜中存在强烈的降低其导电和导热性能,但能防止脱锌特别是对黄铜冷凝器合金来说更为宝贵,近一百年火电和舰船冷凝器管材使用实践表明,含砷0.1%~0.15%的黄铜,能够防止黄铜脱锌腐蚀,解决了黄铜冷凝管早期泄漏的致命问题,所以各国材料标准中都规定必须加入砷。经验表明,不含砷的HSn70-1冷凝管,经常在使用初期的2~3年内发生泄漏事故,而加入砷之后,寿命可增至15~20年,被称为铜合金研究中重大的技术进步。许多研究表明,砷之所以能够防止黄铜脱锌腐蚀,在于砷能够降低铜的电极电位,从而降低了电化学腐蚀倾向。由于砷的氧化物污染环境,对人体有害,所以熔炼合金的工厂都应有专门的环保和防护措施。砷应以中间合金方式加入,砷铜中间合金中砷含量可达15%~20%,一般由熔炼工厂制备。

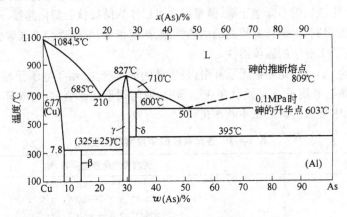

图 1-4-7　Cu-As 二元相图

硼在铜中固溶度不大(图 1-4-8),一般作为脱氧剂使用,残余的硼可以细化晶粒,人们发现硼的变质作用十分显著,在加砷黄铜合金中同时加入0.01%~0.04%硼,具有更好的防止黄铜脱锌腐蚀作用。硼的氧化物是铜合金熔炼时的优良覆盖剂,已经被广泛地使用。在铜的焊接材料中也普遍地加入硼,可防止焊接金属的氧化。

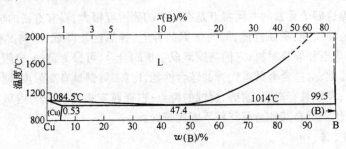

图 1-4-8　Cu-B 二元相图

**G　磷**

铜磷二元相图(图 1-4-9)表明,在714℃时存在着共晶反应:$L_{8.4\%} \longrightarrow \alpha_{1.75\%} + Cu_3P$,随着温度降低,磷在铜中的固溶量迅速减少,300℃时为0.6%,200℃时为0.4%。固溶于铜中的磷显著降低其电导率,含P0.014%的软铜带其电导率(IACS)为94%,含P0.14%的电导率仅为45.2%。磷是最有效、成本最低的脱氧剂,微量磷的存在,可以提高熔体的流动性,改善铜及铜合金的焊接性能、耐蚀性能,提高抗软化温度,所以磷又是铜及其合金的宝贵添加元素。含P0.015%~0.04%的磷铜合金,广泛用于生产建筑用水道管、制冷和空调器散热管、舰船海水管路。低磷铜合金板、带材在电子和化工工业中广泛应用,集成电路引线框架铜带也大量使用低磷铜合金。共晶成分的磷铜合金,是优良的焊接材料,高磷铜合金在580~620℃之间具有超塑性,可以热挤成$\phi3$~5 mm 焊丝,是焊接铜及铜合金的重要材料。

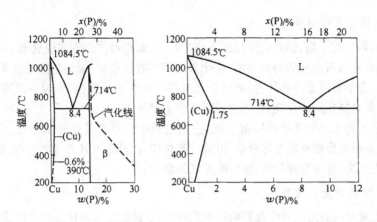

图 1-4-9　Cu-P 二元相图

**H　铅**

铅不固溶于铜,在铜合金中固溶度也很小,与铜形成易熔共晶组织(图 1-4-10),38.0% ～ 87.0%范围的铅,液态下互不混熔,凝固时形成偏析组织;固态下,铅在铜中以单质点状分布,可以分布在晶内和晶界,含铅的铜合金,在发生相变或再结晶时,晶界的铅可以转移到晶内。铅对铜及其合金导电和导热性能无显著影响,但可以改善切削性能,铅质点又是软相,正是轴承材料所希望的,所以含铅铜合金是宝贵的易切削材料与轴承材料,因其成本低廉更为市场所欢迎,含铅黄铜使用极为广泛。铅的质点越细小,分布越均匀,性能越优良。含铅铜合金可以铸态使用,也可以压力加工,铅黄铜在高温(500℃ 以上)为单相 β,热加工性能优良,可以承受大的热变形,而在常温下在 α 相和(α + β)相区,冷变形时变形抗力大,塑性较差,过大的加工率会使合金材料产生裂纹;随着科学技术的发展,常规使用的铅黄铜中铅含量已由 0.8% ～2.5%增加至 5%以上,新型的含铅紫铜、黄铜、青铜、白铜正不断地被开发出来。特别应该指出的是,含铅铜合金对原料的适应性极强,可以直接使用再生铜生产含铅铜合金,这对铜加工企业非常重要。

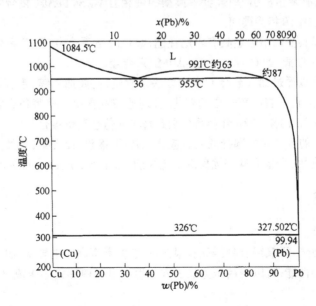

图 1-4-10　Cu-Pb 二元相图

Ⅰ　其他金属元素对铜的影响

镁、锂、钙有限固溶于铜,锰与铜无限互溶,这四个元素都可作为铜的脱氧剂。锰可以提高铜的强度,低锰铜合金具有高强和耐蚀性能,在化学工程中有所应用,锰铜电阻温度系数很小,是优良的电阻合金。由于有同素异晶转变,铜锰合金固态下相变十分复杂,固相下具有调幅分解,孪晶转变等过程,具有减振降噪性能,是著名的阻尼合金材料。

以铈为代表的稀土元素几乎不固溶于铜,它们在铜中的作用是变质和净化,可以脱硫与脱氧,并能与低熔点杂质形成高熔点化合物,消除有害作用,提高铜及其合金的塑性,在上引法铸造线坯中加入稀土元素,能够改善塑性,减少冷加工的裂纹。

### 1.4.1.3　铜的合金化原则

不同合金元素对铜的组织和性能影响是不同的,为了研制出具有优良性能的铜合金,人们积累了丰富的经验,得出许多重要的合金化原则。

(1) 所有元素都无一例外地降低铜的电导率和热导率。凡元素固溶于铜中,都会造成铜的晶格畸变,使自由电子定向流动时产生波散射,使电阻率增加。相反在铜中没有固溶度或很少固溶的元素,对铜的导电和导热性能影响很小,特别应注意的是有些元素在铜中固溶度随着温度降低而剧烈降低,以单质和金属化合物析出,既可固溶和弥散强化铜,又对电导率降低不多,这对研究高强高导合金来说,是重要的合金化原则。这里应特别指出的是铁、硅、锆、铬四元素与铜组成的合金是极为重要的高强高导合金;合金元素对铜性能影响是叠加的,其中 Cu-Fe-P、Cu-Ni-Si、Cu-Cr-Zr 系合金是著名的高强高导合金。

(2) 铜基耐蚀合金的组织都应该是单相,避免在合金中出现第二相,为此加入的合金元素在铜中都应该有很大的固溶度,甚至是无限互溶的元素。在工程上应用的单相黄铜、青铜、白铜都具有优良的耐蚀性能,是重要的热交换器材料。

(3) 铜基耐磨合金组织中均存在软相和硬相,因此在合金化中必须确保所加入的元素,除固溶于铜之外,还应该有硬相析出,铜合金中典型的硬相有 $Ni_3Si$、$FeAlSi$ 化合物等,如汽车同步器齿环合金中 α 相为软相,β 相为硬相。

(4) 固态有孪晶转变的铜合金具有阻尼性能,如 Cu-Mn 系合金;固态下有热弹性马氏体转变过程的合金具有记忆性能,如 Cu-Zn-Al、Cu-Al-Mn 系合金。

(5) 铜的颜色可以通过加入合金元素的办法来改变,比如加入锌、铝、锡、镍等元素,随着含量的变化,颜色也发生红—青—黄—白的变化,合理地控制含量会获得仿金材料和仿银合金,如 Cu-7Al-2Ni-0.5In 和 Cu-15Ni-20Zn 合金系分别是著名的仿金和仿银合金。

(6) 铜及其合金的合金化所选择的元素应该是常用、廉价、无污染,所加元素应该多元少量,合金残料能够综合利用,合金应具有优良的工艺性能,适于加工成各种成品和半成品。

## 1.4.2　变形铜合金

### 1.4.2.1　紫铜

紫铜的品种有纯铜、无氧铜、磷脱氧铜、银铜等,它们具有高的电导率、热导率,良好的耐蚀性能和优秀的塑性变形性能,可以使用压力加工方法生产出各种形式的半成品,用于导电、导热和耐蚀各领域。

国家标准规定的紫铜化学成分列于表 1-4-4,各国电真空无氧铜氧含量规定列于表 1-4-5,紫铜的性能随冷加工率、退火温度而变化,典型的硬化曲线和软化曲线示于图 1-4-11、图 1-4-12。

表 1-4-4　加工铜化学成分和产品形状(摘自 GB/T 5231—2001)

| 组别 | 序号 | 名称 | 代号 | Cu+Ag | P | Ag | Bi | Sb | As | Fe | Ni | Pb | Sn | S | Zn | O | 产品形状 |
|---|---|---|---|---|---|---|---|---|---|---|---|---|---|---|---|---|---|
| 纯铜 | 1 | 一号铜 | T1 | 99.95 | 0.001 | — | 0.001 | 0.002 | 0.002 | 0.005 | 0.002 | 0.003 | 0.002 | 0.005 | 0.005 | 0.02 | 板、带、箔、管 |
| | 2 | 二号铜 | T2 | 99.90 | — | | 0.001 | 0.002 | 0.002 | 0.005 | | 0.005 | — | 0.005 | | — | 板、带、箔、管、棒、线、型 |
| | 3 | 三号铜 | T3 | 99.70 | — | | 0.002 | | | | | 0.01 | | | | — | 板、带、箔、管、棒、线 |
| 无氧铜 | 4 | 零号无氧铜 | TU0 (C10100) | Cu 99.99 | 0.0003 | 0.0025 | 0.0001 | 0.0004 | 0.0005 | 0.0010 | 0.0010 | 0.0005 | 0.0002 | 0.0015 | 0.0001 | 0.0005 | 板、带、箔、管、棒、线 |
| | | | | Se:0.0003　Te:0.0002　Mn:0.00005　Cd:0.0001 | | | | | | | | | | | | | |
| | 5 | 一号无氧铜 | TU1 | 99.97 | 0.002 | — | 0.001 | 0.002 | 0.002 | 0.004 | 0.002 | 0.003 | 0.002 | 0.004 | 0.003 | 0.002 | 板、带、箔、管、棒、线 |
| | 6 | 二号无氧铜 | TU2 | 99.97 | 0.002 | | 0.001 | 0.002 | 0.002 | 0.004 | 0.002 | 0.004 | 0.002 | 0.004 | 0.003 | 0.003 | 板、带、管、棒、线 |
| 磷脱氧铜 | 7 | 一号脱氧铜 | TP1 (C12000) | 99.90 | 0.004 ~ 0.012 | | | | | | | | | | | — | 板、带、管 |
| | 8 | 二号脱氧铜 | TP2 (C12200) | 99.9 | 0.015 ~ 0.040 | | | | | | | | | | | — | 板、带、管、棒、线 |
| 银铜 | 9 | 0.1银铜 | TAg0.1 | Cu 99.5 | — | 0.06~0.12 | 0.002 | 0.005 | 0.01 | 0.05 | | 0.2 | 0.01 | 0.05 | 0.01 | 0.1 | 板、管、线 |

表 1-4-5　各国电真空无氧铜中氧含量规定

| 合金牌号 | 铜含量/% | 氧含量/% | 标准名称 |
|---|---|---|---|
| TU1 | 99.97 | ≤20×10⁻⁴ | GB |
| TU2 | 99.95 | ≤30×10⁻⁴ | GB |
| Cu-OFE | 99.95 | ≤10×10⁻⁴ | ISO |
| C10100 | 99.99 | ≤10×10⁻⁴ | ASTM |
| C1011 | 99.98 | ≤10×10⁻⁴ | JIS |
| МООБ | 99.99 | ≤10×10⁻⁴ | ГОСТ |

　　紫铜半成品在变形铜合金中约占 50%,紫铜中纯铜品种共有四个,主要用于输电导线,随着工业和家用电器用电增加,输电负荷也在增加,铜导线的需求量有不断增长的趋势,特别是输送大电流的铜母线在增加。无氧铜是紫铜中的重要品种,是电真空行业中所不可缺少的关键品种,由于需要在氢气中钎焊,为避免发生"氢病",各国无氧铜中对氧的含量作了严格的规定(表 1-4-5),为了获得高纯度无氧铜,国外普遍采用真空熔炼、保护气体铸锭,在热加工工序中防止氧的渗入。对于大型电真空器件如大功率发射管,无氧铜的质量是至关重要的,往往由于氧含量超过标准规定,或者氧含量不均,导致真空环境破坏。

　　磷脱氧铜使用日益广泛,其原因是这种合金具有优良的耐生活用水、土壤、海水腐蚀的性能,不存在黄铜那样的脱锌腐蚀和应力腐蚀,加工性能和焊接性能也非常优良,且成本比较低廉,是各种水道管、燃气管的理想材料,由于其传热性能优良,也是家用空调器、制冷机换热管的唯一选材,各国磷脱氧铜中磷的含量都不大于 0.06%。磷铜合金还具有优良的流动性和浸润性,磷又是良好的脱氧剂,所以是理想的焊接材料,磷铜中磷的含量可达 6%~9%。

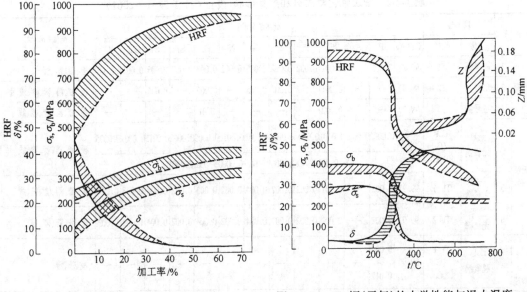

图 1-4-11  T$_1$ 铜(无氧)的力学性能与
加工率和晶粒大小的关系
（原材料为厚 1 mm 的软板材）
——晶粒大小为 0.015 mm 的材料；
------晶粒大小为 0.040 mm 的材料

图 1-4-12  T$_1$ 铜(无氧)的力学性能与退火温度
(保温 1 h)和原始晶粒大小的关系
（原材料为厚 1 mm 的板材，加工率 50 %）
——晶粒大小为 0.015 mm 的材料；
------晶粒大小为 0.040 mm 的材料

纯铜制品的各向异性是由于织构所致,冲压件所用纯铜加工材的织构是严格控制的,避免产生织构的方法是防止晶粒粗大和控制加工工艺。

#### 1.4.2.2  黄铜

铜与锌组成的合金称为简单黄铜,在此基础上加入其他合金元素称为复杂黄铜;黄铜具有美丽的颜色、较高的力学性能、耐蚀、耐磨、易切削、低成本、良好工艺性能等,是应用最广泛的铜合金。

##### A  简单黄铜

铜－锌二元相图(图 1-4-13)表明,锌在铜中有很大的固溶度,由液相转变为固相均为包晶反应,固态下有 α、β、γ、δ、ε 等相。β 相在 456℃、468℃ 时,发生有序化转变。锌在铜中最大的固溶度为 39 %,此时对应的温度为 456℃。广泛使用的简单黄铜按组织结构分为 α、α＋β、β 三种黄铜,工业上使用的简单黄铜的成分和物理性能分别列于表 1-4-6、表 1-4-7。黄铜在大气中、清洁的淡水中、大多数的有机介质中是耐蚀的,但是黄铜易发生脱锌腐蚀、应力腐蚀,在工程上应用时应引起重视。脱锌腐蚀是由于锌的电极电位远低于铜,在介质中锌原子发生阳极反应而溶解,发生片状脱锌,加入 0.03 %～0.05 % 砷,可以抑制脱锌腐蚀。应力腐蚀是由于压力加工残余应力所引起,一般表现为纵向开裂,对黄铜制品危害很大,可以通过消除应力退火加以防止。

合金成分、组织、压力加工对黄铜性能有重大影响。

随着黄铜中锌含量增加,常温组织依次为 α、α＋β、β 相,α 相常温下具有优良的塑性,而 β 相高温下塑性良好,室温下基本不能承受塑性变形;随着锌含量增加,黄铜的强度升高,塑性下降,导电、导热性也随着下降。一般来说,低熔点杂质如 Pb、Bi、Sb、P 等对黄铜是有害的,它们与铜形成脆性化合物,分布于晶界,引起热脆性,应严加控制,一般要求不大于 0.005 %,为消除它们的

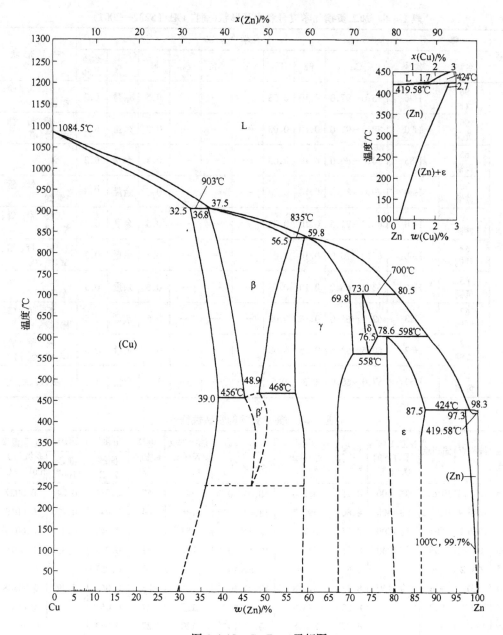

图 1-4-13　Cu-Zn 二元相图

有害作用,可以加入变质剂,如锆、稀土等,它们可以与低熔点元素形成稳定的高熔点化合物;许多元素对黄铜是有利的,如铅、锡、铁、锰、镍、硅等,作为合金元素加入能够提高和改善黄铜的性能,铅能够明显地改善黄铜的切削性能,而上述其他元素则能提高黄铜的强度和耐蚀性能,它们对黄铜组织上的影响,有扩大 α 相区和缩小 α 相区的分别,可依锌当量(表 1-4-8)来判定,黄铜可以使用热变形和冷变形方式进行加工,压力加工产品有板、带、管、棒、线等形式,工艺参数、加工方法对制品性能都会发生重要影响,黄铜产品一般都需进行消除应力退火,否则在使用过程中,特别是在腐蚀介质和气氛下,会产生应力开裂。

表 1-4-6　加工黄铜化学成分和产品形状(摘自 GB/T5232—2001)

| 组号 | 牌 号 | | 化学成分/% | | | | | | | | | 产品形状 |
| --- | --- | --- | --- | --- | --- | --- | --- | --- | --- | --- | --- | --- |
| | 名称 | 代号 | Cu | Fe | Pb | Al | Mn | Sn | Ni | Zn | 杂质总和 | |
| 普通黄铜 | 96黄铜 | H96 | 95.0~97.0 | 0.10 | 0.03 | — | — | — | 0.5 | 余量 | 0.2 | 板、带、管、棒、线 |
| | 90黄铜 | H90 | 88.0~91.0 | 0.10 | 0.03 | — | — | — | 0.5 | 余量 | 0.2 | 板、带、棒、线、管、箔 |
| | 85黄铜 | H85 | 84.0~86.0 | 0.10 | 0.03 | — | — | — | 0.5 | 余量 | 0.3 | 管 |
| | 80黄铜 | H80 | 79.0~81.0 | 0.10 | 0.03 | — | — | — | 0.5 | 余量 | 0.3 | 板、带、管、棒、线 |
| | 70黄铜 | H70 | 68.5~71.5 | 0.10 | 0.03 | — | — | — | 0.5 | 余量 | 0.3 | 板、带、管、棒、线 |
| | 68黄铜 | H68 | 67.0~70.0 | 0.10 | 0.03 | — | — | — | 0.5 | 余量 | 0.3 | 板、带、箔、管、棒、线 |
| | 65黄铜 | H65 | 63.5~68.0 | 0.10 | 0.03 | — | — | — | 0.5 | 余量 | 0.3 | 板、带、线、管、箔 |
| | 63黄铜 | H63 | 62.0~65.0 | 0.15 | 0.08 | — | — | — | 0.5 | 余量 | 0.5 | 板、带、管、棒、线 |
| | 62黄铜 | H62 | 60.5~63.5 | 0.15 | 0.08 | — | — | — | 0.5 | 余量 | 0.5 | 板、带、管、棒、线、型、箔 |
| | 59黄铜 | H59 | 57.0~60.0 | 0.3 | 0.5 | — | — | — | 0.5 | 余量 | 1.0 | 板、带、线、管 |

表 1-4-7　简单黄铜的物理性能

| 合金代号 | 液相点/℃ | 固相点/℃ | 在 0.1 MPa压力下的沸点/℃ | 密度/g·cm⁻³ | 热容/J·(kg·℃)⁻¹ | 线胀系数 $\alpha_{20\sim300}$/℃⁻¹ | 热导率 λ/W·(m·℃)⁻¹ | 电导率(IACS)/% | 电阻率 $\rho$/μΩ·m 固态20℃ | 电阻率 $\rho$/μΩ·m 液态1100℃ | 电阻温度系数(10~100℃)/℃⁻¹ |
| --- | --- | --- | --- | --- | --- | --- | --- | --- | --- | --- | --- |
| H96 | 1071.4 | 1056.4 | 约 1600 | 8.85 | 389.4 | $18.0\times10^{-6}$ | 245 | 57 | 0.031 | 0.24 | 0.0027 |
| H90 | 1046.4 | 1026.3 | 约 1400 | 8.80 | 397.7 | $18.4\times10^{-6}$ | 188 | 44 | 0.040 | 0.27 | 0.0018 |
| H85 | 1026.3 | 991 | 约 1300 | 8.75 | 397.7 | $18.7\times10^{-6}$ | 152 | 37 | 0.047 | 0.29 | 0.0016 |
| H80 | 1001.2 | 966 | 约 1240 | 8.66 | 397.4 | $19.1\times10^{-6}$ | 142 | 32 | 0.054 | 0.33 | 0.0015 |
| H75 | 981.2 | — | | 8.63 | | $19.6\times10^{-6}$ | 121 | 30 | 0.057 | | |
| H70 | 951 | 916 | 约 1150 | 8.53 | 376.8 | $19.9\times10^{-6}$ | 121 | 28 | 0.062 | 0.39 | 0.00148 |
| H68 | 939 | 910 | | 8.50 | 376.8 | $20\times10^{-6}$ | 117 | 27 | 0.064 | | 0.0015 |
| H65 | 936 | 906 | | 8.47 | 376.8 | $20.1\times10^{-6}$ | 120 | 27 | 0.069 | | |
| H63 | 911 | 901 | | 8.43 | | $20.6\times10^{-6}$ | 117 | 27 | — | | — |
| H62 | 906 | 899 | | 8.43 | 385.2 | $20.6\times10^{-6}$ | 117 | 27 | 0.071 | | 0.0017 |
| H59 | 896 | 886 | | 8.40 | 376.8 | $21.0\times10^{-6}$ | 126 | | 0.062 | | 0.0025 |

注: 1cal=4.18 J。

表 1-4-8　元素的"锌当量系数"

| 元　素 | Si | Al | Sn | Mg | Pb | Cd | Fe | Mn | Co | Ni |
| --- | --- | --- | --- | --- | --- | --- | --- | --- | --- | --- |
| 锌当量系数 | 10 | 6 | 2 | 2 | 1 | 1 | 0.9 | 0.5 | −0.1~−1.5 | −1.3~−1.5 |

B 复杂黄铜

为提高简单黄铜的强度、耐蚀性、耐磨性、易切削性等,在简单黄铜中加入第三个合金组元,组成了庞大的复杂黄铜系,著名的合金有:铅黄铜、锡黄铜、铝黄铜、锰黄铜、铁黄铜以及多元复杂黄铜等(表 1-4-9)。

a 铅黄铜

铅极少固溶于黄铜中,铅在 α 相中不超过 0.03%,在 β 相中可达 0.08%,因此作为合金元素加入黄铜中的铅以游离状态存在,因此其切屑性能极佳,一般铅黄铜中铜含量不能少于 50%,铅含量不大于 3.0%,余为其他元素。由于铅黄铜成本低廉,耐磨性能和切削性能优良,又可以使用各种铜合金残料生产合金,因此广泛用于各种工程中如螺钉、螺帽、连接件、钟表元件等。铝黄铜物理性能见表 1-4-10。同步器齿环合金成分见表 1-4-11。

**表 1-4-9 加工复杂黄铜的化学成分**(摘自 GB/T5232—2001)

| 组号 | 牌号 | | 化学成分/% | | | | | | | | | | | 产品形状 |
|---|---|---|---|---|---|---|---|---|---|---|---|---|---|---|
| | 名 称 | 代 号 | Cu | Fe | Pb | Al | Mn | Ni | Si | Co | As | Zn | 杂质总和 | |
| 铅黄铜 | 89-2 铅黄铜 | HPb 89-2 (C 31400) | 87.5~90.5 | 0.10 | 1.3~2.5 | — | — | 0.7 | — | — | — | 余量 | — | 棒 |
| | 66-0.5 铅黄铜 | HPb 66-0.5 (C 33000) | 65.0~68.0 | 0.07 | 0.25~0.7 | — | — | — | — | — | — | 余量 | — | 管 |
| | 63-3 铅黄铜 | HPb 63-3 | 62.0~65.0 | 0.10 | 2.4~3.0 | — | — | 0.5 | — | — | — | 余量 | 0.75 | 板、带、棒、线 |
| | 63-0.1 铅黄铜 | HPb 63-0.1 | 61.5~63.5 | 0.15 | 0.05~0.3 | — | — | 0.5 | — | — | — | 余量 | 0.5 | 管、棒 |
| | 62-0.8 铅黄铜 | HPb 62-0.8 | 60.0~63.0 | 0.2 | 0.5~1.2 | — | — | 0.5 | — | — | — | 余量 | 0.75 | 线 |
| | 62-3 铅黄铜 | HPb 62-3 (C 36000) | 60.0~63.0 | 0.35 | 2.5~3.7 | — | — | — | — | — | — | 余量 | — | 棒 |
| | 62-2 铅黄铜 | HPb 62-2 (C 35300) | 60.0~63.0 | 0.15 | 1.5~2.5 | — | — | — | — | — | — | 余量 | — | 板、带、棒 |
| | 61-1 铅黄铜 | HPb 61-1 (C 37100) | 58.0~62.0 | 0.15 | 0.6~1.2 | — | — | — | — | — | — | 余量 | — | 板、带、棒、线 |
| | 60-2 铅黄铜 | HPb 60-2 (C 37700) | 58.0~61.0 | 0.30 | 1.5~2.5 | — | — | — | — | — | — | 余量 | — | 板、带 |
| | 59-3 铅黄铜 | HPb 59-3 | 57.5~59.5 | 0.50 | 2.0~3.0 | — | — | 0.5 | — | — | — | 余量 | 1.2 | 板、带、管、棒、线 |
| | 59-1 铅黄铜 | HPb 59-1 | 57.0~60.0 | 0.5 | 0.8~1.9 | — | — | 1.0 | — | — | — | 余量 | 1.0 | 板、带、管、棒、线 |

| 组号 | 名称 | 代号 | Cu | Fe | Pb | Al | Mn | Ni | Si | Co | As | Zn | 杂质总和 | 产品形状 |
|---|---|---|---|---|---|---|---|---|---|---|---|---|---|---|
| 铝黄铜 | 77-2 铝黄铜 | HAl 77-2 (C 68700) | 76.0~79.0 | 0.06 | 0.07 | 1.8~2.5 | — | — | — | — | 0.02~0.06 | 余量 | — | 管 |
| | 67-2.5 铝黄铜 | HAl 67-2.5 | 66.0~68.0 | 0.6 | 0.5 | 2.0~3.0 | — | 0.5 | — | — | | 余量 | 1.5 | 板、棒 |
| | 66-6-3-2 铝黄铜 | HAl 66-6-3-2 | 64.0~68.0 | 2.0~4.0 | 0.5 | 6.0~7.0 | 1.5~2.5 | 0.5 | — | — | | 余量 | 1.5 | 板、棒 |
| | 61-4-3-1 铝黄铜 | HAl 61-4-3-1 | 59.0~62.0 | 0.3~1.3 | — | 3.5~4.5 | — | 2.5~4.0 | 0.5~1.5 | 0.5~1.0 | | 余量 | 0.7 | 管 |
| | 60-1-1 铝黄铜 | HAl 60-1-1 | 58.0~61.0 | 0.70~1.50 | 0.40 | 0.70~1.50 | 0.1~0.6 | 0.5 | — | — | | 余量 | 0.7 | 板、棒 |
| | 59-3-2 铝黄铜 | HAl 59-3-2 | 57.0~60.0 | 0.50 | 0.10 | 2.5~3.5 | — | 2.0~3.0 | — | — | | 余量 | 0.9 | 板、管、棒 |
| 锰黄铜 | 62-3-3-0.7 锰黄铜 | HMn 62-3-3-0.7 | 60.0~63.0 | 0.1 | 0.05 | 2.4~3.4 | 2.7~3.7 | 0.1 | — | 0.5~1.5 | 0.5 | 余量 | 1.2 | 管 |
| | 58-2 锰黄铜 | HMn 58-2 | 57.0~60.0 | 1.0 | 0.1 | — | 1.0~2.0 | — | — | — | 0.5 | 余量 | 1.2 | 板、带、棒、线、管 |
| | 57-3-1 锰黄铜 | HMn 57-3-1 | 55.0~58.5 | 1.0 | 0.2 | 0.5~1.5 | 2.5~3.5 | — | — | — | 0.5 | 余量 | 1.3 | 板、棒 |
| | 55-3-1 锰黄铜 | HMn 55-3-1 | 53.0~58.0 | 0.5~1.5 | 0.5 | — | 3.0~4.0 | — | — | — | 0.5 | 余量 | 1.5 | 板、棒 |
| 锡黄铜 | 90-1 锡黄铜 | HSn 90-1 | 88.0~91.0 | 0.10 | 0.03 | — | — | 0.25~0.75 | — | — | 0.5 | 余量 | 0.2 | 板、带 |
| | 70-1 锡黄铜 | HSn 70-1 | 69.0~71.0 | 0.10 | 0.05 | — | — | 0.8~1.3 | 0.03~0.06 | — | 0.5 | 余量 | 0.3 | 管 |
| | 62-1 锡黄铜 | HSn 62-1 | 61.0~63.0 | 0.10 | 0.10 | — | — | 0.7~1.1 | — | — | 0.5 | 余量 | 0.3 | 板、带、棒、线、管 |
| | 60-1 锡黄铜 | HSn 60-1 | 59.0~61.0 | 0.10 | 0.30 | — | — | 1.0~1.5 | — | — | 0.5 | 余量 | 1.0 | 线、管 |
| 加砷黄铜 | 85A 加砷黄铜 | H 85A | 84.0~86.0 | 0.10 | 0.03 | — | — | — | 0.02~0.08 | — | 0.5 | 余量 | 0.3 | 管 |
| | 70A 加砷黄铜 | H 70A (C 26130) | 68.5~71.5 | 0.05 | 0.05 | — | — | — | 0.02~0.08 | — | — | 余量 | — | 管 |
| | 68A 加砷黄铜 | H 68A | 67.0~70.0 | 0.10 | 0.03 | — | — | — | 0.03~0.06 | — | 0.5 | 余量 | 0.3 | 管 |
| 硅砷黄铜 | 80-3 硅黄铜 | HSi 80-3 | 79.0~81.0 | 0.6 | 0.1 | — | — | — | 2.5~4.0 | — | 0.5 | 余量 | 1.5 | 棒 |

表 1-4-10 铅黄铜物理性能

| 合金代号 | 液相点 /℃ | 固相点 /℃ | 密度 (20℃) /g·cm$^{-3}$ | 不同温度下的线胀系数 $\alpha$ /℃$^{-1}$ | | 热导率 $\lambda$ /W·(m·℃)$^{-1}$ | 电阻率 $\rho$ /$\mu\Omega$·m | 弹性模量 $E$ /GPa |
|---|---|---|---|---|---|---|---|---|
| | | | | 20℃ | 20~300℃ | | | |
| HPb74-3 | 966 | — | 8.70 | $17.5\times10^{-6}$ | $19.8\times10^{-6}$ | 121.4 | 0.078 | 105 |
| HPb64-2 | 911 | 886 | 8.50 | $20.3\times10^{-6}$ | | 117.2 | 0.066 | 105 |
| HPb63-3 | 906 | 886 | 8.50 | $20.5\times10^{-6}$ | | 117.2 | 0.066 | 105 |
| HPb61-1 | 901 | 886 | 8.50 | — | $20.8\times10^{-6}$ | 104.7 | 0.064 | 105 |
| HPb59-1 | 901 | 886 | 8.50 | $20.6\times10^{-6}$ | | 104.7 | 0.065 | 105 |
| HPb59-1A | 901 | 886 | 8.50 | $20.6\times10^{-6}$ | | 104.7 | 0.065 | 105 |
| HPb59-2 | — | — | — | | | 130.0 | 0.065 | 105 |

表 1-4-11 同步器齿环合金成分及性能

| 合金牌号 | 化学成分/% | 性 能 |
|---|---|---|
| HMn62-3-3-0.7 | Al2.4~3.4<br>Mn2.7~3.7<br>Si0.5~1.0<br>Cu61~63 | $\sigma_b$ 520~680 MPa<br>$\delta_5$ 9.0%~10.5%<br>HB 1600~1900 MPa |
| HAl61-4-3-1 | Al3.5~4.5<br>Si0.5~1.5<br>Fe0.3~1.3<br>Ni2.5~4.0<br>Co0.5~1.0 | $\sigma_b$ 650~750 MPa<br>$\delta_5$ 5.0%~12.0%<br>HB 1900~2300 MPa |
| HMn59-2-1-0.5 | Al0.7~1.5<br>Mn1.0~2.0<br>Si0.4~1.0<br>Fe0.6~1.2<br>Co0.3~1.0<br>Pb0.2~0.8 | $\sigma_b$ 570~610 MPa<br>$\delta_5$ 16.0%~19.0%<br>HB 1800~1900 MPa |
| HAl63-3-1 | Cu 62~64<br>Al2.8~3.6<br>Mn 2.5~3.2<br>Si 0.7~1.2<br>Fe 0.5~1.2 | $\sigma_b$ 550~650 MPa<br>$\delta_5$ 11%~14%<br>HB 1650~1800 MPa |
| HMn60-2-1-1 | Al 0.5~1.5<br>Mn 1.2~2.5<br>Si 0.5~1.5<br>Pb 0.3 | $\sigma_b$ 450~580 MPa<br>$\delta_5$ 12%~16%<br>HB 1500~1700 MPa |
| HAl65-5-4-3 | Cu 64~66<br>Al 5.0~6.0<br>Mn 4.0~5.0<br>Si 0.3~0.6<br>Fe 2.0~3.0<br>Ni 0.3~0.6<br>Pb 0.2~0.5 | $\sigma_b$ 571~611 MPa<br>$\delta_5$ 16%~19%<br>HB 1630~1870 MPa |

　　b　锡、铝、镍、硅、锰黄铜

　　锡、铝、镍、硅、锰等合金元素,在黄铜中有较大的固溶度,加入量均以不出现第三相为原则,按照三元相图,应使合金尽量落入单相区;锡黄铜(HSn 70—1)是著名的冷凝管合金,为防止脱锌腐蚀均需加入微量砷和硼(0.03%~0.06%As、0.01%~0.02%B),我国核电站和火力发电厂普遍应用。标准规格为 $\phi25$ mm×1 mm×8500 mm;铝黄铜(HAl 77—2)耐海水腐蚀,用于海滨电站和舰船冷凝器;镍黄铜、铁锰黄铜、锰黄铜则属于高强、耐蚀黄铜,用于海洋工程中各种耐蚀零件;硅黄铜属于高强耐磨黄铜,用于各种轴系材料。

　　C　多元复杂黄铜

　　各合金元素对黄铜性能的影响往往是叠加的,为进一步提高其强度和耐磨性能,综合利用黄铜合金化元素,近年来多元复杂黄铜的研究与应用迅速发展,其中典型的例子是汽车同步器齿环合金的研究与开发,合金元素多达五六种,一般含有铝、硅、锰、镍、铁等元素,合金组织为 β 相,少量的 α 相作为软相,这类合金由冶金工厂提供毛坯管材,用户热锻成汽车同步器齿环,我国已形成轿车、轻型车、载重车用合金系列。

### 1.4.2.3　青铜

　　除铜与锌、铜与镍之外,铜与其他元素形成的合金统称为青铜,包括有二元青铜和多元青铜,这类合金具有许多优越的性能,一般具有高强度、高耐蚀性能,是工程界和高科技中不可缺少的关键材料,重要的青铜有:锡青铜、铝青铜、铍青铜、硅青铜、锰青铜、铬青铜、锆青铜、镉青铜、钛青铜、铁青铜等。

　　A　锡青铜

　　铜-锡二元系相图(图 1-4-14)表明,液相向固相转变为包晶反应,固相转变为共析型反应,主要的固相有 α、β、γ、α 和 γ 相为面心立方晶格,β 相为体心立方晶格,锡在铜中有很大的固溶度,520℃时达 15.8%,而在 100℃时为 1.0% 左右;铜-锡二元相图还指出,其液相线与固相线垂直距离大,合金凝固温度范围为 150~160℃,这表明合金在凝固时易发生枝晶偏析和分散气孔,低熔点元素锡又可沿着枝晶晶界流向铸件表面,在其表面形成白色斑点,这种含锡量外高内低的现象称为反偏析。锡青铜可以热加工和冷加工,但热轧困难,通常需要长时间均匀化加热,现代锡青铜板带材生产一般采用卧式连铸卷坯—铣除表面锡偏析—冷轧工艺。磷可以提高锡青铜的流动性,锌、镍元素可以提高强度和耐蚀性能,铅可以提高切削性能,因此工业用锡青铜通常加入磷、锌、镍等元素。锡青铜是古老的铜合金,在现代工业中也有重要的应用,锡磷青铜(QSn6.5-0.1)是极为重要的弹性材料。锡青铜的化学成分见表 1-4-12。加工锡青铜的物理性能见表 1-4-13。

表 1-4-12　锡青铜的化学成分(GB/T5233—2001)(%)

| 合　金 | 元素 | Sn | Al | Zn | Mn | Fe | Pb | Ni | As[①] | Si | P | Cu | 杂质总和 |
|---|---|---|---|---|---|---|---|---|---|---|---|---|---|
| QSn 1.5-0.2 (C50500) | 最小值 | 1.0 | — | — | — | — | — | — | — | — | 0.03 | 余量[②] | — |
| | 最大值 | 1.7 | — | 0.30 | — | 0.1 | 0.05 | 0.2 | — | — | 0.05 | | — |
| QSn 4-3 | 最小值 | 3.5 | — | 2.7 | — | — | — | — | — | — | — | 余量 | — |
| | 最大值 | 4.5 | 0.002 | 3.3 | — | 0.05 | 0.02 | 0.2 | — | — | 0.03 | | 0.2 |
| QSn 4-4-2.5 | 最小值 | 3.0 | — | 3.0 | — | — | 1.5 | — | — | — | — | 余量 | — |
| | 最大值 | 5.0 | 0.002 | 5.0 | — | 0.05 | 3.5 | 0.2 | — | — | 0.03 | | 0.2 |
| QSn 4-4-4 | 最小值 | 3.0 | — | 3.0 | — | — | 3.5 | — | — | — | — | 余量 | — |
| | 最大值 | 5.0 | 0.002 | 5.0 | — | 0.05 | 4.5 | 0.2 | — | — | 0.03 | | 0.2 |
| QSn 6.5-0.1 | 最小值 | 6.0 | — | — | — | — | — | — | — | — | 0.10 | 余量 | — |
| | 最大值 | 7.0 | 0.002 | 0.3 | — | 0.05 | 0.02 | 0.2 | — | — | 0.25 | | 0.1 |

续表 1-4-12

| 合 金 | 元 素 | Sn | Al | Zn | Mn | Fe | Pb | Ni | As[①] | Si | P | Cu | 杂质总和 |
|---|---|---|---|---|---|---|---|---|---|---|---|---|---|
| QSn 6.5-0.4 | 最小值 | 6.0 | — | — | — | — | — | — | — | — | 0.26 | 余量 | — |
| | 最大值 | 7.0 | 0.002 | 0.3 | — | 0.02 | 0.02 | 0.2 | — | — | 0.40 | | 0.1 |
| QSn 7-0.2 | 最小值 | 6.0 | — | — | — | — | — | — | — | — | 0.10 | 余量 | — |
| | 最大值 | 8.0 | 0.01 | 0.3 | — | 0.05 | 0.02 | 0.2 | — | — | 0.25 | | 0.15 |
| QSn 4-0.3 (C 51100) | 最小值 | 3.5 | — | — | — | — | — | — | — | — | 0.03 | 余量[②] | — |
| | 最大值 | 4.9 | — | 0.3 | — | 0.01 | 0.05 | 0.2 | 0.002 | — | 0.35 | | — |
| QSn 8-0.3 (C52100) | 最小值 | 7.0 | — | — | — | — | — | — | — | — | 0.03 | 余量[②] | — |
| | 最大值 | 9.0 | — | 0.2 | — | 0.1 | 0.05 | 0.2 | — | — | 0.35 | | — |

①砷、铋和锑可不分析,但供方必须保证不大于界限值;②Cu+所列出元素总和不小于99.5%。

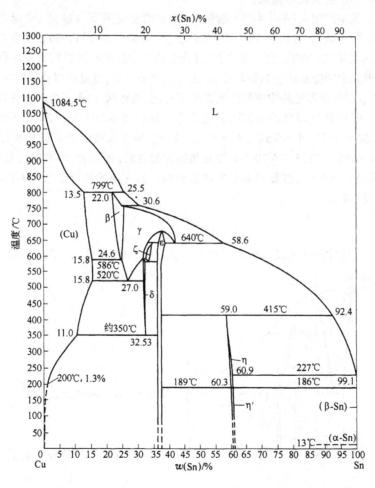

图 1-4-14　Cu-Sn 二元相图

表 1-4-13　加工锡青铜的物理性能

| 合金代号 | 液相点 /℃ | 固相点 /℃ | 密度 $\rho$/g· cm$^{-3}$ | 线胀系数 $\alpha_{20}$/℃$^{-1}$ | 热导率 $\lambda_{20}$ /W·(m·℃)$^{-1}$ | 20℃时的电 阻率 $\rho$/$\mu\Omega$·m | 凝固时的 线收缩率/% | 流动性/cm | 与HPb59-3相 比的切削 加工性/% |
|---|---|---|---|---|---|---|---|---|---|
| QSn4-3 | 1046 | — | 8.8 | $18.0\times10^{-6}$ | 84 | 0.087 | 1.45 | — | — |
| QSn4-4-2.5 | 1019 | 888 | 9.0 | $18.2\times10^{-6}$ | 84 | 0.087 | 1.5~1.6 | 20 | 90 |
| QSn4-4-4 | 1000 | 928 | 9.0 | $18.2\times10^{-6}$ | 84 | 0.087 | 1.5~1.6 | — | 90 |
| QSn6.5-0.1 | 996 | — | 8.8 | $17.2\times10^{-6}$ | 59 | 0.128 | 1.45 | — | 20 |
| QSn6.5-0.4 | 996 | — | 8.8 | $19.1\times10^{-6}$ | 50 | 0.176 | 1.45 | 117 | 20 |
| QSn7-0.2 | 996 | — | 8.8 | $17.5\times10^{-6}$ | 50 | — | 1.5 | — | — |
| QSn4-0.3 | 1061 | — | 8.9 | $17.6\times10^{-6}$ | 84 | 0.091 | 1.45 | — | 20 |

### B　铝青铜

铜铝二元合金称为简单铝青铜,加入其他合金元素后称为复杂铝青铜;铝青铜具有高强、耐蚀、耐磨、冲击时不产生火花等优点。

铝在铜中的固溶度很大(图 1-4-15),含铝 7.4% 的合金室温下为单相 α 合金,具有良好的塑性,可以生产板、带半成品;含铝 9.4%~15.6% 的合金高温下为 β 相,565℃ 发生共析转变,生成 α+γ$_2$ 相,γ$_2$ 相为复杂立方结构,属于硬脆相,对合金的力学性能和耐蚀性都是不利的,可以通过热处理或加入铁元素的办法防止共析转变;在工业生产条件下,室温可以获得单相 α 青铜和 α+β 两相青铜,其中 β 相在冷却过程中将发生无扩散相变,生成针状 β′ 相,β′ 为热弹性马氏体,使合金具有记忆性能。已经开发出来的铜铝镍记忆合金(Cu-13.5% Al-3.0% Ni),其马氏体相变参数为:$M_s=35℃$,$M_f=15℃$,$A_s=45℃$,$A_f=57℃$;铁、锰、镍是简单铝青铜的重要合金元素,其中 QAl9-2、QAl9-4、QAl10-3-1.5、QAl10-4-4,被称为四大铝青铜,多以管、棒半成品在工程上广泛应用,铝铁镍青铜 QAl10-5-5 是重要的航空发动机材料。铝青铜的成分见表 1-4-14。加工铝青铜的物理性能见表 1-4-15。

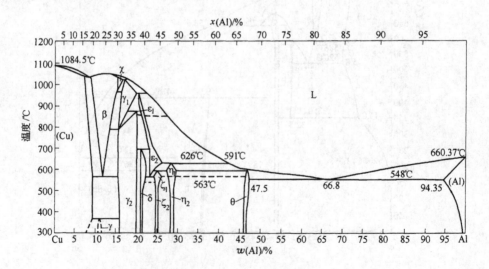

图 1-4-15　Cu-Al 二元相图

**表 1-4-14 铝青铜的化学成分**(GB/T 5233—2001)(%)

| 合金 | 元素 | Sn | Al | Zn | Mn | Fe | Pb | Ni | As① | Si | P | Cu | 杂质总和 |
|---|---|---|---|---|---|---|---|---|---|---|---|---|---|
| QAl 5 | 最小值 | — | 4.0 | — | — | — | — | — | — | — | — | 余量 | |
| | 最大值 | 0.1 | 6.0 | 0.5 | 0.5 | 0.5 | 0.03 | 0.5 | — | 0.1 | 0.01 | 余量 | 1.6 |
| QAl 7 | 最小值 | — | 6.0 | — | — | — | — | — | — | — | — | 余量② | |
| | 最大值 | 0.1 | 8.5 | 0,2 | — | 0.5 | 0.02 | 0.5 | — | 0.1 | — | 余量② | — |
| QAl 9-2 | 最小值 | — | 8.0 | — | 1.5 | — | — | — | — | — | — | 余量 | |
| | 最大值 | 0.1 | 10.0 | 1.0 | 2.5 | 0.5 | 0.03 | 0.5 | — | 0.1 | 0.01 | 余量 | 1.7 |
| QAl 9-4 | 最小值 | — | 8.0 | — | — | 2.0 | — | — | — | — | — | 余量 | |
| | 最大值 | 0.1 | 10.0 | 1.0 | — | 4.0 | 0.01 | 0.5 | — | 0.1 | 0.01 | 余量 | 1.7 |
| QAl 10-3-1.5③ | 最小值 | — | 8.5 | — | 1.0 | 2.0 | — | — | — | — | — | 余量 | |
| | 最大值 | 0.1 | 10.0 | 0.5 | 2.0 | 4.0 | 0.03 | 0.5 | — | 0.1 | 0.01 | 余量 | 0.75 |

| 合金 | 元素 | Sn | Al | Zn | Mn | Fe | Pb | Sb① | Si | Ni | Ti | Mg | Be | P | As① | Cu | 杂质总和 |
|---|---|---|---|---|---|---|---|---|---|---|---|---|---|---|---|---|---|
| QAl 10-4-4④ | 最小值 | — | 9.5 | — | — | 3.5 | — | — | — | 3.5 | — | — | — | — | — | 余量 | |
| | 最大值 | 0.1 | 11.0 | 0.5 | 0.3 | 5.5 | 0.02 | — | 0.1 | 5.5 | — | — | — | 0.01 | — | 余量 | 1.0 |
| QAl 11-6-6 | 最小值 | — | 10.0 | — | — | 5.0 | — | — | — | 5.0 | — | — | — | — | — | 余量 | |
| | 最大值 | 0.2 | 11.5 | 0.5 | — | 6.5 | 0.05 | — | 0.2 | 6.5 | — | — | — | 0.1 | — | 余量 | 1.5 |
| QAl 9-5-1-1 | 最小值 | — | 8.0 | 0.5 | 0.5 | — | — | — | — | 4.0 | — | — | — | — | — | 余量 | |
| | 最大值 | 0.1 | 10.0 | 0.3 | 1.5 | 1.5 | 0.01 | — | 0.1 | 6.0 | — | — | — | 0.01 | 0.01 | 余量 | 0.6 |
| QAl 10-5-5 | 最小值 | — | 8.0 | — | 0.5 | 4.0 | — | — | — | 4.0 | — | — | — | — | — | 余量 | |
| | 最大值 | 0.2 | 11.0 | 0.5 | 2.5 | 6.0 | 0.05 | — | 0.25 | 6.0 | — | — | 0.10 | — | — | 余量 | 1.2 |

①砷、铋和锑可不分析,但供方必须保证不大于界限值;②Cu+所列出元素总和不小于99.5%;③非耐磨材料用,其锌含量可达1%,但杂质总和应不大于1.25%;④经双方协商,焊接或特殊要求的,其锌含量不大于0.2%。

**表 1-4-15 加工铝青铜的物理性能**

| 合金代号 | 液相点 /℃ | 固相点 /℃ | 密度 ρ/g·cm⁻³ | 线胀系数 α₂₀/℃⁻¹ | 热导率 λ₂₀/W·(m·℃)⁻¹ | 20℃时的电阻率 ρ/μΩ·m | 电阻温度系数(20~100℃)/℃⁻¹ | 流动性 /cm | 凝固线收缩率 /% | 与HPb63-3相比的切削加工性/% |
|---|---|---|---|---|---|---|---|---|---|---|
| QAl5 | 1076.5 | 1057.4 | 8.2 | $18.2 \times 10^{-6}$ | 105 | 0.099 | 0.0016 | 101 | 2.49 | 20 |
| QAl7 | 1041.4 | — | 7.8 | $17.8 \times 10^{-6}$ | 80 | 0.11 | 0.001 | 80 | 2.2 | 20 |
| QAl9-2 | 1061.4 | — | 7.6 | $17.0 \times 10^{-6}$ | 71 | 0.11 | — | 48 | 1.7 | 20 |
| QAl9-4 | 1041.4 | — | 7.5 | $16.2 \times 10^{-6}$ | 59 | 0.123 | — | 70 | 2.49 | 20 |
| QAl10-3-1.5 | 1046.4 | — | 7.5 | $16.1 \times 10^{-6}$ | 59 | 0.189 | — | 70 | 2.4 | 20 |
| QAl10-4-4 | 1085.4 | — | 7.5 | $17.1 \times 10^{-6}$ | 75 | 0.193 | — | 66~85 | 1.8 | 20 |

### C 特种青铜

特种青铜又称为高铜合金。重要的特种青铜包括:铍青铜、锆青铜、铬青铜、银青铜、镁青铜、硅青铜、铁青铜、钛青铜、铋青铜、碲青铜等,其中有二元合金,也有多元合金,它们的共同特点是各合金元素在铜中的固溶度从高温到室温有明显的变化,可以通过热处理进行强化,属于固溶强化和弥散强化型合金,它们在工程上有重要的应用,其中铍青铜是迄今为止最为优秀的弹性材料之一。铍对铜的强化效果最强,铍青铜带材可用于制造各种膜盒、膜片和簧片,是各类精密仪表和航空仪表的关键材料。由于铍的资源宝贵,合金熔炼时又具有毒性,所以钛青铜作为一种代用品,其研究也日益深入。锆青铜、铬青铜、银青铜、镁青铜、硅青铜,是重要的高强高导电合金,在集成电路引线框架、高速列车接触线、高效电机整流子、焊接电极、连续铸钢结晶器、航天发动机等方面有着重要的应用。Cu-Fe-P、Cu-Ni-Si、Cu-Cr-Zr被称为三大框架合金系列,正在使用和试制的合金牌号多达77种。锰铜合金具有优良的电性能和耐蚀性,此外含锰50%的铜锰合金具有优良的阻尼性能,在减振降噪声方面有重要应用。主要特种青铜列入表1-4-16。

表 1-4-16　主要特种青铜化学成分

| 组别 | 牌号 | 主要成分和杂质含量/% |
|---|---|---|
| 锆青铜 | QZr0.2 | Zr0.15~0.30,Sn≤0.05,Fe≤0.05,Pb≤0.01,Sb≤0.005,Bi≤0.002,Ni≤0.2,S≤0.01,Cu余量,杂质总和≤0.5 |
| | QZr0.4 | Zr0.30~0.50,Sn≤0.05,Fe≤0.05,Pb≤0.01,Sb≤0.005,Bi≤0.002,Ni≤0.2,S≤0.01,Cu余量,杂质总和≤0.5 |
| 铍青铜 | QBe2 | Be1.80~2.1,Ni0.2~0.5,Al≤0.15,Fe≤0.15,Pb≤0.005,Si≤0.15,Cu余量,杂质总和≤0.5 |
| | QBe1.9 | Be1.85~2.1,Ni0.2~0.4,Ti0.10~0.25,Al≤0.15,Fe≤0.15,Pb≤0.005,Si≤0.15,Cu余量,杂质总和≤0.5 |
| | QBe1.9-0.1 | Be1.85~2.1,Ni0.2~0.4,Ti0.10~0.25,Mg0.07~0.13,Al≤0.15,Fe≤0.15,Pb≤0.005,Si≤0.15,Cu余量,杂质总和≤0.5 |
| | QBe1.7 | Be1.6~1.85,Ni0.2~0.4,Ti0.10~0.25,Al≤0.15,Fe≤0.15,Pb≤0.005,Si≤0.15,Cu余量,杂质总和≤0.5 |
| 硅青铜 | QSi3-1 | Si2.7~3.5,Mn1.0~1.5,Sn≤0.25,Zn≤0.5,Fe≤0.3,Pb≤0.03,Ni≤0.2,Cu余量,杂质总和≤1.1 |
| | QSi1-3 | Si0.6~1.1,Ni2.4~3.4,Mn0.1~0.4,Sn≤0.1,Al≤0.02,Zn≤0.2,Fe≤0.1,Pb≤0.15,Cu余量,杂质总和≤0.5 |
| | QSi3.5-3-1.5 | Si3.0~4.0,Zn2.5~3.5,Mn0.5~0.9,Fe1.2~1.8,Sn≤0.25,Pb≤0.03,Sb≤0.002,Ni≤0.2,P≤0.03,As≤0.002,Cu余量,杂质总和≤1.1 |
| 锰青铜 | QMn1.5 | Mn1.20~1.80,Sn≤0.05,Al≤0.07,Fe≤0.1,Pb≤0.01,Sb≤0.005,Bi≤0.002,Si≤0.1,Ni≤0.1,S≤0.01,Cr≤0.1,Cu余量,杂质总和≤0.3 |
| | QMn2 | Mn1.5~2.5,Sn≤0.05,Al≤0.07,Fe≤0.1,Pb≤0.01,Sb≤0.05,Bi≤0.002,Si≤0.1,As≤0.01,Cu余量,杂质总和≤0.5 |
| | QMn5 | Mn4.5~5.5,Sn≤0.1,Zn≤0.4,Fe≤0.35,Pb≤0.03,Sb≤0.002,Si≤0.1,P≤0.01,Cu余量,杂质总和≤0.9 |
| 铬青铜 | QCr0.5 | Cr0.4~1.1,Fe≤0.1,Ni≤0.05,Cu余量,杂质总和≤0.5 |
| | QCr0.5-0.2-0.1 | Al0.1~0.25,Mg0.1~0.25,Cr0.4~1.0,Cu余量,杂质总和≤0.5 |
| | QCr0.6-0.4-0.05 | Cr0.4~0.8,Zr0.3~0.6,Mg0.04~0.08,Fe≤0.05,Si≤0.05,P≤0.01,Cu余量,杂质总和≤0.5 |
| 镉青铜 | QCd1 | Cd0.8~1.3,Cu余量,杂质总和≤0.3 |
| 镁青铜 | QMg0.8 | Mg0.70~0.85,Sn≤0.002,Zn≤0.005,Fe≤0.005,Pb≤0.005,Sb≤0.005,Bi≤0.002,Ni≤0.006,S≤0.005,Cu余量,杂质总和≤0.3 |

特种青铜除具有高强度、高耐磨、高耐蚀性能之外,工艺性能也十分优良,可以使用正常的铜合金生产工艺进行生产,其中含锆元素的特种青铜过去多使用真空熔炼,目前非真空熔炼工艺也日见普遍。特种青铜可以供应硬态、半硬态、软态制品,有些品种可供应时效状态产品。纳入国家标准的特种青铜成分、相图、性能分别列入图1-4-16~图1-4-24及表1-4-17~表1-4-23。

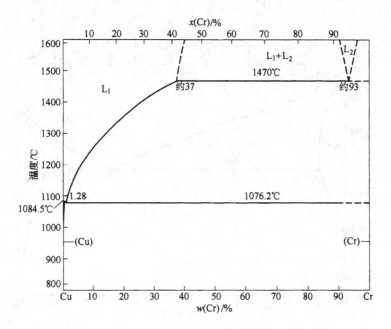

图 1-4-16　Cu-Cr 二元相图

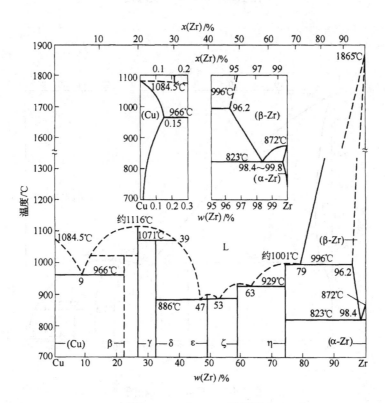

图 1-4-17　Cu-Zr 二元相图

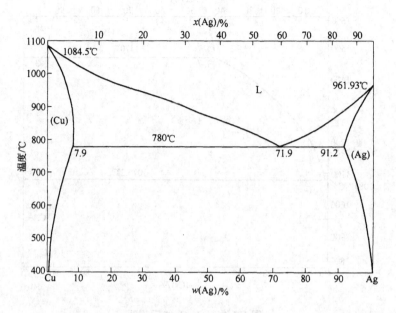

图 1-4-18　Cu-Ag 二元相图

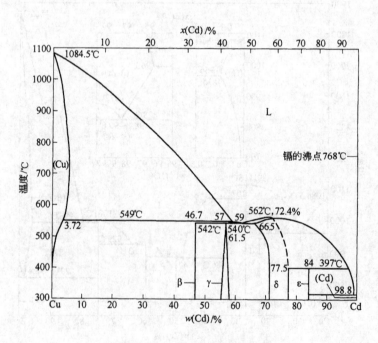

图 1-4-19　Cu-Cd 二元相图

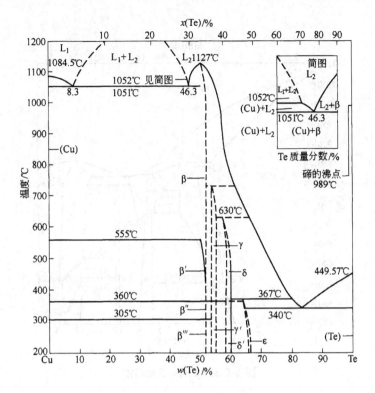

图 1-4-20　Cu-Te 二元相图

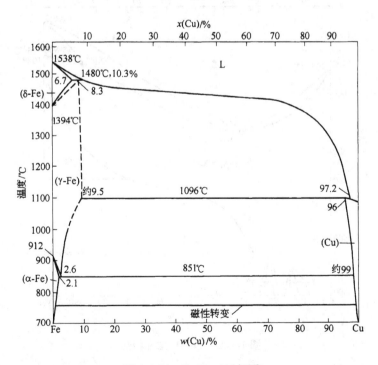

图 1-4-21　Cu-Fe 二元相图

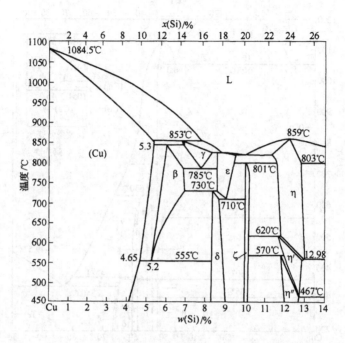

图 1-4-22　Cu-Si 二元相图

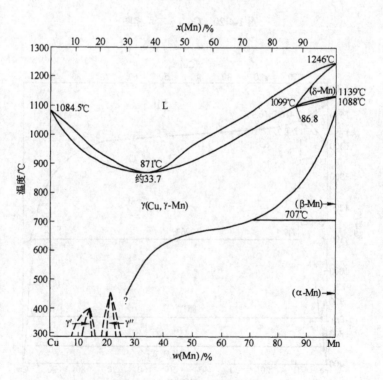

图 1-4-23　Cu-Mn 二元相图

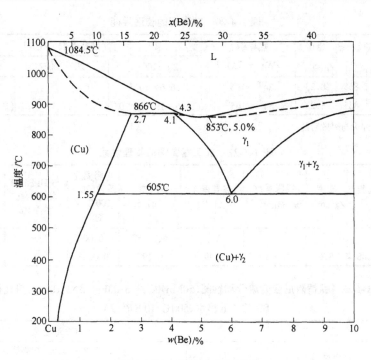

图 1-4-24　Cu-Be 二元相图

**表 1-4-17　加工铬青铜、镉青铜的物理性能**

| 合金代号 | 液相点 /℃ | 固相点 /℃ | 密度 /g·cm⁻³ | 线胀系数 $\alpha_{20\sim100℃}$ /℃⁻¹ | 热导率 $\lambda$ /W·(m·℃)⁻¹ | 电阻率 $\rho$ /μΩ·m | 电阻温度系数 (20~100℃) /℃⁻¹ | 与 HPb63-3 相比 的切削性/% |
|---|---|---|---|---|---|---|---|---|
| QCr0.5 | 1080 | 1073 | 8.9 | $-17.6\times10^{-6}$ | 335① | 0.019① 0.03② | 0.0033① 0.0023② | 20 |
| QCd1.0 | 1076 | 1040 | 8.9 | $17.6\times10^{-6}$ | 343 | 0.0207 | 0.0031 | 20 |

① 时效后的;② 加工的。

**表 1-4-18　加工锆青铜的物理性能**

| 合金代号 | 液相点 /℃ | 固相点 /℃ | 密度 /g·cm⁻³ | 线胀系数 $\alpha$/℃⁻¹ | | | 热导率 /W·(m·℃)⁻¹ | 电导率(IACS) /% |
|---|---|---|---|---|---|---|---|---|
| | | | | 20~100℃ | 20~300℃ | 20~800℃ | | |
| QZr0.2 | 1081.5 | — | 8.93① | $16.27\times10^{-6}$③ | $18.01\times10^{-6}$③ | $20.13\times10^{-6}$③ | 339② | 93.3① |
| QZr0.4 | 1066.4 | 966 | 8.85 | $16.32\times10^{-6}$ | $17.90\times10^{-6}$ | $19.80\times10^{-6}$ | 335 | 84.5④ |

① Cu-0.2%Zr 合金,950℃淬火,冷加工 60%,450℃时效 2h;② Cu-0.15%Zr 合金,900℃淬火,冷加工 90%,400℃时效 1h;③ Cu-0.15%Zr 合金,900℃淬火,冷加工 84%,400℃时效 1h;在 400℃保温 1h 后测定的线胀系数;④ Cu-0.4%Zr 合金,900℃加热 30min,淬火,冷加工 90%,400℃时效 1h。

**表 1-4-19　加工硅青铜的物理性能**

| 合金代号 | 液相点 /℃ | 固相点 /℃ | 密度 /g·cm⁻³ | 线胀系数 $\alpha$/℃⁻¹ | | 热导率/W· (m·℃)⁻¹ | 电阻率 $\rho$ /μΩ·m | 与 HPb63-3 相比的切削 性/% | 线收缩率 /% |
|---|---|---|---|---|---|---|---|---|---|
| | | | | 200~300℃ | 20℃ | | | | |
| QSi3-1 | 1026.3 | 971 | 8.4 | $18\times10^{-6}$ | $18.5\times10^{-6}$ | 38 105 (加工和时 效后的) | 0.15 | 30 | 1.6 |
| QSi1-3 | 1051.4 | — | 8.85 | — | $16.1\times10^{-6}$ | | 0.046~0.083 | — | — |

表 1-4-20    铍青铜的物理性能

| 合金代号 | 液相点 /℃ | 固相点 /℃ | 密度 /g·cm⁻³ | 热导率 λ /W·(m·℃)⁻¹ | 线胀系数 α/℃⁻¹ | | |
|---|---|---|---|---|---|---|---|
| | | | | | 20~100℃ | 20~200℃ | 20~300℃ |
| QBe2 | 956 | 865 | 8.23 | 84①~105② | $16.6\times10^{-6}$ | — | $17.6\times10^{-6}$ |
| QBe2.16 | 956 | 865 | 8.22 | 84①~105② | $(16.5\sim16.7)\times10^{-6}$ | $(16.6\sim17.1)\times10^{-6}$ | $(17.5\sim18.0)\times10^{-6}$ |

①淬火的；②淬火与时效后的。

表 1-4-21    加工锰青铜的物理性能

| 合金代号 | 液相点 /℃ | 固相点 /℃ | 密度 /g·cm⁻³ | 线胀系数 $\alpha_{20\sim100℃}$/℃⁻¹ | 热导率 λ /W·(m·℃)⁻¹ | 电阻率 ρ /μΩ·m | 电阻温度系数(20~100℃)/℃⁻¹ | 与HPb63-3相比的切削性/% | 流动性 /cm | 凝固时线收缩率/% |
|---|---|---|---|---|---|---|---|---|---|---|
| QMn1.5 | 1071.4 | | | | | ≤0.087 | ≤0.0009 | — | — | — |
| QMn5 | 1048.4 | 1008.4 | 8.6 | $20.4\times10^{-6}$ | 109 | 0.197 | 0.0003 | 20 | 25 | 1.96 |

表 1-4-22    锰铜阻尼合金成分和性能（50Mn40Cu3.5Al3Fe1.5Ni、10 mm 热轧板、850℃ 1 h 淬水、500℃ 10 h 时效）

| 性        能 | GZ50 合金 |
|---|---|
| 比阻尼 SDC/% | 32.3~44.62(初测值) 28~33(1 年后) |
| $\sigma_b$/MPa | 560~627 |
| $\sigma_{0.2}$/MPa | 358~397 |
| $\delta_s$/% | 26~35 |
| $A_{KV}$/J | 33.6~68 |
| 密度/g·cm⁻³ | 7.3089 |
| 熔点/℃ | 936~1028 |
| 弹性模量 E/GPa | 85 |
| 线胀系数/℃⁻¹ | $23\times10^{-6}$ |

表 1-4-23    典型框架铜合金成分及性能

| 合金名称 | 化学成分/% | 强度/MPa | 电导率(IACS)/% | 软化温度/℃ |
|---|---|---|---|---|
| 无氧铜(CA1020) | 99.96,$O_2$ 不大于 $10\times10^{-4}$ | 275 | 101 | 200 |
| C1220 | Cu-0.02P | 275 | 85 | 320 |
| C1094 CAl55 | Cu-0.1Ag | 275 | 100 | 360 |
| Cu-Fe (KFC) | Cu-0.1Fe-0.03P | 400 | 85 | 400 |
| Cu-Fe (CAl94) | Cu-0.3Fe-0.12Zn-0.03P | 450 | 60 | 400 |
| Cu-Cr (OMCL-1) | Cu-0.3Cr-0.1Zr-0.05Mg-0.02Si | 510 | 82 | 500 |
| Cu-Cr (EFTFC6) | Cu-0.1Cr-0.001Sn | 320 | 90 | 350 |

| 合金名称 | 化学成分/% | 强度/MPa | 电导率(IACS)/% | 软化温度/℃ |
|---|---|---|---|---|
| Cu-Ni-Si (KLF-1) | Cu-3.2Ni-0.7Si | 608 | 55 | 570 |
| Cu-Ni-Si (TAMAC15) | Cu-2.0Sn-1.5Ni-0.3Si-0.3Zn | 540~635 | 30 | 425 |
| Cu-Mg (MSp-1) | Cu-0.7Mg | 420 | 63 | 350 |
| Fe-42Ni | Fe-42Ni | 588 | 8 | 650 |
| Fe-Ni-Co 可伐 | Fe-29Ni-18Co | 580 | 4 | 625 |

#### 1.4.2.4 白铜

白铜是指铜和镍的合金,随着镍含量的增加,合金由红色向白色变化,镍与铜能够无限互溶,形成连续固溶体,合金为单相组织——面心立方晶格,具有优良的塑性和优良的耐蚀性能,特别是耐海水、海洋大气腐蚀,能够抗海洋生物生长,是重要的海洋工程用材料,为了改善其耐冲击腐蚀性能,通常加入 1.0% 左右的铁和锰。重要的军用舰船如核动力潜艇的热交换器、冷凝管都选用含镍 30% 的白铜,海水管路也选用含镍 10% 的白铜,为防止海洋生物的生长,使用 B10 合金包覆钢结构件、船壳、舵等也日益普遍。

加入锌的白铜,具有美丽的银白色和优良的耐大气腐蚀性能,被广泛用来冲制电子元器件的壳体,也被用来制作精美的工艺品,BZn15-20 合金,是著名的仿银合金,又称为"中国银"、"德国银"。

加入锰的白铜(BMn3-12、BMn40-1.5)是精密电阻合金,电阻温度系数小,电阻值稳定,用于制作各种电器仪表。

加工白铜、普通白铜、锌白铜、镍白铜等化学成分及性能,已列入表 1-4-24~表 1-4-27。

**表 1-4-24 加工白铜化学成分及产品形状**(摘自 GB/T 5234—2001)

| 组别 | 序号 | 牌号 | 代号 | 化学成分/% | | | | | | | | | | | | | | 产品形状 |
|---|---|---|---|---|---|---|---|---|---|---|---|---|---|---|---|---|---|---|
| | | | | Ni+Co | Fe | Mn | Zn | Pb | Al | Si | P | S | C | Mg | Sn | Cu | 杂质总和 | |
| 普通白铜 | 1 | 0.6白铜 | B0.6 | 0.57~0.63 | 0.005 | — | — | 0.005 | — | 0.002 | 0.002 | 0.005 | 0.002 | — | — | 余量 | 0.1 | 线 |
| | 2 | 5白铜 | B5 | 4.4~5.0 | 0.20 | — | — | 0.01 | — | 0.01 | 0.01 | 0.01 | 0.03 | — | — | 余量 | 0.5 | 管、棒 |
| | 3 | 19白铜 | B19 | 18.0~20.0 | 0.5 | 0.5 | 0.3 | 0.005 | — | 0.15 | 0.01 | 0.01 | 0.05 | 0.05 | — | 余量 | 1.8 | 板、带 |
| | 4 | 25白铜 | B25 | 24.0~26.0 | 0.5 | 0.5 | 0.3 | 0.005 | — | 0.15 | 0.01 | 0.01 | 0.05 | 0.05 | 0.03 | 余量 | 1.8 | 板 |
| | 5 | 30铜 | B30 | 29~33 | 0.9 | 1.2 | — | 0.05 | — | 0.15 | 0.006 | 0.01 | 0.05 | — | — | 余量 | — | 板、管、线 |

续表 1-4-24

| 组别 | 序号 | 牌 号 | 代 号 | 化学成分/% | | | | | | | | | | | | | | 杂质总和 | 产品形状 |
| --- | --- | --- | --- | --- | --- | --- | --- | --- | --- | --- | --- | --- | --- | --- | --- | --- | --- | --- | --- |
| | | | | Ni+Co | Fe | Mn | Zn | Pb | Al | Si | P | S | C | Mg | Sn | Cu | | | |
| 铁白铜 | 6 | 5-1.5-0.5 铁白铜 | BFe 5-1.5-0.5(C 70400) | 4.8~6.2 | 1.3~1.7 | 0.30~0.8 | 1.0 | 0.05 | — | — | — | — | — | — | — | 余量④ | — | 管 |
| | 7 | 10-1-1 铁白铜 | BFe 10-1-1 | 9.0~11.0 | 1.0~1.5 | 0.5~1.5 | 0.3 | 0.02 | — | 0.15 | 0.006 | 0.01 | 0.05 | — | 0.03 | 余量 | 0.7 | 板、管 |
| | 8 | 30-1-1 铁白铜 | BFe 30-1-1 | 29.0~32.0 | 0.5~1.0 | 0.5~1.2 | 0.3 | 0.02 | — | 0.15 | 0.006 | 0.01 | 0.05 | — | 0.03 | 余量 | 0.7 | 板、管 |
| 锰白铜 | 9 | 3-12 锰白铜 | BMn 3-12 | 2.0~3.5 | 0.20~0.50 | 11.5~13.5 | — | 0.020 | 0.2 | 0.1~0.3 | 0.005 | 0.020 | 0.05 | 0.03 | — | 余量 | 0.5 | 板、带、线 |
| | 10 | 40-1.5 锰白铜 | BMn 40-1.5 | 39.0~41.0 | 0.50 | 1.0~2.0 | — | 0.005 | — | 0.10 | 0.005 | 0.02 | 0.10 | 0.05 | — | 余量 | 0.9 | 箔、棒、线、管 |
| | 11 | 43-0.5 锰白铜 | BMn 43-0.5 | 42.0~44.0 | 0.15 | 0.10~1.0 | — | 0.002 | — | 0.10 | 0.002 | | 0.10 | 0.05 | — | 余量 | 0.6 | 线 |

| 组别 | 序号 | 牌 号 | 代 号 | 化学成分/% | | | | | | | | | | | | | | | | 杂质总和 | 产品形状 |
| --- | --- | --- | --- | --- | --- | --- | --- | --- | --- | --- | --- | --- | --- | --- | --- | --- | --- | --- | --- | --- | --- |
| | | | | Ni+Co | Fe | Mn | Zn | Pb | Al | Si | P | S | C | Mg | Bi | As | Sb | Cu | | | |
| 锌白铜 | 12 | 18-18 锌白铜 | BZn 18-18(C 75200) | 16.5~19.5 | 0.25 | 0.50 | 余量 | 0.05 | — | — | — | — | — | — | — | — | — | 63.5~66.5 | — | 板、带 | |
| | 13 | 18-26 锌白铜 | BZn 18-26(C 77000) | 16.5~19.5 | 0.25 | 0.50 | 余量 | 0.05 | — | — | — | — | — | — | — | — | — | 53.5~56.5 | — | 板、带 | |
| | 14 | 15-20 锌白铜 | BZn 15-20 | 13.5~16.5 | 0.5 | 0.3 | 余量 | 0.02 | — | 0.15 | 0.005 | 0.01 | 0.03 | 0.05 | 0.002 | 0.010 | 0.002 | 62.0~65.0 | 0.9 | 板、带、箔、管、棒、线 | |
| | 15 | 15-21-1.8 加铅锌白铜 | BZn 15-21-1.8 | 14.0~16.0 | 0.3 | 0.5 | 余量 | 1.5~2.0 | — | 0.15 | — | — | — | — | — | — | — | 60.0~63.0 | 0.9 | 棒 | |
| | 16 | 15-24-1.5 加铅锌白铜 | BZn 15-24-1.5 | 12.5~15.5 | 0.25 | 0.05~0.5 | 余量 | 1.4~1.7 | — | 0.02 | 0.005 | — | — | — | — | — | — | 58.0~60.0 | 0.75 | 棒 | |
| 铝白铜 | 17 | 13-3 铝白铜 | BAl 13-3 | 12.0~15.0 | 1.0 | 0.50 | — | 0.003 | 2.3~3.0 | 0.01 | — | — | — | — | — | — | — | 余量 | 1.9 | 棒 | |
| | 18 | 6-1.5 铝白铜 | BAl 6-1.5 | 5.5~6.5 | 0.50 | 0.20 | — | 0.003 | 1.2~1.8 | — | — | — | — | — | — | — | — | 余量 | 1.1 | 棒 | |

**表 1-4-25　普通白铜和铁白铜的物理性能和力学性能**

| 性　　能 | 合　金 | | | | | |
|---|---|---|---|---|---|---|
| | B5 | B10 | B19 | B30 | BFe 5-1 | BFe 30-1-1 |
| 液相点/℃ | 1121.5 | 1150.6 | 1191.7 | 1228.7 | 1121.5 | 1231.7 |
| 固相点/℃ | 1087.5 | 1100.5 | 1131.5 | 1172.6 | 1087.5 | 1171.6 |
| 密度 $\rho$/g·cm⁻³ | 8.7 | 8.9 | 8.9 | 8.9 | 8.76 | 8.9 |
| 热容 $c$/J·(g·℃)⁻¹ | — | 0.38 | 0.38 | 0.38 | 0.75 | — |
| 线胀系数 $\alpha$/℃⁻¹ | $16.4 \times 10^{-6}$ (20℃) | $16.3 \times 10^{-6}$ | $16 \times 10^{-6}$ (20℃) | $15.3 \times 10^{-6}$ | $13.7 \times 10^{-6}$ | $16 \times 10^{-6}$ (25~300℃) |
| 导热系数 $\lambda$/W·(m·℃)⁻¹ | 130 | 46 | 39 | 37 | 48 | 37 (20℃) |
| 电阻率 $\rho$/μΩ·m | 0.07 | — | 0.287 | — | 0.195 | 0.42 |
| 电阻温度系数 $\alpha_R$/℃⁻¹ | — | — | 0.00029 (100℃)<br>0.000199 (300℃)<br>0.000127 (500℃) | — | 0.0036 | 0.0012 |
| 弹性模量 $E$/GPa | — | 125 | 140 | 150 | — | 154 |
| 抗拉强度 $\sigma_b$/MPa | | | | | | |
| 　软态 | 270(板) | 320 | 400 | 380 | 260 | 380 |
| 　硬态 | 470(板) | | 800 (加工率80%) | | 450~500 | |
| 伸长率 $\sigma$/% | | | | | | |
| 　软态 | 50(板) | 23 | 35 | 23 | 30 | 23~26 |
| 　硬态 | 4(板) | | 5 (加工率60%) | | 4~6 | 4~9 |
| 屈服强度 $\sigma_{0.2}$/MPa | | | 600(硬态) | | | |
| 布氏硬度 HB | | | | | | |
| 　软态 | 38 | | 70 | | 35~50 | 60~70 |
| 　硬态(加工率75%) | | 84.9~88.7 | 128 | | 110~120 | 100 |

**表 1-4-26　锌白铜的物理性能和力学性能**

| 性　　能 | 合　金 | |
|---|---|---|
| | BZn 15-20 | BZn 17-18-1.8 |
| 液相点/℃ | 1081.5 | 1121.5 |
| 固相点/℃ | — | 966 |
| 密度 $\rho$/g·cm⁻³ | 8.70 | 8.82 |
| 热容 $c$/J·(g·℃)⁻¹ | 0.40 | — |
| 20~100℃的线胀系数 $\alpha$/℃⁻¹ | $16.6 \times 10^{-6}$ | — |
| 热导率 $\lambda$/W·(m·℃)⁻¹ | 25~360 | — |
| 电阻率 $\rho$/μΩ·m | 0.26 | — |
| 电阻温度系数 $\alpha_R$/℃⁻¹ | $2 \times 10^{-4}$ | — |
| 弹性模量 $E$/GPa | 126~140 | 127 |
| 抗拉强度 $\sigma_b$/MPa | | |
| 　软态 | 380~450 | 400 |
| 　硬态 | 800(加工率80%) | 650 |
| 伸长率 $\delta$/% | | |
| 　软态 | 35~45 | 40 |
| 　硬态 | 2~4 | 2.0 |
| 屈服强度 $\sigma_{0.2}$/MPa | 140(软态) | |
| 布氏硬度 HB | | |
| 　软态 | 70 | |
| 　硬态 | 160~175 | |
| 切削加工性能(与 HPb63-3 相比)/% | | 50 |

表 1-4-27　镍铜合金 NiCu28-2.5-1.5 的物理性能和力学性能

| 性　能 | 数　据 | 备　注 |
|---|---|---|
| 熔点/℃ | 1350 | |
| 密度 $\rho$/g·cm$^{-3}$ | 8.8 | |
| 200～400℃时的热容 $c$/J·(g·℃)$^{-1}$ | 0.532 | |
| 线胀系数 $\alpha$/℃$^{-1}$ | | |
| 25～100℃时 | $14 \times 10^{-6}$ | |
| 25～300℃时 | $15 \times 10^{-6}$ | |
| 0～100℃时的热导率 $\lambda$/W·(m·℃)$^{-1}$ | 25 | |
| 电阻率 $\rho$/μΩ·m | 0.482 | |
| 电阻温度系数 $\alpha_R$/℃$^{-1}$ | 0.0019 | |
| 弹性模量 $E$/GPa | 182 | |
| 抗拉强度 $\sigma_b$/MPa | 450～500 | 软棒材 |
| | 600～850 | 硬棒材,加工率 80% |

## 1.4.3　铸造铜合金

铸造铜合金是指直接用于铸造零部件或直接由铸造半成品经机械加工生产零部件的一类合金。它包括紫、黄、青、白各类铜合金,其中使用最广泛的铸造铜合金是青铜和黄铜,变形铜合金也常用于铸造各种部件。合金的熔炼通常采用感应熔炼和坩埚熔炼,铸造方法有砂模、树脂砂模、石蜡铸模、铁模、铜模、石墨模、离心铸造、半连铸、压力铸造等;铸件的主要缺陷有裂纹、气孔、疏松、夹杂、夹渣、偏析,为防止铸件缺陷,要注意采用脱氧、除渣、除气、加强搅拌、铸件热处理等措施,常用的脱氧剂为磷铜,除气剂为氧化锌或吹氮,熔剂为硼砂、玻璃、冰晶石等,覆盖剂为煅烧木炭;铸造铜合金具有高强、耐磨、流动性优良等特点,又由于工艺流程短、成本低、可直接生产异型零件,所以在工业上被广泛采用,常用铸造铜合金成分、力学性能和主要工艺参数见表 1-4-28～表 1-4-30。

表 1-4-28　铸造铜合金的化学成分(摘自 GB1176—87)

| 序号 | 合金牌号 | 合金名称 | 主要化学成分/% | | | | | | | | |
|---|---|---|---|---|---|---|---|---|---|---|---|
| | | | Sn | Zn | Pb | P | Ni | Al | Fe | Mn | Si | Cu |
| 1 | ZCuSn3Zn8Pb6Ni1 | 3-8-6-1 锡青铜 | 2.0～4.0 | 6.0～9.0 | 4.0～7.0 | | 0.5～1.5 | | | | | 其余 |
| 2 | ZCuSn3Zn11Pb4 | 3-11-4 锡青铜 | 2.0～4.0 | 9.0～13.0 | 3.0～6.0 | | | | | | | 其余 |
| 3 | ZCuSn5Pb5Zn5 | 5-5-5 锡青铜 | 4.0～6.0 | 4.0～6.0 | 4.0～6.0 | | | | | | | 其余 |
| 4 | ZCuSn10Pb1 | 10-1 锡青铜 | 9.0～11.5 | | | 0.5～1.0 | | | | | | 其余 |
| 5 | ZCuSn10Pb5 | 10-5 锡青铜 | 9.0～11.0 | | 4.0～6.0 | | | | | | | 其余 |
| 6 | ZCuSn10Zn2 | 10-2 锡青铜 | 9.0～11.0 | 1.0～3.0 | | | | | | | | 其余 |
| 7 | ZCuPb10Sn10 | 10-10 铅青铜 | 9.0～11.0 | | 8.0～11.0 | | | | | | | 其余 |

| 序号 | 合金牌号 | 合金名称 | 主要化学成分/% | | | | | | | | | |
|---|---|---|---|---|---|---|---|---|---|---|---|---|
| | | | Sn | Zn | Pb | P | Ni | Al | Fe | Mn | Si | Cu |
| 8 | ZCuPb15Sn8 | 15-8 铅青铜 | 7.0~9.0 | | 13.0~17.0 | | | | | | | 其余 |
| 9 | ZCuPb17Sn4Zn4 | 17-4-4 铅青铜 | 3.5~5.0 | 2.0~6.0 | 14.0~20.0 | | | | | | | 其余 |
| 10 | ZCuPb20Sn5 | 20-5 铅青铜 | 4.0~6.0 | | 18.0~23.0 | | | | | | | 其余 |
| 11 | ZCuPb30 | 30 铅青铜 | | | 27.0~33.0 | | | | | | | 其余 |
| 12 | ZCuAl8Mn13Fe3 | 8-13-3 铝青铜 | | | | | | 7.0~9.0 | 2.0~4.0 | 12.0~14.5 | | 其余 |
| 13 | ZCuAl8Mn13Fe3Ni2 | 8-13-3-2 铝青铜 | | | | | 1.8~2.5 | 7.0~8.5 | 2.5~4.0 | 11.5~14.0 | | 其余 |
| 14 | ZCuAl9Mn2 | 9-2 铝青铜 | | | | | | 8.0~10.0 | | 1.5~2.5 | | 其余 |
| 15 | ZCuAl9Fe4Ni4Mn2 | 9-4-4-2 铝青铜 | | | | | 4.0~5.0 | 8.5~10.0 | 4.0~5.0 | 0.8~2.5 | | 其余 |
| 16 | ZCuAl10Fe3 | 10-3 铝青铜 | | | | | | 8.5~11.0 | 2.0~4.0 | | | 其余 |
| 17 | ZCuAl10Fe3Mn2 | 10-3-2 铝青铜 | | | | | | 9.0~11.0 | 2.0~4.0 | 1.0~2.0 | | 其余 |
| 18 | ZCuZn38 | 38 黄铜 | | 其余 | | | | | | | | 60.0~63.0 |
| 19 | ZCuZn25Al6Fe3Mn3 | 25-6-3-3 铝黄铜 | | 其余 | | | | 4.5~7.0 | 2.0~4.0 | 1.5~4.0 | | 60.0~66.0 |
| 20 | ZCuZn26Al4Fe3Mn3 | 26-4-3-3 铝黄铜 | | 其余 | | | | 2.5~5.0 | 1.5~4.0 | 1.5~4.0 | | 60.0~66.0 |
| 21 | ZCuZn31Al2 | 31-2 铝黄铜 | | 其余 | | | | 2.0~3.0 | | | | 66.0~68.0 |
| 22 | ZCuZn35Al2Mn2Fe1 | 35-2-2-1 铝黄铜 | | 其余 | | | | 0.5~2.5 | 0.5~2.0 | 0.1~3.0 | | 57.0~65.0 |
| 23 | ZCuZn38Mn2Pb2 | 38-2-2 锰黄铜 | | 其余 | 1.5~2.5 | | | | | 1.5~2.5 | | 57.0~60.0 |
| 24 | ZCuZn40Mn2 | 40-2 锰黄铜 | | 其余 | | | | | | 1.0~2.0 | | 57.0~60.0 |
| 25 | ZCuZn40Mn3Fe1 | 40-3-1 锰黄铜 | | 其余 | | | | | 0.5~1.5 | 3.0~4.0 | | 53.0~58.0 |
| 26 | ZCuZn33Pb2 | 33-2 铅黄铜 | | 其余 | 1.0~3.0 | | | | | | | 63.0~67.0 |
| 27 | ZCuZn40Pb2 | 40-2 铅黄铜 | | 其余 | 0.5~2.5 | | | 0.2~0.8 | | | | 58.0~63.0 |
| 28 | ZCuZn16Si4 | 16-4 硅黄铜 | | 其余 | | | | | | | 2.5~4.5 | 79.0~81.0 |

### 表 1-4-29　铸造铜合金的力学性能(GB1176—87)

| 序号 | 合金牌号 | 铸造方法 | 力学性能(不小于) | | | |
|---|---|---|---|---|---|---|
| | | | 抗拉强度 $\sigma_b$/MPa(kgf·mm$^{-2}$) | 屈服强度 $\sigma_{0.2}$/MPa(kgf·mm$^{-2}$) | 伸长率 $\delta_5$ /% | 布氏硬度 HB |
| 1 | ZCuSn3Zn8Pb6Ni1 | S | 175(17.8) | | 8 | 590 |
| | | J | 215(21.9) | | 10 | 685 |
| 2 | ZCuSn3Zn11Pb4 | S | 175(17.8) | | 8 | 590 |
| | | J | 215(21.9) | | 10 | 590 |
| 3 | ZCuSn5Pb5Zn5 | S、J | 200(20.4) | 90(9.2) | 13 | 590* |
| | | Li、La | 250(25.5) | 100(10.2)* | 13 | 635* |
| 4 | ZCuSn10Pb1 | S | 220(22.4) | 130(13.3) | 3 | 785* |
| | | J | 310(31.6) | 170(17.3) | 2 | 885* |
| | | Li | 330(33.6) | 170(17.3)* | 4 | 885* |
| | | La | 360(36.7) | 170(17.3)* | 6 | 885* |
| 5 | ZCuSn10Pb5 | S | 195(19.9) | | 10 | 685 |
| | | J | 245(25.0) | | 10 | 685 |
| 6 | ZCuSn10Zn2 | S | 240(24.5) | 120(12.2) | 12 | 685* |
| | | J | 245(25.0) | 140(14.3)* | 6 | 785* |
| | | Li、La | 270(27.5) | 140(14.3)* | 7 | 785* |
| 7 | ZCuPb10Sn10 | S | 180(18.4) | 80(8.2) | 7 | 635* |
| | | J | 220(22.4) | 140(14.3) | 5 | 685* |
| | | Li、La | 220(22.4) | 110(11.2) | 6 | 685* |
| 8 | ZCuPb15Sn8 | S | 170(17.3) | 80(8.2) | 5 | 590* |
| | | J | 200(20.4) | 100(10.2) | 6 | 635* |
| | | Li、La | 220(22.4) | 100(10.2)* | 8 | 635* |
| 9 | ZCuPb17Sn4Zn4 | S | 150(15.3) | | 5 | 540 |
| | | J | 175(17.8) | | 7 | 590 |
| 10 | ZCuPb20Sn5 | S | 150(15.3) | 60(6.1) | 5 | 440* |
| | | J | 150(15.3) | 70(7.1)* | 6 | 540* |
| | | La | 180(18.4) | 80(8.1)* | 7 | 540* |
| 11 | ZCuPb30 | J | — | — | — | 245 |
| 12 | ZCuAl8Mn13Fe3 | S | 600(61.2) | 270(27.5)* | 15 | 1570 |
| | | J | 650(66.3) | 280(28.6)* | 10 | 1665 |
| 13 | ZCuAl8Mn13Fe3Ni2 | S | 645(65.8) | 280(28.6) | 20 | 1570 |
| | | J | 670(68.3) | 310(31.6)* | 18 | 1665 |
| 14 | ZCuAl9Mn2 | S | 390(39.8) | | 20 | 835 |
| | | J | 440(44.9) | | 20 | 930 |
| 15 | ZCuAl9Fe4Ni4Mn2 | S | 630(64.3) | 250(25.5) | 16 | 1570 |

| 序号 | 合金牌号 | 铸造方法 | 力学性能(不小于) | | | |
|---|---|---|---|---|---|---|
| | | | 抗拉强度 $\sigma_b$/MPa(kgf·mm$^{-2}$) | 屈服强度 $\sigma_{0.2}$/MPa(kgf·mm$^{-2}$) | 伸长率 $\delta_5$ /% | 布氏硬度 HB |
| 16 | ZCuAl10Fe3 | S | 490(50.0) | 180(18.4) | 13 | 980* |
| | | J | 540(55.1) | 200(20.4) | 15 | 1080* |
| | | Li、La | 540(55.1) | 200(20.4) | 15 | 1080* |
| 17 | ZCuAl10Fe3Mn2 | S | 490(50.0) | | 15 | 1080 |
| | | J | 540(55.1) | | 20 | 1175 |
| 18 | ZCuZn38 | S | 295(30.0) | | 30 | 590 |
| | | J | 295(30.0) | | 30 | 685 |
| 19 | ZCuZn25Al6Fe3Mn3 | S | 725(73.9) | 380(38.7) | 10 | 1570* |
| | | J | 740(75.5) | 400(40.8)* | 7 | 1665* |
| | | Li、La | 740(75.5) | 400(40.8)* | 7 | 1665* |
| 20 | ZCuZn26Al4Fe3Mn3 | S | 600(61.2) | 300(30.6) | 18 | 1175* |
| | | J | 600(61.2) | 300(30.6) | 18 | 1275* |
| | | Li、La | 600(61.2) | 300(30.6) | 18 | 1275* |
| 21 | ZCuZn31Al2 | S | 295(30.0) | | 12 | 785 |
| | | J | 390(39.8) | | 15 | 885 |
| 22 | ZCuZn35Al2Mn2Fe2 | S | 450(45.9) | 170(17.3) | 20 | 980* |
| | | J | 475(48.4) | 200(20.4) | 18 | 1080* |
| | | Li、La | 475(48.4) | 200(20.4) | 18 | 1080* |
| 23 | ZCuZn38Mn2Pb2 | S | 245(25.0) | | 10 | 685 |
| | | J | 345(35.2) | | 18 | 785 |
| 24 | ZCuZn40Mn2 | S | 345(35.2) | | 20 | 785 |
| | | J | 390(39.8) | | 25 | 885 |
| 25 | ZCuZn40Mn3Fe1 | S | 440(44.9) | | 18 | 980 |
| | | J | 490(50.0) | | 15 | 1080 |
| 26 | ZCuZn33Pb2 | S | 180(18.4) | 70(7.1)* | 12 | 490* |
| 27 | ZCuZn40Pb2 | S | 220(22.4) | | 15 | 785* |
| | | J | 280(28.6) | 120(12.2)* | 20 | 885* |
| 28 | ZCuZn16Si4 | S | 345(35.2) | | 15 | 885 |
| | | J | 390(39.8) | | 20 | 980 |

注：1. 有"*"符号的数据为参考值。2. 布氏硬度试验力的单位为 N。

表 1-4-30　铸造铜合金的熔炼温度和浇注温度

| 合金牌号 | 熔炼温度/℃ | 浇注温度/℃ | 合金牌号 | 熔炼温度/℃ | 浇注温度/℃ |
|---|---|---|---|---|---|
| ZCuSn3Zn8Pb6Ni1 | 1200~1250 | 1100~1200 | ZCuAl9Fe4Ni4Mn2 | 1220~1270 | 1120~1170 |
| ZCuSn3Zn11Pb4 | 1200~1250 | 1100~1200 | ZCuAl10Fe3 | 1200~1250 | 1100~1200 |
| ZCuSn5Pb5Zn5 | 1200~1250 | 1100~1200 | ZCuAl10Fe3Mn2 | 1200~1250 | 1100~1200 |
| ZCuSn10Pb1 | 1150~1180 | 1050~1100 | ZCuZn38 | 1120~1150 | 1020~1050 |
| ZCuSn10Pb5 | 1150~1180 | 1050~1100 | ZCuZn25Al6Fe3Mn3 | 1080~1120 | 980~1020 |
| ZCuSn10Zn2 | 1200~1250 | 1100~1200 | ZCuZn26Al4Fe3Mn3 | 1080~1120 | 980~1020 |
| ZCuPb10Sn10 | 1120~1150 | 1020~1050 | ZCuZn31Al2 | 1080~1120 | 980~1020 |
| ZCuPb15Sn8 | 1100~1130 | 1000~1030 | ZCuZn35Al2Mn2Fe1 | 1080~1120 | 980~1020 |
| ZCuPb17Sn4Zn4 | 1100~1130 | 1000~1030 | ZCuZn38Mn2Pb2 | 1050~1100 | 980~1020 |
| ZCuPb20Sn5 | 1180~1220 | 1080~1120 | ZCuZn40Mn2 | 1050~1100 | 980~1020 |
| ZCuPb30 | 1150~1170 | 1050~1070 | ZCuZn40Mn3Fe1 | 1080~1120 | 980~1020 |
| ZCuAl8Mn1Fe3 | 1200~1250 | 1100~1200 | ZCuZn33Pb2 | 1050~1100 | 980~1020 |
| ZCuAl8Mn13Fe3Ni2 | 1220~1270 | 1120~1170 | ZCuZn40Pb2 | 1050~1100 | 980~1020 |
| ZCuAl9Mn2 | 1200~1250 | 1100~1200 | ZCuZn18Si4 | 1100~1180 | 980~1060 |

### 1.4.3.1　铸造锡青铜和铝青铜

#### A　铸造锡青铜

铸造锡青铜有二元和多元合金,它们在蒸汽、海水和碱溶液中具有优良的耐蚀性,同时还具有足够的强度和耐磨性能,良好的充满模腔性能。为改善其枝晶偏析、疏松、反偏析等缺陷,通常加入铅和锌。加入铅可以减少铸造缺陷,降低成本,加入量可高达 30.0%,故又有铅青铜之称;加入锌可以提高合金的强度,又是十分有效的除气剂;加入磷可以提高合金的流动性,又是最有效、最廉价的脱氧剂,磷一般是以磷铜中间合金方式加入;加入镍可以提高耐蚀性;加入铁能够细化晶粒,提高耐冲刷腐蚀性能;而铝、硅、镁等元素由于降低锡青铜的流动性,阻碍金属充满模腔,这些元素应加以限制;自古以来 Cu-Sn-Zn-Pb 系青铜就被人类用于铸造各种兵器、餐具、工艺品,特别是巨型铜雕像,千百年来国内外均选用这种合金来建造,工业和海洋工程中各类阀门、泵体、轴、齿轮等也广泛使用这类合金。

#### B　铸造铝青铜

铸造铝青铜液态下流动性好,不易产生疏松,铸件致密,力学性能优良,耐蚀性优于锡青铜,但易形成集中缩孔和铝的氧化膜夹杂,含铝 8.0%~11.0% 的合金,在缓冷时发生 $\beta \rightarrow \alpha + \gamma_2$ 共析反应,会出现缓冷脆性,导致复杂、薄壁铸件裂纹,可以通过铸件快冷的方法加以防止。由于铝青铜具有高强、耐磨、耐蚀的突出优点,是重型机械的滑板、衬套、蜗轮、蜗杆、阀杆等关键部件的首选材料。多元铝青铜具有耐海水冲刷和气泡腐蚀的特点,用来铸造舰船的螺旋桨,高锰铝青铜(14.0%Mn、8.0%Al、3.0%Fe、2.0%Ni)被用来制造重要军用舰船的巨型螺旋桨。在铝青铜中铝含量为 4.0%~6.0% 时,具有美丽的金黄色,可用来制作仿金工艺品,我国 1997 年使用 Cu-4.0%Al-2.0%Ni 合金,建造了 20m 高、重 57t 的海滨仿金佛像,树立在普陀山海滨。

### 1.4.3.2　铸造黄铜

铸造黄铜一般为多元复杂黄铜,锌含量不超过 45.0%,主要有锰黄铜、铝黄铜、硅黄铜等,虽然其强度和耐蚀性不如铸造青铜,但是其铸造性良好,铸件成本低,所以被广泛用来制造机械工程中的耐磨、耐蚀部件以及各种管件、重型机械的轴套、衬套、船舶的螺旋桨等;黄铜凝固温度范围窄,易形成集中缩孔,为提高其强度和耐蚀性,一般加入下列元素:铁可以细化晶粒,提高强度和硬度,加入量为 0.5%~3.0%;锰在黄铜中固溶度大,具有固溶强化的作用,加入量为 2.0%~

4.0%;铝在黄铜中为扩大 β 相元素,加入之后使 β 相增多,是黄铜的强化元素,加入量为 2.0%～7.0%;硅可以改善铸造性能,强化效果显著,加入量为 2.0%～4.5%;锡和镍可以提高其耐海水腐蚀性能,有海军黄铜之称,锡的加入量不超过 1.0%,镍可达 3.0%;铅能改善黄铜的切削性能,加入量为 1.0%～3.0%,过多的加入量,将损失其强度与塑性。

### 1.4.4 铜基复合材料

铜具有高导电、导热、耐蚀、耐磨等一系列优点,但是它的主要不足是强度低、抗软化温度低,紫铜软态强度仅为 250～300 MPa,抗软化温度不足 150℃,随着技术的发展,迫切需要提高其强度,除采用加入合金元素强化和变形硬化之外,采用铜基复合材料是重要的解决办法。铜基复合材料按功能可分为:高强高导复合材料、高强耐蚀复合材料、高强耐磨复合材料和特种复合材料等,主要应用方向如下:

(1) 大断面积铜包钢电车线(CS 线),以 110 mm² 双沟导线为例,紫铜的包覆面积大于 78.0%,电导率可达 80% IACS,抗拉能力、耐磨性能明显提高,从而允许提高机车的行车速度,其制造方法有熔铜热浸法、铸轧法、套管冷拉等方法,我国某电缆厂使用上铸—轧制—拉伸方法能够生产出长度 1500 m 以上的铜包钢双沟电车线,可以不接头或者减少焊接接头,为我国高速列车的发展提供了关键材料和技术;在高速列车受电弓摩擦副材料研究中,铜碳复合材料,表现出非常良好的减摩性能。

(2) 三氧化二铝弥散强化无氧铜是典型的铜基复合材料,它的生产方法是:铜铝合金熔化后,经雾化制成粉末(0.074～0.104 mm(200～150 目))、配氧和内氧化、压型烧结、包套、压力加工成各种半成品,含 0.15%～0.20% Al₂O₃ 的弥散强化无氧铜是所有铜合金中,抗软化温度(可高达 650℃)和电导率(92% IACS)最高的宝贵材料,用于电真空构件和焊接工具。

(3) 包塑铜管在各种水道管中已经普遍应用,它是利用加磷脱氧,具有优良的耐蚀性能,在其外表面挤压包覆一层低发泡聚乙烯树脂,常用规格有 φ25 mm×1 mm～φ100 mm×3 mm,这种包塑铜管具有美观、抗冲击、绝缘、保温等一系列优点,广泛用于建筑水道管中,特别适合于深埋于土壤中的管路。

(4) 钛包铜棒把钛的耐蚀性和铜的高导电性完好地结合在一起,首先将包钛铜锭热挤压成复合棒坯,然后冷拉成形,在氯碱工业中广泛应用;热轧或爆炸复合的铜钢、白铜－钢复合板,利用了铜的耐蚀性和钢的高强度,已在高压容器和反应釜中广泛使用。

(5) 白铜复合材料的功能在海洋工程应用中具有良好前景,含镍 10% 的白铜(BFe10-1-1)已被用来包覆舰船壳体、海洋石油平台,使用表明 BFe10-1-1 合金复合材料能够抵抗海洋生物生长,从而减少设备和船体的维修费用,美国使用 BFe10-1-1 进行船壳包覆的试验表明:没有包覆合金的船每年都需要维修,而包覆合金的船十年内海洋生物生长轻微,从而使船舶的速度提高,燃料消耗下降;铜基复合冷凝管也开始应用,钛－白铜(BFe10-1-1)冷拉复合冷凝管,具有优秀的耐海水腐蚀性能和抗海洋生物堵塞性能(管材规格 φ25 mm×1 mm,外钛层 0.2～0.3 mm,内白铜层为 0.7～0.8 mm)。

(6) 铜钢复合轴瓦材料在汽车工业中获得应用,其生产方法是:在钢带上自动均布青铜粉末(QSn6-6-3),然后在氢气烧结炉中烧结,最后通过冷轧机轧制成所需要的尺寸;在汽车、拖拉机行业中铜铝复合带材可用于水箱散热器等部件。

(7) 电子工业中使用铜基贵金属复合材料,如触点、插接元件等,它们利用了铜的高导电性能和贵金属良好的接触性能,又可以降低成本,常用复合材料有 Cu-Ag、Cu-Au、Cu-Pd 等,多以片、带、丝等半成品形式供应;在超导材料生产中,以铜、锡青铜包覆超导体,生产超导线材。

　　铜基复合材料和生产方法是多种多样的,复合材料基体有金属、非金属、有机材料;生产方法有压力加工、爆炸复合、电镀、激光熔焊、粉末冶金等多种方法;复合技术的关键是复合界面的清洁处理和工艺参数的正确选择。

# 1.5　难熔金属及其合金

## 1.5.1　概述

　　"难熔金属"一词有两种含义,一种是指熔点高于1650℃的金属,一种是指熔点高于2000℃的金属,限于篇幅,本文只介绍应用面较广的四种难熔金属:钨(W)、钼(Mo)、钽(Ta)、铌(Nb)。

　　难熔金属是过渡族元素,原子结构上的特点决定了它们分别具有许多宝贵的特性。如W及其合金熔点高、密度大,高温强度好,而Ta、Nb及其合金具有很强的耐蚀性和独特的电性能。难熔金属还能和某些非金属元素生成熔点很高、硬度极大的化合物(如碳化物、氮化物、硼化物和硅化物等)。

　　难熔金属主要有四个方面的用途:难熔金属材料、钢铁添加剂、硬质合金及化学制品。本书只讨论难熔金属材料方面的问题。

　　难熔金属材料是20世纪,特别是第二次世界大战之后发展起来的新型材料,表1-5-1列出了难熔金属的发展历程。由于电子工业、原子能工业、航空与航天工业、精密机械工业等技术密集型"尖端工业"的兴起,传统的金属材料已不能充分满足需要,难熔金属及其合金就是在这种情况下应运而生的。目前,难熔金属已是现代工程技术领域的核心材料之一。例如,发射导弹和卫星,需要能耐3000℃以上高温的钨喷管,信息技术需要W、Mo、Nb、Ta材料做成的电子器件。人们日常照明、广播、电视都离不开难熔金属。难熔金属材料对国民经济的发展和国防现代化建设都有重要的意义。

表 1-5-1　难熔金属的发展历程

| 金　属 | 元素首次发现时间 | 纯金属首次制取时间 | 工业生产时间 |
|:---:|:---:|:---:|:---:|
| W | 1781 年 | 1783 年 | 1909～1910 年 |
| Mo | 1778 年 | 1792 年 | |
| Ta | 1802 年 | 1903 年 | 1929 年 |
| Nb | 1801 年 | 1907 年 | 1929 年 |

　　难熔金属的加工同钢铁和常用有色金属加工相比,有许多特点。一是由于熔点高,熔炼困难,所以在锭坯制取上,难熔金属以粉末冶金工艺为主,真空熔炼次之;二是高温下难熔金属易吸气与氧化,加工过程常需要在真空或保护性气氛下进行,有时还要加包套或涂层。三是难熔金属的变形抗力大,加工过程是高能耗的过程。高温烧结炉、真空电弧炉、电子束炉、重型锻造机与挤压机、冷热等静压机等现代冶金设备,是难熔金属加工厂的常用装备。总之,难熔金属的生产是一个技术密集型的产业。

　　我国难熔金属资源较丰富,钨储量居世界第一位,钼储量居世界第二位,钨制品(特别是钨丝)和钽丝的产量居世界的前列。目前我国年产难熔金属材料超过1500 t,在世界上占有重要地位。

### 1.5.2　难熔金属的特性

#### 1.5.2.1　物理特性

W、Mo、Ta、Nb 四种元素的晶体结构均为体心立方($bcc$)。它们的共性是:熔点高,密度大,蒸气压低,线胀系数小,导电性和导热性好。难熔金属的主要物理性能见表 1-5-2。

**表 1-5-2　难熔金属的主要物理特性**

| 性　　质 | W | Mo | Ta | Nb |
|---|---|---|---|---|
| 原子序数 | 74 | 42 | 73 | 41 |
| 相对原子质量 | 183.85 | 95.95 | 180.9 | 92.9 |
| 原子半径/nm | 0.14 | 0.136 | 0.142 | 0.147 |
| 晶体结构 | $bcc$ | $bcc$ | $bcc$ | $bcc$ |
| 熔点/℃ | 3410 | 2625 | 3996 | 2415 |
| 密度/g·cm$^{-3}$ | 19.3 | 10.2 | 16.6 | 8.57 |
| 弹性模量/GPa | 396 | 320 | 180 | 100 |
| 线胀系数/℃$^{-1}$ | $4.45 \times 10^{-6}$ | $5.3 \times 10^{-6}$ | $5.9 \times 10^{-6}$ | $7.1 \times 10^{-6}$ |
| 室温热导率/W·(m·℃)$^{-1}$ | 201 | 147 | 54 | 52 |
| 热容/J·(g·℃)$^{-1}$ | 0.138 | 0.243 | 0.142 | 0.268 |
| 室温电阻率/μΩ·m | 0.05 | 0.05 | 0.12 | 0.14 |
| 电子逸出功/eV | 4.55 | 4.20 | — | — |

#### 1.5.2.2　化学特性

致密难熔金属在常温下比较稳定,一般不氧化,但加热时易氧化。W、Mo 在 400℃ 左右开始氧化,随着温度的升高迅速氧化,生成 $WO_3$ 和 $MoO_2$,它们分别在 850℃ 和 650℃ 开始显著升华。如果在大气中热加工,W 和 Mo 会产生冒烟现象。Ta 在 280℃ 以上,Nb 在 200℃ 以上均开始氧化。当高于 500℃ 时则迅速氧化,生成 $Ta_2O_5$ 和 $Nb_2O_5$。因此,W、Mo、Ta、Nb 的高温加工与高温应用均需要保护。

W、Mo 的化合物在一定温度下与氢(H)作用,可被还原成金属,故常用氢气做 W、Mo 冶炼过程中的还原剂和加工过程中的保护气体。Ta、Nb 则大量吸收氢气,导致严重脆化。

难熔金属在常温下对许多介质(水、盐水、无机酸等)是稳定的,但可被氧化性酸、氢氧化钠和氢氧化钾严重地腐蚀,特别是钼。难熔金属对许多金属熔体(如 Na、K、Li、Mg、Hg、Pb、Bi 等)的耐蚀性也是好的。钼对玻璃及石英熔体的突出耐蚀性是其在玻璃工业中广泛应用的原因。

难熔金属是无毒的,但它们的化合物有不同程度的毒性。钽和铌的生物相容性好,可以做人体外科植入材料。

#### 1.5.2.3　力学特性

难熔金属的主要特点是高温强度高,而室温强度与钢和钛相当。

难熔金属的力学特性与其纯度、致密化方法及加工状态有密切关系。一般来说,W 和 Mo 的硬度和强度高,而 Ta 和 Nb 的塑性较好。粉末冶金材料的纯度和密度较低,塑性较低,真空熔炼(特别是电子束熔炼)制备的难熔金属材料,纯度高,塑性较好。粉末冶金法和熔炼法生产的材料的强度两者大体相当。难熔金属可以通过应变硬化及晶粒细化来强化。

难熔金属(主要是 W、Mo、Nb)存在塑－脆转变温度($DBTT$),再结晶常会导致 $DBTT$ 上升。因此,难熔金属常以消除应力状态而不是完全退火状态供货。难熔金属材料的加工成形常是温加工或温成形。

### 1.5.3　难熔金属的强韧化

难熔金属的高温强度是其主要性能之一,提高高温强度的途径有固溶强化、沉淀强化和弥散强化或者三种机制的结合。

#### 1.5.3.1　固溶强化

置换型元素 Ta、Nb、Mo、Cr、V 对 W 有一定强化作用,但高温强化效果不大。

固溶强化对钼的应用非常有限,微量(总量 0.1% ~1%)Ti、Zr、B、La 等可产生固溶强化。研究表明,在 Mo 中加入(s+d)电子数目比 Mo 多的元素,会引起合金软化。

钽的强化主要采用固溶强化。强化作用最大的是 W、Re、Zr 和 Hf。加 1% Re 可显著提高蠕变强度,再多加没有效果。溶质元素过多,会降低室温塑性,损害可焊性。如 Ta 中加入大于 13%W(摩尔分数)和 3% Re(摩尔分数),会降低塑性。

对 Nb 而言,W、Mo、V 为有效强化剂,可同时提高室温与高温强度,而 Ta 加入量小于 10%(摩尔分数)时,对 Nb 的强度几乎没有影响。对高温蠕变强度来说,最有效的强化元素为 W,其次为 Os、Ir、Re、Mo、Ru、Ta,而 Hf、V、Zr、Ti 会降低 Nb 的蠕变强度。总之,在工业上,W、Mo、Re 是 Nb 的有效固溶强化剂。

应指出的是,由于溶质原子间的相互作用,合金元素与高温强度的关系非常复杂,如在 Nb-Hf-Ta 系合金中,当溶质总浓度一定($x(Hf) + x(Ta) = 10\%$)时,随着 $x(Ta)/x(Hf)$ 比的增加,蠕变强度下降。另外,由于碳、氧、氮等间隙元素与合金元素的作用,固溶强化与弥散强化叠加在一起,难以准确判定固溶强化效果。

#### 1.5.3.2　沉淀强化

碳化物的沉淀强化对难熔金属材料有重要意义。难熔金属的碳化物熔点与生成自由能示于表 1-5-3。

**表 1-5-3　难熔金属碳化物的熔点和热力学稳定性比较**

| 碳 化 物 | 熔点/℃ | 1500℃生成热/J·(g·℃)$^{-1}$ |
|---|---|---|
| HfC | 3830 | － 180 |
| ZrC | 3420 | － 163 |
| TiC | 3150 | － 159 |
| TaC | 3825 | － 159 |
| NbC | 3480 | － 150 |
| VC | 2780 | |
| Cr$_3$C$_2$ | 1850 | |
| MoC | 2486 | － 63 |
| WC | 2795 | － 88 |

由表 1-5-3 可见,碳化物是非常稳定的,其中 HfC 不仅在热力学上很稳定,而且 Hf 的扩散速率很慢,HfC 颗粒也不易粗化。因此,在理论上,HfC 是最佳的弥散强化相,但是,由于 Hf 资源少,价格贵,所以 HfC 的应用受限制。TiC 和 ZrC 是常用的沉淀强化相。

C 和 Hf 在 W 和 Mo 中的溶解度分别示于图 1-5-1 和图 1-5-2。Mo₂C 和 W₂C 在中温下颗粒长大速度快,实际上不能用做 Mo-C 和 W-C 合金中的强化相。

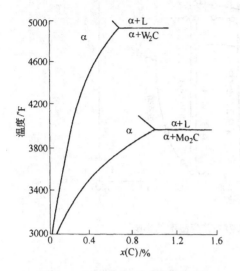

图 1-5-1　碳在钼和钨中的溶解度　　　　图 1-5-2　铪在钼和钨中的溶解度

利用碳化物作沉淀强化相的典型合金有:W-0.2%Hf-0.26%C 钨合金、TZM(Mo-0.5%Ti-0.03%Zr-0.15%C)钼合金、Ta-8%W-1%Re-1%Hf-0.025%C 钽合金和 Nb-22%W-2%Hf-C 铌合金。

沉淀强化作用有一定温度限制。一般来说,温度高于 $0.5T_m$(熔点)时,第二相开始聚集、长大和溶解,会导致强化失效。

### 1.5.3.3　弥散强化

这里的弥散强化指人工弥散强化,即采用粉末冶金的方法加入一些细小的非共格弥散粒子(如 W 中加入 ThO₂ 粒子),这些粒子起阻碍合金再结晶和晶粒长大的作用,从而提高钨合金的高温强度和蠕变性能,并细化晶粒,改善 W 的低温延性,降低 DBTT。

### 1.5.3.4　塑-脆转变温度(DBTT)及其影响因素

#### A　DBTT

金属的塑性随温度下降而发生陡降的特定温度称为塑-脆转变温度(DBTT)。在这一温度下,金属的断裂由延性断裂(断口为纤维状)转变为脆性断裂(断口为解理断裂或沿晶断裂形貌)。严格地说,DBTT 为一个温区,包括三个特征温度:$T_1$ 为塑-脆转变起始温度;$T_2$ 为塑-脆转变温度或断口形貌转变温度;$T_3$ 为无塑性转变温度(NDT)。

难熔金属 W、Mo、Nb 及其合金均存在较高的 DBTT,而 Ta 及其合金在相当宽的温度范围内呈塑性,塑-脆转变温度非常低。

研究表明,DBTT 是一个结构敏感因子,与许多因素有关。

#### B　应力状态对 DBTT 的影响

一般脆性断裂只发生在拉伸状态。由于加荷状态的不同,材料中的拉应力与切应力之比不同,所表现的 DBTT 也不同,如图 1-5-3 所示。

钼在 25℃ 拉伸时,塑性为零,而在 -100℃ 作扭转试验时,仍有一定的塑性。

缺口会引起双向或三向应力,W、Mo、Nb 的 DBTT 对缺口也是敏感的,如表 1-5-4 所示。冲

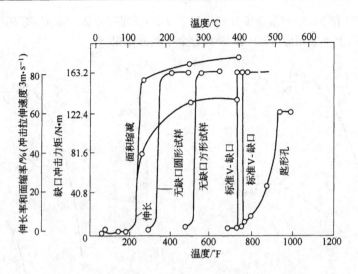

图 1-5-3　应力状态对再结晶钼的转变温度的影响

击试验更能显露出材料的缺口敏感性。

表 1-5-4　缺口试样拉伸对难熔金属 *DBTT* 的影响

| 金　属 | *DBTT* /℃ | | 备　　注 |
|---|---|---|---|
| | 光滑试样拉伸 | 缺口试样拉伸 | |
| W | 230 | 270 | 再结晶 |
| W | 150 | 275 | 1200℃×1 h 退火 |
| Mo | −30 | 约 100 | 1200℃再结晶 |
| Mo | −73 | −10 | 1150×0.5 h 退火 |
| Mo | −90 | 150 | 1000×0.25 h 退火 |
| Nb | < −250 | > −250 | 1100℃×0.25 h 退火 |
| Ta | < −250 | < −250 | 1200℃×3 h 退火 |

C　形变速率对 *DBTT* 的影响

形变速率($\dot{\varepsilon}$)增加会导致材料屈服强度增加($\sigma = A\dot{\varepsilon}^n$),由此而引起 *DBTT* 的提高。体心立方金属的 *DBTT*($T_X$)与 $\dot{\varepsilon}$ 之间存在下列关系:

$$\frac{1}{T_X} = A - \frac{R}{H}\ln\dot{\varepsilon}$$

式中,*A* 为常数;*H* 是位错运动的激活能;*X* 代表某种金属。Mo 的 $H \approx 0.8$ eV。Mo 是对 $\dot{\varepsilon}$ 最敏感的材料。$\dot{\varepsilon}$ 对 Mo 转变温度 $T_{Mo}$ 的影响示于图 1-5-4。$\dot{\varepsilon}$ 提高一个数量级时,$T_{Mo}$ 大约升高 20 ~30℃。从静态拉伸($\dot{\varepsilon} \approx 10^{-4}$ s$^{-1}$)变到冲击试验($\dot{\varepsilon} = 10^4$ s$^{-1}$)时,$T_{Mo}$ 上升达 200℃。

D　间隙杂质对 *DBTT* 的影响

间隙杂质(C、N、H、O)会导致 *DBTT* 剧烈地升高。*DBTT* 对间隙杂质的敏感性与间隙元素在难熔金属中的溶解度有关。间隙元素在难熔金属中的固溶度示于表 1-5-5。W、Mo 中的间隙元素的固溶度很小,其 *DBTT* 也高。

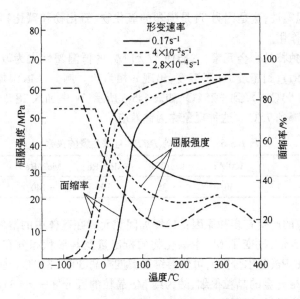

图 1-5-4 形变速率对钼低温脆性的影响

(晶粒度：900 晶粒/$mm^2$)

表 1-5-5 中等冷却速度下间隙元素在难熔金属中的固溶度(估计值,%)

| 难熔金属 | H | C | N | O |
|---|---|---|---|---|
| W | | $<0.1\times10^{-4}$ | $<0.1\times10^{-4}$ | $1\times10^{-4}$ |
| Mo | $0.1\times10^{-4}$ | $(0.1\sim1)\times10^{-4}$ | $1\times10^{-4}$ | $1\times10^{-4}$ |
| Nb | $9000\times10^{-4}$ | $100\times10^{-4}$ | $300\times10^{-4}$ | $1000\times10^{-4}$ |
| Ta | $4000\times10^{-4}$ | $70\times10^{-4}$ | $1000\times10^{-4}$ | $200\times10^{-4}$ |

间隙元素对 $V_B$ 族金属(Nb、Ta)脆性的影响来源于杂质与位错的交互作用。这些间隙元素由于点阵的尺寸效应而常发生位错钉扎,增加材料的屈服强度,当材料的屈服强度等于或超过材料的断裂强度时,就发生没有塑性变形的断裂,表现为脆性。这就是材料 DBTT 上升的原因。

间隙杂质对 $VI_B$ 族(W、Mo)的影响较为复杂些。由于间隙杂质的固溶度小,实际的材料均为含有第二相的过饱和固溶体。间隙元素生成第二相和偏聚在晶界都对材料的塑性不利。

研究表明,当氧、氮、氢含量在 $20\times10^{-4}$% 上下波动时,钨的 DBTT 基本不变。图 1-5-5 表示氧对单晶钨与多晶钨的不同影响,含氧量为 $2\times10^{-4}$%、$10\times10^{-4}$%、$20\times10^{-4}$% 的单晶钨,其 DBTT 分别为 18℃、16℃ 和 35℃,而氧含量为 $4\times10^{-4}$%、$10\times10^{-4}$%、$30\times10^{-4}$%、$50\times10^{-4}$% 的多晶钨,DBTT 分别上升到 230℃、360℃、450℃ 和 550℃。由此可见,氧在晶界上的富集是造成钨脆化的主要原因。

微量氧使钼的 DBTT 直线上升,氮和碳的影响较次。在钼中加入少量碳,对改善钼的低温塑性有利,这可以归因为碳的脱氧作用,改善了晶界结合强度,但过量碳会在晶界产生碳化钼脆性相,对塑性也不利。

E 铼元素效应

一般来说,合金元素会升高难熔金属的 DBTT,但是,若合金元素能提高再结晶温度和清除基体点阵中间隙杂质,则可以起到降低 DBTT 的作用。例如,Mo 中加入 0.5% Ti,能使 Mo 固溶强化,但不降低其低温塑性,这是因为 Ti 是强烈的氧化物、氮化物和碳化物生成元素,能起到清除基体中间隙杂质的作用。

铼(Re)是一个很独特的合金元素,它能使 W 和 Mo 的低温塑性大为改善。随着 Re 含量的增加,$DBTT$ 逐渐下降,直到超过 Re 固溶度,出现 σ 相为止。例如,Mo 中加入 35% Re(摩尔分数),可使其 $DBTT$ 由 50℃下降到 -254℃,如表 1-5-6 所示,W 中加入 28% Re(摩尔分数),可使其 $DBTT$ 由 335℃下降到 75℃。这种现象称为铼效应。

**表 1-5-6　钼合金的 $DBTT$ 与铼含量的关系**

| 物质的量比/% | 100Mo | Mo10Re | Mo20Re | Mo25Re | Mo30Re | Mo35Re |
|---|---|---|---|---|---|---|
| $DBTT$/℃ | 50 | -35 | -90 | -140 | -175 | -254 |

研究表明,铼效应的产生有多种原因:(1)增加间隙元素在基体中的溶解度。如 Re 可使 Mo 中碳的固溶度增加约 5 倍,改变了 Mo 中碳化物的析出量及其形状和分布。(2)提高再结晶温度,如 Mo 中加入 47% Re(摩尔分数),可使再结晶温度提高 300~350℃,达到 1350℃,因而在同样条件下退火后,含 Re 合金的晶粒很细,约为纯 Mo 晶粒的五分之一。(3)改变变形机制,含 Re 合金在低温时会出现大量机械孪晶。

铼的韧化作用虽然很大,但铼是非常昂贵的稀散金属,资源有限,不能大量应用,它主要用在做高温热电偶的钨铼合金丝中。

F　微观结构对 $DBTT$ 的影响

研究表明,晶粒越粗,$DBTT$ 越高。对 W、Mo、Nb 来说,$DBTT$ 与平均晶粒直径的对数成直线关系,如图 1-5-6 所示。晶粒度对 $DBTT$ 的影响与间隙杂质的影响交织在一起。

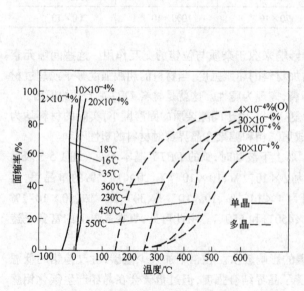

图 1-5-5　氧对粉末冶金钨的塑性影响
（试棒直径 3 mm）

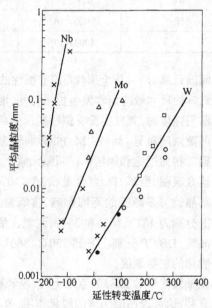

图 1-5-6　一些难熔金属的塑-脆转变
温度随晶粒尺寸的变化

难熔金属的一个显著特点是:再结晶退火不能使材料塑性升高,反而使材料脆化,即使其 $DBTT$ 上升也如此。工业生产的一个重要经验是:温加工(低于再结晶温度而高于室温的加工)

和消除应力可使 W 和 Mo 的 *DBTT* 降低。这是因为,在温加工或消除应力过程中,会发生回复过程,部分点缺陷消失。通过位错滑移和攀移,产生多边化,减少晶格畸变,增加塑性。

### 1.5.3.5 掺杂钨、钼与钾泡的作用

掺有微量 Si、Al、K 元素的钨丝称为掺杂钨丝。Si、Al、K 是以硝酸铝、硅酸钾水溶液的形式加入钨氧化物中,经还原、压坯而加入的。钨坯垂熔时,K 挥发形成钾泡或钾孔(K 沸点为 760℃,在高温下产生很大内压)。坯条在旋锻、拉丝过程中,钾泡拉长。在随后退火过程中,因表面张力作用,拉长的钾泡分裂、球化,形成沿丝材轴向排列的钾泡串列。在回复和再结晶过程中,钾泡阻碍纤维的宽化(阻碍亚晶的粗化和晶界的横向迁移),形成粗大的燕尾状或竹节状搭接晶(如图1-5-7所示)。由于钾泡的作用,钨丝的一次再结晶在 1200～1860℃ 范围内进行。1860℃ 以上退火或使用时,掺杂钨丝发生二次再结晶,出现不均匀的异常晶粒长大,即在钾泡的作用下,竹节状晶粒择优长大。掺杂钨丝具有良好的抗高温下垂性能,获得广泛应用。

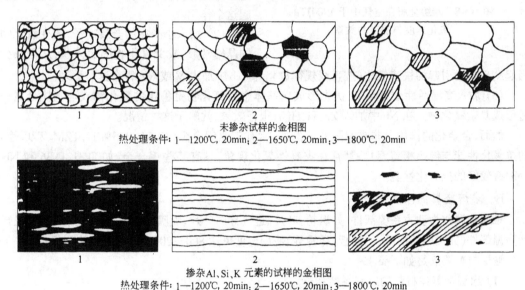

未掺杂试样的金相图
热处理条件: 1—1200℃, 20min; 2—1650℃, 20min; 3—1800℃, 20min

掺杂Al、Si、K 元素的试样的金相图
热处理条件: 1—1200℃, 20min; 2—1650℃, 20min; 3—1800℃, 20min

图 1-5-7 未掺杂与掺杂 Si、Al、K 元素的金相组织比较示意图

在钼中掺杂 Si、Al、K 也有类似的效果。掺杂 Si、Al、K 元素的钼称为掺杂钼或高温钼(国际上称 HTM,中国称 GHM)。掺杂钼的再结晶温度由纯钼的 1100～1200℃ 提高到 1700～1900℃,从而具有优异的高温性能,掺杂钼可制成板、棒、丝各类产品。

### 1.5.3.6 微量稀土元素的作用

稀土氧化物加入钼中,可提高 Mo 的强度,改善钼的抗蠕变性能,提高再结晶温度和降低钼的再结晶脆性。如 Mo 中加入 0.1%～0.4% $La_2O_3$ 的 Mo 板,*DBTT* 可下降 80～100℃,即达到 $-60～-80℃$ 水平。$La_2O_3$ 在 Mo 的烧结过程中还起活化作用,提高 Mo 的密度,细化晶粒,使生产工艺易于控制。掺杂 $La_2O_3$ 的钼,密度可由纯 Mo 的 9.5 g/cm³ 提高到 9.9～10.05 g/cm³。

在 Mo 中掺杂微量 $Y_2O_3$ 也有类似的作用。

### 1.5.3.7 高温氧化及防护

难熔金属作为 1000℃ 以上使用的高温结构材料,必须解决高温氧化问题。解决这一问题的途径有两种:一是制备高温抗氧化能力强的合金,二是在合金表面施加抗氧化防护层。

### A　难熔金属及其合金的氧化

W、Mo、Ta、Nb在空气中的氧化速度与温度的关系,示于图1-5-8。由图可见,Mo的抗氧化性最差,它在450℃以上就形成挥发性氧化物,在700℃时就迅速氧化,产生"冒烟"现象,无法使用,W在约900℃下也会发生"灾难性氧化"现象。Nb和Ta的氧化物虽然不挥发,但也不起保护作用。

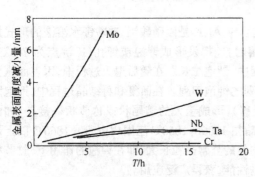

图1-5-8　难熔金属在空气中于1900℃的
氧化速度与温度的关系

改善难熔金属抗氧化性的合金化途径是:

(1) 加入高价金属离子,减少氧化物的导电性。例如,在Ta或Nb中加入Mo或W就起这个作用。

(2) 加入小半径的金属离子,改变氧化物的晶格常数,减少氧化物的比体积,从而减少因起鳞现象而引起的快速氧化(按直线规律氧化)。Nb中加入V或Mo符合这一原理。

(3) 加入高温活性金属元素,优先形成比基体金属氧化物更稳定的氧化物或与基体金属一起形成复杂氧化物。在Nb中加入Zr、Ti、Hf有很好效果,就属于这种情况。

然而,合金化的作用是非常有限的。例如,所有工业钼合金(如Mo-0.5%Ti、TZM、TZC等)的抗氧化性能与纯钼相差无几,都存在灾难性氧化现象,只有某些铌合金(如D-31、D-36和Nb-753)有较好的抗氧化性能。

### B　难熔金属的涂层保护

难熔金属作为动力系统部件(如涡轮、叶片、进气导向叶片、喷嘴、燃烧室部件等)和航天飞行器高温部件(如飞船的前缘、热挡板、鼻锥等)使用温度可达800~2000℃,必须加涂层保护。

涂层材料要满足如下要求:

(1) 涂层与基体材料的线胀系数相近。

(2) 涂层与基体之间具有扩散稳定性和化学稳定性。

(3) 涂层受到损伤,出现缺陷时,它具有自愈合功能。

(4) 涂层的施涂工艺(热循环)对基体组织与性能不产生明显的负面影响。

(5) 涂层与基体的界面反应是有益的或允许的。

难熔金属的防护涂层大致分三类:抗氧化金属与合金(Ni、Cr、Al等),金属间化合物(硅化物$NbSi_2$、$MoSi_2$及铝化物$NbAl_3$、$TaAl_3$等),氧化物与陶瓷($Al_2O_3$、$ZrO_2$等)。抗氧化硅化物的极限使用温度为1982℃,铝化物极限使用温度为1927℃。

涂层的制备工艺很多,较常见的有如下几种:

(1) 电化学方法,如电镀、电泳、熔盐电渗镀等。

(2) 物理化学方法,如粉末包装热扩散、流床反应扩散、料浆喷镀热扩散、辉光放电热扩散、熔烧以及化学蒸气沉积等。

(3) 机械结合法,如包层、火焰喷涂、等离子喷镀、爆炸喷镀等。

这些方法各有优缺点和较适用的范围。施加涂层之前,要对基体的表面进行仔细的预处理,包括机械加工、研磨喷砂、酸洗、化学抛光、清洗和布轮抛光等,才能使涂层均匀,缺陷少,有较好的质量。另外,在实际工程上,涂层往往不是单一涂层,而是复合涂层。如火箭发动机的铌合金辐射喷管,其涂层是由隔热涂层、抗氧化涂层和辐射涂层组成的。

各种难熔金属抗氧化防护涂层材料及制备工艺列于表1-5-7。典型涂层的实例见表1-5-8。

**表 1-5-7　难熔金属抗氧化防护涂层系统与工艺**

| 防护层系统 | 制备工艺 |
|---|---|
| Ⅰ 抗氧化金属与合金:<br>(1) 镍-铬基高温合金,如 Ni、Cr、Ni-Cr 以及多元抗氧化合金;<br>(2) Hf-Ta 合金、W-Cr-Pd 合金和 Sn-Al 合金;<br>(3) 贵金属及合金,如 Pt、Pt-Rh、Ir | 电镀、熔盐渗镀、热浸、包覆层、熔烧、化学气相沉积、金属喷镀 |
| Ⅱ 金属间化合物:<br>(1) 典型金属间化合物,如 $Me_xAl_y$、$Me_xBe_y$;<br>(2) 非典型金属间化合物,如 $Me_xSi_y$、$Me_xB_y$、$Me_xN_y$;<br>(3) 复合的金属间化合物,如 $(Me_1,Me_2,Me_3)_xSi_y$ 等 | 粉末包装、料浆热扩散、化学气相沉积、离子渗、熔烧等 |
| Ⅲ 氧化物与陶瓷:<br>(1) 氧化物,如 $ZrO_2$、$Al_2O_3$、$ThO_2$<br>(2) 玻璃;<br>(3) 陶瓷、珐琅 | 电泳、烧结、火焰、等离子、爆炸、喷镀等 |

**表 1-5-8　典型难熔金属合金涂层的实例**

| 基体材料 | 涂层系统 | 制备条件 | | 抗氧化性能 |
|---|---|---|---|---|
| | | 温度/℃ | 时间/min | |
| 钼合金 | Al-Si | 750~830 | 4 | 1300℃,>30 h |
| | Al-Si-Mo | 800~830 | 17 | 1350℃,>250 h |
| 铌合金 | Al-Si | 750~830 | 5 | 1000℃,>100 h |
| | Al-Si-Mo | 800~830 | 7 | 1000~1100℃,>100 h |
| 钽合金 | Hf-20Ta | 2230 | 15 | 2772℃,1 h |
| 钨合金 | $ThO_2$ | 等离子喷镀 | | 2816℃,30 h |

### 1.5.4　钨及其合金生产

钨是银白色的稀有难熔金属,它在地壳中的含量为0.007%,储量非常小。钨矿大约有15种,其中主要是黑钨矿($FeMnWO_4$)和白钨矿($CaWO_4$),集中分布在环太平洋一带。我国钨资源占世界第一,其次为澳大利亚和加拿大。

1783年西班牙人从黑钨矿中制取了钨氧化物,并用碳还原法首先获得金属钨。1909年,美国人采用粉末冶金法制得钨丝。我国于20世纪50年代开始建立钨材加工业,目前,钨材产量居世界第一位。

纯钨及其合金广泛用于制造电光源和电子管的灯丝。钨还用于电子管的栅极、阴极、阳极、焊接电极、电触头、火箭喷管、高温炉部件(发热体、反射屏等)、压铸模具、真空镀膜器材、X光管阳极、半导体衬底及高温热电偶等。

#### 1.5.4.1　钨材的主要牌号及特性

工业钨材有纯钨(W1、W2)、钨铝(WAl1、WAl2)、钨钍(WTh7、WTh10、WTh15)、钨铈(WCe7、WCe10、WCe15)、钨铼(WRe1~WRe26,共7个牌号)、高比重合金(WFeNi、WNiCu)、W-

50Mo 及 W-Cu 等。

纯钨中的氧含量要求小于 0.05%（W1）或 0.01%（W2），主要用做钨坩埚、钨流口（化纤生产用）和高温炉反射屏等。

钨铝为掺杂钨，又称抗下垂钨丝。在钨粉中添加总量约 1% 的 $SiO_2$、$Al_2O_3$ 和 $K_2O$，加工后获得分别含有 $10×10^{-4}$%、$30×10^{-4}$%、$100×10^{-4}$% 的 Si、Al、K 夹杂。由于"钾泡"的作用，钨铝丝有很好的抗下垂性能，适于制造各种灯丝、支架和高温炉丝。

钨钍是含 0.4%～4.2% $ThO_2$ 的钨合金。它具有很高的热电子发射能力、高的再结晶温度、优异的高温强度和抗蠕变性能，被用做电子管热阴极、汽车电极及氩弧焊电极。但 Th 有放射性，生产中要注意劳动保护。

钨铈是含少量 $CeO_2$（2% 以下）的钨，其性质与用途与钨钍相近，但没有放射性，在焊接电极方面常用作钨钍的代用品。

钨铼合金含有 3%～26% Re，它有很好的热电性能、延性和抗高温性能，主要用做钨铼热电偶，使用温度可达 2000～2800℃。在电子管、显像管方面，钨铼也是核心材料。

高比重合金是在钨中同时加入约 2.5% Ni 和 2.5% Fe 及其他少量元素而形成的合金。采用液相烧结，密度可达 17～18.5 $g/cm^3$，抗拉强度可达 1200 MPa 以上。WNiFe 系合金强度较高，微磁性；WNiCu 系强度稍低，但无磁性。高比重合金适于做穿甲弹弹头、陀螺转子、射线屏蔽材料及配重材料等。

钨铜、钨银合金（20%～70% Cu 或 Ag），它兼有钨的高熔点、耐电弧烧蚀、高导电、高导热等特性，大量用做各种电触头及火箭喷管等。

钨钼合金含 50% Mo，比纯钨具有更高的电阻率和更好的韧性，用做电子管热丝、玻璃封接引出线、电火花切割线等。

### 1.5.4.2　钨材的生产工艺

#### A　钨粉的制取

将钨精矿用碱法或酸法处理为钨酸钠（$Na_2WO_4$）或钨酸（$H_2WO_4$），经去除杂质提纯为钨酸铵（APT），即 $5(NH_4)_2O·12WO_3·5H_2O$，再经煅烧后得到黄钨（$WO_3$）或蓝钨（$WO_{2.90}$、$WO_{2.72}$、$WO_2$ 等的复合物），再用氢在 550～900℃ 下分段还原氧化物而得到钨粉。

钨粉的纯度一般要求在 99.95% 以上，氧含量要小于 0.2%（$W_1$）或 0.3%（$W_2$），平均粒度为 2～6 $\mu m$（过 180～250 目筛网），容积密度约为 2～4 $g/cm^3$。

制取钨粉的主要设备是回转式煅烧电炉或多管式煅烧电炉、回转管式或多管式还原炉、振动筛与混料机等。

#### B　钨锭坯的制取

钨锭坯的制取主要采用粉末冶金法。粉末冶金法的优点是：锭坯组织细而均匀；工艺方法比较简单，设备投资少；成品率高，对于小批量与小规格产品的生产，具有较大的灵活性。钨锭坯如果采用真空熔炼（电子束熔炼），虽然可以获得很高的纯度，但铸锭是由粗大的柱状晶组成，其后很难加工。因此，只有生产高纯金属与钨单晶时采用真空熔炼。下面将简要介绍钨锭坯的粉末冶金工艺。

#### a　成形

成形是为了获得具有一定形状、尺寸和强度的粉末坯件。成形方法有钢模冷压与等静压制法。钢模成形主要用于小方条或矩形坯的成形，目前普遍采用油等静压成形。等静压成形的优点是压坯密度均匀，无分层现象，适于大规格板坯、棒坯与管坯的成形，但生产效率较低。

钢模成形一般需 300~400 MPa 的单位压力,压坯相对密度可达 50%~60%。油等静压成形压力为 250~360 MPa。

b　预烧结

预烧结可以提高型坯的强度和导电性,以利于垂熔高温烧结。预烧结可以去除部分杂质,对真空烧结也有利。钨坯预烧结的温度为 1000~1200℃,时间为 1~2 h。预烧结后的坯料应放在室温干燥处,存放时间不宜过长,否则会因吸气、氧化,对其后的高温烧结不利。

c　烧结

高温烧结是非常关键的工序。烧结的目的主要是彻底去除钨坯中的杂质,实现粉末体的合金化和致密化,使坯料的相对密度达到 94% 以上,具有热加工塑性。在烧结过程的后期,可能发生再结晶和聚集再结晶,出现晶粒长大现象。

钨烧结有垂熔烧结(直接通电加热)和非垂熔烧结(间接加热或感应加热)两种形式。垂熔烧结可以在氢气保护下或真空下进行。非垂熔烧结设备有氢气保护的钨棒炉、真空钨丝网炉和真空感应炉等。

钨坯的烧结质量与烧结温度、时间、升温速度及气氛等工艺参数有关,其中烧结温度最重要。烧结温度应达到 $0.7~0.9~T_m$(钨的绝对熔点),即达到 2300~3000℃。垂熔时,主要是控制烧结电流,保温电流约为熔断电流的 90%。

烧结后,纯钨的密度可达 18 g/cm$^3$ 以上。平均晶粒数一般应为 1000~5000 个/mm$^2$。粉末愈细,晶粒长大愈快,烧结坯的晶粒愈粗大。温度过高和时间过长都会使晶粒过大,烧结温度过低和保温时间不足,造成欠烧,钨坯表面可吸水,表明坯料致密化不够。这都不利于钨坯的压力加工。

纯净或洁净、致密度高、晶粒细小的烧结锭坯是获得优质钨材的基本保证。

C　半成品加工与热处理

钨丝与钨板是最主要的钨材产品,下面以钨丝和钨板的生产说明钨材半成品生产的一些特点。

a　钨丝生产工艺

钨丝的生产工艺如下:

(1) 旋锻。垂熔钨条(方条 10 mm×10 mm×350 mm)加热到 1400℃保温 10~25 min,进行旋锻开坯。烧结坯未完全致密,塑性低,道次加工率应较小,开始时应小于 5%,以后可逐渐增加到 10%、15%。当总变形达到 40%~55% 时,应进行中间退火。旋锻时,旋锻模对坯料实行高频打击(旋锻频率达 6800~12000 次/min),使坯料由方形变成圆形,并提高坯料的密度和塑性,从而满足拉伸的需要。旋锻要防止折叠、劈裂、横裂、晶粒局部粗大等缺陷。

(2) 拉伸。钨丝的拉伸在链式拉伸机(粗拉)和圆盘式拉伸机(细拉)上进行。拉伸一般为热拉或温拉,大都采用煤气加热。由于钨丝牌号的不同,热拉温度在 800~1250℃ 范围内变化。随着拉伸程度的增加,钨丝塑性增加,加热温度逐渐降低,最终拉伸可在 400~500℃ 下进行。

润滑在拉伸中十分重要。钨丝拉伸的润滑剂为石墨乳剂。在热拉时,它起着减小摩擦系数与防止钨氧化的双重作用。

如前所述,再结晶退火可能导致钨材塑脆转变温度的上升。因此,钨丝退火要防止再结晶与晶粒长大。一般,粗丝退火温度为 1150(W-1)~1250℃(WTh),而细丝退火温度为 550~600℃。

b　钨板生产工艺

钨板坯的变形抗力大,塑性范围窄。必须加热到 1400℃ 以上才有较好的塑性和较低的变形抗力。因此,烧结钨板坯的开坯温度一般为 1550~1600℃。加热采用氢气保护。开坯后的板坯,塑性改善,轧制温度可以逐渐降低。8~1 mm 厚的板可分别在 1200~600℃下加工,即进行温加工。累计加工率达 90% 的钨板,可以承受冷加工,制成钨箔材。

为减小钨板的各向异性和降低塑-脆转变温度,钨板要采取换向轧制或交叉轧制。

纯钨(0.6 mm 以下)成品冷轧的总加工率应小于 60%,道次加工率应小于 10%。中间退火温度 700~900℃,保温约 1 h。

采用含氧化剂(NaNO₃ 或 KNO₃)的 NaOH 溶液进行碱洗,可去除钨板表面的氧化皮。然后进行酸洗,采用 30% HNO₃ 水溶液在 50~60℃下进行酸洗,可去除其他污点。

### 1.5.5　钼及其合金生产

钼是银灰色金属,它在地壳中含量为 0.01%,稍多于钨。钼矿有 20 余种,其中主要是辉钼矿,在钼的开采量中约占 90%。美国、加拿大、中国、智利等国钼资源丰富。中国钼资源占世界第一位。

1782 年瑞典科学家首先分离出钼,19 世纪用氢还原法制得了较纯的金属钼。

钼及钼合金由于耐高温,导电、导热性好,在冶金工业和电子工业中有广泛的用途。如制造 1700℃高温炉的发热体和反射屏材料、穿轧无缝钢管的钼顶头、挤压模、压铸模、抗液态金属腐蚀和熔融玻璃浸蚀的化工设备或工具、电子管阴极、栅极、高压整流元件、半导体集成电路导体等。

#### 1.5.5.1　钼材的主要品种与特性

工业钼材有纯钼（Mo1、Mo2、Mo1-1、Mo2-1）、MT（Mo-0.5% Ti）、TZM、TZC、Mo20W、Mo50W、Mo-47Re 及高温钼等。用量最大的是纯钼和 MT、TZM 合金。钼及其合金的成分及性能见表 1-5-9。Mo1、Mo2 是用粉末冶金法生产的,Mo1-1 和 Mo2-1 分别是用电子束熔炼和真空电弧炉熔炼法生产的。后两者纯度比较高。

表 1-5-9　几种主要工业钼基合金的性能

| 合　金 | Mo | Mo-0.5%Ti | TZM | TZC | Mo-30%W |
|---|---|---|---|---|---|
| 成分/% | 纯钼 | Mo-0.5Ti | Mo-0.5Ti-0.08Zr | Mo-1.5Ti-0.32Zr-0.15C | Mo-30W |
| 物理性能 | | | | | |
| 密度 $\rho/\mathrm{g \cdot cm^{-3}}$ | 10.22 | 10.2 | 10.2 | 10 | |
| 熔点 $T_m$/℃ | 2620 | 2592 | 2592 | 2592 | |
| 线胀系数/℃$^{-1}$ | $(1.5\sim4.3)$ $\times10^{-6}$ | $3.4\times10^{-6}$ $(1010℃)$ | $2.7\times10^{-6}$ $(38℃)$ | | |
| 力学性能 | | | | | |
| 弹性模量 $E$/GPa | 315 | 322 | 322 | | |
| 抗拉强度 $\sigma_b$/MPa | | | | | |
| 室温 | 770 | 910 | 980 | 826 | 826 |
| 1093℃ | 210 | 420 | 497 | 417 | 350 |
| 1640℃ | | 77 | 84 | 63 | |

从纯钼到 TZM 和 TZC 合金的再结晶温度、强度(特别是高温强度)是增加的,而加工塑性,特别是 TTD 温度是下降的。纯钼和 MT 可加工成板材,而 TZM 和 TZC 主要用做棒材和锻件。

纯钼主要用于高温炉发热体和反射屏、电子元件、汽车发动机气缸的耐腐涂层、玻璃熔炼炉中的加热电极等。

MT 合金用作导弹前缘、尾翼、发动机喷管、宇宙飞行器结构件、气冷反应堆包套材料等。

TZM 合金主要用于压铸模和等温锻造模具。TZM(熔炼态)和 TZC(粉冶态)用做穿孔钼顶头,其平均寿命比耐热钢顶头提高 100～300 倍。

### 1.5.5.2　钼材的生产工艺

钼材的生产主要是采用粉末冶金法,但熔炼法也占有重要的地位。因为钼的熔点比钨低,熔炼相对比较容易。真空电弧熔炼可以获得纯度较高,规格较大的锭坯,便于制备优质大规格钼合金材料。由于钼的粉末冶金工艺与钨非常相似,所以本书只做简要介绍,重点介绍钼熔炼法工艺特点。

**A　钼粉与钼条的制取**

制取钼粉的原料是钼酸铵或仲钼酸铵($w(MoO_3)>77\%$)。钼酸铵经煅烧而成 $MoO_3$,再经过二次或三次氢还原而成钼粉。

工业钼粉的纯度一般为 99.95% 以上,平均粒度为 2～3 μm,容积密度为 0.86～0.98 g/cm³。采用模压和垂熔烧结法制取的钼条,可供配制电极熔炼使用。

**B　钼铸锭的制取**

工业上可采用真空自耗电弧熔炼(VAR)和真空电子束熔炼(EB)两种方法制取钼铸锭。电子束熔炼成本高,不适于含碳钼合金的熔炼,应用较少。

制取纯钼锭用普通钼条($w(C)<0.020\%$),制 MT 和 TZM 合金则用高碳钼条($w(C)=0.030\%～0.050\%$)。钼条规格为(14～20)mm×(14～20)mm×(400～600)mm。钼条通过捆扎、组焊(氢保护焊或真空焊均可)而成电极。

MT 和 TZM 合金的典型熔炼工艺参数见表 1-5-10。

**表 1-5-10　钼及钼合金的熔炼工艺参数**

| 材　料 | 电极直径 /mm×mm | 坩埚直径 /mm | 熔化电流 /A | 熔化电压 /V | 真空度 /Pa | 熔速 /kg·min⁻¹ | 电极电流密度 /A·cm⁻² | 比电能 /kW·h·kg⁻¹ |
|---|---|---|---|---|---|---|---|---|
| 纯　钼 | 46×46 | 135 | 8500 | 39 | $133.3\times10^{-3}$ | 1.66 | 198 | 1.64 |
| MT | 17(18×18) | 160 | 9000 | 40 | $133.3\times10^{-3}$ | 2.0 | 163 | 1.46 |
| TZM | | 100 | 5000 | 35 | $1066\times10^{-4}$ | 1.75 | 245 | 1.67 |

真空熔炼中最敏感的工艺参数是熔炼电流。熔炼电流也影响熔池深度、熔化速度、真空度及铸锭质量,它与铸锭的直径(或坩埚的直径)有近乎线性的关系,即铸锭越大,熔炼电流越大。电极直径($d$)与坩埚直径($D$)之比($d/D$)也是影响铸锭质量和安全生产的重要参数。熔炼成品钼锭(二次钼锭)时要采取逐次降低电流的补缩工艺,以减少锭顶部缩孔引起的切头损失。

通过顺序结晶形成的钼锭,沿纵向长成粗大柱状晶,需多向大变形才能破碎。钼铸锭中常见的缺陷为皮下气孔、夹杂、表面结疤、冷隔、过深缩孔和过高锭冠等,这与原料中气体杂质含量高及工艺参数匹配不当有关。

EB 熔炼适于高纯钼锭的生产。在 EB 熔炼中,由于高真空与过热的长时间作用,钼获得良好的提纯条件。EB 熔炼时炉内产生脱气(除去溶解的 H、N)、分解(分解氢化物和氮化物)、脱氧(通过 C-O 反应和低价氧化物生成)和金属杂质的挥发(如 Na、K、Mg 高蒸气压元素挥发)。从表 1-5-11 可以看到,通过二次 EB 熔炼能使钼锭的氧纯度提高两个数量级。

表 1-5-11　EB 熔炼提纯钼的效果

| 状　　态 | | 杂质含量/% | | | |
|---|---|---|---|---|---|
| | | $H_2$ | C | $O_2$ | $N_2$ |
| 提纯前(预烧结钼坯) | | $2 \times 10^{-4}$ | $170 \times 10^{-4}$ | $810 \times 10^{-4}$ | $51 \times 10^{-4}$ |
| 提纯后 | EB 一次锭 | $1 \times 10^{-4}$ | $64 \times 10^{-4}$ | $105 \times 10^{-4}$ | $15 \times 10^{-4}$ |
| | EB 二次锭 | $1 \times 10^{-4}$ | $25 \times 10^{-4}$ | $6 \times 10^{-4}$ | $3 \times 10^{-4}$ |

### C　半成品的加工

钼半成品主要有钼棒、钼丝、钼板、钼箔及钼管等。

钼半成品的生产工艺流程与钨材半成品完全相同,不同点主要在加工温度和变形量。由于存在较高的 $DBTT$,钼板"冷轧"时也要略为加热。钼材加工的主要工艺参数见表 1-5-12。

表 1-5-12　纯钼的典型加工工艺参数

| 旋　锻 | | 产品规格/mm | 加工温度/℃ | 道次加工率/% | 总加工率/% |
|---|---|---|---|---|---|
| 旋　锻 | | $\phi 16 \sim 3$ | $1400 \sim 1500$ | $12 \sim 18$ | |
| 挤　压 | | $\phi 60$ | $1400 \sim 1600$ | | |
| 轧　板 | 热轧 | $\delta 20$ | $1150 \sim 1200$ | | |
| | 温轧 | $\delta 8 \sim 3$ | $700 \sim 900$ | 18 | 90 |
| | 冷轧 | $\delta 0.5$ | $200 \sim 300$ | | |
| 拉　丝 | | $\phi 3 \sim 2$ | $650 \sim 850$ | 20 | 50 |
| 退火　消除应力 | | $\phi 1.0$ | $920 \sim 980$ | | |
| 再结晶 | | $\phi 1.0$ | $1100 \sim 1150$ | | |

白点是冷轧钼片表面常见的一种缺陷。白点为白色长条形或椭圆形缺陷,它使钼片表面显得粗糙,造成大量废品。经分析,白点是由钼的氧化物($MoO_2$)、碳化物($Mo_2C$)与被其网络包裹着的钼晶粒组成,碱洗后裸露在钼片表面。降低钼坯中的 C、O 等杂质元素,提高坯料的成分均匀性,防止 C、O 偏聚,控制碱洗条件(避免碱洗温度过高或碱洗时间过长),可避免白点的发生。

表 1-5-13 和表 1-5-14 给出了高温钼丝和高温钼板的生产工艺,从这两个表可以看出钼材生产的工序、加工参数及所采用的装备等情况。

表 1-5-13　高温钼丝生产工艺过程

| 序号 | 工序名称 | 工序前后工件厚度/mm($\times$mm$\times$mm) | 工艺条件 |
|---|---|---|---|
| 1 | 加热 | $12 \times 12 \times 500$ | 十孔钼氢炉中加热至 $1500 \sim 1550$℃,保温 20 min |
| 2 | 13203 旋锻 | $\phi 9 \sim 8.5$ | $6 \sim 8$ 模次 |
| 3 | 132020.5 旋锻 | $\phi 6.8 \sim 7.0$ | 加热温度 1500℃,10 min,$2 \sim 3$ 模 |
| 4 | 13202 旋锻 | $\phi 4.8 \sim 4.5$ | 汽化炉加热至 $1200 \sim 1300$℃,7 模 |
| 5 | 13201 旋锻 | $\phi 3.0$ | 汽化加热至 $1100 \sim 1200$℃,$5 \sim 6$ 模 |
| 6 | 链拉 | $\phi 1.5 \sim 1.3$ | 加热至 1100℃,5 模 |
| 7 | 2500B | $\phi 0.7 \sim 0.6$ | 加热至 900℃,$8 \sim 9$ 模 |

表 1-5-14 高温钼板生产工艺

| 序号 | 工序名称 | 工序后工件规格(直径)/mm | 工 艺 条 件 |
|------|---------|----------------------|------------|
| 1 | 热轧开坯 | 22→10→2.5 | 在四辊可逆轧机上开坯,第一次1550℃,经二道次轧成10 mm;第二次1500℃,经三道次轧成2.5 mm |
| 2 | 碱 洗 | | NaOH溶液,500℃,2~3 min |
| 3 | 温 轧 | 2.5→0.8→0.5 | 四辊轧机,料温400~500℃,以镍带作引带,前、后张力400~1000N |
| 4 | 退 火 | | 1100℃,5 min连续退火 |
| 5 | 冷 轧 | 0.8→0.5→0.09 | 十二辊轧机,二次退火间总加工率为40%~50%,中间退火温度为900~1100℃,3 min |
| 6 | 冷 轧 | 0.9→0.03→0.05 | 二十辊轧机 |

## 1.5.6 钽及其合金生产

钽是暗灰色的难熔金属,熔点和密度仅次于钨和铼。它在地壳中的含量极少,为0.002%。在自然界中,钽总与铌相互伴生。钽铌矿物有130多种,其中铌钽铁矿和钽铁矿是常见矿物。钽提取冶金工艺复杂,成本很高。

1802年研究人员发现钽元素,1903年首次制得致密的纯金属钽。1922年开始进行钽的工业生产。1940年大容量钽电容器的出现促进了钽工业的发展。中国20世纪50年代开始钽的研究与开发,80年代后获得较快的发展。

钽具有最低的塑-脆转变温度和最好的室温塑性,易加工成丝材和箔材。钽的氧化膜致密,具有优良的介电性质,因此,钽的主要用途是制作电解电容器。钽电容器具有体积小,可靠性高,工作温度范围大,绝缘电阻大,抗振性好,使用寿命长的特点,为其他电容器所不可比拟,是钽的第一大应用领域,其用量占总用量的60%以上。

钽还可以做电子管阳极、阴极和栅极。钽在强酸中非常稳定,这是由于0.5 μm厚的 $Ta_2O_5$ 薄膜起到了良好保护作用。钽是极耐蚀的材料,常在关键性化工设备上应用(主要是与硫酸接触的设备)。

钽有很高的高温强度,在宇航工业中用做高温部件,但需要加抗氧化涂层。

钽同人体组织有良好相容性,可用于颅脑外科手术。

### 1.5.6.1 钽材的主要牌号及特性

工业钽材牌号有纯钽(Ta1、Ta2)及钽合金(Ta-10%W、Ta-7.5%W、Ta-2.5%W、Ta-30%Nb-7.5%V、Ta-5%W-2.5%Mo、Ta-8%W-2%Hf、Ta-10%W-2.5%Hf-0.01%C、Ta-10%W-2.5%Mo及 Ta-7%W-3%Re等)。产品品种有丝、棒、管、板、带、箔材等。

钽丝直径为3.0~0.6 mm者为粗丝,直径在0.6 mm以下者为细丝,工业生产细丝直径可达到0.03 mm水平。不同加工方法得到的纯钽材性能比较见表1-5-15。

表 1-5-15 不同加工方法得到的钽材拉伸性能比较

| 生 产 方 法 | 状 态 | $\sigma_b$/MPa | $\sigma_{0.2}$/MPa | $\delta$/% | 弯曲角/(°) |
|-----------|-------|---------------|-------------------|-----------|-----------|
| 粉末冶金法 | 退火前 | 870 | | 7.5 | >140 |
| | 1200℃×1 h | 403 | 315 | 42.5 | >140 |
| 电子束熔炼法 | 退火前 | 485 | 465 | 9.5 | >140 |
| | 1200℃×1 h | 493 | 478 | | >140 |

国外某些钽合金的性能见表 1-5-16。

**表 1-5-16　国外工业生产的某些钽合金标准成分及其性能**

| 合金牌号 | 合金组成 | 密度/g·cm$^{-3}$ | 熔点/℃ | 线胀系数/℃$^{-1}$ | 重结晶温度/℃ | 退火温度/℃ | 延性－脆性转变温度/℃ | 弹性模量/MPa | 抗拉强度/MPa | 屈服强度/MPa | 伸长率/% |
|---|---|---|---|---|---|---|---|---|---|---|---|
| Ta-10W | Ta-10W-0.03Mo-0.1Nb | 16.84 | 3033 | $3.74\times10^{-4}$ (1649℃) | 1316~1538 | 1203~1232 | -196 | 203890 | 562 | 471 | 25 |
| T-111 | Ta-8W-2Hf-0.1Zr-0.1Nb-0.04Mo | 16.73 | 2982 | $4.2\times10^{-4}$ (1649℃) | 1427~1649 | 1093~1316 | -196 | | 773 | 703 | 29 |
| T-222 | Ta-10W-2.5Hf-0.1Zr-0.1Nb-0.02Mo | 16.79 | 3027 | | 1538~1649 | 1093~1316 | -196 | 203890 | 773 | 703 | 30 |

Ta-W、Ta-W-Re、Ta-W-Hf 等类型的合金,主要用于制造火箭、导弹及喷气发动机的耐热部件。如 Ta-10W 合金曾用做宇宙飞船的燃烧室,使用温度达 2500℃。用液态金属冷却的火箭喷管,必须用 Ta-W 合金。Ta-Hf 合金用做火箭喷嘴,使用温度可达 2200℃。

钽对液态金属汞、钠、钠钾合金具有很高的化学稳定性,故在原子能工业中用钽合金做液态金属容器和高温释热元件的扩散壁,用在这方面的合金有 Ta-2.5Re-3W、Ta-10W、T-111(Ta-8W-2Hf)和 T-222(Ta-9.6W-2.4Hf-0.01C)等。

#### 1.5.6.2　钽材的生产工艺

##### A　金属钽的制取

金属钽可以采用不同原料(氟化物、氧化物或氯化物)和多种还原方法制取。还原方法分热还原法和电解法。热还原法又分为金属热还原法(如钠、镁还原法)和非金属还原法(如碳和氢还原法)。常用的方法有下列几种:

(1) 钠还原氟化物制取钽粉。$K_2TaF_7$(固态或液态)与 Na(气态或液态)在氩气保护下进行放热反应($K_2TaF_7 + 5Na \longrightarrow Ta + 23KF + 5NaF$),温度在 900℃ 以上。反应产物经破碎、水洗、酸洗和分级处理,可制得电容器级钽粉。

(2) 铝还原氧化物制取钽块。$Ta_2O_5$ 通过铝热反应($3Ta_2O_5 + 10Al = 6Ta + 5Al_2O_3$)可制取金属钽块。为便于金属与渣分离和降低渣的熔点,炉料中要加入少量氧化铁和硫磺。此法工艺简单,回收率高。

(3) 碳还原氧化物制取高纯钽粉。在高真空下,$Ta_2O_5$ 与 C 直接作用,经一段、二段还原后进行氢化,然后破碎、分级,得高纯钽粉。此法流程短,工艺最成熟。

(4) 金属还原氯化物制钽粉。在钢制坩埚中,$TaCl_5$ 与金属(Mg 或 Na)进行反应,反应产物经过水洗、酸洗、真空烘干,而得到 1~10 $\mu m$ 的钽粉。

(5) 熔盐电解法制粗颗粒钽粉。$K_2TaF_7$ 加上其他化合物(如 KF、KCl 及少量 $Ta_2O_5$ 等),组成电解质体系,进行电解(电解温度为 680~720℃),可制得 100~120 $\mu m$ 的粗钽粉。此法曾在工业上广泛应用,现已基本被淘汰,但可以用于制取钽涂层。

##### B　钽锭坯制备

钽锭坯的生产方法有真空熔炼法和粉末冶金法。

（1）粉末冶金法制锭坯。工艺流程为：钽粉→成形→预烧结→烧结。

钢模压坯条时，润滑剂有甘油－酒精溶液或石蜡－四氯化碳溶液，加入量为 0.2% ～0.7%，成形压力为 800 MPa。大坯料采用油等静压成形时，压力为 300～500 MPa，保持 2～3 min 即可。

预烧结温度为 1000～1200℃，在 133.33×10⁻⁵ Pa 真空度下进行。高温烧结温度为 2000～2700℃，可以采用垂熔烧结，也可以在真空钨丝炉或真空感应炉内进行。有时采用两次垂熔：第一次垂熔使密度达 90% 左右，冷变形 15% ～30% 后再进行二次垂熔，使密度达 98% 左右。烧结钽锭的氧含量可降到 0.02%（Ta1）和 0.03%（Ta2）水平，碳含量可降到 0.01%（Ta1）和 0.02%（Ta2）水平。

（2）真空熔炼法制锭坯。钽铸锭主要是采用电子束熔炼法，其主要流程是：钽粉→油等静压成形→预烧结→烧结→氩弧焊箱内焊接→一次电子束熔炼→切底垫→二次锭焊接→二次电子束熔炼→钽铸锭。

钽电子束熔炼工艺参数实例和提纯效果分别示于表 1-5-17、表 1-5-18。电子束钽锭中的氧含量和碳含量可分别达到 0.004% 和 0.006% 水平，纯度比粉冶法坯料高得多。

**表 1-5-17 钽电子束熔炼工艺参数实例**

| 设备功率 /kW | 坩埚直径 /mm | 原料状态 | 熔次 | 真空度 /Pa | | 熔炼功率 /kW | 熔炼速度 /kg·h⁻¹ | 比电能 /kW·h·kg⁻¹ | 冷却时间 /min | 成锭率 /% |
|---|---|---|---|---|---|---|---|---|---|---|
| | | | | 熔前 | 熔炼 | | | | | |
| 200 | 60 | φ45 mm 烧结棒 | 1 | 666.5 | 666.5 | 130～140 | 20～25 | 5.6～6.5 | 60 | 89 |
| 200 | 80 | φ60 mm 一次锭 | 2 | 666.5 | 133.3 | 180～190 | 20～25 | 7.5～9.0 | 90 | 94 |
| 120 | 75 | φ60 mm 一次锭 | 2 | 666.5 | 106.6 | 100～110 | 12～14 | 8～8.3 | 90 | 94 |

**表 1-5-18 电子束熔炼钽的提纯效果**

| 状 态 | 坩埚直径 /mm | 熔速 /kg·h⁻¹ | 熔炼功率 /kW | 比电能 /kW·h·kg⁻¹ | 熔炼真空度 /Pa | 杂质含量 /% | | | | 挥发损失 /% |
|---|---|---|---|---|---|---|---|---|---|---|
| | | | | | | H | C | O | N | |
| 预烧结钽 | | | | | | 0.042 | 0.1430 | 0.0260 | | |
| 一次熔炼 | 60 | 15～18 | 140 | 7.8～9.5 | 133.3×10⁻⁴ | 0.0090 | 0.0130 | 0.0020 | | 14.4 |
| 二次熔炼 | 75 | | 100～105 | 7.6 | (133～933)×10⁻⁵ | 0.0060 | 0.0040 | <0.0020 | | 8.89 |

C  钽丝与钽板的生产

a  钽丝生产

钽塑性好，拉丝可在室温下进行。工艺流程为：丝坯→表面清洗→阳极氧化→拉伸→酸洗表面→中间退火→拉伸→表面清洗→成品退火→复绕→成品。

粗钽丝拉伸润滑剂有：固体蜂蜡、胶体石墨乳、石墨乳＋树胶水液、猪油＋肥皂水液等。细丝拉伸润滑剂有两种：

（1）1% ～3% 肥皂＋10% 油脂（猪油）＋水（用于带氧化膜拉伸）；

（2）9 g 硬脂酸＋15 mL 乙醚＋16 mL 四氯化碳＋40 mL 扩散泵油（用于无氧化膜拉伸）。

钽丝的道次加工率为 4% ～15%，退火温度为 1200～800℃，粗丝采用较大的道次加工率和较高的退火温度，细丝则采用较小的加工率和较低的退火温度。钽丝退火要在 133×10⁻⁴ ～133×10⁻⁵ Pa 真空下进行，表面要包覆钽箔，以减少表面气体污染。

b　钽板生产

钽板生产的典型工艺流程为:钽锭→冷锻→刨面→真空退火→冷轧→剪切下料→酸洗→真空退火→成品检查→入库。

钽锭可冷锻开坯,这是一个很大的特点和优点。冷轧总加工率可达 70% ~80%,道次加工率为 5% ~10%,真空退火温度为 1100~1200℃,酸洗液为 25% ~30%HNO$_3$+5% ~10%HF 水溶液。

### 1.5.7　铌及其合金生产

铌和钽为同族元素,物理化学性质十分相似。铌与钽伴生,铌在地壳中的含量为 $2.4 \times 10^{-3}$%,为钽储量的 10.4 倍。巴西资源最丰富。中国铌资源占世界的 6.59%,多为贫矿,90% 集中在包头。

1801 年研究人员发现铌元素,1866 年用氢还原法制得金属铌,1907 年得到致密金属铌,20 世纪 60 年代中国开始铌材的生产。

铌像钽一样能形成阴极氧化膜,可部分代替钽做小型低压电解电容器。Nb-1Zr 合金抗钠蒸汽的腐蚀,用做高压钠灯的封帽,钠灯比高压汞灯节电 50%,需求量不断增长。

铌合金喷丝头、铌合金电镀加热器在化工领域获得广泛应用。

铌合金有良好的高温性能,C-103(Nb-10Hf-1Ti)等铌合金在航空航天领域获得重要应用。

铌钛超导材料在核磁共振人体成像仪、磁悬浮列车、电输送、电磁分离、核聚变等方面有独特的用途,是铌应用的最大潜在市场。

#### 1.5.7.1　铌材的主要牌号及特性

工业铌材的主要牌号有纯铌(Nb1、Nb2)、Nb-1Zr、Nb-5Zr、Nb-5V、C-103(Nb-10Hf-1Ti)、Nb-10W-10Ta、Nb-28Ta-10W-1Zr 等 20 余种。

部分铌及铌合金的性能见表 1-5-19 和表 1-5-20。

**表 1-5-19　几种铌合金的物理性能**

| 合　　金 | 密度/g·cm$^{-3}$ | 熔点/℃ | 再结晶温度/℃ | 延性－脆性转变温度/℃ |
|---|---|---|---|---|
| Nb | 8.57 | 2468 | 1070~1200 | |
| Nb-5Zr | 8.57 | 2180 | 980~1300 | |
| Nb-10Ti-10Mo-0.1C | 8.08 | 2260 | | -73 |
| Nb-10Ti-5Zr | 7.92 | 1930 | 970~1150 | |
| Nb-10W-1Zr-0.1C | 9.02 | 2590 | 1150~1430 | |
| Nb-33Ta-1Zr | 10.3 | 2510 | | |
| Nb-28Ta-10W-1Zr | 10.8 | 2590 | 1310~1370 | -196 |
| Nb-10W-2.5Zr | 9.02 | 2430 | 1150~1430 | -196 |
| Nb-10W-10Ta | 9.60 | 2600 | | < -196 |
| Nb-10Hf-1Ti-0.5Zr | 8.86 | | | < -196 |
| Nb-10W-10Hf | 9.5 | | 980~1200 | 135 |
| Nb-4V | 8.47 | 2380 | 930~1200 | |
| Nb-5V-5Mo-1Zr | 8.44 | 2370 | 1100~1370 | < -196 |
| Nb-1Zr | 8.57 | 2470 | 1000~1280 | < -73 |

表 1-5-20 几种铌基合金的室温抗拉性能

| 合　金 | 试验状态 | 屈服强度 $\sigma_{0.2}$/MPa | 抗拉强度/MPa | 伸长率/% |
|---|---|---|---|---|
| Nb-5Zr | 消除应力 | 429 | 527 | 15 |
| Nb-10Ti-10Mo-0.1C | 再结晶 | 633 | 689 | 15 |
| Nb-10Ti-5Zr | 再结晶 | 506 | 562 | 20 |
| Nb-10W-1Zr-0.1C | 消除应力 | 492 | 611 | 21 |
| Nb-33Ta-1Zr | 消除应力 | 633 | 689 | 12 |
| Nb-28Ta-10W-1Zr | 消除应力 | 647 | 769 | 14 |
| Nb-10W-2.5Zr | 再结晶 | 492 | 590 | 22 |
| Nb-10W-10Ta | 再结晶 | 422 | 529 | 25 |
| Nb-10Hf-1Ti-0.5Zr | 再结晶 | 352 | 415 | 26 |
| Nb-10W-10Hf | 再结晶 | 506 | 619 | 26 |
| Nb-4V | 再结晶 | 380 | 548 | 32 |
| Nb-5V-5Mo-1Zr | 再结晶 | 534 | 710 | 26 |
| Nb-1Zr | 再结晶 | 246 | 338 | 15 |

### 1.5.7.2 铌材生产工艺

A 金属铌的制取

制取金属纯铌有三种方法：

（1）间接碳还原生产铌条。将过量 $Nb_2O_5$ 与 NbC 压成条,吊装在石墨管状还原炉的石墨坩埚内,在 1700~1950℃和 1.333 Pa 的低真空下,进行 8 h 还原反应。加上升温与冷却,加工一炉约需 40 h,所得铌条碳和氧含量可分别达到 0.05% 和 0.10% 水平。

（2）直接碳还原－氢化法生产铌粉。用过量 $Nb_2O_5$ 与石墨粉混合,压成条(20 mm×20 mm×500 mm),在石墨管状电阻炉内还原,还原条件为低真空,温度为 1600~1900℃,还原 12 h 后降温至 800℃左右通氢(压力 120 kPa),进行氢化。这是生产电容器级铌粉的主要方法。铌粉质量符合 6.3~25 V 铌电解电容器的要求。碳、氧含量分别为 0.025% 和 0.25%。

（3）铝热还原法。$Nb_2O_5$ 与铝粉和助熔剂(硫、$BaO_2$ 等)混合,放入氧化铝坩埚中,预热到 800℃引爆,得到含 2% Al 的粗铌。粗铌中氧含量达 0.8%~1.0%,必须用电子束熔炼提纯。该法比较经济、简单,适于较大规模生产。

B 铌锭坯的制取

真空电弧炉熔炼、电子束熔炼和等离子熔炼都可用于致密铌锭的生产。这些熔炼方法在提纯效果、成分控制及生产成本方面各有优缺点。由于篇幅有限,在此不详述。电子束提纯的效果见表 1-5-21。

**表 1-5-21　电子束提纯铌的间隙杂质含量**

| 熔炼次数 | | 1 | 2 | 3 | 4 | 5 | 6 |
|---|---|---|---|---|---|---|---|
| 杂质含量/% | C | $8 \times 10^{-4}$ | $8 \times 10^{-4}$ | $7 \times 10^{-4}$ | $10 \times 10^{-4}$ | $6 \times 10^{-4}$ | $8 \times 10^{-4}$ |
| | O | $675 \times 10^{-4}$ | $128 \times 10^{-4}$ | $54 \times 10^{-4}$ | $32 \times 10^{-4}$ | $17 \times 10^{-4}$ | $10 \times 10^{-4}$ |
| | H | $1 \times 10^{-4}$ | $1 \times 10^{-4}$ | $2 \times 10^{-4}$ | $1 \times 10^{-4}$ | $1 \times 10^{-4}$ | $1 \times 10^{-4}$ |
| | N | $128 \times 10^{-4}$ | $59 \times 10^{-4}$ | $45 \times 10^{-4}$ | $28 \times 10^{-4}$ | $26 \times 10^{-4}$ | $20 \times 10^{-4}$ |
| | 总量 | $812 \times 10^{-4}$ | $196 \times 10^{-4}$ | $107 \times 10^{-4}$ | $71 \times 10^{-4}$ | $50 \times 10^{-4}$ | $31 \times 10^{-4}$ |

C　铌材的加工

a　板、带、箔的加工

熔炼锭和烧结锭均可用来加工成板材。开坯采用冷锻,真空退火温度为 $1200 \sim 1150$℃,冷轧总加工率可大于 70%,道次加工率为 5% ~ 10%;酸洗液为(25% ~ 30%)$HNO_3$ + (5% ~ 10%)NF 水溶液。在加工厚度 0.3 mm 以下箔材时,需要施加前、后张力。纯铌箔的退火温度可降至 $950 \sim 1000$℃。

b　铌管加工

生产铌管采用锭坯→挤压→轧制→拉伸流程。挤压温度为 $970 \sim 1030$℃,用软钢做包套材料,挤压比可达 14,如用 $\phi84$ mm/$\phi23$ mm 锭坯可挤出 $\phi31$ mm/$\phi22$ mm 管坯。

### 1.5.8　高纯难熔金属的制取

现代微电子技术的发展,要求制取高纯与超高纯难熔金属。

超大规模集成电路(ULST)对难熔金属中的杂质,包括碱金属、放射性金属和气体杂质都有严格限制,要求达到 99.95% ~ 99.9999%。对 1 兆位基片来说,难熔金属薄膜中的铀(U)和钍(Th)的含量必须控制在 $10^{-7}$% 以下,因为这些放射性衰变可能引起数据存储潜力的变化。

在金属氧化物半导体型晶体管(MOS)中,易迁移离子($Li^+$、$Na^+$、$K^+$、$Ca^{2+}$ 和 $Mg^{2+}$ 等)均使晶体管的临界电压波动,导致器件失效。因此,要求碱金属元素含量小于 $5 \times 10^{-7}$%,最好小于 $1 \times 10^{-7}$%。

重金属(Cr、Mn、Fe、Co、Ni、Cu、Zn、Sn、Pb 等)会导致电泄漏或引起有害的界面反应,它们的含量应小于 $1 \times 10^{-6}$%。气体元素(O、N、H、C)会产生各种缺陷,其含量要求小于 $1 \times 10^{-5}$%。

制取高纯难熔金属要采用化学与物理相结合的冶金方法,要从原料的纯化入手,电子束悬浮区域熔炼和高真空退火是关键工序。下面以高纯铌的制取为例,介绍高纯难熔金属的制取原理。

超高纯铌的制取工艺流程如图 1-5-9 所示。

利用上述工艺,制得的纯铌杂质含量极低(见表 1-5-22),电阻比可达 100000。

**表 1-5-22　高纯铌中的杂质含量(%)**

| K | Na | Ca | Mg | Al | Si | S | Cl | C | Ti | V |
|---|---|---|---|---|---|---|---|---|---|---|
| $0.5 \times 10^{-4}$ | $0.77 \times 10^{-4}$ | $0.15 \times 10^{-4}$ | $<0.36 \times 10^{-4}$ | $0.1 \times 10^{-4}$ | $0.3 \times 10^{-4}$ | $0.27 \times 10^{-4}$ | $0.23 \times 10^{-4}$ | $0.06 \times 10^{-4}$ | $0.05 \times 10^{-4}$ | $<0.03 \times 10^{-4}$ |

| Mn | Fe | Co | Ni | Cu | Zn | Ga | As | Zr | Mo | Ag |
|---|---|---|---|---|---|---|---|---|---|---|
| $0.03 \times 10^{-4}$ | $0.3 \times 10^{-4}$ | $<0.03 \times 10^{-4}$ | $0.05 \times 10^{-4}$ | $<0.02 \times 10^{-4}$ | $<0.03 \times 10^{-4}$ | $0.33 \times 10^{-4}$ | $0.03 \times 10^{-4}$ | $0.1 \times 10^{-4}$ | $0.5 \times 10^{-4}$ | $<0.14 \times 10^{-4}$ |

| Ba | Hf | Ta | W | Pb |
|---|---|---|---|---|
| $<0.03 \times 10^{-4}$ | $0.16 \times 10^{-4}$ | $0.7 \times 10^{-4}$ | $0.5 \times 10^{-4}$ | $0.05 \times 10^{-4}$ |

制取超纯 $Nb_2O_5$ →除去钽、锆、钼、钨等杂质

↓

由 $Nb_2O_5$ 制取 $NbCl_5$ →进一步提纯

↓

热分解 $NbCl_5$ →制取致密金属铌

↓

悬浮区熔→除去易挥发杂质

↓

$\dfrac{\text{氧气氛下低温退火}}{(\text{氧压 } 0.67 \text{ MPa}, 200℃)}$ →利用氧脱碳

↓

$\dfrac{\text{高温高真空退火}}{(13 \times 10^{-5} \text{Pa}, 2300℃)}$ →除氧

图 1-5-9 制取超纯铌的工艺原理图

如果以区熔电子束铌锭(含 $Ta140 \times 10^{-4}\%$，$W35 \times 10^{-4}\%$)为原料，在碱式氟化物熔体(含 $K_2NbF_7$)中二次电解精炼，再经超高真空电子束区域、超高真空退火和脱碳，则铌锭纯度可达 99.9999%。

# 2 铸锭生产

铸锭生产的基本任务是获得成分、组织性能、表面质量和尺寸形状符合要求的锭坯。铸锭生产是金属材料生产工艺的第一道工序,在这一工序中产生的冶金缺陷,如结晶弱面、偏析、晶粒粗大、氧化物及金属间化合物、气泡以及分布于枝晶间的杂质元素等,都给后续工序带来很多不利的影响。因此,在熔铸过程中必须给予严格控制。

铸锭生产包括熔炼与铸造,即熔铸过程,它包括备料、配料计算、熔化、精炼、调整成分和温度、浇注、铸锭质量检查和机械加工等工序。为了保证铸锭的化学成分符合要求,必须了解合金成分在熔铸过程中的变化情况,掌握其熔损率和配料计算方法。要得到气体、夹渣少和流动性好的熔体,必须了解金属、气体和氧化夹渣的物化性质,气体与金属相互作用的规律,掌握去气去渣的精炼工艺。要得到组织细密、性能均匀、没有气孔、缩孔和裂纹等缺陷的合格铸坯,必须了解铸锭成形过程及影响铸坯结晶组织的各种因素,掌握铸锭工艺等。

有色金属,特别是稀有难熔金属的化学活性强,在熔铸过程中与气相(炉气或空气)、固相(炉衬、涂料)、液相(水分、溶剂)等产生一系列的物理化学作用,如金属的氧化生渣和吸气,会使一些合金元素烧损,使铸坯产生夹渣和气孔等。由于铸坯内外的冷凝速度不同,会引起应力、裂纹、偏析与缩孔等。可以认为,铸锭过程主要是与氧、氢等气体及铸坯冷凝不均匀性作斗争的过程。

## 2.1 有色金属熔炼

铸锭生产是将熔炼好的熔体铸成尺寸、形状、成分、组织等符合要求的铸锭(坯),具体来说,铸锭(坯)对金属熔体的质量有以下基本要求:

(1)化学成分合格。合金材料的组织性能,除了工艺条件的影响外,主要靠化学成分来保证,成分或杂质一旦超出标准,就要按化学废品处理,从而造成损失。

(2)防止金属熔体吸收杂质和减少污染。新金属、粗金属、再生金属和各种回炉料都不同程度地含有各种杂质元素,合金中的杂质往往随回炉重熔次数的增加而逐渐积累,它们对金属材料的性能都有不利影响,在熔炼过程中可采取一切必要的措施,降低金属中的杂质含量,减少其对熔体的污染。

### 2.1.1 熔体成分的控制

本节主要讨论合金成分在熔炼过程中发生变化的一般规律,如金属的氧化、挥发和降低氧化烧损的方法;控制合金成分的配料计算方法与途径。

#### 2.1.1.1 金属的氧化熔损

A 金属氧化的热力学

金属的氧化是由于氧对金属有一定的结合力,并且与金属的本性、温度等因素有关,是金属熔炼特性之一。

金属在大气下的熔炉中加热、熔炼及其后续的浇注过程中,随着温度的升高,与炉气或大气接触的金属表面,会发生一系列的物理化学作用。在通常的氧化性炉气中,尤其易产生氧化反

应,造成氧化夹渣和氧化烧损,以铜合金熔炼为例,其氧化熔损过程如下:

$$[2Cu] + \frac{1}{2}\{O_2\} \Longrightarrow (Cu_2O) \tag{2-1-1}$$

$$(Cu_2O) + \frac{1}{2}\{O_2\} \Longrightarrow (2CuO) \tag{2-1-2}$$

$$[2Cu] + \{O_2\} \Longrightarrow (2CuO) \tag{2-1-3}$$

式中 [ ]——在铜水中;

( )——在熔渣中;

{ }——在炉气中。

铜表面的氧化亚铜一方面继续氧化成氧化铜,一方面向铜内扩散并溶于铜中,即$(Cu_2O)$ $\Longrightarrow [Cu_2O]$。此时,铜中的大多数合金元素,特别是与氧有较大结合力的元素,便会与氧化亚铜作用而受到氧化:

$$[Me] + [Cu_2O] \Longrightarrow (MeO) + [2Cu]$$

式中,[Me]为溶于铜中的元素。当然,化学活性强的元素也可直接被炉气中的氧所氧化。一般是合金的基体金属先氧化,合金元素则随其与氧结合力的大小及含量多少依次氧化。金属氧化损失大小,主要与其化学活性、浓度、氧化膜的性质、熔炼温度及操作方法等有关。

合金元素的氧化次序和氧化熔损的程度,可按其热力学性质来比较。在标准状态下(气相分压为 $p^\ominus$,凝聚相为纯物质),金属与 1 mol 的 $O_2$ 作用生成金属氧化物的自由焓变量,称为氧化物的标准自由焓变量 $\Delta G^\ominus$

$$\frac{2x}{y}Me(s,l) + O_2(g) = \frac{2}{y}Me_xO_y(s,l) \tag{2-1-4}$$

$$\Delta G^\ominus = -RT\ln K_p = RT\ln p_{O_2}$$

$\Delta G^\ominus$ 不仅是衡量标准状态下金属氧化的趋势,也是衡量氧化物稳定性大小的量度。某金属氧化物的 $\Delta G^\ominus$ 越负,则该元素与氧的结合力(或亲和力)越大,氧化反应的趋势亦越大,氧化物越稳定。

某一氧化物的 $\Delta G^\ominus$ 值取决于温度。由热容 $c_p$ 和热焓变量 $\Delta H^\ominus$ 导出的 $\Delta G^\ominus$ 与温度 $T$ 的关系式通常是多项式 $\Delta G^\ominus = f(T)$,为了方便计算与作图,通常取二项式,即 $\Delta G^\ominus = A + BT$。各种元素氧化反应的 $\Delta G^\ominus \sim T$ 的关系式见图 2-1-1。图 2-1-1 显示了各种氧化物的 $\Delta G^\ominus$ 随温度的变化规律,可粗略地找出某一温度下金属氧化反应的 $\Delta G^\ominus$ 值。由图 2-1-1 可以看出,几乎所有的氧化物在熔炼温度范围内的 $\Delta G^\ominus$ 都为负值,说明在标准状态下各元素的氧化反应均为自动过程,直线的位置越低,$\Delta G^\ominus$ 值越负,金属氧化趋势越大,氧化程度越高,如 Al、Mg、Ca 的氧化。反之,直线位置越高,$\Delta G^\ominus$ 值越大。氧化趋势和程度越小,如 Cu、Pb、Ni 等金属的氧化。根据图中直线之间的位置关系可以知道元素氧化先后的大致顺序是:Ca、Mg、Al、Ti、Si、V、Mn、Cr、Fe、Co、Ni、Pb、Cu。例如,凡是 Cu 线以下的元素,对氧的亲和力都大于铜对氧的亲和力,故在熔炼铜时,它们会被氧化而进入炉渣。金属 Me 可被炉气中的氧气直接氧化,也可被其他氧化剂(MO)间接氧化。

$$[Me] + (MO) = (MeO) + [M] \tag{2-1-5}$$

研究表明,反应式 2-1-5 的热力学条件为:$\Delta G^\ominus_{MeO} < \Delta G^\ominus_{Me}$,即 Me 对氧的亲和力大于 M 对氧的亲和力,所以位于 $\Delta G^\ominus - T$ 图下方的金属可被位于上方的氧化物所氧化,它们相距的垂直距离越远,反应的趋势越大,例如:

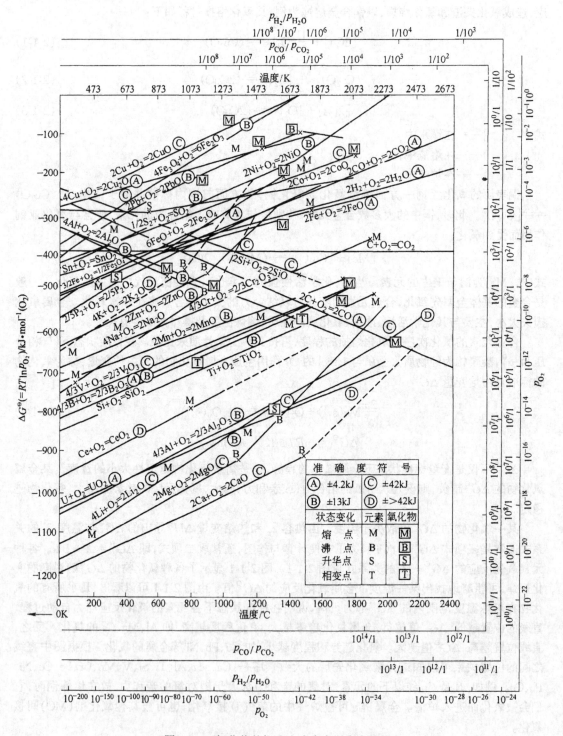

图 2-1-1  氧化物的标准生成吉布斯自由能图

$$Al(l) + \frac{3}{2}H_2O(g) = \frac{1}{2}Al_2O_3(\gamma\text{晶体}) + [3H](溶于 Al 液中) \tag{2-1-6}$$

$$Mg(l) + CO(g) = MgO(s) + C \tag{2-1-7}$$

即在熔炼温度范围内,Al、Mg 能被 $H_2O(g)$、CO 或 $CO_2$ 氧化。在熔炼铝及铝合金时,如果用 $SiO_2$ 作炉衬,则熔体将与耐火材料发生氧化还原反应,结果金属被污染,炉衬被侵蚀。

氧化物的分解压 $p_{O_2}$,是衡量金属与氧亲和力大小的另一个量度,$p_{O_2}$ 小,金属与氧的亲和力大,氧化趋势大。分解压与温度的关系可由 $\Delta G^{\ominus} - T$ 的关系式导出。由 $\Delta G^{\ominus} = A + BT$ 及式 2-1-1可得:

$$RT\ln p_{O_2} = A + BT \qquad (2\text{-}1\text{-}8)$$

$$\ln p_{O_2} = \frac{A + BT}{RT} = \frac{A'}{T} + B' \qquad (2\text{-}1\text{-}9)$$

图 2-1-1 在下侧配有 $p_{O_2}$ 专用"⌐"形标尺,可用来直接读出各氧化物在给定温度下的分解压。

氧化反应的 $\Delta G^{\ominus} - T$ 直线式可写成 $\Delta G^{\ominus} = A + BT$,在形式上与自由焓的定义式 $\Delta G^{\ominus} = \Delta H^{\ominus} - T \cdot \Delta S^{\ominus}$ 相似,两式比较,得到 $A = \Delta H^{\ominus}$,$-B = \Delta S^{\ominus}$。当 $T = 0$ K 时,$\Delta G^{\ominus} = \Delta H^{\ominus}$。同时,多数 $\Delta G^{\ominus} - T$ 直线大致呈平行关系,这样,也可用氧化反应的生成热 $\Delta H^{\ominus}$(表 2-1-1)的大小来判断氧化反应的趋势。

**表 2-1-1　氧化物的标准生成热和某些物理性质**

| 氧化物 | $-\Delta H^{\ominus}$ | | 密度 /g·cm$^{-3}$ | 熔点 /℃ | 氧化物 | $-\Delta H^{\ominus}$ | | 密度 /g· cm$^{-3}$ | 熔点 /℃ |
|---|---|---|---|---|---|---|---|---|---|
| | kJ /mol(Me$_x$O$_y$) | kJ /mol(O$_2$) | | | | kJ /mol(Me$_x$O$_y$) | kJ /mol(O$_2$) | | |
| CaO | 634.7 | 1269.4 | 3.40 | 2615 | $MoO_2$ | 588.2 | 588.2 | 4.51 | — |
| $ThO_2$ | 1228.0 | 1228.0 | 5.49 | 3220 | $SnO_2$ | 581.1 | 581.1 | 7.00 | 1930 |
| $Ce_2O_3$ | 1821.3 | 1214.2 | — | 1687 | $Fe_2O_3$ | 826.1 | 550.6 | 5.24 | $T_{D.p.}$1462 |
| MgO | 601.6 | 1203.3 | 3.65 | 2825 | FeO | 272.1 | 544.3 | 5.70 | 1377 |
| BeO | 599.1 | 1198.3 | 3.02 | 2547 | $MnO_2$ | 520.4 | 520.4 | — | — |
| $Li_2O$ | 599.1 | 1198.3 | 2.01 | 1570 | CdO | 255.8 | 511.6 | 8.15 | $T_{sb}$1497 |
| $Al_2O_3$ | 1674.7 | 1116.6 | 4.0 | 2030 | $H_2O(g)$ | 242.8 | 485.7 | 1.00 | 0 |
| BaO | 553.9 | 1107.8 | 5.72 | 1925 | NiO | 240.7 | 481.5 | 7.45 | 1984 |
| $ZrO_2$ | 1098.2 | 1098.2 | 4.60 | 2677 | CoO | 239.1 | 478.1 | 5.63 | 1805 |
| $TiO_2$ | 945.4 | 945.4 | 4.26 | 1870 | $SbO_2$ | 475.2 | 475.2 | — | — |
| $SiO_2$ | 911.5 | 911.5 | 2.65 | 1723 | TeO | 234.5 | 468.9 | — | 747 |
| $Na_2O$ | 418.3 | 836.5 | 2.27 | 1132 | PbO | 219.4 | 438.8 | 9.53 | 885 |
| $Ta_2O_5$ | 2047.3 | 918.9 | 8.73 | 1877 | $As_2O_3$ | 653.6 | 435.8 | 3.71 | 309 |
| $V_2O_3$ | 1226.7 | 917.8 | 4.87 | >2000 | $CO_2$ | 394.0 | 394.0 | — | — |
| MnO | 385.2 | 770.4 | 5.00 | 1785 | $Sb_2O_5$ | 972.5 | 389.0 | 3.78 | — |
| $Nb_2O_5$ | 1903.3 | 761.2 | 4.60 | 1512 | $Cu_2O$ | 170.4 | 340.8 | 6.00 | 1236 |
| $Cr_2O_3$ | 1130.4 | 753.6 | 5.21 | 2400 | CuO | 158.7 | 317.4 | — | $T_{D.p.}$1026 |
| $K_2O$ | 363.4 | 726.8 | 2.78 | $T_{D.p.}$881 | $SO_2$ | 296.8 | 296.8 | — | — |
| ZnO | 348.3 | 696.7 | 5.60 | 1970 | CO | 110.5 | 221.1 | — | — |
| $P_2O_5$ | 1493.0 | 997.0 | 2.39 | 570 | $Ag_2O$ | 30.6 | 61.1 | 7.14 | 300 |
| $WO_2$ | 589.9 | 589.9 | 19.60 | $T_{D.p.}$1724 | $Au_2O_3$ | -47.7 | -30.6 | — | -160 |

综上所述,在标准状态下,金属的氧化趋势、氧化顺序和可能的烧损程度,一般用氧化物的标准生成自由焓 $\Delta G^{\ominus}$ 作为判据。由 $\Delta G^{\ominus}$ 可求得氧化物的分解压和标准生成焓 $\Delta H^{\ominus}$,通常 $\Delta G^{\ominus}$、$p_{O_2}$ 或 $\Delta H^{\ominus}$ 越小,元素的氧化趋势越大,可能的氧化程度越高。

熔炼过程大多在非标准状态下进行,即在实际合金熔体和炉渣熔体中,反应物和生成物的活度均不为1,气相分压也不是 $p^{\ominus}$,这样就不能按标准态处理。为了分析实际条件下氧化还原反应的方向及限度,必须计算实际条件下反应的 $\Delta G$、$p'_{O_2}$ 和平衡常数,根据化学反应的等温方程式:

$$\Delta G = \Delta G^{\ominus} + RT\ln Q_p = RT\ln p_{O_2} - RT\ln p'_{O_2} = RT\ln \frac{p_{O_2}}{p'_{O_2}} \tag{2-1-10}$$

式中,$p'_{O_2}$ 为气相中氧的实际分压;$Q_p$ 为压力商;文献中有时称 $RT\ln p'_{O_2}$ 为氧位,它表示反应体系氧化能力的大小。当 $p'_{O_2} > p_{O_2}$ 时,氧化反应式 2-1-4 能自动进行,大气中氧的分压为 $0.21p^{\ominus}$,而在熔炼温度下,大多数金属氧化物的分解压都很小,例如,1000℃ 时 $Cu_2O$ 的 $p_{O_2}$ 为 $10^{-7}p^{\ominus}$,1600℃ 时 FeO 的 $p_{O_2}$ 为 $10^{-8}p^{\ominus}$,750℃ $Al_2O_3$ 的 $p_{O_2}$ 为 $10^{-46}p^{\ominus}$,因此,在大气中熔炼金属时氧化反应是不可避免的。

由 CO、$CO_2$ 或 $H_2O$、$H_2$ 等组成的混合炉气中存在如下反应:

$$2CO + O_2 = 2CO_2 \tag{2-1-11}$$

$$2H_2 + O_2 = 2H_2O \tag{2-1-12}$$

上述反应达到平衡时,体系中存在氧分压 $p'_{O_2}$,比较混合炉气中氧气分压和金属氧化物的分解压之间的数量关系,就可以判断在混合炉气体系中金属的氧化还原规律。由图 2-1-1 上 $\frac{p_{CO}}{p_{CO_2}}$ 和 $\frac{p_{H_2}}{p_{H_2O}}$ 的专用标尺,可直接量出在给定温度下各元素被混合炉气氧化的气相平衡分压比,或量出在给定气相分压下的氧化温度。

在熔炼过程中,氧化反应主要在合金熔体和炉渣熔体中进行,可以写成通式:

$$[Me_i] + \frac{1}{2}\{O_2\} = (Me_iO) \tag{2-1-13}$$

多数氧化物的熔点较合金熔体熔化温度高且不溶于熔体,而以固态纯物质存在,即 $a_{(Me_iO)} = 1$,则反应式 2-1-13 的自由能变量为:

$$\Delta G = \Delta G^{\ominus} + RT\ln \frac{1}{a_i(p'_{O_2})^{\frac{1}{2}}} = \Delta G^{\ominus} + RT\ln \frac{1}{f_i[\%i](p'_{O_2})^{\frac{1}{2}}}$$

式中　$p'_{O_2}$——炉气中氧的分压;

$a_i$、$f_i$、$[\%i]$——组元 $i$ 的活度、活度系数和质量分数。

由此可见,当气相氧的分压 $p'_{O_2}$ 高,组元含量 $[\%i]$ 多及活度系数大,则氧化反应趋势大,因此在实际熔炼条件下,元素的氧化反应不仅与 $\Delta G^{\ominus}$ 有关,而且与反应物的活度和分压有关,改变反应物或生成物活度和炉气中氧的分压,可影响氧化反应的顺序、趋势和限度,甚至可改变反应方向。这就是人们进行控制或调整氧化还原反应的理论依据。

B　金属氧化的动力学

研究氧化反应动力学的主要目的之一是弄清在熔炼条件下氧化反应机制、限制性环节及影响氧化速度的因素(温度、浓度、氧化膜结构及性质等),以便针对具体情况,改善熔炼条件,控制氧化速度,尽量减少氧化烧损。

a 金属氧化机理

金属熔体被氧化是气－液相间的多相反应。首先研究固体纯金属在空气中氧化的气－固多相反应。

固体金属的氧化首先在表面进行，氧化时，氧分子先吸附在金属表面上，然后分解成原子，即由物理吸附过渡到化学吸附。在形成超薄的吸附层后，氧化物在基底金属晶粒上的有利位置（如位错或晶界处）外延成核。各个成核区逐渐长大，并与其他成核区相互接触，直至氧化薄膜覆盖住整个表面为止。其后整个氧化过程由以下几个主要环节组成（图 2-1-2）：

（1）氧由气相通过边界层向氧－氧化膜界面扩散（即外扩散）。气相中氧主要是依靠对流传质扩散，成分比较均匀。在氧－氧化膜界面附近的气相中，存在一个有氧浓度差的气流层（即边界层）。边界层中气流呈层流运动，在

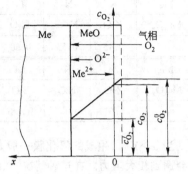

图 2-1-2 金属氧化机理示意图

垂直于气流的方向上，几乎不存在对流传质，氧主要依靠浓差扩散。故边界层中氧的扩散速度 $v_D$ 由下式决定：

$$v_D = \frac{DA}{\delta}(c_{O_2}^0 - c_{O_2}) \tag{2-1-14}$$

式中　$D$——氧在边界层中的扩散系数；

　$A$、$\delta$——分别表示边界层的面积和厚度；

　$c_{O_2}^0$、$c_{O_2}$——分别表示边界层外和相界面上氧的浓度。

（2）氧通过固体氧化膜向氧化膜－金属界面扩散（即内扩散）。氧化膜因其结构、性质不同，有的连续致密，有的疏松多孔。氧在氧化膜中的扩散速度仍取决于式 2-1-14，此时浓差为（$c_{O_2} - c'_{O_2}$），$c'_{O_2}$ 为反应界面上氧的浓度，$D$ 为氧在氧化膜中的扩散系数；$\delta$ 为氧化膜的厚度。通常金属是致密的，因而反应界面将是平整的，并且随着氧化过程的进行，反应界面平行地向金属内移动，氧化膜逐渐增厚。

（3）在金属－氧化膜界面上，氧和金属发生界面反应，与此同时，金属晶格转变为金属氧化物晶格，若这种伴有晶格转变化学反应为一级反应，则其速度 $v_K$ 为：

$$v_K = kAc'_{O_2} \tag{2-1-15}$$

式中　$k$——反应速度常数；

　$A$——反应面积；

　$c'_{O_2}$——金属－氧化膜界面上氧的浓度。

金属的氧化过程是由上述三个环节连续完成的，各个环节的速度不相同，总的反应速度取决于最慢的一步，即限制性环节。在金属熔炼过程中，气流速度很快，因而外扩散不是限制性环节。内扩散和结晶－化学变化两个环节中哪一个是限制性环节？这就取决于氧化膜的性质。而氧化膜的主要性质是其致密度，即 Pilling-Bedworth 比 $\alpha$。$\alpha$ 定义为氧化物分子体积 $v_M$ 与形成该氧化物的金属原子体积 $v_A$ 之比，即

$$\alpha = \frac{v_M}{v_A} \tag{2-1-16}$$

如 $\alpha_{Al_2O_3} = \frac{v_{M(Al_2O_3)}}{2v_{A(Al)}}$。室温下各种氧化物的 $\alpha$ 值列于表 2-1-2，至于其他温度下的 $\alpha$ 值，只要知道

各自的热胀系数就可以进行换算。

表 2-1-2　室温下某些氧化物的 α 近似值

| Me | K | Na | Li | Ca | Mg | Cd | Al | Pb | Sn | Ti |
|---|---|---|---|---|---|---|---|---|---|---|
| $Me_xO_y$ | $K_2O$ | $Na_2O$ | $Li_2O$ | $CaO$ | $MgO$ | $CdO$ | $Al_2O_3$ | $PbO$ | $SnO_2$ | $Ti_2O_3$ |
| α | 0.45 | 0.55 | 0.60 | 0.64 | 0.78 | 1.21 | 1.28 | 1.27 | 1.33 | 1.46 |

| Me | Zn | Ni | Be | Cu | Mn | Si | Ce | Cr | Fe |
|---|---|---|---|---|---|---|---|---|---|
| $Me_xO_y$ | $ZnO$ | $NiO$ | $BeO$ | $Cu_2O$ | $MnO$ | $SiO_2$ | $Ce_2O_3$ | $Cr_2O_3$ | $Fe_2O_3$ |
| α | 1.57 | 1.60 | 1.68 | 1.74 | 1.79 | 1.88 | 2.03 | 2.04 | 2.16 |

当 α>1 时,生成的氧化膜一般是致密的、连续的、有保护性的。氧在这种氧化膜内扩散无疑会遇到较大阻力。在这种情况下,结晶－化学反应较快,而内扩散速度慢,因而内扩散成为限制性环节。氧化膜逐渐增厚,扩散阻力愈来愈大,氧化速度将随时间的延长而降低。Al、Be、Si 等大多数金属生成的氧化膜具有这种特性。

当 α<1 时,氧化膜是疏松多孔的,无保护性的。氧在这种氧化膜内扩散阻力将比前者小得多,在这种情况下,限制性环节将由内扩散变为结晶－化学反应,氧化反应速度为一级反应。碱金属及碱土金属(如 Li、Mg、Ca)的氧化膜具有这种特征:

α≫1 时,这是一种极端情况,大量过渡族金属如铁的氧化膜就是如此。这种十分致密但内应力很大的氧化膜增长到一定厚度后就会破裂,这种现象周期性出现,故氧化膜也是非保护性的。

b　金属氧化的动力学方程

鉴于高温熔炼过程的复杂性及实验技术上的困难,氧化过程动力学的研究远远落后热力学的研究。近年来,随着测试技术、材料科学和电子计算机的飞速发展,大大加速了多相反应动力学研究进程,并取得了多方面的成果,有的还建立了包含多因素的数学模型。不同的金属在不同的条件下常常表现出不同的氧化动力学特征,如图 2-1-3 所示。下面首先研究固态纯金属氧化的动力学方程。

平面金属的氧化速度可用重量随时间的变化率来表示,也可用氧化膜的厚度随时间的变化率来表示。

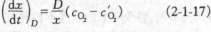

图 2-1-3　金属氧化的动力学曲线
1—直线关系;2—抛物线剥落;3—抛物线关系;
4—立方关系;5—对数关系

在温度、面积一定时,内扩散速度为:

$$\left(\frac{\mathrm{d}x}{\mathrm{d}t}\right)_D = \frac{D}{x}(c_{O_2} - c'_{O_2}) \qquad (2\text{-}1\text{-}17)$$

式中　$x$——氧化膜厚度;

其他符号的意义同前。

结晶化学反应速度为:

$$\left(\frac{\mathrm{d}x}{\mathrm{d}t}\right)_k = kc'_{O_2} \qquad (2\text{-}1\text{-}18)$$

上面两式中,反应界面浓度 $c'_{O_2}$ 是不可测的,如果扩散速度慢而结晶化学反应速度很快时,$c'_{O_2}$ 将接近反应的平衡浓度;反之,则将高于反应的平衡浓度,介于平衡浓度与 $c_{O_2}$ 之间。然而由于扩散与结晶反应是连续进行的,上两式中的 $c'_{O_2}$ 都是同一个数值。

若两阶段速度相等,则氧化反应的总速度为:

$$\frac{dx}{dt} = \left(\frac{dx}{dt}\right)_D = \left(\frac{dx}{dt}\right)_k \tag{2-1-19}$$

将式 2-1-17、式 2-1-18 代入式 2-1-19 消去 $c'_{O_2}$,整理得:

$$\frac{1}{D}x\,dx + \frac{1}{K}dx = c_{O_2}dt$$

当时间由 $0 \rightarrow t$,氧化膜厚度由 $0 \rightarrow x$,求定积分得:

$$\frac{1}{2D}x^2 + \frac{1}{K}x = c_{O_2}t \tag{2-1-20}$$

式 2-1-20 为扩散与结晶化学反应综合控制金属氧化反应的一般动力学方程。

对于 $\alpha < 1$ 的金属,氧化膜疏松多孔,扩散阻力小,扩散系数 $D$ 比反应速度常数大得多,即 $D \gg K$,式 2-1-20 中的 $\frac{1}{2D}x^2$ 项可忽略不计,则

$$x = Kc_{O_2}t \tag{2-1-21}$$

说明 $\alpha < 1$ 的金属氧化速度受结晶化学反应控制,炉气中 $c_{O_2}$ 一定时,$x$ 与 $t$ 呈直线关系,即这类金属的氧化以恒速进行,如图 2-1-3 中的线 1 所示。

对于 $\alpha > 1$ 的金属,氧化膜是连续致密的,氧在其中扩散困难,即可认为 $D \ll K$,式 2-1-20 中 $\frac{1}{K}x$ 项可忽略不计,则:

$$x^2 = 2Dc_{O_2}t \tag{2-1-22}$$

由式 2-1-22 可见,这类金属的氧化速度取决于扩散速度,$x$ 与 $t$ 呈抛物线关系,在氧化初期,氧化膜很薄,氧扩散并不困难,氧化过程处于动力学范围,遵守直线规律。氧化膜增厚以后才处于扩散范围,服从抛物线规律。这两种情况之间,称为过渡范围,$x$-$t$ 的关系服从于式 2-1-20。

实验观察与理论研究指出,某些金属的氧化有时不遵守上述规律而符合对数规律或立方关系。

上述氧化动力学方程是在面积和温度一定的条件下推导出来的。显然多相反应的速率与界面面积成正比。因此,固体炉料的形状对氧化速度有很大的影响,如碎屑和薄片料氧化速度大。式 2-1-20 中 $K$ 和 $D$ 都与温度有关。一般认为,低温下氧化过程受化学反应控制,而在高温下,化学反应速度迅速增加,以致大大超过扩散速度,这时氧化反应过程由动力学区转移到扩散区。

由以上的分析可以得出结论,高温下固态纯金属的氧化速度多为氧化膜的性质所控制,并且与反应温度、反应面积以及氧的浓度有关。不同的金属,氧化动力学的规律不同。

进一步研究表明,固态纯金属的氧化动力学规律也适用于液态纯金属。但由于氧化物的特性以及它们的熔化或溶解,情况就变得复杂得多。根据金属氧化速度与时间的关系,通常把金属分为两类:第一类金属氧化遵循抛物线规律,其氧化速度随时间递减。例如:470~626℃铅的氧化和 600~700℃锌的氧化。氧在这些金属液中的溶解度很小,而在金属液表面形成致密固态氧化膜。第二类金属氧化服从直线规律,氧在这些金属液中有较大的溶解度或者形成固态氧化膜呈疏松多孔状。还有一些金属,在某一情况下遵守抛物线规律,在另一种情况下,遵循直线规律,铋的氧化就是如此。

合金熔体氧化动力学的实验研究较少,观察表明,添加合金元素能强烈地影响金属氧化特性。含 Mg10% 的铝合金熔体氧化很快,其表面为一厚层氧化浮渣所覆盖,添加 0.002% Be,能有效地抑制这种合金的氧化。纯铝、含镁铝合金和含镁、铍的铝合金氧化特性的差别,是由于在不同情况下

熔体表面形成的氧化膜性质有所不同。比较上面三种金属合金的氧化速度,可以认为,与氧亲和力大的元素优先氧化,其氧化速度遵守动力学的质量作用定律。氧化膜的性质控制氧化过程。因此,加入少量使基体金属氧化膜致密化的元素,能改善熔体的氧化行为并降低氧化烧损。

C　影响氧化烧损的因素

熔炼过程中金属的实际氧化烧损程度取决于金属氧化的热力学和动力学条件,即与金属和氧化物的性质、熔炼温度、炉气性质、炉料状态、熔炉结构以及操作方法等因素有关。

(1) 金属及氧化物性质。如前所述,纯金属氧化烧损的大小主要取决于金属与氧的亲和力和金属表面氧化膜的性质。金属与氧的亲和力大,且氧化膜呈疏松多孔状,则氧化烧损大,如镁、锂等金属。铝、铍等金属虽与氧亲和力大,但氧化膜的 $\alpha > 1$,故氧化烧损较小。金、银及铂与氧亲和力小,且 $\alpha > 1$,故很少烧损。

有些金属氧化物虽然 $\alpha > 1$,但其强度小,且线胀系数与金属不相适应,在加热和冷却时会产生分层,断裂而脱落,CuO 就属于此类。在熔炼温度下,有些氧化物呈液态或是可溶性,如 $Cu_2O$、NiO 及 FeO;有些氧化物易于挥发,如 $Sb_2O_3$、$Mo_2O_3$ 等。显然这些氧化物无保护作用,往往会促进氧化烧损。

金属的氧化烧损程度因加入不同合金元素而改变。凡是与氧亲和力较大的表面活性元素多优先氧化,或与基体金属同时氧化,这时合金元素的氧化和基体金属的氧化物性质共同控制着整个合金的氧化过程。氧化物 $\alpha > 1$ 的合金元素,可减少合金的烧损,氧化物 $\alpha < 1$ 的活性元素,使基体金属氧化膜变得疏松,会加大氧化烧损,如铝合金中加镁和加锂都更易氧化生渣。研究表明,含镁的铝合金表面氧化膜的结构和性质,随镁含量的增加而变化。镁含量在 0.6% 以下时,MgO 溶解于 $Al_2O_3$ 中,且 $Al_2O_3$ 膜的性质基本不变;当 Mg 含量在 1.0% ~1.5% 时,合金氧化膜由 MgO 和 $Al_2O_3$ 的混合物组成。镁含量越高,氧化膜的致密性越差,氧化烧损越大。合金元素与氧的亲和力和基体金属与氧的亲和力相当,但不明显改变合金表面氧化膜结构的合金元素,如铝合金中 Fe、Ni、Si、Mn 及铜合金中的 Fe、Ni、Pb 等,一般不会促进氧化,本身也不会明显氧化。合金中与氧亲和力较小且含量少的元素将受到保护,甚至还会因基体金属和其他元素的烧损而相对含量有所增加。

(2) 熔炼温度。在温度不太高时,金属多按抛物线规律氧化;高温时多按直线规律氧化。因为温度高时扩散传质系数增大,氧化膜强度降低,加之氧化膜与金属的线胀系数有差异,因而氧化膜易破裂。有时因为氧化膜本身的溶解、液化或挥发而使其失去保护作用。例如,铝的氧化膜强度较高,其线胀系数与铝接近,熔点高且不溶于铝,在 400℃ 以下氧化服从抛物线规律,保护作用好。但在 500℃ 以上则按直线规律氧化,在 750℃ 以上时易于断裂。镁氧化时放出大量热量,氧化镁疏松多孔,强度低、导热性差,使反应区域局部过热,因而加速镁的氧化,甚至还会引起镁的燃烧。如此循环将使反应界面温度越来越高,最高可达 2850℃,此时镁会大量气化,并加剧燃烧而发生爆炸。钛的氧化膜在低温时也很稳定,但升到 600~800℃ 以上时,氧化膜溶解而失去保护作用。可见,熔炼温度越高,氧化烧损就越大。但高温快速熔炼时也可减少氧化烧损。

(3) 炉气性质。从本质上讲,炉气的性质取决于该炉气平衡体系中氧的分压与金属氧化物在该条件下的分解压的相对大小。即炉气的性质要由炉气与金属之间的相互作用性质而定。因此,同一组成的炉气,对一些金属是还原性的,对另一些金属则可能是氧化性的,在实际条件下,若金属与氧的亲和力大于碳、氢与氧的亲和力,则含 $CO_2$、CO 或 $H_2O(g)$ 的炉气就是氧化性的,否则就是还原性或中性的。如 $CO_2$ 和 $H_2O(g)$ 对铜基体是中性的,但对含铝、锰的铜合金则是氧化性的。铝、镁是很活泼的金属,与氧的亲和力大,它们既可以被空气中的氧气氧化,也可以被 $CO_2$、$H_2O(g)$ 氧化。使用燃料的熔炼炉炉气成分,可通过调节空气过剩系数和炉膛压力来控制,在熔沟式低频感应炉内熔炼无氧铜时,利用加入煅烧过的活性木炭覆盖和严闭炉盖,可使铜的氧化烧损减到最小。在氧化性炉气中,氧化烧损是难以避免的。炉气的氧化性强,一般氧化烧损程度大。

(4) 其他影响因素。生产实践表明,使用不同类型的熔炉时,金属的氧化烧损程度有很大的差异。不同的炉型其熔池面积、形状和加热的方式不同。例如,熔炼铝合金,用低频感应炉时,其氧化烧损为 0.4% ~ 0.6%;用电阻反射炉时,烧损为 1.0% ~ 1.5%;用火焰炉时,烧损为 1.5% ~ 3.0%。炉料的形状是影响氧化烧损的另一个重要因素。炉料块度越小,表面积越大,氧化烧损也严重。通常原铝锭烧损为 0.8% ~ 2.0%;打捆的薄片废料的烧损为 3% ~ 10%;碎屑料最大烧损可达 30%。其他条件一定时,熔炼时间越长,氧化烧损也越大。反射炉加大供热强度采用富氧鼓风,电炉采用大功率送电,或在熔池底部用电磁感应器加以搅拌,均可缩短熔炼时间,降低氧化烧损。搅拌和扒渣方法不合理时,易把熔体表面的保护性氧化膜搅破而增加氧化烧损。装炉时在炉料表面撒上一薄层熔剂覆盖,也可减少氧化烧损。

D 降低氧化烧损的方法

如上所述,在氧化性炉气中熔炼金属时氧化烧损在所难免,只是在不同情况下损失的程度不同而已。应采取一切必要的措施来降低氧化损失,以提高金属的收得率。已分析了影响氧化烧损的诸多因素,读者可自行总结降低氧化烧损的方法。

2.1.1.2 金属的挥发熔损

A 金属的挥发

在熔炼过程中除了氧化烧损外,还有金属的挥发损失,甚至使成分控制发生困难,如在高温高真空的电子束炉内熔炼含锰、铝等元素的难熔合金时,挥发损失可达 20% ~ 30% 以上。

金属的挥发性主要取决于其蒸气压的大小,在相同的熔炼条件下,蒸气压高的元素一般更易挥发。但与其蒸发热、沸点、在合金中的状态及浓度有关。蒸发热小、沸点低(表 2-1-3),在合金中不溶解或很少溶解且含量高的元素,一般较易挥发。如锌和镉在 537℃ 时的蒸气压分别为 11932.5 Pa 和 65194.6 Pa,镉的蒸发热、沸点、在铜内的溶解度均比锌小,故镉青铜中的镉比黄铜中的锌更易挥发。由于镉的挥发性较大,常使镉青铜铸锭头尾部镉含量不同。高温高真空炉内熔炼时,不仅金属易挥发,而且还有一些金属的一氧化物也能挥发,如难熔金属中含有蒸气压较高的锰、铬等元素,挥发损失比在大气下大得多。在有氧情况下,由于 TiO 及 ZrO 的挥发,也能造成一定的损失。

表 2-1-3 一些元素的沸点及蒸发热

| 元素 | 沸点/℃ | 蒸发热 /kJ·mol$^{-1}$ | 元素 | 沸点/℃ | 蒸发热 /kJ·mol$^{-1}$ | 元素 | 沸点/℃ | 蒸发热 /kJ·mol$^{-1}$ |
|---|---|---|---|---|---|---|---|---|
| P | 280 | 92335 | Bi | 1560 | 172077 | Cr | 2200 | 221482 |
| Hg | 356.7 | 59034 | Sb | 1635 | 175846 | Sn | 2275 | 270886 |
| Na | 742 | 99227 | Pb | 1740 | 180032 | Cu | 2350 | 306892 |
| Cd | 768 | 99615 | Al | 2520 | 291401 | Ni | 2400 | 374300 |
| Zn | 907 | 120580 | Mn | 1900 | 224831 | Fe | 2450 | 340387 |
| Mg | 1100 | 127697 | Ag | 1955 | 251208 | W | 3700 | 7661844 |
| Tl | 1280 | 166216 | Au | 2100 | 259582 | Mo | 3700 | 506603 |

　　B　影响挥发损失的因素

　　金属挥发损失主要取决于蒸气压,还与熔炼的温度和时间、元素在合金中的状态及其浓度、氧化膜的性质、炉气的性质和压力有关。

　　(1)温度。温度升高,原子运动的动能增大,易于克服原子间的吸力而脱离金属表面,进入气相中原子数目增多,故蒸气压增大,挥发损失增加,纯金属与蒸气压的关系式用 Clausius-Clapeyron 方程描述:

$$\frac{\mathrm{d}\ln p_{\mathrm{Me}}}{\mathrm{d}T} = \frac{\Delta_{\mathrm{m}}H^{\ominus}_{(蒸,升)}}{RT^2} \tag{2-1-23}$$

式中　$\Delta_{\mathrm{m}}H^{\ominus}$——1mol 金属在温度 $T$ 时的蒸发(升华)热。

　　设 $\Delta_{\mathrm{m}}H^{\ominus}$ = 常数,将式 2-1-23 取不定积分:

$$\ln p_{\mathrm{Me}} = \frac{-\Delta_{\mathrm{m}}H}{T} + C = \frac{A}{T} + B$$

　　某些金属的沸点和蒸发热见表 2-1-4。

　　(2)合金元素性质。合金元素的蒸气压与单一元素的蒸气压不同,因而合金的蒸气压也有所不同,这是因为合金熔体都不是理想溶液,各合金元素之间相互作用较复杂,溶解状态也不同,各元素的蒸气压与其浓度之间不成比例关系,与拉乌尔定律相比较往往有偏差,因此在计算各元素的蒸气压时必须用活度 $a$ 代替浓度 $N$,即各合金元素的蒸气压为 $p_i = p_i^{\ominus}a$,或 $p_i = p_i^{\ominus}\gamma_i x_i$。

　　合金的总蒸气压 $p$

$$p = \sum p_i = p_1^{\ominus}a_1 + p_2^{\ominus}a_2 + \cdots + p_i^{\ominus}a_i$$

式中　$p_i$——合金中 $i$ 元素的蒸气压;

　　　$p_i^{\ominus}$——气相中 $i$ 元素的饱和蒸气压;

　　$a_i$、$\gamma_i$——合金中 $i$ 元素的活度与活度系数;

　　　$x_i$——元素 $i$ 的摩尔分数。

　　可见,合金元素的活度越大,挥发损失也大,当同类原子间的结合力大于异类原子间的结合力时,蒸发热减少,活度、蒸气压增大,元素易挥发损失,如铝合金中锌和镁,铜合金中的铁和镉。若同类原子间的结合力比异类原子间的结合力小,或相互形成化合物,蒸发热大,活度、蒸气压减小,则挥发损失小,如镁合金和铜合金中的锌和磷,铝合金中的铜。黄铜中由于锌含量比铁多得多,故锌的挥发损失量仍比铁大得多。

　　(3)压力。炉气压力对于金属的挥发损失影响很大。一般炉气压力越低,挥发损失就越大。在炉气压力低至金属的三相点时加热金属,甚至得不到液态金属。因为此时金属将由固态直接转变为气态而挥发掉。因此,在真空炉内熔炼蒸气压较大的金属时,若炉内压力小于或等于金属的蒸气压,真空度的影响就非常明显,挥发损失可以达很大。如在真空炉内熔炼含锰的钛合金时,锰的挥发损失可达 90% ~95%。

　　真空熔炼的特点之一是挥发速度快,蒸气压与真空度越高,挥发速度也越大,这是由于在真空炉内金属原子或分子的平均自由路程增大,不会或很少与其他气体分子相碰撞,且炉壁上没有气体吸附层,金属原子与炉壁的碰撞是非弹性的,炉壁的温度低,很容易使金属蒸气冷凝,蒸发不能达到平衡;同时蒸发是在连续抽气的情况下进行。此外,可能是由于妨碍挥发的氧化膜被除去,还有蒸气压相当高的一氧化物的挥发,一些金属的一氧化物,其蒸气压比纯金属的要高几个数量级,如 $SiO_2$、$CeO$、$Al_2O_3$ 等都是较易挥发的,$SiO_2$ 在 1600℃ 时的蒸气压可达 6666 Pa 左右,这便是低压真空下熔炼时挥发速度和挥发损失增大的原因,也是很多蒸气压较低的金属如 W、Mo、Ta、Y 等有相当大熔损的原因之一。因此在低压下熔炼时,预测合金的蒸气压和蒸发速率是很重要的。真空中合金元素的挥发速率 $u$ 与其相对分子质量 $M$、活度 $a$,蒸气压 $p^{\ominus}$ 及温度 $T$ 的关系式如下:

$$u = 5.833 \times 10^{-2} a p^{\ominus} \sqrt{M/T}$$

某些金属的蒸气压及挥发速率见图 2-1-4 和表 2-1-4。

(4)其他因素。金属的挥发损失还与熔化时间、熔池面积及表面氧化膜等有关。金属处于液态的时间越长,熔池面积越大,搅拌及扒渣的次数越多,则挥发损失也越大。熔池表面有氧化膜或熔剂及炉渣覆盖时,挥发损失可大大降低。反之,在还原性炉气中熔炼时,由于金属表面没有保护性氧化膜,挥发损失反而会加大。

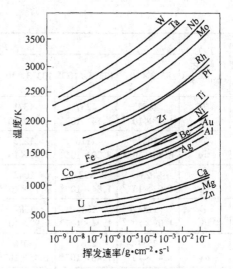

图 2-1-4　真空下某些金属的挥发速率与温度的关系

表 2-1-4　某些元素在加热时的蒸气压和挥发速率

| 元素 | $T/℃$ $u_V/g$ $\cdot cm^{-2} \cdot s^{-1}$ | $p^{\ominus}_{Me}/Pa$ | | | | | | $T_M$ /℃ | $T_M$ 时的 $p^{\ominus}_{Me}/Pa$ |
|------|------|------|------|------|------|------|------|------|------|
| | | $133.3 \times 10^{-5}$ | $133.3 \times 10^{-4}$ | $133.3 \times 10^{-3}$ | $133.3 \times 10^{-2}$ | $133.3 \times 10^{-1}$ | $133.3 \times 10^{0}$ | | |
| Al | $T$ | 724 | 808 | 889 | 996 | 1123 | 1279 | 660 | $1.6 \times 10^{-4}$ |
| | $u_V$ | $9.60 \times 10^{-8}$ | $9.21 \times 10^{-7}$ | $8.88 \times 10^{-6}$ | $8.51 \times 10^{-5}$ | $8.11 \times 10^{-4}$ | $7.69 \times 10^{-3}$ | | |
| Be | $T$ | 942 | 1092 | 1130 | 1246 | 1395 | 1582 | 1289 | 2.60 |
| | $u_V$ | $5.03 \times 10^{-8}$ | $4.86 \times 10^{-7}$ | $4.64 \times 10^{-6}$ | $4.49 \times 10^{-5}$ | | | | |
| C | $T$ | 2129 | 2288 | 2471 | 2681 | 2926 | 3214 | 3836 | |
| | $u_V$ | $4.13 \times 10^{-8}$ | $4.00 \times 10^{-7}$ | $3.86 \times 10^{-6}$ | $3.72 \times 10^{-5}$ | $3.58 \times 10^{-4}$ | $3.42 \times 10^{-3}$ | | |
| Cd | $T$ | 148 | 180 | 220 | 264 | 321 | | 321 | $1.33 \times 10^{1}$ |
| | $u_V$ | $3.01 \times 10^{-7}$ | $2.91 \times 10^{-6}$ | $2.79 \times 10^{-5}$ | $2.67 \times 10^{-4}$ | $2.54 \times 10^{-3}$ | | | |
| Co | $T$ | 1249 | 1362 | 1494 | 1649 | 1833 | 2056 | 1494 | $1.01 \times 10^{-1}$ |
| | $u_V$ | $1.15 \times 10^{-7}$ | $1.11 \times 10^{-6}$ | $1.06 \times 10^{-5}$ | $1.02 \times 10^{-4}$ | $9.76 \times 10^{-4}$ | $9.28 \times 10^{-3}$ | | |
| Cr | $T$ | 907 | 992 | 1096 | 1205 | 1342 | 1504 | 1863 | $8.46 \times 10^{3}$ |
| | $u_V$ | $1.22 \times 10^{-7}$ | $1.18 \times 10^{-6}$ | $1.14 \times 10^{-5}$ | $1.09 \times 10^{-4}$ | $1.05 \times 10^{-3}$ | $1.00 \times 10^{-2}$ | | |
| Cu | $T$ | 946 | 1035 | 1141 | 1273 | 1432 | 1628 | 1084 | $4.13 \times 10^{-2}$ |
| | $u_V$ | $1.33 \times 10^{-7}$ | $1.29 \times 10^{-6}$ | $1.24 \times 10^{-5}$ | $1.18 \times 10^{-4}$ | $1.13 \times 10^{-3}$ | $1.07 \times 10^{-2}$ | | |
| Fe | $T$ | 1094 | 1195 | 1310 | 1447 | 1602 | 1783 | 1538 | 4.96 |
| | $u_V$ | $1.29 \times 10^{-7}$ | $1.20 \times 10^{-6}$ | $1.10 \times 10^{-5}$ | $1.02 \times 10^{-4}$ | $1.01 \times 10^{-3}$ | $9.60 \times 10^{-3}$ | | |
| Mg | $T$ | 287 | 331 | 383 | 443 | 515 | 605 | 649 | $2.93 \times 10^{2}$ |
| | $u_V$ | $1.21 \times 10^{-7}$ | $1.17 \times 10^{-6}$ | $1.12 \times 10^{-5}$ | $1.08 \times 10^{-4}$ | $1.02 \times 10^{-3}$ | $9.71 \times 10^{-3}$ | | |
| Mn | $T$ | 717 | 781 | 878 | 980 | 1103 | 1251 | 1246 | 1.21 |
| | $u_V$ | $1.38 \times 10^{-7}$ | $1.32 \times 10^{-6}$ | $1.27 \times 10^{-5}$ | $1.22 \times 10^{-4}$ | $1.17 \times 10^{-3}$ | $1.11 \times 10^{-2}$ | | |
| Mo | $T$ | 1923 | 2095 | 2295 | 2535 | | | 2623 | 2.93 |
| | $u_V$ | $1.29 \times 10^{-7}$ | $1.18 \times 10^{-6}$ | $1.12 \times 10^{-5}$ | $1.05 \times 10^{-4}$ | | | | |

| 元素 | $T/℃$ $u_V/g$ $\cdot cm^{-2}\cdot s^{-1}$ | $p_{Me}^{\ominus}/Pa$ | | | | | | $T_M^{①}$ $/℃$ | $T_M$ 时的 $p_{Me}^{\ominus}/Pa$ |
|---|---|---|---|---|---|---|---|---|---|
| | | $133.3\times10^{-5}$ | $133.3\times10^{-4}$ | $133.3\times10^{-3}$ | $133.3\times10^{-2}$ | $133.3\times10^{-1}$ | $133.3\times10^{0}$ | | |
| Ni | $T$ | 1157 | 1257 | 1371 | 1510 | 1679 | 1884 | 1455 | $5.83\times10^{-1}$ |
| | $u_V$ | $1.18\times10^{-7}$ | $1.14\times10^{-6}$ | $1.10\times10^{-5}$ | $1.06\times10^{-4}$ | $1.01\times10^{-3}$ | $9.62\times10^{-3}$ | | |
| Si | $T$ | 1024 | 1116 | 1223 | 1348 | 1485 | 1670 | 1414 | 4.21 |
| | $u_V$ | $8.58\times10^{-8}$ | $8.29\times10^{-7}$ | $7.99\times10^{-6}$ | $7.68\times10^{-5}$ | $7.37\times10^{-4}$ | $7.01\times10^{-3}$ | | |
| Sn | $T$ | 823 | 922 | 1042 | 1189 | 1373 | 1609 | 232 | |
| | $u_V$ | $1.92\times10^{-7}$ | $1.84\times10^{-6}$ | $1.75\times10^{-5}$ | $1.66\times10^{-4}$ | $1.57\times10^{-3}$ | $1.47\times10^{-2}$ | | |
| Ti | $T$ | 1134 | 1249 | 1384 | 1546 | 1742 | 1965 | 1672 | $1.12\times10^{1}$ |
| | $u_V$ | $1.08\times10^{-7}$ | $1.04\times10^{-6}$ | $9.92\times10^{-6}$ | $9.47\times10^{-5}$ | $9.00\times10^{-4}$ | $8.53\times10^{-3}$ | | |
| W | $T$ | 2554 | 2767 | 3016 | 3309 | | | 3387 | $2.33\times10^{-2}$ |
| | $u_V$ | $1.47\times10^{-7}$ | $1.46\times10^{-6}$ | $1.45\times10^{-5}$ | $1.43\times10^{-4}$ | | | | |
| Zn | $T$ | 211 | 248 | 292 | 343 | 405 | | 419 | $2.13\times10^{1}$ |
| | $u_V$ | $2.15\times10^{-7}$ | $2.07\times10^{-6}$ | $1.98\times10^{-5}$ | $1.90\times10^{-4}$ | $1.81\times10^{-3}$ | | | |
| Zr | $T$ | 1527 | 1660 | 1816 | 2001 | 2212 | 2459 | 1865 | $5.43\times10^{-1}$ |
| | $u_V$ | $1.31\times10^{-7}$ | $1.27\times10^{-6}$ | $1.22\times10^{-5}$ | $1.17\times10^{-4}$ | $1.12\times10^{-3}$ | $1.07\times10^{-2}$ | | |

① $T_M$ 为熔点。

C　降低挥发损失的方法

降低挥发损失的方法与降低氧化损失的方法基本相同。另外,易挥发的元素宜在脱氧后或熔炼后期加入。只是在真空炉熔炼时有所不同,为了提高精炼效果和降低氧化烧损,宜采用较高的真空度,但这样又会增大挥发损失。为了尽量减少挥发损失和控制成分,对于蒸气压高和挥发速度大的金属,必须在金属液面上充入惰性气体,在达到大于三相点蒸气分压的压力下加入易挥发元素。例如,在真空中熔炼钛合金时,充氩至$(0.26\sim0.54)p^{\ominus}$后加锰,可基本上将锰的挥发损失控制住。

### 2.1.1.3　杂质的吸收和积累

在熔炼过程中,一方面会因氧化、挥发造成一些元素含量的减少;而另一方面因从炉衬、炉气中吸收杂质,或者由于氧化、挥发性小的元素积累,合金某些成分或杂质允许量超标,造成化学废品。

杂质的吸收和积累,主要是由于金属液与炉衬、炉渣、炉气的相互作用,或因混料造成的结果,它与合金和炉衬的性质、炉料的纯度及熔炼工艺有关。

A　杂质的来源

(1) 从炉衬中吸收杂质。人们早就开始关注在熔炼温度下,金属与炉衬的相互作用。因为它们之间的相互作用,不仅降低了炉衬寿命,而且会使某些杂质进入金属。例如用酸性炉衬的低频感应炉熔炼铝青铜、含铝的白铜或镍合金,或用铁坩埚熔炼铝合金时,都会因下列反应而使合金增硅增铁。

$$(3SiO_2) + [4Al] === 2(Al_2O_3) + (3Si) \qquad (2\text{-}1\text{-}24)$$

$$(3FeO) + [2Al] === (Al_2O_3) + [3Fe] \qquad (2\text{-}1\text{-}25)$$

反应产生的 Fe 和 Si 或溶于金属中,或形成金属互化物,如 $FeAl_3$、$AlFeSi$、$Ni_3Si_2$、$Al_{10}Mn_2Si$ 等,污染金属。熔炼温度越高,金属在炉内运动越强烈,这种液－固相间的反应进行得越激烈。尽管每次熔炼所吸收的杂质很有限,但由于部分炉料的反复使用,故杂质会逐步积累增多。

(2) 从炉气中吸收杂质。使用含硫的煤气和重油作燃料时,在加热熔炼铜、镍的过程中,就可使下列反应向右进行而增硫:

$$2[Cu] + 2\{S\} = [Cu_2S_2]$$

$$2[Ni] + \{S\} = [Ni_2S]$$

即使吸收的硫极少,但其危害性是非常明显的,如含硫达 0.0012% 以上的镍锭热轧即开裂。

(3) 从其他炉料及炉渣中吸收杂质。用同一熔炉先后熔炼两种成分不同的合金时,由于两种合金中的主要成分及杂质含量各不相同,若前一种合金的主要成分正好是后一炉的杂质,此时,若不经过洗炉就直接熔炼,则前一炉残存在炉衬及炉渣中的部分合金,将会使后者的某一成分或杂质增多,以致造成严重的化学残品。混料时带入的杂质与此类似,都要予以注意。

B 减少杂质污染金属的途径

熔体的纯净化是提高材料性能的重要途径,因此,现在对材料纯度的要求越来越高。由于杂质的吸收和积累,因而废料的直接回炉用量受到限制。特别是断口发黑或带有明显裂纹、撕裂和分层的钛合金废料,就不能作为合格废料而直接用于配料。至于因腐蚀或损坏的机件废料,更是不能直接用作炉料,必须另行处理,因此,设有专门的机构对此等废料进行研究,为废料的回收和利用找出路。但是,对于钛合金废料的处理,目前尚没有一个很好解决的办法。

对于杂质较多的合金废料,一般必须采用较复杂而昂贵的双联法来提纯和回收。例如,对于铜合金废料,先用氧化法将其中的大部分杂质氧化造渣后,然后再用电解法进一步提纯。为了防止杂质的吸收和积累,可采用下列措施:

(1) 选用化学稳定性高的耐火材料。镍合金用镁砂炉衬;白铜和铝青铜等用中性炉衬,真空感应电炉熔炼钛合金宜用水冷铜坩埚。

(2) 在可能条件下,采用纯度较高的新金属料,合格返回料不超过炉料的 50%,以保证某些合金纯度的要求。

(3) 所有的与金属液接触的工具,尽可能采用不会带入杂质的材料,或用涂料保护好。

(4) 换炉熔炼含有元素不同的合金或成分,在生产纯度性能要求较高的品种时必须先洗炉,并加强炉料管理,杜绝混料。

### 2.1.1.4 合金成分控制方法

合金成分控制是熔炼的关键环节,除了采取措施控制熔损以外,还要做好以下几项工作:正确进行备料和配料,制订合理的加料顺序,做好炉前的成分分析和调整等。

A 备料

炉料有新金属、中间合金和废料。新金属中有各种纯度不同的纯金属。中间合金是由两种或三种新金属配制而成的,是专门用来配制合金的一种合金炉料。废料也称旧料,分为两种:一种是可直接作配料用的块料,如报废的铸锭、边角、压余料等;另一种是一些锯屑或渣和金属的混合物。新金属料含杂质少,旧料中的杂质较多,同时炉料的形状和尺寸各不相同。为了便于装料和配料,降低熔损和控制成分,必须对炉料进行加工处理,这就是备料。它包括了选择炉料、配制中间合金和处理废料等。

(1) 炉料选择。选择炉料主要是根据合金的使用性能和工艺性能及杂质允许含量,在保证性能和降低成本的前提下,尽量少用纯度高的新金属,合理使用旧料。新金属料一般占总料重的 40% ~60%,对要求高和杂质允许量少的合金,新金属料可达 80% ~100%。如电真空用的无氧铜及耐蚀性好、杂质量少的 H96 等,宜用 Cu-1 级电解铜,表面质量要求高的 LT66 板材及导电用的铝合金,要用 100% 的 Al-01 级新铝。一般工业用的杂质允许量较多的 LY11 及 HP59-1 等,可用 10%~20% 的较低品位的新金属或全部用其合格旧料。锻件要求用 40%~60% 的高纯金属。旧料用多了,杂质易超标;新金属用多了,成本会增加,故两者宜搭配使用。

(2)炉料处理。电解阴极铜表面常有电解质($CuSO_4 \cdot 5H_2O$)的残留物,使用前最好洗净,以免硫进入合金影响性能。大尺寸废料,则先锯断。小而薄的边角料须先打捆。锯末废料宜磁选去铁,并经清洗、烘干、打包、重熔、分析成分及杂质后,才能配入炉料。质量好的黄铜车屑废料,也可不经重熔而配入一小部分。

现场各种废料,必须按合金牌号、纯度、尺寸及表面质量进行分类、分级堆放和保管。要有明显标志,且要保持干净,不得混进冰雪、泥土和易燃易爆炸物等,这是一项责任重大而细致的技术管理工作,如果不重视就会造成混料和成批的化学废品事故。

(3)中间合金配制。使用中间合金的目的是为了便于加入某些熔点较高且不易溶解或易氧化挥发的合金元素,更准确地控制成分。铜、铝、镁等合金所含的钛、锆、铬、铌等元素,易氧化挥发的磷和镉等,一般多以中间合金的形式加入,才能较易溶解在合金中得到成分均匀、准确的合金。另外,使用中间合金作炉料,可以避免熔体过热,缩短熔炼时间和降低烧损。

为此,中间合金应尽可能满足下列要求:熔点低于或接近合金的熔化温度,化学成分均匀,含有尽可能高的合金元素,夹杂物少,具有足够的脆性,便于破断进行配料,在大气下保存不应碎裂成粉末。

常用的中间合金见表 2-1-5。中间合金的熔制方法有四种:熔合法、热还原法、熔盐电解法及粉末法。前两种最为多见。中间合金多用纯度较高的新金属来熔制。

**表 2-1-5　常用各种中间合金的成分及性质**

| 类别 | 中间合金 | 成分/% | | 熔点/℃ | 脆性 | 类别 | 中间合金 | 成分/% | | 熔点/℃ | 脆性 |
|---|---|---|---|---|---|---|---|---|---|---|---|
| 铝合金用 | Al-Cu | 45~55 | Cu | 575~600 | 脆 | 铜合金用 | Cu-As | 20 As | | 685~710 | 脆 |
| | Al-Fe | 6~11 | Fe | 850~900 | 不很脆 | | Cu-P | 8~15 P | | 780~840 | 脆 |
| | Al-Mn | 7~12 | Mn | 780~800 | 不脆 | | Cu-Cr | 3~5 Cr | | 1150~1180 | 不脆 |
| | Al-Ni | 18~22 | Ni | 780~810 | 不脆 | | Cu-Si | 15~25 Si | | 800~1000 | 不很脆 |
| | Al-Si | 15~25 | Si | 640~770 | 不很脆 | | Cu-Mn | 27 Mn | | 860 | 不脆 |
| | Al-Ti | 2~4 | Ti | 900~950 | 不脆 | | Cu-Zr | 14 Zr | | 1000 | 不脆 |
| | Al-V | 2~4 | V | 780~900 | 不脆 | | Cu-Be | 4~5 Be | | 900~1050 | 不脆 |
| | Al-Zr | 2~4 | Zr | 950~1050 | 不脆 | | Cu-Fe | 5~10 Fe | | 1160~1300 | 不脆 |
| | Al-Cr | 2~4 | Cr | 750~820 | 不脆 | | Cu-Ni | 15~33 Ni | | 1050~1250 | 不脆 |
| | Al-Be | 2~4 | Be | 720~820 | 不脆 | | Cu-Cd | 28 Cd | | 900 | — |
| | Al-Ce | 10~25 | Ce | 750~900 | 不脆 | | Cu-Sb | 50 Sb | | 650 | 脆 |
| 镁合金用 | Mg-Mn | 8~10 | Mn | 750~800 | 不脆 | 钛合金用 | Ti-Al | 30~35 Al | | 1460~1500 | — |
| | Mg-Th | 25~30 | Th | 620~640 | 脆 | | Ti-Sn | 60~65 Sn | | 232~1490 | 不很脆 |
| | Mg-Zr | 30~50 | Zr | | 不脆 | | Ti-Mo | 35~45 Mo | | 1900~2000 | — |
| | Mg-RE | 20~30 | RE | 590~620 | 脆 | | Cr-Al | 40 Al | | 1450 | — |
| | Mg-Ni | 20~25 | Ni | 508~720 | 脆 | | V-Al | 40~20 Al | | 1600~1750 | — |
| | | | | | | 多元中间合金 | Al-Cu-Ni | 40 Cu, 20 Ni | | 700 | 脆 |
| | | | | | | | Al-Cu-Mn | 40 Cu, 10 Mn | | 650 | — |
| | | | | | | | Al-Cu-Ti | 15 Cu, 3 Ti | | 650 | — |
| | | | | | | | Al-Mg-Mn | 20 Mg, 10 Mn | | 580 | 脆 |
| | | | | | | | Al-Be-Mg | 25 Mg, 3 Be | | 800 | 脆 |
| | | | | | | | Al-Mg-Ti | 18 Mg, 3 Ti | | 670 | 脆 |

1) 熔合法是把两种或多种金属直接熔化混合成中间合金。熔制中间合金以相图为基础,大多数中间合金采用这种方法生产,如 Al-Mn、Al-Cu、Cu-Si、Cu-Mn、Cu-Fe 和 Ni-Mg 等中间合金。根据熔合工艺不同,熔合法又有三种类型:一种是先熔化易熔金属,并过热至一定温度后,再将难熔金属分批加入而制成。这种工艺操作简单,热损失较小,是目前广泛使用的配制中间合金的方法。另一种是先熔化难熔金属,后熔化易熔金属,多数中间合金所含难熔组元较少,而且熔点高,故此法很少采用。还有一种是事先将两种金属分别在两台熔炉内进行熔化,然后将其混合,这种工艺适合于大规模生产。

以 Al-Mn 中间合金的生产为例,简述如下:Al-Mn 中间合金一般用纯铝和锰含量大于 93% 的金属锰或纯度高的电解锰,在中频感应炉或坩埚炉中熔制。破碎成细粒的锰经预热去水分后分批加入到 850~1000℃ 的铝液中,每批加入后应立即充分搅拌,待全部熔化后再加下一批。加完锰,再加入剩余铝锭;以降低熔体温度,充分搅拌,精炼扒渣后浇入预热的锭模内。在整个浇注过程中须经常搅拌熔体,防止锰沉淀而造成成分偏析。

2) 热还原法也称置换法。Al-Ti 或 Cu-Be 中间合金可用这种方法熔制。生产 Cu-Be 中间合金时,含铍的烟尘有毒,需在具有防护设备的专用厂房里进行配置;目前多由专业工厂生产。Al-Ti 和 Cu-Be 中间合金,采用 $TiO_2$ 和 BeO 为原料,分别以铝、碳作还原剂,将钛和铍从 $TiO_2$ 和 BeO 中还原出来,分别溶于铝和铜液中而生成中间合金。前者叫铝热还原法;后者叫碳热法。例如:4%Ti-Al 中间合金的熔制方法是先在中频炉或反射炉中熔化铝,升温到 1000~1200℃,分批加入经烘干、粉碎、过筛的氧化钛和冰晶石的混合物($TiO_2$ 和 $Na_3AlF_6$ 均为铝的质量的 8%~9%)用石墨棒搅拌,适当保温至不冒黄烟时便可扒渣浇注,其还原反应如下:

$$2TiO_2 + 2Na_3AlF_6 = 2Na_2TiF_6 + Na_2O \cdot Al_2O_3 \tag{2-1-26}$$

$$3Na_2TiF_6 + 13Al = 2AlF_3 + 2Na_3AlF_6 + 3TiAl_3 \tag{2-1-27}$$

也可用海绵钛和铝直接熔合成铝钛中间合金。这样,合金成分易于准确控制,操作方便,但海绵钛价格较贵,故一般多用热还原法制取铝钛中间合金。

3) 熔盐电解法。熔盐电解法制取 Al-Ce 中间合金。其工艺为:以电解槽的石墨内衬为阳极,用钼条插入铝液中作阴极,以 KCl 和 $CeCl_3$ 熔盐作电解液。将铝液加热至 850℃ 左右时,通电进行电解,即可制得 10%~25%Ce 的 Ce-Al 中间合金。也可用铝热法制取 Al-Ce 中间合金。

4) 粉末法。将两种不易熔合的金属(如铜和铬)分别制成粉末,混合压块,然后加热扩散制成中间合金,此法的优点是合金元素含量高。

应该指出,应用中间合金的所谓二步熔炼法,使合金在熔炼过程中多了一道工序,提高了成本,同时在熔制中间合金过程中,还会发生杂质的吸收与积累,影响合金的冶金质量。因此,产生了不应用中间合金而直接用新金属料加入熔体的所谓一步熔炼法的设想。一步熔炼法是利用合金化后能降低合金熔点的原理,把熔点较高的合金元素直接加到基体金属熔液中去。此法的关键在于创造良好的动力学条件,增大和不断更新基体金属与合金元素的直接接触面,促进合金元素的扩散与均匀化,一步熔炼法具有较好的技术经济效益。

B 配料

配料的程序为:先确定合金元素的计算成分,再确定每种炉料的品种、配料比及熔损率;最后计算料重及根据炉前分析的结果进行调整。

(1) 计算成分的确定。确定计算成分是为了计算所需炉料的重量,一般是取各元素的平均成分作为计算成分。但还要根据合金的用途及使用性能、加工方法及工艺性能、熔损率及分析误差等情况,决定取平均值或偏上限还是偏下限作计算成分。从合金产品的用途和使用性能看,凡重要用途及使用性能要求高者,则应按元素在合金中的作用,具体分析后才确定其计算成分。例如,做弹性元件的 QSn6.5~0.1,为保证其弹性好,对固溶强化和晶界强化的锡和磷,宜取其中上限作计算成分。作耐蚀件的 H62,尽量取下限铜含量(60.5%)的板材,可以满足力学性能的要求,但为了保证其耐蚀性并得到单一的固溶组织,宜取偏上限铜含量(63%)作计算成分。抗磁性元件用的 QSn4-3 和表面质量要求高的 LT66,杂质铁的允许量要低,宜分别控制在 0.02% 及 0.01% 以下。

合金成分与工艺性能的关系较复杂。某成分的合金材料,有时其力学性能很高,但工艺性能差,甚至难以用水冷半连续铸锭得到合格的锭坯,且不易加工。例如,高强度的铝合金 LC4,半连续铸造大扁锭时易裂,在调整铸锭工艺的基础上,将铜取下限,镁取上限,锌取中限,使 $w(\text{Fe}) > w(\text{Si})$,且 $\frac{w(\text{Mg})}{w(\text{Si})} \geqslant 12$,就能改善其铸造工艺性能并降低裂纹倾向。铁和硅含量高的铝合金,在半连续铸造较大的锭坯时,大部分有较严重的裂纹倾向,特别是在铁硅比失调时。只有在铁、硅含量较低且铸坯尺寸小时,铁硅比对裂纹的影响才不明显,另外,加工方法、加工率及材料的供货状态不同,对成分的要求也不同。例如,挤压管材和模锻件用 LY12,铜含量取中下限就能满足要求了;而作厚板和二次挤压棒材时,就得取中上限铜含量才能达到力学性能的要求。同时对于软状态下的中厚板及二次挤压件,为了保证其强度指标,需取中上限作计算成分;而硬状态下的薄板及管材则取中下限作计算成分。伸长率高的 LF2 管材,其镁含量宜取偏下限。为保证其可焊性,硅宜取中上限。此外,凡易形成金属互化物而降低塑性的元素,一般宜取低含量作计算成分。

合金中较易氧化和挥发的元素,在确定计算成分时要考虑熔损率,把在生产条件下得出的实际熔损率加入计算成分内。合金元素的熔损率可在很大范围内波动,见表 2-1-6。

表 2-1-6　某些合金元素的熔损率(%)

| 合金种类 | 合金元素 | | | | | | | | | | | |
|---|---|---|---|---|---|---|---|---|---|---|---|---|
| | Al | Cu | Si | Mg | Zn | Mn | Sn | Ni | Pb | Be | Zr | Ti |
| 铜合金 | 1~3 | 0.5~2.0 | 0.5~6 | 2~10 | 1~5 | 0.5~3 | 0.5~2 | 0.5~1.0 | 0.5~2.0 | 2~15 | ~10 | ~30 |
| 铝合金 | 1~5 | ~0.5 | 1~5 | 2~4 | 1~3 | 0.5~2 | | ~0.5 | | | ~10 | ~6 | ~20 |
| 镁合金 | 2~3 | | 1~5 | 3~5 | ~2 | ~5 | | | | ~15 | ~6 | |

合金中某一元素实际烧损率的大小与所用的熔炉类型及容量、炉料状态、合金元素性质及含量、熔炼工艺及操作方法等因素有关,实际生产中的熔损率数据是从一定条件下的大量分析统计资料中获得,在没有来自生产实际的熔损率数据时,表 2-1-6,所列数据有一定参考作用。熔损率不大的元素,确定计算成分时,可不考虑熔损,但这只是在取平均含量作计算成分时才能这样做。当取偏下限作计算成分时,若不考虑熔损率,则可能因烧损而低于下限成分。在使用含有易熔损元素的废料时,需要另加一定的补偿料。如使用旧黄铜料,要补偿锌的 0.2%~5%,其他铜合金废料中的铝、硅、磷、锰等元素,也要补偿该元素含量的 0.05%~0.7%。一些较难氧化和挥发的合金元素,一般不会有明显的变化,往往因其熔损率比基体金属相对小些而略有增加。同时,在熔炼过程中,熔体和炉衬、熔剂和炉气的相互作用,会导致某些元素和杂质的吸收和积累,因此,在确定计算成分时,应该将这些杂质控制在下限以下。

(2)炉料品种及料比的选择。在保证炉料性能的前提下,参照铸锭及加工工艺条件,应合理地充分地利用旧料,以降低产品成本,一般新旧料比在(4:6)~(6:4)范围内,尽可能利用本牌号废料,以降低产品成本。对杂质允许量较高,且无特殊要求的合金,可以选用较多的旧料,甚至可用 100% 旧料。对杂质要求严、表面质量好而耐蚀性好的合金,则可多用纯度高的新金属料,甚至 100% 新料。如原子能用的 LT21 合金,对杂质要求非常严格,其中锂、硼和镉要控制在 $(1\sim6)\times10^{-4}$% 以下,这就需要用高纯的全新铝锭作炉料。

另外,所有金属炉料的化学成分及杂质含量必须符合国家标准。某些控制较严或含量波动范围较窄的元素,宜用中间合金加入。重要用途及导电用材料,也要选用纯度高的新金属料和多用或全用新料。

(3) 配料计算。配料计算有不计算杂质和计算杂质两种方法;当炉料全部是新金属料和中间合金,或仅有少量一级废料,或单个杂质限量要求不严,或杂质总限量较高时,可不计杂质。重要用途或杂质控制较严的合金;或使用炉料级别低、杂质较多的废料,特别是半连续铸锭规格较大或易于产生裂纹的合金锭时,要计算杂质。前者方法较简单,多用于铜合金的配料计算。后者计算较复杂,多用于铝合金的配料计算。

在计算由新金属料带入的杂质元素时,若该元素是合金元素之一,则取下限计算;若为杂质,则按上限计算。如 Al-2 级新铝锭含 0.11%~0.15%Si,当配入 2A14 时,Si 是合金元素,可按 0.11% 计算;当配入 2A02 中时,Si 是杂质元素,应按 0.15% 计算。

配料计算程序如下:首先计算包括熔损在内的各成分需要量,其次计算由废料带入的各成分量,再计算所需的中间合金和新金属料量,最后核算。

配料计算举例:配制一炉 10t2A12 合金。

根据国家标准和制品要求,确定计算成分。合金元素 Cu、Mg、Mn 基本上可取平均成分,分别为 4.60%、1.55% 和 0.70%。杂质 Fe、Si 控制在 0.45% 和 0.35% 以下。2A12 中杂质总和较多,故可用较多废料,取新旧料质量比为 60:40,2A12 和炉料成分列于表 2-1-7。

**表 2-1-7  2A12 及所选炉料的化学成分**

| 炉　料 | | 化学成分/% | | | | | | | | | 用量/% |
|---|---|---|---|---|---|---|---|---|---|---|---|
| | | Cu | Mg | Mn | Fe | Si | Zn | Ni | Al | 杂质总和 | |
| 2A12 | 国家标准<br>计算成分 | 3.8~4.9<br>4.60 | 1.2~1.8<br>1.55 | 0.3~0.9<br>0.70 | ≤0.5<br>0.45 | ≤0.5<br>0.35 | ≤0.3<br>0.2 | ≤0.1<br>0.1 | 余量<br>余量 | ≤1.5 | |
| 2A12 废料 | | 4.35 | 1.50 | 0.60 | 0.5 | 0.5 | 0.3 | 0.10 | 余量 | | 40 |
| Cu-3 纯铜板 | | 99.7 | — | — | 0.05 | — | — | 0.20 | — | 0.3 | |
| Mg-3 镁锭 | | 0.02 | 99.85 | — | 0.05 | 0.03 | — | 0.002 | 0.05 | 0.15 | |
| Al-Mn 中间合金 | | 0.02 | 0.05 | 10.0 | 0.60 | 0.60 | 0.3 | 0.1 | 88.5 | 1.5 | |
| Al-2 原铝锭 | | 0.01 | — | — | 0.16 | 0.13 | — | — | 99.7 | 0.30 | |

1) 按计算成分计算各元素需要量及杂质量。

主要成分:

$$Cu \quad 10000\times4.6\% = 460(kg)$$
$$Mg \quad 10000\times1.55\% = 155(kg)$$
$$Fe \quad 10000\times0.45\% = 45(kg)$$
$$Mn \quad 10000\times0.7\% = 70(kg)$$
$$Si \quad 10000\times0.35\% = 35(kg)$$
$$Zn \quad 10000\times0.2\% = 20(kg)$$
$$Ni \quad 10000\times0.1\% = 10(kg)$$

杂质总和:

$$10000\times1.5\% = 150(kg)$$

2) 废料中带入的各成分元素量。

$$Cu \quad 4000 \times 4.35\% = 174(kg)$$
$$Mg \quad 4000 \times 1.50\% = 60(kg)$$
$$Mn \quad 4000 \times 0.60\% = 24(kg)$$
$$Fe \quad 4000 \times 0.5\% = 20(kg)$$
$$Si \quad 4000 \times 0.5\% = 20(kg)$$
$$Zn \quad 4000 \times 0.3\% = 12(kg)$$
$$Ni \quad 4000 \times 0.1\% = 4(kg)$$

杂质总量：

$$4000 \times 1.5\% = 60(kg)$$

3) 计算所需中间合金及新金属量。

$$Cu 板 \quad (460 - 174) \div 99.7\% = 287(kg)$$
$$Mg 锭 \quad (155 - 60) \div 99.85\% = 95(kg)$$
$$Al-Mn \quad (70 - 24) \div 10\% = 460(kg)$$
$$Al 锭 \quad 10000 - (4000 + 287 + 95 + 460) = 5158(kg)$$

4) 核算。核算各种炉料的装入量之和与配料总量是否相符, 炉料中各元素的加入量之和与合金中各元素的需要量是否相等(计算略, 见表 2-1-8)。

表 2-1-8　配料计算表

| 配料情况 | | 计算的各元素量/kg | | | | | | | | 备注 |
|---|---|---|---|---|---|---|---|---|---|---|
| 金属名称及牌号 | 装入量/kg | Cu | Mg | Mn | Fe | Si | Zn | Ni | 杂质总和 | |
| 配料总量 | 10000 | 460 | 155 | 70 | ≤45 | ≤35 | ≤20 | ≤10 | ≤150 | |
| 2A12 级废料 | 4000 | 174 | 60 | 24 | 20 | 20 | 12 | 4 | 60 | |
| Cu-3 纯铜板 | 287 | 286 | — | — | 0.14 | — | — | 0.57 | 0.85 | |
| Mg-3 镁锭 | 95 | — | 94.85 | — | 0.05 | 0.03 | — | 0.002 | 0.14 | |
| Al-10% Mn | 460 | — | — | 46.0 | 2.74 | 2.74 | 1.38 | 0.46 | 6.7 | |
| Al-2 | 5158 | — | — | — | 8.25 | 6.7 | | | 15.5 | |

核算表明, 计算基本正确, 可以投料, 如果核算结果不符合要求, 则需复查计算数据或重新选择炉料及料比, 再进行计算, 直到核算正确为止。应该指出, 化学成分中的 Fe、Si、Zn、Ni 系杂质, 一般不需要特意加入这些元素。

配料计算完成后, 应根据配料计算卡标明炉料规格, 牌号, 废料级别和数量, 将炉料过秤并按装料顺序送往炉台。电解铜板要剪成小块, 便于快速熔化。超过规定尺寸的废料, 应先剪切, 便于装炉。

C　熔炉准备

有色金属合金品种繁多, 其熔炼特性各异。因此, 有色金属熔炉是多种多样的, 从比较简单的坩埚地坑炉到现代化的真空自耗电极电弧炉和电子束炉, 在有色金属熔炼生产中都得到应用。大型有色金属加工厂的熔炉, 其功能可以分为熔炼炉和静置炉两种。应用较为广泛的有燃油反射炉, 燃气反射炉, 电阻反射炉和感应炉等。在正常情况下, 首先将配好的金属料装入熔炉内熔化, 然后用虹吸法、流槽法或磁力泵法将金属液转入保温炉内, 进行脱气除渣精炼, 调整温度和成分。应用最多的保温炉是电阻炉、火焰炉及低频感应炉。熔炉的正确选择与合理使用是保证获得优质、高产、低成本金属熔体及制品的重要条件之一。

下面介绍洗炉与换炉。

(1) 洗炉。实际生产中往往用一个熔炉熔炼多种合金。在由一种合金转换熔炼另一种合金时,为了防止残留在炉墙上及炉底坑洼处的炉渣或金属弄脏另一种合金,必须在换炉之前进行洗炉。一般在下列情况下进行洗炉:1)前一炉合金元素为后一炉合金的杂质;2)前一炉合金中含有扩散慢及易偏析沉淀的元素或化合物,如铝合金中的锰,铜合金中的铅,镁合金中的锆;3)由杂质高的合金转换熔炼纯度高的合金。4)新修、大修和中修炉子投产前。

洗炉要用新金属料,每次洗炉的投料量不少于炉容量的 40%,一般洗 2～3 次。若试样中的杂质量未达到要求值,则需洗至杂质量合格为止。洗炉温度宜比前一炉合金正常最高熔炼温度略高,还得多次搅拌,出炉时要倒净。

(2) 换炉。换炉的顺序应根据下列原则来安排:1)前一炉合金元素不是下一炉合金的杂质;2)前一炉合金的杂质量低于下一炉的杂质量。

根据上述原则,黄铜的换炉顺序应为:H96→H90→H85→H70→H68→H65→H62→H59→HPb59－1。这样的换炉顺序就不必洗炉。若由 HPb59－1→H68→H96,这样的顺序则必须洗炉。当由一个合金系换熔另一个合金系时,一般需要洗炉。例如,上一炉熔炼 Al-Mg 或 Al-Mn、Al-Mg-Si 及 Cu-Mg-Si、Al-Zn-Mg-Cu 系合金,而下一炉熔炼的是纯铝或特殊铝合金,则必须洗炉。上一炉是 2A80、2A90 及 Al-Zn-Mg-Cu 系合金,则下一炉无论生产什么合金均须洗炉。

在熔沟式低频感应炉熔炼黄铜换炉时,可不必倒出熔沟中的起熔体,但要先按下述方法测定重量并调整成分。

设 $x$ kgCu-Zn 合金起熔体含铜为 $a$%,加入 $b$ kg 锌后取样分析含铜 $c$%,由于熔体中铜的数量没变,因此它们之间存在如下关系:

$$ax = c(x + b) \tag{2-1-28}$$

解式 2-1-28 可得起熔体重量为:

$$x = \frac{bc}{a - c} \quad (\text{kg})$$

算出起熔体重量后,即可算出尚需补充的炉料量。

D 成分调整

在熔炼过程中,由于各种原因会使合金成分发生改变,因而需要在炉料熔化后,取样进行快速分析,根据分析的结果确定是否要进行成分调整,这是控制成分的最后一关,要求调整成分时做到快和准,保证成分符合要求。调整成分的方法有两种:补料和冲淡。

(1) 补料。当炉前分析发现个别元素的含量低于标准化学成分范围下限时,则应进行补料,一般先按下式近似地计算出补料量,然后进行核算:

$$x = [(a - b)Q + (C_1 + C_2 + \cdots)a]/(d - a) \tag{2-1-29}$$

式中 $x$——所需补加的炉料量,kg;

$Q$——熔体总重量,kg;

$a$——某元素的要求含量,%;

$b$——该成分的分析结果,%;

$C_1、C_2\cdots$——其他金属或中间合金的加入量,kg;

$d$——补料用中间合金中该成分的含量,%。

为了使补料较为准确,应用上式可按下列要求进行计算:(1)先算量少者后算量多者。(2)先算杂质,后算合金元素;(3)先算低成分中间合金,后算其高者;(4)最后计算新金属量。

例如,设炉内有 5A06 铝合金熔体,重 1000 kg,试样成分、计算成分及中间合金成分见表 2-1-9。

**表 2-1-9    5A06 及中间合金成分和补料量**

| 项　目 | 化学成分/% | | | | | | 补料量/kg |
|---|---|---|---|---|---|---|---|
| | Mg | Mn | Ti | Fe | Si | Al | |
| 计算成分 | 6.40 | 0.60 | 0.08 | 0.3 | 0.25 | 余量 | Fe>Si |
| 试样成分 | 2.40 | 0.60 | 0.06 | 0.25 | 0.25 | 余量 | |
| Al-Mn | — | 10.0 | — | 0.50 | 0.40 | 余量 | 3.0 |
| Al-Fe | — | — | — | 10.0 | 0.50 | 余量 | 5.2 |
| Al-Ti | — | — | 4 | 0.60 | 0.40 | 余量 | 5.9 |
| Mg-1 | 100 | — | — | — | — | — | 43.7 |

由表可知,主成分镁、钛和杂质铁含量不足,需要补料,按上述要点先计算铁,后计算钛和镁。即:

$$\text{Al-Fe} \quad 1000(0.30-0.25)/(10-0.30)=5.2(\text{kg})$$
$$\text{Al-Ti} \quad [1000(0.08-0.06)+5.2\times0.08]/(4-0.08)=5.9(\text{kg})$$

锰和硅本不需要补料,但因补加其他炉料后浓度会下降,需补加;为了补锰,须先近似地算出镁的补料量:

$$\text{Mg} \quad 1000\times(6.4\%-2.4\%)=40(\text{kg})$$

故,$\text{Al-Mn}(40+5.2+5.9)\times0.6/10\approx3(\text{kg})$

$$\text{Mg-1} \quad [(6.4-2.4)1000+(5.2+5.9+3)\times6.4]/(100-6.4)=43.7(\text{kg})$$

补料后熔体总重量为:

$$(1000+5.2+5.9+3+43.7)=1057.8(\text{kg})$$

应含镁量:

$$1057.8\times6.4\%=67.7(\text{kg})$$

补料后,实际含镁量为:

$$1000\times2.4\%+43.7=67.7(\text{kg})$$

核算表明,计算正确,可照数补料。

补料一般都用中间合金,熔点较低的纯金属也可用。但不应使用熔点较高和难以溶解的新金属料,以免延长熔炼时间。补料的投料量越少越好。

(2)冲淡。当炉前分析发现某元素含量超过标准化学成分上限时,则应根据下式进行冲淡处理:

$$x=\frac{b-a}{a}Q \quad (\text{kg}) \tag{2-1-30}$$

式中　$x$——冲淡应补加炉料重量,kg;

　　　$a$、$b$——冲淡后和冲淡前的元素含量,%;

　　　$Q$——炉内金属熔体质量,kg。

例如,已知炉内有 QAl9－2 合金熔体 1000 kg,炉前分析结果为 10.2% Al,2.1% Mn,余为铜。设 QAl9－2 计算成分为 Cu－9.5% Al－2.1% Mn,可见铝应冲淡。

将熔体内铝含量从 10.2% 冲淡至 9.5% 需要冲淡料 $x$ 为:

$$x=\frac{10.2-9.5}{9.5}\times1000=73.7(\text{kg})$$

冲淡料应包括铜和锰,其中

$$x_{Mn} = 73.7 \times 2.1\% = 1.5(kg)$$

$$x_{Cu} = 73.7 - 1.5 = 72.2(kg)$$

如冲淡用锰为 Cu - 30% Mn 中间合金,则需

$$1.5 \div 30\% = 5(kg)$$

需铜量为:

$$72.2 - (5 \times 0.7) = 68.7(kg)$$

核算锰和铝(从略)均符合要求,计算无误,可以投料。

冲淡要用新金属料,如用料较多,要消耗较多的纯金属料,延长了熔炼时间,同时使其他成分相应下降,这不仅计算繁杂,而且还可能因冲淡而投料较多,使总投料量超过最大炉容量,导致熔体溢出,所以冲淡在生产上是不希望的。

### 2.1.2 熔体的精炼

熔体精炼的任务在于去气去渣,其实质就是与金属的氧化、吸气和其他杂质作斗争。

#### 2.1.2.1 除渣精炼

金属中非金属夹杂物的含量与分布,是反映金属熔体冶金质量的重要指标。它们的存在会破坏金属基体的连续性,降低金属的塑性、韧性和耐蚀性,恶化金属的工艺性能和表面质量。降低金属熔体中非金属夹杂物的含量是金属熔炼过程中一个重要任务,本节讨论非金属夹杂的主要来源及种类,除渣原理和方法以及影响除渣效果的因素。

A  非金属夹杂物的种类和来源

金属中的非金属化合物,如氧化物、氮化物、硫化物及硅酸盐等都以独立相存在,统称为非金属夹杂物,一般简称夹杂或夹渣。按化学成分划分,夹杂可分成氧化物(如 $FeO$、$SiO_2$、$Al_2O_3$、$TiO_2$、$MgO$ 等),复杂氧化物(如 $FeO$、$Al_2O_3$ 等),氮化物(如 $AlN$、$ZrN$、$TiN$ 等),硫化物(如 $NiS$、$CeS$ 等),氯化物(如 $NaCl$、$KCl$、$MgCl_2$ 等),氟化物(如 $CaF_2$、$NaF$ 等),硅酸盐(如 $Al_2O_3$、$SiO_2$)等几种,此外,还有碳化物、氢化物和磷化物等。

按夹杂的形态可分为两类:一是薄膜状,如铝合金中的氧化铝膜,其危害甚大,加工时易造成开裂与分层。二是不同大小的团块或粒块夹杂。尺寸小的夹杂以微粒状弥散分布于金属熔体中,不易除去。

按夹杂的来源可分为外来夹杂和内生夹杂。外来夹杂是由原材料带入或在熔炼过程中卷入金属的耐火材料、熔剂、锈蚀产物,炉气中的灰尘以及工具上的污染物等。内生夹杂是在金属加热及熔炼过程中,金属与炉气、熔剂以及其他物质反应而生成的化合物。如氧化物、硫化物、氢化物和氮化物等。熔炼的金属不同,熔体内夹杂物的种类、存在状态、性质及分布状况等也各不相同,需采用不同的除渣方法。

B  除渣精炼原理

a  密度差作用

当金属熔体高温静置时,非金属夹杂物与金属熔体密度不同,因而产生上浮或下沉。球形固体夹杂在金属液中上浮或下沉速度服从 Stokes 定律:

$$u = \frac{2 \cdot g(\rho_{Me} - \rho_i)}{9\eta} r^2 \tag{2-1-31}$$

式中  $u$——夹杂上浮(下沉)的速度,cm/s;

$\eta$——金属液的黏度，Pa·s；

$r$——球形夹杂半径，cm；

$\rho_{Me}$、$\rho_i$——金属熔体和夹杂的密度，g/cm³；

$g$——重力加速度，cm/s²。

可见夹杂的上浮(下沉)速度与夹杂和金属的密度差成正比，与熔体黏度成反比。当温度一定时，由于熔体的黏度与夹杂的密度差变化很小，所以主要通过增大夹杂的尺寸，以便使夹杂与熔体分开。如果夹杂以不同尺寸的颗粒混杂存在，则较大颗粒上浮得快。较大颗粒夹杂在上浮的过程中将吸收较小夹杂而急速长大。但 $r \leqslant 0.001\ mm$ 的球形夹杂难以用静置法除去。

b　吸附作用

向金属熔体中导入惰性气体或加入熔剂产生的中性气体，在气泡上浮过程中，与悬浮状态的夹杂相遇时，夹杂便可能吸附在气泡的表面而被带出熔体。加入金属熔体中的低熔点熔剂时，在高温下与非金属夹杂接触时，也会产生润湿和吸附作用。

气体(或熔剂)在吸附夹杂的过程中，使界面能降低，所以气泡或熔剂吸附夹杂的热力学条件是：

$$\Delta G = (\sigma_3 - \sigma_2 - \sigma_1)S < 0 \qquad (2\text{-}1\text{-}32)$$

即

$$[\sigma_3 - (\sigma_2 + \sigma_1)] < 0 \qquad (2\text{-}1\text{-}33)$$

式中　$\sigma_1$、$\sigma_2$、$\sigma_3$——金属-熔剂(气泡)、金属-夹杂间、夹杂-熔剂间的界面能，J/m²；

$S$——界面面积，m²；增大 $\sigma_1$、$\sigma_2$，降低 $\sigma_3$，有利于吸附过程进行，从而可加速金属与夹杂物的分离。

熔剂的吸附能力取决于化学组成。就铝合金而言，在其他条件相同下，氯化物的吸附能力比氟化物好，碱金属氯化物比碱土金属好；氯化钠与氯化钾的混合物比单独用要好，在 NaCl 与 KCl 的混合物中加入少量氟化物和冰晶石($Na_3AlF_6$)，其吸附能力大为提高。

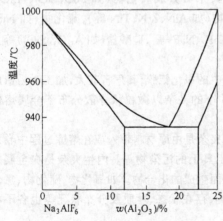

图 2-1-5　$Na_3AlF_6$-$Al_2O_3$ 二元相图

c　溶解作用

熔剂溶解夹杂的能力取决于它们的分子结构和由此而产生的化学性质。当分子结构和化学性质相近时，在一定温度下就能互溶。如阳离子结构类同的 $Al_2O_3$ 和 $Na_3AlF_6$、MgO 和 $MgCl_2$ 等都有一定的互溶能力。等量的 NaCl 和 KCl 混合物中加入 10% 的冰晶石，能溶解 0.15% $Al_2O_3$，且随冰晶石的增加而增加，$Al_2O_3$ 在熔剂中的溶解度也随之增加。由图 2-1-5 可知，在共晶温度时，冰晶石能溶解约 18.5% 的 $Al_2O_3$。通常认为，冰晶石是溶解 $Al_2O_3$ 的最好熔剂。

d　化合作用

化合作用是以夹杂和熔剂之间有一定亲和力并能形成化合物或络合物为基础的。碱性氧化物和酸性熔剂，或酸性氧化物与碱性熔剂，在一定温度条件下可相互作用形成体积更大，熔点较低，且易于与金属分离的复盐式炉渣，根据其密度大小，在熔体中可上浮或下沉除去。

碱性氧化物 MeO 与酸性熔剂 $M_xO_y$ 发生造渣反应：

$$a MeO + b M_xO_y \Longrightarrow a MeO \cdot b M_xO_y \qquad (2\text{-}1\text{-}34)$$

熔炼铜、镍合金及钢时,广泛应用上述造渣原理。例如,铜液中的 $CuO$(或 $FeO$)与熔剂或炉衬中 $SiO_2$(或 $Al_2O_3$)作用为:

$$CuO + SiO_2 \Longrightarrow CuO \cdot SiO_2 \tag{2-1-35}$$

$$FeO + Al_2O_3 \Longrightarrow FeO \cdot Al_2O_3 \tag{2-1-36}$$

化合造渣作用主要在金属熔体表面进行,在炉渣与炉衬接触处也会发生这种反应。悬浮于金属熔体中的非金属夹杂,在分配定律与密度差的作用下,不断地从熔体内部上浮到表面炉渣中参与造渣反应。例如,要除去铝青铜和铝白铜中的 $Al_2O_3$ 夹杂,可选用含冰晶石或焙烧苏打的熔剂,其造渣反应如下:

$$2Al_2O_3 + 2Na_3AlF_6 \Longrightarrow 3Na_2O \cdot Al_2O_3 + 4AlF_3 \tag{2-1-37}$$

$$Al_2O_3 + Na_2CO_3 \Longrightarrow Na_2O \cdot Al_2O_3 + CO_2 \uparrow \tag{2-1-38}$$

熔炼锡青铜可用下列造渣反应除去 $SnO_2$:

$$SnO_2 + 2CaCO_3 + Na_2B_4O_7 \longrightarrow Ca_2B_4O_3 \cdot Na_2SnO_3 + 2CO_2 \uparrow \tag{2-1-39}$$

$$SnO_2 + 2Na_2CO_3 + B_2O_3 \Longrightarrow Na_2B_2O_4 \cdot Na_2SnO_3 + 2CO_2 \uparrow \tag{2-1-40}$$

由于化合造渣反应是多相反应,其总的反应速率主要取决于扩散传质速率。因此,反应的温度和浓度等条件对化合造渣影响很大,故熔炼温度较高的铜、镍等合金更适合于化合造渣精炼法。

e 机械过滤作用

所谓机械过滤作用,是指当金属熔体通过过滤介质时,对非金属夹杂物的机械阻挡作用。此外,过滤介质还有对夹杂物的吸附作用。通常过滤介质的空隙越少,厚度越大,金属熔体流速越低,机械过滤效果越好。按照 G. Apelian 等人的理论,过滤介质捕捉夹杂物的速度与夹杂物在熔体中的浓度成正比,即

$$\left[ \frac{\partial \sigma}{\partial t} \right]_z = Kc \tag{2-1-41}$$

式中　$\sigma$——过滤器中捕捉的夹杂量;

　　　$t$——时间;

　　　$z$——过滤器入口的深度;

　　　$c$——熔体中夹杂浓度;

　　　$K$——动力学参数,可用下式表示:

$$K = K_0 \left[ 1 - \frac{\sigma}{\sigma_m} \right] \tag{2-1-42}$$

当式 2-1-41 中 $\sigma$ 近似 $\sigma_m$ 时,$K$ 值为零,表示过滤完毕。过滤终了时熔体中夹杂浓度可用下式表示:

$$\frac{c_o}{c_i} = \exp \left[ -\frac{K_0 L}{u_m} \right] \tag{2-1-43}$$

式中　$c_i$、$c_o$——过滤前后熔体中夹杂的浓度;

　　　$L$——过滤器厚度;

　　　$u_m$——熔体在过滤器中的流速。

过滤效率 $\eta$ 可用下式表示:

$$\eta = \frac{c_i - c_o}{c_i} = 1 - \exp \left[ -\frac{K_0 L}{u_m} \right]$$

图 2-1-6 为实验结果,表示过滤效果取决于过滤器的结构和过滤速度。较好的过滤效果是

在较低的熔体流速下取得的,但在实际生产中,如果静压过小,流速太低,会影响生产率,增加过滤层厚度可获得较好的净化效果。

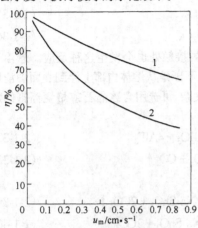

图 2-1-6　过滤器种类和过滤
速度与过滤效率的关系
1—3~6 网目氧化铝片,层厚 25 cm;
2—直径为 2 cm 的氧化铝球,层厚 25 cm

### C　除渣精炼方法

不同的金属熔体所含的非金属夹杂物的性质和分布状态不同,因此采用不同的除渣精炼方法。

#### a　静置澄清法

此法适用于金属熔体与非金属夹杂间密度差较大,且夹杂物颗粒不太小的合金。静置澄清法一般是让金属熔体在精炼温度和熔剂覆盖下保持一段时间,使夹杂物上浮或下沉除去。静置时间为:

$$t = \frac{9\eta H}{2g(\rho_{Me} - \rho_i)r^2} \qquad (2\text{-}1\text{-}44)$$

式中　$H$——夹杂物上浮或下沉的深度;
其余符号同式 2-1-31。

可见,静置除渣所需时间,随金属熔体黏度增大而延长。金属液的黏度与温度、化学成分及固体夹杂的形状、尺寸、数量等因素有关,金属液温度低,则黏度大,夹杂物数量多,上浮或下沉的时间长。夹杂物的形状和尺寸对上浮或下沉时间的影响较大,例如,铝青铜熔体用静置法除渣,设其他条件相同,仅当 $Al_2O_3$ 的 $r$ 由 0.1 mm 减少到 0.001 mm 时,所需静置时间由 5 s 增至 13.8 h,夹杂上浮的时间增加近 1 万倍。片条状夹杂有利于上浮而不利于下沉,多边形夹杂对上浮和下沉都不利,因此静置时间的长短主要由合金和夹杂的性质和形状来决定。铝合金通常静置 20~30 min,但除渣效果仍不理想,且耗时费能。一般情况下要在一定的过热温度下,用熔剂搅拌结渣后,然后静置一段时间,才能收到一定的除渣效果。

#### b　浮选法

浮选法是利用通入熔体的惰性气体或加入熔剂所产生的气泡,在上浮过程与悬浮的夹杂相遇时,夹杂被吸附在气泡的表面并带到熔体液面的熔

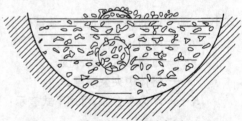

图 2-1-7　浮选除渣原理示意图

剂中去,如图 2-1-7 所示。此法对于熔点较低的铝合金、镁合金较为有效,气泡数目多,尺寸大,浮选效果好。惰性气体常用氮气和氩气。铝合金常用氯盐为主的熔剂作浮选剂。

#### c　熔剂法

熔剂法是通过熔剂与夹杂之间的吸附、溶解和化合等作用而实现除渣的,常用熔剂及其性质见表 2-1-10 和表 2-1-11。根据夹杂物与金属熔体的相对密度不同,可分别采用上熔剂法和下熔剂法,见图 2-1-8。

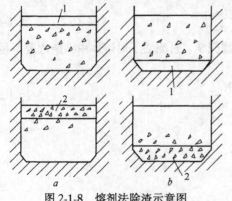

图 2-1-8　熔剂法除渣示意图
a—上熔剂法;b—下熔剂法
1—熔剂;2—熔剂+夹杂

表 2-1-10　某些熔剂的性质

| 物质名称 | 化学式 | 密度 /g·cm$^{-3}$ | 熔点 /℃ | 沸点 /℃ | 熔化潜热 /kJ·mol$^{-1}$ | $-\Delta H_{298}^{\ominus}$ /kJ·mol$^{-1}$ |
|---|---|---|---|---|---|---|
| 氯化铝 | $AlCl_3$ | 2.44 | 193 | 187 升华 | 35.3 | 705.8 |
| 氯化硼 | $BCl_3$ | 1.43 | $-107$ | 13 | — | 403.2 |
| 氯化钡 | $BaCl_2$ | 4.83 | 962 | 1830 | 16.7 | 860.0 |
| 氯化铍 | $BeCl_2$ | 1.89 | 415 | 532 | 8.7 | 496.0 |
| 木　炭 | $C$ | 2.25 | 3800 | — | 30.5 | — |
| 四氯化碳 | $CCl_4$ | 1.58 | $-23.8$ | 77 | — | 135.7 |
| 碳酸钙 | $CaCO_3$ | 2.9 | — | 825 分解 | — | 1207.5 |
| 萤　石 | $CaF_2$ | 2.18 | 1418 | 2510 | 29.7 | 1222.1 |
| 氯化铜 | $CuCl_2$ | 3.05 | 498 | 993 | — | 206.0 |
| 氯化铁 | $FeCl_3$ | 2.80 | 304 | 332 | 43.1 | 399.7 |
| 氯化钾 | $KCl$ | 2.0 | 771 | 1437 | 26.3 | 437.0 |
| 氟化钾 | $KF$ | 2.48 | 857 | 1510 | 28.3 | 567.7 |
| 氯化锂 | $LiCl$ | 2.07 | 610 | 1383 | 19.8 | 408.5 |
| 氟化锂 | $LiF$ | 2.60 | 848 | 1093 | 27.2 | 613.4 |
| 氯化镁 | $MgCl_2$ | 2.30 | 714 | 1418 | 43.1 | 641.8 |
| 光卤石 | $MgCl_2·KCl$ | 2.20 | 487 | — | — | — |
| 氟化镁 | $MgF_2$ | 2.47 | 1263 | 2332 | 58.2 | 1124.2 |
| 氯化锰 | $MnCl_2$ | 2.93 | 650 | 1231 | 37.7 | 482.3 |
| 氯化铵 | $NH_4Cl$ | 1.53 | 520 | — | — | 314.8 |
| 冰晶石 | $Na_3AlF_6$ | 2.9 | 1006 | — | 111.8 | 3307.6 |
| 脱水硼砂 | $Na_2B_4O_7$ | 2.37 | 743 | 1575 分解 | 81.2 | 3090.5 |
| 氯化钠 | $NaCl$ | 2.17 | 801 | 1465 | 28.2 | 411.4 |
| 脱水苏打 | $Na_2CO_3$ | 2.5 | 850 | 960 分解 | 29.7 | 1131.5 |
| 氟化钠 | $NaF$ | 2.77 | 996 | 1710 | 33.2 | 574.0 |
| 工业玻璃 | $Na_2O·CaO·6SiO_2$ | 2.5 | 900~1200 | — | — | — |
| 氯化硅 | $SiCl_4$ | 1.48 | $-70$ | 58 | 7.75 | 687.4 |
| 石英砂 | $SiO_2$ | 2.62 | 1713 | 2250 | 30.5 | 911.5 |
| 氯化锡 | $SnCl_4$ | 2.23 | $-34$ | 115 | 9.2 | 511.6 |
| 氯化钛 | $TiCl_4$ | 1.73 | $-24$ | 136 | 10.0 | 804.7 |
| 氯化锌 | $ZnCl_2$ | 2.91 | 3.8 | 732 | 10.3 | 416.6 |

　　(1)上熔剂法。夹杂的密度小于金属熔体,它们多聚集在熔池的上部及表面,此时采用上熔剂法。所使用的熔剂密度小,加在熔池表面,上层夹杂与熔剂接触,发生吸附、溶解和化合作用而进入熔剂中,这时与熔剂接触的薄层金属液较纯,其密度比夹杂的密度大而向下运动,含夹杂较多的下层液则上升与熔剂接触,其中的夹杂又不断地与熔剂发生吸附、溶解或化合而滞留在熔剂中。这一过程一直进行到整个熔池内的夹杂几乎都被熔剂吸收为止。重有色金属及钢铁多采用这种除渣精炼法。

表 2-1-11　有色金属合金常用熔剂的组成（%）

| 序号 | $NaCl$ | $KCl$ | $MgCl_2$ | $CaCl_2$ | $MgCl_2 \cdot KCl$ | $NaF$ | $CaF_2$ | $Na_3AlF_6$ | $B_2O_3$ | $Na_2B_4O_7$ | $MgO$ | $Na_2CO_3$ | $MgF_2$ | $BaCl_2$ | $LiCl$ | $NH_4Cl$ | 用途 |
|---|---|---|---|---|---|---|---|---|---|---|---|---|---|---|---|---|---|
| 1 | 40 | 50 | | | | 10 | 4 | | | | | | | | | | 铝合金废料重熔，覆盖，洗炉 |
| 2 | 40 | 50 | | | | | | 6 | | | | | | | | | 铝合金覆盖 |
| 3 | 50 | 50 | | | | | | | | | | | | | | | 铝合金覆盖 |
| 4 | | | $25K_2BF_4$ | | | | | 50 | $50C_2Cl_4$ | | | | | | | | 铝及铝合金精炼（4号熔剂可用100%$CCl_4$或$TiCl_4$代替） |
| 5 | $25K_2TiF_6$ | 47 | | | | | | | $50C_2Cl_4$ | | | | | | | | |
| 6 | 30 | | | | | | | 23 | | | | | | | | | |
| 7 | | 32~40 | 38~46 | <8 | | | 10 | | | | <1.5 | | | 5~8 | | | 铝镁及铝合金精炼。铝镁及铝镁硅合金还可用60%~80%$MgCl_2 \cdot KCl$+40%~20%$CaF_2$精炼 |
| 8 | | 35 | 55 | | | | | | | | | | | | | | |
| 9 | | 40 | 60 | | | | 2 | | | | | | | | | | |
| 10 | | 55 | 40 | | | | | | | | | | | 3 | | | |
| 11 | | 15~25 | 15~25 | | | | | | | | | | | | 75~85 | | 含Li的镁合金精炼 |
| 12 | | 55 | | 28 | | | 2 | | | | | | | 15 | | | 含RE及Th的镁合金精炼 |
| 13 | | 36 | | | | | | | | | | | | | 64 | | 含Li的铝合金复合精炼 |
| 14 | | 23 | | | | | 2.5 | | | | | | | 2.5 | | $72MnCl_2$ | 含Mn的镁合金加锰 |
| 15 | | 16~29 | 20~35 | | | | 14~23 | | 5~8 | | | | 14~23 | 8~12 | | | 适用于含Zr及RE的镁合金精炼 |
| 16 | | | | | | | | | 100木炭或米糠 | | | | | | | | 除铝青铜，硅青铜以外的铜合金覆盖，精炼 |
| 17 | | | | | | | | 100 | | | | | | | | | |
| 18 | 35 | | | | | 47.3 | 15 | 50 | | | | | | | | | 铝青铜精炼，精炼 |
| 19 | | | | | | | 52.7 | 80 | | | | | | | | | |
| 20 | | | | | | | 20 | 20 | | | | | | | | | 铝青铜精炼，覆盖 |
| 21 | | | | | | | 50 | 7 | $20CuO$ | 10 | | | | | | | 锡青铜，硅青铜精炼 |
| 22 | | | | | | | 33 | 6 | | 10 | | 60 | | | | | 黄铜精炼 |
| 23 | | | | | | | | | | $54SiO_2$ | | 40 | | | | | |
| 24 | | | | | | | 50 | | $50CaCO_3$ | 25 | | | | | | | 青铜，白铜及镍合金精炼 |
| 25 | | | | | | | 33 | | $42CaCO_3$ | | | | | | | | |
| 26 | 15 | | | | | 15 | | | | 10 | | | | | | 60玻璃 | 铜合金覆盖，黄铜精炼 |
| 27 | | | | | | | | | 50 | 50 | | 50 | | | | | 各种青铜，白铜精炼 |
| 28 | | | | | | | | | | | | $50CaCO_3$ | | | | | |
| 29 | 50CaO | | $25Al_2O_3$ | | | | 7 | | | | 18 | | | | | | 镍及镍合金造渣，覆盖 |
| 30 | 45.5CaO | | $13.5Al_2O_3$ | | | | 6.5 | | | | 16.5 | | | | | 18Al粉 | 镍及镍合金扩散脱氧 |

(2) 下熔剂法。当夹杂的密度大于金属熔体时,夹杂多聚集在熔池下部或炉底,应采用下熔剂法,又称沉淀熔剂除渣精炼法。它所使用的熔剂在熔炼温度下密度大于金属液,加入熔池表面后,会逐渐下沉,在下沉过程中与夹杂发生吸附、溶解或化合作用,并一起沉入炉底,镁及镁合金多采用这种除渣精炼法。

另外,还有一种全体熔剂法。它是用钟罩或多孔容器将熔剂加入到熔体内部,随之充分搅拌,使熔剂均匀分布于整个熔池中。熔剂在吸附夹杂的同时,在密度差作用下,轻者上浮,重者下沉。采用密度小的熔剂时,装料前先将熔剂撒在炉底,也可收到同样的效果。全体熔剂法与上述两种方法比较,其特点是:增大了夹杂与熔剂的接触机会,有利于吸附、溶解和化合作用的进行,提高了除渣效率,缩短了精炼时间。此法多用于铝及铝合金。

d  过滤法

根据所用的过滤介质不同,过滤法分为下列几种:

(1) 网状过滤器法。此法是让熔体通过由玻璃丝和耐热金属丝制成的网状过滤器(图 2-1-9),夹杂受到机械阻挡而与熔体分离。这对于除去薄片状氧化物和大块夹渣效果显著。过滤器的网格尺寸为$(0.5\,mm×0.5\,mm)\sim(1.7\,mm×1.7\,mm)$,这种过滤器结构简单,制造方便,可安装在静置炉到结晶器之间的任何部位。但它只能滤掉那些比网格尺寸大的夹杂,因而净化作用差,过滤器寿命短,要频繁更换。

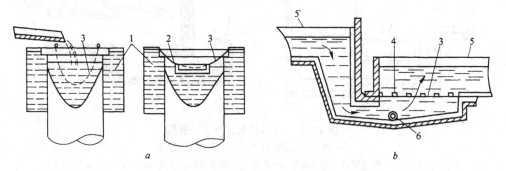

图 2-1-9  网状过滤器法示意图

*a*—单层玻璃布过滤;*b*—多层玻璃布过滤

1—结晶器;2—漏斗;3—玻璃丝布;4—压板格子;5—流槽;6—排放孔

(2) 填充床式过滤法。这种过滤器由各种不同尺寸、不同材料(熔剂、耐火材料、陶瓷等)、不同形状(球形、块状、颗粒状、片状等)的过滤介质组成填充床(图 2-1-10),有时也用液态熔剂作过滤介质。填充床除具有机械阻挡作用外,还有过滤介质与夹杂之间的吸附、溶解和化合作用。该法的优点是熔体与过滤介质之间有较大的接触面积,过滤除渣效果比网状过滤法好,通常过滤层越厚,介质粒度越小,过滤效果越好。但粒度过小,会影响熔体的流量,降低生产率。此外该装置笨重,占地面积大,使用时要保温,有时易产生“沟流”现象。

(3) 刚性微孔过滤法。刚性微孔过滤器分陶瓷微孔管过滤器和陶瓷泡沫过滤器,见图 2-1-11。

陶瓷微孔过滤管由一定粒度的刚玉砂,加入低硅玻璃作黏结剂,经压制成形,低温烘干,高温烧结而成。它是一种具有均匀贯穿微孔的刚性过滤器。当含有夹杂的金属熔体通过时,夹杂因受到管壁的摩擦、吸附、惯性沉降等作用而与金属熔体分离留于管内,金属熔体则可通过此微孔。此法可过滤除去比微孔尺寸小的微粒夹杂。它是目前最可靠的熔体过滤法之一,其缺点是过滤成本高,有时连晶粒细化剂也可被截留。

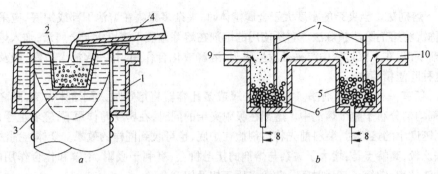

图 2-1-10　填充床式过滤法示意图

a—块状材料过滤；b—氧化铝球过滤

1—结晶器；2—漏斗；3—块状材料；4—流槽；5—片状氧化铝；6—氧化铝球；
7—隔板；8—氩气或氮气；9—熔体入口；10—熔体出口

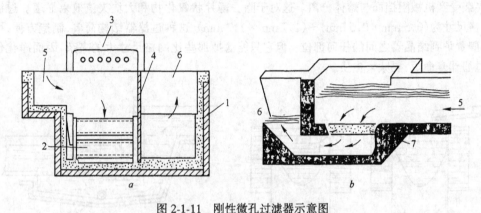

图 2-1-11　刚性微孔过滤器示意图

a—陶瓷微孔管过滤器；b—陶瓷泡沫过滤器

1—耐火材料；2—陶瓷管；3—加热装置；4—隔板；5—熔体入口；6—熔体出口；7—过滤器(CFF)

陶瓷泡沫过滤器是用氧化铝、氧化铬制成的海绵状多孔物质，简称 CFF。其厚度大约为 50 mm，每通过一次熔体后要更换 CFF。此法设备费用便宜，操作使用简单，最近已广泛使用，不足之处是 CFF 性脆，安装后要仔细清扫。

D　影响熔剂除渣精炼效果的因素

在生产上所用的造渣熔剂，实际上都有化合、吸附和溶解三种造渣作用，三者之间是相辅相成的，而不是彼此孤立的。从有色金属和合金熔炼用的熔剂和夹杂的性质、熔炼温度和造渣情况来看，对于熔炼温度较高的铜、镍合金，造渣是以化合作用为主的；熔炼温度较低的轻合金和锌合金，吸附造渣作用是主要的。从去渣精炼效果来看，铜、镍合金的造渣效果较好。但应指出，现有的造渣方法是远远不能令人满意的，这是因为造渣过程还受到各种因素的影响，与温度、时间和熔剂的性质等有关。

(1) 温度。在熔剂一定时，影响熔剂吸附，溶解和化合造渣作用的主要因素是温度。因为整个造渣过程，尤其是化合和溶解过程，是由扩散传质速度所控制的。合金熔体中非金属夹杂物(特别是氧化物)熔点很高，在熔炼温度下呈固态，尽管它们能被液态熔剂所润湿，但氧化物在熔剂中溶解和化合反应的限制性环节是扩散过程。因此，要提高化合和溶解的造渣效果，就要提高精炼温度。熔炼温度高于 1200℃ 的铜合金或镍合金，用冰晶石可溶解约 18% 的 $Al_2O_3$；而在

750℃熔炼铝合金时,则只能溶解 1% 左右的 $Al_2O_3$。另外,提高精炼温度对吸附造渣也是有利的。因为温度高时,金属黏度小,可提高熔剂的润湿能力和夹杂上浮或下沉的速度。从表 2-1-12 可以看出,铝合金精炼温度越高,除渣效果越好,但过高的精炼温度对脱气不利,并且可能粗化晶粒,所以控制精炼温度时要兼顾除渣、脱气两方面。一般是先用高温进行除渣精炼,然后在较低温度下进行脱气,最后保温静置。铝合金一般取浇注温度加 $20\sim30$℃为精炼温度。铜、镍和镁合金可用较高的精炼温度,可取浇注温度加 $30\sim50$℃为精炼温度。

**表 2-1-12 铝合金精炼温度对精炼效果的影响**

| 精炼温度/℃ | | 690 | | 720 | | 800 | |
|---|---|---|---|---|---|---|---|
| | | $Al_2O_3$ | $H_2$ | $Al_2O_3$ | $H_2$ | $Al_2O_3$ | $H_2$ |
| 夹杂含量 /% | 精炼前 | 0.05 | $0.54\times10^{-3}$ | 0.056 | $0.48\times10^{-3}$ | 0.044 | $0.85\times10^{-3}$ |
| | 精炼后 | 0.05 | $0.35\times10^{-2}$ | 0.040 | $0.24\times10^{-3}$ | 0.012 | $0.51\times10^{-3}$ |
| 降 低/% | | 0 | 35.2 | 28.6 | 50.0 | 72.7 | 40.0 |

(2) 熔剂。熔剂的造渣能力越强,去渣精炼的效果也越好。熔剂的造渣能力与其结构和熔点等性质有关。

氧化物熔点高,在金属液中多以分散的固体质点存在。要造渣除去,首先是熔剂要有很好的润湿氧化物的能力,而这种润湿能力,主要取决于熔剂的结构和性质。从熔剂的吸附能力来说,发现随熔剂的阳离子或阴离子半径的增大,熔点和表面张力降低,吸附造渣能力就增强。因而可以利用离子半径大的熔剂,配制成熔点较低、在合金的熔炼温度下呈液态、表面张力小、流动性好的精炼熔剂。此时它与氧化物的接触角小($\theta<90°$),润湿性好,因而其吸附造渣能力较好。例如,$K^+$ 的半径(0.133 nm)比 $Na^+$ 的半径(0.098 nm)大;$Cl^-$ 的半径(0.188 nm)比 $F^-$ 的半径(0.131 nm)大;故表面张力 $\sigma_{KCl}(94.4\times10^{-5}N/cm)<\sigma_{NaCl}(138\times10^{-5}N/cm)<\sigma_{NaF}(199.5\times10^{-5}N/cm)$;接触角 $\theta_{KCl}(28°)<\theta_{NaCl}(68°)<\theta_{NaF}(75°)$。可见,吸附能力以 KCl 最好,其次是 NaCl,最后是 NaF。熔剂的化合造渣能力,主要取决于熔剂与氧化合的化学结合力的大小。酸性或碱性强的熔剂,其化合造渣能力也强。如玻璃、苏打、硼酸和石灰等。但缺点是它们熔点较高,即使在熔炼铜、镍合金的高温下,其黏度仍较高,润湿能力较差,必须同时加入一些降低熔点和黏度的稀释剂,以提高造渣能力。此外,在结构上与氧化物接近的熔剂,一般都具有一定的溶解造渣能力,如 $Na_2AlF_6$ 和 $MgCl_2$ 能分别溶解 $Al_2O_3$ 和 MgO;当然其溶解度还与熔炼温度等条件有关。

(3) 时间。精炼除渣效果的好坏,除与温度及所用熔剂种类有关外,还与精炼后的静置时间有关。一般在加入精炼熔剂并充分搅拌后,或在金属液转注到保温炉或中间浇包后,应使金属液静置一段时间,使氧化物夹杂和熔剂上浮或下沉,静置时间的长短取决于金属的黏度、夹杂的尺寸及其相对密度差等,可用斯托克斯公式 2-1-31 来描述。精炼静置的时间对去渣效果的实际影响,对于镁合金来说,是一个起决定性的作用因素。因为这种合金中的氧化物一般颗粒很小,其分散度也很高,在吸附造渣能力强的熔剂作用下,尺寸较大及密度差较大的夹杂,较易上浮或下沉,而尺寸小及密度差小的夹杂,就需要很长的静置时间,甚至可在熔池中长期呈浮悬状态。另外,随着静置时间的延长,金属会继续氧化生渣,熔剂会逐渐变稠,金属液黏度增大,因此,呈微粒状的夹杂实际上很难除去。轻合金液中的 $Al_2O_3$、MgO、$SiO_2$ 及某些熔剂,都可能留在金属中成为夹杂。相对密度差较大的铜、镍合金,一般采用 10 min 左右的静置时间,就能得到较好的效果。但其中一些密度较大的氧化物,如 $SnO_2$ 和 CdO 等,也可造成夹杂,甚至连微粒状的 $Al_2O_3$ 也不能全部上浮,这可能是铜合金在压棒材中产生层状断口的原因之一。

（4）其他因素。熔剂吸收夹杂是一个复杂的多相过程。熔剂与夹杂接触面积越大，它们之间的吸附、溶解及化合作用进行得越充分。夹杂或吸附夹杂的熔剂颗粒由于碰撞而聚集长大，可加速与金属熔体的分离过程。因此，生产中通常使用粉状熔剂，并在熔体中充分搅拌以增大熔剂与夹杂的接触面积和碰撞几率。

由上分析可知，影响除渣效果的因素是复杂的，现在还不能说有关除渣精炼的一切问题都已经清楚，各种除渣精炼的效果也不能令人完全满意，还有一系列问题尚待研究解决。

### 2.1.2.2　金属中气体及脱气精炼

加热与熔炼过程中，固态与液态金属都有一定的吸附 $H_2$、$O_2$、$N_2$ 等气体的能力，金属的这种性质叫吸气性，它是金属的重要熔炼特征之一。存在于金属中的气体，对金属及其合金的性能和铸锭质量有不良影响。溶解在合金中的氢使铸锭（坯）产生气孔、疏松、板带材起泡及分层，甚至使材料发生氢脆。材料中的氧和氮及其化合物夹杂，会恶化材料的工艺和力学性能。因此熔炼的另一个重要任务就是脱除溶解于金属熔体中的气体。研究气体的来源、气体在金属中的溶解过程、影响金属含气量的因素以及脱气精炼的方法，是制定减少金属吸气及脱气工艺的关键，对于提高金属熔体质量和获得合格铸锭，具有十分重要的意义。

#### A　气体在金属中存在形态及来源

##### a　气体存在形态

气体在铸锭中有三种存在形态：固溶体、化合物和气孔。

气体和其他元素一样，多以原子状态溶解于金属晶格内，形成固溶体。超过溶解度的气体及不溶解的气体，则以分子状态吸附在固体夹杂上，或以气孔形态存在。若气体与金属中某元素间的化学亲和力大于气体原子间的亲和力，则可以与该元素形成化合物，如 $TiN$、$ZrN$、$BeH$、$Al_2O_3$、$MgO$ 等夹杂。

常见的单质气体中，氢的原子半径最小（0.037 nm），几乎能溶解在所有的金属及合金中。也可与一些金属如 La、Nb、Th、Ta、Ce、Ti、Zr、W、V 等形成金属氢化物。氧的原子半径也小（0.066 nm），它是一种极活泼的元素，除能形成各种氧化物外，还能与铁等金属形成以类似中间相为基的固溶体。Fe、Ni、Cu 等金属氧化物能溶解于各类金属熔体中，而 Al、Mg、Si 的氧化物则不能溶解。氮的原子半径为 0.080 nm，与 Fe、Mn、Al、Mg、Cr、V、W、Ti、Zr 等金属及某些稀土金属，在高温时可形成氮化物。氮在大多数有色金属中，如 Cu、Sn、Zn、Cd、Pb、Bi、Au、Ag 等，都不溶解或仅微量溶解。

在熔炼过程中，常与金属熔体接触且危害较大的化合物气体是水蒸气，其次是 $SO_2$，另外还有 CO 和 $CO_2$ 等。水蒸气与金属反应产生氢和氧易于被金属吸收，$SO_2$ 则与铜、镍及铁等反应，使金属中硫含量和氧含量增加。

气体都不能直接溶解于金属熔体中，首先它们在金属表面分解成单原子，然后才被金属吸附，此外，金属熔体中的气体，还可以 $\gamma\text{-}Al_2O_3 \cdot xH$ 等络合物形式存在。有时在非金属夹杂物表面形成吸附层或以少量气泡状态存在。

研究表明，溶解于金属熔体中的气体，在浇铸凝固时析出而形成气孔，据分析，这些气孔中的气体主要是氢气，金属吸气主要就是吸氢，金属中的含气量，也可近似地视为含氢量。脱气精炼主要是指从熔体中除去氢气。

##### b　气体的来源

气体来源于以下过程：

（1）熔炼过程。熔炼过程气体主要来自各种炉料以及周围气氛中的水分、氧、氮及 $CO_2$、

$CO_4$、$SO_2$、$H_2$ 及有机燃烧产生的碳氢化合物等(表 2-1-13)。

**表 2-1-13 熔炼过程中气体的来源**

| 气体种类 | 气 体 来 源 |
|---|---|
| 氢 | 1. 炉料中的水分,氢氧化物,有机物;<br>2. 炉气中的水分、氢气;<br>3. 炉前附加物(孕育剂等)含有氢、水分及有机物等;<br>4. 炉衬及炉前工具中的水分;<br>5. 出炉时周围气氛中的水分 |
| 氧 | 1. 炉料中的氧化物;<br>2. 熔炼时使用的氧化剂;<br>3. 炉气及出炉时周围气氛中的氧和水气;<br>4. 炉衬及熔炼用工具潮湿 |
| 氮 | 1. 炉料中的氮;<br>2. 炉气及出炉时周围气氛中的氮气 |

(2) 铸型。来自铸型的气体如表 2-1-14 所示,即使烘干的铸型,浇注前也会吸收水分,且其中黏土在金属液热作用下结晶水还会分解,有机物的燃烧也会产生大量气体。

(3) 浇注过程。该过程产生气体主要由于浇包未烘干,铸型浇注系统设计不当,铸型透气性差,浇注速度控制不当,或使浇注过程中气体不能及时排除。由于温度急剧上升,气体体积膨胀而增大压力,都会使气体进入金属。铸锭中的气体主要是氢,其次是氧和氮,氢主要来源于各种炉料,熔剂,炉气,浇包,炉前加入物和铸锭(坯)中水分,大气中的氢的分压仅为 $5 \times 10^{-9}\ p^{\ominus}$,故微不足道。

**表 2-1-14 铸造过程中气体的来源**

| 气体种类 | 气 体 来 源 |
|---|---|
| 氢 | 1. 混砂时加入的水分;<br>2. 各种有机黏结剂及附加剂的分解;<br>3. 黏土砂中的结晶水;<br>4. 铸型反潮 |
| 氧 | 1. 黏土砂中加入碳酸盐等的分解;<br>2. 各种黏结剂及附加剂的分解;<br>3. 型砂空隙中的氧气;<br>4. 型砂中的水分 |
| 氮 | 含氮的各种树脂黏结剂 |

B 分压差除气原理与方法

a 原理

为了获得含气量低的金属熔体,一方面要做好备料,快速熔化和覆盖熔剂防止吸气,同时,在熔炼末期必须进行除气精炼。在实际生产中,要完全防止吸气是不可能的,只能设法从金属液中尽可能除气,常用的方法是气体分压差去气法。

这种方法是用导管将氮、氯或氩气通入熔体中,或将能产生气体的熔剂加入熔体中,如图

2-1-12所示。它是利用氮气泡、氯气泡或其他挥发性气泡中开始完全没有氢气,气泡内氢的分压为零,而溶于熔体中的氢分压远大于零,基于氢气在气泡内外的分压力之差,使熔体中氢原子向这些气泡中扩散,并在其中复合为分子氢。这一过程将进行到氢在气泡内外的分压相等为止,即处于平衡状态。进入气泡内的氢气随着气泡上浮和逸出,也被排除在大气中。但此法不能将金属中的氢气全部除去,随着熔体中氢含量的减少,去气的效果便显著降低。还会受到所用气体的纯度影响。因此用来去氢的气体要尽可能纯并经过脱水净化处理。常用带有很多小孔的横向吹管,导入距熔池底部100~150 mm深处,并在熔池各部分来回移动,以便从熔池各部分均匀冒气泡,增大气泡与金属的接触面积,还应保持一定的通气时间。

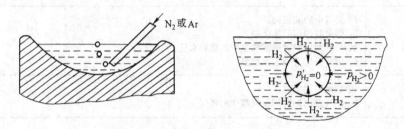

图 2-1-12　分压差去气原理示意图

b　方法

分压差脱气精炼法可分为气体脱气法、熔剂脱气法、沸腾脱气法和真空脱气法四种。

(1) 气体脱气法。气体脱气法所用气体为惰性气体、活性气体和混合气体数种。此外,还有在精炼气体中加入固体熔剂粉末的脱气法。

惰性气体精炼脱气的特点是本身无毒,不腐蚀设备,操作方便、安全,但脱气效果不够理想。如铝合金常用氮气和氩气精炼时,在精炼温度超过 800℃ 时,会形成大量硬脆的 AlN 夹杂,影响合金质量。此外,工业用的惰性气体常含有少量 $H_2O$ 及 $O_2$,这不仅使熔体氧化和吸气,而且还由于在气泡和铝液界面形成 $Al_2O_3$ 膜,阻碍氢向气泡内扩散而降低脱气效果,所以惰性气体导入熔体前要脱水处理与净化处理。铝合金用 $Cl_2$ 去气效果好,因为 $Cl_2$ 在上浮过程中发生下列反应而产生更多气泡:

$$Cl_2 + 2[H] =\!=\!= 2HCl \uparrow \qquad (2\text{-}1\text{-}45)$$

$$3Cl_2 + 2Al =\!=\!= 2AlCl_3 \uparrow \qquad (2\text{-}1\text{-}46)$$

这种方法叫活性气体精炼。其中式 2-1-46 为主要反应,生成大量沸点为 183℃ 的 $AlCl_3$,在熔炼温度下其蒸气压约为 2.3 MPa,在熔池中以气泡形式上浮而脱气。氯气泡上浮很快,有些 $Cl_2$ 来不及反应就直接逸出液面,对熔池起搅拌作用。一般认为活性气体脱气效果好,并有除钠作用。缺点是 $Cl_2$ 有毒,对人体健康有害,腐蚀设备和污染环境,因此需要有完善的通风设备。使用 $Cl_2$ 精炼有可能使铸锭组织粗化。

混合气体精炼能充分发挥惰性气体与活性气体精炼的长处,并减免其害处,因而在生产中获得了广泛的应用。氮-氯混合气体多采用 10%~20%$Cl_2$ + 90%~80%$N_2$。实践表明,当 $Cl_2$ 的浓度为 16% 时,除气效果最好,除此之外,还有使用 15%$Cl_2$ + 11%CO + 74%$N_2$ 脱气的,其反应如下:

$$Al_2O_3 + 3CO + 3Cl_2 =\!=\!= 2AlCl_3 \uparrow + 3CO_2 \uparrow$$

$$或 \qquad Al_2O_3 + 2[H] + 4Cl_2 + 3CO =\!=\!= 2HCl \uparrow + 2AlCl_3 \uparrow + 3CO_2 \uparrow \qquad (2\text{-}1\text{-}47)$$

氯气或含氯的混合气体的除气效果比惰性气体好,是因为有氯参加的脱气反应是放热反应,气体总体积增加,且生成的 $AlCl_3$ 气泡细小,从而使金属熔体与气泡间接触界面增加,可加速脱气速率。为提高脱气精炼效果,应注意控制气体纯度和导入方式。研究表明,精炼气体中氧含量不得超过 0.03%(体积分数),水分不得超过 3.0 g/L,对一般合金来讲,就能达到满意的脱气效果。导入气体的方式也会影响熔炼效果,图 2-1-13 为不同导气方式的脱气效果。单管导入气体时,脱气效果较差,为此

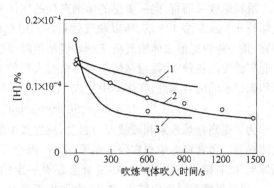

图 2-1-13 精炼气体导入方式对脱气效果的影响
1—直管;2—多孔塞砖;3—旋转喷嘴

可用装有带小孔的横向吹管予以改善。图 2-1-14 为多孔塞砖(又名透气砖)导流精炼的情况,气体通过多孔砖可形成细小弥散气泡,精炼效果比单管好得多。高速旋转喷嘴(图 2-1-15)能将精炼气体分散呈极细小的气泡,均匀分布于熔体中,具有最佳的脱气效果。

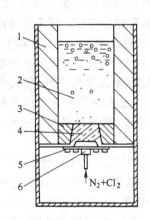

图 2-1-14 多孔塞砖脱气装置示意图
1—转注箱;2—液体金属;3—座砖;
4—透气砖;5—气室;6—接头

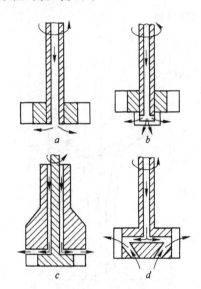

图 2-1-15 铝脱气装置的旋转喷嘴类型
a—直管喷嘴;b—多孔喷嘴;
c—利用剪切;d—利用离心力

(2)熔剂脱气法。使用固体熔剂脱气时,将脱水的熔剂用钟罩压入熔池内,依靠熔剂的热分解或与金属进行的化学反应所产生的挥发性气泡,达到脱氢的目的。如铝合金及铝青铜常用含有氯盐的熔剂来脱气,其反应为:

$$2Al + 3MeCl \rightleftharpoons 2AlCl_3 + 3Me \tag{2-1-48}$$

近年来趋向用六氯乙烷代替氯盐或氯气来脱气,其反应为:

$$3C_2Cl_6 + 2Al \rightleftharpoons 3C_2Cl_4 \uparrow + 2AlCl_3 \uparrow \tag{2-1-49}$$

$$3C_2Cl_4 + 2Al \rightleftharpoons 3C_2Cl_2 \uparrow + 2AlCl_3 \uparrow \tag{2-1-50}$$

就精炼效果而言,同一重量的熔剂产生的气体量越多越好,在同一重量条件下,$C_2Cl_6$ 产生的气体量比 $MnCl_2$ 多 1.5 倍,所以脱气效果好。用 $C_2Cl_6$ 精炼时,所生成气泡多,同时不吸潮,价格便宜,是一种较好的固体脱气精炼剂。但使用时要注意通风排气,以免污染环境。近年来,铸铝行业广泛使用各种"无毒精炼熔剂",已引起人们的重视。它们大多是以碳酸盐或硝酸盐等氧化剂和碳组成的混合熔剂,在熔体中生成 $CO$、$CO_2$ 等气泡,其反应为:

$$4NaNO_3 + 5C \Longrightarrow 2Na_2O + 2N_2 \uparrow + 5CO_2 \uparrow \tag{2-1-51}$$

为了提高精炼效果和减缓反应强度,还在其中配入不同比例的六氯乙烷、冰晶石、食盐及耐火砖粉等。通常将各组成物分别烘干、筛分、混合,压制成圆饼或圆柱体,密封包装待用。"无毒精炼剂"除有精炼作用外,对 Al-Si 合金还有一定的变质作用,故又称"无毒精炼变质综合处理剂"。缺点是精炼时烟尘较多、渣多,金属损耗也大。

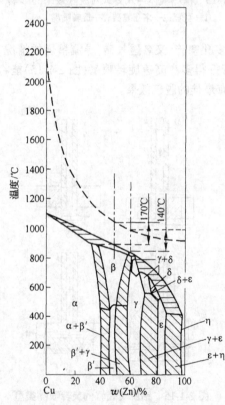

图 2-1-16　铜锌合金沸点与成分的关系

(3) 沸腾脱气法。这是利用金属本身在熔炼过程中产生的蒸气泡内外气体分压差来脱气的,这种方法仅适合于高锌黄铜的脱气。铜锌合金的沸腾温度随锌含量的增加而下降,其关系见图 2-1-16,在低频感应电炉内熔炼 H62、H68、HPb59-1 等黄铜时,熔沟部分温度高,形成的锌蒸气泡随即上浮。由于熔沟上部的金属液温度低,在气泡上升过程中,可能有部分蒸气冷凝下来,只有那些吸收了氢又来不及冷凝的蒸气泡,才能顺利逸出熔池。随着熔池温度升高,金属蒸气压也逐渐增大。当整个熔池温度升高到接近和超过沸点时,大量蒸气从熔池喷出,形成"喷火"现象,喷火程度强烈,喷火次数多,脱气效果就好。此法缺点是金属挥发损失大,配料时应予以考虑,高锌黄铜喷火三次,即可达到脱气要求。

(4) 真空脱气法。对于活性难熔金属及其合金,耐热及精密合金等,采用真空熔铸法,脱气效果好。近年来,真空熔铸和真空处理的应用范围日益扩大,重要用途的铜、镍、铝及其合金,也愈来愈多地采用真空熔炼与真空脱气法。其特点是:脱气速度和脱气程度均高,因此,是一种有效的脱气方法。

实践和研究表明,一般在 1333 Pa(10Torr)真空度下能使铝熔体的氢降至 0.1 $cm^3/(100\,g)$。

真空脱气法分为静态真空脱气法和动态真空脱气法。静态真空脱气法是将熔体置于 1333~3999 Pa 真空度下,保持一段时间。动态真空脱气过程如图 2-1-17 所示,它是将金属液经流槽导入气压抽至 1333 Pa 的真空炉中,使金属液以分散的液滴喷落在熔池中,借助于对熔体的机械和电磁搅拌,或通过炉底的多孔砖吹入精炼气体,可加速脱气过程,用此法处理铝合金液,不仅脱气时间短,氢含量低(不大于 0.1 $cm^3/(100\,g)$)钠含量可降至 $2 \times 10^{-4}$%,还能减少夹杂,可满足航空工业产品的要求。表 2-1-15 为真空脱气前后铝熔体中氢平均含量的变化。

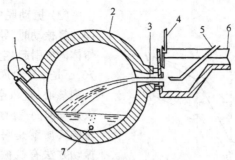

图 2-1-17 动态真空脱气示意图

1—出口；2—炉体；3—喷嘴；4—密封板；5—熔剂喷嘴；6—流槽；7—气体入口

表 2-1-15 真空脱气前后铝熔体中氢平均含量的变化

| 合金类型 | 在低压下静置的温度/℃ | 气压/Pa | 液体金属中的平均含氢量/cm³·(100 g)⁻¹ | | 备 注 |
|---|---|---|---|---|---|
| 标 准 | | | 除气前 | 除气后 | |
| AlSi12,DIN | | | 0.25 | 0.05 | 精炼是在容量为 180 kg 的浇包内进行 |
| AlSi19Mg | | | 0.17 | 0.05 | |
| AlSi17Mg | | | 0.30 | 0.05 | |
| AlMg3 | | | 0.172 | 0.12 | |
| AlCu4Ti | | | 0.15 | 0.055 | |
| AlCu4TiMg | | | 0.17 | 0.05 | |
| Al | | | 0.33 | 0.05 | |
| AK9,PN | 600 | 1300 | 0.17 | 0.08 | 在 70 kg 浇包内进行精炼 |
| AK9 | 600 | | 0.25 | 0.09 | |
| AK11,PN | 600 | 1200 | 0.30 | 0.07 | |
| AK51 | 600 | | 0.24 | 0.09 | |
| AЛ9,ГОСТ | 600 | 1300 | | 0.08 | 在密封坩埚内进行精炼 |

C 其他脱气方法

还有以下一些脱气方法：

（1）化合脱气法。化合脱气法是在熔体中加入某种能与气体形成氢化物或氮化物的物质，将金属熔体中气体脱除的方法。如加入 Li、Ca、Ti 和 Zn 等活性金属形成 LiH、CaH₂、TiN、ZrN 等化合物，这些化合物密度小且多不溶于金属液中，易于通过除渣精炼而排除。溶于金属液中的氢和氧有时可相互作用形成中性水蒸气，也能达到脱气的目的。如在铜中有：

$$2[H] + [O] \Longrightarrow \{H_2O\} \tag{2-1-52}$$

$$[H] \Longrightarrow K\sqrt{\frac{p_{H_2O}}{[O]}} \tag{2-1-53}$$

在温度及 $p_{H_2O}$ 一定时，金属中的氢含量随氧含量增加而减少。因此可利用先氧化脱氢，然后用脱氧的办法使之还原，便可达到氧化精炼和脱氢的双重目的。凡是氧化物能溶于金属中又能脱氧的金属，均可采用此法去气。铝、镁不能用此法去气。

（2）预凝固脱气法（又称慢冷脱气法）。大多数情况下，气体在金属液中的溶解度随温度的降低而减少，预凝固脱气法就是利用这一规律，将金属液缓慢冷却到固相点附近，让气体按平衡溶解度曲线变化，使气体自扩散析出而除去大部分气体，如图 2-1-18 中 abcd 线所示。再将冷凝后的熔体快速升温重熔，此时气体来不及大量重熔于金属就进行浇注，可得到含气量较少的熔体。此法要额外消耗能量和时间，仅在重熔含气量较多的废料时使用。

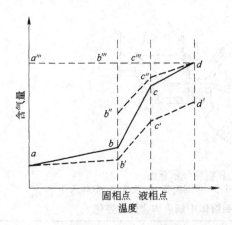

图 2-1-18　冷却速度和温度对含气量的影响示意图

$abcd$—平衡冷却；$ab'c'd'$—快速加热；
$b''c''d$—较快冷却；$a'''b'''c'''d$—极快冷却

（3）振动脱气法。金属液受到高速定向往复振动时，导入金属液中的弹性波会在熔体内部引起"空化"现象，产生无数显微空穴，于是溶于金属中的气体原子就以空穴为气泡核心，进入空穴并复合为气体分子，长大成气泡而逸出熔体，达到脱气的目的。该法的实质就是瞬时局域性真空泡脱气法。振动方法有机械振动和超声波振动两种。在功率足够大时，超声波振动的空化作用范围可达到全部熔体，不仅能消除宏观气孔，也能消除显微气孔，提高致密度，此外还有细化晶粒作用。

（4）直流电解脱气法。此法是用一对电极插入金属液中，其表面用熔剂覆盖，或以金属熔体作为一个电极，另一极插入熔剂中，然后通直流电进行电解。在电场作用下，金属中的 $H^+$ 趋向阴极，取得电荷后聚合成氢分子并随即逸出。金属中的其他负离子如 $O^{2-}$、$S^{2-}$ 等则在阳极放电，然后留在熔剂中化合成渣而除去。实验表明，此法不仅能脱气，还能去除夹杂，可用于铝、铜、镍及其他金属合金。

### 2.1.2.3　杂质的氧化精炼

杂质的氧化精炼的实质是将金属中的杂质氧化成渣或生成气体而排除的过程。该法的热力学条件是：杂质元素对氧的亲和力大于基体金属对氧的亲和力。

#### A　杂质元素的氧化

杂质的氧化精炼过程是把含有杂质的金属熔体在氧化气氛下熔化或将纯氧、空气或富氧空气导入金属熔池或熔池表面，有时也可加入固体氧化剂（如基体金属氧化物）。此时，杂质元素 Me′氧化生成 Me′O，或以独立固相析出，或溶入炉渣熔体中，或以气体形式挥发而与基体金属液分离。

当氧化炉气与金属界面接触，在界面上发生如下反应：

$$2[Me] + \{O_2\} = 2[MeO]$$

$$2[Me'] + \{O_2\} = 2(Me'O) \tag{2-1-54}$$

由于杂质 Me′的浓度小，直接与氧接触几率小，故杂质按式 2-1-54 直接氧化的可能性小，主要由下列反应使杂质 Me′氧化：

$$[MeO] + [Me'] = (Me'O) + [Me] \tag{2-1-55}$$

转炉炼铜法以及现代转炉炼钢法均用这种传氧方式来氧化杂质。

金属熔体在氧化精炼阶段通常为[MeO]所饱和，且常有少量 MeO 呈独立相析出，并聚集在熔池表面。与加入的熔剂一起形成炉渣熔体。杂质 Me′的进一步氧化要依靠含有(MeO)的氧化性炉渣来传氧。在氧与炉渣的接触界面上，渣的低价氧化物(MeO)被氧化成高价氧化物($MeO_2$)，在浓度梯度作用下，($MeO_2$)由氧气-炉渣界面向炉渣-金属界面扩散并再度与金属液接触，高价氧化物被 Me 还原：

$$(MeO_2) + [Me] = 2(MeO) \tag{2-1-56}$$

MeO 既可溶于炉渣，也可溶入金属，它起着传氧媒介的作用。当炉渣中(MeO)高时，可按分配定律由炉渣转入金属液中。

$$(MeO)\!\!=\!\!\!=\!\![MeO] \tag{2-1-57}$$

因此通过炉渣间接传氧而氧化杂质的反应可用下式表示：

$$(MeO) + [Me'] \!\!=\!\!\!=\!\!(Me'O) + [Me] \tag{2-1-58}$$

粗铜氧化精炼的表面氧化法，传统的平炉炼钢法就是用这种传氧方式氧化杂质的。

反应式 2-1-58 的自由能变量为：

$$\Delta G = \Delta G^{\ominus} + RT\ln\frac{a'_{(Me'O)} \cdot a'_{[Me]}}{a'_{(MeO)} \cdot a'_{[Me']}} \tag{2-1-59}$$

当反应达平衡时 $\Delta G = 0$，即：

$$\Delta G^{\ominus} = -RT\ln\frac{a'_{(Me'O)} \cdot a'_{[Me]}}{a'_{(MeO)} \cdot a'_{[Me']}} = -RT\ln K_a^{\ominus} \tag{2-1-60}$$

氧化精炼时，$a_{[Me]} \approx 1$，故上式可改写为：

$$[\%Me'] = \frac{\gamma_{(Me'O)} \cdot x_{(Me'O)}}{\gamma_{(MeO)} \cdot x_{(MeO)} \cdot \gamma_{[Me']} \cdot K_a^{\ominus}} \tag{2-1-61}$$

式中　$a'_i$、$a_i$——非平衡体系和平衡体系中组元 $i$ 的活度；

　　　$\gamma$ 和 $x$——熔渣熔体中组元的活度系数与摩尔分数；

　　　$[\%Me']$——氧化精炼后尚残存于金属中的杂质浓度。

由此可见，为获得良好的精炼效果，希望有小的 $\gamma_{(MeO)}$ 和 $x_{(Me'O)}$ 值与大的 $\gamma_{(MeO)}$、$x_{(MeO)}$、$\gamma_{Me}$ 与 $K_a^{\ominus}$ 值，在铜氧化精炼渣系中添加 $SiO_2$ 有利于除铅，添加苏打、石灰利于除砷及锡，这都是因为这些方法可使 $x_{(Me'O)}$ 和 $\gamma_{(Me'O)}$ 值降低。为了最大限度除去杂质，精炼时熔体一般要过氧化，使少量 MeO 呈独立相析出，即 $a_{(MeO)} = 1$，此时体系氧化杂质的能力最大，反应式 2-1-58 一般为放热反应，故在达到足够反应速率的前提下，应当选用较低的精炼温度。生产实践和计算表明，在适当条件下利用氧化法可以把铜中的铁、硫等杂质除到工业生产所要求的限度。

B　脱氧

氧化精炼后，金属熔体中氧含量高，为降低其氧含量和氧化损失，必须进行脱氧。

(1) 脱氧原理与脱氧剂。所谓脱氧就是向金属液中加入与氧亲和力比基体金属与氧亲和力更大的物质，将基体金属氧化物还原，本身形成不溶于金属熔体的固态、液态或气态脱氧产物而被排除的工艺过程。能使基体金属氧化物还原的物质称为脱氧剂。熔体中的脱氧反应为：

$$x[M] + y[O] \!\!=\!\!\!=\!\!(M_xO_y) \tag{2-1-62}$$

式中　[M]——脱氧剂，上式的平衡常数 $K_a$ 为：

$$K_a = \frac{a_{(M_xO_y)}}{a^x_{[M]} \cdot a^y_{[O]}} \tag{2-1-63}$$

当脱氧产物为纯氧化物或呈饱和状态时，$a_{(M_xO_y)} = 1$，所以，当活度系数为 1 时，则

$$K_a = \frac{1}{[M]^x[O]^y} \tag{2-1-64}$$

取其倒数 $K = \frac{1}{K_a} = [M]^x \cdot [O]^y$，叫做脱氧常数。当金属熔体和温度一定时，对某一脱氧元素 M 而言，脱氧常数是一个恒量，即 [M] 增大时，[O] 下降，反之亦然。

脱氧常数可用来判断脱氧元素的脱氧能力。元素的脱氧能力是指在一定温度下，与一定浓度的脱氧元素相平衡的氧含量高低。平衡的氧含量高则脱氧能力弱，反之，平衡的氧含量低，则脱氧能力强。

脱氧剂应满足如下要求：

1) 与氧的亲和力应明显大于基体金属与氧的亲和力。它们相差越大，其脱氧能力越强，脱氧反应进行得越完全。

2) 脱氧剂在金属中的残留量应不损害金属性能。

3) 有适当的熔点和密度，通常多用基体金属与脱氧元素组成的中间合金作脱氧剂。

4) 脱氧产物应不溶于金属熔体中，易于凝聚、上浮而排除。

5) 脱氧剂不稀贵，且无毒。

(2) 脱氧方法与特点。根据使用的脱氧剂及脱氧工艺不同，脱氧方法有以下几种：

1) 沉淀脱氧。把脱氧剂 M 加入到金属熔体中，使它直接与金属中的氧按式 2-1-62 进行反应。脱氧产物以沉淀形式排除，故名沉淀脱氧。例如铜、镍及其合金常用的这类脱氧剂有磷、硅、锰、铝、镁、钙、钛、锂等。这些元素可以是纯物质，更多的是以中间合金(见表 1-1-6)的形式加入。铜的脱氧反应式如下：

$$5[Cu_2O] + 2[P] == P_2O_5(g) + 10[Cu]$$

$$6[Cu_2O] + 2[P] == 2CuPO_3(l) + 10[Cu]$$

炼钢用 Fe-Si 及 Fe-Mn 等加到炉内或盛钢桶内，紫铜用重油或插木还原均属沉淀脱氧。

利用两种以上脱氧剂同时加入金属熔体中，或采用多元脱氧剂进行复合脱氧，可增强脱氧能力。复合脱氧产物是复合氧化物，其熔点一般较低，有可能成为液态脱氧产物，易于聚集上浮，从而提高了金属熔体的纯洁度。沉淀脱氧反应在熔体内部进行，作用快，耗时少，但脱氧产物不能完全排除干净时将增加金属中非金属夹杂物量，残余的脱氧剂有可能污染金属，影响其使用性能，如用 Cu-P 脱氧的紫铜，残余的磷会强烈降低其导电性能，故要注意控制加磷量。

2) 扩散脱氧。扩散脱氧是将脱氧剂加在金属熔体表面或炉渣中，脱氧反应仅在熔渣－金属熔体界面上进行。溶于金属中的氧会不断地根据分配定律向界面扩散而脱氧，故称扩散脱氧，其脱氧反应为：

$$[MeO] == (MeO) \tag{2-1-65}$$

$$(MeO) + (M) == (MO) + [Me] \tag{2-1-66}$$

式中，Me、M 分别为基体金属及脱氧剂。用低频感应电炉熔炼无氧铜和铜合金时，在其表面常覆盖一层煅烧过的活性木炭，或覆盖含有碳氢化合物和微量钾、磷的麦麸或米糠，此时脱氧反应仅在铜液与脱氧剂的炉渣界面上进行。

与沉淀脱氧比较，扩散脱氧的最大优点是脱氧剂与脱氧产物很少或不会污染金属，因而可得到高质量、高纯度的金属液，其缺点是脱氧反应速度慢，时间长。

以上两种脱氧方法各有利弊。为充分发挥两者长处，克服其弱点，可采用沉淀和扩散综合脱氧法。用低频感应炉熔炼无氧铜时，先用厚层木炭覆盖进行扩散脱氧，然后加磷铜进行沉淀脱氧。也可采用以下措施：精选炉料，用足够厚度的煅烧木炭覆盖铜液，密封炉盖，尽量少打开炉盖，浇注时流注尽可能短，并用煤气保护。

C　真空脱氧

低压下，凡伴随气相形成的反应过程都能进行迅速、完全。如形成 CO 和 $H_2O(g)$ 等气体或 Mg、Mn 等金属蒸气的各种反应都能顺利进行。如碳的脱氧反应为：

$$[C] + [O] == \{CO\} \tag{2-1-67}$$

平衡时，$K_p = p_{CO}/(a_{[C]} \cdot a_{[O]})$，当金属液中 [C]、[O] 含量不高时，可认为 $a_{[C]} \cdot a_{[O]} \approx [\%C] \cdot [\%O]$，所以

$$[\%C] \cdot [\%O] = p_{\mathrm{CO}}/K_p \tag{2-1-68}$$

在真空条件下，$p_{\mathrm{CO}}$很低，在温度一定时 $K_p$ 为常数，故 $[\%C][\%O]$ 的乘积也小。可见，在真空下用碳脱氧时脱氧能力提高了，脱氧效果好。

图 2-1-19 表示不同压力下碳的脱氧能力和脱氧元素含量的关系，真空感应炉重熔镍，真空电弧炉熔炼钛及真空炼钢用碳脱氧反应如下：

$$[NiO] + [C] \Longrightarrow [Ni] + \{CO\}\uparrow$$
$$[TiO_2] + [C] \Longrightarrow \{TiO\}\uparrow + \{CO\}\uparrow$$
$$[FeO] + [C] \Longrightarrow [Fe] + \{CO\}\uparrow$$
$$(Al_2O_3) + 2[C] \Longrightarrow \{Al_2O\}\uparrow + 2\{CO\}\uparrow$$

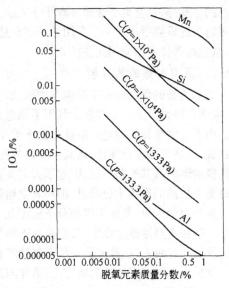

图 2-1-19　真空下碳的脱氧能力

反应生成的 CO 能使熔池产生沸腾和搅拌作用，既可均匀温度和成分，加速反应过程，又能促使金属中非金属夹杂物的除去，但能形成稳定碳化物的金属不宜用碳脱氧。

真空条件下，元素及其氧化物的挥发程度与常压不同，某些金属的蒸气压比它的氧化物的蒸气压高，而另一些金属的蒸气压比其氧化物低。后一种情况下，在足够高的温度和真空度下，氧化物容易从金属中蒸发出来而明显增强脱氧效果。这种由于氧化物的挥发而使金属脱氧的现象叫自脱氧。表 2-1-16 列出了 2000 K 时某些金属氧化物的蒸气压与金属蒸气压的比值。从表列数据可以估计某些难熔金属的自脱氧趋势。氧化物和金属蒸气压比值越大，这种自脱氧的作用就越显著。钛左边的金属则不能发生自脱氧作用。在真空度高的电子束炉内，由于 NbO 挥发的自脱氧率比碳脱氧快 4 倍，成为主要的脱氧方法。而真空熔炼 Mo-Ti 合金时，则不能靠自脱氧作用而使合金达到满意的脱氧程度。

**表 2-1-16　2000 K 时某些金属氧化物与金属蒸气压的比值**

| MeO/Me | NiO/Ni | FeO/Fe. | MnO/Mn | CrO/Cr | BeO/Be | VO/V | TiO/Ti | MoO/Mo |
|---|---|---|---|---|---|---|---|---|
| $p_{\mathrm{MeO}}/p_{\mathrm{Me}}$ | $10^{-7}$ | $10^{-6}$ | $10^{-5}$ | $10^{-4}$ | $10^{-3}$ | $10^{-2}$ | $10^{0}$ | $10^{0.5}$ |
| MeO/Me | NbO/Nb | BO/B | ZrO/Zr | WO/W | ThO/Th | HfO/Hf | TaO/Ta | YO/Y |
| $p_{\mathrm{MeO}}/p_{\mathrm{Me}}$ | $10^{1}$ | $10^{2}$ | $10^{2}$ | $10^{2}$ | $10^{3}$ | $10^{4}$ | $10^{4}$ | $10^{5}$ |

总之，真空脱氧的特点是，借助形成气态的脱氧产物，可增强脱氧剂的脱氧能力，加快脱氧过程，提高脱氧程度。一些低价氧化物的挥发自脱氧，也有促进真空脱氧的作用。

### 2.1.2.4　真空熔炼

#### A　概况

真空熔炼技术包括真空铸造，所以统称真空熔铸。难熔金属和高活性金属都不能在大气中熔铸，因为它们的化学活性强且熔铸温度高，在大气下熔铸时，会急剧氧化、吸气、吸碳，形成氧化物、氮化物、碳化物及氢化物等，以致不能加工成材。因而必须采用真空熔铸法才能制取质量好的产品。

真空熔炼技术是在 20 世纪 50 年代开发应用的，现已发展到较完善阶段。已有多种熔铸设备，如真空感应炉、真空电弧炉及电子束炉等。人们已成功地解决了大容量的真空系统、密封材料及真空测试技术等问题,可进行远距离的安全操作,从而扩大了真空熔铸的应用范围。

真空熔炼的突出优点是能得到纯洁度高和材质均匀的产品,其含气量低,杂质少,夹杂尺寸小,缺陷少,加工性能好。因此,除用于提炼高纯金属外,还可用热还原法制取高活性的镁、钙等金属,其质量比电解的好且经济。原子能工业用的高纯锆、铪、钒及钛,高温合金,热电合金,磁性合金,活性金属钛、锆,难熔金属钨、钼、钽、铌以及电真空用的铜、镍及其合金,都是用真空重熔法生产的。此外,真空离子镀膜及离子注入法,已成为表面改性、表面复合、表面合金化及制取新型薄膜材料的重要手段之一。利用炉外真空处理,可得到气体、夹杂少的熔体,提高锭坯质量。可见,真空熔铸技术的应用正在扩大。

B　真空熔炼的热力学

真空熔铸的优越性在于提纯作用强,表现为杂质易挥发,去气效果好,脱氧能力强,部分氮化物、氢化物可热分解。一些在大气下不能进行的化学反应也能进行,特别是有气体产物形成的反应。由于真空熔铸的锭坯纯洁度和致密度高,因而材质的性能明显改善。如在大气下熔铸的铬和钛锭,几乎无法进行压延,而真空熔铸的锭坯,可顺利地进行锻造与轧制。因此,微量杂质对材料性能的影响及其控制问题,引起了人们关注。镍钴基高温合金中的微量铅、铋、硒、碲及锡等,对高低温性能的影响十分明显,但用真空熔铸时,就可挥发除去以上杂质。

从热力学上看,低压下气相分子密度低,气体遵守理想气体定律,反应的驱动力是吉布斯自由能。但在真空熔炼过程中,反应是在不断抽气的低压下进行,气体产物随时被抽走,反应不能维持平衡。这对去气、挥发及一切有气体产物的反应过程十分有利。

就低压下熔体挥发情况而言,当熔体与其蒸气处于平衡时,熔体的自由能 $G_L$ 与蒸气的自由能 $G_g$ 相等,即 $G_L = G_g$。因遵守理想气体定律,$G_g$ 可由 1 mol 气体在一定温度下的状态方程 $pv = RT$ 及其平衡压力 $p_e$,计算标准状态 $G_g^\ominus$ 的增减来得到

$$dG_T = V dp_T = \frac{RT}{p} dp_T$$

积分上式

$$G_g = G_g^\ominus + RT\ln\left(\frac{p_e}{p_e^\ominus}\right) \tag{2-1-69}$$

自由能变量

$$\Delta G = G_g^\ominus - G_g = -RT\ln\left(\frac{p_e}{p_e^\ominus}\right) \tag{2-1-70}$$

式中　$p$——气体压力;

$V$——气体体积;

$T$——绝对温度;

$R$——气体常数。

$p_e^\ominus = 100$ kPa,则上式变为:

$$\Delta G^\ominus = -RT\ln p_e^n$$

式中,指数 $n$ 为同 1 mol 初始物质进行反应的气体物质的量。在给定温度下,上列关系式也可用质量作用定律表示:

$$\Delta G^\ominus = -RT\ln K$$

式中　$K$——平衡常数。

由标态自由能变量 $\Delta G^\ominus$ 可知,真空度越高,与之平衡的 $p_e$ 越小,反应的 $\Delta G$ 值越负,该反应越易进行,这就是真空熔炼时真空度或低压所起的作用。

C 真空熔炼的动力学

a 挥发

真空熔炼的特点之一是不仅蒸气压大的元素易挥发,而且蒸气压较小的杂质元素及某些一氧化物也能挥发。因此,真空熔炼的重要问题之一是挥发速率和损失的大小,这主要取决于动力学因素的影响。一般元素的挥发速度与其蒸气压、活度成正比,挥发损失随温度升高和时间的延长而增大,且随熔池面积的增大而增大。一些蒸气压较低的元素,由于其一氧化物具有较高的蒸气压,也可造成较大的挥发损失。W、Hf、Th、Y 等金属的一氧化物,其 $p_O^\ominus$ 比 $p_i^\ominus$ 高几个数量级,更易挥发。此外,当真空炉内的气压低于熔炼金属三相点的压力时,在升温加热过程中,固体金属可以升华而损失。如钴、镍在三相点时的 $p_i^\ominus$ 分别为 0.10 Pa、0.57 Pa,当在 0.13～0.013 Pa 的真空炉内缓缓加热时,挥发损失会更大,甚至得不到金属液。实践表明,在真空感应炉内加热镍、钴时,由于升温速度大于升华速度,即使在 0.013 Pa 下也能熔化,且挥发损失不大。

金属的挥发过程包括:原子由熔体内部向液面迁移;原子通过液相边界层扩散到液/气界面;由原子转变成气体分子,即[i]→$i_g$;气体分子由界面扩散到气相中,然后被抽走或冷凝于炉壁上。一般认为,$p_i^\ominus$ 大的元素在温度高时,挥发速度由液相边界层内的扩散控制;$p_i^\ominus$ 小的元素在温度低时,则受限于[i]→$i_g$,充气熔炼时气相的压强将对[i]→$i_g$ 产生阻碍作用。在以[i]→$i_g$ 为限制环节时,元素 i 的挥发速度 $v_i$(以质量分数计)可由下式计算并判断是否优先挥发。

$$v_i = 0.05833 f_i N_i p_i^\ominus \sqrt{\frac{M_i}{T}} \tag{2-1-71}$$

式中,$M_i$、$f_i$、$N_i$、$p_i^\ominus$ 分别为 i 元素的相对分子质量、活度系数、浓度及蒸气压;$T$ 为温度。

对于由 $W_A$ 克基体金属 A 和 $W_i$ 克合金元素 i 组成的二元合金,经真空熔炼后挥发损失 $x$ 克 A 及 $y$ 克 i,则挥发损失为 $x' = \frac{x}{W_A} \times 100$,$y' = \frac{y}{W_i} \times 100$,由式 2-1-71 可得出相对挥发损失的关系式:

$$y' = 100 - 100 \left(1 - \frac{x'}{100}\right)^\alpha$$

式中,$\alpha = \frac{f_i}{f_A} \times \frac{p_i^\ominus}{p_A^\ominus} \times \sqrt{\frac{M_A}{M_i}}$,称为挥发系数。由此式可知,$\alpha = 1$,$y' = x'$,表示合金元素的相对含量不会变化。$\alpha > 1$ 时,$y' > x'$,则 i 元素的含量将减少。$\alpha < 1$,则 i 元素反而相对增加。

对于一定温度下由液相边界层扩散控制的挥发过程,i 元素的挥发速度为:

$$v_i = K \cdot \frac{A}{V}(C_i^\circ - C_i) \tag{2-1-72}$$

式中 $C_i^\circ$、$C_i$——熔体中及界面处 i 的浓度;

$K$——传质系数,在 10～100 cm/s 内,也称为速度常数,随温度升高及压力降低而增大,在充气熔炼时,随时间延长而减小;

$A$、$V$——熔池面积和体积。可见,熔池面积大,熔炼温度高和时间长,挥发损失大。

在熔炼后期加入 $p_i^\ominus$ 高的元素,充入惰性气体及关闭炉体真空阀门后加入 i 元素,均可降低其挥发损失。如在真空感应炉熔炼高温合金时,锰的挥发损失达 95%;若在出炉前充 Ar 至(4.0～4.8)×10⁴ Pa 后再加锰,则收得率可达 94%。

b 去气

真空去气的优点是除氢效果好,还可除去部分氮气。根据平方根定律,金属中气体溶解度随气相中该气体的分压降低而降低。挥发去气速度主要取决于气体在熔体内的迁移速度。因此,去气速度可用下式表示:

$$-\frac{\mathrm{d}c}{\mathrm{d}t} = \frac{D}{\delta} \cdot \frac{A}{V}(c_1 - c_2) \tag{2-1-73}$$

积分得

$$t = \frac{\delta}{D} \times \frac{V}{A} \times 2.3 \log\left[\frac{c_0 - c_2}{c_1 - c_2}\right] \tag{2-1-74}$$

式中　$\delta$——界面层厚度；

　　　$D$——气体原子在熔体中扩散系数；

　　　$c_0, c_1$——$t = 0$ 及 $t$ 时熔体中的气体浓度；

　　　$c_2$——界面处熔体中气体浓度。

由上式可知，真空感应炉的坩埚因熔池面积小且深度大，不利于挥发去气。但由于有电磁搅拌，增大了表面积，故去气效果较好。将大气下熔炼的铝液在 13.33～6665 Pa 真空室内静置数分钟，也能收到一定的去气效果，降低铸锭的疏松度，其力学性能提高 10%～15%。在相同条件下，用动态真空处理技术，去气效果更好，铸锭的力学性能可提高 30%～40%。

在真空下依靠熔池内产生气泡去气时，去气速度比挥发去气要快得多，去气效果主要取决于气泡内外的分压差，此时动力学因素比热力学因素起更大作用。氮的去除主要靠界面处氮化物的分解。TiN、ZrN、AlN 及 $Mg_3N_2$ 的分解压约在 0.13～0.013 Pa 内，而在真空电弧炉熔池附近的压强约为 13.3～0.13 Pa，故仅能分解部分氮化物，去氮效果不够好。提高真空氮对去氮有利，但对去氢的影响不明显。实践表明，去氢所需真空度并不高。在 1600℃ 和大气下，镍基高温合金中氢的溶解度为 $0.38 \times 10^{-2}$%，只需将 [H] 降至 $1.5 \times 10^{-4}$% 以下，就可不产生氢脆。以这些值代入平方根定律，可求得 $p_{H_2} = 150$ Pa。可见为了去氢，用一般的真空设备就可满足要求，这也是近年来大力发展大型炉外真空处理技术的原因之一。

c　脱氧

氧化物的分解压比氮化物低得多，一般在 $1.33 \times 10^{-5}$～$1.33 \times 10^{-7}$ Pa 以下。生产中，用真空炉达到这样高的真空度是比较困难的，因此，只能靠加入还原剂来脱氧。真空脱氧的特点是：一切形成气体产物的反应均能顺利进行，故脱氧反应可在较低温度下实现，脱氧效果好。如在 1.33 Pa 下用 Al、Si 还原 CaO，反应温度可分别由大气压下的 2250℃ 及 2500℃，降至 930℃ 及 1380℃。用碳作脱氧剂，几乎能还原一切氧化物。实践表明，碳在真空下的脱氧能力很强，可达到在大气下脱氧能力的 100 倍左右，比铝强得多。这是因为它的脱氧产物 CO 是气体。加上 $Al_2O_3$ 及 SiO 也有较高的蒸气压，和 CO 一样是气体产物，所以在真空炉内气压达 133 Pa 左右，便会得到较好的脱氧效果。

从动力学考虑，CO 等气体在熔体中形成气泡时，会受到炉内压力、液柱静压力及熔体表面张力的影响。在真空条件下炉内气体压力小，对形成气泡有利。对一定合金而言，液柱静压力取决于气泡在熔体中的位置。当 CO 气泡半径很小时，用提高真空度来增大形成气泡反应的能力是有限度的，因此，用碳和其他脱氧剂时，须注意以下几点：

（1）凡易与碳形成稳定碳化物的钛、锆、铌等金属用碳脱氧时，铸锭中易形成闭合孔洞，使 CO 气泡不易逸出而脱氧不全，且可形成碳化物夹杂，故不宜用碳作脱氧剂。

（2）用真空感应炉熔炼时，碳与坩埚中的 $Al_2O_3$ 等相互作用，会使熔体产生增铝增硅等，缩短坩埚的寿命，残留熔体中的碳也会污染金属。

（3）用 $p_{MeO}^{\ominus} / p_{Me}^{\ominus} > 1$ 的元素脱氧时，应注意该元素的熔损与补偿。如含 1% Zr 的铌合金在电子束炉熔炼时，由于 ZrO 的挥发脱氧，使 [O] 由 0.15%～0.20% 降至 0.02%～0.03%，而 Zr 损失约 90%。

#### 2.1.2.5　联合在线精炼

为提高铝合金的质量与产量,降低成本减少能耗与防止公害,近年来在精炼方面出现了一种新的发展趋势——联合在线精炼。即在炉外配备一套装置,以炉外连续处理工艺取代传统的炉内间歇式分批处理工艺。炉外处理熔体有多种形式,根据对铸锭质量的要求,可采用以脱气为主,以除去非金属夹杂为主或同时脱气和除渣等工艺。下面介绍几种典型的和较有实用价值的熔体处理新技术。

#### A　FILD 法

FILD(Fumeless In Line Degasing)法是在作业线上的一种无烟连续脱气与净化铝液新技术,为英国铝业公司(BACO)首次公布,它是英国铝业公司与瑞士高奇电炉公司(Gauts Chi Electro-Fours SA)共同开发的。据称已成功地应用于工业生产,并在英国、澳大利亚、加拿大、法国、德国、荷兰、瑞士、意大利、美国和日本取得了专利权。FILD 装置如图 2-1-20 所示,在耐火坩埚或耐火砖衬的容器中,以耐火隔板将容器分成两个室。从静置炉中流出的铝液,经倾斜流槽进入第一室,在熔剂覆盖下进行吹氮脱气除渣,然后通过涂有熔剂的氧化铝球滤床除去夹杂,再流入第二室,通过氧化铝球滤床,以除去铝液夹带的熔剂和夹杂。FILD 装置处理过程中需要加热。在静置炉与铸造机之间安装这种装置,就无需进行炉内精炼,可连续脱气除渣。

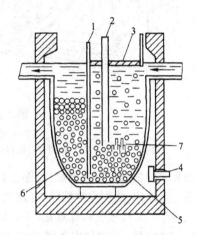

图 2-1-20　FILD 装置示意图
1—隔板;2—氮气通入管;3—液态熔剂;
4—燃烧喷嘴;5—涂有熔剂的氧化铝球;
6—氧化铝球;7—氮扩散器

FILD 装置有圆形坩埚和耐火砖砌的长方形容器两种,各有三种标称容量:260 kg/min、340 kg/min、600 kg/min。以 340 kg/min 为例,处理 1 t 铝液用 0.7~1.1 m³ 氮气和 1 kg 熔剂。坩埚使用寿命为 6 个月,氮扩散器使用寿命约为两个月。设备总尺寸为 $\phi 2.0$ m×1.4 m,总重 5 t。处理总成本为常用氯气精炼加过滤工艺的 $\frac{1}{4}$。

在正常使用条件下,FILD 法处理的铝铸锭中含氢量为 0.1 cm³/(100 g),试样中未发现气孔与夹杂,质量能满足航空工业的严格要求。选用适当熔剂(如含 $MgCl_2$)可降低铝中微量有害元素钠的含量。

FILD 法可广泛用于处理 Al-Mg-Si、Al-Mg、Al-Zn、Al-Mg-Zn 和 Al-Cu 系合金。处理的合金已用于包括航空和军工用的轧制、锻造和挤压高强材料、薄板和箔材、汽车用光亮构件、印刷照相用薄板及阳极化产品、连铸的铝盘条等。

类似的处理方法还有 Brondyke-Hess 过滤脱气联合处理法、Alcoa496 法、Alcoa528 法、Alcoa622 法等。这些方法的缺点是更换过滤器及熔体比较麻烦,将逐渐被淘汰。

#### B　SNIF 法

SNIF(spinning nozzle inert floatation)法即旋转喷气净化处理法,由美国联合碳化物公司(Union Carbide Co.)开发,是一种最新的、效率最高的、最易操作的在线式精炼工艺。其特点是:将精炼除气与过滤除渣合为一体,不用静置炉,省时节能;只用少量氯气,无环境污染;占地面积小;熔体质量高且稳定,氢可降至 0.04~0.07 cm³/(100 g Al);可根据合金和铸造速度不同,调节流量;维护简单,检修周期长;自动化程度高。SNIF 的装置如图 2-1-21a 所示。

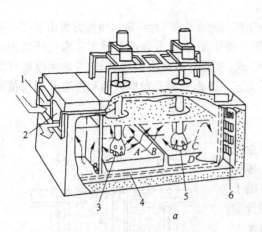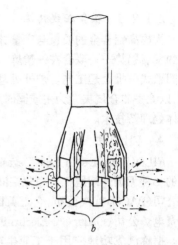

图 2-1-21　SNIF 装置示意图

a—SNIF 装置;b—旋转喷嘴

1—入口;2—出口;3,5—旋转喷嘴;4—石墨管;6—发热体

该装置的核心是旋转喷嘴,见图 2-1-21b,其作用是把精炼气体喷成细小气泡并使之均匀分布于整个熔体内,强烈搅拌熔体,并使之形成定向液流。喷嘴是用石墨制成的,浸入熔体中,用高压空气冷却。旋转喷嘴的优点是:不会堵塞,不论气体流量多大,均可形成细小气泡。喷嘴转速为 $400\sim500$ r/min。净化室是密封的,内衬多用石墨砌筑,在微正压下工作,使熔体与空气隔绝,从而能保证良好的净化条件,既可避免熔炉内衬及喷嘴氧化,又不致使净化后熔体再度遭受污染和吸氢。

由图 2-1-21a 可见,SNIF 装置有两个净化处理室和两个旋转喷嘴。熔体通过流槽由熔炼炉流入第一净化区(即 A 室),第一旋转喷嘴对它进行强化净化。喷出的气体以细小气泡弥散于熔体内。搅拌时涡流使气泡与金属间接触面积增大,从而为脱气和造渣并聚集上浮创造了有利条件。然后,金属液流过隔板 B,进入第二净化区(即 C 室),接受第二个喷嘴的净化处理。最后,净化了的金属液进入一个安装在炉底、开口在第二净化室后部的石墨管 D,流入炉子前面的储液池。储液池和炉子内部是用 SiC 板隔开的,仅通过石墨管 D 相连。隔板能缓冲熔体的涡流,并保持金属液面稳定。净化后的金属液从储液池平稳流出并进入结晶器,出口与入口在同一水平线上。

精炼后逸出的气体,汇集于炉子上部,通过其入口处排出。熔剂和夹杂浮在熔体表面,通过旋转喷嘴在液面所产生的循环液流,把漂浮的炉渣不停地推向金属入口处,使之从入口处上部排出。

C　MILT 法

MILT(melt in line treatment)法即熔体在线处理法,也是兼有脱气和过滤除渣作用的炉外连续熔体处理法之一。它是为满足对铝锭最严格的质量要求,由美国联合铝业公司(Alcoa)研制出来的。

MILT 装置如图 2-1-22 所示,它由反应室和过滤室组成,熔体以切线方向进入反应室,呈螺旋形下降,与反应室下部导入的精炼气体逆向而行,增大了熔体与气泡的接触面积。在熔体过滤前进行脱气,并使大颗粒夹杂上浮分离,因而可减少过滤器的堵塞。因此 MILT 法是一种高质量且处理费较低的炉外处理技术。最近,正在考虑过滤前用旋转喷嘴进行处理的工艺,这样就能满足对产品质量的更高要求。

### D ALPUR 法

ALPUR 法(Melt Purification by ALPUR Method)是法国彼施涅(Pechiney)公司研制的一种借助旋转喷嘴进行熔体炉外净化的方法。

净化装置结构如图 2-1-23 所示,旋转喷嘴由高纯石墨制成,其特点是能在旋转搅动熔体的同时,使熔体吸入喷嘴内,与水平方向喷出的净化气体混合形成细小的气泡,增大了气泡与熔体的接触面积和时间,提高了净化效果,净化用的气体多用氩(Ar)气或 Ar+(2%~3%)$Cl_2$ 的混合气体,用于铝合金净化时除气率可达 50%~60%,除钠及除渣也显示了最佳效果。

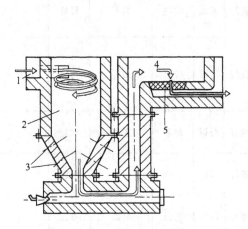

图 2-1-22 MINT 法示意图

1—入口;2—反应室;3—喷嘴;
4—过滤室;5—陶瓷泡沫过滤器

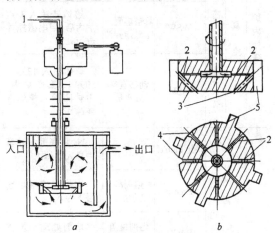

图 2-1-23 ALPUR 法净化装置示意图

a—ALPUR 装置;b—旋转喷嘴

1—净化气体入口;2—喷嘴气孔;3—熔体
吸入孔;4—气-液混合处;5—叶轮

铝合金的净化方法很多,现将它们的分类及特点列于表 2-1-17,供读者选用时参考。

表 2-1-17 铝合金熔体处理法的种类、效果和特点

| 处理方式 | | 方 法 名 称 | | 处 理 条 件 | 效果及特点 | | | | | 备 注 |
|---|---|---|---|---|---|---|---|---|---|---|
| | | | | | 脱气 | 除渣 | 脱钠 | 对环境污染 | 更换熔体 | |
| 炉内处理 | 常压 | 静态 | 熔体静置 | 长时间保温静置 | 较差 | 较差 | 无 | 良好 | 良好 | 时间长 |
| | | | 熔体静置+熔剂处理 | 保温与熔剂并用,有多种熔剂,最后要除去熔剂 | 一般 | 一般 | 可以 | 良好 | 较好 | 从处理到铸造时间长,将再度吸气 |
| | | 动态 | $Cl_2$ 处理 | 向静置炉内吹入氯气 | 良好 | 可以 | 良好 | 较差 | 较好 | |
| | | | $C_2Cl_6$ 处理 | 往熔体中压入 $C_2Cl_6$ | 较好 | 可以 | 较好 | 较差 | 较好 | |
| | | | $Cl_2+N_2$ | 向熔体中同时导入 $Cl_2+N_2$ | 较好 | 可以 | 可以 | 可以 | 较好 | |
| | | | 雷诺公司 三气法 | 导入 $N_2$、$Cl_2$ 和 CO 混合气体 | 较好 | 可以 | 可以 | 可以 | 较好 | |

| 处理方式 | | | 方法名称 | | 处理条件 | 效果及特点 | | | | | 备注 |
|---|---|---|---|---|---|---|---|---|---|---|---|
| | | | | | | 脱气 | 除渣 | 脱钠 | 对环境污染 | 更换熔体 | |
| 炉内处理 | 真空 | 静态 | Horst | 真空静置法 | 转注入真空炉内,在 1333～3999 Pa 真空度下静置 | 较好 | 可以 | 较差 | 良好 | 较好 | 时间长 |
| | | | WSW | 真空静置+电磁搅拌法 | 熔体转注入真空炉内后,用电磁搅拌进行处理 | 良好 | 可以 | 较差 | 良好 | 较好 | |
| | | 动态 | ASV | 动态真空处理法 | 熔体喷入 1333～3999 Pa 真空炉内,由炉底导入精炼气体搅拌 | 良好 | 可以 | 较差 | 良好 | 可以 | |
| 炉外连续处理 | 脱气 | | Air Liquid | N₂ 处理 | $N_2$ 从底部多孔塞中导入熔体内 | 较好 | 可以 | 较差 | 可以 | 较好 | |
| | | | Foseco | 熔剂净化法 | 熔体在熔融熔剂层下导入 | 较好 | 可以 | 可以 | 可以 | 可以 | |
| | | | BACO | 熔剂覆盖+搅拌 | 熔剂处理与搅拌同时并举 | 较好 | 可以 | 可以 | 可以 | 可以 | |
| | 过滤 | | Alcoa | Alcoa94 | 氧化铝薄片过滤 | 较差 | 较好 | 较差 | 较好 | 较好 | |
| | | | Foseco | 氟化物覆盖过滤 | KF、$MgF_2$ 过滤床 | 较差 | 较好 | 较差 | 较好 | 较好 | |
| | | | Alcan | U.G.C.F玻璃布过滤 | 多层玻璃布重叠过滤 | 较差 | 较好 | 较差 | 较好 | 较好 | 每次需更换过滤器 |
| | | | Kaiser | 陶瓷过滤 | 陶瓷粒多孔管状过滤 | 较差 | 良好 | 较差 | 较好 | 较差 | |
| | | | Conalo | C.F.F.陶瓷海绵过滤器 | 陶瓷海绵状平板过滤 | 较差 | 较好 | 较差 | 较好 | 较好 | 每次更换过滤器 |
| | 联合在线 | | Pechine | Alper System | 旋转喷嘴喷出氩气 | 良好 | 较好 | 较好 | 较好 | 较好 | 炉体能倾动 |
| | | | Alcoa | Alcoa469双槽处理 | 氧化铝球,$Ar + Cl_2$ | 较好 | 较好 | 较好 | 较好 | 较差 | |
| | | | BACO | FILD法 | 氧化铝球过滤;熔剂覆盖,通入 $N_2$ | 较好 | 较好 | 可以 | 较好 | 较差 | |
| | | | Union Carbide | SNIF法 | 通过旋转喷嘴喷入 $Ar + N_2$,悬浮熔剂层 | 良好 | 较好 | 较好 | 较好 | 可以 | 炉体倾动 |
| | | | Alcoa | MINT法 | 通气脱气和陶瓷泡沫过滤 | 较好 | 良好 | 较好 | 较好 | 可以 | |

### 2.1.2.6　熔体质量检验

熔炼过程中或铸造前对金属熔体进行炉前质量检验,是保证得到高质量金属熔体及合格铸锭的重要工序,尤其是大容量熔炉或连续熔炉进行生产时,其意义更大。

炉前熔体质量检查,除快速分析及温度测定外,主要是指评价熔体的精炼效果,即含气(氢)量的测定和非金属夹杂物的检验。

#### A　含气量测定

测定金属含气量的方法有真空固体加热抽气法、真空熔融抽气法等。其分析精度和可靠性都较高,多应用于标准试样分析及质量管理的最终检查,不适于炉前使用。测定熔体含气量,定性法有常压凝固法和减压凝固法;定量法有第一气泡法、惰性气体载体法(即惰性气体携带-热导测定法和平衡压力法)、气体遥测(Telegas)法、同位素测氢法、光谱测氢法、气相色谱法等。最近,气体遥测法已采用计算机控制,市场上已出现了高速可靠的机种。这表明,用于炉前和流槽的氢和氧的分析法取得了很大进展。Telegas 法是一种在线连续测定熔体含气量的新技术,它不仅能测定含气量,且可作为脱气装置的含氢量测定传感器,能用来控制精炼过程。

下面介绍几种常见的炉前含气量测定法。

(1)减压凝固法。减压凝固法测定熔体含气量装置如图 2-1-24 所示。精炼后的熔体,在一定的真空度($399 \sim 6650$ Pa)下凝固,观察试样凝固过程中气泡析出情况,或其表面,或断口状态,即可定性地断定熔体含气量的多少和精炼脱气的效果。若凝固时析出气泡多,凝固后试样上表面边缘与中心的高度差大,断口有较多的疏松和气孔,则熔体含气量多;反之,含气量少。

(2)第一气泡法。该法的原理(图 2-1-25)是在一定真空度下,当熔体表面出现第一个气泡时,即可认为氢的分压和在该真空度下的相应压力相等。测定当时的温度与压力,就可算出熔体的含气量。这种方法,设备简单,使用方便。但第一气泡出现受到合金成分、温度、黏滞性、表面张力和氧化膜等因素的影响,不能连续测量,且测量的精度不高,因此该法使用受到限制。

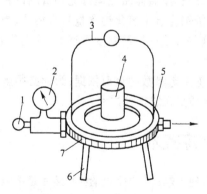

图 2-1-24　减压凝固装置示意图
1—排气阀;2—压力表;3—玻璃罩;
4—小坩埚;5—橡皮垫圈;6—支架;7—底座

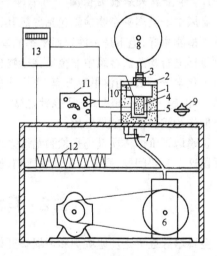

图 2-1-25　第一气泡法测定含气量装置示意图
1—真空罐;2—罐盖;3—放大镜;4—坩埚;5—电炉;
6—真空泵;7—三通阀;8—真空表;9—阀门;10—热电偶;
11—测温仪表;12—温度控制器;13—自耦变压器

(3)惰性气体携带 – 热导测定法。利用循环泵将定量惰性气体反复导入熔体中,使扩散到惰性气体中的氢与熔体中的氢达到平衡,于是惰性气体中氢的分压就等于金属熔体中的氢的分压。用分子筛分离,热导仪测定所建立的氢的平衡压力。与此同时,测定熔体温度,将氢的分压与温度代入有关公式计算,即可求出熔体含氢量。

该测定装置如图 2-1-26 所示,它由探头采气和热导仪两部分组成,并用六通阀中的取样管将它们连接在一起。

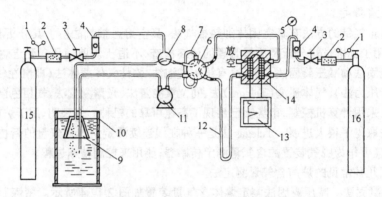

图 2-1-26　探头采气和热导测定系统示意图
1—减压阀;2—干燥器;3—稳压阀;4—流量计;5—压力表;6—六通阀;
7—取样管;8—三通阀;9—探头及取样罩;10—坩埚炉;11—气体泵;
12—分子筛;13—记录仪;14—导热池;15—氮气瓶;16—氩气瓶

该法可测出熔体中的绝对含氢量,数据可靠,重现性好,操作简便,快速准确,可用于生产中的炉前快速测定含氢量。

B　非金属夹杂物的检测

金属中非金属夹杂物检测包括鉴定其种类、观察其形状、大小及分析其含量。要同时完成上述几项检测指标,绝不是一件轻而易举的事。目前,仅能根据实际需要与可能,对某种夹杂物的某项指标进行检测。金属中非金属夹杂物含量的测定方法,按照样品处理情况和所用设备不同可分为化学分析法(用溴甲醇分离,再用比色法定量分析铝合金中氧化铝含量)、金相法、断口检查法、水浸超声波探伤法及电子探针显微分析法等。这些方法的检测精度不够高,缺乏代表性,多不能作为炉前精炼效果之用。

正确地评价熔体质量仍是检验精炼效果及控制精炼工艺参数的重要依据,为此必须解决测试手段这个首要问题,亟待研制开发更精确实用的熔体质量在线检验技术。

## 2.2　有色金属熔炼技术

金属熔炼最早是从地坑炉和坩埚炉开始的,其后出现火焰反射炉及电阻炉,然后是电弧炉和感应炉。20 世纪 40 年代以来,由于真空技术和制造技术的发展,出现了真空感应炉和真空电弧炉,促进了高温合金的发展。20 世纪 50 年代以后,真空电子束炉、等离子炉及电渣炉也相继被开发应用,为发展各种精密合金和难熔金属提供了条件。近年来,由于能源紧张,更促进了熔炉的更新,开发了一些新技术,如竖炉、高压加氧喷射炉等快速熔炉及熔炼技术,此外还有电渣重熔、真空动态去气精炼、炉外真空去气处理、联合在线精炼、直接用电解金属液配制合金等技术。

本节主要介绍几种典型熔炉的熔炼技术特点、技术经济效果及存在问题。

### 2.2.1　反射炉熔炼技术

#### 2.2.1.1　火焰反射炉熔炼技术

利用高温火焰加热炉顶，并依靠炉顶和火焰本身辐射传热来加热和熔化炉料的熔炉称为火焰反射炉。反射炉又称角型炉，燃料为煤、石油、煤气及天然气等。工作温度可达1600～1700℃。这种炉容量大，适用于铝、镁、锌合金和紫铜等有色金属的熔炼，反射炉结构如图2-2-1所示。该炉的工作原理是：预热的空气和燃料混合以后由烧嘴喷出，在炉室内燃烧放热，大部分热量被炉料和炉壁吸收，使金属熔化，其余热量被废气带走。废气经换热器预热空气，可提高燃烧值。火焰反射炉熔炼的

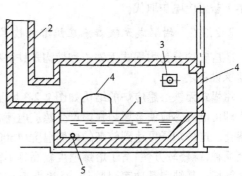

图 2-2-1　火焰反射炉结构示意图
1—熔池；2—烟道；3—烧嘴；4—炉门；5—流口

主要特点是炉料或熔体直接与燃气和燃烧产物接触，熔体易受炉气污染，熔炼时需注意熔体保护。因主要靠辐射传热，要求熔池面积较大；而且熔体仅上部受热产生不了对流作用，所以上下温差较大，必须经常搅拌以使温度均匀。然而，由此却增加了金属的烧损，增大了劳动强度，铝、镁、锌金属黑度值低，辐射传热效率较低，大量热被废气带走，烟尘污染环境，趋势是以工频感应炉代替火焰反射炉。为提高火焰反射炉热效率可采取：(1)改变传热方式，加强对流传热作用，使辐射和对流均为主要的传热方式；(2)装炉等操作机械化，缩短辅助时间；(3)实现熔炼过程计算机控制，使熔炉始终处于最佳工作状态；(4)合理利用余热等措施。

#### 2.2.1.2　电阻反射炉熔炼技术

电阻反射炉的剖面结构如图 2-2-2 所示。它是利用安装在炉顶型砖内的电阻产生的热量，通过辐射传热来加热炉料的。这种熔炉主要用于熔炼温度较低的轻合金，多作为保温炉用。金属电阻的使用温度不超过 1100℃，每平方米炉顶面积的功率约 30～35 kW，熔炼温度低于850℃，加热速度慢，熔炼时间长，且电阻易为熔剂和炉气烟尘所腐蚀，使用寿命短，单位电耗大(450～650 kW·h/t(Al))，故炉子容量不宜过大，一般不超过 10 t，熔池不宜过深。优点是温度较易控制，金属含气量较低，熔体质量较好。

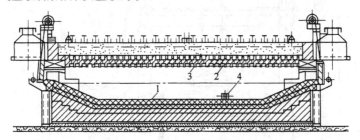

图 2-2-2　电阻反射炉结构图
1—炉底；2—型砖 3—电阻发热体；4—金属流口

### 2.2.2　坩埚炉及感应炉熔炼技术

#### 2.2.2.1　坩埚炉熔炼技术

在加热方式上，坩埚炉是由坩埚侧面及底部加热炉料的。坩埚是用耐火材料制作的，还有用

石墨、铸铁和钢板制成的。坩埚炉可使用各种燃料,熔炼各种常用金属或合金,投资少,灵活性大,适用于品种多、产量小的机修厂。在材料加工中它多用来熔制熔剂、中间合金及试制新产品等。电阻坩埚炉温度较低,升温慢。火焰坩埚炉烟尘大,污染环境,热效率低,温度不易控制,已基本上被感应电炉取代。

### 2.2.2.2　坩埚式无铁心感应炉熔炼技术

感应电炉分为坩埚式无铁心和熔沟式铁心感应炉两种,除难熔金属外,它们是金属合金的主要熔炼设备之一。

坩埚式无铁心感应炉的结构如图 2-2-3 所示,它是利用电磁感应和电流热效应原理而工作的。即由电磁感应使金属炉料内产生感应电流,感应电流在炉料中流动时产生热量,使炉料加热和熔化。这种炉子可达到较高的熔炼温度(1600~1800℃),加热速度快,搅拌作用强,便于更换合金品种,维修较方便,适于熔炼温度较高且不需造渣精炼的合金、中间合金及供真空重熔用的合金锭坯。其缺点是功率因数低,通常小于 0.2~0.3,须配备大量补偿电容器,以提高其电效率。中频以上的无铁心感应炉,还需要变频装置,电气设备费较工频铁心感应炉高,单位电耗也高。由于造渣熔剂多为非导体或不良导体,要靠金属液去加热,故温度较低不利于造渣过程。坩埚壁由于内外温差大,要承受熔体的冲刷,炉渣及熔体的侵蚀,因而使用寿命短,一般只有几十炉

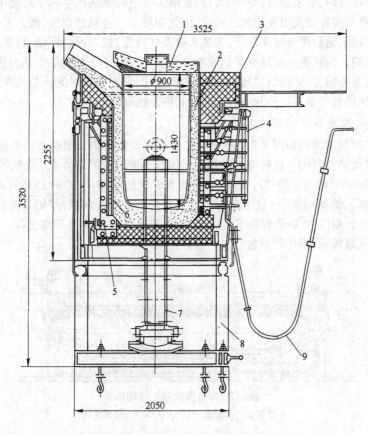

图 2-2-3　坩埚式感应炉结构示意图

1—炉盖;2—坩埚;3—炉架;4—冷却水管;5—磁轭;

6—感应器;7—倾动机构;8—支撑架;9—电缆

次。在集肤效应作用下,大部分感生电流产生在坩埚壁附近炉料的表层,故这里的金属温度较高,加剧了熔体与炉衬间的相互作用,导致增硅,增铁而污染熔体。为了延长炉龄和防止污染,已设计出如图 2-2-4 所示的水冷坩埚,坩埚中的金属液在电动力作用下,液面常呈峰状突出,增加金属液的氧化损失,并将氧化渣搅入熔体内部。降低输入功率和适当增加熔体的高度,可减少这种现象发生。此外,随着电流频率增高,炉料表面层涡流电势和热能增大,加热速度快。因此小容量炉子多采用高频感应炉,随着容量增大,则宜采用低频炉。可见无铁心感应炉主要是向低频大型化发展。

### 2.2.2.3 熔沟式有铁心感应炉熔炼技术

熔沟式感应炉是铜合金普遍应用的熔炉,在锌、铝及其合金生产上也得到应用。这种炉子的工作原理和技术特点和坩埚感应炉基本相同。所不同的是用工频电流,热电效率较高,电气设备费较少,熔沟部分易局部过热,炉衬寿命一般较长,熔炼温度较低。由于熔沟中金属感生电流密度大,加上有熔沟金属作起熔体,故熔化速率较高。炉子容量已系列化(0.3~40 t),并正向大型化、自动化发展。

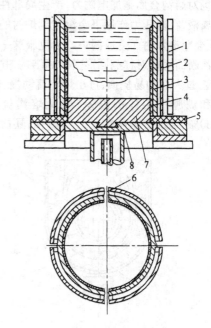

图 2-2-4 水冷铜坩埚结构示意图
1—感应器;2—坩埚外套;3—铜内套;4—CaF₂ 绝缘层;
5—绝缘层;6—Al₂O₃ 绝缘体;7—垫底;8—底座

熔沟式感应炉结构及工作原理见图 2-2-5。单熔沟感应炉的问题是熔沟中金属液流紊乱,局部过热严重。熔炼铜合金时,熔沟中、上部熔池中金属液的温差可达 100~200℃,由于熔沟底部

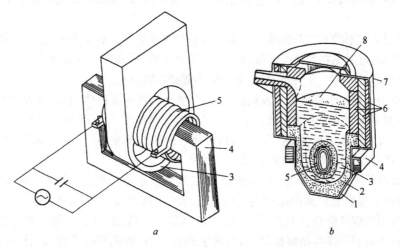

图 2-2-5 熔沟式感应电炉工作原理及结构图
a—工作原理;b—剖面结构
1—炉底;2—炉底石;3—熔沟;4—铁心;5—感应器;6—炉衬;7—炉壳;8—熔体

漏泄磁场对熔沟金属施加电磁力,产生局部性涡流而出现死区,见图 2-2-6a。常处于过热状态的熔沟金属液,在静压力作用下会渗透到炉衬的空隙中去,加上熔体的冲刷作用,因而降低炉衬寿命,甚至会穿透炉衬而造成漏炉。为克服这一缺陷,已开发出一种单向流动单熔沟,见图2-2-6b。这种熔沟断面呈非对称椭圆形变断面结构,并由左向右上升流动。两侧熔沟断面积以 $A/B = 1/1.5$ 为宜,过大熔沟易烧损,过小熔体流动慢,热交换差。单向流动熔沟中熔体流速高,不仅可减少熔沟和炉膛中熔体的温差,避免熔沟金属过热,还可缩短熔炼时间,熔炉生产率提高 10%～30%,增加炉体寿命 0.5～1.0 倍,还能改善电效率,降低电耗和成本。

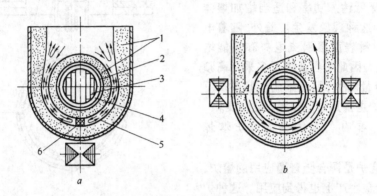

图 2-2-6　熔沟金属液流动情况示意图

a—双向流动;b—单向流动

1—耐火炉衬;2—耐火套;3—铁心;4—感应器;5—熔沟;6—死区

此外,采用多相双熔沟并立结构,也可得到单向流动的结果。它是利用中部共用熔沟与边部熔沟内磁场强度的差异,使中部熔沟中的熔体向下流动,两侧熔沟中的熔体向上流动。在熔沟耐火材料中加入少量冰晶石粉,并将感应器外的耐火套改用水冷金属套,均有利于延长熔沟使用寿命。

若把感应器和坩埚置于真空中,便成了真空感应炉,下面简单介绍真空感应炉熔炼的技术特点。

图 2-2-7 是真空感应炉工作原理图。第一台真空感应炉虽只有 4.5 kg,但对于制作高性能涡轮发动机的叶片,可避免在大气下熔炼时所产生的夹杂物,提高持久断裂寿命 2～3 倍。实践证明,高温合金性能上的每一个突破,都是由于采用新技术的结果。

真空感应炉主要用于高温合金及精密合金,可铸锭也可铸造铸件,也可为真空电弧炉等提供重熔锭坯,还常用于废钛的重熔回收。真空感应炉已有成套和系列化产品。1 t 以上的炉子可在不破坏真空条件下连续进行熔铸。目前的趋势还在向扩大容量、用可控硅变频电源、双频率搅拌、功率及功率因数自动调节等方面发展。

为了保证熔体质量和安全生产,首先要检查真空及水冷系统,使真空度和水压值达到要求值,漏气率小于规定值。所用原材料的纯度、块度、干燥程度均应符合要求。坩埚须经烧结和洗炉后方可用来熔炼合金。其次,为了防止炉料黏结搭桥,装料应下紧上松,使能较快地形成熔池。炉料中的炭不应与坩埚接触,以免发生相互作用,造成脱碳不脱氧而影响脱氧和去气效果。再次,熔炼期不宜过快地熔化炉料,否则因炉料中气体来不及排除,而在熔化后造成金属液大量溅射,影响合金成分,增大损失。精炼期要严格控制温度和真空度,采用短时高温、高真空精炼法。熔炼完毕后,静置一段时间,并调控好温度。总之,真空感应炉熔炼的技术特点是:适当延长熔化期,用高真空度和高温短期沸腾精炼,低温加活性和易挥发元素,中温出炉,带电清渣,细流补缩。

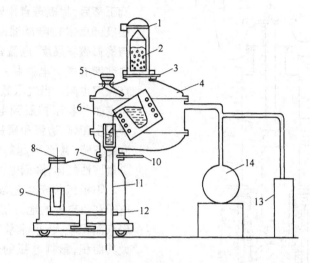

图 2-2-7 真空感应炉工作原理图

1—绞盘;2—炉料;3—闸门;4—熔炼室;5—加料斗;6—感应器;7—弹簧;8—卸锭门;
9—锭模;10—闸门;11—升降机构;12—旋转台;13—机械泵;14—扩散泵

### 2.2.3 真空电弧炉熔炼技术

真空电弧炉的基本特点是温度高和精炼能力强,主要用于熔炼高温合金和各种活性难熔金属合金,还可用于熔炼磁性合金、航空滚珠钢及不锈钢等。从 20 世纪 50 年代开始应用以来,就显示出其优越性,到 20 世纪 60 年代发展了真空重熔法,应用更广泛。这种炉子现已处于较完善阶段,正在向更大容量及远距离操作发展。在结构上提出了同轴性、再现性及灵活性的设计原则。同轴性是使阴、阳极电缆保持近距离平行,在导线和电极内的感生磁场将相互抵消,并提高电效率。再现性是指通过先进的电视和传感器来控制电参数的稳定性,使熔化率和弧长恒定。灵活性是使炉子可能熔铸多种类型锭坯。

#### 2.2.3.1 真空自耗电极电弧炉熔炼技术

图 2-2-8 是真空自耗电极电弧炉示意图。它由炉体、电源、水冷结晶器、送料和取锭机构、供水和真空系统、观察和控制系统等组成,真空电弧炉分为自耗和非自耗炉。在熔炼过程中,用炉料作电极边熔炼边消耗,这便是自耗电极电弧炉;电极不熔耗者为非自耗电极炉。自耗电极炉在电弧高温、低压及无渣条件下,熔化并滴入水冷结晶器中,冷凝成锭坯。当熔滴通过电弧区,由于挥发、分解、化合等作用,使金属得到纯化,但铸锭质量的好坏还与电弧及磁场等因素有关。

A 电弧

在正常操作情况下,真空电弧呈钟形。电弧一般分为阴极区、弧柱区及阳极区三部分。阴极区包括正离子层及阴极斑点。正离子层间电压降较大,有利于电子发射和电弧的正常燃烧。电极端面发射电子的小块面积叫阴极斑点,是一个温度高的亮点,面积小,电流密度大。但其大小与周围气体的压强有关。在真空度低或气体压强高时,阴极斑点面积小;随着真空度的提高,不仅面积会扩大,且会高速移动,由电极端面移向侧面,使电极端面呈圆锥形,温度降低,降低金属熔滴及熔池温度,影响铸锭表面质量。由于降低电子逸出功的地方,如电极表面有氧化物、活性

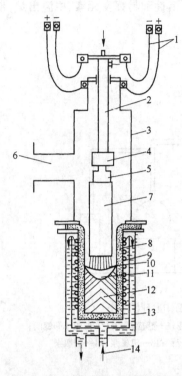

**图 2-2-8　真空自耗电极电弧炉工作原理图**
1—电缆;2—水冷电杆;3—炉壳;4—夹头;5—过渡极;
6—真空管道;7—自耗电极;8—结晶器;9—稳弧线圈;
10—电弧;11—熔池;12—锭坯;13—冷却水;14—进水口

物质、裂缝、焊接瘤及个别突出点最易发射电子,即阴极斑点处首先熔化成液滴;当熔滴下落后,阴极斑点便转移到别处。因此,阴极斑点常在电极端面移动,其移动速度与稳弧磁场强度、电流密度、弯曲度及原材料纯度有关。电极材料的熔点高,阴极斑点温度也高。当气压低于 1.33 Pa 时,阴极斑点面积易于扩展到电极侧面去,因而易于产生爬弧、边弧和聚弧,如图 2-2-9 所示。温度下降,甚至引起辉光放电。此时充入少量惰性气体,降低电极,便可恢复正常。

阳极区位于熔池表面附近,集中接受电子和负离子的地方便是阳极斑点。阳极斑点面积较大,也常移动。气压低时会扩大其面积,影响电弧的稳定性。在正常情况下,高速电子和负离子束的轰击,释放出大量能量使熔池加热到高温,不仅有利于精炼反应,且使铸锭轴向顺序结晶稳定。

弧柱区是由电子和离子组成的等离子体,亮度和温度最高,一般随电流密度增大而增高。但弧柱周围气压过低时,弧柱断面会急剧膨胀,电流密度降低,电弧不稳,甚至造成主电弧熄灭,由弧光放电转化

为辉光放电,不仅使熔炼停顿,且给安全操作带来威胁。如用海绵钛电极进行首次熔炼时,常在封顶期出现这种现象。此外,弧柱面积还受到外加磁场的影响。磁场强度对电弧起压缩作用,使熔池周边温度降低,会恶化铸锭表面质量。弧柱过长不仅易引起聚弧或侧弧,烧坏结晶器,且易熄弧,甚至中断熔炼。

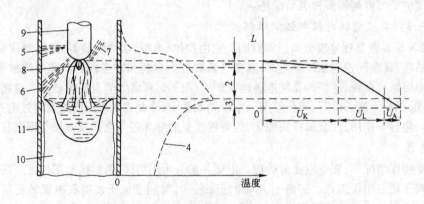

**图 2-2-9　电弧、电压及温度的分布情况**
1—阴极区;2—弧柱区;3—阳极区;4—温度;5—聚弧;6—边弧;
7—爬弧;8—阴极斑点;9—自耗电极;10—锭坯;11—结晶器

B 磁场

为使电弧聚敛和能量集中,避免产生侧弧,常在结晶器外设置稳弧线圈。线圈产生与电弧平行的纵向磁场。在此纵向磁场内两电极间运动的电子与离子,凡运动轨迹不平行磁场方向的,将因切割磁力线而受到一符合左手定则方向的力的作用,从而发生旋转,使向外逸散的带电质点向内压缩,电弧因旋转而聚敛集中,弧柱变细,阴极斑点沿电极端面旋转,阳极斑点保持在熔池中部,因而不发生侧弧,可提高电弧的稳定性。且电弧旋转也带动熔池旋转,均匀成分,改善铸锭表面质量。但磁场强度过大,熔池旋转过速,熔体常被甩至结晶器壁上,形成硬壳和夹杂,引起侧弧;磁场强度过弱,则稳弧作用不明显。磁场强度要根据铸锭质量情况而定匹。可改变线圈的电流来调节磁场强度,既要使电弧稳定地燃烧,又要使熔池微微地旋转。采用交流电磁场时熔池不旋转,表面温度高,有利于改善铸锭表面质量。但在电弧较长时,不能保证电弧稳定和成分均匀。直流电产生的纵向磁场,能压缩电弧并旋转熔池,均匀成分和温度,也有细化晶粒和均匀结晶组织等作用,故生产上多用直流稳弧线圈。

C 电制度

电流与电压是真空电弧炉熔炼的主要工艺参数。电流大小决定金属熔池温度和熔化率,对熔池的深度及形状有直接影响。电流大,电弧温度高,熔化率高,铸锭表面质量好;增大熔池深度,有利于柱状晶径向发展和粗化,促进疏松与偏析,某些夹杂物聚集铸锭中部。电流小,熔化率低,熔池浅平,促进轴向柱状晶,减少疏松和偏析,夹杂物分布均匀,致密度较高。电流密度要根据合金熔炼特性和电极直径来确定。合金熔点高,流动性差,直径较小的电极,要用较大的电流密度;反之,可用较小的电流密度。锭坯中部易产生粗大等轴晶的合金,宜用较小的电流密度。

电压对电弧的稳定性也有影响,真空电弧有辉光、弧光和微光放电三种。正常操作是用低电压、大电流的弧光放电。气压不变,加大两极间距离及电压,易于产生辉光放电。电压太低,则不足以形成弧光放电,容易引起微光放电。因此,为使电弧稳定,必须将电压控制在一定范围内。熔炼钛、锆等合金时,工作电压一般在 25～45 V;钽、钨的熔炼电压可增大到 60 V。起弧时电压要稍高。此外,工作电极还与电源等有关,一般自耗炉常用直流电,电压较低、电弧较稳定;用交流电时电弧不稳定,用较高电压虽可提高电弧的稳定性,但又易产生边弧。为保证电弧稳定,电源应具有压降特性。这样,在弧长变化时电流和电压不会变化太大,甚至出现电流电压不随弧长而变化,即不服从欧姆定律的情况。因为电弧电压是由阴极压降 $U_K$、弧柱压降 $U_L$ 和阳极压降 $U_A$ 所组成,其中 $U_K + U_A = U_S$,$U_S$ 称为表面压降,与两极间距即弧长无关,仅与电极材料、气体成分、气压和电流密度等有关,因而,在电极材料和真空度等条件一定时,电弧电压仅取决于弧柱压降,而 $U_L$ 变化不大,熔炼钛时约为 0.5 V/cm 弧长。通常弧长在 20～50 mm,电压在 20～65 V 内变动。维持电弧稳定的燃烧和正常熔炼不发生熔滴短路时的最小弧长约 15 mm,称为短弧操作。但弧长小于 15 mm 时,易产生周期性短路,使熔池温度忽高忽低,影响铸锭组织的均匀性,且由于金属喷溅而恶化锭坯的表面质量。电弧过长,热能不集中,易产生边弧。目前,多用大直径电极和短弧操作,优点在于热能均布于熔池表面,熔池扁平,有利于轴向结晶,致密度高,偏析小,夹杂物较细小均匀,铸锭加工性能优良。

D 其他因素

自耗电极(电极)与结晶器直径之比(即填充比)、真空度、漏气率、冷却强度等因素,对铸锭质量也有一定的影响。由于金属熔池处于液态时间短,熔池暴露在真空中的面积不大,且熔池液面上的实际真空度不高,特别是当填充比较小时,熔池的精炼作用是有限的,因此选用质量较好的自耗电极材料是必要的。自耗电极是由铸造和压制而成,要求纯度高,表面质量好,弯曲度小,中间合金在钨、钼等压制电极中沿轴向均布,填充比($d_{极}/D_{器}$)在 $0.65\sim0.85$ 之间。选用大的填充比时,铸坯表面质量好,致密度高,但易产生边弧。一般应使电极与结晶器间的间隙大于熔炼时的弧长,采用大电极和短弧操作时,此间隙值约为 $18\sim20$ mm。

为使脱氧、挥发杂质和分解夹杂反应更完全,真空度越高越好。为防止由于大量放气而骤然降低真空度,最好在 $1.33\sim0.013$ Pa 下进行熔炼。真空系统的漏气率也有影响,漏气率大会形成更多的氧化物和氮化物夹杂物。对于一般的高温合金,漏气率应控制在不大于 6700 Pa/s;难熔金属须小于 $400\sim670$ Pa/s。

自耗电极炉广泛采用直流电,以熔池为阳极,电极为阴极,称为正极性操作。此时 2/3 电弧热量分布于熔池,温度高锭坯表面质量好。熔炼钨、钼等难熔金属时,宜用反极性操作。这时电极温度较高,电极较易熔化,但熔池温度低,铸锭表面质量较差。因此,一般多采用正极性熔炼。

熔滴尺寸和冷却强度也有影响。电流密度小,熔化速度慢,熔滴数少而粗。短弧操作时,熔滴尺寸过大,易于短路和熄弧,熔池温度低,铸锭表面质量不好。反之,熔滴细小,有利于去气及挥发杂质,反极性操作,电弧长,磁场强度大及电极含气量高,均促进熔滴变细,而且在电弧及气流作用下,易溅于结晶器壁上造成锭冠等缺陷。铸锭的冷却强度受其尺寸及水压等的限制。结晶器水冷的要求是薄水层、大流量、大温差。结晶器进出口水温差不小于 20℃,且出口水温不大于50℃。

### 2.2.3.2　凝壳炉及非自耗电极电弧炉熔炼技术

真空非自耗电极炉在钛合金发展初期曾得到应用,但由于有污染合金问题,现只用于废钛回收及铸件的凝壳炉。后者可用非自耗电极或自耗电极,如图 2-2-10 所示。非自耗电极炉的特点是能用碎屑料,可省去压制电极及压力机,电极与坩埚间的空隙较大,熔体在真空下停留时间长,利于去气和挥发杂质等精炼操作。为使电弧稳定和成分、温度均匀,在水冷坩埚外也装有稳弧线圈。但其热效率较低,熔化速率只有自耗炉的 $\frac{1}{3}\sim\frac{1}{5}$。采用钨或石墨电极时,有时会造成夹杂物,并使合金增碳增钨。为此,现已采用旋转式水冷铜电极代替钨及石墨电极,基本上克服了污染问题。在水冷铜极头中装入线圈,形成与电极表面平行的磁场,使电弧围绕电极端面回转,可防止铜电极局部过热和损坏。非自耗电极凝壳炉多用于回收钛废料及钛合金铸锭,也常用于铸件。

在自耗电极凝壳炉中,除自耗电极外,还可添加部分炉料。凝壳是金属液受水冷铜坩埚激冷而形成的,控制水冷强度,可得到一定厚度的固体金属壳,而内部金属液始终保持为熔体,直到熔满一坩埚,再倾注入锭模。为了保持凝壳厚度大致不变,必须控制好水压、水温及熔化率等参数。凝壳底厚一般约为 $25\sim30$ mm,坩埚壁部壳厚为 $10\sim15$ mm。凝壳炉的特点是:可控制熔化速率和精炼时间,得到成分均匀的过热熔体,既可铸锭也可铸件,提纯效果好,质量佳。

## 2.2.4　电渣炉熔炼技术

### 2.2.4.1　概述

电渣熔炼的突出特点是电渣精炼作用,故可得到优良的锭坯或铸件。因此电渣重熔技术自20 世纪 50 年代开发以来,进展很快。目前已建成 220 t 的电渣炉,重熔产品日益扩大,包括不锈钢、高温合金、精密合金及铜、镍合金等,许多国家还设立了电渣重熔研究中心。我国在电渣重熔方面也取得较大的进展,在设备制造及工艺理论研究上,水平较高。

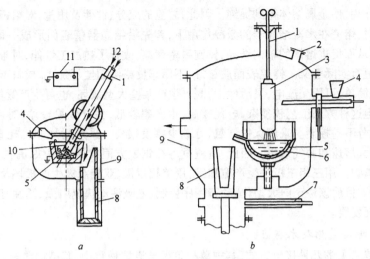

图 2-2-10 凝壳炉示意图

a—非自耗电极;b—自耗电极

1—电极杆;2—观察孔;3—自耗电极;4—加料斗;5—水冷坩埚;6—凝壳;
7—闸门;8—锭模;9—炉体;10—水冷铜电极;11—电源;12—冷却水

电渣炉是利用电流通过导电熔渣时带电粒子的相互碰撞,而将电能转化为热能的,即以熔渣电阻产生的热量将炉料熔化。其工作原理见图 2-2-11。与真空电弧炉不同之处,是炉子结构及运转操作较简单,没有庞大的真空系统,可直接用交流电,金属熔池上面始终为一厚层熔渣覆盖,没有电弧。自耗电极埋在渣池内,依靠电渣的热能加热和熔化,随着熔滴尺寸的增大,在其所受重力、电磁力及熔渣冲刷力之和大于金属的表面张力时,熔滴便脱离电极端部并穿过渣层而降落在金属熔池中。可见,熔渣不仅起着覆盖保护、隔热、导电、加热熔化作用,且始终在起着过滤、吸

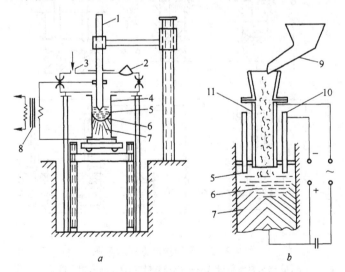

图 2-2-11 电渣炉工作原理图

a—自耗式;b—非自耗式

1—自耗电极;2—观察孔;3—充气或抽气口;4—结晶器;5—电渣液;6—金属熔池;
7—锭坯;8—变压器;9—加料斗;10—附加非自耗电极;11—加料器

附造渣等精炼作用,使金属熔体得到提纯。因此,熔渣的成分、性能及用量,对熔铸质量起着决定性的作用。同时,熔渣在水冷结晶器的激冷作用下,首先沿结晶器壁表面形成一薄层渣壳,起着径向隔热作用,从而促进熔体的轴向结晶,铸锭致密度高,改善了热加工性能,对难以加工的多相强化高温合金更有实际意义。铸锭表面质量好,不用车皮或刨面便可加工,成材率高。可在大气下熔铸,设备较简单,可用交流电,灵活性大,既可生产某些大型锻坯,也可生产管坯,大型异型件(如曲轴等)。但这种方法工艺较复杂,电耗较高,生产率较低,去气效果较差,对含铝、钛等活性金属的合金,成分不易控制。采用保护气氛,可减少挥发损失。采用附加非自耗直流电流,进行电解精炼,可增大熔速和去气效果。因此,电渣重熔在钢铁方面发展特别快,有的甚至将真空电弧炉改装成电渣炉。用三相三极法生产宽扁锭,用单相双极、双相双极生产板坯及难变形合金管坯等,以铸代锻。目前该法正向大型化、动态程序控制、虹吸注渣快速引弧、活性有色金属重熔新渣系研究等方面发展。

### 2.2.4.2　电渣重熔技术特点

图2-2-12是常见的几种接电方式,其中单相单极电渣炉最常用,其结构简单,可用较大的填充比。一炉一个电极,电极长度大,制作较困难,阻抗及感抗大,压降也大,电耗高,厂房也高,电网负荷不均。采用双臂短极交替使用电渣炉,可克服上述缺点。单相双极同时浸入渣池,电流从一个电极经渣池流回另一电极,电缆平行且靠近,磁场相互抵消,故感抗小,电耗较低,生产率较高,适于生产扁锭;且电流不经过结晶器底部,故操作安全。20世纪70年代我国首先开发了有衬电渣炉熔炼新技术,它是以耐火材料坩埚代替水冷结晶器,以便于调控整炉金属液的成分和温度,且浇注一些精密铸件,如复合冷轧辊及曲轴等。

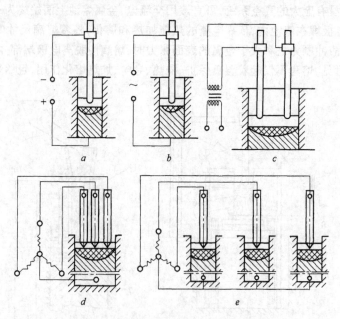

图2-2-12　几种接电方式示意图
$a$、$b$—交、直流单极式;$c$—单相双极式;$d$、$e$—三相三极式

电渣炉熔炼过程的特点是:在熔滴离开电极端面时,往往会形成微电弧,在电磁力等作用下,熔滴被粉碎,因而与熔渣接触面积大,有利于精炼除去杂质;熔渣温度高,且始终与金属液接触,既可防止金属氧化和吸气,又利于吸附、溶解和化合造渣,因而可得到较纯洁的金属熔体。

如上所述,电渣既是热源,又是精炼剂。因此,电渣应有较低的熔点和密度,适当的电阻和黏度,高的抗氧化能力和造渣能力,来源广且价格低等。常用的电渣主要由 $CaF_2$、$Al_2O_3$、$CaO$ 及其他氧化物所组成。$CaF_2$ 可降低电渣的熔点及黏度,利于夹杂物的吸附,且能在铸锭周边形成薄层渣皮,使锭坯表面质量光洁,促进轴向结晶,在高温下有较高的导电率,故多数渣系都含有较高的 $CaF_2$,是电渣的主要成分。$Al_2O_3$ 是多种电渣中的主要成分,可增加电阻,提高渣温和熔化速度。含适量的 $Al_2O_3$ 的 $CaF_2$-$Al_2O_3$ 二元电渣应用广泛,在此渣系中加入适量 $CaO$,可降低电渣熔点,提高碱度和流动性。适量的 $MgO$ 可提高电阻和抗氧化能力。在熔炼含钛较高的合金时,加入少量 $TiO_2$,可减少钛的熔损,降低渣的黏度和电阻。电渣的电阻不宜过大或过小。在一定电压下,电渣的电阻过小,则热量不足,熔化速度慢,熔损增大;电阻过大,则渣池温度高,熔化率高,熔池加深,轴向结晶不明显。在正常熔炼条件下,渣池黏度较低,流动性好,有利于精炼反应,改善铸锭表面质量。电渣的导电性好,熔点较低,沸点高,对稳定熔炼过程有好处。此外,渣中的 $SiO_2$、$FeO$、$MnO$ 等应尽量低,以免氧化烧损合金元素。为此,在配置渣料时,宜选用杂质少、纯度高的原料。

### 2.2.5 电子束炉熔炼技术

电子束熔炼是将高速电子束的动能转变为热能并用它来加热熔化炉料的。由阴极发射的热电子,在高压电场和加速电压作用下,高速向阳极运动,通过聚焦,偏转使电子成束,准确地轰击到炉料和熔池的表面。其能量除极少部分反射出来外,绝大部分为炉料所吸收。理论和实践表明,电子束从电场得到的能量几乎全部转变成热能。电子束炉熔炼的特点是:真空度高,熔体过热度大,维持液态的时间长,有利于去气与挥发杂质。铸锭以轴向顺序结晶为主,致密度高,塑性好,脆塑性转折温度较低,纵横向的力学性能基本一致。用电子束熔炼的钽锭,冷加工率到 90% 仍无明显的硬化现象。氢化物及大部分氮化物可分解除去。锆、钽中的 $[N]$ 可降至 0.0022% 以下。钨、钽、钼、铌用碳脱氧效果较好。$Nb$ 以 $NbO$ 挥发脱氧的速率比碳快。

#### 2.2.5.1 电子束炉熔炼技术特点

电子束炉炉型的结构主要与电子枪的结构有关。图 2-2-13 是一种远聚焦式电子束炉工作原理图。炉子主要由电子枪、炉体、加料装置、铸锭机构、真空系统、冷却系统及控制系统所组成。电子束炉的关键部件是电子枪。电子枪产生的电子流,通过聚焦聚敛成为电子束,经加速阳极后可加速到光速的 1/3,再经过两次聚焦后,电子束更集中,其辉点部分集中电子束能量的 96%~98%。高速电子束最后经拦孔射向炉料及熔池。电子束炉可熔炼温度高且一般不导电的非金属炉料,其次是电子束炉的真空度比真空电弧炉高,故真空提纯效果好。在电子枪室的真空度低至 0.027 Pa 时,就易放电而造成高压设备事故,故枪内始终保持 0.0067 Pa。在熔炼过程中,难免会突然放气而影响其真空度。故多将电子枪和熔炼室分开,且将电子枪分成几个压力级段,分别用单独的泵抽气。这样,即使炉料放气,也不会影响电子枪室的真空度。此外,电子束在磁透镜聚焦后,难免还有发散情况,若在熔炼时有锰、氮等正离子与空间电荷复合,可降低电子束的发散,形成一种离子聚焦作用。当真空度为 0.04 Pa 时,离子聚焦作用大于空间电荷的排斥作用,可使电子束形态稍有变化。

图 2-2-14 是近聚焦式电子束炉示意图。它使用的是环形电子枪或平面电子枪。其特点是电子发射系统装在熔炼室内,阳极离熔池太近,易为金属溅滴或挥发物所污染,故阴极灯丝寿命短,在熔炼室的气压高于 0.01 Pa 时,易产生放电而中断熔炼。为此,必须配备强大的真空泵,使真空度保持在较高的水平上。因此,这些电子枪用得较少,远聚焦式电子枪的结构虽较复杂,但使用寿命长,利用偏转线圈的调节,可使电子束能量在熔化炉料及过热熔池上得到合理分配。

### 2.2.5.2　影响电子束炉熔铸质量的因素

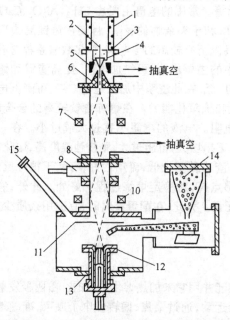

图 2-2-13　远聚焦式电子束炉工作原理图
1—电子枪罩；2—钽阴极；3—钨丝；4—屏蔽极；5—聚焦极；
6—加速阳极；7、10—聚焦线圈；8—拦孔板；9—阀门；
11—隔板；12—结晶器；13—铸锭；14—料仓；15—观察孔

比电能、熔化速率、电极及结晶器尺寸、熔池形状、真空度及漏气率等因素对熔铸质量均有影响。熔化炉料所耗电能并不大，铁、镍、钴基合金仅 $0.25\sim0.5$ kW·h/kg；钨、钼等为 $2\sim3$ kW·h/kg。耗于熔池加热的比电能则较大，并与熔池温度和冷却强度有关。进料速度快，熔化速度也高，但影响熔池温度，故进料不宜过快过多；进料太慢，虽熔池温度较高，但比电能耗费较大。因此，应注意电子束扫描偏转的调配，使耗于熔池加热的比电能适当，又能稳定炉的熔化速度。从精炼效果看，主要取决于熔化速度、熔池温度和真空度。熔化功率、比电能和送料速度不同时，熔化速度、熔池温度及其形态均会变化，提纯效果、夹杂物分布及结晶组织也随之变化。在真空度和合金品种一定时，熔炼功率、比电能和熔化速度是电子束熔炼技术的三要素，决定着铸锭质量，提纯效果及经济指标。

熔炼室的真空度主要取决于熔化速度和炉料的放气量，一般要求在 $0.013\sim0.0013$ Pa 内，也可在 0.13 Pa 下工作。可根据炉气含气量、产品质量要求等来确定。真空度及熔池温度高，精炼提纯效果好。难熔金属中的碳、钒、铁、硅、铝、镍、铬、铜等均可挥发除去，其含量达到低于分析法准确范围，有的可达到光谱分析极限水平，比精炼前可降低两个数量级，得到晶界无氧化物的钨和钼。高温合金经电子束炉熔炼后，除去杂质的效果比其他真空炉都好：[O]从 0.002% 降至 $0.0004\%\sim0.0009\%$，[N]降至 $0.004\%\sim0.008\%$，[H]$\leqslant$0.0001%～0.0002%。真空度和温度

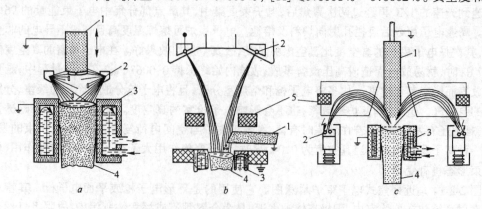

图 2-2-14　近聚焦式电子束炉工作原理图
$a$—近环形电子枪；$b$—远环形电子枪；$c$—平面发射电子枪
1—棒料；2—阴极灯丝；3—结晶器；4—铸锭；5—聚焦线圈

过高,有用成分的熔损也大。此外,炉料必须清洁,无氧化皮等脏物,最好先经真空感应炉熔炼。熔炼开始功率不宜过大,形成熔池后逐渐增大功率。在熔炼中要注意电子束聚焦和偏转情况,尽量防止电子束打在结晶器壁上。在结束熔炼前,可用电子束扫除结晶器壁上的黏结物。

### 2.2.6 等离子炉熔炼技术

等离子炉熔炼技术开发有 40 多年历史了。利用等离子弧作热源,温度高(弧心温度可达 24000~26000 K),可熔炼任何金属与非金属炉料,可在大气下实现有渣熔炼,也可在保护气氛中进行无渣熔炼。它常用于熔炼精密合金、不锈钢、高速工具钢及钛合金废料的回收等。目前已发展成新型熔炉系列,最大容量已达 220 t 钢。一支等离子枪的功率可达 3000 kW,并正在研究更大容量及采用交流电的等离子炉。

等离子炉的工作原理图,如图 2-2-15 所示。它是用直流电加热非自耗电极或中空阴极以产生电子束,将通过阴极附近的惰性气体离解,再以高度稳定的等离子弧从枪口喷到阳极炉料上使之熔化。由于等离子体中离子的正电荷和电子的负电荷大致相等,故称为"等离子体"。可见,等离子弧是一种电离度较高的电弧。与自由电弧不同之处是,它属于压缩电弧,弧柱更细长,温度更高,能量更集中。

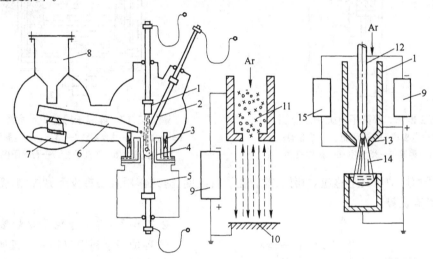

图 2-2-15  等离子炉工作原理图

1—等离子枪;2—棒料;3—搅拌线圈;4—结晶器;5—铸锭;6—料槽;7—振动器;8—料仓;9—电源;10—熔池;
11—等离子体;12—钍钨电极;13—非转移弧;14—转移弧;15—高频电源

等离子炉的关键部件是等离子枪,它是由水冷喷嘴及铈钨电极构成的。喷嘴对电弧起压缩作用,是产生非转移弧的辅助极。当在铈钨或钍钨电极上加上直流电压时,通入氩气后用并联的高频引弧器引弧,使氩气电离,产生非转移弧(即小弧),然后在阴极与炉料或熔体之间加上直流高压电,并降低喷枪让小弧接触炉料,使之起弧,称为转移弧或大弧。大弧形成后,即可断开高频电源,使非转移弧熄灭,用转移弧进行熔炼,不导电的炉料可用非转移弧熔炼。按等离子枪和炉体结构,等离子炉分为等离子电弧炉、等离子感应炉及等离子电子束炉三种。

#### 2.2.6.1 等离子电弧炉熔炼技术

等离子电弧炉在大气下熔炼类似于电弧炉,大都在充气条件下进行重熔。如图 2-2-16 所示,因弧温和熔化率高,熔损率小,收得率高于所有真空熔炼法,适于熔炼含易挥发元素的合金。脱碳能力强,能熔炼超低碳钢种,成本低于真空熔炼。还可进行造渣精炼,脱硫效果好,可用品位较低的炉料。通入氮气可生产含氮合金;通入氢气可生产超低碳低氮(<0.0065%)超纯铁素体不锈钢。它还成功地用来熔炼精密合金、耐热合金、含氮合金、活性金属及其合金等。其优点是可用交流电,设备投资低于真空电弧炉,且挥发性元素损失小,并好控制。

#### 2.2.6.2　等离子感应炉熔炼技术

这是由感应加热、搅拌和等离子弧熔化、惰性气体保护组合而成的一种新熔炉,如图2-2-17所示。由于在感应炉顶加一等离子枪,它具有等离子电弧炉和感应炉两种炉子的特点。熔化率和热效率高,用高纯氩气保护时,气相中氧、氮、氢分压较低,相当于0.13~0.013 Pa真空度,故精炼效果好。

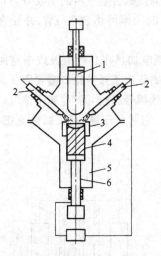

图 2-2-16　等离子电弧炉示意图
1—电极;2—等离子枪;3—结晶器;
4—铸锭;5—熔炼室;6—拉锭机构

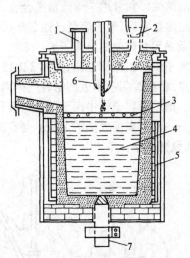

图 2-2-17　等离子感应炉示意图
1—观察孔;2—加料器;3—熔渣;4—金属液;
5—感应器;6—等离子枪;7—石墨阳极

等离子感应炉与真空感应炉相比,前者在炉料纯度、提纯作用及易挥发元素控制、金属收得率等方面具有优势。

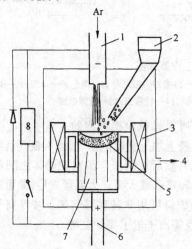

图 2-2-18　等离子电子束炉示意图
1—中空钽阴极;2—加料器;3—搅拌器;4—真空泵;
5—熔池;6—拉锭机构;7—铸锭;8—高频引弧器

#### 2.2.6.3　等离子电子束炉熔炼技术

这种炉子是利用氩等离子弧加热中空钽阴极,使其发射热电子,在电场作用下飞向并轰击炉料阳极;同时,热电子在飞向阳极途中,不断地将碰撞的气体分子和原子电离,又释放出高能量热电子,形成热电子束,轰击炉料及熔池,如图2-2-18所示。这种炉子多用于重熔精炼一些重要合金和回收其废料,如各种难熔金属及贵金属合金。当氩气纯度较高时,可得到高真空下才能得到的极纯的优质铸锭。可使用各种炉料,熔损较少,热效率高。设备较电子束炉便宜,成本也较低。因此,这种炉子发展较快,现已有装有6支400 kW等离子枪的炉子,用于直接由海绵钛熔铸成钛锭。

总之,上述三种等离子炉各有其特点。尚待解决的问题是:大功率等离子枪的设计和使用寿命;直流等离子炉虽较成熟,但大容量炉子受到直流电的限制,使用多枪时会产生相互干扰,使用交流电就好些,但交流等离子炉尚待完善;等离子感应炉炉底要装电极,显然不很安全,炉子越大,此问题越突出。另外还要注意臭氧及 $NO_2$ 公害问题。为此,除加强通风外,炉子上还要装抽气和净化处理等设施。

# 2.3 有色金属铸锭

铸锭的任务是将熔炼好的液体金属铸成形状、尺寸、成分、组织等符合要求的锭坯,具体来说,铸锭应满足下列要求:

(1)锭坯应有均匀一致的结晶组织和化学成分。铸锭组织与化学成分不均,结晶弱面显著,枝晶网胞粗大,晶界粗大或低熔点相呈网状分布,金属化合物粗大和成分不匀等,都会使铸锭的塑性和强度大大降低;并往往是变形时产生裂纹和分层的直接原因。

(2)锭坯内外不应有气孔、缩孔、夹杂、偏析及裂纹等缺陷。气孔、缩孔及夹杂往往是板材起皮、起泡、断口分层的主要根源。偏析、裂纹和熔剂夹杂不仅降低塑性,造成轧裂,而且还会使产品的力学性能和抗蚀性变坏。

(3)锭坯的形状和尺寸必须符合压力加工的要求,否则会增加工艺废品和边角废料。

在实际生产条件下铸出的锭坯,在质量上大都很难满足上述要求;这是因为在铸锭的浇注和凝固过程中,会受到各种因素的影响。在铸锭过程中,铸坯内外会产生一系列的物化过程,其中有些问题尚未完全弄清楚,所以对铸锭组织尚未能很好地加以控制。例如,组织不均和微量杂质分布不均的铸锭就易产生热裂或轧裂。而铸锭组织不均和枝晶网胞粗大,是与这些微量杂质在凝固过程中的再分布密切相关的。显然,铸锭组织不均和杂质分布不均,是与铸锭方法、浇注工艺和冷却条件等有关的。近年来,对这一问题的解决,有突破性进展,如采用定向凝固法,可使难以加工变形的共晶型合金获得超塑性,得到能加工变形的复合材料。实践表明,采用合理的铸锭工艺和加入微量变质剂,一般可改善铸锭组织和杂质分布的状态,细化晶粒,提高铸坯的力学性能和加工性能。

本节主要讨论铸锭组织的形成及影响因素,改善和控制铸锭组织和杂质分布的方法及途径,涉及到浇注和冷凝过程对铸锭质量的影响,有关铸锭缺陷问题也在本节中讨论。

## 2.3.1 铸锭组织的形成与控制

实践证明,不仅铸锭的加工性能,而且其加工产品的力学性能和抗蚀性能等,都与铸锭的晶粒度及枝晶网胞大小,偏析度和杂质的分布等密切相关。而铸锭组织的化学成分的均匀性又与铸锭的冷凝条件有关。

由于合金的性质与铸锭冷却条件的不同,因而铸锭的结晶组织及性能也就不一样。因为金属在冷凝过程中会产生一系列变化,如热量导出,温度梯度的变化,金属液的过冷生核及晶体长大,合金元素的重新分布,气体的析出、聚集和上浮,金属体积的改变,缩孔疏松的形成,应力、裂纹和偏析的产生等等。所有这一切,对某一合金铸锭来说,主要随冷却条件或温降情况而变。

### 2.3.1.1 铸锭的冷却

铸锭的冷却方法随铸锭方式而异。冷却方式不同,冷却速度也不同,铸锭组织和性能随之而变。

在铁模铸锭情况下,冷却速度取决于锭模的导热性、厚度和模温,还与锭模的涂料有关。锭模导热性好,在一定范围内厚度越大,模温越低,则冷却速度越大。但这种作用仅在铸锭开始时较为明显。当铁模厚度增至一定厚度后,再继续增加其厚度,对冷却速度影响不明显。模温在50~150℃内变动,对结晶组织也无明显影响。在模温更高的情况下,锭坯组织会向粗等轴晶发展。氧化锌等耐火涂料会降低锭模的导热性,挥发性涂料留在模壁上的残焦却能改善导热性。

水冷模的冷却能力较大,它有两种:水冷立模与水冷平模。前者用水冷却模壁,模底一般不用水冷,主要是径向结晶。水冷底板的平模,则以轴向结晶为主,锭坯质量较好。

半连续铸锭有四种冷却方式,如图 2-3-1 所示,结晶器壁的一次冷却与水冷模相似,不同之处是锭坯以一定速度下移,在结晶器下端还有直接水冷铸坯的二次冷却,冷却速度较大。一次冷却的作用是使锭坯成型,使之在拉出结晶器时形成具有足够强度的凝壳,能抵抗金属液的静压力、机械摩擦力和收缩应力而不至于变形开裂。二次冷却是以喷水或浸水或以空气雾化水来冷却的。大部分热量靠二次冷却导出,这样大大加强了铸锭的冷却速度,有利于轴向凝固。二次冷却强度大,液穴浅平,有利于气体、夹渣的上浮,也利于补缩和减少疏松度。这就是半连铸质量较高的主要条件,也是半连铸法的优点之一。

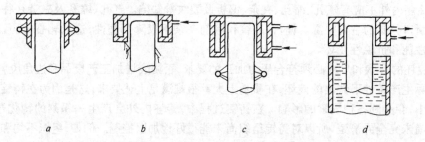

图 2-3-1　半连续铸锭的冷却方式

a,b—短结晶器,喷水冷却;c—长结晶器,雾化冷却;d—短结晶器,水槽冷却

从冷却强度看,一次冷却导出铸坯总热量的 15% ~25%,其余热量主要由二次冷却排出。若其他条件不变,浇速大,二次冷却作用也大。单从二次冷却来说,风冷最慢,浸水次之,喷水冷却和雾化水冷较快。喷水冷却的缺点是喷水不很均匀。浸水冷却较均匀,但锭面易生蒸气泡而减弱冷速和冷却的均匀性。

### 2.3.1.2　铸锭组织

铸锭组织包括晶粒形状、尺寸、取向、完整性等以及各种缺陷,这里主要讨论铸锭晶粒组织形成的基本规律。

图 2-3-2　具有三个晶区的
铸锭晶粒组织示意图

#### A　铸锭正常晶粒组织

铁模浇注锭的晶粒组织常由三个区域组成:表面等轴晶区(又称激冷晶区)、柱状晶区和中心等轴晶区,如图 2-3-2 所示。这种组织通常又称为宏观组织。但并非所有铸锭晶粒组织都是由上述三个晶区组成的,如在不锈钢锭中,往往全部为柱状晶,没有中心等轴晶区。而经细化处理的铝合金锭中,往往全部是等轴晶,没有柱状晶区。即使铸锭具有以上三个结晶区,但各自的宽窄也会因合金、铸锭方式及工艺的不同而不同。在同一浇注条件下,纯金属多形成柱状晶,合金则常形成粗等轴晶。对于同一合金,用冷却强度大的连铸方法,易于形成细长柱状晶,用铁模铸锭时可得到粗等轴晶或柱状晶,下面分别讨论各结晶区的形成规律。

B 表面细等轴晶区的形成

传统的理论认为，当过热金属浇入锭模时，与模壁接触的一层液体受到强烈激冷，产生极大过冷，并由于模壁的形核作用，因而在模壁附近的过冷液体中大量生核，并同时生成枝状细等轴晶。这些细等轴晶在形成过程中，放出的结晶潜热既能由模壁导走，又能向过冷液体中散失，因而受模壁散热方向影响较小，故其一次轴有的与模壁垂直，有的则倾斜，晶粒呈杂乱方向生长。

进一步研究证明，液体金属的对流对表面细等轴晶区的形成有着决定性的影响，浇注时流柱引起的动量对流，液体内外温度差引起的热对流，以及由对流引起的温度起伏，均可促使模壁上形成的晶粒脱落和游离，增加凝固区内的晶核数目，从而形成了表面细等轴晶。但是，如果无对流，即使有强烈的激冷，也不一定形成表面细等轴晶区。例如，把 Al-0.1％ Ti 合金于750℃浇入冰水激冷的薄壁不锈钢模中静置冷却时，铸锭外部为柱状晶。这一实验结果表明，激冷而无对流，模壁上迅速形成稳定的凝壳，晶粒难以脱离模壁，无晶核增殖作用，故不形成表面细等轴晶区。

表面细等轴晶区的宽窄与浇注工艺、模温及模壁的导热能力、合金成分等因素有关。如浇温高，显热的散失使模温迅速升高，形成稳定晶核数目相应减少，脱离模壁的晶粒少或易于被完全重熔，因而表面等轴晶区窄。但当模壁激冷作用过强时，细等轴晶区也变窄甚至消失。合金元素含量较高时，晶粒或枝晶根部易形成缩颈而游离，细等轴晶区就变宽。

C 柱状晶区的形成

在表面细等轴晶区内，生长方向（立方金属为⟨100⟩）与散热方向平行的晶粒优先长大，而与散热方向不平行的晶粒则被压抑。这种竞争生长的结果，使愈往晶粒内部，晶粒数目愈少，优先生长的晶粒最后单向生长并互相接触而形成柱状晶，如图 2-3-3 所示。可见，柱状晶区是在单向导热及顺序凝固条件下形成的，此时固/液界面前沿温度梯度大，凝固区窄，从界面上脱落的枝晶易于被完全熔化。

凡能阻止晶体脱离模壁和在固/液界面前沿形核的因素，均有利于扩大柱状晶区。如模壁导热性好，激冷作用强，易形成稳定的凝壳，则柱状晶发达。合金化程度低，溶质偏析系数 $|1-k|$ 小，成分过冷弱，晶粒或枝晶根

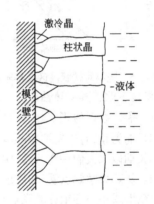

图 2-3-3 激冷区内晶粒竞争生长形成柱状晶区示意图

部不易形成缩颈而被熔断，也较易于获得柱状晶。提高浇温，游离晶重熔的可能性增大，故有利于扩大柱状晶区（图 2-3-4a）。但浇温提高延长了形成稳定凝壳的时间，温度起伏大，故有利于等轴晶的形成。所以，随着浇温的提高，柱状晶区变宽，等轴晶粗大，如图 2-3-5 所示。合金凝固时，由于溶质偏析产生成分过冷，促进晶体根部颈缩及脱落，使固/液界面前沿晶核增殖，不利于获得柱状晶。故随合金含量提高，柱状晶区变窄（图 2-3-4a）。但是，合金凝固时，如在固/液界面前沿能始终保持较大的温度梯度，则柱状晶区可延伸至锭的中心，直到与对面模壁生长过来的柱状晶相遇为止。

如前所述，对流的冲刷作用以及对流造成的温度起伏，会促进晶体脱落及游离，利于等轴晶的形成。反之，如能抑制金属液内的对流，则可促进柱状晶的形成。实验证明，施加不太强的稳定磁场或沿着一个方向恒速旋转锭模，会显著削弱甚至抑制金属液内部对流，因而阻止晶体的游离，故易得到柱状晶。为了获得较完整的柱状晶组织，最好采用定向凝固法，其关键是保证单向导热，保持较大的温度梯度和较小的凝固速度。

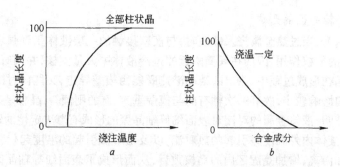

图 2-3-4　柱状晶区宽度与浇温($a$)及合金成分($b$)的关系

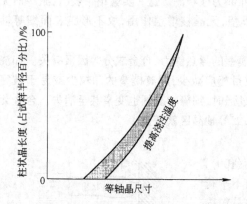

图 2-3-5　浇温对柱状晶区及等轴晶尺寸的影响

柱状晶组织对于铸锭性能影响很大。在柱状晶区交接处,往往存在低熔点共晶组织和夹杂物、气孔和缩松。还可能出现晶间裂纹,是铸锭脆弱的地方。铸锭承受冷热加工时,易于沿此处开裂;柱状晶本身的方向性也降低了铸锭的力学性能和加工性能,因此,用于加工变形的铸锭,希望柱状晶区尽可能小,等轴晶区尽可能宽。尤其要求不要出现粗大的柱状晶组织。但柱状晶本身由于枝晶不甚发达而较致密,故强度较高。对于某些高温机件(如燃气轮叶片),采用定向凝固方法得到柱状晶组织,可显著改善其耐热性。

**D　等轴晶区的形成**

到目前为止,对于铸锭中心等轴晶区的形成原因尚无定论,争论的实质是中心等轴晶晶核的来源。长期以来人们一直认为,中心等轴晶区是在柱状晶区包围的残余液体中,同时过冷生核而形成的。从热力学观点看,均质形核需要较大的过冷度,这在一般铸锭条件下难以满足。因此,均质形核形成中心等轴区的观点早已被否定。后来有人提出成分过冷引起中心非均质形核的观点。这一观点认为:当出现成分过冷时,由于固/液界面处过冷度最小,柱状晶生长被抑制,而界面前沿过冷度较大的地方,利于非均质形核而形成等轴晶区。但非均质形核的观点难以解释这样一些问题。为什么柱状晶区有时夹带个别等轴晶?为什么柱状晶区内往往看不到枝晶的分枝痕迹?在一般铸造条件下,合金在凝固过程中溶质偏析是始终存在的,因而成分过冷随时都能出现,但为什么有的合金铸锭中柱状晶区变得很宽才出现中心等轴晶区,甚至不出现中心等轴晶区?基于上述原因,非均质形核形成中心等轴晶区的观点,也令人怀疑。如果把 Al-2％Cu 合金浇入插有薄壁不锈钢的石墨模中,钢管内外的金属液具有相同的传热条件,但钢管可阻止管内外金属的对流,使管外模壁或凝壳上脱落的晶体不能卷入到管内,因而钢管外为细等轴晶区、窄的柱状晶区和粗等轴晶区;钢管内全为柱状晶。这表明:仅靠成分过冷促使非均质形核是不能保证形成中心等轴晶区的。

现在较公认的形成中心等轴区的方式有三种:表面细等轴晶的游离,枝晶的熔断及游离,液面或凝壳上晶体的沉积,需要指出的是,凝固初期在模壁附近形成的晶体,由于其密度大于或小于液体密度,也会产生对流,晶体卷入锭心,然后长大成等轴晶区,如图 2-3-6 所示。

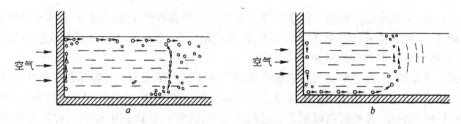

图 2-3-6　凝固初期因密度不同引起的对流
a—晶体密度小于金属液；b—晶体密度大于金属液

　　凝固过程中,枝晶被熔断的现象已得到证实。如图 2-3-7 所示,枝晶长大时,在其周围会形成溶质偏析层,因而抑制枝晶生长,由于此偏析层很薄,枝晶一旦穿过该偏析层,就会迅速生长变粗,在偏析层内留下缩颈。这种带缩颈的枝晶,在对流作用下易被熔断,其碎块游离至铸锭中心,在温度较低的情况下,长成为中心等轴晶。枝晶熔断现象在无对流情况下也可以发生。由于枝晶颈缩处表面张力大,熔点较低,在固/液两相共存温度下保温,该处有可能被熔断,此即等温粗化。此外,强烈过冷形成的细小枝晶,在结晶潜热作用下,将会被熔断而形成极细小的粒状晶。在上述两种情况下,如有对流存在,则更易形成等轴晶。

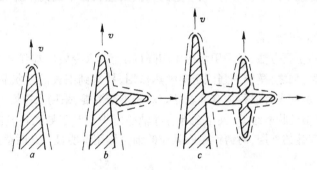

图 2-3-7　枝晶缩颈的形成示意图($a\sim c$ 表示形成过程)
（虚线表示溶质偏析层）

　　晶体沉积形成中心等轴区的过程如图 2-3-8 所示。在浇注和凝固过程中,形成大量的晶体在对流作用下,沿模壁下沉(图 2-3-8$a$),其中部分晶体由于模壁的冷却,积聚在模壁上形成表面细等轴晶;部分晶体由于对流作用被卷向铸锭中部,悬浮在液体中。随着温度的降低、对流的减弱,沉积于铸锭下部的晶体越来越多;与此同时,表面细等轴晶通过竞争生成柱状晶区(图 2-3-8$b$);中部晶体不断长大形成中心等轴晶区(图 2-3-8$c$)。

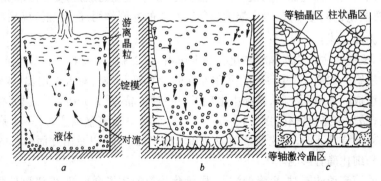

图 2-3-8　晶体沉积形成中心等轴晶区示意图
a—晶体下沉；b—表面形成柱状晶区；c—中部形成等轴晶区

综上所述,形成中心等轴晶区的主要原因是由于溶质偏析产生成分过冷,阻碍了晶体迅速形成稳定凝壳,并使晶粒或枝晶根部形成缩颈,在对流作用下,根部带缩颈的晶粒或枝晶脱离模壁或凝壳,游离到铸锭中心起晶核增殖作用所致。

根据上述原因,不难理解金属在铁模中凝固与在砂模中凝固相比更容易获得柱状晶,因为铁模的冷却能力比砂模强,凝固开始时模壁上会迅速生长大量晶核,且晶粒相互连接而形成稳定凝壳所需要的时间较短,晶粒脱离模壁的过程较快结束,故卷入到铸锭中部的晶粒数目较少,因而柱状晶较发达。相反,砂模冷却能力小,凝固开始时模壁上生成的晶粒数较少,所以形成凝壳所须时间较长,晶粒脱离模壁的过程不会很快结束,因而卷入到铸锭中部的晶粒较多,但由于冷凝较缓慢,故易于得到全部是粗大等轴晶的组织。基于相同的原因,连铸坯比铁模锭更易于获得柱状晶,纯金属铸锭比合金铸锭易于获得柱状晶。

### 2.3.2　铸锭晶粒组织的控制

细小等轴晶组织各向异性小,加工时变形均匀,且使易偏聚在晶界上的杂质、夹渣及低熔点共晶组织分布更均匀,因此具有细小等轴晶组织的铸锭,其力学性能和加工性能均较好。所以,铸锭晶粒组织的控制技术的研究和应用,一直为人们所重视。下面简单介绍一些重要晶粒控制技术的方法。

#### 2.3.2.1　增大冷却强度

增大冷却强度的主要方法,是采用水冷模和降低浇温,水冷模冷却强度大,金属浇入模子能迅速形成稳定的凝壳,加之,模壁的强烈定向散热作用,易得到细长的柱状晶。但由于游离晶数目少,因而铸锭中心往往没有或很少有等轴晶。对于小型铸锭,采用水冷模可增大金属液的过冷度,能得到全部为细小柱状晶组织,甚至全部为等轴晶组织。对于导热性较差的大型铸锭,锭模的冷却作用仅影响铸锭的外层,对铸锭中心晶粒的细化作用不明显。此时适当降低浇温,可在一定程度上使晶粒细化。

众所周知,提高浇铸温度能使晶粒粗大。因为浇注温度高,非均质形核数目减少,同时游离晶体多被熔化,没有或很少有晶核增殖作用,因而粗化柱状晶和等轴晶,并扩大柱状晶区。如 Al-2% Cu 合金,过热 20℃ 浇注,铸锭全为柱状晶;过热 10℃ 浇注在相同的锭模中,则柱状晶消失,晶粒大为细化。在保证铸锭表面质量的前提下,宜用低温浇注,这是获得细小等轴晶的基本方法之一。

#### 2.3.2.2　加强金属液流动

如上所述,等轴晶的形成与晶粒或枝晶的脱落及游离有着密切的关系。基于这一认识,提出了各种加强金属流动以细化晶粒的技术。其依据是:随着流动的加强,金属液能更好地与模壁接触,有效地发挥模壁的激冷效果,增大温度起伏和对流的冲刷作用,能增加游离晶数目。

#### A　改变浇注方式

实验表明,改变浇注方式对晶粒细化有一定作用,图 2-3-9 为 Al-0.2% Cu 合金采用不同浇注方式所得到的组织。如图 2-3-9a 所示,采用底注时,因液面平静,对流作用弱,故铸锭组织主要由粗大柱状晶组成。采用顶注时,铸锭中出现了一些等轴晶(图 2-3-9b)。沿模壁浇注时,铸锭的等轴晶区扩大,晶粒也有所细化(图 2-3-9c)。改用六个浇口沿模壁浇注时,等轴晶显著细化(图 2-3-9d),这些实验结果证明,浇注使液面波动和对模壁的冲刷,以及由此而引起的温度起伏,对等轴晶的形成和细化确有影响。

在加强金属液流动的同时,再降低浇温,则细化晶粒的效果会更好,但浇温过低,会降低金属的流动性,不利于夹渣的上浮,降低铸锭的表面质量,甚至使浇注过程难以进行。采用图 2-3-10

所示的浇注方式,既可实现低温浇注,又可加强金属液流动性。此时,金属液浇注之前,先流经一倾斜的冷却器。在金属液的冲刷作用下,由器壁生成大量晶粒,随流而下一起进入模中,使铸锭晶粒细化。若振动冷却器,则细化效果可进一步增强。

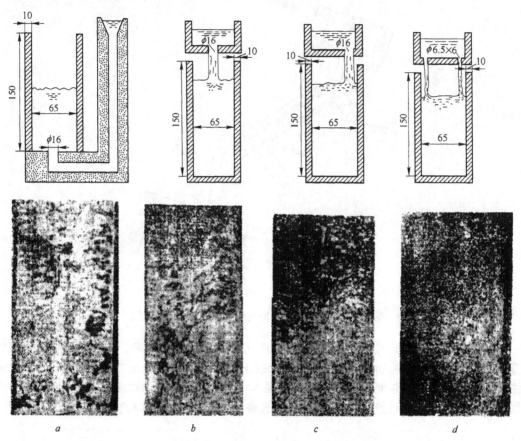

图 2-3-9　浇注方式对 Al-0.2%Cu 合金晶粒组织的影响
a—底注;b—顶注;c—沿模壁顶注;d—六浇口沿模壁顶注
(石墨模,浇温 680℃)

### B　使锭模作周期振动

通常采用机械方法使锭模作周期性振动。振动的主要作用在于使金属液与模壁或凝壳之间产生周期性的相对运动,从而加速晶体的游离,达到细化晶粒的目的。此外,振动还有加强金属液充填枝晶间隙的作用,从而提高铸锭的致密性。

铜合金水平连铸时,利用偏心轮使装有结晶器的保温炉作周期性往返振动。在水平连铸过程中,由于重力的作用,铸锭下侧与结晶器内壁接触紧密,而上侧与结晶器内壁之间存在间隙,故下侧阻力大于上侧,下侧易拉裂。但振动产生的惯性力和温度起伏,可防止金属的氧化渣黏附在结晶器壁上,减少摩擦阻力;同时细化晶粒,增大凝壳强度,故可降低拉裂倾向。振动效果主要取决于振幅 $A$ 和振动频率 $f$。为促使枝晶脱落和游离,$A$ 宜大些;$f$ 过高可能会造成枝间裂纹。对于导热性好且凝壳强度高的小锭,$f$ 可高些;对于导热性差且凝壳强度较低的合金大锭,宜用较低 $f$ 和较大 $A$。例如,H96 取 $f=140$ 次/min,$A=3$ mm;H62 取 $f=40$ 次/min,$A=10$ mm;QSn6.5-0.1 取 $f=40$ 次/min,$A=3$ mm。

铜合金水平连铸还采用间断拉铸法,其作用类似振动法,在停拉期间,由于高温金属液的加热作用,凝壳不稳定,并因一拉一停造成的液体波动和温度起伏,促进枝晶脱离凝壳或结晶器,因而促进等轴晶的形成和细化。

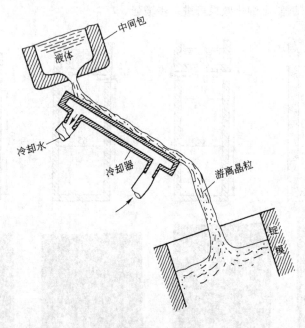

图 2-3-10　加强金属液流动的低温浇注方式示意图

利用超声波和机械方法使金属液振动,同样可得到细小晶粒的效果。研究发现,振动频率对晶粒的细化无明显影响,而振幅的大小对晶粒细化的影响却很大,如图 2-3-11 所示。在振动浇注的情况下,浇温对晶粒度几乎无影响,如图 2-3-12 所示。振动使晶粒细化,成分均匀,致密性提高,因此铸锭的力学性能和加工性能会有所改善。但是过分强烈振动会引起热裂,反而不利。

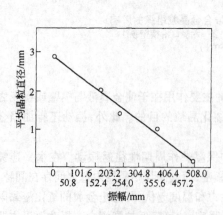

图 2-3-11　振动与晶粒度的关系

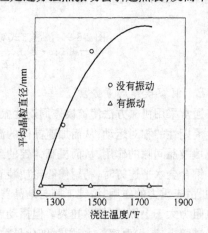

图 2-3-12　浇温及振动对晶粒的影响

### C　搅拌

搅拌的方法有机械搅拌和电磁搅动两种,其效果和作用同于振动。值得指出的是,为了获得细小等轴晶,最好周期性地改变搅拌方向或速度,以避免搅拌引起的强烈对流,抑制铸锭内外层间的自然对流和温度起伏,不利于枝晶的游离。连铸时把搅拌器放入结晶器内进行搅拌,是细化晶粒效果较好的一种简便方法。

### 2.3.3 变质处理

变质处理是指向金属液中添加少量物质,促进金属液生核或改变晶体生长过程的一种方法。所添加的物质称为变质剂。目前,有关变质处理这一术语的称呼尚不统一,在铸铁中多称为孕育处理(inoculation),在有色金属中则称为变质处理(modification)。有人认为,孕育处理和变质处理从本质来说是有区别的,前者主要影响生核过程,后者主要影响晶体生长过程。

对于加工材料的合金,变质处理主要是为了细化基体相,并希望能改善脆性化合物、杂质及夹渣等第二相的形态和分布状况。对于铸造合金,变质处理主要是为了细化第二相或改变其形态和分布状况。通过变质处理,可改善合金的铸造性能和加工性能,提高合金强度和塑性。因此,变质处理是铸锭和铸件生产中广泛使用的控制组织的一种方法。

关于变质机理有各种说法,如促进生核说、抑制晶体长大说,成分过冷增核说,降低表面能或形核功说等等。到目前为止,众说纷纭,尚无定论。在此,根据变质剂在金属液中存在的形式,把变质机理分为两种:一是不溶性质点存在于金属液中的非均质晶核作用;二是溶质的偏析及吸附作用。

#### 2.3.3.1 变质剂的非均质晶核作用

作为非均质晶核,要求变质剂与基体金属反应产物 $B_nM_m$ 与细化相有界面共格性,两者点阵错配度 $\delta \leqslant 5\%$。具有界面共格性的两相,晶体结构可以相同,也可以不同,但要求两者相应晶面上的原子排列方式相似,且原子间距相近或互成比例。此外,要求变质剂或产物 $B_nM_m$ 稳定,熔点高,在金属液内分布均匀、不易被污染。还有 $B_nM_m$ 能构成先析相,并最好能与金属液发生包晶反应生成细化相。根据上述要求,Fe 可以作为 Cu 的变质剂。因为 Fe 与 Cu 都是面心立方金属,点阵常数相近($a_{Cu}=0.362$ nm,$a_{\gamma-Fe}=0.365$ nm),且 Fe 的熔点高于 Cu,故可作为 Cu 的非均质晶核。在保证导电性能的条件下,紫铜铸锭含有少量 Fe,拉制的线材表面很光亮,其原因就在于 Fe 的变质作用细化了铸锭的晶粒。浇注时加入同类金属的碎粒作变质剂,已证明是细化晶粒的有效方法。例如,高锰钢中加入锰铁、高铬钢中加入铬铁,都可以细化晶粒并消除柱状晶,其变质作用类似于紫铜中加铁。要注意加入碎粒的温度不能过高,碎粒应有足够的尺寸和合适的数量,以避免在浇注过程中全部熔化,一些金属常用的变质剂如表 2-3-1 所示。

表 2-3-1 一些金属常用的变质剂

| 金 属 | 变质剂一般用量<br>(质量分数)/% | 加 入 方 式 | 效果 | 附 注 |
|---|---|---|---|---|
| Mg,Mg-Zn 合金,<br>Mg-RE 合金 | 0.5~1.0Zr | Mg-Zr 合金或锆盐 | 好 | 晶核 Zr 或 MgZr,<br>800~850℃加入 $K_2ZrF_6$ |
| Mg-Zn,Mg-Al,<br>Mg-Zn-Mn 合金 | (1) 0.1C<br>(2) 0.1Fe<br>(3) 0.1Ce 或 Ca | (1) MgC 或炭粉<br>(2) $FeCl_3$ 或 Fe-Zn 合金<br>(3) Mg-Ce 或 Ca 合金 | 好<br>较好<br>较好 | 晶核 $Al_4C_3$ 或 Fe 与 C 的化合物 |
| 纯 铝 | (1) 0.01~0.05Ti<br>(2) 0.01~0.03Ti +<br>0.003~0.01B | (1) Al-Ti 合金<br>(2)Al-Ti-B合金或<br>$K_2TiF_6$ + KBF$_4$ | 好<br>好 | (1) 晶核 $TiAl_3$ 或 Ti 的偏析吸附细化晶粒<br>(2) 晶核 $TiAl_3$ 或 $TiB_2$、$(Ti,Al)B_2$、<br>$w(B):w(Ti)=1:2$ 效果最好 |

| 金　属 | 变质剂一般用量<br>(质量分数)/% | 加入方式 | 效果 | 附　注 |
|---|---|---|---|---|
| Al-Mn 系合金 | (1) 0.45~0.6Fe<br>(2) 0.01~0.05Ti | (1) Al-Fe 合金<br>(2) Al-Ti 合金 | 较好<br>较好 | (1) 晶核$(Fe,Mn)_4Al_6(?)$<br>(2) 晶核 $TiAl_3(?)$ |
| 含 Fe、Ni、Cr 的 Al 合金 | (1) 0.2~0.5Mg<br>(2) 0.01~0.05Na 或 Li | (1) 纯镁<br>(2) Na 或 NaF、LiF | | 细化金属化合物初晶 |
| Al-Mg 系合金 | (1) 0.01~0.05Zr 或 Mn、Cr<br>(2) 0.1~0.2Ti+0.02Be<br>(3) 0.1~0.2Ti+0.15C | (1) Al-Zr 合金或锆盐或 Al-Mn、Cr 合金<br>(2) Al-Ti-Be 合金<br>(3) Al-Ti 合金或炭粉 | 好<br>好<br>好 | (1) 晶核 $ZrAl_3$，用于高镁铝合金<br>(2) 晶核 $TiAl_3$ 或 $TiAl_x$，用于高镁铝合金<br>(3) 晶核 $TiAl_3$ 或 $TiAl_x$、TiC，用于各种 Al-Mg 系合金 |
| Al-Si 系合金 | (1) 0.005~0.01Na<br>(2) 0.01~0.05P<br>(3) 0.1~0.5Sr 或 Te、Sb | (1) 纯钠或钠盐<br>(2) 磷粉或 P-Cu 合金<br>(3) 锶盐或纯碲、锑 | 好<br>好<br>较好 | (1) 主要是钠的偏析吸附细化共晶硅，并改变其形貌；常用 67% NaF + 33% NaCl 变质，时间少于 25 min<br>(2) 晶核 AlP，细化初晶硅<br>(3) Sr、Te、Sb 阻碍晶体生长 |
| Al-Cu-Mg-Si 系合金 | (1) 0.15~0.2Ti<br>(2) 0.1~0.2Ti+0.02B | (1) Al-Ti 合金<br>(2) Al-Ti 或 B 合金，或 Al-Ti-B 合金 | 好<br>好 | (1) 晶核 $TiAl_3$ 或 $TiAl_x$<br>(2) 晶核 $TiAl_3$ 或 $TiB_2$、$(Al,Ti)B_2$ |
| Ti 合金 | 0.05~0.1B | Ti-B 合金 | | 晶核硼化物或碳化物 |
| 紫　铜 | (1) 0.1Zr 或 Fe<br>(2) 0.05Ti<br>(3) 0.05Li+0.5Bi+0.5Sb | (1) Cu-Zr 或 Fe 合金<br>(2) Cu-Ti 合金<br>(3) 纯锂、铋、锑 | 好<br>较好<br>好 | (1) 用于导电铜材<br>(2) 晶核 $Cu_3Ti$ ｝用于铜铸件<br>(3) 阻碍晶体生长 |
| 黄　铜 | 0.01~0.05Zr + 0.03~0.1Ti | Cu-Zr 及 Ti 合金 | 好 | 晶核 $Cu_3Ti$、$Cu_3Zr$，还可用 Fe、B、V、Nb、Cr 等 |
| 铝青铜 | 0.05~0.1Ti+0.05B | Cu-Ti、Cu-B 合金 | 好 | 晶核 $TiB_2(?)$，还可用 V、Nb、Cr 等 |
| Cu-Sn-Zn-(Pb) | (1) 0.1~0.3Ti+0.03B<br>(2) 0.2Fe+0.03B<br>(3) 0.1~0.2Ce+0.1Ti | (1) Cu-Ti、Cu-B 合金<br>(2) Cu-Fe、Cu-B 合金<br>(3) Ce、Cu-Ti 合金 | 好<br>好<br>较好 | QSn4-3 可用 0.05%~0.2% Zr 或 0.02%~0.1%B |
| Ni 合金、Co 合金、不锈钢 | 15~20$Co_2O_3$ 或 CoO(型砂中) | 以细粉加入到第一层型砂中 | 好 | $Co_2O_3 \xrightarrow[500℃]{空气} Co_3O_4 \xrightarrow{1200~1300℃}$<br><br>$CoO \begin{cases} \xrightarrow{分解} Co \\ \xrightarrow[Al_2O_3]{1300℃} CoAl_2O_4 \end{cases}$ 晶核 Co、<br><br>CoO、$CoAl_2O_4$，细化精密铸件表面晶粒 |
| 纯镍及蒙乃尔合金 | (1) 0.05~0.1Ti 或 La<br>(2) 0.05~0.1Mg、CeZr<br>(3) 0.1Ti-0.06Al 或 Mg | (1) Ni-Ti、Ni-La 合金<br>(2) Ni-Mg、Ce、Zr 合金<br>(3) Ni-Ti 合金，铝或镁 | 好<br>较好<br>较好 | |

续表 2-3-1

| 金 属 | 变质剂一般用量<br>（质量分数）/% | 加入方式 | 效果 | 附 注 |
|---|---|---|---|---|
| B19、B30<br>等白铜 | (1) 0.04~0.06Ti<br>(2) 0.1~0.5Be | (1) Cu-Ti 合金<br>(2) Cu-Be 合金 | 较好<br>较好 | 还可用 0.05%~0.1%Zr |
| Zr 合金 | 0.2~0.4Ni 或 Co、Fe | 纯镍或钴、铁 | 较好 | |
| Sn 合金 | 约 0.1Ge 或 In | Sn-Ge 合金或铟 | 较好 | |
| Zn 合金 | 0.07~0.12Ti | $TiCl_4$ | 好 | 晶核 $TiZn_{15}$ |

#### 2.3.3.2 变质剂的偏析和吸附作用

在变质剂完全溶解于金属液且不发生化学反应生成 $B_nM_m$ 的情况下，变质剂像溶质一样，在凝固过程中，由于偏析使固/液界面前沿液体的平衡液相线温度降低，界面处成分过冷度减小，致使界面上晶体的生长受到抑制，枝晶根部出现缩颈而易于游离。与一般溶质不同，变质剂能显著地加强上述过程，并借助于对流使游离晶数目显著增加，晶核增殖作用进一步加强，同时，由于变质剂易偏析和吸附，故阻碍晶体生长的作用也加强。因此，往往只需要加入少量的变质剂，就能显著细化晶粒。一些用作变质剂的表面活性元素，如 Al-Si 合金中的 Na，铸铁中的 Mg，其原子半径较大，熔点较低，分配系数 $k \ll 1$，吸附作用较强，易富集在生长晶体的表面，不仅阻碍其生长，而且降低界面能，促进生核。总之，变质剂的偏析与吸附细化晶粒的主要原因是：促进晶体游离和晶核增殖；降低界面能，促进生核；阻碍晶体长大。

变质剂的偏析度可用偏析系数 $|1-k|$ 来表示。$|1-k|$ 值愈大，则变质剂愈易偏析，变质效果愈好。因此 $|1-k|$ 可作为选择变质剂的一个粗略标准。表 2-3-2 和表 2-3-3 分别列出了一些元素在 Al 和 Fe 中的偏析系数。由表 2-3-2 可知，Ti 是 Al 中偏析系数最大的元素。因此，Ti 对 Al 的变质效果最好，实践充分证实了这一点。由表 2-3-3 可知，S 在 Fe 中的偏析系数大，因此含 S 钢锭多为等轴晶。但是，如钢中含有 Mn，会形成 MnS，使 S 的变质效果严重降低，钢锭易产生粗大柱状晶。可见，变质效果与合金所含元素有关。

**表 2-3-2 一些元素在 Al 中的偏析系数**

| 元 素 | Ti | Zr | Ni | Be | Fe | Si | Cu | Cr | Mg | Zn | Mn |
|---|---|---|---|---|---|---|---|---|---|---|---|
| $\|1-k\|$ | 7 | 1.5 | 0.99 | 0.98 | 0.97 | 0.86 | 0.83 | 0.80 | 0.70 | 0.56 | 0.30 |

**表 2-3-3 一些元素在 Fe 中的偏析系数 $\|1-k\|$ [1]**

| 元 素 | $\|1-k\|$ | 元 素 | $\|1-k\|$ | 元 素 | $\|1-k\|$ | 元 素 | $\|1-k\|$ |
|---|---|---|---|---|---|---|---|
| S | 0.95~0.98 | Ti | 0.50~0.86 | Pd | 0.45 | Co | 0.10 |
| O | 0.90~0.98 | N | 0.65~0.72 | Si | 0.34~0.15 | V | 0.10 |
| B | 0.95 | H | 0.68 | Ni | 0.20~0.26 | Al | 0.08 |
| C | 0.71~0.87 | Ta | 0.57 | Rh | 0.22 | Cr | 0.03~0.05 |
| P | 0.50~0.87 | Ca | 0.44 | Mn | 0.15~0.20 | W | 0.05 |

[1] 表中 $|1-k|$ 值范围与元素含量有关。

实际上，同一变质剂对同一种合金，可能有着一种或多种变质机理，具体问题具体分析，才能深入揭示变质过程。下面以铝合金为例，进一步说明变质机理。

### 2.3.3.3　铝合金的变质处理

在有色金属及其合金中,铝合金的变质处理研究得最多,用得最广。变形铝合金用 Ti 作变质剂细化 α-Al 晶粒时,Ti 多以(Al-Ti)中间合金的形式加入到铝液中。一般加入 0.01% ～ 0.05%Ti 就有明显的细化效果,加入 0.1% ～0.3%Ti 效果最好。如果同时加入约 0.01%B,则 0.05%Ti 就能获得满意的变质效果。

Ti 在铝合金中的变质机理随其含量不同而不同。如图 2-3-13 所示,当 Ti 含量大于 0.12% 时,Ti 与 Al 反应生成 $TiAl_3$,在 665℃ $TiAl_3$ 与液体进行包晶反应生成 α-Al,此时 α-Al 以 $TiAl_3$ 作为晶核长大。在此情况下,Ti 的变质机理是 $TiAl_3$ 的非均质晶核作用。作为非均质晶核的首要条件是它与细化相有界面共格性。$TiAl_3$ 是正方晶体,点阵常数 $a = b = 0.545$ nm,$c = 0.861$ nm;Al 为面心立方晶体,点阵常数 $a = 0.405$ nm。两者虽晶体结构不同,点阵常数相差很大;但当 $(001)_{TiAl_3}$ // $(001)_{Al}$ 时,只要 Al 的晶格旋转 45°,即 $[100]_{TiAl_3}$ // $[110]_{Al}$,则两者具有界面共格对应关系,原子间距为:

$$Al \qquad \sqrt{2}a = 0.573 \text{ nm}$$
$$TiAl_3 \qquad a = b = 0.545 \text{ nm}$$

则 $\delta = 4.9\%$,如图 2-3-14 左图所示。$TiAl_3$ 熔点高(1337℃),与液体又能进行包晶反应生成 α-Al。因此,$TiAl_3$ 是 α-Al 极有效的非均质晶核。进一步研究发现,提高冷却速度,可能存在如下反应:

$$L + TiAl_x(或 TiAl_9) \longrightarrow α\text{-}Al$$

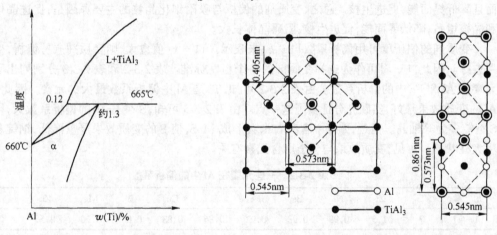

图 2-3-13　Al-Ti 相图　　　　　　　　　　图 2-3-14　Al 与 $TiAl_3$ 界面共格对应关系

即平衡初生相 $TiAl_3$ 被亚稳相 $TiAl_x$ 或 $TiAl_9$ 代替,α-Al 以亚稳相为晶核长大。当冷却速度较大时,$TiAl_x$ 在室温下也能保持稳定。$TiAl_9$ 具有与 Al 相似的立方结构,两者相应晶面互相平行,并有着取向等共性,所以,亚稳相 $TiAl_9$ 被认为是 α-Al 更有效的非均质晶体核。

Ti 含量少于 0.12% 时,α-Al 可由液相直接析出。在此情况下,如果 Al-Ti 中间合金中 $TiAl_3$ 未来得及全部熔化或溶解,则 α-Al 也以 $TiAl_3$ 为非均质晶核而长大。实践表明,加入(Al-Ti)中间合金后,保温时间长或温度高,则细化晶粒的效果明显降低。这是 $TiAl_3$ 起非均质晶核作用的证明。因此,(Al-Ti)中间合金内 $TiAl_3$ 的数量、分布和大小,对变质效果有着重要影响。当液体中无 $TiAl_3$ 时,微量 Ti 细化 α-Al 晶粒的机理主要是阻碍晶体生长。还有一种观点认为,Ti 是过渡族元素,d 电子层未充满,与 Al 有较强的结合力,可形成较稳定的短程有序原子团,易于长大成稳定的晶核。现已证实,Ti 是以(TiAl)形式固溶于铝中的。稳定晶核的形成可能与 Ti 的电子逸出功(4.15 eV)大于 Al(3.85 eV),且能降低 α-Al 的表面能有关。从 Ti 的上述电学特性看,微量 Ti 的变质机理可能是阻碍生长和形核两种作用的结果。有人加入 0.005% Ti 也获得细化 α-Al 的效果,并认为是 Ti 与合金中微量碳形成 TiC 作为非均质晶核所致。

综上所述,Ti 细化 α-Al 晶粒的机理是:有 TiAl₃ 或 TiAl_x 存在时,以非均质晶核为主;无 TiAl₃ 或 TiAl_x 时,以阻碍生长作用为主。后者是在晶核形成之后才发生的,仅影响晶体的生长过程,促进其游离而使晶核增殖。

为了增强 Ti 的变质效果,常常同时添加微量 B,关于 B 的作用,尚无一致看法。一般认为,添加 B 以后,经历如下包晶反应:

$$L + TiB_2[或(Al,Ti)B_2] + TiAl_3 \longrightarrow \alpha\text{-Al}$$

因为 TiB₂ 或(Al,Ti)B₂ 作为 α-Al 的非均质晶核比 TiAl₃ 或 TiAl_x 更为有效,所以 Ti 和 B 的二元变质剂优于单一的 Ti 变质剂。有人也认为,α-Al 并非以 TiB₂ 或(Al,Ti)B₂ 为非均质晶核,而是首先自液相中析出 TiB₂(熔点 2900℃),然后 TiAl₃ 以 TiB₂ 为晶核,α-Al 再以 TiAl₃ 为晶核,相继自液相中析出。另一种观点认为,微量 B 加强 Ti 的偏析作用,促使更多枝晶颈缩及游离,因而晶核大量增殖,晶粒显著细化;但 B 含量增多,使 Ti 的偏析过于强烈,会更过早地包住晶核,抑制稳定晶核形成,反而导致有效晶核数目减少,晶粒粗化。B 的细化效果如图 2-3-15 所示。必须指出,加 B 不能过多,否则铸锭中残留有 TiB₂ 夹杂,使变形不均,增加加工产品的表面粗糙度,抗疲劳和抗腐蚀性能。

此外,Mg、Cu、Zn、Fe 和 Si 等也有增强 Ti 细化晶粒的作用,其中 Si 的影响较大。因为加 Si 后形成的 Ti(Al,Si)₃ 虽与 TiAl₃ 有着相同的晶体结构,但其形核熵高于 TiAl₃,故易于形核析出,使非均质晶核数目增多,晶粒更加细化。例如,Ti 少于 0.1% 时,加入约 1% Si,α-Al 晶粒数目提高两倍,Cr、Zr 对 Ti 的变质效果产生不利影响,Mn 无明显影响。

Al-Si 系铸造合金的常用变质剂是 Na 和 P。Na 以钠盐形式加入,P 以赤磷粉或 P-Cu 合金形式加入。如 ZL102,常用 0.3% ~0.5% 钠盐(67% NaF + 33% NaCl)作变质剂,在 780℃ 左右覆盖于熔体的表面并保温一段时间,经反应生成游离 Na,也可能形成 AlSiNa 化合物。Na 是表面活性元素,易于偏析并吸附在 Si 的周围,阻碍其长大。随着含 Na 量增多,初晶 Si 由块状或花瓣状变为等轴多枝状或球状,共晶 Si 由层片状变为纤维状。用 Na 变质时 Al-Si 共晶转变温度降低 10℃ 左右,这是 Na 阻碍 Si 相生成的证明。有人认为,游离 Na 易于挥发逸出,故 Na 的变质作用也可能是 AlSiNa 非均质形核作用的结果。

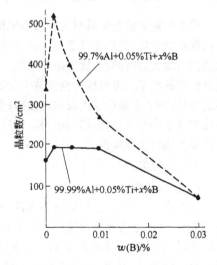

图 2-3-15 加 B 对 Al-0.05% Ti 合金晶粒尺寸的影响

Na 对 Al-Si 合金的变质效果好,其缺点是易于失效,长期以来,人们为寻求所谓长效变质剂进行了大量工作,提出 Sr、Te、Sb 等长效变质剂。有关它们的变质机理,尚有待深入研究。

## 2.3.4 铸锭主要缺陷分析

在有色金属材料生产中,约有 70% 的废品与铸锭存在的缺陷有关,因此,如何识别和分析铸锭中的缺陷及其成因,找出防止或减少这些缺陷的方法,对提高铸锭和加工产品的质量具有重要意义。

　　铸锭生产中常见缺陷约有数十种,如偏析、裂纹、缩孔、夹杂等等。产生缺陷的原因很多,归根结底主要是合金本性、浇注工艺和冷却速度三方面因素造成的。从本质上讲,铸锭生产缺陷的主要原因,是由于温度变化所引起的相变、体积变化和溶解度变化的直接或间接的结果。因此根据缺陷的特征,铸锭的工艺条件、合金性质和相变的一般规律,进行具体分析找出缺陷形成的内因和外因,便可提出防止和消除缺陷的措施。本节主要讨论偏析、缩孔、裂纹、气孔及非金属夹杂物常见缺陷的成因及防止方法。

### 2.3.4.1　偏析

　　铸锭中化学成分不均匀的现象称为偏析。如表 2-3-4 所示,偏析分为显微偏析和宏观偏析两类。前者是指一个晶粒范围内的偏析,后者是指较大区域内的偏析,故又称为区域偏析。

表 2-3-4　偏析分类

| 显　微　偏　析 | 宏　观　偏　析 |
| --- | --- |
| 枝晶偏析 | 正偏析 |
| 胞状偏析 | 反偏析 |
| 晶界偏析 | 带状偏析 |
|  | 重力偏析 |
|  | V 形偏析 |

　　偏析对铸锭质量影响很大。枝晶偏析一般通过加工和热处理可以消除,但在枝晶臂间距较大时则不能消除,会给制品造成电化学性能不均匀。晶界偏析是低熔点物质聚集于晶界,使铸锭热裂倾向增大,并使制品发生晶界腐蚀。如高镁铝合金中的钠脆,铜及铜合金中的铋脆等,都是晶界偏析的结果。宏观偏析会使铸锭及加工产品的组织和性能很不均匀,如铅黄铜易发生铅的重力偏析,降低合金的切削及耐磨性能;锡青铜和硬铝铸锭中锡及铜的反偏析,导致铸锭的加工性能和成品率降低,增加切削废料。宏观偏析不能靠均匀化退火予以消除或减轻,所以在铸锭生产中要特别防止这类偏析。

　　A　显微偏析

　　a　枝晶偏析

　　在生产条件下,由于铸锭冷凝较快,固液两相中溶质来不及扩散均匀,枝晶内部先后结晶部分的成分不同,这就是枝晶偏析。利用电子探针扫描可定量确定晶内各层次的偏析情况,如图 2-3-16 所示,先结晶的枝晶臂含 Mn、Cr、Ni 较低,枝晶间含 Mn、Cr、Ni 较高。由于枝晶偏析是溶质再分布的结果,故可用 Scheil 方程近似描述,即:

$$C_s = kC_o(1 - f_s)^{(k-1)} \tag{2-3-1}$$

式中　$C_s$——固相成分;

　　　　$C_o$——原始合金成分;

　　　　$f_s$——固相的质量分数;

　　　　$k$——溶质分配系数。

　　该式适合于固相无扩散,液相成分始终均匀的情况。实际上,在铸锭凝固和冷却过程中,固相内也有一定程度的扩散,液相成分也不可能始终均匀一致,因此上式计算的枝晶偏析比实际测定的要高些。此外,温度起伏引起的枝晶部分熔化并重新析出,有利于溶质的均匀分布,也是式 2-3-1 产生误差的另一原因。影响枝晶偏析的因素还有:合金原始成分 $C_o$,溶质分配系数 $k$,扩散系数 $D$ 及凝固速度 $R$ 等。其他因素一定时,合金的液相线和固相线之间的水平距离越大,合金越易产生枝晶偏析。合金一定时,影响枝晶偏析的主要因素是 $R$。$R$ 大,溶质难以扩散均匀,故偏析大。但是,随着冷却速度增大,$R$ 也增大,晶粒变细,枝晶偏析度反而降低。

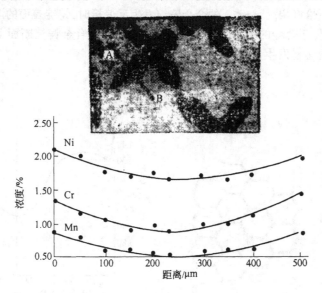

图 2-3-16    电子探针沿 AB 线测定的低合金钢中枝晶偏析情况

b   晶界偏析

$k<1$ 的合金凝固时,溶质会不断从固相向液相排出,导致最后凝固的晶界含有较多的溶质和杂质,即形成晶界偏析,形成过程如图 2-3-17 所示。

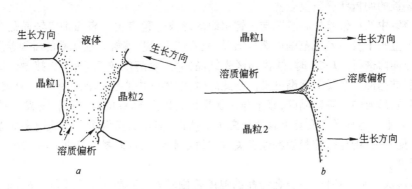

图 2-3-17    晶界偏析形成过程示意图

$a$—晶粒相向生长;$b$—晶粒平行生长

当固溶体合金铸锭定向凝固得到胞状晶时,$k<1$ 的溶质也会在胞状晶晶界偏聚,形成胞状偏析,如图 2-3-18 所示。胞状晶是一种亚结构,故胞状偏析实质是一种亚晶界偏析。

影响枝晶晶界偏析的因素与枝晶偏析相同,但晶界偏析不能通过均匀化退火予以消除。

B   宏观偏析

a   正偏析与反偏析

正偏析是在顺序凝固条件下,溶质 $k<1$ 的合金,固/液界面处液相中的溶质含量越来越高,因此愈是后结晶的固相,溶质含量也就愈高;$k>1$ 的合金愈是后结晶的固相,溶质含量愈低。铸锭断面上此种成分不均匀现象称为正偏析。这意味着 $k<1$ 的合金铸锭,其表面和底部的溶质

量低于合金的平均成分,中心和头部的溶质量高于合金的平均成分。正偏析的结果,易使单相合金的铸锭中出现低熔点共晶结构和聚集较多的杂质。

反偏析与正偏析恰好相反。$k<1$ 的合金铸锭发生反偏析时,铸锭表面的溶质高于合金的平均成分,中心的溶质低于合金的平均成分。图 2-3-19 为 Al-Cu 合金铸锭断面上 Cu 的分布曲线。由该图可知,Al-Cu 合金易发生 Cu 的反偏析。

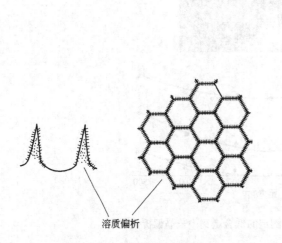

溶质偏析

图 2-3-18　胞状偏析示意图

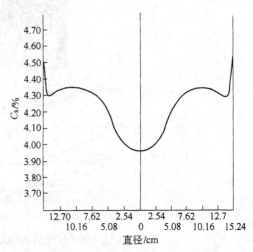

图 2-3-19　Al-Cu 合金连铸圆锭的反偏析

在实际生产条件下,由于合金的品种不同,冷却条件的差异,液体的对流及由对流引起的枝晶游离,使铸锭的偏析状况更复杂些。

通常,铸锭中的正偏差分布状况与铸锭组织的形成过程有关。表面细等轴晶是在激冷条件下形成的,合金来不及在宏观范围内选分结晶,故不产生宏观偏析。柱状晶的凝固速度小于激冷区,凝固由外向内进行。$k<1$ 时,柱状晶区先结晶部分,含溶质较低,而与之接触的液相含溶质较高,故随后结晶部分溶质量逐渐升高。与此同时,游离到中心区的晶体由内向外缓缓生长,并不断排出溶质,形成中心等轴晶区,直至与柱状晶相交为止,铸锭的凝固即告完成。因此,铸锭断面柱状晶区与中心等轴晶区交界处偏析量最大。所以,实际的正偏析分布状况多如图 2-3-20 所示。由此可见,正偏析与铸锭凝固特性有关,通过控制凝固过程,扩大等轴晶区,细化晶粒,有利于降低偏析度。

反偏析形成的基本条件是:合金结晶的温度范围较宽,溶质偏析系数 $|1-k|$ 大,枝晶发达。结晶温度范围宽的 Cu-Sn 合金和 Al-Cu 合金是发生反偏析的典型合金。

关于反偏析的形成过程,迄今尚无令人满意的解释,仍有待进一步研究。

b　带状偏析

带状偏析出现在定向凝固的铸锭中,其特征是偏析带平行于固-液界面,并沿着凝固方向周期性地出现。

带状偏析形成的机理如图 2-3-21 所示。当金属液中溶质的扩散速度小于凝固速度时,如图 2-3-21a 所示,在固-液界面前沿出现偏析层,使界面处过冷度降低(图 2-3-21b),界面生长受到抑制。但在界面上偏析度较小的地方,晶体将优先生长穿过偏析层,并长出分枝,富溶质的液体被封闭在枝晶间。当枝晶继续生长并与相邻枝晶连接在一起时,再一次形成宏观的平界面,见图 2-3-21c。此时,界面前沿液体的过冷度如图 2-3-21d 所示。平界面均匀向前生长一段距离后,又出现偏析和界面过冷(图 2-3-21$e$、$f$),界面生长重新受到抑制。如此周期性地重复,在定向凝固的铸锭断面就形成一条一条的带状偏析。此外,当固-液界面过冷度降低,生长受阻时,如果界面前沿过冷度足够大,则可能由侧壁形成新晶粒,并在界面局部突出生长,很快长大而横穿富溶质带前沿,将其封闭在界面和新晶粒之间,于是也形成带状偏析,见图 2-3-21$g$。

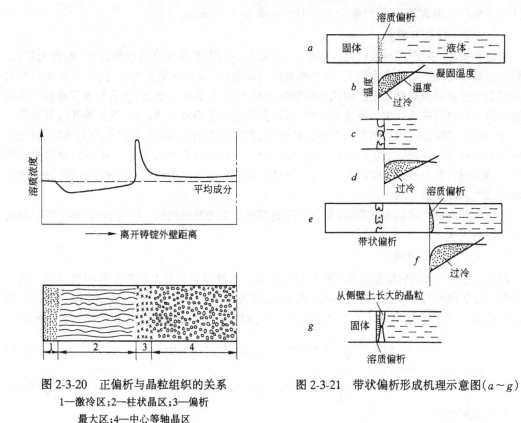

图 2-3-20　正偏析与晶粒组织的关系
1—激冷区;2—柱状晶区;3—偏析
最大区;4—中心等轴晶区

图 2-3-21　带状偏析形成机理示意图($a\sim g$)

　　显然,带状偏析的形成与固-液界面溶质偏析所引起的成分过冷有关。溶质偏析系数$|1-k|$大,有利于带状偏析的形成。如加强固-液界面前沿的对流、细化晶粒、降低易于偏析的溶质量,则可减少带状偏析。但对于希望通过定向凝固以得到柱状晶组织的铸锭或铸件来说,主要应采取降低凝固速度和提高温度梯度等措施来防止和减少带状偏析。

　　c　重力偏析

　　当互不相溶的两液相或固液两相的密度不同而产生的偏析,称为重力偏析。Cu-Pb 和 Sn-Sb 常产生重力偏析。Cu-Pb 合金在液态时就易产生偏析,凝固后铸锭上部富 Cu,下部富 Pb,使合金的热加工性能、切削和耐磨性能降低。Sn-Sb 合金最先析出的晶体是富 Sb 的 $\beta$ 相,密度较小而上浮。为降低 Sn-Sb 合金的偏析和提高其耐磨性,可加入少量 Cu,以生成熔点较高的 CuSb 化合物,阻止随后结晶的 $\beta$ 相上浮。

　　C　防止偏析的主要途径

　　各类偏析都是凝固过程中溶质再分配的必然结果。一切能使成分均匀化和晶粒细化的方法,均有利于防止和减少偏析。基本措施有:增大冷却强度、搅拌,变质处理,采用短结晶器,降低浇温,加强二次水冷,使液穴浅平等。

为有效地防止偏析,对不同合金,应采取不同的方法。例如:限制浇速 $v \leqslant 1.6/D$($D$ 为铸锭直径,m;$v$,m/h),可降低硬铝圆锭的偏析;采用小锥度或稍带倒锥度的短结晶器及振动方法,可基本消除 LY12 及 LC4 等铝合金大型圆锭的反偏析。又如采用内壁带直槽沟的结晶器及振动法或采用间断式水平连铸法,能明显减少锡磷青铜的反偏析,使 QSn6.5 - 0.1 铸锭表层 Sn 含量接近其上限成分。表面富 Sn 层厚度由 10~15 mm 减至 3~5 mm。

### 2.3.4.2　缩孔与缩松

在铸锭头部、中部、晶界及枝晶间等地方,常常有一些宏观和显微的收缩孔洞,通称为缩孔。容积大而集中的缩孔称为集中缩孔;细小而分散的缩孔称为缩松(或疏松)。其中出现在晶间或枝晶间的缩松又称为显微缩松。缩孔和缩松的形状不规则,表面不光滑,故易与较圆滑的气孔相区别。但铸锭中有些缩孔常为析出气体所充填,孔壁表面变得较平滑,此时既是缩孔也是气孔。

任何形态的缩孔或缩松都会减少铸锭的受力面积,并在缩孔和缩松处产生应力集中,因而显著降低铸锭的力学性能。加工时缩松一般可以压合,但聚集有气体和非金属夹杂物的缩孔不能压合,只能伸长,甚至造成铸锭沿缩孔轧裂或分层,在退火过程中出现起皮起泡等缺陷,降低成材率和产品的表面质量。

产生缩孔和缩松的最直接原因,是金属液凝固时发生的凝固收缩。因此,有必要了解收缩过程及其影响因素。

### A　金属的凝固收缩

凝固过程中金属的收缩包括凝固前的液态收缩。由液态变为固态的凝固收缩及凝固后的固态收缩。液态和凝固收缩常以体积变化率来表示,称为体积收缩率 $\varepsilon_V$。固态收缩常以直线尺寸的变化率表示,称为线收缩率 $\varepsilon_L$。当金属的温度从 $T_1$ 降到 $T_2$ 时,体积收缩率和线收缩率分别为:

$$\varepsilon_V = \frac{V_1 - V_2}{V_1} \times 100\% = \alpha_V(T_1 - T_2) \times 100\% \qquad (2\text{-}3\text{-}2a)$$

$$\varepsilon_L = \frac{L_1 - L_2}{L_1} \times 100\% = \alpha_L(T_1 - T_2) \times 100\% \qquad (2\text{-}3\text{-}2b)$$

总的收缩率为:

$$\sum \varepsilon_V = \varepsilon_{V液} + \varepsilon_{V凝} + \varepsilon_{V固} \qquad (2\text{-}3\text{-}3)$$

式中　　$V_1$ 和 $V_2$、$L_1$ 和 $L_2$——分别为金属在 $T_1$ 和 $T_2$ 时的体积和长度;

$\alpha_V$、$\alpha_L$——金属在($T_1 - T_2$)温度范围内的平均体收缩系数和线收缩系数,通常 $\alpha_V = 3a_L$;

$\varepsilon_{V液}$、$\varepsilon_{V凝}$、$\varepsilon_{V固}$——液态、凝固和固态的体收缩率。

纯金属和共晶合金的凝固体收缩是相变引起的,故 $\varepsilon_{V凝}$ 与结晶温度范围无关。具有一定结晶温度范围的合金凝固体收缩是相变和温度变化引起的。故其 $\varepsilon_V$ 还与结晶温度范围有关,因而与合金成分有关。这类合金的固态收缩并非凝固完成后才开始的。如图 2-3-22 所示,当温度下降到液相线下点划线时,枝晶数目增多,彼此相连构成连续的骨架,此时铸锭中已有 55%~70% 的固相,便开始线收缩。由图可见,合金线收缩开始温度与其成分有关,故合金的线收缩率也与合金成分有关。

### B　缩孔与缩松的形成

集中缩孔就简称缩孔,是铸锭在顺序凝固条件下,由金属的体收缩引起的,其形成过程如图 2-3-23 所示。当金属浇入锭模后,凝固主要由底向上和由外向里逐层地进行,经过一段时间后,便形成一层凝壳,由于凝固收缩,因而液面下降。以后随着温度的继续降低,凝壳一层一层地加厚,液面不断降低,直到凝固完成为止。在铸锭最后凝固的中上部,形成一个如图2-3-23e所示的倒锥形缩孔。在连铸条件下,停止浇注后的情况亦如此。这种缩孔的大小(容积)取决于液穴的容积,后者大则前者也大。缩孔容积 $V_孔$ 为:

$$V_孔 = V_液 \left[ \alpha_{V液}(T_p - T_s) + \varepsilon_{V凝} - \frac{1}{2} \alpha_{V固}(T_s - T_f) \right] \qquad (2\text{-}3\text{-}4)$$

式中　$\alpha_{V液}$——液态金属在$(T_p - T_s)$温度范围内的平均体收缩系数;

　　　$\alpha_{V固}$——固态金属在$(T_s - T_f)$温度范围内的平均体收缩系数;

$T_p$、$T_s$ 和 $T_f$——浇注温度、凝固温度和铸锭的表面温度。

　　该式表明,固态收缩减少 $V_孔$。因此,形成缩孔的基本原因是合金的液态和凝固收缩大于固态收缩。

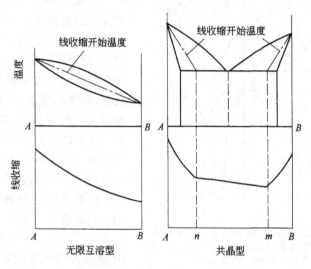

图 2-3-22　合金线收缩开始温度及线收率与成分的关系

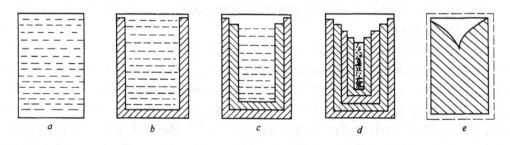

图 2-3-23　集中缩孔形成过程($a \sim e$)示意图

　　综上所述,集中缩孔是在顺序凝固条件下,因金属液态和凝固体收缩造成的孔洞得不到金属液的补缩而产生的。缩孔多出现在铸锭的中部和头部或铸件的厚壁处、内浇口附近以及两壁相交的"热节"处。

　　形成缩松的基本原因同于缩孔,但形成的条件有所不同。缩松是在同时凝固条件下,最后凝固的地方因收缩造成的孔洞得不到金属的补缩而产生的。缩松分布面广,铸锭轴线附近尤为严重。晶界缩松的形成如图2-3-24所示。

C　影响缩孔和缩松的因素

a　金属性质

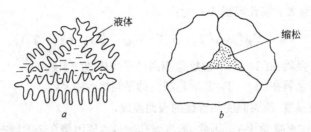

图 2-3-24　晶界缩松形成过程（$a \sim b$）示意图

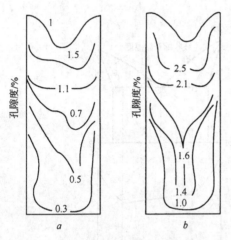

图 2-3-25　Al-8%Si 合金圆锭中的等孔隙度曲线
$a$—氢含量为 0.3 mL/(100 gAl)；
$b$—氢含量为 0.45 mL/(100 gAl)

由式 2-3-4 知，金属的 $\alpha_{V液}$ 和 $\varepsilon_{V凝}$ 越大，则缩孔的容积越大，$\alpha_{V固}$ 大，则缩孔可减少。当温度梯度一定时，合金的结晶温度范围愈小，则凝固区愈窄，铸锭形成集中缩孔的倾向愈大；反之，结晶温度范围大，则凝固区宽，等轴晶发达，补缩困难，形成缩松的倾向大。例如，H62 及铝青铜等结晶温度范围较窄的合金，其铸造中多产生缩孔；锡磷青铜及高镁铝合金等结晶温度范围宽的合金，其大圆锭最易产生缩松。吸气性强，易氧化生渣的硅青铜等，铸锭中产生缩松的倾向也较大。因为在凝固过程中析出的气体经扩散而转入晶界或枝晶间残余液体中，造成局部地方气体过饱和并形成气泡，使局部地方气压增大，阻碍金属液的流动和补缩，有利于缩松的形成。氧化渣也会阻碍金属液的流动和补缩，同样促进缩松形成。图 2-3-25 是以孔隙度表示的显微缩松与合金中氢含量的关系。由此可见，含气量增加，铸锭断面孔隙度增加，即缩松增多。

b　工艺及铸锭结构

合金一定时，铸锭中缩孔及缩松的形成和分布状况主要取决于浇注工艺、铸造方法和铸锭结构等。凡是提高铸锭断面温度梯度的措施，如铁模铸锭时，提高浇温和浇速，均有利于缩孔的形成；反之，降低浇温、浇速和提高模温则有利于缩松形成。连铸时冷却强度大，凝固区通常较窄，但由于浇注与凝固同时进行，因而不产生缩孔，缩松一般也较少。但对于大型铸锭，其中部热量的散失主要由凝壳的导热能力来决定，故冷凝较缓慢，导致中部凝固区变宽并进行同时凝固，所以连铸时也易于形成缩松。铸锭尺寸越大，形成缩松的倾向也越大。即使结晶温度范围较小的 H62、HPb59-1 合金，连铸生产的大型铸锭中部也易于形成缩松；而用铁模生产的小型铸锭，缩松却很少。对于大型铸锭，不管合金的导热性和结晶温度范围如何，提高浇温和浇速，均会促进铸锭中部的缩松增多；浇注时供流集中，结晶器高，液穴深，不利于补缩，也易于形成缩松。

D　防止缩孔及缩松的途径

防止缩孔及缩松的基本途径，是根据合金的体收缩特性、结晶温度范围及铸锭结构等，制定正确的铸锭工艺，在保证铸锭自下而上顺序凝固的条件下，尽可能使缩松转化为铸锭头部的集中缩孔，然后通过人工补缩来消除。在铁模铸锭情况下，一般要合理设计模壁厚度和锭坯的宽厚比或高径比等,必要时可采用上大下小的锭模及加补缩帽口;或在锭模头部放置由保温材料做成的保温帽,以加强补缩;适当提高浇温、降低浇速,浇注完毕随时进行补缩,都是减少缩孔并使其集中在帽口部分的有效措施。连铸易形成缩松的大型铸坯时,应先做好去气去渣精炼,务必使熔体中含气量和夹杂减少,采用短结晶器或低金属液面水平。适当提高浇温、降低浇速,加强二次水冷,使液穴浅平,以便尽可能使铸锭由下而上进行凝固,这样便可消除缩孔和减少缩松。

### 2.3.4.3 应力与裂纹

大多数成分复杂或杂质总量较高,或有少量的非平衡共晶的合金,都有较大的裂纹倾向。尤其是大型铸锭,在冷却强度大的连铸条件下,产生裂纹的倾向更大。在凝固过程中产生的裂纹称为热裂。在凝固后的冷却过程中和产生的裂纹称为冷裂。两种裂纹各有其特征。前者多沿晶界裂开,裂纹曲折而不规则,有时还有分支,裂纹表面常带氧化颜色或有低熔点填充物。冷裂和热裂不同,多产生在温度较低的弹性状态,裂纹常为穿晶断裂,断口较规则,且多呈直线状,裂纹表面较光洁。有些裂纹有时既是热裂又是冷裂,即先是热裂,铸锭凝固后应力集中到裂口处,便发展为冷裂,裂纹产生的直接原因是收缩应力的破坏作用,而合金本身的塑性不好及对收缩应力引起的变形抗力(强度)不够,是铸锭产生裂纹的内因。下面简单讨论应力产生的原因及防止方法。

#### A 铸造应力成因及防止方法

产生应力的基本原因是:铸锭在凝固和冷却过程中,由于径向和轴向收缩受到阻碍而产生的。应力有拉应力和压应力之分。根据应力产生的原因可分为热应力、机械应力和相变应力三种。热应力是铸锭凝固过程中温度变化引起的。凝固开始时,铸锭外部冷得快,温度低,收缩量大;内部温度高,冷得慢,收缩量小。由于收缩量和收缩率不同,铸锭内外层之间,便会互相阻碍收缩而产生应力。温度高收缩量小的内层会阻碍温度低收缩量大的外层收缩,使外层受拉应力,收缩量小的内层则受压应力。在整个凝固过程中,热应力的大小和分布将随铸锭断面的温度梯度而变化。以圆锭为例,在浇速一定的情况下,锭坯拉出结晶器后,外层受二次水冷而强烈收缩,但此时,内层温度高收缩量小,阻碍外层收缩并使之受拉应力,内层则受压应力,如图 2-3-26$a$ 所示。当经过时间 $t_1$ 和 $t_2$ 以后,铸锭外部温度已相当低,冷却速度慢,中部温度高冷却速度快,收缩量大,会受外部阻碍而受拉应力,外部则受压应力。此时应力分布与铸锭刚拉出结晶器的情况正好相反,如图 2-3-26$b$ 所示。铸坯在以后的冷却过程中,中部冷却速度降低,但仍大于外部,故铸锭断面的应力符号不变,只是应力有所增大(图 2-3-26$c$)。扁锭的应力分布有所不同,大面的冷却速度低于小面,大面中部冷得慢受压应力,小面、棱边及底部冷得快受拉应力。

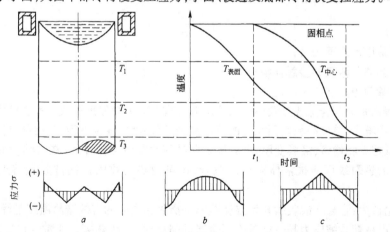

图 2-3-26 连铸圆锭中温度和应力分布示意图

$a$—内部受压应力,外部受拉应力;$b$—内部受拉应力,外部受压应力;$c$—$b$ 图中应力增大

热应力的大小一般可用下式来表示:

$$\sigma_{热} = \varepsilon E = E\alpha_L(T_1 - T_2) \tag{2-3-5}$$

式中　$E$——弹性模量;

　　　$\varepsilon$——收缩量或变形量;

　　　$\alpha_L$——线收缩系数;

　$T_1 - T_2$——铸锭断面两点间温差。

由式 2-3-5 可知,热应力 $\sigma_{热}$ 与金属的 $\alpha_L$、$E$ 和温度梯度成正比。对一定合金而言,$\sigma_{热}$ 主要取决于铸锭断面的温度梯度。当锭坯断面的温度梯度为 0 时,则 $\sigma_{热} = 0$。因此,在其他条件不变的情况下,降低浇速或减少冷却水压,均可减少温度梯度而降低热应力。

机械应力是因为金属黏附在锭模、结晶器或引锭底座表面,阻碍收缩而产生的。有时因结晶器变形、内套表面粗糙或润滑不良等产生悬挂,由于相互摩擦而产生很大的机械应力,锭坯表面会产生毛刺甚至被拉裂。对于塑性较差的硬铝扁锭,若结晶器和引锭底座设计不合理,则应产生机械应力而引起拉裂。

相变应力是因为金属相变时有体积变化并相互阻碍所造成的。当相变应力和热应力同时在同一个区域产生顶拉应力时,如有共晶转变和新相 $Mg_2Si$ 析出的 2A11,则在浇口部分往往易于产生拉应力而导致顶裂,但当相变应力和其他应力符号相反时,即一为拉应力一为压应力时,就能使应力减小而降低裂纹倾向。

防止产生应力的基本方法是:采取降低锭坯断面温度梯度的一切措施,如降低浇温与浇速,采用内表面光洁度高的结晶器,均匀润滑、均匀供液、均匀冷却并控制冷却水量等,均有利于减少和防止产生应力。

B　热裂形成的原因及影响因素

a　热裂形成机理

热裂是在线收缩开始温度至非平衡固相线温度范围内形成的。热裂形成机理主要有液膜理论、强度理论和裂纹形成功理论。

液膜理论认为:铸锭的热裂与凝固末期晶间残留的液膜性质及厚度有关,若铸锭收缩受阻,液膜在拉应力作用下被拉伸,当拉应力或拉伸量足够大时,液膜就会破裂,形成晶间热裂纹,如图 2-3-27 所示。这种热裂的形成取决于许多因素,其中液膜的表面张力和厚度影响最大。当作用力垂直于液膜时,将液膜拉断所需要的拉力 $p$ 为

$$p = \frac{2\sigma F}{b} \tag{2-3-6}$$

式中　$\sigma$——液膜的表面张力;

　　　$F$——晶体与液膜的接触面积;

　　　$b$——液膜厚度。

液膜的表面张力与合金成分及铸锭的冷却条件有关。液膜厚度取决于晶粒的大小。晶粒细化,晶粒表面积增大,单位晶粒表面积间的液体减少,因而液膜厚度变薄,铸锭的抗热裂能力可以增强。随着低熔点相增多,液膜变厚,即凝固末期晶间残留较多液体时,在收缩力和液体静压力作用下,产生的热裂纹可能被液体充填而愈合,这可由热裂纹内往往富集低熔点偏析物得到证明。

强度理论认为:合金在线收缩开始温度至非平衡固相点间的有效结晶温度范围内,强度和塑性极低,在结晶后期收缩应力超过该温度下金属的强度时,产生热裂。通常,有效结晶温度范围愈宽,铸锭在此温度下保温时间愈长,热裂愈易形成。

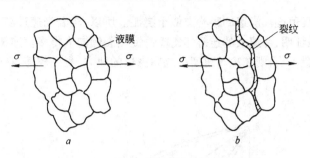

图 2-3-27 晶间有液膜时热裂形成示意图
a—形成液膜;b—形成晶间裂纹

裂纹形成功理论认为,热裂通常要经历裂纹的形核和扩展两个阶段,裂纹形核多发生在晶界液相汇聚处。若偏聚于晶界的低熔点元素或化合物对基体金属润湿性好,则裂纹形成功小,裂纹易形核,热裂倾向大。例如,Bi 的熔点低(271℃),几乎不溶于 Cu,与 Cu 晶粒的接触角几乎为零,润湿非常好,可连续地沿晶界分布,故 Cu 中有 Bi 时,裂纹形成功小,铸锭热裂倾向大。因此,紫铜中 Bi 含量一般不允许超过 0.002%。据研究,凡是降低合金表面能的表面活性元素,如紫铜中的 Bi、As、Sb、Pb,铝合金中的 Na,钢中的 S、P、O,都会使合金的热裂倾向增大。

必须指出,并非收缩一受阻,铸锭就会产生热应力,就会热裂。如果金属在有效结晶温度范围内,具有一定塑性,则可通过塑性变形使应力松弛而不热裂。例如,铝合金的伸长率只要大于 0.3%,铸锭就不易热裂。

b 影响热裂的因素

影响铸锭热裂的因素很多,其中主要有金属的性质,浇注工艺及铸锭的结构等。

合金的有效结晶温度范围宽,线收缩率大,则合金的热裂倾向也大。而有效结晶温度范围与合金成分有关。故合金的热裂倾向也与合金成分有关。由图 2-3-28 可知,非平衡凝固时的热裂倾向与平衡凝固时基本一致,因此可根据合金的平衡凝固温度范围大小粗略地估计合金的热裂倾向大小。该图表明,成分愈靠近共晶点的合金,热裂倾向愈小。当合金元素含量较低时,它们对凝固收缩率的影响不明显,但对高温塑性的影响较大。因其沿晶界的偏聚状况,不仅影响液膜的厚度和宽度,而且也影响晶粒的形状和大小,进而影响到塑性。因此,通过调整合金中某些元素或杂质的含量,可以改变铸锭热裂倾向的大小。如用 99.96%Al 配制的 Al-Cu 合金,含 0.2% Cu 时热裂倾向最大,而用 99.7%Al 配制的合金,热裂倾向最大的 Cu 含量为 0.7%。Cu-Si 等合金也有类似的情况。可见,用低品位金属配制的合金,热裂倾向反而小些。这是由于用高品位金属配制的合金中,含有少量非平衡共晶分布于晶界,降低了合金的强度和伸长率所致。但当上述铝合金中的 Cu 增加时,凝固末期间的共晶量增多,即使出现裂纹也可得到愈合,故热裂倾向降低,以致铸锭不裂或少裂。据研究,大多数铝合金都有一个与成分相对应的脆性区,如铝合金 2A11 的脆性区在 0.1%～0.3%Si 内,而 2A12 在 0.4%～0.6%Si 内。一些铝合金脆性区温度范围列于表 2-3-5。因为在脆性区温度范围内,合金处于固液状态,强度和塑性都较低,所以脆性区温度范围大,合金热裂倾向也大。通过适当调整成分和工艺,可提高合金在脆性区温度范围内的强度和塑性,提高其抗裂能力,铸锭也可能不热裂。

脆性区温度范围还与浇注工艺有关。浇温高,往往提高脆性区上限温度。如7A04,由720℃过热到820℃浇注,脆性区上限温度提高15℃。浇温过高,紫铜扁锭表面裂纹严重。提高冷却速度,由于非平衡凝固会改变共晶成分和降低共晶温度,因而降低脆性区下限温度。如含有 Cu、Si 的铝合金,冷却速度由 20℃/s 提高到 100℃/s,共晶温度由 578℃降到 525℃,即降低了脆性区的下限温度,扩大其温度范围。浇速的影响类似于浇温。所以,浇温浇速过高、冷速过快会增大铸锭的热裂倾向。实践证明,冷速大的连铸坯比模铸锭热裂倾向大得多。连铸时若冷却水和润滑油供给不均,浇口位置不当,则在冷却速度小或靠浇口的地方,凝壳较薄,在热应力作用下,此处易于热裂。

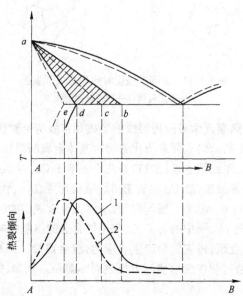

图 2-3-28　有效结晶温度范围及热裂倾向与成分关系示意图

ab—在平衡条件下的线收缩开始温度;ac—在铸造条件下的线收缩开始温度;
ad 及 ae—平衡固相线和非平衡固相线;1、2—平衡和铸造条件下的热裂倾向曲线

表 2-3-5　一些铝合金的脆性区温度范围

| 合　金 | 结晶温度范围/℃ | 热裂开始温度/℃ | 热裂终止温度/℃ | 脆性区温度范围/℃ |
|---|---|---|---|---|
| 2A12 | 638~506 | 590~500 | 524~477 | 580 - 514 = 66 |
| 7A04 | 638~476 | 620~575 | 590~470 | 610 - 550 = 60 |
| 7A09 | 632~446 | 620~520 | 600~475 | 602 - 555 = 47 |
| 3A21 | 659~657 | 654~653 | 650~605 | 658 - 625 = 33 |

　　　铸锭结构不同,铸锭中热应力分布状况也不同,故铸锭的结构必然对热裂的形成有影响。大锭比小锭易热裂。圆锭多产生中心裂纹、环状和放射状裂纹,扁锭易产生侧裂纹、底裂纹和浇口裂纹。扁锭的热裂还与锭厚及其宽厚比有关。如图 2-3-29 所示,当浇速和宽厚比一定时,随锭厚增加,热裂倾向增大。从图可见,当锭厚一定时,热裂倾向随浇速增大而增大。例如,锭厚为 $b_3$,浇速为 $v_1$ 时,可能产生冷裂不产生热裂,$v_2$ 时则可能产生冷裂也可能产生热裂,$v_3$ 则只产生热裂。

　　　为了有效地防止热裂的产生,必须对不同合金锭中不同类型的裂纹产生的原因加以具体分析。例如,中心裂纹和浇口裂纹是在浇温高、浇速高和冷速大时,从液穴底部开始形成并逐渐发展起来的,有时可延伸到径向的 $\frac{1}{3} \sim \frac{1}{2}$ 处,严重时甚至可以从头到尾,从中心到边缘整个铸锭裂

开,造成劈裂和通心裂纹。半连续铸造的
QSi3-1、HPb59-1、3A21 的圆锭,一般较易产生
通心裂纹。成分较复杂的 2A12、7A04、HAl66-
6-3-2、HAl59-3-2、HAl77-2 等合金圆锭,在冷速
大且不均匀时,中心裂纹常沿径向发展,以致
造成劈裂。环状裂纹是在拉出结晶器时水冷
不匀,破坏了液穴和凝壳厚度的均匀性,在柱
状晶带与等轴晶带的弱面处,轴向和径向的拉
应力共同作用下形成的。环状裂纹多为不连
续的,且与氧化夹渣的分布有关。放射状裂纹
多在浇温低、结晶器高或金属水平高时,铸坯
在结晶器出口受到喷水急冷,径向收缩受阻,
在水冷较弱处产生边裂或表面裂纹,以后由外

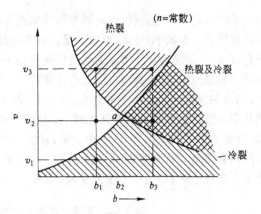

图 2-3-29　扁锭产生裂纹的倾向
与锭厚、宽厚比及浇速的关系

向里扩散而成。低塑性合金圆锭的横裂是在直径大,浇温低、表面有氧化渣、冷隔或偏析瘤等缺
陷时拉裂的,即由机械应力造成的。7A04、2A12 及铍青铜扁锭的侧裂和圆锭的横裂类似,并与
大面及小面冷却不匀、结晶器变形和表面夹渣有关。

C　冷裂的成因及影响因素

冷裂一般是铸锭冷却到温度较低的弹性状态时,因铸锭内外温差大、铸造应力超过合金强度
极限而产生的,并且往往是由热裂纹扩展而成的。

铸锭是否产生冷裂,主要取决于合金的导热性和低温时的塑性。若合金的导热性好,凝固后
塑性较高,就可不产生冷裂。高强度铝合金锭在室温下的伸长率若高于 1.5%,便不产生冷裂。
易于产生晶间裂纹的软合金,如 3A21 和 6070 等,因其在室温下塑性较高,故虽有晶间裂纹也不
至于产生冷裂。合金的导热性好,可降低铸锭断面的温度梯度,故有利于降低其冷裂倾向。因为
合金的导热性、塑性与其成分有关,所以,合金成分对冷裂形成影响很大。例如,HAl59-3-2 的导
热系数只有紫铜的 21%,含 Cu、Mg 的固溶体铝合金的热导率约为纯铝的 $\frac{1}{4}$,因此,HAl59-3-2 比
紫铜、Al-Cu-Mg 合金比纯铝易于冷裂。此外,非金属夹杂物、晶粒粗大也会促进冷裂。热裂纹的
尖端是应力集中处,在铸锭凝固后的冷却过程中,热应力足够大时,会促使热裂纹扩展成冷裂纹。
以扁锭侧向的横裂纹为例,开始是热裂纹,其后才是冷裂纹。因小面开始时冷得比大面快,形成
气隙也先于大面,锭坯刚拉出结晶器时由于温度回升,有时出现局部表面重熔和偏析瘤,因而造
成横向热裂纹,以后由于应力集中而发展成冷裂纹。为防止表面重熔,须提高浇速。但浇速过
高,又会促进大面产生纵裂。扁锭的冷裂也与锭厚及宽厚比有关,如图 2-3-29 所示。

D　防止裂纹的途径

一切能提高合金在凝固区或脆性区的塑性和强度,减少非平衡共晶或改善其分布状况、细化
晶粒、降低温度梯度等因素,皆有利于防止铸锭热裂和冷裂。工艺上主要通过控制合金成分、限
制杂质量以及选择合适工艺参数相配合等办法,来防止铸锭产生裂纹。

a　合理控制成分

实践证明,控制合金成分及杂质限量是解决大型铸锭产生裂纹的有效方法之一。如工业纯
铝中含 Si 量大于 Fe,则因生成熔点为 574.5℃ 的 α(Al) + Si + β(AlFeSi) 三元共晶分布于晶界而易
热裂。但含 Fe 大于 Si 时,因在 629℃ 产生包晶反应 FeAl₃ + L = α(Al) + β(AlFeSi) 而完成凝固,提
高了脆性区的下限温度,即缩小了脆性区温度范围,故不产生热裂。3A21 中含 Si 大于 0.2% 且

多于 Fe 时,常易产生热裂,这是因为形成熔点 575℃ 的三元共晶 $\alpha(Al) + T(Al_{10}Mr_2Si) + Si$ 分布于晶界所致。但加 Fe 过多,形成大量化合物初晶,降低流动性和塑性,会增加热裂倾向。因此要防止裂纹,必须将合金元素及杂质量控制在小于或大于最易形成裂纹的临界共晶量以外,以避开其脆性敏感范围,并尽量避免形成有害化合物。铸锭尺寸大,杂质量宜低,如铝合金圆锭直径增大,则含 Si 量应降低。有些铝合金,如 2A04 的大型扁锭,仅控制铁硅比不能完全消除裂纹,还须从提高塑性的观点去调整其他成分,并配合适当的浇注工艺才能防止裂纹。2A04 中的 Cu、Mn 含量取中下限,Mn 和 Zn 取中上限,并使 $w(Mg):w(Si)>12$,$w(Fe)>w(Si)$,就可改善大扁锭的热裂倾向。因为降低 Cu 含量可减少非平衡共晶,调整 Mn、Mg、Zn 含量可改善其塑性。一些铝合金宜控制的 Fe,Si 含量列于表 2-3-6。

表 2-3-6　可使一些铝合金连续铸锭不裂的铁硅含量(%)

| 合　金 | Fe | Si | 备　注 |
|---|---|---|---|
| 5A02 | 0.2～0.25 | 0.1～0.15 | Fe 比 Si 多 0.05～0.1,$\phi$190 mm 以下的铸锭不控制 |
| 3A21 | 0.25～0.45 | 0.2～0.4 | $w(Si)\approx0.2$ 时,可取 $w(Fe)=w(Si)$,扁锭应 Fe 比 Si 多 0.03～0.05 |
| 2A11 | 0.3～0.5 | 0.4～0.6 | $w(Fe)<w(Si)$,但 $\phi$190 mm 以下的铸锭不控制 |
| 2A12 | 0.33～0.40 | 0.28～0.35 | Fe 比 Si 多 0.05,但 $\phi$190 mm 以下的铸锭不控制 |
| 7A04 | 0.35～0.44 | <0.25 | 7050、7475、7A31、7A33 等均要求 $w(Fe)>w(Si)$ |
| 工业纯铝 | 0.25～0.40 | 0.2～0.35 | Fe 比 Si 多 0.01～0.05 |

　　b　选择合适的工艺措施

采用低浇温、低浇速、低金属液面水平、均匀供流及冷却等措施,均有利于防止产生通心裂纹。如铜合金 HPb59-1,采用高浇速,低水压,小喷水角等拉"红锭"的措施,使铸锭在拉出结晶器较远处才水冷,可防止中心裂纹。用短结晶器低金属水平、低浇速、均匀冷却的方法,可防止环状裂纹。利用热解石墨结晶器,有利于防止易氧化铜合金水平连铸的表面横向裂纹。选择较大锥度和高度的芯子,正确安装芯子和芯杆,采用低浇速,低水压的方法,可消除含铜锻铝的径向裂纹。宽厚比较大,塑性较差的铝合金扁锭,采用小面带切口的结晶器,提早水冷,加大空心锭的冷速,以防表面重熔或温度回升形成反偏析瘤,可防止表面横向侧裂纹和纵裂纹。

　　c　变质处理

在合金成分和杂质量不便调整时,可加适量变质剂进行变质处理,以减少低熔点共晶量并改善其分布状况,细化晶粒,也能降低铸锭产生裂纹的倾向。如 H68 黄铜铸锭中含 Pb 不小于 0.02% ～0.04% 时易裂,加入 Ce、Zr、B 等可防止裂纹;铝合金加入 Ti 或 Ti + B,镍及其合金加 Mg、Ti,镁合金及铜合金加 Zr、Ce 和 Fe 等进行变质处理,均可减少裂纹。

### 2.3.4.4　气孔

气孔一般是圆形的,表面较光滑,据此可与缩孔及缩松相区别。加工时气孔可被压缩,但不易压合,常常在加工和热处理后引起起皮和起泡等缺陷。

铸锭中出现的气孔有四种:内部气孔、表面气孔、皮下气孔和缩松气孔(图 2-3-30)。

气孔不仅能减少铸锭的有效面积,且能使局部造成应力集中,成为零件断裂的裂纹源。尤其是形状不规则的气孔,如裂纹状气孔和尖角形气孔不仅增加缺口的敏感性,使金属强度下降,而且能降低零件的疲劳强度。如钢中析出氢气,造成"白点",使钢变脆,即所谓"氢脆"。对要求承受液压和气压的铸件,若含有气孔,则明显地降低它的气密性。

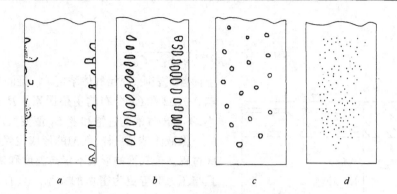

图 2-3-30 铸锭断面气孔分布状况示意图
a—表面气孔；b—皮下气孔；c—内部满面气孔；d—内部缩松气孔

根据气孔的形成方式又可分为析出型气孔和反应型气孔两类。下面将分别讨论其形成过程及影响因素。

A 析出型气孔

溶解于金属中的气体,其溶解度一般随温度降低而减少,因而会逐渐析出。析出的气体是通过扩散达到金属液面而析出,或是形成气泡后上浮而逸出。但由于液面有氧化膜的阻碍,且凝固较快,气体自金属液内部扩散逸出的数量极为有限,故多以气泡形式逸出。在凝固速度大或有枝晶阻拦时,形成的气泡来不及逸出,便留在铸锭内部成为气孔。

为使溶于金属中的气体析出并形成气泡,要求气体有一定的过饱和度。在实际生产条件下,由于铸锭冷却速度较大,因而允许不产生气孔的气体过饱和度也较大,铁模铸铝及铝合金时,[H]的过饱和度可高于平衡浓度的 10~15 倍;连铸时,[H]的过饱和度可高于平衡浓度的 20~30 倍。这表明,冷却速度越大,气体析出越不容易。同时,在正常情况下,经过精炼去气后,金属液的含气量多低于其平衡浓度。为何还会产生气孔呢? 这可用溶质偏析和非均质形核理论予以解释。

金属在凝固过程中,可以认为气体溶质只在液相中存在有限扩散,而在固相中的扩散可忽略不计,这样,式 2-3-7 就可用来描述金属液中气体浓度 $C_L$ 的分布:

$$C_L = C_0 \left[ 1 + \frac{1-k}{k} \exp\left( -\frac{R}{D_L} x \right) \right] \tag{2-3-7}$$

式中  $C_0$——金属液中气体原始浓度;

  $k$——气体在金属中的平衡分布系数;

  $R$——凝固速度;

  $D_L$——气体在金属液中的扩散系数;

  $x$——离开固/液界面的距离。

该式表示的气体在金属中分布如图 2-3-31 所示,在固/液界面处,液相中气体浓度 $C_L^* = C_0/k$ 最高。设液相中气体浓度 $C_L$ 大于某一过饱和度 $S_L$ 时,才析出气泡,则大于 $S_L$ 的气体富集区 $\Delta x$ 可由式 2-3-8 求出:

$$x = \Delta x \text{ 处} \qquad C_L = S_L$$

所以 $$\Delta x = \frac{D_L}{R} \ln\left[ \frac{C_0(1-k)}{k(S_L - C_0)} \right] \tag{2-3-8}$$

析出气泡还取决于 $\Delta x$ 存在的时间 $\Delta t$。$\Delta t$ 愈长,即凝固愈缓慢,愈有利于析出气泡。由该式可知：

$$\Delta t = \frac{\Delta x}{R} = \frac{D_L}{R^2}\ln\left[\frac{C_0(1-k)}{k(S_L-C_0)}\right] \tag{2-3-9}$$

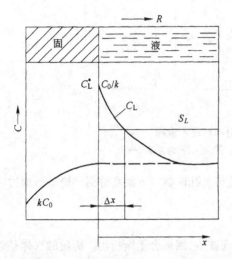

图 2-3-31　凝固时气体浓度的分布

上面各式表明，原始气体浓度 $C_0$、凝固速度 $R$ 是影响 $\Delta x$、$\Delta t$ 和 $C_L$ 分布的主要因素。$R$ 大，则 $\Delta t$ 变小，不析出气泡的过饱和度 $S_L$ 值变大。

像液体结晶一样，气泡的形成也经历形核与长大过程。但气泡的形成不仅与温度和浓度有关，而且与压力有着更为密切的关系。只有析出气体的压力 $p$ 大于外部总压力时，才有可能形成气泡，即

$$p > \sum p_{\text{外}} = p_0 + H\rho g + \frac{2\sigma}{r} \tag{2-3-10}$$

式中　　$p_0$——大气压；

$H$——气泡至液穴表面的高度；

$\rho$——金属液密度；

$g$——重力加速度；

$\sigma$——金属液的表面张力；

$r$——气泡半径。

若 $p < \sum p_{\text{外}}$，则不会析出气泡，气体以固溶状态存在于铸锭中；若 $r\to 0$，则 $\frac{2\sigma}{r}\to\infty$，也不能形成气泡。因此，析出气泡必须有一定的气体过饱和度及有大于一定尺寸的气泡核。由于气体原始浓度 $C_0$ 一般较小，而凝固速度通常又较大，因而靠气体偏析来增大固/液界面前沿浓度，促使气泡均质形核是非常困难的，甚至是不可能的。如 700℃ 时，铝液的表面张力为 $0.9\,\text{N/m}$，则在铝液中形成 $r$ 为 $0.01\,\mu\text{m}$ 的氢气泡核，要求析出的氢气压力 $p_{\text{H}_2}$ 大于 180 MPa，或要求铝液中 [H] $>42\,\text{cm}^3/(100\,\text{gAl})$。而此时固/液界面处可能最大的浓度 [H] 只有 $7.5\,\text{cm}^3/(100\,\text{gAl})$，最大压力 $p_{\text{H}_2} > 5.76\,\text{MPa}$。因此实际析出的气泡都是非均质形核的，模壁、晶体、夹杂物、浇注时卷入的气泡等均可作为析出气泡的气泡核。气泡形成后，溶解在金属液中的气体由于其分压差而自动向气泡内扩散，使气泡不断长大。当气泡长到一定临界尺寸时，便脱离它所附着的基体而上浮。临界尺寸的大小取决于气泡的浮力和气泡保持在基体上的附着力，两者相平衡时得：

$$A_1(\rho_{\text{m}}-\rho_{\text{g}})d_0^3 = A_2\sigma d_0$$

$$d_0 = A\sqrt{\frac{\sigma}{\rho_{\text{m}}-\rho_0}} \tag{2-3-11}$$

式中　　$d_0$——气泡脱离基体的临界直径；

$\rho_{\text{m}}$、$\rho_0$——基体和气体的密度；

$A$——常数。

$A$ 值与气泡对晶体或其他基体的润湿能力有关，润湿良好，润湿角 $\theta$ 小，$A$ 值小，$\sigma$ 小，则气泡脱离基体的 $d_0$ 值小。通常取 $A\approx 0.02\theta$。

脱离基体上浮的气泡能否在铸锭中形成气孔，则与许多因素有关。$C_0$ 大，界面前沿 $C_L$ 大，一般易于形成气孔；冷却强度大，凝固速度高，凝固区窄，枝晶不发达不易封住气泡，且 $\Delta x$ 和 $\Delta t$ 小而 $S_L$ 又增大，则不易形成气孔；合金结晶温度范围宽，凝固区宽，枝晶发达，$\Delta x$ 和 $\Delta t$ 较大，则不利于气泡上浮而易于聚集长大成气孔，尤其易于形成枝晶间的缩松气孔。锡磷青铜、锡锌铅青

铜和 7A04、2A12 及高镁铝合金、镁合金等最易形成缩松气孔。含有降低气体溶解度或易挥发和氧化生渣元素的合金,如含 Cd、Zn、Si、Be 的铜合金、含 Cu、Si、Zn、Mg 的铝合金,都较易形成气孔。金属形成气孔的倾向可用气孔准数 $\eta$ 来判断。

$$\eta = C_L - C_S/C_S \tag{2-3-12}$$

式中　$C_L$、$C_S$——气体在液相和固相中的溶解度。

因为

$$k = C_S/C_L \tag{2-3-13}$$

所以

$$\eta = \frac{1-k}{k} \tag{2-3-14}$$

将式 2-3-14 代入式 2-3-7,并令 $x = 0$ 则

$$C_L = C_L^* = C_0(1 + \eta) \tag{2-3-15}$$

可见,$\eta$ 的物理意义是固/液界面处气体浓度增加的倍数。$\eta$ 值愈大,$C_L^*$ 愈大,金属产生气孔的倾向也大。氢在一些金属中的溶解度及 $k$,$\eta$ 值如表 2-3-7 所示。由表知,氢在铝中的 $\eta$ 值大,所以铝及铝合金产生气孔的倾向也大。气孔是该合金常遇到而又难以消除的缺陷。据研究,结晶温度范围宽的铝合金,若浇注时金属中 [H] $\leqslant 0.3 C_L$($0.204\ cm^3/(100\ g)$)时,便会产生缩松气孔;[H] $\leqslant 0.5\ C_L$($0.34\ cm^3/(100\ g)$)时,将形成针状皮下气泡;[H] $= C_L$($0.68\ cm^3/(100\ g)$)时,则多形成小圆孔;[H] $> 0.68\ cm^3/(100\ g)$ 时,可形成大气孔。

**表 2-3-7　氢在一些金属中的溶解度及 $k$、$\eta$ 值**

| 金　属 | $C_L/cm^3 \cdot (100\ g)^{-1}$ | $C_S/cm^3 \cdot (100\ g)^{-1}$ | $k$ | $\eta$ |
|---|---|---|---|---|
| Al | 0.68 | 0.036 | 0.053 | 17.87 |
| Cu | 6.00 | 2.1 | 0.35 | 1.86 |
| Ni | 39.00 | 17.0 | 0.44 | 1.27 |
| Fe | 23.80 | 14.3 | 0.60 | 0.68 |
| Mg | 26.00 | 18.0 | 0.69 | 0.45 |

防止析出型气孔的有效方法是搞好精炼去气去渣,浇注时加大冷却速度。

B　反应型气孔与皮下气孔

金属在凝固过程中,与模壁表面水分、涂料及润滑剂之间或金属液内部发生化学反应,产生的气体形成气泡后,来不及上浮逸出而形成气孔。称为反应型气孔。

反应型气孔中的气体主要是金属与水蒸气反应产生的氢气。如 Cu、C、Si、Al、Mg、Ti 等元素都可与水气反应,生成氧化物和氢气:

$$m\,Me + n\,H_2O \longrightarrow Me_mO_n + n\,H_2$$

溶于紫铜和铜合金液中的 $[Cu_2O]$ 与 [H] 作用,产生不溶于铜的水蒸气:

$$[Cu_2O] + 2[H] = 2Cu + H_2O(g)$$

此外,润滑油燃烧产生的气体也是反应型气孔中气体的来源之一。上述反应产生的气体使铸锭局部地方气压增大,最易产生表面气孔和皮下气孔。

二次冷却水的水蒸气、涂料和润滑油挥发产生的气体,也是产生皮下气孔的重要来源。凝固初期,反应生成的氢气和水蒸气充填于气隙,当气压增大到超过凝壳强度及某处液体静压力时,气体便突破凝壳而进入凝固区,然后在柱状晶表面形成气泡并随柱状晶长大而长大,且因凝固速度较大,气泡往往来不及脱离柱状晶表面就被枝晶封住,而形成皮下气孔。这种气孔多呈细长状,故又称皮下针孔。皮下气孔是常造成紫铜及锡磷青铜等铸锭热穿孔开裂的重要原因。金属

挥发形成的蒸气,也可形成皮下气孔和表面气孔。通常,含有 Be、Mg 和稀土等活性金属的合金,或含有 Zn、Cd 等易挥发金属的合金,或锭模表面有裂缝、凹坑、结晶器变形导致局部气隙过大,或模壁有水分,涂料挥发过慢及浇温浇速过高等情况下,都有助于铸锭产生皮下气孔和表面气孔。防止皮下气孔的主要方法是:涂料、润滑油、模壁、注管、流槽、引锭座等要注意干燥,供流要均匀,适当减少结晶喷水角度以免水气侵入,模壁须常清理。对于塑性较好的金属,可采用短结晶器和加大冷却速度;对于易裂合金 QSi3-1 等,必要时可改小喷水角,适当降低二次冷却水压,并适当提高浇温和降低浇速。

### 2.3.4.5　非金属夹杂物

铸锭中的氧化物、硫化物、氢化物和硅酸盐、熔剂、炉衬剥落物、涂料及润滑剂残焦等非金属夹杂物,通称为夹渣。

非金属夹杂物可以呈球状、多面体、不规则多角形、条状、片状等各种形状存在于晶内、晶界及铸锭局部地区。同种夹杂物在不同合金中可能有不同形状,如 $Al_2O_3$ 在钢中呈链式多角状,在铝合金中则呈片状或膜状。轻金属多内部夹渣,重金属多表面夹渣。

非金属夹渣物对铸锭及其制品的力学性能影响很大。例如,Al-Mg 合金经陶瓷管过滤后,夹渣明显减少,强度可提高 50%,伸长率可提高一倍以上。一些非金属夹杂物在铸锭加工过程中,沿金属流动方向拉长并展平,使金属的横向强度比纵向约低 50%,伸长率约低 90%,并使加工产品出现起皮分层缺陷。非金属夹杂物还严重降低金属的抗疲劳性能。如果夹杂物同基体金属相比,弹性模量大,膨胀系数小,则在交变应力作用下,基体金属承受的拉应力大,并在夹杂物的尖角处出现应力集中,产生疲劳裂纹源。钛和钛合金锭易产生针状氢化物 TiH 夹杂物,在钛材使用过程中,裂纹常常沿着 TiH 与基体界面扩展,导致氢脆。由硫化物等组成的低熔点夹杂物分布于晶界,增大铜和镍锭的热脆性,也是造成铸锭热加工开裂的主要原因之一。非金属夹杂物的上述有害作用,与其数量、形状、大小和分布状况有关。如夹杂物呈细小球状,且弥散分布于基体中,则产生局部应力集中小,其有害作用较低;如呈大块尖角形,且分布不均匀,则其危害就较大。但也应注意到,一些非金属夹杂物却起着强化和细化晶粒等有益作用,如镍基高温合金及钢中的氮化物、碳化物、硼化物是重要的强化相,能有效地改善合金的高温性能。$TiC$、$TiB_2$ 及 $CoO$ 等,可作为铝和镍合金的非均质晶核,细化晶粒。

非金属夹杂物按其来源可分为一次非金属夹杂物和二次非金属夹杂物两类。前者是由熔体中残留的高熔点氧化物等微粒形成的,后者是在浇注过程中由金属二次氧化及凝固过程中由溶质偏析并化合而形成的。

一次非金属夹杂物从液相中析出并在液相包围下通过互相碰撞、吸附而长大,其形成过程类似于偏晶的结晶过程,由于金属液内残留的夹杂物大小、形状、密度不同,加之对流和温度的起伏作用,故夹杂物在金属液内的运动速度也不同,因而有可能相互碰撞。夹杂物相互碰撞后,能否聚集上浮,则取决于夹杂物的表面性质、大小及金属液温度等。如果夹杂物与金属液间界面能大、金属液温度高、夹杂物细小,则夹杂物易聚集长大并上浮;反之,夹杂物就可能粘连成松散的多链球状,或互不黏结地聚集成不规则形状。不同性状的夹杂物碰撞后也可组成络合物,如

$$Al_2O_3 + 2SiO_2 \longrightarrow Al_2O_3 \cdot 2SiO_2$$

夹杂物聚集在一起的过程,就是其粗化过程。夹杂物粗化后运动速度会加快,再与其他夹杂物碰撞,使细小夹杂物附集其上而进一步长大,其组成和形状也愈来愈复杂。一些尺寸较大者可能上浮至铸锭头部而形成宏观夹杂物;细微者可能来不及聚集长大和上浮,在凝固时嵌入晶内或偏聚于晶界而形成显微夹杂物。

二次非金属夹杂物的长大过程类似于一次非金属夹杂物。由金属二次氧化形成的夹渣多出

现在铸锭上表面,成为形状极不规则的宏观二次夹杂物。例如,S在Cu和Ni中的固溶度几乎为零,凝固过程极易发生偏析,富集在枝晶间或晶界,形成$Cu_2S$和$Ni_3S_2$夹杂物,因为S是Cu和Ni的表面活性元素,能降低两者的表面能,且$Cu_2S$和$Ni_3S_2$与Cu和Ni能形成低熔点共晶,故多沿晶界呈薄膜状分布,常使紫铜和镍锭热裂倾向增大。

影响非金属夹杂物形成的因素很多。从工艺上讲,铁模铸锭时,如流柱长,流速快、易产生涡流和飞溅,则二次夹杂会增多;连铸时,液穴深或注管埋入液穴过深,不利于夹杂物上浮,会使夹杂物增多。提高浇温虽会增加二次氧化,但有利于夹杂物的聚集和上浮,因而有利于减少铸锭中的夹杂物。

防止和减少非金属夹杂物的有效措施,是尽可能彻底地精炼去渣,适当提高浇温和降低浇速,供流平稳均匀,工具模具保持干燥等。铝合金连铸时,采用过滤法,能显著减少铸锭中的夹渣。

# 2.4 有色金属的铸锭技术

有色金属的铸锭技术正在不断提高,新方法、新工艺不断涌现。按铸锭长度和生产方式,铸锭方法可分为普通铸锭和连续铸锭两大类。前者简单灵活,多为一些小厂所沿用,至今仍占一定的比例。后者是大型加工企业发展的必要条件,铸锭质量高,成品率和生产率高。近年来,一些小厂也已推广应用半连铸法。本节重点介绍各种半连铸及连铸技术的要点。对金属模铸技术特点也作了对比性介绍,同时介绍了其他铸锭新技术。

### 2.4.1 金属模铸锭技术

铸锭所用模子有铁模和水冷铁模两种,按其结构可分为整体模和两半模,如图2-4-1所示。为了便于脱模,整体模要有一定斜度。两半模易于脱模,但易于出现缝隙。无水冷铁模冷却强度有限,结晶组织以径向为主且不均匀;在浇注过程中流柱长、冲力大,易于裹入气体和夹杂,易于产生二次氧化。注流越高,越易产生气孔和夹渣。直径小而长的铸锭,易于产生缩孔甚至中心缩管,须注意补缩。由于模壁阻碍收缩,对于某些金属扁锭常易出现表面晶间裂纹,或表面夹杂等缺陷。铁模制作简单,但铸锭劳动强度大,生产率和成品率都低,不适用于易氧化生渣的合金。

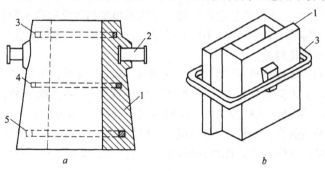

图 2-4-1 铁模结构示意图
a—整体模;b—两半模
1—锭模;2—吊耳;3~5—钢箍

为了减少氧化夹杂,提高铸锭质量,可采用斜模铸锭技术。斜模铸锭时,将铁模处于倾斜位置,金属流柱沿铁模窄面流入模底。浇注到模内液面至模壁高的$\frac{1}{3}$时,便一面浇注一面慢慢转动模子,如图2-4-2所示。其特点是流柱较短,金属液是在氧化膜下流入模内,无飞溅,模内液流平稳,可减少二次氧化生渣和裹入气体,故锭中气体、夹杂较少,表面质量好,适于铸造易氧化生渣的合金。用水冷斜模铸锭时,冷却强度比直立铁模大,组织较细密。但铸锭的浇注一侧及模口处,晶粒较粗大,并且易产生晶间裂纹及夹杂等。铝合金小扁锭常用此法浇注。转动模为机械化生产,劳动强度较小,多用于浇注工业纯铝锭。

无流铸锭见图 2-4-3,它是由固定在底板上的三块长模和一固定在地面的短模形成模腔,金属液从短模处浇入。金属流柱很短,故称为无流或短流铸锭。开始时,底板处于漏斗孔下面不远处,使流柱尽可能短。在浇注过程中,模内金属液面始终保持与短模顶端平齐,带底板的三面长模,则随着金属液的凝固而逐渐下降,直到长模顶端与漏斗齐高为止。这种方法虽属立模顶注法,但因流柱短且用多孔漏斗均匀供流,故可减少二次氧化生渣和裹入气体,补缩条件好,液穴浅平,轴向顺序结晶较好,铸锭致密度高,基本上无气孔和夹杂,偏析和缩松也少。它适合于铸造易氧化生渣和产生气孔的合金扁锭,如铍青铜、锡磷青铜和某些铅黄铜等,也能解决易产生反偏析的铸锭的质量问题。如锡锌铅青铜扁锭,过去采用铁模和水冷模顶注法,甚至半连续铸锭法,锭坯都难以压力加工,而用无流铸锭法,则可顺利地进行轧制,成材率也较高。

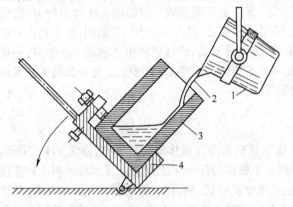 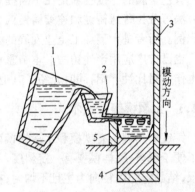

图 2-4-2　斜模铸锭示意图
1—浇包;2—流柱;3—锭模;4—转动装置

图 2-4-3　无流铸锭示意图
1—浇包;2—漏斗;3—长模;4—铸锭;
5—短模

在铸锭工艺一定时,从液穴形状稳定性和一个侧面模壁与铸锭间有相对运动的特征来看,无流铸锭法已具有半连铸法的某些特点,不同之处是无二次水冷,冷却强度低,铸锭规格较小,且其固定短模一侧的表面质量较差。

平模也有铁模和水冷模两种,见图 2-4-4。平模铸锭具有由下而上顺序凝固的优点,特别是用水冷底板时。但其上表面易氧化生渣,收缩下凹或出现缩松,要多次补缩,故表面质量差。浇注熔点较高的合金时,常易在流柱冲击处产生熔焊现象,降低底板寿命。平模铸锭法主要用于生产线坯及某些热轧易裂的合金扁锭,如铅黄铜、单相锡黄铜、锌白铜等。有时也用来浇注易产生气孔和反偏析的锡锌铅青铜扁锭。此外,铅板坯、中间合金及重熔废料的铸坯,多用平模法铸造。

## 2.4.2　立式连续铸锭及半连续铸锭技术

### 2.4.2.1　概况

连续铸锭技术在提高生产率和改善铸坯质量等方面,已取得长足进步。目前,有色金属加工厂的铜、铝、镁、锌及其合金锭坯,均已广泛采用半连续或连续铸锭法生产。

半连铸和连铸过程并无本质上的区别,差别仅在于前者只浇注长度为 3~8 m 的锭坯,后者原则上可连续浇注任意长度的锭坯。连铸法具有以下特点。

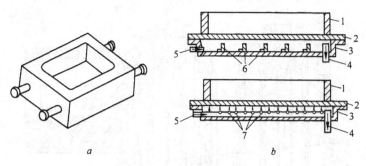

图 2-4-4 平模结构示意图

*a*—整体式;*b*—水冷式

1—锭模;2—底板;3—水套;4—出水口;5—进水口;6—挡板;7—喷水管

首先,由于浇速和冷却强度可调控,供流平稳且流柱短,无飞溅,混入气体及夹杂的可能性小,并可对结晶器内的金属液进行保护和润滑,故铸锭表面质量较好。其次,有二次水冷装置,冷却强度大,可用较低浇温,在浇速不变时,铸锭中液穴形态基本不变且较浅平,结晶速度较大,轴向顺序凝固较明显,致密度较高,气孔、夹杂、缩孔等缺陷较少,铸锭结晶组织较匀细,枝晶臂间距短小,切头去尾损失小,收得率和成品率高。此外,由于机械化程度高,劳动强度较小,能多根锭坯同时铸造、生产率高,占地面积较少。但技术条件要求较严,工艺较复杂,对于某些合金大锭,产生某些缺陷的敏感性增大,如裂纹和缩松等倾向较明显,而且因合金品种规格而异。

### 2.4.2.2 铸锭机

半连铸机的特性对铸锭的技术经济指标有着重要的影响。半连铸机包括:铸造平台、升降台、结晶器、传动装置、铸锭底座、水冷系统等几个部分组成。按照铸锭机的传动机构的不同,有钢绳、链条、丝杆、液压及辊轮等种类的铸锭机。目前,工厂广泛应用的是钢绳铸锭机,如图 2-4-5所示。在铸锭过程中,用无级调速的直流电机控制铸锭速度,交流马达用于牵引底盘快速升降。这种铸锭机的特点是:结构较简单,运行速度较稳,载重量大,适于铸造较大锭坯,能利用地坑,占地面积小;但易产生摇晃,金属液易漏在钢绳和滑轮上,维修不方便,钢绳易坏。

丝杆铸锭机也是常用的铸锭机之一。其运行情况与钢绳铸锭机相类似,铸锭时运行较稳定,也能铸造较长较大的锭坯;但螺母易损坏,维修较频繁。

液压铸锭机的结构示意图见图 2-4-6。该机的结构较复杂,适用规格较小的锭坯,行程较短,一般锭坯不超过 3 m,且易受锭坯重量变化而变速,在铸锭后期,铸锭速度将随锭重增大而逐渐加快。制造维修较困难,易发生漏液现象,铸坑的有效利用率较低,但运行平稳,可任意调控铸锭速度。

立式连铸机和半连铸机基本相同,不同之处在于多一套同步锯切和辊道运锭装置。为使结构简单和操作方便,立式连铸机多用辊轮引锭装置,如图 2-4-7所示。在紫铜、锌、黄铜连铸中,该机已广泛应用。其中立弯式多辊连铸机,一般便于实现连铸连轧,多用于钢铁工业中。

### 2.4.2.3 结晶器

连续铸锭用的铸模,称为结晶器,亦称冷凝器,它的结构不仅决定了铸锭的形状和尺寸,而且也影响铸锭的内部组织,表面质量等。结晶器一般由内套和外壳组合而成。图 2-4-8是圆锭结晶器的一种。铜合金用的结晶器内套外侧做成斜壁,有防止冷隔作用。为防止内套变形,内套外边常做成螺旋筋,它能成为冷却水的导向板。直径大于 160 mm 的铝合金用结晶器,其内上端30 mm 左右的高度处,加工成锥度为 1:10 斜面,在整个浇注过程中,金属液保持在此锥度内,以降低其冷却强度和防止冷隔倾向。

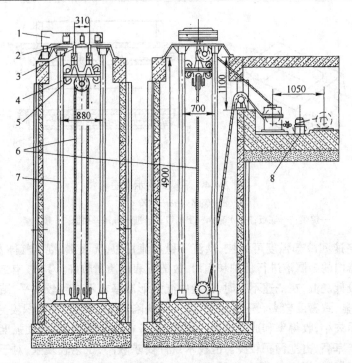

图 2-4-5　钢绳式半连续铸锭机示意图

1—回转盘；2—结晶器；3—托座；4—升降座盘；5—导轮；6—钢绳；7—导杆；8—驱动机构

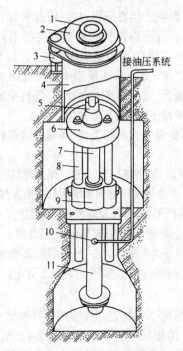

图 2-4-6　液压式半连续铸锭机示意图

1—结晶器；2—回转盘；3—轴；

4—保护罩；5—托座；6—底盘；7—柱塞；

8—导杆；9—底座；10—油管；11—柱塞缸

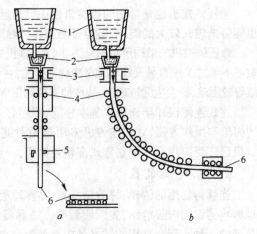

图 2-4-7　辊轮式连续铸锭机示意图

a—立式；b—立弯式

1—保温包；2—浇斗；3—结晶器；4—夹辊；

5—飞剪；6—锭坯

结晶器内套下缘内径是铸锭的定径带,其直径 $D$ 可由式 2-4-1 确定:

$$D = (d + 2\delta) \times (1 + \alpha) \tag{2-4-1}$$

式中 　$d$——铸锭名义直径;

　　　$\delta$——铸锭车皮厚度,取决于铸锭表面质量;

　　　$\alpha$——金属线收缩系数。

在内套外侧下端开一圈半圆形小孔,与外套一起构成二次冷却水喷孔。喷孔与锭轴线成20°~30°夹角。进水孔面积要比喷水孔总面积大15%~20%。结晶器内套应采用导热性和耐磨性较好的材料,壁厚8~10 mm,表面不平度平均高度值应为3.2~6.3 μm。有的需在内套表面镀以厚度为0.1 mm左右的铬。铜合金结晶器的内套常用紫铜、铜锰合金及石墨等,铝合金则用2A50及2A11等锻坯加工而成。外套多用铸铁或锻铝。结晶器的高度对铸锭质量有重要影响。铝合金结晶器高度在100~200 mm内,铜合金多在150~300 mm内。在不产生裂纹前提下,一般应尽可能选用短结晶器。

铸造管坯用的结晶器,只需在圆锭结晶器内加一水冷芯棒即可,如图2-4-9所示。其长度和内套等长或稍短,外侧下端开有与锭轴线成30°角的喷水孔一圈。为防止冷凝收缩抱住芯棒,须将芯棒做成1:14~1:17的锥度。锥度大小,易使管坯内表面产生裂纹,而锥度过大,易产生偏析瘤等缺陷。

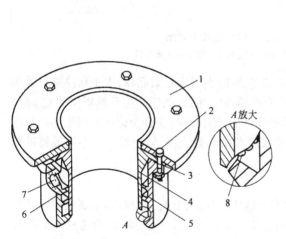

图 2-4-8　圆锭结晶器示意图

1—上盖;2—螺栓;3—密封圈;4—内套;5—外套;
6—螺纹筋;7—进水口;8—喷水槽

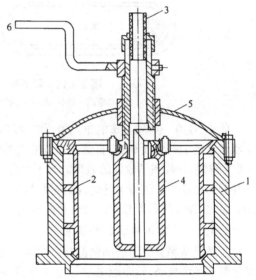

图 2-4-9　铸造管坯结晶器示意图

1—外套;2—内套;3—水管;4—芯棒;
5—芯棒支架;6—芯棒转动装置

铜、铝合金常用的扁锭结晶器,分别见图2-4-10及图2-4-11。铜合金扁锭结晶器多做成整体式,其刚度和散热面积较大,由纵横相连的钻孔构成冷却水路。H62等黄铜扁锭用的结晶器呈腰鼓形,以免扁锭宽面中部变凹形。铸造紫铜大扁锭用的结晶器采用石墨作内衬时,铸锭表面质量好,不用铣面即可进行轧制。硬铝系合金扁锭用结晶器两端做成圆弧形,宽面中部也带稍向外凸的弧形,两端窄面内套下部带有切口;软铝合金用的扁锭结晶器窄面也有切口,只是切口比硬铝小些。

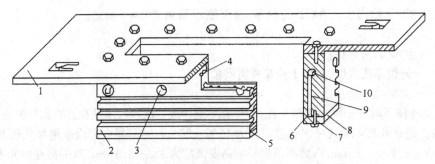

图 2-4-10　铜合金扁锭用结晶器示意图
1—盖板；2—内套；3—进水孔；4—进油孔；5—密封垫；6—喷水孔；
7—螺栓；8—托板；9—水道；10—横水道

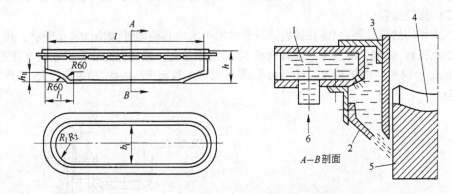

图 2-4-11　硬铝系合金扁锭用结晶器示意图
1—水箱；2—挡板；3—结晶器内套；4—托座；5—铸锭；6—进水口

此外，还有一些较特殊的结晶器，如"拉红锭"工艺用的小喷水角结晶器，用于易热裂且易生层状断口的 HPb59-1 铸锭；自然振动工艺用的内套带槽沟结晶器，用于易生反偏析瘤的 QSn6.5~0.1 铸锭，均收到了较好的效果。为了细化晶粒和降低热裂倾向，镁合金铸锭常用带电磁感应搅拌器的结晶器。浇铸大锭时，感应搅拌器装置宜放在结晶器上面，铸小锭宜放在结晶器的外围。总之，设计结晶器必须结合合金的铸造特征。

### 2.4.2.4　熔体转注及节流装置

金属液从保温炉输送到结晶器去的全过程称为熔体转注。在转注过程中，金属液要保持在氧化膜下平稳流动，转注距离应尽可能短，否则，二次氧化渣及气体混入熔体，会造成夹渣和气孔。漏斗用于合理分配液流和调节流量，影响液穴形状和深度、熔体流向及温度分布、铸锭表面质量及结晶组织。图 2-4-12 和图 2-4-13 是几种常用漏斗及液流自控装置。铝合金温度低且温降较慢，利用石棉压制的浮塞，便可实现简便的自动节流（图 2-4-12）。铜合金温度高且温降快，要用不易黏结铜的石墨作塞棒、注管等，依靠调节塞棒上下的距离来控制流量，如图 2-4-13 所示。但石墨塞棒易氧化，破断及使用寿命短。镁合金熔体在转炉或转注过程中，更易氧化生渣，宜采用密封性好的电磁泵、离心泵或虹吸法进行转运。

### 2.4.2.5　熔体保护及铸锭润滑

熔体的保护，关系到铸锭的表面质量及最终的夹渣量。铝合金熔体表面的 $Al_2O_3$ 膜有保护作用。铜、锌、镁及多数合金的氧化膜一般都无保护作用，特别是高锌黄铜及镁。铸造高锌黄铜时，由于锌的蒸气雾阻碍视线，往往看不清模内或结晶器中液面水平，给操作者带来困难，同时会给铸锭造成表面及内部夹渣。为此,对熔体的转注及浇注均应进行保护。保护剂分为气体、液体和固体三种。气体保护剂有氮气、煤气、$SO_2$ 气、$SF_6$ 气及铁模用各种挥发性涂料所产生的气体。保护气体在熔体表面形成还原性或中性气氛,防止空气与熔体接触氧化,但须控制其中氧及水气含量。固体保护剂主要有炭黑、烟灰等。这些保护剂多有污染环境、不利健康等缺点,一般不宜采用。近年来,研制了一些液体保护剂,如铝黄铜用的 84NaCl-8 KCl-8 $Na_3AlF_6$ 液体熔剂,铝青铜用的 $Na_3AlF_6$-$Na_4B_2O_7$。最近研制的硼砂液体熔剂,其熔点低,不用事先熔化,只需烘干去水,流动性好,没有烟气,使用方便,可减少冷隔,改善铸锭表面质量,细化表层晶粒,几乎所有的铜合金都可使用。

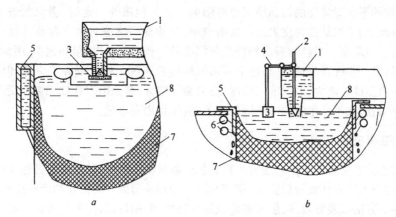

图 2-4-12 铝合金常用自控节流装置示意图
a—圆锭用;b—扁锭用
1—流盘;2—控制阀;3—浮塞;4—杠杆;5—结晶器;6—喷水管;7—铸锭;8—液穴

此外,为了减少铸锭与结晶器间的摩擦阻力及机械阻力所造成的裂纹,改善铸锭的表面质量,延长结晶器的使用寿命,必须对结晶器进行润滑。润滑剂有油类、炭黑、石墨粉等。石墨是一种自润、耐磨、耐蚀的润滑剂,用作铸造紫铜扁锭结晶器内衬,效果良好。用炭黑及鳞片石墨粉作润滑剂,可黏附在结晶器上形成缓冷带和润滑层,可减少拉锭阻力。铝合金、铜合金半连铸时,均可用油润滑结晶器壁。油能润滑和黏附结晶器壁,但挥发点要高,挥发物含量不宜过多,不含水和硫等有害物质。

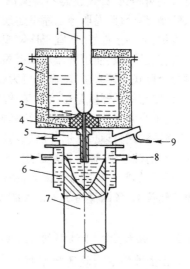

图 2-4-13 铜合金熔体节流及保护装置示意图
1—塞棒;2—保温炉;3—石墨锥;
4—浇管;5—保护气体罩;6—结晶器;
7—铸锭;8—进水口;9—保护性气体

### 2.4.2.6 立式连铸的技术特点

在合金和铸锭工艺一定时,连铸过程的基本特点是:液穴形状及深度、固液两相共存的过渡带、结晶方式及组织三者基本不变。这三者将对铸锭性能产生重大影响。液穴的形状及深度主要与合金性质及工艺条件有关。在铸锭工艺条件相同时,液穴深度取决于合金的性质。合金的导热性好、结晶潜热、比热及密度小,熔点高,则液穴浅平。在合金一定时,液穴深度随浇速、浇温和铸锭尺寸增大而加大。

过渡带与合金性质及铸锭工艺条件也密切相关。当其他条件相同时,结晶温度范围宽且导热性好的合金,其过渡带较宽。在合金一定时,过渡带尺寸随冷却强度增大及结晶器高度减少而减小。反之,随浇温浇速增大及冷却强度减少而增大。此外,加大结晶器高度和浇速,会使铸锭周边部分的过渡带扩大。结晶器的锥度及供流也有影响。

液穴和过渡带尺寸增大,会促使铸锭周边组织疏松、气孔、偏析和粗化晶粒,降低强度和塑性。在二次水冷强度较大时,液穴过深会促进中心裂纹甚至出现通心裂纹。当连铸大规格高强度合金锭时,最不易解决的裂纹、缩松和偏析等问题,都与液穴深和过渡带宽有关。

此外,液穴的形状对铸锭的结晶组织也有影响。当其他条件一定时,浇速愈快、结晶器愈短或金属液面愈低,则平均结晶速度愈大。实践表明,尽管提高浇速对生产有利,但结晶速度和浇速的增加都有一定限度。当浇速提高到使液穴深度等于铸坯半径时,结晶速度、组织和性能都达到了较高水平;进一步提高浇速,从理论上可以加快结晶速度至接近或等于浇速,但在实际上不仅结晶速度不再呈线性增大,而且液穴加深,应力裂纹增大,结晶组织和性能都会变坏。因此,对于浇速应特别重视,在不产生裂纹等缺陷前提下,应尽量用高浇速。

### 2.4.3　卧式连铸技术

卧式连铸也称水平连铸或横向连铸。在有色金属材料生产中,卧式连铸是近 30 年来重大技术进展之一,是引人注目和发展较快的一项新技术,特别是薄而小的锭坯的连铸连轧技术。

卧式连铸的方法及装置较多,形式多样且各有特色,专用性强,一般分为板带坯水平连铸、管棒坯水平连铸、线坯连铸连轧。按结晶器结构和工作原理不同,又有固定模和动模连铸之分,动模连铸机又分为双轮式、双带式及轮带式三类。下面将分别予以介绍。

与立式连铸相比,卧式连铸不需要高大厂房和深井,设备较简单,投资少,上马快。易将熔炼、铸锭、轧制、热处理、卷取等工序组建成连铸连轧生产线,实现自动化生产。设备水平布置便于操作和维护,劳动条件好,适宜于连铸规格较小的板、带、棒、线坯等,且锭坯质量较好,力学性能较高。但存在结晶器使用寿命短和石墨耗用量大,润滑不良时难以保证铸锭表面质量等问题。这对于铜合金卧式连铸来说,就显得更为突出。此外,由于受到重力收缩的影响,铸锭上表面会下陷,下表面则与结晶器壁紧密接触,铸锭断面温度不匀,组织也不均匀。在铸锭速度不平稳时易泄漏,工艺不当时常易出现横向裂纹等缺陷。尽管如此,对直径小于 150 mm 圆锭及薄截面扁锭,用卧式连铸法最为理想。国外已成功地应用此法铸造大截面铸锭,并正在大力推广应用。西方国家加工用的锭坯中,连铸锭坯已达 75% 以上,预计今后 90% 以上的有色金属锭坯将采用连铸生产。对易于热轧开裂的合金锭坯,将普遍推广水平连铸法。近来,对于开发有色金属水平连铸及连铸连轧技术,各国都给予了很大的关注,并在进一步扩大试验与生产规模,完善设备和工艺条件。

#### 2.4.3.1　铝合金水平连铸的技术特点

**A　铝合金圆锭水平连铸技术特点**

水平连铸圆锭的特点之一是结晶器固定在保温炉侧面上,构成由保温炉到结晶器一个密封的浇注系统,如图 2-4-14 所示。在浇注过程中,熔体不与大气接触,可免除氧化生渣和气体混入锭坯。其次,水平连铸铝圆锭的结晶器短,其有效长度(即结晶区)只有 10～30 mm,故锭坯表面质量良好,不车皮即可进行连轧,经济效益高。再次,由于水平连铸可适当降低浇温并提高浇速,故生产率较高。如直径 100 mm 的铝锭水平连铸时、浇速可由立式连铸的 150～160 mm/min,提高到 220～250 mm/min,直径 110 mm 的 LY12 圆锭,可由 120 mm/min 提高至 160～180 mm/

min,且铸锭的力学性能有所提高。实践证明,铝合金水平连铸的基本规律,即液穴形态与铸锭工艺参数等关系,与立式连铸的基本相同,只是液穴底部的位置偏离了铸锭轴线;同时,铸锭上部熔体滞后凝固现象也较明显。当冷却条件不变时,浇速大或浇温高,液穴深度和滞后凝固的距离也加大(图 2-4-14$b$)。随着浇速增大,液穴底部偏离锭坯轴线的距离减小。这是因为铸锭在自重作用下,其下部表面与接触器壁接触紧密,冷速较大;而上部与结晶器壁间有空隙,冷速较小,故导致上部滞后凝固。这是造成锭坯上下结晶组织不匀的主要原因。

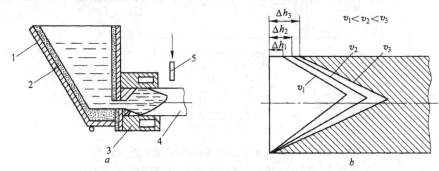

图 2-4-14　水平连铸铝锭($a$)及液穴滞后凝固($b$)示意图
1—保温炉;2—内衬;3—结晶器;4—铸锭;5—二次冷却水管
$v$—浇速;$\Delta h$—滞后凝固

水平连铸的另一特点是必须使用石墨内衬和导流喇叭碗。石墨内衬起减摩和润滑作用。为此,作内衬的石墨要用细密的热解石墨,内衬表面要磨光和有渗透润滑油的孔道。这是因为石墨内衬仅在开始一段时间内,能保证得到良好的铸锭表面质量。以后随着金属蒸气沉积物和其他夹杂物黏结在石墨内衬表面上,增大了摩擦阻力,降低了传热速度,易使铸锭表面凝壳变薄。冷却速度减慢,促进晶间裂纹和横向裂纹。因此最好在石墨内衬外面设有油路,使之形成自动润滑系统。在一定压力下,润滑油能通过内衬上的油路,渗透到结晶带的气隙中去起润滑作用,达到润滑减摩和防止拉裂,改善铸锭表面质量的目的。

为了防止结晶器内熔体液穴的偏离及其带来的不利影响,均匀结晶组织和改善铸锭质量,一般在结晶器的前端嵌入带导流孔的喇叭碗,如图 2-4-15 所示。这是由于熔体的热量主要由结晶器下部导出,为均衡结晶器温度分布和均匀冷却,使熔体能平稳地流进结晶器,一般多从喇叭碗的下半部以片状导流孔导入熔体。这样能较合理地分配液流,造成大体均匀的结晶条件,防止结晶器内底部熔体的温降过大,故对铸锭的表面质量有利。喇叭碗宜选用保温性、热稳定和耐金属液热蚀性好的材料。

结晶器长度多在 50～100 mm 内,结晶带长大至 10～30 mm。结晶带过长,摩擦阻力大,液穴内熔体可使气隙处的凝壳重熔,促进裂纹和偏析瘤的形成;反之,结晶带过短,可减少拉裂,但凝壳太薄,易造成漏铝。由于结晶器短,一般不要锥度或稍带斜度即可。喇叭碗表面要光滑,与内衬接触处要紧密,导流孔深度不宜太大。

　　b　铝合金扁锭连铸的技术特点

用固定模进行水平连铸扁锭的技术特点,基本上和水平连铸圆锭一样,不再赘述。目前,不仅铝合金广泛使用各种动模连铸法,铜、锌及其钢板带坯也在推广应用这种连铸法。采用连铸机与连轧机组成连铸连轧生产线生产铜、铝板、带、线坯,比沿用旧法具有明显的优点:从熔体连铸连轧成板、带、线材,性能均匀,可节省二次加热锭坯的能耗,减少氧化和酸洗损耗与时间,切头切尾少,成品率和生产率高,成本低。因此,目前各厂都在争先研制连铸连轧设备,并出现多家联合制造连铸机列的情况。20 世纪 80 年代以来,在连铸连轧技术方面每年申请的专利约在 450

项以上,如加宽加厚铸锭使适合连续轧制,用惰性气体保护熔体,自控整个生产过程,以提高材料质量和技术经济指标等。现已用这些新设备新工艺生产出电池壳用锌合金带材,造币用铜合金带材,汽车轴承用铝锡合金带材及饮料罐用铝带材等。

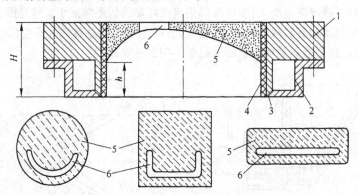

图 2-4-15　铝合金水平连铸用结晶器、喇叭碗示意图
1—内套;2—外套;3—喷水孔;4—石墨内衬;5—喇叭碗;6—导流孔

直接用金属液连铸成材的研究工作,早在 20 世纪初就进行过,直到 50 年代才初见成效并开始用于生产。第二次世界大战后,由于线、带材的需求量增大,仅靠机械加工法生产是满足不了要求的,这便促进了连铸连轧机列的发展。20 世纪 40 年代末,Properzi 两轮轮带式连铸机问世,并铸出了铝线坯。20 世纪 50 年代相继开发应用了 Hunter 两轮连铸机下注法,铸出了薄铝板坯。其后不久,就出现了水平浇注的 3C 式两轮连铸机,及大同小异的 Alusuisse Ⅰ 型、Harvy 和 Con-quilard 式两轮连铸机。另外,Hazelett 双带式连铸机于 1956 年研制成功。不久 Alusuisse Ⅱ 型及 Hunter-Douglas 双履带式连铸机也相继问世。轮带式连铸机主要用于铸铜、铝线坯生产;双轮式及双带式连铸机则主要用于连铸薄板、带坯。对于年产 3～10 万 t 单一的铝合金板带材的大型企业,采用 Hazelett 连铸机列较为有利;而年产 1～3 万 t 的中小型工厂,则用双轮式连铸机较为合适。这些连铸机的工作原理图见图 2-4-16。

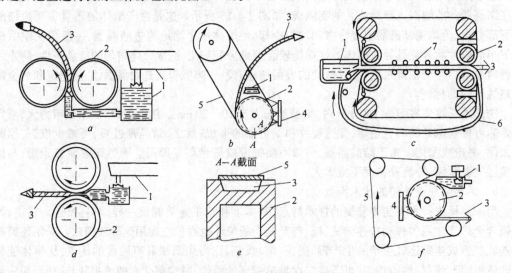

图 2-4-16　几种典型动模连铸工作原理图
a—Hunter 底注法;b—Properzi 连铸法;c—Hazelett 水平连铸法;d—3C 法;e—轮带模断面;f—Mann 法
1—浇斗;2—轮模;3—锭坯;4—冷却水;5—钢带;6—侧链;7—支撑辊

双连式连铸机是较简单而实用的铝带坯连铸机之一。其连铸机列工艺过程见图 2-4-17,此法的技术特点是:金属液在熔体静压力作用下,由双轮下面或侧面浇入相对旋转的水冷辊缝中,被迅速冷凝成坯,并被咬入而受到少量变形,即热轧成一定厚度的带坯,经矫直剪边再卷取。关键是带坯内的液穴深度要严格控制,须与浇斗中熔体水平相适应。当液穴深度过短时,即金属液刚接触辊面便已凝固,到通过辊缝只有部分金属经受热轧;当深穴深度过长,咬入辊缝中的液穴尚未凝固,则加工率太小。一般宜在较小液柱静压差下,使液穴刚凝固便进入辊缝中,可得到较大而均匀的变形、表面光洁平整的带坯,且省能,减少几何废品。但适应此法的合金品种有限,操作水平要求较高。现已用此法生产了宽 600~2000 mm、厚 6~12 mm 的铝及铝合金带坯,可用来轧制铝箔等。

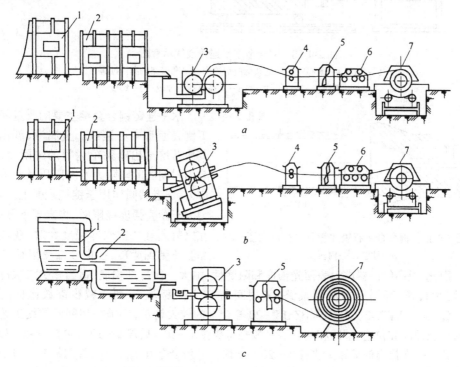

图 2-4-17 双轮式连铸机工艺过程示意图
a—下注式;b—倾斜式;c—水平式
1—熔炉;2—保温炉;3—双轮连铸机;4—导辊;5—剪切机;6—矫直机;7—卷取机

双带式连铸机是由上下两条钢带和两条侧链组成动模,熔体从一端用浇斗注入,随着钢带向前移动,在水冷钢带的冷却下,带坯由另一端脱模出来,经导辊送到轧机机列上加工成材。它和双轮式连铸机列一样,已有多种型号,可用以生产锌、铝、镁、铅、铜和钢的板带坯,也可连铸型、棒及线坯。板带坯最大截面达(600~2500) mm×(50~100) mm。成品率和生产率高,一般偏析小,表面光洁。

#### 2.4.3.2 铜合金水平连铸技术特点

A 铜合金水平连铸工艺要点

铜合金水平连铸装置如图 2-4-18 所示。与铝合金水平连铸不同之处是铜合金水平连铸须用较长结晶器和间断拉锭制度。同时,结晶器内衬及浇注系统均采用石墨制品。石墨内衬及浇管见图 2-4-19。石墨制品表面均须光洁,浇注前要涂以含石墨粉的耐热脂,且须充分预热到发红。实践表明,炉头温度高低和浇注系统的温度及润滑,是铜合金水平连铸能否顺利进行的关键之一。

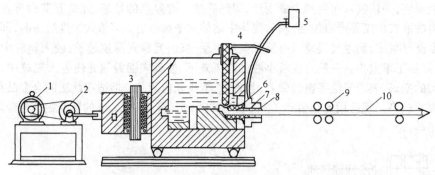

图 2-4-18　铜合金水平连铸装置示意图
1—马达;2—偏心轮;3—工频感应炉熔沟;4—塞棒;5—润滑油罐;
6—石墨注管;7—石墨内衬;8—结晶器;9—导辊;10—铸锭

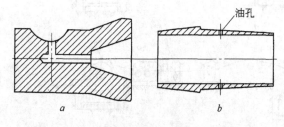

图 2-4-19　铜合金用石墨注管及内衬示意图
a—注管;b—内衬

水平连铸铜合金锭主要的质量问题是下侧表面和中心裂纹。金属液、氧化渣及其他易熔渗出物黏附内衬的黏附力,铸锭与内衬间的摩擦阻力及与阻碍其收缩的拉应力,三者共同作用于锭坯凝壳上,当拉应力大于凝壳强度极限时,将出现下侧裂纹。在拉速大且二次水冷强度大时,液穴在结晶器外受到激冷,径向收缩受阻而产生中心裂纹。因此,提高结晶器内衬表面光洁度和耐磨性,加大一次冷却强度,适当减少二次冷却强度,适当增大拉速,利用压力润滑油路,采用间断拉锭制度,均有利于减少裂纹倾向。例如 HSn70-1、QSi3-1、HAl77-2、QBe2.0、BZn15～20 等合金的较大铸锭,必须采用间断拉锭工艺。拉和停的时间长短应和拉速、节距相配合。一般是每次拉 1～10 s 后停 1～10 s;再拉,再停,如此周期性地拉铸。每次拉出的节距大多在 5～20 mm 内。上列合金宜 $t_停 > t_拉$,否则易裂。对于不易拉裂的合金,如 QSn6.5-1.0 及 H62 等,可用 $t_拉 > t_停$。在间断拉锭过程中,若发现裂纹,宜及时调整停拉时间及节距,也可临时停拉半分钟后再拉。

铜合金水平连铸中,也常采用振动拉锭法。振动拉锭效果取决于其振幅和频率,对不同合金应采用不同的振幅和频率。链条振动是改善小铸锭表面质量的有效方法。这种振动是单向的而非往返运动,每次振动都有短暂的间断,即铸锭的运动每次都是从零开始,并在很短时间内达到正常速度。与结晶器振动相比,它减少了铸锭与石墨内衬间的摩擦,因而更有利于改善锭坯的表面质量。振动频率约 20～300 次/min,振幅为 2～10 mm。

在水平连铸铜合金圆锭中,两种拉锭法都在使用。实践表明,在拉、停时间、拉速、节距、浇温及冷却强度等配合得当时,可得到较稳定的连铸过程和良好的铸锭质量。对于易于偏析结疤、拉裂、直径较大的合金圆锭,采用间断拉铸法较为合适。振动法只适合于不易拉裂且直径较小(一般 $\phi \leqslant 100$ mm)的简单黄铜和部分锡磷青铜棒坯。

　　B　影响铜合金水平连铸坯质量的因素

铜合金水平连铸坯质量的好坏主要与拉锭工艺制度、结晶器内衬材质、润滑、冷却强度与合金性质等因素有关,关键是防止裂纹。从水平连铸坯的成形过程看,间断拉锭的方法能得到较强较厚的凝壳,使拉锭时不易被拉裂。可见,拉、停时间的长短及相互配合显得十分重要。在别的条件一定时,停的时间长则凝壳厚,拉的时间也可长些,节距较长。但节距长阻力大,易拉裂且缩短内衬寿命。反之,停的时间短,凝壳短薄,拉锭阻力较小,拉力也小。拉的时间和节距较短,不易拉裂且表面质量较好,石墨内衬寿命较长,但易拉漏。因此,拉和停的时间不宜过长和太短,应与拉速、节距配合好。一般在不漏不裂的前提下,应尽量快拉,使拉出结晶器时,锭坯表面呈暗红色。节距一般不超过 20 mm。节距宜短不宜长。由于凝壳在每拉一次和停一次时,断裂一次和连接一次,而且这种新老凝壳表面被拉出结晶器时氧化的温度不同,故形成表征节距的环状斑纹色泽也不同。

振动的作用是防止氧化渣及凝固金属黏附在石墨内衬上,减少摩擦力及拉锭力,从而降低拉裂倾向。对不同合金和直径的锭坯,振动频率和振幅的影响有所不同。导热性和强度较高的合金小锭,振幅宜小,频率可高些;导热性和强度较低的合金大锭,宜用较低频率和较大振幅,一般振动频率的变化范围较大,其影响也较大;振幅的变化较小,其影响也较小。振动频率高且振幅大时,易使黏性状态的凝壳破裂,造成晶间裂纹,故两者应相互配合。在实际生产中,由于机械振动频率的变化很有限,故振动连铸法对裂纹的防止作用不如间断拉锭法好,一般较适合于抗裂性好且规格小的锭坯。

其次,结晶器的长度、内衬材质及润滑剂,是影响摩擦力的重要因素。铜合金水平连铸结晶器的长度多在 100~250 mm 内,长结晶器可适当提高浇速;短者阻力小,锭坯表面质量好。要减少摩擦力必须选用质硬细密的热解石墨,内衬要加工到表面不平度平均高度值为 3.2~6.3 μm 之间。容易氧化生渣的铜合金一旦润滑不良,便会氧化生渣并黏附在内衬表面,增大摩擦阻力,促进拉裂并降低内衬寿命。因此,卧式连铸高锌黄铜时,润滑好坏是影响锭坯表面质量的主要因素。一般选用挥发物较少且挥发点较高的菜籽油、蓖麻油或变压器油做润滑剂。润滑油的输送系统要设计好,油要适量及时地送到结晶带去。此外,结晶器在拉锭方向稍扩大锥度也有好处。

再次,浇温和冷却强度也有影响,浇温低,易冷隔和拉裂;浇温高,易拉漏,但表面质量好。冷却强度以锭坯拉出时表面呈暗红色且不裂为好。一次水压过大,会使结晶区往炉口方向移动,易于拉裂;水压过小则易漏。二次冷却水压以保持拉红锭且不产生中心裂纹为度。显然,在不产生裂纹前提下,采用较高水压有利于提高拉速。

水平连铸的拉速和生产率尚待进一步探索提高。一般认为,提高拉速将会增加拉裂倾向。对 QSn4-3、QSn4-4-2.5 及 QSn6.5~0.1 等合金棒坯,可用较小的冷却强度来提高拉速,因为这些合金的易熔共晶在结晶带中是不会凝固的,还会附着于铸锭表面成为良好的润滑剂,因而在适当提高拉速时反而不裂,这就是水平连铸上述青铜等合金锭时好拉的原因之一。一般认为,采用小节距和较高频率的变速拉锭法,既可改善表面质量,也可提高拉速和石墨内衬寿命。采用双轮式或轮带式连铸机连铸铜合金板带坯时,也能提高拉速,生产率较高,正在完善和推广应用中。

### 2.4.4 其他铸锭新技术

#### 2.4.4.1 热顶铸造技术

铸锭常因各种表面缺陷而不得不进行铣面或车皮,此项工序金属损失可达锭重的 5%~7%。表面缺陷的产生主要与熔体二次氧化生渣、铸锭时气隙的形成、铸锭同模壁接触摩擦、浇温过低等因素有关。为得到表面光洁的锭坯,近年来开发了一些新技术,而热顶铸造法便是其中的一项。

热顶铸锭技术首先是由法国人 G. Trapied 研制出来的。在水冷结晶器的上壁放置保温耐火内衬,以免熔体过多过早损失热量,缩短熔体到达二次水冷处的距离,使凝壳早受水冷,可减少形成冷隔、气隙及反偏析瘤等倾向。后来又在结晶器上装置用绝热材料做的流槽和保温帽,使熔体进入结晶器时没有落差,能更平稳地进入结晶器,这样做既有效地减免了夹杂和气体混入熔体中,又能使结晶器上部的熔体减少热损和保持较高的温度,因而可得到表面光洁的锭坯。

热顶铸锭的特点:结晶器中有效结晶区高度变小,二次直接水冷作用加强,消除了传统的半连铸法产生空气隙的坏作用,铸锭表面质量有显著提高;一次和二次冷却紧密衔接,增大了冷却速度,铸造速度比传统的半连铸法提高 10% ~ 20%。淘汰了传统的流盘、流管、浮漂漏斗等工具,没有金属流落差,减少了夹杂、气孔等缺陷,提高了铸锭的内部质量。结晶器上部保温性能好,允许较低的铸造温度,铸锭的结晶组织细小均匀,偏析小,操作简单,生产效率高。同时解决了半连铸法不能铸造小直径锭的生产问题。下面介绍几种典型的热顶铸造方法。

A　普通热顶铸锭

图 2-4-20 为普通热顶铸造示意图,在结晶器的上部用轻质保温材料制成一贮槽,与流槽相连。在贮槽中,熔体稳定液相线温度以上,熔体不发生结晶,此即所谓"热顶"。其下部有高纯石墨套,对铸锭起成形和定径作用,同时也有一定的润滑作用。铸造时,贮槽内的熔体水平与流槽内熔体处于同一水平。热顶铸锭技术在我国已广泛应用,图 2-4-21 是国内圆锭生产中采用的普通热顶结晶器的构造。

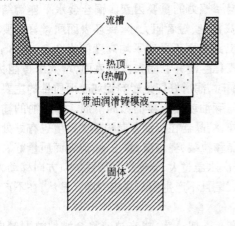

图 2-4-20　典型的热顶铸造示意图

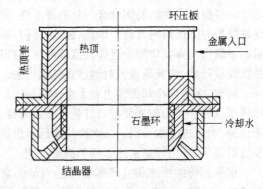

图 2-4-21　普通热顶结晶器

B　同水平热顶铸锭

同水平多模热顶铸锭是在普通热顶铸锭工艺的基础上,用一统一的供流分配盘将一些热顶结晶器连接起来,使各结晶器内的金属液面都与分配盘中的金属液面处于同一水平高度,并受其控制。整个熔体转注过程全为同一水平,构成一个大液面,不存在任何落差,且在保温密闭下进行。同水平热顶铸造一次可铸造出 16 ~ 120 根。

美国 Wagstaff 公司的 Maxicast 圆铸锭同水平热顶铸造技术,在世界上得到广泛应用。该工艺采用油压翻立盖板,流盘与炉口液面同水平,流盘下流式全封闭进入铸模。Maxicast 热顶结晶器如图 2-4-22 所示。结晶器本体由铝合金制成,内嵌有高纯石墨环,润滑油供给系统将一定压力的花生油输入到石墨环背后,油自动渗入内表面实现自动润滑。保温帽由马尔耐特材料制成,具有保温绝热性能好,热胀系数小、抗裂性强、密度小、不粘金属,加工速度高等优点。冷却水通过分水环进入结晶器形成均匀圆形水帘式冷却水孔。底座自动对位设计,保证了铸锭的内部及表面质量。

C  气压热顶和气滑热顶铸锭

以上两种铸锭方法,都是液态金属与锭模(结晶器)先接触后凝固成形。这种金属与模壁的接触,虽然热顶铸造得到一定改善,但是由于上流导热距离不易准确控制仍会产生特有的表面波纹和反偏析。

20世纪70年代,日本昭和铝业公司(SAl-Showa Aluminium)研究成功气压(气体加压)热顶铸造,如图2-4-23所示。该法是在热顶帽和结晶器之间通入一定压力的气体,其压力正好与该处熔体静压力相平衡,在熔体和结晶器之间形成气隙(气垫)。熔体依托于此气隙下滑凝固成形。从而明显减少了结晶器的接触导热(一次冷却),使锭坯表面光滑,激冷层浅,内部结晶组织也有改善。与普通热顶法相比,冷隔减少了5/6,偏析层减薄了2/3。气滑热顶与气压热顶的区别在于结晶器中嵌入一微孔石墨环(图2-4-24),油、气通过石墨环的孔隙渗出,形成气隙支撑熔体下滑连续凝固成形,可生产优质表面的锭坯。

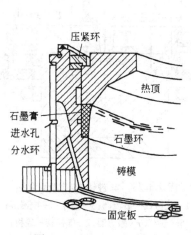

图 2-4-22  Maxicast 铸模

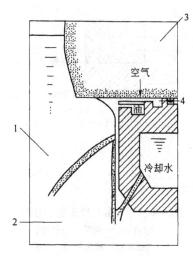

图 2-4-23  气压热顶铸造示意图
1—铝熔体;2—铸锭;3—热顶;4—气隙

气压与气滑铸锭,可生产高质量的锭坯,代表了当代先进的铸锭方法。但是,铸锭时对气压变化较敏感,所以需要精确控制气压;多孔石墨环消耗快,费用高,另外铸造技术含量高,不易掌握。

2.4.4.2  电磁铸造技术

电磁铸造技术是利用电磁感应器产生的电磁推力限制金属液流散,并在金属液表面张力及氧化膜的保护下,内受电磁搅拌外受直接水冷作用而冷凝成锭的。电磁铸锭法的特点是:在铸锭过程中,金属液主要靠电磁力成形,不与磁场内的一切工具接触,无一次水冷,只有二次水冷且冷却强度大;锭坯下降时无接触摩擦,液穴浅平且受电磁推力而旋转。铸锭组织细密,枝晶臂间距较小;偏析度小,力学性能高。表面质量好,不需车皮便可加工,成品率高。这对需要包覆的铝合金扁锭,要车皮的大圆锭,作型材、模锻件及使用性能要求高标准的锭坯,采用电磁铸锭法有明显的效益。但须增加设备投资,在更换铸锭规格时磁场工具也得换,其电耗较高。

此法目前主要用于半连铸铝合金圆锭和扁锭。铝合金空心锭及铜合金锭的电磁连铸,尚在进一步完善中。最近,由于自动控制了熔体温度、浇速、水压、液柱高度等参数,生产更为稳定,废品率大为降低,且能一次多根锭坯同铸,经济效益可观。

A  电磁铸锭的原理

电磁铸锭装置如图2-4-25所示。它是用产生电磁场的感应器、磁屏及冷却水箱等组成的结晶器。由左手定则可知,在感应器通以交流电时,其中金属液便会感生出二次电流。由于集肤效应,金属液外层的感生电流较大,并产生一个压缩金属液柱使之避免流散的电磁推力 $F$。依靠此力维持并形成铸锭的外轮廓。因此,只要设计出不同形状和尺寸的感应器,便可铸得各种与感应器形状相对应的锭坯。要得到所需尺寸的铸锭,关键是要使金属液柱静压力和电磁推力相平衡。感应器产生的电磁推力为:

$$F = K\left(\frac{IW}{h}\right)^2 \tag{2-4-2}$$

式中　$I$——电流;

　　　$W$——感应线圈匝数;

　　　$h$——感应器高度;

　　　$K$——系数,与电磁装置结构及尺寸、电流频率及金属电导率等因素有关的系数。

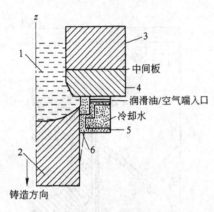

图 2-4-24　气滑热顶铸造示意图
1—铝熔体;2—铸锭;3—热顶;
4—石墨环;5—结晶器;6—气隙

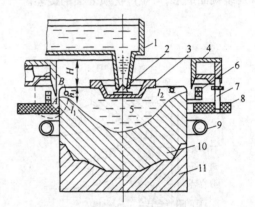

图 2-4-25　电磁铸锭装置示意图
1—流槽;2—节流阀;3—漏斗;4—电磁屏;
5—液穴;6—感应器;7—螺栓;8—盖板;
9—冷却水环,10—铸锭;11—引锭座

　　由于电磁感应器内壁附近的电磁推力最大,且沿铸锭高度方向不变,致使金属液隆起而形成液柱。但液柱静压力是随液柱高度而变化的。为了使液柱保持垂直形态,必须使其静压力与电磁力相适应,故在感应器上方加一电磁屏,使沿液柱高度 $h_1$(图 2-4-25)内各点的电磁推力等于各点液柱静压力,方可使液柱表面呈直立形状和保持固定的尺寸。可见,感应器的作用和结晶器相似,其形状决定了铸锭的形状,但尺寸还与金属液柱静压力与电磁力的平衡情况有关。因此,液柱静压力 $P$ 为:

$$P = h_1\gamma \tag{2-4-3}$$
$$h_1 = KI_1^2/(\gamma g) \tag{2-4-4}$$

式中　$h_1$——金属液柱高度;

　　　$\gamma$——金属液密度;

　　　$K$——与铸锭尺寸、金属电导率、电流频率等有关的系数;

　　　$g$——重力加速度;

　　　$I_1$——电流。

　　最近,日本利用金属液的表面张力和同时喷压缩气体的方法,代替感应器来与液柱静压力保持平衡而成形。其目的也是为了改善铸锭的表面质量。此种装置更简单,如图 2-4-26 所示。此法虽可节省投资与电耗,但铸锭尺寸较难控制。

　　B　电磁铸锭技术特点

　　由于液柱静压力随其高度上升而减小,但电磁推力却不按线性关系而减小,故液柱上部的电磁推力会大于液柱静压力,将使铸锭表面产生波浪甚至压缩锭径,故无磁屏时铸锭尺寸很难保证。外加电磁屏是由非磁性材料制作的,它具有15°锥度,起着抵消或屏蔽部分外加磁场强度的作用,使沿液柱高度方向上的电磁推力恰好与液柱静压力变化相适应,从而保持金属液柱呈尺寸一定的直立柱体形态。其次,磁场强度最大的感应器高度中心应与铸锭周边的固液界面处相重合,铸锭过程最稳定。锭子尺寸大,感应器高度也大。在确定金属液柱

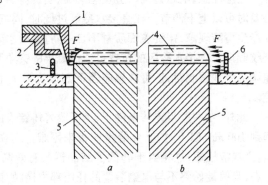

图 2-4-26　无结晶器铸锭法示意图

a—电磁式;b—空压式

1—磁屏;2—水箱;3—感应器;4—液柱;
5—铸锭;6—压缩空气喷管

高度时,须将固液界面处控制在感应器中部。因为固液界面位置偏高,则液柱水平降低;反之,液柱将增高。当电磁推力小于液柱静压力时,会造成波浪和漏液。

　　当液柱高度决定后,由式 2-4-4 可知,只要选定电流频率便可决定电流大小。频率合适时,不仅电效率高,而且细化晶粒效果好。电流频率与集肤电流渗透深度 $\delta$(cm)有关,一般 $\delta = \sqrt{2}d/20$,$d$ 为锭子尺寸(cm)。$\delta$ 决定后,可由下式确定电流频率 $f$(Hz):

$$f = 2.5 \times 10^7 \rho / (\mu \delta^2) \tag{2-4-5}$$

式中　$\rho$——电阻率,$\Omega \cdot$cm;

　　　　$\mu$——金属磁导率,H/cm。

　　可见,电磁频率和磁场强度与合金性质及铸锭尺寸有关。电流频率高,细化晶粒较好,易产生柱状晶及羽状晶的合金。小锭宜用较高频率。要结晶组织均匀,大锭宜用较低频率。当电流频率一定时,铸锭直径主要由感应器和磁屏直径、锥度及浇速等决定。在感应器和磁屏结构一定时,则在铸锭过程中保持恒定的磁场强度和液柱高度,并控制好固液界面位置及液穴形状,是得到均匀组织的基本条件。过大的磁场强度和搅拌作用,会破坏液柱表面氧化膜,混入锭内造成夹渣。适当地提高浇温和浇速是有益的。但浇温浇速过高,会增大裂纹倾向,并使铸锭组织和性能不均匀。浇速以提高到不产生裂纹和组织均匀为度。

　　由于电磁铸锭水冷较早,冷却强度较大,液穴中又有电磁搅拌作用,既能均匀成分和温度,又能使液穴浅平细化晶粒,故可提高浇速10%～15%,并提高浇温。同时,在周边凝固区感生涡流的加热和电磁搅拌作用下,使枝晶碎断而游离增殖,有利于铸锭中部同时凝固为较细匀的等轴晶粒;没有明显的反偏析瘤,尽管没能完全消除反偏析,但偏析层厚度大大减少,成分基本均匀,加上气孔、缩松等缺陷也有所减少,因而锭坯及加工产品的力学性能都较高。还应指出,提高浇速会减少液柱直径;降低浇速可增大液柱高度和直径,这说明液柱高度和浇速变化有调径作用,配合适当时可得到所需锭坯尺寸。在其他条件相同时,电磁铸锭能抗裂,但其热裂倾向仍随冷却强度增大而增大。通过调整合金成分和工艺参数可消除裂纹。在不产生裂纹的前提下,应尽可能提高浇速。浇速过低,由于液穴温度较低,电磁搅拌作用较差,影响枝晶破断增殖作用。对于热裂倾向大的合金,提高浇速要慎重。实践表明,采用 2500 Hz 的感应器铸造铝合金锭坯时,固液界面上部的液柱高度应控制在 25～35 mm 以内,在合理的浇温和浇速下,可得到细晶粒的结晶组织。

还应注意,电磁铸锭时应使感应器、引锭座、磁屏三者保持同心度。磁屏固定在冷却水箱上,必要时可以上下调节。在直接水冷区过低时,固液界面处于感应器下部,液柱增高,静压力增大,易产生漏液现象,铸锭表面质量不良;当直接喷水处过高,固液界面升高,会增大铸锭周边的应力裂纹倾向。直接水冷区的位置可通过磁屏的锥角和浇速来调节;但在磁屏锥角及位置一定且浇速调节受到限制时,还可在感应器下部设置可上下移动的喷水管,也有助于固液界面位置的调控。

此外,在一般半连铸条件下,为了改善铸锭表面质量必须降低结晶器高度,但在结晶器高度降到 100 mm 以下时,就会给操作带来困难。而在电磁铸锭时,直接水冷处至固液界面的距离短,金属液柱短,这相当于降低了结晶器的有效高度。一般固液界面至水冷处的距离约 50 mm 左右,且铸锭始终不与电磁装置的任何部位接触,铸锭表面不会出现温度回升,即使浇速较慢,也不致形成冷隔和反偏析瘤。对某些合金电磁铸锭而言,锭坯表面质量还与其表面氧化膜的性质有关。实际上,表面氧化膜在一定程度上起着部分锭模的成形作用。因此,添加少量能改善合金表面氧化膜性状的元素,对铸锭表面质量是会有益的。漏斗要用非磁性材料制作,以免使漏斗偏向一侧而造成短路和漏液,影响铸锭表面质量。

总之,电磁铸锭过程中,固液界面应始终保持在感应器中部位置,感应器产生的磁场应与金属液柱高度相适应,磁屏对磁场的局部屏蔽,直接水冷处的位置及冷却强度,浇温和浇速的调控,是控制电磁铸锭过程和铸锭质量的关键因素。对铸锭周边的薄层偏析、应力裂纹、夹渣等缺陷与磁场强度、电流频率及磁屏结构等的关系,尚待研究。

### 2.4.4.3　O.C.C.连铸技术

O.C.C.连铸技术即大野式连铸技术,是 Ohno Continuous Casting 的缩写,是该技术的发明人,日本学者大野笃美根据自己的名字命名的连铸技术。该方法通过对铸型加热,避免了合金液在铸型表面的凝固。凝固过程释放的热沿已凝固的固相一维传导,从而凝固过程按定向凝固的方式进行。

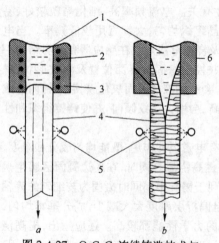

图 2-4-27　O.C.C.连续铸造技术与传统连铸技术凝固过程的比较
a—O.C.C.连铸技术的凝固方式;
b—传统连铸技术的凝固方式
1—合金液;2—电加热器;3—热铸型;
4—铸锭;5—冷却水;6—冷铸型

O.C.C.法的导热条件是连续生产定向凝固及单晶材料的理想传热方式,并在铝及铜的单晶线材连续生产中获得成功。

O.C.C.连铸技术与传统工艺的区别在于其铸型是加热的,而不是冷却的。

传统的连铸过程铸型同时起到结晶器的作用,合金液先在铸型的激冷作用下凝固,并逐渐向中心生长,如图 2-4-27b 所示。因此,在最后凝固的铸锭中心容易产生气孔、缩松、缩孔和低熔点合金元素与杂质元素的偏析,同时已凝固的固体与铸型之间有较大摩擦力。

而 O.C.C.法连铸过程中铸型温度高于合金液的凝固温度,铸型只能约束合金液的形状,而不会在其表面发生金属凝固,其凝固方式如图 2-4-27a 所示。凝固过程的进行是通过热流沿固相的导出而维持的。凝固界面通常是凸向液相的,这样的凝固界面形态利于获得定向或单晶凝固组织。此外,O.C.

C.法连铸过程中固相不与铸型接触,固液界面是一个自由表面,在固相与铸型之间靠合金液的界面张力维持着,因此不存在固相与铸型之间的摩擦力,并且牵引力很小。

由于O.C.C.法依赖于固相的导热,适合于具有大热导率的铝合金及铜合金,且对铸锭尺寸有一定限制,它只适合于小尺寸铸锭的连续铸锭。

O.C.C.技术的特点在于:

(1)满足定向凝固的条件,可以得到完全单方向凝固的无限长的柱状晶,对其工艺进行优化控制使其有利于晶粒的淘汰生长,则可实现单晶的连铸铸造。

(2)由于O.C.C.法固相与液相之间始终有一个液相隔离,摩擦力、牵引力均小,利于进行任何复杂形状截面型材的连铸。同时,铸锭表面的自由凝固使其呈镜面状态,因此,O.C.C.法可以是一种近终形态连续生产的技术,可用于那些通过塑性加工难以成形的硬脆合金及金属间化合物等线材、板材及复杂管材的连铸。

(3)由于凝固过程是定向的,并且固液界面始终凸向液相,凝固过程析出的气体、夹杂物进入液相,而不会卷入铸锭,不产生气孔、夹杂等缺陷。同时,铸锭中心先于表面凝固,不存在铸锭中心补缩困难的问题,因此无缩孔、缩松缺陷,铸锭组织致密。

(4)由于铸锭的缺陷少,组织致密,并且消除了横向晶界,因此,塑性加工性能好,是生产超细、超薄精细产品的理想坯料。

#### 2.4.4.4 上引法铸造技术

上引(up-casting)法是20世纪60年代末由芬兰Outokumpu公司Proi厂首先用于生产无氧铜棒坯的。它是利用真空吸铸原理,将铜液吸入水冷结晶器内冷凝成锭坯并由上面引出来。此法所用的结晶器见图2-4-28所示。铜液在石墨管内冷凝时,铜棒收缩而脱离模壁,加上模内是真空状态,故铜棒冷却较慢。单个结晶器生产率较低,因此采用多孔结晶器同时上引,通过夹持辊再盘转到卷线机上,方能满足生产要求。该法的生产机列示于图2-4-29。现有同时上引24根铜棒连铸机的牵引机列。为防止铜液氧化,熔沟式感应炉内用木炭覆盖,铜液经气体密封流槽流入保温炉内,并始终处于保护性气体下。

此法除生产无氧铜线坯外,还可用以生产黄铜、白铜、锌、镉、铅、贵金属及其合金的棒、管、带及线坯等产品。其特点是可连铸小规格线坯及管坯,质量好,设备简单,投资少,可同时连铸几种规格不同的铸坯,适于批量生产,但生产率不高。

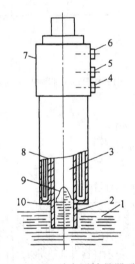

图2-4-28 上引法用结晶器示意图
1—金属液;2—石墨内衬;3—线坯;
4—进水口;5—出水口;6—抽气口;
7—外套;8—真空室;9—液穴;10—冷水套

#### 2.4.4.5 浸渍成形法技术

浸渍成形(Dip-Forming)法主要用于生产无氧铜坯。美国通用电气公司从1953年开始研究此法,1968年投入生产。浸渍法生产无氧铜线坯的生产机列见图2-4-30。它和上引法一样,线坯都是向上拉铸的,然后经连轧机轧成盘条。它已成为生产铜线坯的主要方法。在欧洲、日本和美国得到了应用。

浸渍法来源于浸涂上蜡技术,当一根铜芯杆通过铜液时,它吸取周围铜液的凝固潜热及过热量,芯杆本身的温度升高至熔点时之热容量约为420J/g(Cu)。铜液因散失热量而凝固于铜芯杆上,使芯杆直径增粗。吸附在芯杆表层铜液结晶时放出的热量约为 210 J/g(Cu)。故在理论上可得到 2 倍于铜芯杆重量的浸渍铜。可见,铜芯杆和铜液温度、铜芯杆直径及拉速等,均能直接影响浸渍铜线坯的重量和尺寸。在这些条件不变时,可得到直径一定的线坯。实际上,当铜芯杆直径为 12.7 mm 时,浸渍后可得到直径为 21 mm 的线坯,其断面积由 126.7 mm² 变成 346.3 mm²,即增大 1.73 倍。浸渍工艺比较简单,先将扒皮的洁净芯杆经真空室垂直上升并高速通过坩埚内铜液,约经 0.3 s 便变成更粗的线坯,进入冷却塔冷却到可热轧的温度时,再进入热轧机轧成所需直径,经冷却到 80℃ 以下再卷取成 3～10 t 盘条。由于整个过程都是在氮气保护下进行的,故线坯的含氧量保持在 20×10⁻⁴% 以下。用无酸清洗剂清洗后涂蜡保护,便得到表面光洁的古铜色无氧铜线坯。其大部分作商品出售,少部分再用作浸渍芯杆。此法的特点是:可生产小规模线坯,减少拉伸道次,产品质量好,含氧量低,电导率高达 102.5% IACS,生产率和经济效益高,整个生产过程自动控制,投资少,占地面积小,适用于中小型电线、电缆厂,有可能直接利用电解铜液生产线坯。

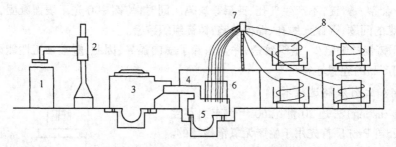

图 2-4-29　Up-Casting 生产机列示意图

1—料筒;2—加料机;3—感应炉;4—流槽;5—保温炉;6—结晶器;7—夹持辊;8—卷线机

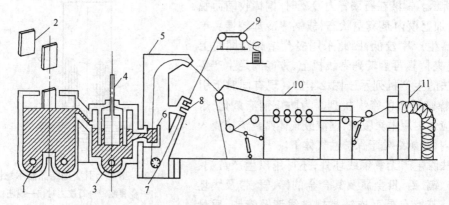

图 2-4-30　DIP 法生产无氧铜线坯生产机列示意图

1—感应炉;2—电解铜板;3—保温炉;4—液面控制块;5—冷却塔;
6—坩埚;7—主传动;8—扒皮机;9—芯线;10—轧机;11—卷取机

# 3 有色金属材料塑性加工

金属塑性加工(metal forming)是金属材料生产的重要加工方法之一。它是利用金属的塑性,使其在外力作用下产生塑性变形,以制造各种金属材料制品的加工方法。金属经过塑性变形,不仅外形尺寸、表面状态发生改变,而且其内部的组织结构和性能也发生显著的变化,如铸造组织变成加工组织,使金属的力学性能明显的改善与提高。这是机械加工(如切削加工)或其他成形方法(如铸造、焊接等)所不可能达到的。

金属塑性加工的主要产品有:板、带、条、箔、管、棒、型、线、锻件和冲压件等十大类。它是根据产品的规格、尺寸、形状和加工方法的不同而划分的,我国各类产品的分类情况如表 3-0-1 所示。

由表 3-0-1 可知,金属材料塑性加工的产品品种繁多,是金属材料生产中一种极为广泛应用的加工手段,如钢铁总产量的 90% 以上,有色金属总产量的 70% 以上均需经过塑性加工成材,才能使这些金属材料广泛应用于交通运输、电力电讯、机械制造、化工建材、船舶舰艇、航天航空、军工以及民用五金和家用电器等各个部门。

由表 3-0-1 还可知,金属材料加工上的塑性加工基本方法有:锻造、轧制、挤压、拉拔和冲压五大类。在金属材料加工生产上,主要以轧制、挤压和拉拔为主,而锻造和冲压则主要应用于机械制造工业,用于各种机加工零件毛坯的制造。但随着钛工业、高强度低塑性合金加工发展的需要,以及航空、航天技术的发展,锻造也常用于钛合金、高强低塑金属材料加工过程的毛坯的预成形上,以及航空航天用铝合金、钛合金模锻件加工上,成了高新技术材料加工中的一种重要加工方法。

**表 3-0-1 我国金属材料加工产品的类型**

| 产品名称 | 尺寸范围/mm/(×mm×mm) | 金属材料产品的外形特征 | 基本塑性加工方法 |
|---|---|---|---|
| 板 材 | $(0.3\sim80)\times(500\sim2500)\times$ $(1000\sim10000)$ | 长度一定,较短,块状或片状 | 平辊轧制 |
| 带 材 | $(0.1\sim2)\times(20\sim600)$ | 厚度较薄,长度大,卷状 | 平辊轧制 |
| 条 材 | | 宽度较窄,长度一定 | 平辊或型辊轧制 |
| 箔 材 | $(0.005\sim0.15)\times(10\sim1200)$ | 厚度很薄,长度大,卷状 | 平辊轧制 |
| 管 材 | $\phi(1\sim420)\times(0.1\sim50)$ | 断面圆环形中空,直条状 | 挤压、拉拔、轧制 |
| 棒 材 | $\phi50\sim300$ | 断面圆形实心,直条状 | 型轧、挤压、拉拔 |
| 型 材 | 断面积为 $20\sim10000\ mm^2$ | 断面为非圆实心或中空,直条状 | 挤压、轧制 |
| 线 材 | $\phi0.001\sim5.0$ | 断面细小,成卷 | 拉拔 |
| 锻 件 | 形状复杂 | 预锻件、普通锻件、模锻件等 | 自由锻、模锻、辊锻、旋锻等 |
| 板料冲压 | 形状复杂 | 冲裁件、弯曲件、深冲件等 | 剪切、冲孔、拉深、辊弯成形等 |

注:1. 板、带、条、箔尺寸以厚度×宽度×长度表示。厚度大于或等于 4 mm 者称为厚板;厚度小于 4 mm 者,称为薄板。箔材料是指厚度小于 0.2 mm 的带材制品。

2. 管材尺寸以外径×壁厚表示。壁厚大于或等于 4 mm 者,称为厚壁管;厚度小于 4 mm 者,称为薄壁管。

3. 棒材尺寸以直径表示;型材尺寸以断面面积表示。

4. 锻件和冲压件——一般都是形状较复杂的产品。

# 3.1 锻　造

锻造(forging)是应用最早的一种金属塑性加工方法。它是依靠锻压机锤头的打击施加压力(多为冲击力)使金属产生塑性变形的一种加工方法。锻造过程中由于受到模具或模膛型腔的制约作用,其基本应力状态为三向压缩,使变形金属处于良好的塑性状态下,是提高力学性能的一种重要的加工方法。负荷大、工作条件繁重的关键零件,如汽轮发电机的转子、主轴、叶片、护环,汽车和火车的曲轴、连杆、齿轮,大型水压机立柱、高压缸体和冷、热轧辊等,都需经过锻造加工。稀有金属和高熔点金属中的钛、锆、铪、钨、钼、钽、铌等的材料加工,其铸锭首先都须经过锻造,使之在比较强烈的三向应力状态下承受一定的预变形,将铸造组织改变成均匀细小的锻造组织,然后才可顺利地进行轧制或挤压加工成材。

锻造生产一般是在空气锤、蒸汽锤、水压机或油压机等锻打机上进行。许多航空航天技术所用的大型模锻件应在几万吨,甚至十几万吨的水压机上进行锻造加工。

锻造工艺的革新与发展,和其他加工工艺与技术有密切联系,例如,辊锻是轧制与锻造的复合工艺,它可连续地加工大批量零件,具有较高的生产率;粉末锻造是粉末冶金与锻造的复合工艺,它综合了粉末冶金零件的成形简单、材料利用率高、尺寸精度高和锻件具有高强度、高韧性的优点等。

锻造生产的方法有许多种,基本的锻造方法主要有以下几种:

(1) 自由锻。主要包括镦粗、拔长、冲孔等。

(2) 模锻。主要包括开模锻、闭模锻等。

## 3.1.1 自由锻

自由锻造(free forging)利用锻压机上锤头施加压力,使砧座上的金属工件在压力作用下,产生自由塑性变形,金属在砧座上的流动没受到其他工具严格约束限制(即所谓无型锻造)的一种塑性加工方法。自由锻造的工具简单,工艺灵活性大,在机械制造中应用十分广泛,主要用于单件、大型锻件(最大重量可达 200 t 以上)和小批量锻件的生产。在金属材料加工上常常作为预成形开坯工序。

自由锻造是采用不同的锻造工步,以生产各种形状和尺寸的锻件或对铸锭进行开坯,自由锻造的基本工步是:镦粗、拔长、冲孔和切割等。

### 3.1.1.1 镦粗

镦粗(upset)是减少坯料高度,增大其横截面积的锻造方法,可用来制造齿轮、法兰盘的毛坯等,也可用来做冲孔前的坯胎。它有完全镦粗和局部镦粗两种,如图 3-1-1 所示。

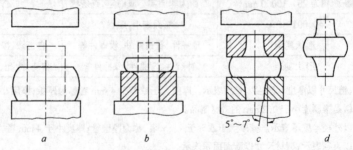

图 3-1-1　镦粗的几种方法

*a*—完全镦粗;*b*—局部镦粗;*c*—中间局部镦粗;*d*—锻件

完全镦粗是将毛坯放在平砧上打击,使高度减少,而横截面积增大。局部镦粗是将毛坯一端放在漏盘内,限制其变形,打击毛坯的另一端,得到横截面尺寸不同的锻件。当锻件为中间大,两头小的形状时,可以用中间局部镦粗的方法,将毛坯两端分别放在漏盘内,经过打击后而使中间得到镦粗。

镦粗时的变形量一般用锻造比($\lambda_d$)表示:

$$\lambda_d = F_f/F_0 = H/h > 1$$

式中　$F_0$、$F_f$——变形前、后锻件的横截面面积;

　　　$H$、$h$——变形前后锻件的高度。

塑性变形时,变形体内任一质点金属的流动总是沿着阻力最小的方向进行。影响金属流动的因素有:变形金属与工具接触面上的摩擦、工具与变形金属间的相互作用、坯料的化学成分、组织和温度的均匀性等有关。镦粗时变形区内金属的应力状态与金属流动大体分为三个区域(见图 3-1-2)。

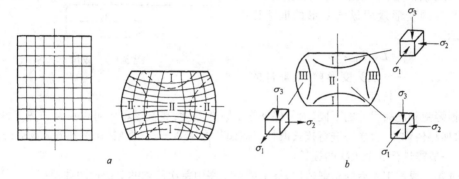

图 3-1-2　镦粗时的不均匀变形

$a$—网格变化;$b$—变形区分区及其变形力情况

Ⅰ区:难变形区,居于接触表面中心附近。由于受摩擦力影响最大,该区受到强烈的三向压应力作用,而且静水压力最高,变形最难发生。当摩擦阻力大到某一极值时,变形金属可能与工具接触表面出现黏结,不发生变形。若坯料为铸造状态,即使冷镦,该区金属的金相组织仍为粗大的铸造枝晶组织,硬度值最低,说明该区变形量很小。

Ⅱ区:易变形区,基本上处于变形金属的芯部,与锻压力成45°角的附近区域,受三向压应力作用,处于最有利的变形部位,且离接触表面较远,摩擦力的影响较小,因此,又称强变形区。热镦时此区最易发生再结晶,冷镦后此区的硬度值也最高。

Ⅲ区:自由变形区,靠近变形金属的侧面,而处于Ⅱ区以外的体积。此区由于不受摩擦影响,以及处于易变形区的外围,故变形较自由,其变形量较Ⅰ区大,但比Ⅱ区小。该区由于侧表面自由变形的结果,使该区受压缩后易形成凸鼓形,鼓形的出现,标志镦粗时产生了不均匀变形。因此,此区易出现拉应力,拉应力的存在是镦粗成鼓形后,产生纵向裂纹的原因。

金属经锻造后,特别是铸态组织经热锻后,组织性能可以得到很大的改善,主要表现在:

(1)消除金属内部的一些缺陷,增加金属致密性。

锻造时,金属处于三向压应力作用下,只要温度较高和变形深透,就能使未氧化的内部裂纹和疏松等缺陷得到焊合,使金属的致密性得到提高。锻造比越大,金属就越致密。

(2)粗大的铸造晶粒被破碎和细化。

(3)集结的化合物、非金属夹杂物和粗大的晶粒组成物被击碎和分散,并沿金属流动方向分布,形成纤维状条纹——流线。流线使锻件的性能呈现方向性。

根据上述镦粗时金属流动和组织特点,镦粗时须注意的工艺问题有:

(1) 原始毛坯的高度不能超过它的直径或边长的 2.5~3 倍,否则使毛坯产生纵向弯曲,增加操作上的困难。

(2) 镦粗前的锭要先经过压棱(倒棱),并消除表面的凹痕、裂纹等缺陷,避免镦粗时使缺陷扩大,皮下气泡不易焊合,影响锻件质量。

(3) 镦粗时应尽可能使毛坯变形均匀,保证锻透,锻造后毛坯一般呈鼓形为宜。

### 3.1.1.2　拔长

拔长(Stretching)是使毛坯横截面面积减小,长度增加的一种工序(见图 3-1-3)。它用于制造轴类或轴心线较长的锻件。一般拔长都是在平砧上进行的,但当要提高拔长率时,也采用 V 形缺口砧、型砧或其他工具进行。

拔长时的变形量用纵向变形的锻造比 ($\lambda_1$) 表示:

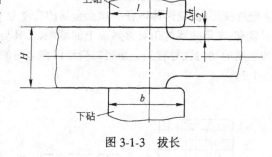

图 3-1-3　拔长

$$\lambda_1 = L_1/L_0 > 1$$

式中　$L_0$、$L_1$——分别为变形前、后锻件的长度。

根据铸锭和产品尺寸的不同,为了保证终了锻造温度,拔长过程中可以反复加热工件,分几次(一次加热俗称"一火次")进行拔长锻打。例如若将 $\phi500\,mm$ 的纯钛铸锭预锻成 $\phi50\,mm$ 的挤压坯料,一般需进行 5 个火次的拔长。

经过若干拔长工序后的总锻造比,等于拔长工序中每次压缩的锻造比的乘积:

$$\lambda_{\text{总}} = \lambda_1\lambda_2\lambda_3\lambda_4\cdots\lambda_n(\text{经 } n \text{ 次拔长})$$

为了保证毛坯拔长时各部分的温度均匀、变形均匀,需将毛坯不断地绕轴心线翻转。常用的翻转方法有来回作 90°的翻转或螺旋式翻转两种(图 3-1-4),前者可用于一般钢材及塑性较好的金属材料的锻造,因为这些材料的塑性好,对温度和变形是否均匀性,要求不十分严格。重量较大的毛坯每次打击后可不翻转,直至沿长度锻好后再翻转。旋转式翻转用于塑性较差的金属材料的锻打,因为它们容易出现缺陷,对温度和变形均匀性要求很严。用此法翻转,毛坯各面都均匀地接触下砧面,易保证毛坯各部分温度均匀分布。

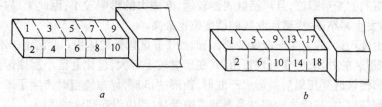

图 3-1-4　拔长的翻转方式

$a$—来回 90°翻转;$b$—螺旋式翻转

拔长时金属流动的基本特点与镦粗类似,只是由于两侧刚端的存在,它对金属流动有较大的约束,基本没有自由变形区,因而只有难变形区和易变形区。因此,制订拔长工艺须注意:

(1) 拔长方扁断面的锻件时,应控制高向的压下量($\Delta h$)与送进量($l$)相匹配,即使 $2l/\Delta h > 1$~1.2,否则容易产生折叠(图 3-1-5)。

(2) 每次压缩后的坯料宽度与高度之比应小于 2~2.5,否则翻转 90°再锻打时容易产生弯曲

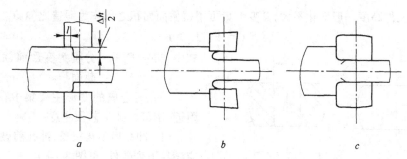

图 3-1-5 拔长时形成折叠的过程(a～c)

或折叠。

(3) 从大直径拔长到小直径时,应先打成正方截面拔长,到一定程度后倒棱、滚圆。通常将圆毛坯变方锻件时,圆毛坯的最小直径约为方锻件边长的 1.3～1.25 倍;将方毛坯变圆锻件时,最小方毛坯的边长为圆锻件直径的 0.9 倍左右。

(4) 拔长过程毛坯出现翘曲时,应将毛坯翻 180°锻打,待平直后再作 90°翻转,继续拔长;为了获得平滑的锻件表面,每次送料量应小于砧宽的 75%～80%。

(5) 要注意送进量($l$)与坯料高度($H$)比($l/H$)对锻件质量的影响(见表 3-1-1)。

表 3-1-1　锻压变形区的宽高比($l/H$)对拔长制品质量的影响

| $l/H$ | 应力和应变特点 | 对锻件质量的影响 |
| --- | --- | --- |
| <0.5 | 变形集中在上部和下部,中间部位变形小,并沿轴向受拉应力 | 中心部锻不透,中心部位原有的缺陷扩大,且易产生横向裂纹 |
| 0.5～1.0 | 中间部位变形大,并受三向压应力 | 有利于焊合坯料内部的气孔和疏松 |
| >1.0 | 中间部位变形强烈,尤其横截面对角线两侧的金属产生剧烈的相对流动;<br>外表面拉应力,尤其在侧表面的鼓肚部位、边角处和靠近砧角处的部位 | 毛坯内部容易产生对角线裂纹,外表面容易产生横向裂纹和角裂 |

### 3.1.1.3 冲孔

冲孔(punching,piercing)是在坯料中冲出透孔或半透孔的锻造工序(图 3-1-6)。

冲孔是一种局部加载、整体受力、整体变形的加工方法。由于是局部加载、整体变形,可以将坯料分为冲头下面的圆柱体直接受压缩区 A、间接受力区 B 与无塑性变形区 C。A 区为三向压缩区,B 区可视为环形的平面变形区,如图 3-1-7 所示。

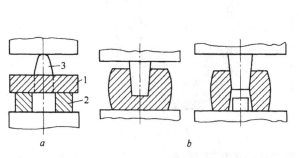

图 3-1-6　单面冲孔和双面冲孔
a—单面冲孔;b—双面冲孔
1—坯料;2—漏盘;3—冲子

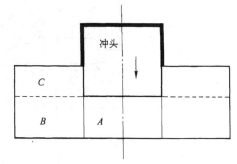

图 3-1-7　冲孔时的应力应变状态图

冲孔时工件高度一般变化不大,其变形量可用横截面面积之比作为锻造比($\lambda_k$)

$$\lambda_k = F_0/F_1 > 1$$

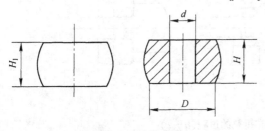

图 3-1-8　冲孔参数

式中　　$F_0$、$F_1$——分别为变形前、后锻件的横断面积。

冲孔时金属的变形主要集中在冲孔周围附近,制订冲孔工艺须注意:

(1) 冲孔后不再拔长,冲孔前镦粗高度 $H_0$ 应满足下列条件(见图 3-1-8):

当 $D/d \geqslant 5$ 时,取 $H_0 = H_1$;当 $D/d < 5$ 时,取 $H_0 = (1.1 \sim 1.2)H_1$;

(2) 坯料直径小于 $2.5 \sim 3$ 倍冲头直径时,冲孔较困难,冲孔前应预先镦粗,使其直径增大到冲子直径的 $2.5 \sim 3$ 倍;

(3) 铸态坯冲孔时,质量较差端应朝下。

### 3.1.2　模锻

#### 3.1.2.1　模锻的分类

模锻(die forging)是模型锻造的简称。根据锻件生产批量和形状复杂程度,可在一个或数个模膛中完成变形成形过程。模锻生产率高、机加工余量小、材料消耗率低、操作简单、易实现机械化和自动化,适于中量、大批量生产。模锻还可提高锻件质量。模锻常用设备有:有砧座和无砧座模锻锤、热模锻压力机、平锻机和螺旋压力机等。

模锻虽比自由锻优越,但它也有缺点:模具制造成本高,模具材料要求高;每个新锻件的模具,由设计到制模的过程较复杂又很费时间,而且一套模具只能生产一种规格的产品,互换性小。所以模锻不适合小批量或单件生产。另一个缺点是能耗高,选用设备时要比自由锻的设备能力大。

模锻通常分为开式模锻(close-die forging)和闭式模锻(no-flash die forging)(图 3-1-9)。开式模锻时,由于上、下凹模构成的分模面间的间隙不断有金属流入,形成一个封闭的环状飞边(flash)。作用在飞边上的垂直的正压力和摩擦力将迫使金属充满整个型腔。开模锻应用很广,一般用在锻压形状较复杂的锻件上。本节将对开模锻作重点介绍。

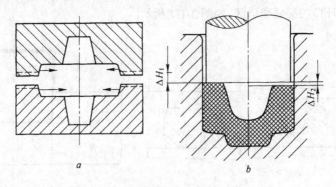

图 3-1-9　开式模锻($a$)与闭式模锻($b$)

闭式模锻在整个锻压过程中模膛是封闭的。分模面间隙 $\delta$ 在锻压过程中保持不变,间隙 $\delta$ 的大小取决于所用设备的精度,而与工艺无关。间隙 $\delta$ 与作用力平行或成一个很小的倾角(即锻模倾角)。由于坯料在完全封闭的受力状态下变形,所以从坯料与模壁接触的过程开始,侧向主应力值就逐渐增大,促使金属的塑性大大提高。当模具行程终了时,金属便充满整个模膛,因此要准确设计坯料体积和形状,否则将生成飞边,它很难用机械加工的办法除去。只要坯料选择得当,所获得锻件就很少有飞边或根本没有飞边(也称精密模锻),因此可以大大节约金属,还可以减少设备能耗40%左右,又减少了切飞边用设备,同时还有利于提高锻件质量,它的显微组织和力学性能比有飞边的开式模锻件要好。由于制取坯料较复杂,闭式模锻一般用于形状简单的锻件上,如旋转体等。

### 3.1.2.2　模锻时金属的流动

模锻时,首先是发生一定的镦粗变形,然后才受到模膛侧壁的阻碍作用。因此,未接触模膛前,金属流动类似镦粗,受到模膛的限制以后,金属主要向变形阻力最小的飞边槽口流动,其金属流动模型(见图3-1-10),可见与上、下模膛内的大部分金属基本不变形,变形主要集中在飞边槽口附近,随着锻压过程的进行,飞边部位的变形大体经历三个阶段:充入飞边槽口($a$)、填充飞边槽口($b$)与充满飞边槽口($c$)三个阶段。

### 3.1.2.3　模锻锻件图的设计

锻件图(forging drawing)是根据零件图考虑分模面、加工余量、锻件公差、工艺余量、模锻斜度、圆角半径等而制定的。锻件图分冷锻件图和热锻件图。冷锻件图供锻件检验和生产管理用;热锻件图供模具制造和检验用。热锻件图等于冷锻件图尺寸加上材料的冷却收缩余量。下面介绍的锻件图都是指冷锻件图的设计原则。

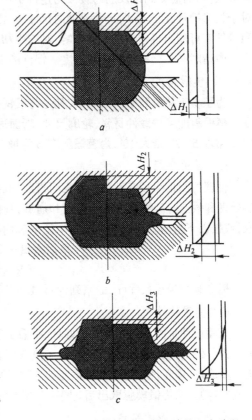

图 3-1-10　开式模锻时金属流动的三个阶段

#### A　分模面的选择

分模面的选择正确与否,不仅影响到模具和锻件的制造周期和成本,而且还严重影响到锻件的质量。因此,在选择分模面时必须注意以下几点:

(1) 锻件的凹形只能顺着打击方向,以保证锻件能自由地从模膛中取出,即在锻件侧表面上不得出现内凹形,并保证有一定斜度。

(2) 使金属沿着锻件外形朝一个方向流动,尽可能避免模锻时金属流动出现交叉或对流、急剧弯曲和涡流。因为金属流动方向的控制是决定锻件质量的一个极为重要的因素。如果金属流动方向选择不当,不仅影响到金属的成形,而且严重影响到锻件内在质量,使力学性能达不到要求。

(3) 为使金属有着良好的流动和成形条件,分模面的位置应使模膛的深度最小而宽度最大,所以分模面一般定在锻件最大周边处,即在锻件最大断面处。这样模膛的深度最小,金属易于流动充满和成形良好。

(4) 最好使分模面为一水平面或最大限度地接近一个水平面。这不仅造价低,上、下凹模不易错移,操作方便,而且废料少,锻件精度也高。对于空间曲面的分模面,应使它的各部分与水平的倾角不大于60°,以便改善模锻和切边条件。

(5) 由于飞边处金属流动最不均匀,所以应使飞边尽可能不要位于零件受力最严重的部位;

(6) 锻件较复杂部分应尽量安排在上模内,因为上模内的金属最容易充满模膛。

**B　模锻件的余量和公差**

模锻件大部分用作机加工零件的毛坯,所以必须留有足够的机加工余量。它有工艺余量与机械加工余量两类。

工艺余量是模锻工艺的要求。必须增大模锻件某些结构要素的尺寸而加上余量,当锻件的腹板太薄,而筋太高以及筋与腹板的连接半径太小时,可适当加留工艺余量,使在机加工时除掉;对于长形锻件,由于纵向尺寸比横向尺寸大,横向上的加工余量应留得更大些,主要是考虑模锻和锻件有可能出现错位带来的影响;对于冷却速度不同的部位,冷却快的部位的余量应稍大些,而且锻造时必须严格控制锻造温度。锻件的加工偏差可查阅有关锻造工艺手册。

**C　模锻斜度**

为了易于从模膛中取出锻件,凡是与锻锤打击方向平行的锻件所有壁表面都应做出模锻斜度。模锻斜度可按锻件材料、轮廓尺寸、断面形状以及高宽比查有关手册选取。一般模锻外模斜度 $\alpha$ 常取 $5°$、$7°$,最大 $10°$;内模锻斜度 $\beta$ 常取 $7°$、$10°$,最大 $12°$。

**D　圆角半径**

合理的圆角半径有利于金属充满模膛、取出锻件方便和提高锻模寿命。圆角半径大小,模具热处理和锻造过程中易于产生裂纹和崩塌,锻件也易产生折叠。圆角半径需查有关锻造手册选取,或按以下经验方法选取外圆角半径 $r$ 和内圆角半径 $R$ 值

$$r = 单面余量 + 零件圆角半径或倒角$$
$$R = (2\sim3)r$$

标准圆角半径尺寸(mm)系列为:1、1.5、2、2.5、3、4、5、6、8、10、12、15、20、25、30。

**E　模膛设计**

模膛设计是关系到锻件质量好坏、模锻工艺合理性、设备能力大小和锻件成本高低的重要问题。为了保证金属流动的合理性,对于复杂形状的锻件及性能要求较高的锻件,不能采用终模锻膛一步成形,即在坯料进入终模锻膛前,需先进行第一列的预锻工序(如镦粗、拔长、压肩、弯曲、预成形等)。从终锻模膛取出后,大多还需要在切边模膛内切掉飞边,才能最后完成模锻工序。

**F　热模锻图的制定**

终锻模的形状和尺寸是按热终锻件图加工的,它是在冷锻件图基础上加上热锻件冷却收缩量而得到,不过往往还得根据具体情况进行某些调整。

飞边槽的选定　在开模锻中,终锻模的周围还设有飞边槽。飞边槽的作用是:(1)增加金属流出模膛的阻力,迫使金属充满模膛的各个部位;(2)容纳多余的金属;(3)形成的飞边对锻锤有缓冲作用,减弱上、下模的打击。飞边槽的制作有:仅制作在下模膛,平分制作在上、下锻模膛,上模膛浅、而下模膛深三种形式。飞边槽的主要尺寸是桥部高度($h$)和宽度($b$)。$h$ 增大,阻力减小,反之增大;$b$ 增大,金属流程增长,则阻力增加,反之减小。锻件尺寸、形状复杂程度以及单位压力是选择飞边槽尺寸的主要依据。靠经验选取。也可按下式计算选取 $h$(mm)。

$$h = 0.015\sqrt{F}$$

式中　$F$——锻件在水平面上的投影面积,mm$^2$。

### 3.1.2.4 锻压力的计算

锻压力是选择锻造设备和制定锻造工艺的基本力学参数。锻压力可以在生产现场或实验室应用各种仪表直接测定,其中电测法应用最广,它通常比计算法直观可靠,其可靠性取决于实验方案的选择、实验条件与生产条件的相近程度,仪表测定的精确程度等。实测法大多用于试验研究。

用计算法来确定锻压力,比较灵活省事,一般采用经验公式或理论公式。它们的可信程度,取决于应用经验公式的条件与实际生产条件是否相近,或理论公式中采用的假设条件是否接近现场实际,所选参数是否准确(特别是变形抗力、摩擦系数和锻造温度等)及求解精度等。因此,计算常常需要与实测结果进行比较和修正。

常用的锻压力 $P$ 的工程计算公式如下:

$$P = F n_v \sigma_T n_d$$

式中　$F$——变形后金属与工具的接触面积(在模锻时还包括飞边桥部接触面积);

　　　$n_v$——速度影响系数,其值可参考表 3-1-2;

　　　$\sigma_T$——金属在变形温度下的变形抗力,可查找有关金属变形抗力手册;

　　　$n_d$——单位压力系数,根据锻压类型选择。

表 3-1-2　速度系数 $n_v$

| 设备类型 | 液 压 机 | 曲柄压力机 | 摩擦压力机 | 蒸汽－空气锤 |
|---|---|---|---|---|
| $n_v$ | 1.0～1.1 | 1.0～1.3 | 1.3～1.5 | 2～3 |

当镦粗圆形锻件时,

$$n_d = 1 + fd/3h$$

当镦粗矩形锻件时,

$$n_d = 1 + (3b - a)fa/6bh$$

当模锻轴对称件时,

$$n_d = [(1 + fC/h)F_{mh} + (1 + 2fC/h)]F_{df}/(F_{ml} + F_{df})$$

式中　$d$——圆锻件直径;

　　　$h$——锻件高度或飞边槽高度;

　　　$a$、$b$——矩形锻件的两边长,且 $a \leqslant b$;

　　　$C$——飞边槽桥部的宽度;

　$F_{mh}$、$F_{df}$——分别为飞边槽桥部和模锻件水平投影面积,且 $F = F_{mh} + F_{df}$;

　　　$f$——摩擦系数,可从表 3-1-3 选取。

表 3-1-3　常用金属及合金锻压时的摩擦系数 $f$

| 锻压金属 | 变形的绝对温度($T$)与熔化温度($T_0$)的比值($T/T_0$) | | |
|---|---|---|---|
| | 0.8～0.95 | 0.5～0.8 | 0.3～0.5 |
| 碳　钢 | 0.40～0.35 | 0.45～0.40 | 0.35～0.30 |
| 铝合金 | 0.50～0.48 | 0.48～0.45 | 0.35～0.30 |
| 重有色金属 | 0.32～0.30 | 0.34～0.32 | 0.26～0.24 |

## 3.1.3　特殊锻压方法

### 3.1.3.1　旋转锻造

旋转锻造(rotary swaging forging 或 radial forging)简称旋锻,机械行业多称之为径向锻造。

它是在坯料周围对称分布几个锤头,对坯料沿径向进行高频率(频率可高达 6000~10000 次/min)同步锻打,同时坯料也可边旋转边锻打,使坯料断面压缩,而轴向延伸的一种变形方式。旋锻机的结构如图 3-1-11 所示。旋转模 4 是旋锻机机头中的主要部件,它是使坯料产生塑性变形的主要工具,锤头 2 用于固定和支撑旋转模 4,两者皆嵌于主轴 7 的槽内,并随主轴高速旋转,成偶数对称排列的滚柱 3 顶压旋锻模在槽内作往复直线运动。旋锻过程是利用主轴的高速旋转和滚柱的顶压作用,使旋锻模在槽内作周期式的往复直线运动(其频率可高达 6000~10000 次/min),使锻坯在径向压力的连续作用下,发生积累变形,使锻坯断面减小,产生延伸变形。

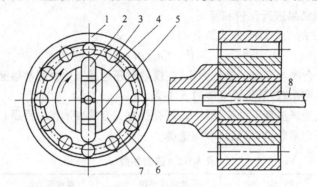

图 3-1-11　旋锻原理图
1—外环;2—锤头;3—滚柱;4—旋转模;5—调整垫片;
6—夹圈;7—主轴;8—毛坯

　　旋锻时变形区的主应力状态为三向压应力状态,主变形状态为两向压缩一向延伸。这种变形力学状态有利于提高金属的塑性。旋锻过程中金属作螺旋式延伸,在工艺上则兼有脉冲锻打和多向锻打的特点。由于脉冲锻打具有频率高,每次变形量较小的特点,因此使金属变形时摩擦阻力较小,明显降低变形功;同时,脉冲加载对提高锻件精度有利。所以旋锻适应于低塑性的稀有金属加工(每次旋锻的变形量可达 11%~25%)。旋锻有着受力状态佳、耗能低、变形和组织性能均匀性好、噪声大等特点。

　　旋锻可进行热锻、温锻和冷锻。锻件的表面质量和内部质量均较好。目前旋锻一般用于加工棒材、线材和变断面棒材,以及管材,也可加工周期断面的异型棒,可加工的尺寸范围宽,实心材可小到 $\phi$0.15 mm,空心件(管材)可大到 $\phi$300 mm。

　　目前广泛应用的是两半组合旋锻模的旋锻机,同时出现了三半,甚至四半组合旋锻模的旋锻机。随旋锻模对数的增多,使三向压应力状态越强烈,旋锻时的变形更均匀,但是旋锻机的结构变得越复杂,其操作、调整和维护的难度也越大,所以并不多用。

### 3.1.3.2　辊锻

　　辊锻(forge rolling)是近几十年发展起来的一种新的锻造方法。既可作为模锻前的制作坯料工序,亦可直接辊锻成锻件。辊锻是使毛坯(冷态的或热态的金属)在装有圆弧形模块的一对旋转的锻辊间通过时,借助模槽使其产生塑性变形,从而获得所需要的锻件或锻坯(图 3-1-12)。目前已有许多种锻件或锻坯采用辊锻工艺来加工,如各种叶片、各类扳手、剪刀、锄板、麻花钻、柴油机连杆、履带拖拉机链轨节、涡轮机叶片等。辊锻通常在热态下进行,变形过程基本是一个连续的静压过程,没有大的冲击和振动,它与一般锻压和模锻相比有以下特点:

　　(1)所用设备吨位小。因为辊锻过程是逐步的、连续的变形过程,变形的每一瞬间模具只与坯料的一部分接触,所以所需设备吨位小;

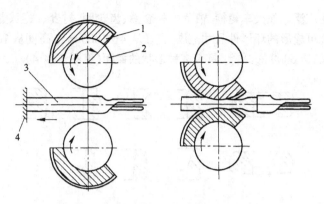

图 3-1-12　辊锻原理图
1—辊锻模；2—锻辊；3—毛坯；4—推杆

(2) 操作条件好,易于实现机械化和自动化;

(3) 设备结构简单,对厂房和地基要求低;

(4) 生产率高;

(5) 材料利用率高,辊锻件材料利用率一般可达80％以上;

(6) 辊锻模具可用球墨铸铁或冷硬铸铁制造,以节省价高的模具钢,减少模具加工费。

辊锻除了上述优点外,也受其工艺局限性,主要适用于长轴类锻件。对于断面变化复杂的锻件,辊锻成形后需要在压力机上进行整形。

### 3.1.3.3　辗锻

辗锻又称辗轧,是加工环形件的一种特有的成形方法,其原理如图 3-1-13 所示。辗压轮 1 与芯轮 2 旋转中心轴平行。辗轧时,电动机通过减速箱驱动辗压轮旋转,辗压轮 1 通过与环形工件 3 之间的摩擦力曳入毛坯并连续地施压,环形工件 3 与芯轮之间的摩擦带动芯轮 2 转动,同时辗压轮与芯轮之间的距离逐渐缩小,直至变形终了。经辗压变形的工件,截面积和径向厚度都减小,环形件外径和孔径都相应增加。因此,辗轧主要是径向压缩、切向延伸的锻造过程。

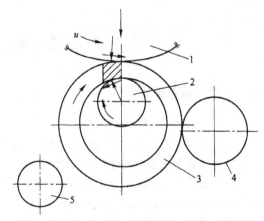

图 3-1-13　辗锻原理图
1—辗压轮；2—芯轮；3—环形工件；
4—导辊；5—小导辊

辗轧通常在热态下进行,它既不同于一般的轧制,也不同于锻造,对于环形件的成形来说,有较大的经济技术优越性,其主要特点是:

(1) 所需设备吨位小。由于辗轧过程是对毛坯局部连续地旋压成形,与模锻的整体加压成形相比,工具与工件接触面积小,变形力小,故采用小吨位的设备可成形较大的环形件。

(2) 材料厂利用率高。成形过程无需飞边与拔模斜度,环形件尺寸接近成品,故材料利用率很高。

(3) 内在质量好。辗轧变形是径向压缩、周向延伸,环件金属薄板纤维沿周向连续排列,工件内在质量好,强度高。

(4) 劳动条件好。辗轧时无冲击,振动和噪声都小。

　　辗轧工艺的应用广泛。如火车轮箍、轴承内外套圈、齿轮圈、衬套、法兰、起重机旋转轮圈及各种加强环等。辗轧可成形的环形件尺寸范围:直径从 4～1000 mm,高度从 10～4000 mm,小的质量仅为 0.2 kg,大的达 6000 kg 以上,具有多种形状的截面(见图 3-1-14)。

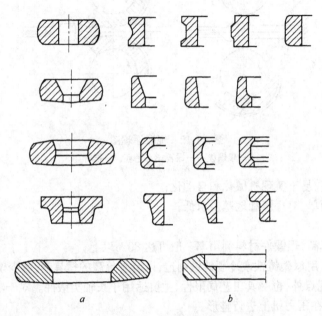

图 3-1-14　辗锻产品毛坯($a$)及截面形状($b$)

# 3.2　轧　　制

## 3.2.1　平辊轧制基础知识

### 3.2.1.1　轧制过程与变形参数

　　图 3-2-1 为平辊轧制时轧件的受力情况。由图可见,轧制是借助旋转轧辊的摩擦力($T$)将轧件拖入轧辊间,同时依靠轧辊施加的压力($N$)使轧件在两个轧辊或两个以上的轧辊间发生压缩变形的一种材料加工方法。轧制所生产的产品主要有:板材、带材、箔材、型材、线杆、管材等许多常用金属材料。前三种材料用平辊轧制生产,后三种材料常用型辊轧制生产。除此以外,轧制也可用来加工某些变断面或周期断面的材料。

　　本章主要介绍常用的平辊轧制(辊身为平直辊面)和型辊(辊身为凹形轧槽的辊面)轧制的基本理论与有关知识。

　　A　简单轧制

　　为了便于研究,常将复杂的轧制过程简化为理想

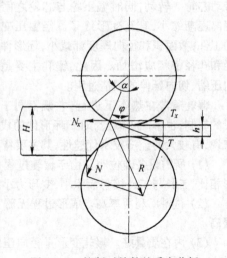

图 3-2-1　轧制时轧件的受力分析

的简单轧制过程,它是轧制理论研究的基本对象。简单轧制过程的条件如下:

(1) 两个轧辊为平辊,辊径相等,均为主动辊,转速相等,且轧辊为刚性;

(2) 轧件除受轧辊作用外,不受其他任何外力(如张力或推力)的作用;

(3) 轧件的温度、性能均匀一致;

(4) 上下辊面接触摩擦相同,沿断面高向和宽向,轧件的变形与金属质点流动对称。

实际生产中很难全面满足上述条件,即使是最简单的板带材平辊轧制过程,由于两轧辊的辊径加工精度多少不一样,因而辊面的线速也就不等;同时上下辊面润滑条件不可能完全相同,更何况用单辊驱动、辊径不等的非对称轧制过程等。

B 轧制过程的变形指数

轧制变形过程,高向压缩是主导变形,是轧制问题研究的基础。当轧件高向受到轧辊压缩时,将使金属发生沿纵向和横向流动,即轧件高向(厚度)上的受压缩,将引起轧件长度和宽度尺寸增大。但是纵向的延伸变形总是大大超过横向的扩展量(宽展),这是因为辊面摩擦力对宽向流动的阻碍总是大于纵向许多,即相对纵向变形而言,横向的宽展总是较小的。通常把表示变形程度大小的指标称为变形指数。轧制时常用的变形指数见表 3-2-1。

表 3-2-1 轧制过程常用的变形指数

| 变形方向 | 变 形 指 数 | | 计 算 公 式 | 意 义 及 应 用 |
| --- | --- | --- | --- | --- |
| | 名 称 | 符 号 | | |
| 高向变形 | 绝对压下量 | $\Delta h$ | $\Delta h = H - h$ | 表示轧制前后轧件厚度绝对的变化量,便于生产操作上直接调整轧辊的辊缝值 |
| | 加工率 | $\varepsilon$ | 1. $\varepsilon = \Delta h / H (\%)$<br>2. $\varepsilon = \ln(H/h)$ | (1) 近似变形程度,生产现场使用方便;<br>(2) 真实变形程度,常用于理论分析与计算。虽然准确,但使用不方便 |
| 宽向变形 | 绝对宽展 | $\Delta B$ | $\Delta B = B_1 - B_0$ | 生产现场用于表示宽度的绝对增加值 |
| | 相对宽展 | $\varepsilon_b$ | $\varepsilon_b = \Delta B / B_0$ | 常用于理论分析 |
| 纵向变形 | 伸长率 | $\delta$ | $\delta = [(L_1 - L_0)/L_0] \times 100\%$ | 主要用来表示材料拉伸试验的延伸性能 |
| | 延伸系数 | $\lambda$ | $\lambda = L_1 / L_0$ | 用于理论分析与实际计算 |

根据金属塑性变形的体积不变条件,轧件轧制前后各变形指数间的关系为:

$$L_1/L_0 = (H/h) \times (B_0/B_1) \quad \text{或} \quad H/h = (B_1/B_0) \times (L_1/L_0) \tag{3-2-1}$$

如以 $F_0$ 与 $F_1$ 表示轧制前后轧件的横断面积,则 $\lambda = F_0/F_1$ 或 $\lambda = (B_0/B_1)/(1-\varepsilon)$,冷轧时,常常可以忽略宽展,则

$$\lambda = h_0/h_1 = 1/(1-\varepsilon) \tag{3-2-2}$$

总变形量与各道次变形量之间的关系为:

$$F_0/F_n = (F_0/F_1)(F_1/F_2)(F_2/F_3)\cdots(F_{n-1}/F_n)$$

或
$$\lambda_{总} = \lambda_1 \lambda_2 \lambda_3 \cdots \lambda_n \tag{3-2-3}$$

以及
$$\ln\lambda_{总} = \ln\lambda_1 + \ln\lambda_2 + \ln\lambda_3 + \cdots + \ln\lambda_n \tag{3-2-4}$$

式中　$n$——轧制道次;

$\lambda_{总}$——总延伸系数。

C 轧制过程的建立

轧件的轧制过程经历以下四个阶段:

(1) 咬入阶段(见图 3-2-2a) 轧件开始接触旋转的轧辊,轧辊开始对轧件施加作用,将其拖

人轧缝间,以便建立轧制过程。

(2)曳入阶段(见图3-2-2$b$)　一旦轧件被旋转着的轧辊咬着后,轧辊对轧件的拖曳力增大,轧件逐渐充满辊缝,直至轧件前端到达两辊连心线位置为止。

(3)稳定轧制阶段(见图3-2-2$c$)　轧件前端从辊缝间出来后,继续依靠旋转轧辊摩擦力对轧件的作用,连续、稳定地通过辊缝,产生所需的变形:高向压缩而纵向延伸。

(4)终了阶段(见图3-2-2$d$)　从轧件后端进行辊缝间的变形区开始,直至轧件与轧辊完全脱离接触为止。

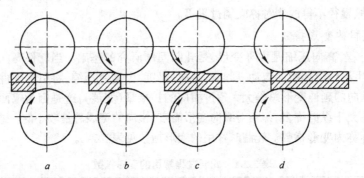

图3-2-2　轧制过程的四个阶段
$a$—开始咬入阶段;$b$—曳入阶段;$c$—稳定阶段;$d$—结束阶段

稳定阶段是轧制过程的主要阶段。金属在轧制区内的受力状态、流动和变形,以及轧制工艺控制、产品质量和精度控制、设备选择等,都是以稳定阶段作为研究板、带材轧制的主要对象。咬入过程虽在瞬间完成,但是它是关系到轧制过程能否建立的先决条件。至于其他两个阶段,由于对轧制过程没有至关紧要的影响,这里就不去讨论了。

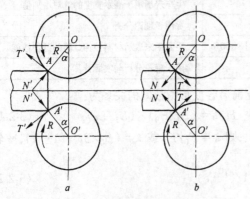

图3-2-3　轧辊与轧件接触时的受力图
$a$—轧辊受力图;$b$—轧件受力图

### a　咬入条件

简单轧制过程中,当轧件前端与旋转轧辊接触时,接触点$A$和$A'$处,轧件受到轧辊的正压力$N$和切向摩擦力$T$的作用(见图3-2-3),按库仑摩擦定律,$T = fN$($f$为咬入时轧辊与轧件的接触摩擦系数)。现将$N$和$T$分解成垂直分量$N_y$与$T_y$,以及水平分量$N_x$与$T_x$。其中两力的垂直分量$N_y$和$T_y$使轧件上、下两个方向上受到压缩,产生塑性变形。两力的水平分量$N_x$和$T_x$,方向不同,作用也不同,其中$N_x$是将轧件推出轧辊的力,而$T_x$是将轧件拖曳入轧辊的力。显然,当$N_x$大于$T_x$时,咬不着轧件;$N_x$小于$T_x$时,轧件才能咬入。由此可见,咬入的力学条件是$T_x > N_x$。

由图3-2-3可知,

$$T_x = T\cos\alpha \qquad N_x = N\sin\alpha$$

式中　　$\alpha$——咬入时的接触角。

将$T = fN$代入上式,得咬入条件的表达式为

$$fN\cos\alpha > N\sin\alpha \quad 或 \quad \tan\alpha < f \tag{3-2-5}$$

通常摩擦系数用摩擦角 $\beta$ 表示,即令 $\tan\beta = f$,于是咬入条件还可表达成

$$\alpha < \beta \tag{3-2-6}$$

当 $\alpha = \beta$ 时,称为咬入临界条件,并将此时的咬入角称为最大咬入角,用 $\alpha_{max}$ 表示。可见 $\alpha < \beta(= \alpha_{max})$ 为自然咬入轧件的充分条件,使轧制可以顺利进入稳定轧制阶段;当 $\alpha > \beta$ 时,轧辊不能自然咬入轧件,如需使轧辊咬着轧件,需增加水平推力,使水平合力向前作用才能咬入,否则无法进入稳定轧制过程。

上式中的咬入角 $\alpha$,根据图 3-2-3 的轧制变形区的几何关系,可知

$$\cos\alpha = 1 - \Delta h / 2R \tag{3-2-7}$$

式中　$R$——轧辊半径。

$\Delta H$——绝对压下量,$\Delta h = H - h$,$H$、$h$ 分别为轧制前后轧件的厚度。

b　稳定轧制条件

轧件咬入后,轧制进入曳入阶段,轧件与轧辊间的接触面随着轧件向辊间的充满而增加,因此轧辊对轧件的作用力点的位置也向出辊方向移动,使辊间的力平衡状态发生变化(见图 3-2-4),如用 $\alpha_z = (\alpha_m + \delta)/2$ 表示轧件充满辊缝时轧件法向力($OR$)与轧辊中心连线($OO$)的夹角,则参照以上分析方法,确保曳入能进行的充分力学条件为

$$\tan\alpha_z < f \quad 或 \quad \alpha_z < \beta \tag{3-2-8}$$

当轧件完全充满辊间后,如果单位压力沿接触弧内均匀分布,可认为其合力作用点在接触弧的中点,即可取 $\alpha_z = \alpha/2$。于是,$\alpha < 2\beta$ 为稳定轧制的充分条件;$\alpha = 2\beta$ 为稳定轧制的临界条件。由以上分析可知:

当 $\alpha < \beta$ 时,能自然咬入,并易于建立稳定轧制过程;

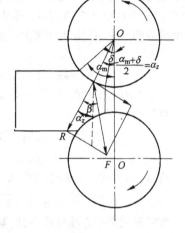

图 3-2-4　轧件充满辊缝间的受力图

当 $\beta < \alpha < 2\beta$ 时,能顺利轧制,但不能顺利自然咬入,这时可实行强迫咬入(如对轧件施加水平推力),建立轧制过程;

当 $\alpha > 2\beta$ 时,无法咬入,也无法保证轧制过程顺利进行。

轧制时咬入角 $\alpha$ 的大小,可用调辊法(逐渐抬高辊缝直到能咬入为止)和楔形件法(小头先喂入辊缝后,直到大头进不去出现打滑为止)等方法实测。

根据以上分析可知,凡减小轧辊咬入角和增大轧面对轧件摩擦系数的因素均有利于强化咬入和建立稳定轧制过程,这些措施通常有:

(1) 减小轧辊咬入角,改善咬入的措施主要有:

1) 采用大直径轧辊,可减小接触角,并有利于加大压下量;

2) 减小压下量,虽可减小咬入角,但降低压下量,反要增加轧制道次;

3) 轧件前端做成楔形或圆弧形,以减小咬入角,随后可实行大压下量轧制;

4) 沿轧制方向施加水平推力进行强迫咬入,如用推锭机、辊道运送轧件的惯性力、夹持器、推力辊等对轧件施加水平推力,进行强迫咬入;

5) 咬入时抬高辊缝以利咬入,轧制时实行带负荷压下增大稳定轧制时的变形量。

(2) 增大辊面摩擦系数,改善咬入的措施主要有:

1) 咬入时辊面不进行润滑,或喷洒煤油等涩性油剂,增大辊面摩擦;

2) 粗轧时,将辊面打磨粗糙,增大摩擦,改善咬入条件;

3) 低速咬入,高速轧制,也可以增大咬入时的摩擦,改善咬入条件,同时对提高轧制生产效

率也有利;

4) 根据金属摩擦与温度的关系特性,通过适当改变轧制温度来增大摩擦,对于大部分金属,由于轧件表面氧化皮的存在,提高轧制温度能增大摩擦。

### 3.2.1.2　轧制时的金属流动与变形

#### A　轧制变形区及基本参数

轧制时金属在两轧辊间发生塑性变形的区域称为轧制变形区。轧件与轧辊的接触弧($AB$、$A'B'$),及轧件进入轧辊垂直断面($AA'$)和出口垂直断面($BB'$)所围成的区域(见图 3-2-5)称为几何变形区(也称理想变形区)。

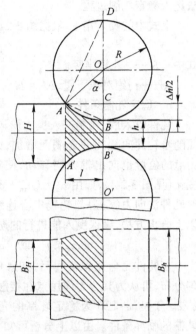

描述轧制几何变形区的基本参数有:接触角 $\alpha$、变形区长度 $l$(接触弧 $AB$ 的水平投影)、轧件的平均厚度 $h_{cp} = (H+h)/2$ 及变形区形状系数($l/h_{cp}$ 和 $B/h_{cp}$),$H$、$h$ 分别为轧件轧制前后的厚度,$B$ 为轧件宽度。由图 3-2-5 的几何关系可知

$$\cos\alpha = 1 - \Delta h/2R \qquad (3\text{-}2\text{-}9)$$

当 $\alpha < 10° \sim 15°$ 时,由于 $1 - \cos\alpha = 2\sin^2\alpha/2 \approx \alpha^2/2$,所以上式可简化为

$$\alpha = \sqrt{\Delta h/R} \qquad (3\text{-}2\text{-}10)$$

$$l = R\sin\alpha$$

将 $\alpha = \cos^{-1}(1 - \Delta h/2R)$ 代入上式,经整理后,得

$$l = \sqrt{R\Delta h - \Delta h^2/4}$$

常将根式中平方项忽略不计,其近似计算式

$$l = \sqrt{R\Delta h} \qquad (3\text{-}2\text{-}11)$$

图 3-2-5　轧制时的几何变形区

轧制时金属的流动和变形规律为:平辊轧制与斜锤压缩楔形件时金属的流动和变形的基本规律相似,基本变形力学图都属于三向压应力状态,属于一向(高向)压缩、两向(轧向和宽向)延伸变形的应变状态,但有许多自身的特点,其中最重要的一点是,轧制时金属的流动除金属质点的塑性流动外,还存在旋转轧辊的机械运动的影响,即轧制时金属质点的运动是以上两种运动速度的合成。

实际上,在几何变形区的入辊、出辊断面附近区域,轧件多多少少也有塑性变形存在,分别称为前、后非接触变形区。另外厚轧件热轧时,往往变形不易深透,所以几何变形区内,也有部分金属不发生塑性变形。

#### B　轧制时金属的纵向流动与前滑、后滑

轧制时与斜锤间压缩楔形件一样,两者间存在中性面(见图 3-2-6)。轧制时的情况十分类似,同样也存在中性面。

当金属由轧前厚度 $H$ 轧至轧后厚度 $h$ 时,进入变形区的轧件厚度逐渐减薄,根据塑性变形的体积不变条件,则通过变形区内任意横断面的秒流量必然相等,即

$$F_0 v_0 = F_x v_x = F_1 v_1 = 常数 \qquad (3\text{-}2\text{-}12)$$

式中　$F_0$、$F_1$、$F_x$——入口、出口及变形区内任意横断面的面积;

　　　$v_0$、$v_1$、$v_x$——入口、出口及变形区内任意横断面上轧件的水平运动速度。

由式 3-2-12 可知,由于轧件越轧越薄,轧件运动的水平速度从入辊口至出辊口是越来越高的。

其结果是,前滑区(轧制出口端)轧件的前进速度高于辊面线速,即轧件相对辊面向前滑动;反之,后滑区轧件的速度低于辊面线速;只有在中性面上两者的速度才相等(见图3-2-7)。因此,前滑定义为

$$S_h = (v_1 - v_R)/v_R(100\%) \tag{3-2-13}$$

式中 $v_R$——轧辊线速。

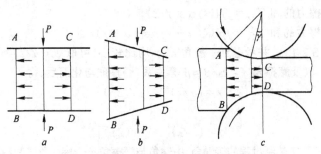

图 3-2-6 轧制时与压缩时金属流动示意图

a—平锤压缩矩形件;b—斜锤间压缩楔形件;c—平辊轧制

前滑值可以用打有两个小坑点的轧辊轧制后,通过测量轧件上压痕点的距离进行实测(见图3-2-8),其测量精度较高。其计算式为

$$S_h = (v_l - v_R)/v_R(100\%)$$
$$= (l_h - l_0)/l_0(100\%) \tag{3-2-14}$$

式中 $l_h$——时间 $t$ 内轧件上压痕点间距长度;

$l_0$——时间 $t$ 内轧辊上小坑点间距长度。

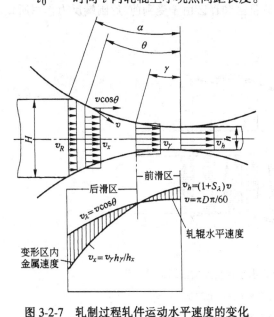

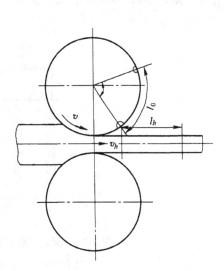

图 3-2-7 轧制过程轧件运动水平速度的变化    图 3-2-8 用压痕法测定前滑的原理图

通过理论分析,可以导出,简单轧制过程的前滑值的计算式为

$$S_h = (R/h - 1/2)\gamma^2 \tag{3-2-15a}$$

实际上,轧制时的前滑值一般为2%～10%。前滑对于带箔材的轧制和连轧时前后张力控制有重要实用意义。

式3-2-15a 中的中性角($\gamma$),可利用前、后滑区摩擦力方向不同,根据轧件受力平衡关系,即

由 $\sum X = 0$ 导出

$$\sum X = T_{1x} - N_x - T_{2x} = 0 \qquad (3\text{-}2\text{-}15b)$$

若令接触弧上的平均单位压力与单位摩擦力分别为 $p$、$t$，则

正压力的水平分量之和 $N_x = pBR\alpha\sin(\alpha/2)$

前滑区水平摩擦力的和 $T_{2x} = fpBR\gamma\cos(\gamma/2)$

后滑区水平摩擦力的和 $T_{1x} = fpBR(\alpha-\gamma)\cos[(\alpha+\gamma)/2]$

将它们代入式 3-2-15b，并考虑到一般角 $\alpha$、$\gamma$ 均比较小，可取 $\cos(\alpha/2)\approx1$，$\sin(\alpha/2)\approx\alpha/2$，$\cos[(\alpha+\gamma)/2]\approx1$，以及摩擦角 $f=\tan\beta\approx\beta$ 等关系，经整理与化简后，得

$$\gamma = (\alpha/2)[1-\alpha/(2\beta)] \qquad (3\text{-}2\text{-}16)$$

或

$$\gamma = (\alpha/2)[1-\alpha/(2f)]$$

式 3-2-16 反映了稳定轧制过程的接触角、中性角与摩擦角三个特征角之间内在联系，即它不仅反映了轧制过程的变形区几何参数之间的关系，而且也体现了稳定轧制过程建立所需具备的力学条件。

C　轧件断面上高向的流动和变形

大量的实验研究和理论分析表明，轧制变形区内的流动和变形是不均匀的。图 3-2-9 所示为轧件通过变形区各垂直横断面沿高向水平速度是不均匀分布，其主要原因是接触摩擦的影响所致，摩擦越大，水平流速便越不均匀。其中同横断面上，相邻不同高度的两层面上质点间的流速差越大，则变形就越大。根据这一现象和其他变形实验结果，证实整个轧制变形区一般可划分成四个小区域(见图 3-2-10)：Ⅰ区内几乎没有发生塑性变形，称为难变形区；Ⅱ区为主要变形区，易于发生高向的压缩和纵向(轧向)的延伸变形；Ⅲ区和Ⅳ区由于受到前、后刚端反力作用所致，产生了一定的纵向压缩和高向变厚变形。

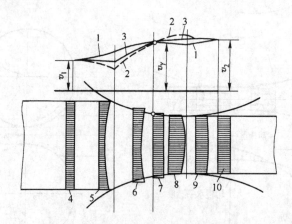

图 3-2-9　薄轧件轧制时金属水平运动速度沿断面的变化

当 $\dfrac{l}{h} > 0.5 \sim 1.0$ 时在各个断面高向上的速度分布：

1—轧件断面外层的速度；2—轧件断面中心层的速度；3—轧件断面运动的平均速度；
4—不变形区(后刚端区)内的速度图；5—入口处非接触变形区内的速度图；
6—后滑区内的速度图；7—中性面内的速度图；8—前滑区内的速度图；
9—出口处非接触变形区内的速度图；10—出口处不变形区(前刚端)
内的速度图；$v_1$—轧件入辊速度；$v_2$—轧件出辊速度；

$v_\gamma$—轧件在中性点上的水平速度

　　研究还表明,变形区的形状系数($l/h_{cp}$)对轧制断面高向上的变形分布情况影响很大:当 $l/h_{cp}>0.5\sim1.0$,即轧件相对较薄时,压缩变形将深透到轧件芯部,出现中心层变形比表层要大的现象;当 $l/h_{cp}>0.5\sim1.0$,即轧件相对较厚时,随着变形区形状系数的减小,外端对变形过程的影响变得突出,压缩变形难以深入到轧件芯部,只限于表层附近区域发生塑性变形,出现表层的变形比芯部大的现象。断面高向上金属的流动和

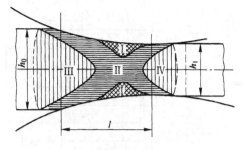

图 3-2-10　轧制时的变形区小区分布示意图

应力分布证实了这点(见图 3-2-9)。其次接触摩擦增高,将使金属沿辊面流动的阻力增加,增大Ⅰ区的范围,甚至出现金属黏辊现象,使变形的不均匀性加剧。特别是厚件轧制时,如某些金属的热轧,头几道的变形量较小,加之摩擦大,容易出现黏辊,因而导致轧件头部"开嘴",严重时还会缠辊。

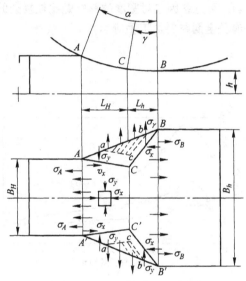

图 3-2-11　轧制时金属在为变形区水平截面流动投影示意图

#### D　轧制时的横向变形——宽展

　　轧制时金属除了高向压缩和沿纵向的延伸,还存在沿横向流动引起的横向变形,通常称之为宽展,不过平辊轧制过程中宽展比之纵向延伸变形要小得多。根据金属沿最小阻力方向流动的法则,由于摩擦阻力影响的不同,使得金属沿水平截面的流动可分成四个区域如图 3-2-11 所示。变形区分为延伸区和宽展区两部分:在 $ACC'A'$ 和 $BCC'B'$ 区内,横向阻力 $\sigma_B$ 大于纵向阻力 $\sigma_L$(表面 $\sigma_2$),金属质点几乎全朝纵向流动,获得延伸变形;位于 $ABC$ 和 $A'B'C'$ 区内,横向阻力 $\sigma_B$ 比纵向阻力 $\sigma_L$ 小得多,金属质点朝横向流动产生宽展。可见,宽展主要发生在轧件边部,而且后滑区比前滑区要多。由于摩擦阻力从轧件边部向中心越来越大,所以越靠边部的金属质点,横向流动的趋势越大,反之中心部位的金属质点纵向流动

的趋势越来越大,即中心部位的金属质点纵向流动快于边部,这就是为什么轧件头部呈扇形,而尾部呈鱼尾状的原因。如果中心与边部流速差所引起边部的附加拉应力超过了金属的强度极限,将出现边部裂纹。

　　在轧件横截面上,由于接触摩擦的影响也是从表层到芯部减弱的,所以金属的流动也是不均匀的。如对于轧制 $B/h_{cp}\geqslant1$ 的轧件时,其表层的流动比芯部的慢,形成如图 3-2-12 所示的单鼓形;如果轧件的 $B/h_{cp}<0.5$ 时,压下量也不大的话,变形不能深入到内部,主要限于表层,使轧件侧面呈现双鼓形。

　　轧制时的宽展通常用 $\Delta=b-B$ 表示($B$、$b$ 分别表示轧制前、后轧件宽度)。实验和理论分析表明,影响轧制宽展的主要因素及作用情况有:宽展随着接触摩擦的增加而增加(见图 3-2-13);宽展随压下量增加而增加;随着轧辊直径越大,宽展越大,因为大直径轧辊的接触弧长,使纵向阻力增大;轧件宽度与接触弧长的比值($B/l$)对宽展有明显的影响:当比值($B/l$)小于一定范围时,随

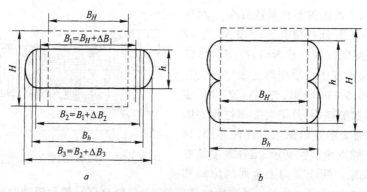

图 3-2-12　轧后轧件横截面的形状

$a$—单鼓形截面$(B/h_{cp}\geqslant1)$；$b$—双鼓形截面$(B/h_{cp}<0.5)$

着轧件宽度增加,宽展也增加;但当比值$(B/l)$超过某定值时,摩擦引起的横向阻力是很大的,宽展不再增加,而稳定为一较小的宽展量(见图 3-2-14)。可见各因素对宽展的影响是比较复杂的,宽展的计算还停留在经验水平,有关计算方法请查有关金属材料加工手册。

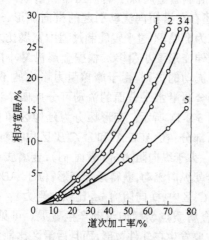

图 3-2-13　宽展与接触摩擦系数的关系

1—干辊;2—煤油;3—乳液;4—绽子油;5—动物油

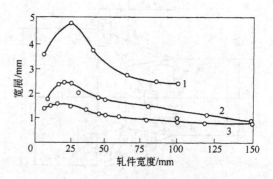

图 3-2-14　宽展与轧件宽度的关系

### 3.2.1.3　轧制压力和轧制力矩

#### A　概述

轧制压力是轧制设备设计、工艺制定和产品质量控制的重要参数。计算和确定轧制压力的目的是:计算轧辊与轧机其他部件的强度和弹性变形;校核或确定电机的功率,制订压下规程;实现板厚和板形控制;挖掘轧机潜力,提高轧机生产率。

所谓轧制压力,是指轧件对轧辊合力的垂直分量,即轧机压下螺丝所承受的总压力。确定轧制压力的方法有以下三种:

(1)实测法。总压力是通过放置在压下螺丝下的测压头(压力传感器)将轧制过程的压力信号转换成电信号,再通过放大和记录装置显示压力实测数据的方法。常用压力传感器有电阻应变片测压头和压磁式测压头。沿接触弧上的单位压力测定,则需将针式压力传感器埋设在辊面内进行测定。

(2) 经验式或图表法。这是通过对大量实测数据的统计分析和经过一定数学处理所获得的计算轧制压力的经验表达式或曲线图。

(3) 理论计算法。这是一种在理论分析的基础上,建立计算公式,根据轧制条件计算单位压力的方法。工程实践中以工程法应用最广。本章主要讨论用工程法确定单位轧制压力和平均单位压力。

B 单位轧制压力的计算

工程法建立轧制压力公式是建立在以下假设的基础上的:忽略宽向变形,简化为平面应变问题;轧件的高向、纵向和横向的应力的主方向;纵向应力 $\sigma_x$ 沿高向和横向均匀分布,即假设 $\sigma_x$ 仅是 $x$ 坐标的函数;接触摩擦力服从库仑摩擦定律,即 $t = f p_y$,摩擦系数为常数等。

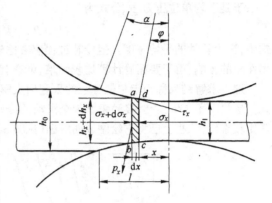

图 3-2-15 轧制几何变形区
上单元体的受力分析图

a 卡尔曼(Von. Karman)方程与采利柯夫公式

卡尔曼根据以上假设,将轧制问题简化成直角坐标平面问题处理,其变形区的几何形状如图 3-2-15 所示,同在变形区内取一单元体 $abcd$,该单元体宽度为 $dx$。分析该单元体的静力平衡方程 $\sum X = 0$,得

$$(\sigma_x + d\sigma_x)(h_x + dh_x) - \sigma_x h_x - 2 p_y dx [\sin\theta \pm f\cos\theta] R d\theta = 0$$

式中,第三项,后滑区为"+"号,前滑区为"－"号。

由图 3-2-15 知,$\tan\theta = dh_x/(2dx)$,因而 $dx = dh_x/(2\tan\theta)$,将它代入上式,展开并忽略二阶以上的高阶微分项,经整理后得近似平衡微分方程为

$$d\sigma_x + (\sigma_x - p_y)dh_x/h_x \pm (f p_y/\tan\theta)(dh_x/h_x) = 0$$

由于 $\sigma_x$、$p_y$ 均为压应力,且 $p_y$ 为作用力,其代数值最小,为主应力 $\sigma_3$。因此,近似塑性条件可表达成 $\sigma_x - p_y = K$(平面应变时的变形抗力 $K = 1.15\sigma_T$)。代入上式,得

$$dp_y = -\left(K \pm \frac{f p_y}{\tan\theta}\right)\frac{dh_x}{h_x} \tag{3-2-17}$$

该式是卡尔曼(Von. Karman)1925 年导出的,称为卡尔曼方程。

前苏联学者采利柯夫采用以弦代弧,注意到几何关系上有 $dx = l dh_x/\Delta h$,将它代入卡尔曼方程式 3-2-17,便能得到

$$\frac{dp_y}{\pm\delta - K} = \frac{dh_x}{h_x}$$

式中,令 $\delta = 2fl/\Delta h$,$l$ 为接触弧水平投影的长度,$\Delta h = H - h$ 为绝对压下量。

上式积分求得

$$(1/\delta)\ln(\pm\delta - K) = \ln 1/h_x + C$$

前、后滑区按不同边界条件,确定积分常数后,可分别得前滑区单位轧制压力公式为

$$p_h = p_y = -\frac{K}{\delta}\left[(\delta + 1)\left(\frac{h_x}{h}\right)^\delta - 1\right] \tag{3-2-18a}$$

后滑区单位轧制压力公式为

$$p_H = p_y = -\frac{K}{\delta}\left[(\delta-1)\left(\frac{H}{h_x}\right)^{\delta}+1\right] \tag{3-2-18b}$$

根据中性面轧制单位压力相等的关系,确定中性面轧件的厚度($h_\phi$),于是便可将式3-2-18b分别在前滑区和后滑区内积分,导出总的轧制压力公式

$$P = \frac{KBlh_\phi}{\delta\Delta h}\left[\left(\frac{H}{h_\phi}\right)\delta+\left(\frac{h_\phi}{h}\right)^{\delta}-2\right] \tag{3-2-19}$$

于是平均单位压力 $p_{cp}$ 公式为

$$p_{cp} = P/(Bl)$$

式中,$B$ 为轧件的平均宽度。但冷轧过程应考虑轧辊弹性压扁使接触弧增长到 $l'$ 对轧制压力作用面积的影响,由于要精确计算比较困难,可查有关图表(见图3-2-17)。

这一求解结果称为卡尔曼方程的采利柯夫解。工程应用表明,采利柯夫公式适用于变形区几何形状因子 $l/h_{cp}\geqslant 5$,接触摩擦为全滑动的冷轧板带材轧制压力的计算。由于这一公式的运算比较繁琐,工程上已将它绘制成曲线图(见图3-2-16)。

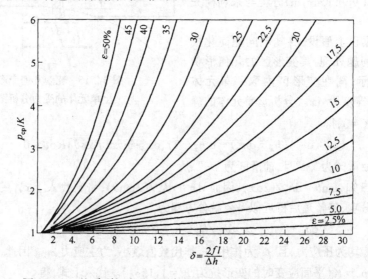

图 3-2-16　按采利柯夫公式计算($p_{cp}/K$)与参数 $\varepsilon$、$\delta$ 的函数曲线

式3-2-19影响轧制时辊面上单位压力的因素除了轧件的材质因素外,主要有压下量、摩擦系数、轧辊直径、轧件厚度以及前后张力等(见图3-2-18~图3-2-21),实测结果证实这一分析是可信的。

b　奥罗万(E. Orowan)方程与西姆斯(Sims)公式

奥罗万推导微分平衡方程的假设条件基本同前,所不同的是他将轧制问题简化成极坐标平面问题处理。这意味着水平应力 $\sigma_x$ 沿垂直轧向截面上的分布不均匀,垂直横截面上存在切应力,有切变形发生,轧件的变形是不均匀的,所以常称之为不均匀理论。

在几何变形区内(图3-2-22)截取单元体 $abcd$,其上作用有 $\sigma_r$、$\sigma_\theta = p$ 和 $\tau_{r\theta}$,$\sigma_r$、$\sigma_\theta$ 不是主应力。单元体左右两部分对单元体的作用的水平总力分别为 $Q+dQ$ 与 $Q$,两个轧辊作用于单元体上的辊径方向的压力和摩擦力分别为 $2p\sin\theta Rd\theta$ 与 $2\tau\cos\theta Rd\theta$。那么,根据水平轴 $x$ 方向上的静力平衡方程 $\sum x = 0$,得

$$(Q+dQ)-Q-2p\sin\theta Rd\theta\pm 2\tau\cos\theta Rd\theta = 0$$

经整理后,得

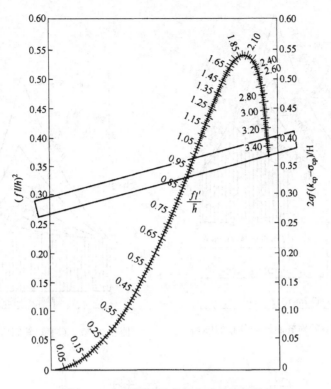

图 3-2-17 用图解法求压扁后的接触弧长

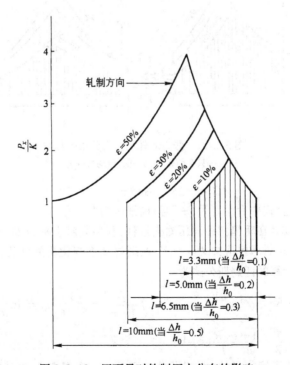

图 3-2-18 压下量对轧制压力分布的影响

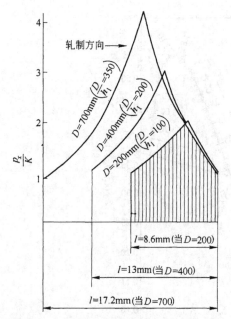

图 3-2-19  轧辊直径对轧制压力分布的影响

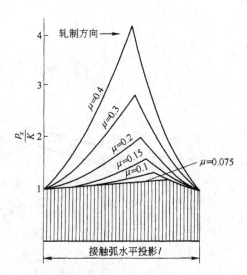

图 3-2-20  摩擦对轧制压力分布的影响

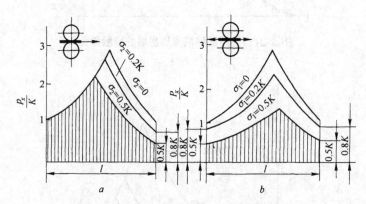

图 3-2-21  张力对轧制压力分布的影响

$a$—只有前张力；$b$—前、后均带张力

$$dQ = -2R(p\sin\theta \pm 2\tau\cos\theta)d\theta$$

上式称为奥罗万方程，上式中后滑区为"$-$"号；前滑区为"$+$"号。

西姆斯把轧制看成是在粗糙斜锤间压缩楔形件，利用其对水平力 $Q$ 的分布结果，即取 $Q = h_x[p - (\pi/4)K]$，并取接触摩擦应力为 $\tau = K/2$，经过变换与化简处理后，导出黏着摩擦条件下的平均单位轧制压力计算的西姆斯公式为

$$p = K\left[(\pi/2)\sqrt{\frac{1-\varepsilon}{\varepsilon}}\varepsilon\tan^{-1}\left(\sqrt{\frac{\varepsilon}{1-\varepsilon}}\right) - \sqrt{\frac{1-\varepsilon}{\varepsilon}}\sqrt{\frac{R}{h}}\ln\frac{h_\phi}{h} + \right.$$

$$\left. \frac{1}{2}\frac{\sqrt{1-\varepsilon}}{\varepsilon}\frac{\sqrt{R}}{h}\ln\frac{1}{1-\varepsilon} \right] \tag{3-2-20}$$

式中，$h_\phi$ 为中性面轧件高度。显然，西姆斯公式只适于热轧轧制压力计算。其计算图表见图 3-2-23。

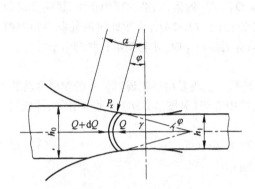

图 3-2-22　圆弧形单元体受力图

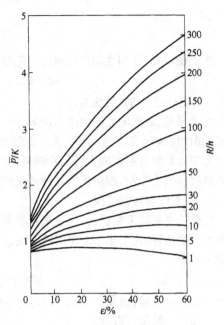

图 3-2-23　西姆斯公式计算图表

关于轧制压力的计算公式有许多,可从有关手册和专著中查到,选用时应注意其适用条件以及正确选择相关的参数(如摩擦系数,尤其是金属的变形抗力一定要注意加工条件,正确选用与计算),这里不作详细叙述。

C　轧 制 力 矩

a　轧 制 力 矩

轧制力矩是校核现有轧机电机能力和设计新轧机的重要力能参数之一。

轧件对轧辊的作用力 $P$ 相对轧辊中心的力矩,称为轧制力矩。其值与轧制压力 $P$ 的大小、方向及其在接触弧上的作用点位置有关。

由于轧机结构和轧制情况的不同,轧制力的方向亦不同。这里简要介绍二辊轧机轧制力矩的计算方法。

对于简单轧制过程,上下轧辊所承受的轧制压力 $P_1 = P_2 = P$,$P_1$ 和 $P_2$ 作用在同一直线上(见图 3-2-24),故简单轧制过程两个轧辊所承受的轧制力矩为

$$M = M_1 + M_2 = PD\sin\beta = 2Pa = 2P\psi l \qquad (3\text{-}2\text{-}21)$$

式中　$\beta$——轧制压力角,即轧制压力作用点对应的圆心角;

　　　$\psi$——轧制力 $P$ 相对于轧辊中心的力臂系数,$\psi = a/l$;

　　　$l$——接触弧长。

目前,关于力臂系数 $\psi$ 还没有一个好的确定方法,根据实验测定结果,一般取经验值,如热轧时取 $\psi = 0.45 \sim 0.5$;冷轧时取 $\psi = 0.3 \sim 0.45$。

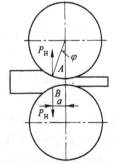

图 3-2-24　简单轧制过程
轧辊受力图

b　带张力的轧制过程

带张力轧制不但可以减少作用在轧辊上的轧制压力,改善轧制条件,而且还可以起到矫直带材和提高表面质量的效果。此时作用在一个轧辊上总的水平力和总的垂直力(见图 3-2-25),分别为

$$X = (Q_0 - Q_1)/2$$

和

$$Y = P$$

由上图可知,作用在两个轧辊上的轧制力矩为

$$M = PD\sin\beta + (Q_0 - Q_1)R\cos\beta \qquad (3\text{-}2\text{-}22)$$

式中　　$Q_1$、$Q_0$——前、后张力。

由此可见,此时的轧制力矩由两部分构成,上式右边第一项是简单轧制力矩,第二项为张力引起的附加力矩。若后张力 $Q_0$ 大于前张力 $Q_1$,即 $Q_0 > Q_1$ 的话,则第二项为正值,说明此时的轧制力矩比简单轧制过程大,因而有碍轧制过程的进行;若 $Q_0 < Q_1$,说明此时的轧制力矩比简单轧制过程的力矩小,因而促使轧制过程的进行;只有 $Q_0 = Q_1$ 时,才与简单轧制的力矩相等。

　　c　单辊传动轧制过程

在叠轧薄板或平整机上,往往采用单辊传动的轧机。上辊是由下辊通过轧件的摩擦带动的,根据力平衡条件,轧制压力的作用线应通过被动辊的中心线(见图 3-2-26)。而作用在主动辊上轧制力矩为

$$M = Pa_2 = P(D + h)\sin\beta \qquad (3\text{-}2\text{-}23)$$

式中　　$a_2$——力臂,由图 3-2-26 可知,$a_2 = (D + h)\sin\beta$;

　　　　$\beta$——轧制压力角。

关于摩擦力矩和空转力矩的计算方法同上,这里不另外叙述。

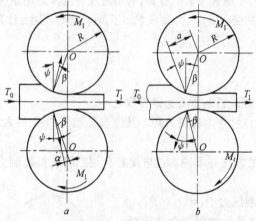

图 3-2-25　带张力轧制过程的轧辊受力图
a—有前张力;b—前、后带有张力

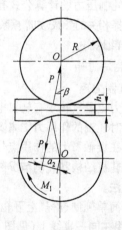

图 3-2-26　单辊传动轧机
作用在轧辊上的力系

　　D　轧机主电机功率计算

轧机主电机输出的传动力矩,主要用于克服以下四种阻力矩:(1)轧制力矩($M_j$);(2)附加阻力矩($M_f$),包括轧制时轧辊轴承及传动装置中所产生的摩擦力矩;(3)空转力矩($M_0$),指轧机空转时在轴承及传动装置中产生的摩擦力矩;(4)动力力矩($M_d$),指轧机加速与减速时的惯性力矩。由此可见,主电机轴上所输出的力矩应为

$$M_\Sigma = M_j/i + M_f + M_0 + M_d \qquad (3\text{-}2\text{-}24)$$

式中　　$i$——主电机到轧辊的减速比($i$ = 电机转速/轧辊转速)。

附加阻力矩($M_f$)精确计算相当繁琐,主要考虑轧辊轴承中的摩擦力矩,对二辊轧机为

$$M_f = P \cdot d' \cdot f_1/i$$

式中　　$P$——轧制压力;

$d'$——轧辊轴颈直径；

$f_1$——轧辊轴承的摩擦系数。

对四辊轧机，还应考虑工作辊与支撑辊间的传动比$(D_1/D_2)$为

$$M_f = (P \cdot d' \cdot f_1 / i) \cdot (D_1/D_2)$$

空转力矩$(M_0)$实际计算也相当繁琐，通常按经验取为

$$M_0 = (0.03 \sim 0.05)M_h$$

式中　$M_h$——电机额定转矩。

对新轧机可取上限值，老轧机可取下限值。

动力力矩$(M_d)$当轧机速度发生变化(如启动、制动、调速轧制等)时，在主电机轴上就产生动力矩。其值可按下式计算

$$M_d = (GD^2/375)\omega$$

式中　$GD$——传动系统(包括轧辊)中所有转动部件换算到电机轴上的飞轮惯量$(kgf \cdot m^2)$；

　　　　$\omega$——主电机轴的角加速度，$r/s$，$\omega = dn/dt$。一般可逆板材轧机启动时取 $\omega = (30 \sim 60)$ $(r/s)$；制动时取 $\omega = (40 \sim 80)(r/s)$。

对轧机主电机的选择与校核的基本步骤：

(1) 轧制力矩和附加力矩按下式初选电机功率 $N(kW)$：

$$N = 1.03(M + M_j)n/\eta_0 \tag{3-2-25}$$

式中　$n$——轧辊转速，$r/min$；

　　　　$\eta_0$——传动效率(可取 $\eta_0 = 0.85 \sim 0.90$)。

(2) 根据轧机工作制度，绘制静力矩随时间变化负荷图(称轧制负荷图)。

(3) 计算电机等效力矩，进行电机发热、过载和工作时间校核。

### 3.2.2　平辊轧制过程的控制

#### 3.2.2.1　轧制的弹塑曲线及板厚纵向控制

**A　轧机的弹性变形**

轧制时轧辊承受的轧制压力，通过轧辊轴承、压下螺丝等零部件，最后由机架承受。所以在轧制过程中，所有上述受力件都会发生弹性变形，严重时可达数毫米。据测试表明：弹性变形最大的是轧辊系(弹性压扁与弯曲)，约占弹性变形总量的 $40\% \sim 50\%$；其次是机架(立柱受拉，上下横梁受弯)，约占到 $12\% \sim 16\%$；轧辊轴承占 $10\% \sim 15\%$；压下系统占 $6\% \sim 8\%$。

随着轧制压力的变化，轧辊的弹性变形量也随即而变，引起辊缝大小和形状也变化。辊缝大小的变化将导致板材纵向厚度波动，辊缝形状影响到所轧板形变化。它们对轧制板带材板形质量、尺寸精度控制的影响成了现代轧制理论关注和研究的重点。

**a　轧机的弹跳方程与弹性特性曲线**

轧机弹性变形总量与轧制压力之间的关系曲线称为轧机的弹性特性曲线，描述这一对参数关系的数学表达式，即称为轧机的弹跳方程。

图 3-2-27 所示为当两轧辊的原始辊缝(空载辊缝值)为 $s_0$ 时，轧制时由于轧制压力的作用，使机架发生了变形 $\Delta s$($\Delta s = P/k$，$P$ 为轧制压力，定义 $k = dP/ds$ 为轧机的刚度，它表

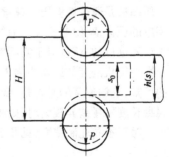

图 3-2-27　轧机弹跳现象

示轧机弹性变形 1 mm 所需的力(N/mm))。因此,实际辊缝将增大到 $s$,辊缝增大的现象称为轧机弹跳或辊跳。于是所轧制出的板厚

$$h = s = s_0 + s'_0 + \Delta s = s_0 + s'_0 + P/k \tag{3-2-26}$$

式中　$s'_0$——初始载荷下各部件间的间隙值。如忽略 $s'_0$,上式变为

$$h = s = s_0 + P/k \tag{3-2-27}$$

式 3-2-27 称为轧机的弹跳方程。它忽略了轧件的弹性恢复量,说明轧出的轧件厚度为原始辊缝与轧机弹跳量之和(见图 3-2-28)。

　　b　影响轧机的弹跳及弹性特性曲线因素

影响原始辊缝 $s_0$ 变化,即影响轧机弹性特性曲线位置的因素有:

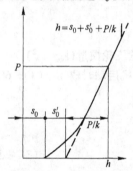

图 3-2-28　轧件尺寸在弹跳曲线上的表示

　　(1)轧辊的偏心。任何一个轧辊无论机械加工精度如何高,总会有一定的偏心度,因而随着轧辊的旋转,原始辊缝将成周期性变化。

　　(2)轧辊的热膨胀。轧制过程中由于轧件本身的热量和轧件与轧辊间的摩擦热传给轧辊,使其温度升高。尽管有良好的冷却系统,但轧辊的温度总比轧前高,因而轧辊的膨胀势必改变原始辊缝的位置。

　　(3)轧辊的磨损。轧制过程中,轧件与轧辊之间的摩擦使轧辊发生磨损,随轧辊使用时间的增长而增加,轧辊直径逐渐磨小,也会使原始辊缝位置发生变化。

　　(4)轧辊轴承油膜的变化。当轧辊轴承为液体润滑轴承时,其液膜厚度随着轧制速度的增加和轧制压力的降低而增加,也会造成原始辊缝位置的变化等等。

　　B　轧机的刚度

轧机的刚度为轧机抵抗轧制压力引起弹性变形的能力,也称轧机模量。它包括纵向刚度和横向刚度。这里只讨论轧机纵向刚度,它是指轧机抵抗轧制压力引起辊跳的能力。由式 3-2-27 知,$P = (h - s_0)k$。因而,轧机的纵向刚度可用下式表示。

$$k = P/(h - s_0) \tag{3-2-28}$$

轧机刚度可用轧制法和压靠法等进行实际测定。

轧制法是预先给定一原始辊缝 $s_0$,然后轧制同一宽度而不同厚度的板材,分别测定其轧制压力和轧出的板材厚度。将测量结果绘制成 $(h - P)$ 曲线,则曲线的斜率即为该轧制宽度下的轧机刚度值。或根据式 3-2-28 计算刚度值 $k$。这里重要的是要求精确测量原始辊缝。比较简单的办法是通过轧制铅板确定原始辊缝值,因为铅的变形抗力很小,可认为其轧出厚度 $h = s_0$。

压靠法是通过调整压下螺丝使两个工作辊的压靠来测量轧机刚度。记录不同的压下调节量及相应的压力值,绘制成关系曲线,根据其斜率便可确定轧机刚度。由于它是以压下螺丝的移动量为计算标准的,所以对于实际宽度的板材轧制刚度需进行修正。

影响轧机刚度的因素主要有轧件宽度(见图 3-2-29),轧制速度(影响到轴承油膜厚度)等。由图可知,轧制速度的影响是:低速时对轧机刚度的影响较大,而高速时影响较小。当轧制宽度与辊身长度两者差异较大时,则相互之间的差异较为明显;如果两者尺寸相近,相互之间的差异就小。对于不同轧制宽度(见图 3-2-30),其修正公式为

$$k_\beta = k_L - \beta(L - B) \tag{3-2-29}$$

式中　$L$——辊身长度;

　　　$B$——轧件宽度;

$k_\beta$——压靠法测得的刚度;

$k_L$——轧件宽度为 $B$ 时的刚度;

$\beta$——刚度修正系数。

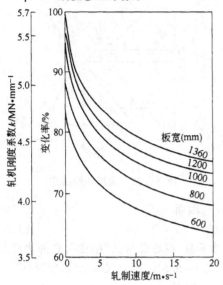

图 3-2-29　板宽与轧制速度对轧机刚度系数的影响

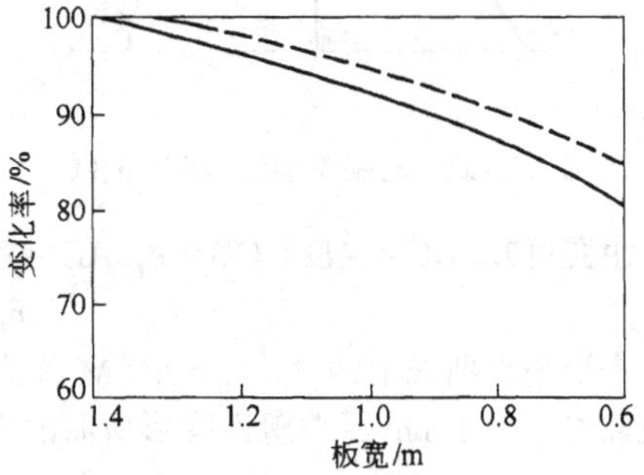

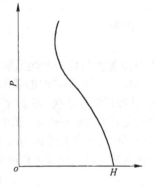

图 3-2-30　板宽与 $k$ 值的变化曲线

C　轧件的塑性特性曲线

轧件的塑性特性曲线是指预调某一辊缝 $s_0$ 时,轧制压力与所轧板材厚度之间的关系曲线(见图 3-2-31)。它表示在同一轧制厚度的条件下,某一工艺参数的变化对轧制压力的影响;或同一轧制压力情况下,某一工艺因素变化对轧出厚度的影响情形。如表3-2-2 所示,当材料的变形抗力波动时:变形抗力大的塑性曲线较陡($h_2$),而变形抗力小的塑性曲线较平坦($h_1$)。若轧制压力保持不变,则前者轧出的板材较厚($h_2 > h_1$)。若需保持轧出同一厚度的板材,那么对于变形抗力高的轧件就应加大轧制压力。

图 3-2-31　轧件塑性特性曲线

影响轧制压力 $P$ 变化的因素,即影响轧件塑性特性曲线变化的因素主要有:沿轧件长向原始厚度不均、温度分布不均、组织性能不均、轧制速度与张力的变化等。这些因素影响到轧制压力的变化,也改变了 $H$-$P$ 图上轧件的塑性特性曲线的形状和位置,因而导致所轧板厚随之发生变化。

D　轧制过程的弹塑曲线

轧制过程的轧件塑性曲线与轧机弹性曲线集成于同一坐标图上的曲线,称为轧制过程的弹塑曲线,也称轧制的 $H$-$P$ 图(见图 3-2-32)。表 3-2-2 第一列图中两曲线交点的横坐标为轧件厚度,纵坐标为对应的轧制压力。它揭示了轧制过程中轧辊和轧件相互作用的本质联系,是研究轧制过程各工艺因素以及轧机特性对所轧板材厚度影响关系的重要手段,也是控制轧制板材厚度的理论基础。

现利用轧制过程的弹塑曲线来讨论一下初始辊缝 $s_0$ 调整量变化为 $\delta_s$ 时,即轧机弹性曲线位置变化 $\delta_s$ 时(图中用两平行弹性曲线的水平间距),$\delta_s$ 与轧后板材厚度变化量 $\delta_h$ 之间的关系(见图 3-2-33)。

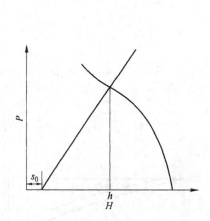

图 3-2-32　轧制弹塑性($H$-$P$)曲线

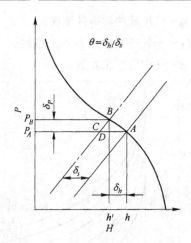

图 3-2-33　辊缝转换函数

由图可知,$AC = AD + CD = \delta_s$,$AD = \delta_h$,$CD = \delta_P/k$,因而

$$\delta_s = \delta_h + \delta_P/k \tag{3-2-30}$$

令沿塑性曲线上的 $\delta_P/\delta_h = M$($M$ 称为轧件的塑性系数,或称轧件的"刚度",它的物理意义是使轧件产生 1 mm 压缩塑性变形所需的轧制力,单位为 N/mm)。将它代入上式,经整理后,得

$$\delta_s = \delta_h + M\delta_h/k = \delta_h(1 + M/k)$$

或

$$\delta_s/\delta_h = 1 + M/k = (k + M)/k$$

如令

$$\theta = \delta_s/\delta_h = k/(k + M) \tag{3-2-31}$$

式中,$\theta$ 称为辊缝的转换函数,又称压下效率,它反映了轧机的弹性效应。它是进行压下调整,改变辊缝,实现板厚控制的基本方程。由式 3-2-31 可知,当轧机刚度一定时,轧制变形抗力高的金属,或接近终轧道次,因 $M$ 很大,此时压下调整量必须相当大,才能减小或消除板厚差 $\delta_h$;当 $M$ 接近无穷大,则 $\theta \rightarrow 0$ 时,无论调多大的压下,也不可能再轧薄(此时对应的辊缝称为轧机的最小可轧厚度);金属变形抗力较小时,$M$ 很小,$\theta \approx 1$,则压下调整量等于或稍大于厚度波动量即可。各种因素对轧制厚度的影响见表 3-2-2。

表 3-2-2　轧制工艺条件对轧制厚度的影响

| 变化原因 | 金属变形抗力变化 $\Delta\sigma_s$ | 板坯原始厚度变化 $\Delta h_0$ | 轧件与轧辊间摩擦系数变化 $\Delta f$ | 轧制时张力变化 $\Delta q$ | 轧辊原始辊缝变化 $\Delta t_0$ |
|---|---|---|---|---|---|
| 变化特性 | $\sigma_s - \Delta\sigma_s$ | $h_0 - \Delta h_0$ | $f - \Delta f$ | $q - \Delta q$ | $t_0 - \Delta t_0$ |
| 轧出板厚变化 | 金属变形抗力 $\sigma_s$ 减小时板厚变薄 | 板坯原始厚度 $h_0$ 减小时板厚变薄 | 摩擦系数 $f$ 减小时板厚变薄 | 张力 $q$ 增加时板厚变薄 | 原始辊缝 $t_0$ 减小时板厚变薄 |

E 板厚控制原理

轧制过程中凡引起轧制压力波动的因素都将导致板厚纵向厚度尺寸的变化。总的说来这来自两方面:一是轧件塑性变形特性曲线形状与位置的变动;二是轧机弹性特性曲线的变化。结果使两条曲线之交点发生变化,产生了纵向厚度偏差。

板厚控制原理:根据 $H$-$P$ 图,轧制厚度控制就是要求使所轧板材的厚度,始终保持在轧机的弹性特性曲线和轧件塑性特性曲线交点 $h$ 的垂直线上。但是由于轧制时各种因素是经常波动的,两特性曲线不可能总是交在等厚轧制线上,因而使板厚出现偏差。若要消除这一厚度偏差,就必须使两特性曲线发生相应的变动,重新回到等厚轧制线上,基于这一思路,板厚控制的方法有调整辊缝、调整张力和调整轧制速度等三种。

a 调压下改变辊缝

调压下是板带材厚度控制的最主要的方法。这种板厚控制的原理,是在不改变弹塑曲线斜率的情况下,通过调整轧机弹性曲线达到消除轧件或工艺因素影响轧制压力而造成的板厚偏差(见图 3-2-34)。

由图可见,当来料厚度由 $H_1$ 增到 $H_2$ 时,弹性曲线 $B$ 变到 $B'$,产生了厚差 $\delta_H$,如果原始辊缝或其他条件不变,此时压下量增加,使轧制压力由 $P_1$ 增加到 $P_2$,轧出厚度由 $h_1$ 增加到 $h_2$,出现了厚度差 $\delta_h$。如需轧出厚度 $h_1$ 不变,就必须进行控制,可采取调整压下,使辊缝由 $s_{01}$ 减小到 $s_{02}$,即弹性曲线由 $A$ 向左平移到 $A'$ 位置,并与塑性曲线 $B'$ 相交于等厚轧制线上,可以消除厚度偏差 $\delta_h$,此时轧制压力增加到 $P_3$ 位置。

又如遇到来料退火不均,造成轧件性能不均(变硬)时,或润滑不良使摩擦系数增大,或张力变小、轧制速度减小等,由图 3-2-35 可知都将使塑性曲线斜率变大,塑性曲线由 $B$ 变到 $B'$,其他条件不变时,同样轧板厚度的偏差为 $\delta_h$,此时亦可通过调整压下时减小辊缝来消除。

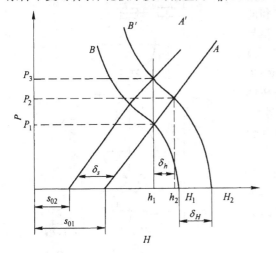

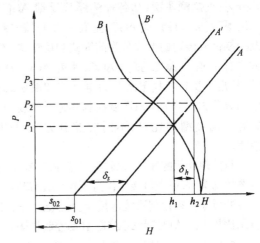

图 3-2-34 $\delta_H$ 变化时的调压下控制原理图    图 3-2-35 塑性曲线变陡时调压下控制原理图

调整压下的方法由于需调整压下螺丝,如塑性模量 $M$ 很大,或轧机刚度 $k$ 过低,则调整量过大,调整速度慢,效率低。因此对于冷精轧薄板带的调节不如调整张力来得快和好。特别是对于箔材轧制更是如此,因为这时轧辊实际已经压靠,所以板厚控制只得依靠调整张力、润滑或轧速来实现。

b 调整张力

调整张力是通过调整前、后张力改变轧件塑性曲线的斜率,达到消除各种因素对轧出厚度影响来实现板厚控制的(见图 3-2-36)。当来料出现厚度偏差 $+\delta_H$ 时,原始辊缝和其他条件不变时,

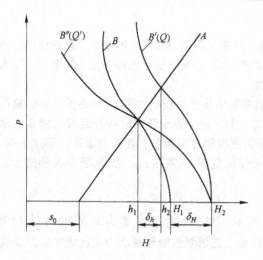

图 3-2-36　调张力控制原理图

轧出板厚产生偏差 $\delta_h$，为使轧出板厚 $h_1$ 不变，可通过加大张力，使塑性曲线 $B'$ 变到 $B''$（改变斜率），而与弹性曲线 $A$ 交在等厚度轧制线上。实现无需改变辊缝大小而达到板厚不变的目的。张力调整方法的特点是反应快、精确效果好，在冷轧薄板带生产上用得十分广泛。但它不适用于厚板轧制，特别是热轧板带，因为热轧时，张力稍大易出现拉窄（出现负宽展）或拉薄，使轧制过程得不到控制。

c　调整轧速

轧制速度的变化将引起张力、摩擦系数、轧制温度及轴承油膜厚度等发生变化，因而也可改变轧制压力，达到使轧件塑性曲线斜率发生改变，其基本原理与调整张力相似。

F　板厚自动控制系统简介

板厚自动控制系统，简称 AGC(automatic gage control)系统。它是通过测厚仪、辊缝仪、测压头等传感器，对带材实际轧出厚度及轧制压力等连续而精确地进行检测与监控；将监控信号输给控制器或计算机，对实测值与给定值进行比较，控制器或计算机的专门软件则根据实测值与给定值的偏差大小，产生控制信息；输给执行装置动作；或快速改变压下位置，调节辊缝；或调整张力和速度，使板厚自动控制在允许范围内。

板厚自动控制的方式有很多种，按厚度的检测方式分为：直接测厚型（如各种测厚仪反馈 AGC）和间接测厚型（如厚度计式 AGC，流量 AGC）；按厚差信号及控制信号传递的形式分为前馈式和反馈式；按调节方式分为压下 AGC、张力 AGC、速度 AGC、温度 GC等；按压下执行机构形式分为电动式和液压式；按厚度的调节方式分为相对厚度控制和绝对厚度控制等。针对不同类型的轧机、不同的控制方式可以组合使用。

目前现代化的轧机，以辊缝位置和轧制压力作为主要控制信号，以入口板厚作为预控，以出口板厚作为监控的板厚自动控制系统应用十分广泛。图3-2-37为应用比较广泛的厚度计式 AGC 自动控制框图。

### 3.2.2.2　板材横向厚差与板形控制

#### A　板形及表示方法

板形通常是指板带材的平直度，即板带材各部位是否产生波浪、翘曲、侧弯及瓢曲等。板形是板带材重要的质量指标。板形的好坏取决于轧制时板带材宽度方向上沿纵向的延伸是否相等、轧前坯料横截面

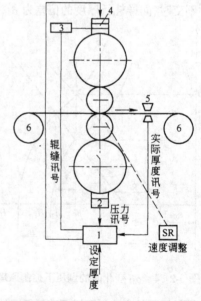

图 3-2-37　厚度计式自动控制 AGC 框图
1—厚度自动控制系统(AGC)；2—压力传感器(LC)；3—空载辊缝计；4—压下装置；5—测厚仪；6—卷筒

厚度的均一性、轧辊辊型以及轧制时轧辊的弯曲变形所构成的实际辊缝形状等。可见板形与横

向厚度精度两者是密切相关的。

波浪是由于轧制时板带材宽向各部位纵向的延伸不一致所引起的。当板带材两边延伸大于中部时,则产生对称的双边波浪;反之,如果中部延伸大于两边,则产生中间波浪;若两边压下量不等时,压下量大的一边延伸大,则产生单边波浪或侧弯(镰刀弯)。当轧件离开轧辊出口后向上或向下,或者沿宽向出现弧形弯曲叫翘曲。

### a 板形的表示方法

定量表示板形,既是生产中衡量板形质量的需要,也是研究板形控制和实现板形控制的需要。目前各国根据使用目的的不同,有不同的表示方法。其中一种板形表示方法是将带材切取一段置于平台上,如将最短纵条视为一直线,最长纵条视为一正弦波(见图 3-2-38),则定义板带材的不平度($\lambda_b$)为

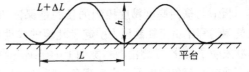

图 3-2-38 板材的波浪度

$$\lambda_b = (h/L_b) \times 100\% \tag{3-2-32}$$

式中  $h$——波高;

  $L_b$——波长。

当 $\lambda_b$ 值大于1%时,波浪或翘曲便比较明显,一般生产上要求矫平后板材的 $\lambda_b$ 值应小于1%。

第二种是用相对长度差表示,设板带波浪曲线部分长度为 $L+\Delta L$,若视为正弦曲线,则曲线部分与直线部分的相对长度差,可由线积分求曲线长度,得出

$$\Delta L/L = (\pi/2)^2(h/L)^2 = \pi^2\lambda^2/4 \tag{3-2-33}$$

式 3-2-33 表示了不平度 $\lambda$ 与最长、最短纵线条相对长度差之间的关系,它表明板带波形可以作为相对长度差来反映。只要测出板带的波形,就可以求出相对长度差。美国标准就是用这种相对长度差的百分数进行表示的。加拿大铝业公司也是用相对长度差作为板形单位的,称为 $I$ 单位。相对长度差等于 $10^{-5}$ 称为一个 $I$ 单位。板形的不平度(即板形偏差),可用下式求得

$$\sum S_t = 10^5 (\Delta L/L) \tag{3-2-34}$$

冷轧铝板带材典型板形偏差是,轧制产品为 $50I$,拉伸直矫产品为 $10I$。目前国外的板形自动控制系统,冷轧板不平度已从 $30I$ 提高到 $10I$,经拉弯矫可达 $10I$。

### b 横向厚差

板带材横断面上中部与边部的厚度偏差,称为横向厚差(板凸度)。由此可知,横向厚差取决于板材横断面的形状。矩形断面的横向厚差为零,属于用户希望的理想状态;楔形断面是一边厚,另一边薄,它主要是由于两边压下调整不当,或轧件跑偏(不对中)引起的;而对称的凸形或凹形断面,分别表示出中部厚两边薄,或中部薄两边厚。多数情况下是中部厚两边薄,其横向厚差主要是由于轧制时承载辊缝形状所致,即金属横向上沿纵向的延伸不均造成的。如不考虑轧件的弹性回复,可以认为板材的横向厚差,实际上等于板宽范围内工作辊缝的开口度差。

### c 板形与横向厚差的关系

如前所述,为了保证良好的板形,必须使板带材宽向上沿纵向的延伸相等。现设轧前板坯边部的厚度为 $H$,而中部厚度为 $(H+\Delta)$,轧后其边部厚度为 $h$,中部厚度为 $(h+\delta)$,则根据板形良好的要求,若忽略宽展,那么中部的延伸应该等于边部的延伸,即板形良好的条件是

$$(H+\Delta)/(h+\delta) = H/h = \lambda \tag{3-2-35}$$

经比例变换,得

$$\lambda = H/h = \Delta/\delta \tag{3-2-36}$$

式中  $\Delta$——轧前板坯横向厚差;

δ——轧后板材横向厚差；

λ——轧制延伸系数。

横向厚差(δ)或凸度的大小,通常用轧件横断面中部厚度 $h_z$ 与边部厚度 $h_b$ 的差值表示。

$$\delta = h_z - h_b \qquad\qquad (3-2-37)$$

对于凸形断面 δ 为正;对于凹形断面 δ 为负。生产实际中板材多少有点凸形,这有利于轧制时轧件的对中与稳定。

B　辊型及辊缝形状

板形与横向厚度精度控制的目的是保证所轧制的板带材具有良好的板形和横向厚度精度。在轧制过程中由于轧制压力引起了轧辊的弹性弯曲和压扁,以及轧辊的不均匀热膨胀,实际辊缝形状发生了变化,使之沿板材宽向上的压缩不均匀,于是纵向延伸也不均匀,导致出现波浪、翘曲、侧弯及瓢曲等各种板形不良的现象。所以板形与横向厚度精度控制,实际上是辊缝形状的控制。

辊型是指轧辊辊身表面的轮廓形状,原始辊型指刚磨削的辊型。轧辊辊型通常以辊型凸度 C 表示,它是用轧辊辊身中部半径 $R_c$ 与边缘的半径 $R_b$ 差表示,即 $C = R_c - R_b$。当 C 为正值时,为凸辊型;C 为负值时,为凹辊型;C 为零时,为平辊型,即圆柱形辊面形状。

轧制时辊型称为工作辊型(或称承载辊型),它是指轧辊在轧制压力和受热状态下的实际辊型。因为原始辊型很难保持为理想的平辊型状态,所以实际轧制时的工作辊型有时为凸辊型、有时为凹辊型或平辊型。

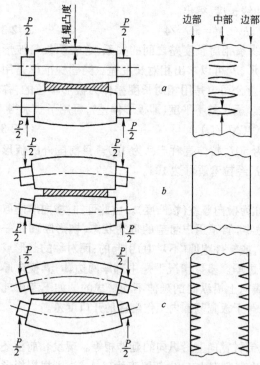

图 3-2-39　轧制压力对板形的影响

a—轧制负荷过小,产生中部波浪;b—轧制负荷适当,板面平直;
c—轧制负荷过大,产生边部波浪

辊缝形状:如果上下工作辊型同时为凸辊型,对应的辊缝形状便是凹形,轧后板材横断面为凹形;反之,上下工作辊型同时为凹辊型,对应的辊缝形状便是凸形,轧后板材横断面为凸形;若上下工作辊型同时是理想的平辊型,对应的辊缝形状便是平直的,轧后板材横断面呈矩形。因此,除了板坯横断面形状之外,横向厚差及板形主要取决于工作辊缝的形状。

影响辊缝形状的因素:由于板形和横向厚度偏差取决于轧制时的实际辊缝形状,因此影响辊缝形状的一切因素都影响板形和横向进度偏差。如果忽略轧件轧后的弹性回复,则影响轧制时的辊缝形状的主要因素有:

(1)轧辊的弹性弯曲。在轧制压力的作用下,轧辊产生弹性弯曲变形,使辊缝的中部尺寸比边部大,形成凸形辊缝。因此凡是影响轧制压力的因素(变形抗力、轧辊直径、摩擦条件、压下量、轧制速度、张力等),均影响轧辊的弹性弯曲,改变辊缝形状。其他条件一定时,轧制压力变化越大,其影响就越大(见图 3-2-39)。通常轧辊弯曲对辊缝形状的影响最大。

(2) 轧辊的热膨胀。轧制时轧件的变形热、摩擦热和高温轧件传递的热量,将使轧辊的温度升高。冷却润滑液、空气和与轧辊接触的部件,又会使轧辊的温度降低。由于轧辊和冷却条件沿辊身是不均匀的,通常靠近辊颈部分的冷却条件好受热较小,所以轧辊中部比边部热膨胀大,形成热凸度,辊缝呈凹形。热凸度值可近似按下式计算

$$\Delta R_t = mR\alpha(t_z - t_b) \tag{3-2-38}$$

式中 $t_z$、$t_b$——分别为辊身中部和边部的温度,℃;

$R$——轧辊半径;

$m$——考虑轧辊心部与表面温度不均匀的系数;

$\alpha$——轧辊线胀系数,钢轧辊 $\alpha = 1.3 \times 10^{-5}℃^{-1}$;铸铁辊 $\alpha = 1.1 \times 10^{-5}℃^{-1}$。

(3) 轧辊的弹性压扁。轧件与工作辊之间,工作辊与支撑辊之间均产生弹性压扁。对辊缝形状起重要作用的不是弹性压扁的绝对值,而是弹性压扁沿辊身长向上的分布状况,在工作辊与支撑辊之间,由于接触长度大于轧件与工作辊的长度,其压力分布不均匀,对辊缝形状的影响就比较明显。实践表明,轧件宽向上的压力分布也是不均匀的,轧件与工作辊辊身之比($B/L$)和工、支撑辊直径之比($D_工/D_支$)愈小,则中部压力与边部压力的不均匀性便愈大,因而中部的压扁量大于边部,使工作辊凸度减小。

(4) 轧辊的磨损。工作辊与轧件、工作辊与支撑辊之间的摩擦均使轧辊产生磨损。其磨损量沿辊身长向上的分布是不均匀的,通常辊身中间的磨损大于边部,轧辊的磨损不仅影响因素复杂,而且是磨损时间的函数,不便理论计算,只能靠实测找出其规律性。

(5) 其他因素。如轧辊的原始凸度、来料板凸度、板宽和张力等,对工作辊缝都有一定影响。来料断面形状与工作辊缝形状的匹配是获得良好板形的重要条件。板宽的变化通过影响轧机横向刚度,改变辊缝形状。张力的波动,引起轧制压力变化,并影响轧辊的热凸度,导致辊缝变化。

C 辊型设计

如前所述,轧制时由于轧辊的弯曲与压扁、轧辊不均匀的热膨胀与磨损等影响,使空载时平直的辊缝变得不平直了(变凸或变凹),致使板带材横向厚度不均匀和板形不良。为了补偿上述因素所造成的影响,可以预先将轧辊设计并磨削成一定的原始凹凸度,使轧辊在工作状态仍保持平直的辊缝。可见辊型设计的任务就是预先计算出一定条件下轧辊的弯曲挠度、不均匀热膨胀和均匀压扁值,然后取其代数和,得原始辊型应磨削的最大凸度值为

$$c = f_P - \Delta R_t + \Delta f_{L'} \tag{3-2-39}$$

式中 $c$——磨削的原始辊型凸度值;

$f_P$——轧辊轧制压力作用下的弯曲挠度;

$\Delta R_t$——辊身中部的热凸度值;

$\Delta f_{L'}$——轧辊不均匀压扁的挠值。

下面介绍轧辊弯曲挠度的计算。

正确计算轧辊的弯曲挠度,是正确实现板形和横向厚度控制的基础。现以二辊轧机为例。由于二辊轧机的直径和长度相比,尺寸较大,用以计算轧辊挠度时,应考虑切应力所引起的挠度,因此轧辊的挠度应由两部分组成:

$$f_P = f_1 + f_2 \tag{3-2-40}$$

式中 $f_1$、$f_2$——分别为弯矩与切力引起的挠度。

如图 3-2-40 所示,如果忽略辊颈的影响,按材料力学的方法可求得 $f_1$、$f_2$ 分别为

$$f_1 = [P/(6\pi ED^4)](12aL^2 - 4L^3 - 4B^2L + B^2) \tag{3-2-41}$$

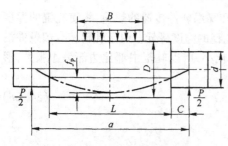

图 3-2-40　轧辊弯曲挠度计算

$$f_2 = (P/\pi GD^2)(L - B/2) \qquad (3-2-42)$$

式中　$P$——轧制压力，N；

　　　$D$——辊身直径，m；

　　　$L$——辊身长度，m；

　　　$a$——轧辊两边轴承受力点之间的距离，m；

　　　$E$、$G$——轧辊材料的弹性模量及剪切模量，MPa；

　　　$B$——轧件宽度，m。

对于上下轧辊，因对称其总挠度为 $2f_P$。挠度差 $f_P$ 实际上表示辊缝形状的改变量。四辊轧机的轧辊挠度计算要复杂些，请参考有关资料。

**D　板形控制**

运用各种机械的或物理的方法，通过改变轧辊曲线形状，轧制出断面形状和平直度都符合产品标准要求的板带材的控制方法，也叫平直度控制。带材的宽度愈宽，厚度愈薄，则愈容易出现板形缺陷。

板形控制主要是控制轧辊的有载辊缝，使它对沿宽向的压下变形均匀，从而导致板上各点的延伸一致，即保证轧辊有载辊缝必须满足 $\delta = \Delta/\mu$ 的要求（$\delta$ 与 $\Delta$ 为带材的来料与轧后凸度，$\mu$ 为该道次的延伸系数）。影响轧辊有载辊缝形状的因素有：(1)轧辊的原始凸度；(2)轧辊由于温度分布不均匀造成的热凸度；(3)轧辊的磨损凸度；(4)在轧制力和弯辊力作用下，轧辊产生的弯曲挠度和压扁变形。轧辊有载辊缝由下式决定：

$$\delta = P/K_P - 2S_1/K_{S_1} - 2S_2/K_{S_2} - \Delta D_W/K_W - \Delta D_B/K_B + \Delta/K_D \qquad (3-2-43)$$

式中　$K_P$、$K_{S_1}$、$K_{S_2}$——与轧制力、工作辊弯辊力及支撑辊有关的横向刚度系数；

　　　$K_B$、$K_D$——工作辊凸度、支撑辊凸度与来料凸度的影响系数；

　　　$P$——轧制力；

　　　$S_1$、$S_2$——工作辊与支撑辊的弯辊力；

　　　$\Delta D_W$、$\Delta D_B$——工作辊与支撑辊的凸度；

　　　$\Delta$——来料板凸度。

上式中等号右边的第一项 $P/K_P$ 是轧制力作用下带材产生的凸度，最末一项 $\Delta/K_D$ 是来料凸度对带材凸度的影响，它们都是随机变量，而 $S_1$、$S_2$、$\Delta D_W$、$\Delta D_B$ 为可控制参数。故板形控制是通过改变弯辊力和轧辊凸度来获得板形平直的铝带。

20 世纪 60 年代以前板带轧制时的板形控制主要靠磨削轧辊原始凸度、人工控制压下量和合理编制工艺规程来控制板形。60 年代出现液压弯辊装置，后来又将分段冷却轧辊法用于控制板形。60 年代后期瑞典 ASEA 公司研制成功接触式板形仪和平直度控制系统（AFC），把它们与弯辊装置组合成板形闭环控制系统，以后板形控制的应用逐渐由冷轧板带发展到热轧薄板和厚板，使板形控制技术得到了迅速发展。70 年代以后又出现了许多种板形控制的新方法（如图 3-2-41所示）。液压弯辊是一种最常用控制技术，而且常与其他方法组合成新式控制方法。目前最先进的板形控制技术为 HC 法和 CVC 法。

**a　液压弯辊法**

弯辊法的原理是依靠安装在轧辊轴承座内的或其他部位的液压缸的液压压力，对工作辊或支撑辊产生弯辊力（附加弯曲力），从而使轧辊产生附加挠度，达到快速改变轧辊的工作凸度，而补偿轧制时的辊型变化。根据弯曲对象和施加弯辊力部位的不同，通常可分为弯曲工作辊和弯曲支撑辊，每种弯曲又分正弯和负弯。按支撑辊的形状有：阶梯支撑辊法（BCM）（见图3-2-41$a$）、倒角支

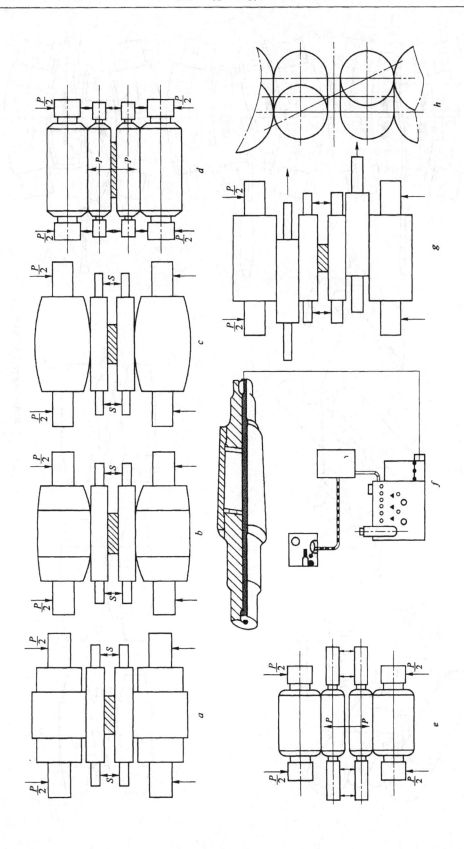

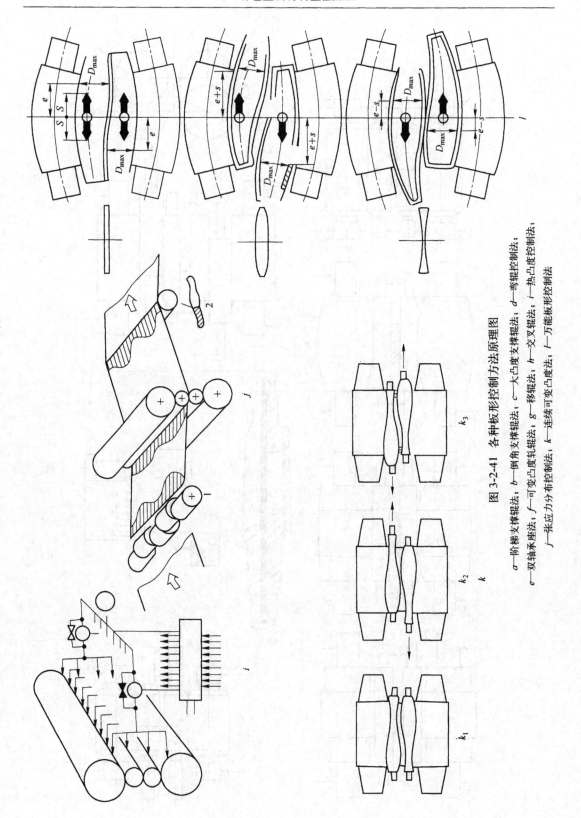

图 3-2-41　各种板形控制方法原理图

a—阶梯支撑辊法；b—倒角支撑辊法；c—大凸度支撑辊法；d—弯辊控制法；
e—双轴承座法；f—可变凸度轧辊法；g—移辊法；h—交叉辊法；i—热凸度控制法；
j—张应力分布控制法；k—连续可变凸度法；l—万能板形控制法

撑辊法(CBR)(见图 3-2-41b)、大凸度支撑辊法(NBCM)(见图 3-2-41c)、双轴承座法(DCWRB)(见图 3-2-41e)等结构形式。

液压弯辊具有快速、准确地调整辊缝的能力,而且调整的范围较大,能满足高速度、高精度轧制的要求,易于实现板型自动控制,大大提高产品率和生产率,应用十分广泛。因工作辊的挠度还是受轧制压力的影响,因而板形稳定性稍差些。

b 移辊法(HC 法)

HC 法是日本研制的一种板形控制装置。它是在普通四辊轧机的基础上,在支撑辊与工作辊之间安装了一对轴向可移动的中间辊,而且两个中间辊的移动轴向方向相反,而成为高凸度(high crown)控制的六辊轧机(图 3-2-41g)。它通过调整中间辊的轴向移动量,即能改变工作辊的挠度,而且当中间辊调整到适当位置时,工作辊的挠度不受轧制压力的影响,板形稳定性十分高;该轧机还配有工作辊弯辊装置,增强了弯辊效能。通常移动中间辊实现粗调,而工作辊弯辊实现微调。此外,由于中间辊轴向移动距离较大,因而同一轧机上能控制的板宽范围也就扩大了许多。不过 HC 轧机的结构较复杂,投资较大。

c 可变凸度法(variable crown——VC 法)

轧辊也是由日本研制的一种板形控制装置,即轧辊凸度可瞬时改变的轧机,如图 3-2-41f 所示,可变凸度轧辊是一种组合轧辊,它由芯轴和轴套装配而成,芯轴和辊套之间有一液压腔,腔内充以压力可变的高压油。通过控制系统,可使它随着工艺条件的变化,不断调整高压油的压力,从而改变轧辊的凸度,以获得良好的板形。VC 轧辊可用作二辊和四辊轧机的支撑辊,对冷热轧都可适用。

d 连续可变凸度法

连续可变凸度法(continuously variable crown——CVC 法)轧机是由德国研制的一种连续可变凸度轧机。其轧辊的辊型由传统的抛物线变成全波正弦曲线,近似瓶形,上下辊型相同,而且装配成一正一反,互为 180°角。通过轴向反向移动上下辊,实现轧辊凸度的连续变化。当上下辊位置如图 3-2-42a 时,辊缝略呈 S 形,轧辊工作凸度等于零(中性凸度);当上轧辊向右,而下轧辊向左移动量相同时,中间辊缝小,轧辊工作凸度大于零,称为正凸度控制(如图 3-2-42b);反之,如果上辊向左,而下辊向右移动量相同,轧辊工作凸度小于零,称为负凸度控制(图 3-2-42c)。

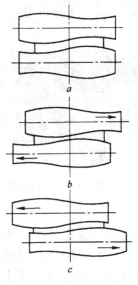

图 3-2-42　连续变化的辊凸度
a—中性凸度;b—正凸度;
c—负凸度

CVC 轧辊有凸度调整范围大,又能连续调整的特点。常用于二辊轧机、四辊轧机和六辊轧机。

### 3.2.3 型材轧制

#### 3.2.3.1 型辊轧制及其产品

与板带材轧制不同,型材轧制是在一系列车制有轧槽(孔型)的两个或三个轧辊的轧机上进行轧制的一种方法(见图 3-2-43),是纵轧的形式之一。它是钢铁生产上轧制各类型钢(如角钢、槽钢、T 形钢和工字钢等)的主要生产方法;也是轧制许多有色金属线坯(如铜、铝杆)、棒材和型材(圆形、方法和多角形)的重要方法,只是有色金属轧后大部分需经拉拔进一步加工至成品。

#### 3.2.3.2 型材轧制的变形特点

与平辊轧制相比,型材轧制有如下特点。

**A 型辊轧制时变形不均匀**

孔型轧制前后轧件断面的形状一般都是不相似的,因此,型材轧制过程中,轧件在孔型中轧制时高向的压下、宽展和纵向延伸一般都是不均匀的。现以方轧件在椭圆孔型的轧制为例(见图3-2-44),方轧制在椭圆孔型中从边缘至中心绝对压下量是增加的,即 $\Delta h_3 > \Delta h_2 > \Delta h_1$,因此影响到延伸和宽展的不均。如把送入椭圆孔型中变形的方轧件沿宽向分成 $b_1$、$b_2$、$b_3$ 等许多等宽的金属小片,并且假设相邻金属片之间互无牵制,可以自由延伸,则在忽略宽展的情况下,很容易算出各片的延伸量。由图可见,方轧件在椭圆孔型中最大自然延伸出现在轧件的边缘,最小自然延伸出现在轧件中间部位。实际的延伸分布比这更复杂,图3-2-44$a$ 所示为延伸系数沿孔型宽度上的分布曲线,这表明了压下与延伸变形极其不均匀的程度。

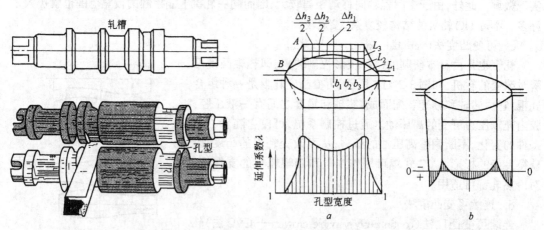

图 3-2-43 轧槽和孔型      图 3-2-44 方轧件在椭圆孔型中轧制时延伸系数($\lambda$)在孔型
                                                宽度上的分布($a$)及轧制后轧件内的残余应力($b$)

然而,金属轧件是一个整体,各片之间彼此互相牵制着,且在变形后的长度几乎相等。可见,在变形过程中压下、延伸和宽展之间是相互制约的,延伸较大的部位将受到附加压应力的作用,迫使减少其延伸。反之,延伸较小的部位,将受到附加拉应力的作用,迫使其自然延伸。这种不均匀的变形,必然引起附加应力或残余应力,其分布见图3-2-44$b$,它是使轧件出现裂纹,甚至拉断的重要原因。同样,椭圆轧件在方孔型中轧制时,变形也是不均匀的,只是其分布形式有所不同而已。

总之,型辊轧制时,由于轧件与孔型形状失去了相似性,则金属质点在变形区内各方向上的阻力不同。金属质点总是朝着阻力最小的方向流动,但是金属的流动又受到其整体性的牵连与制约,结果金属流动的不均匀,轻则使轧件内部出现附加应力,甚至发生扭曲;重则出现拉断和裂纹等严重质量问题。可见,在孔型设计中,如何减小和限制不均匀变形性是一个十分重要的课题。

坯料必须通过一系列断面尺寸和形状变化的孔型逐步轧制才能达到所需形状的轧件。这就要求各道次孔型中所轧轧件的形状必须规整,过充满或欠充满都对产品质量有不良影响。过充满在下一道次孔型中易产生折叠或夹层等缺陷;欠充满易产生形状不规整、局部表面粗糙等缺陷(图3-2-45和图3-2-46)。为了保证轧件的规整,必须使轧件的宽度达到所需要尺寸,因此,宽度的准确设计与操作控制是十分重要的课题。

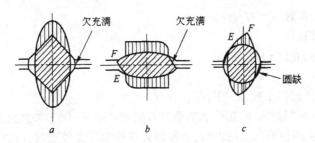

图 3-2-45 欠充满对轧件质量的影响（$a \sim c$）

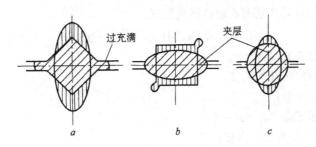

图 3-2-46 过充满对轧件质量的影响（$a \sim c$）

### B 型辊轧制的宽展与压下计算

#### a 宽展与压下的关系

金属在轧制过程中,当对轧件施以一定压下时,则在高向上被压缩的金属体积 $\Delta V_h$,等于流向纵向和宽向的体积 $\Delta V_b$ 和 $\Delta V_l$ 之和,即

$$\Delta V_h = \Delta V_b + \Delta V_l$$

根据金属沿阻力最小方向流动的规律,金属移动体积在纵向和横向（宽向）上的分配,主要取决于轧件与轧辊接触面上在纵向和横向的阻力大小。当压下量一定时,宽展量主要取决于坯料整体性的相互作用下纵向与横向阻力之比,阻力包括工具阻力和摩擦阻力两部分:工具阻力反映孔型与坯料形状的影响,摩擦阻力反映金属性质、轧制速度、温度对摩擦系数的影响,以及轧辊表面状态的影响。如若宽向阻力大于（如变形区横向尺寸）纵向阻力,则宽展量就小;反之宽向阻力小于纵向阻力,则宽展量就较大。

#### b 宽展计算

由上述分析可见,压下、延伸和宽展相互间的关系是比较复杂的,影响三者的因素繁多,因此难以找到一个能准确地表示它们之间关系的定量表达式,不过生产实践表明,对宽展影响最主要的因素有压下量、接触弧长度、接触摩擦条件等。

根据大量的实验数据,经过数学统计处理,相对宽展的计算式为

$$b = \beta B \tag{3-2-44}$$

式中　$B$、$b$——轧制前、后轧件的宽度;

$\beta$——相对宽展系数。

实验证明,相对宽展系数 $\beta$ 与下列因素有关

$$\beta = (h/H)^{-W} \tag{3-2-45}$$

式中　$H$、$h$——轧件轧制前、后的高度;

$W$——相对宽展指数,$W = 10^{-\mu}$,$\mu = 1.269\delta\varepsilon^{0.556}$;

$\delta$——轧件断面形状系数,$\delta = B/H$;

$\varepsilon$——辊径系数，$\varepsilon = H/D$；

$D$——轧辊直径。

由体积不变条件 $HBL = hbl$，可得

$$\beta = \lambda^{-W/(1-W)} \tag{3-2-46}$$

式中　$\lambda$——轧制时的延伸系数，$\lambda = F_0/F_1 = l/L$。

式 3-2-46 反映了轧制时压下，延伸和宽展三者的密切联系；而且考虑的影响因素较多，计算较简单，具有较好的实用价值。使用表明，当各相关系数取得比较准时，可以获得较高的宽展计算精度。

此外，较好的宽展计算式还有巴赫钦诺夫公式

$$\Delta B = 1.15(\Delta h/2H)[\sqrt{R\Delta h} - \Delta h/f] \tag{3-2-47}$$

式中　$\Delta B$——绝对宽展量，$\Delta B = B_0 - B_1$；

$B_0$、$B_1$——轧制前后轧件的宽度；

$\Delta h/H$——相对压下量；

$\Delta h$——绝对压下量，$\Delta h = H - h$；

$H$、$h$——轧前、轧后轧件的高度；

$L$——接触弧长，$L = \sqrt{R\Delta h}$；

$f$——摩擦系数。

巴赫钦诺夫公式对大、小轧件轧制时宽展的计算都比较准确，在孔型计算中得到了广泛的应用。其他的宽展公式就不赘述了。

C　型辊轧制时压下量的计算

平辊轧制的绝对压下量计算公式 $\Delta h = H - h$，对于型辊轧制，由于压下量分布不均，其计算也就不同了。常用计算方法有：

(1) 平均高度法。用轧制前后轧件的平均高度来计算压下量的方法称为平均高度法。轧件的平均高度按下式计算

$$\bar{h} = F/b_{max} \tag{3-2-48}$$

式中　$\bar{h}$——轧件平均高度；

$F$——轧件断面积；

$b_{max}$——轧件最大高度。

(2) 相应轧件法。以面积相等、尺寸相应的矩形轧件代替复杂断面的轧件，且该矩形轧件的高与宽之比，等于被代替的轧件边长之比，然后按相应的矩形轧件的尺寸计算压下量。即有两式

$$\bar{h}/\bar{b} = H/B \tag{3-2-49}$$

$$\bar{b}\,\bar{h} = F \tag{3-2-50}$$

式中　$\bar{b}$、$\bar{h}$——相应轧件的宽度和高度；

$F$——轧件的断面积。

式 3-2-49、式 3-2-50 联立求解，便可确定相应轧件的宽度和高度。

型辊轧制时轧件的平均高度确定后，便可采用平辊轧制理论的方法，按平均高度值计算轧辊的平均直径，轧制时的咬入条件，以及轧制压力等有关参数。

3.2.3.3　孔型的分类及应用

A　孔型的分类

孔型的分类有不同的分法，如按孔型形状可分为：(1)简单断面孔型，如轧制圆钢和方钢的孔

型;(2)周期断面孔型,如轧制螺纹钢的孔型;(3)复杂断面孔型,如轧制"工"字钢、"T"型钢、槽钢、角钢等的孔型。

按孔型在轧辊上的布置可分为开式孔型和闭式孔型(见图3-2-47)。前者的两个轧辊互不进入而被辊缝分开者,多用于简单型材的轧制,如圆、方、六角等面型材的轧制;后者一般指一个轧辊的辊体进入到另一个轧辊的辊体之中,常用于角钢、槽钢、工字钢、T型型钢等成品前道次和成品道次的轧制。

按孔型的功能分为:

(1) 粗轧孔型(延伸孔型),多为箱形、六角形等,其作用在于有效地压缩轧件的断面,并给轧件一定形状,以便后续孔型的轧制过渡到成品形状。主要用于开坯机、粗轧机。

(2) 中轧孔型,此类孔型的主要作用是继续压缩轧件,不断改变断面形状,使其逐渐接近成品形状和尺寸,对于一般的圆棒材轧制,这类孔型多为方—椭—方孔型系,菱—方—菱孔型系。

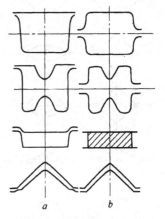

图 3-2-47 闭式孔型($a$)
和开式孔型($b$)

(3) 精轧孔型,这类孔型用于成品前1~2道次的轧制,主要作用在于整形和精轧轧件表面,使轧件形状和尺寸更接近于成品。它的选用主要视成品形状而定。

(4) 轧孔型(成品孔型),它是最后一道次轧制的孔型,一般说来,孔型的形状和尺寸几乎与成品断面形状和尺寸完全一致。

B　有色金属型材轧制常用孔型系及特点

a　箱形孔型系

由一系列箱形孔型组成(见图3-2-48,1),常用于粗轧开坯道次上,其特点是:孔槽浅,压下量大(最大可达60%),变形均匀,轧件易于咬入或脱出孔型,孔型使用寿命长,只需调整上辊便可得到不同高度的轧件等。但金属只能在两个方向上受压缩,轧件角部变形不够。

b　椭圆-方孔型系

由一系列的方形和椭圆形孔型交替组成(见图3-2-48,3)其特点是可以得到很大的延伸系数(椭圆可达2.0,方形为1.8),减少轧制道次,轧件在轧制过程中有45°和90°交替翻转,有四个方向受到压缩变形,有利于改善金属的组织和提高产品质量,轧件在孔型内稳定性大,操作容易,椭圆孔型的轧槽浅。但轧件沿宽度方向变形不均匀,孔型磨损不均匀。这种孔型系主要用于中轧道次,椭圆孔型还可作圆形轧件的预精轧孔型。

c　椭圆-圆孔型系

由椭圆和圆形孔型交替组成(见图3-2-48,5,7)。它的主要特点是:延伸系数小,一般为1.2~1.5,没有尖角,冷却均匀,且形状过渡较平滑,能减少轧件产生裂纹,获得良好的表面质量,适合于轧制低塑性金属。但椭圆轧件在圆孔型中不稳定,而且咬入困难,变形也不均匀,圆孔型易于出现耳子。在轧制铜和铝线坯时,常用它与椭圆-方孔型等构成混合孔型,作为预精轧和精轧孔型。

d　菱-方孔型或菱-菱孔型系

由菱-方形(或菱形)孔型交替组成(见图3-2-48,4,6),它的主要特点是:延伸系数比椭圆-方孔型小,但变形比较均匀,能生产多种规格的方形成品轧件。这种孔型在轧辊上的切槽较深,磨损较快,因而主要用于粗轧或轧制低塑性金属的方坯或圆形坯料。

e　三辊连轧机上使用的孔型

该孔型系由形状不同的三角孔型组成。三角孔型按其用途分为延伸孔型和精轧孔型两种。

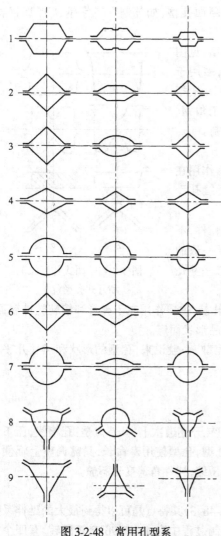

图 3-2-48　常用孔型系

1—箱形孔型系;2—六角–方孔型系;3—椭圆–方
孔型系;4—菱–菱孔型系;5—立椭–圆孔型系;
6—菱–方孔型系;7—平椭–圆孔型系;8—弧
三角–圆孔型系;9—平三角孔型系

延伸孔型有以下三种:

(1) 弧三角孔型系(见图 3-2-48,8)。这类孔型系的特点为:

1)孔型系由三个互成 120°角的轧辊槽组成,轧辊从三个方向同时压缩轧件在下一道轧制中又从另外三个方向压缩轧件。这样轧件在六个方向上被压缩,因此变形及表面冷却都比较均匀,这对提高质量极为有利;2)轧件在孔型中的宽展裕量较大,可用同一套孔型轧制不同性能的金属,轧制时轧件不易产生耳子和压折;3)由于变形均匀,显著减少了劈头和堆料事故;4)连轧中各道次的延伸系数都较大,有利于各连轧机架采用相同的速比;5)轧件与孔型接触点速度差小,可以减轻轧辊的磨损。

(2) 平三角孔型系(见图 3-2-48,9)。与上述弧三角孔型相比,这类孔型的特点是:1)道次延伸系数大;2)轧件与孔型各接触点无速度差,可大大地减轻轧制中因附加摩擦所引起的轧辊磨损。

(3) 弧三角–圆孔型系(见图 3-2-48,8)。这类孔型的特点是:1)可直接轧出成品,且一套孔型能生产出直径不同的圆棒或线坯;2)不论圆坯进三角型,还是三角孔型进圆孔型,都比弧三角孔型稳定;3)孔型延伸能力较小。

孔型轧制前的重要工作就是根据成品要求和所轧金属的特性,进行合理的孔型设计。这包括断面孔型设计和轧辊孔型设计两部分任务。断面孔型设计的任务是选用孔型系确定轧件所通过的孔型形状和尺寸,并按它们的顺序排列成孔型系统。轧辊孔型设计的任务是将设计的孔型系正确地布置在轧辊上,以保证轧件正常咬入或抛出,同时应保证轧辊有足够的强度和电机功率等,绘出轧辊孔型图。有关孔型设计的具体方法请查找有关手册和参考书。

### 3.2.3.4　型材轧机

有色金属线坯或小型材轧制过程中,由于轧件小,温降快,要求轧机刚度大、轧制速度高,以及较高的机械化和自动化。有色金属线坯或型材轧机按轧机的排列方式有以下几种。

A　活套轧机

这是一种比较老式的型、线轧机,现只有小型企业采用。常见的二列式活套轧机的平面布置如图 3-2-49 所示。它由两个机列组成。

粗轧机列:轧制线坯或型坯用两台并列的三辊轧机;

中、精机列:中轧由 4 台交替式二辊轧机组成;精轧机列由 5 台交替式二辊轧机组成。中、精轧

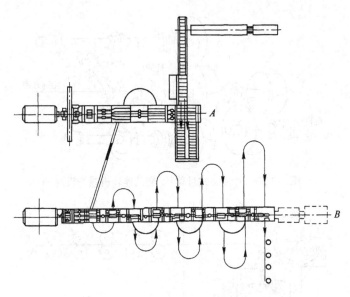

图 3-2-49　二列横列式活套轧机平面布置

机列机架排在一条线上工作。在轧制铜线坯或型坯时,中、精轧机列分开,分别由两台电机驱动,中、精轧机的轧辊转速不同。当轧制铝线坯时,中、精轧机列由一台电机驱动。粗轧机列轧辊直径为 400~500 mm,轧辊转速为 100~200 r/min。中、精轧机轧辊直径为 250~300 mm。对于梯形断面为 96 mm×88 mm×92 mm 的铜线锭,需经 12~14 个道次才能轧至 $\phi$7.2 mm 的圆盘条。对于断面 100 mm×100 mm 的铝锭轧制成 $\phi$9.0 mm 的铝线坯,轧制 4~16 个道次。这种排列的轧机难以实现全盘机械化和自动化,人工喂料之处较多,速度提高困难,终轧速度最高为 7~8 m/s,轧机产量较低,现很少采用这种排列方式了。

　　B　半连续式线材轧机

　　轧制有色金属线材的半连续式轧机通常由以下三个机列组成。

　　粗轧机列是一架三辊轧机;中轧机列由串联式连续排列的多个架(4~8)二辊机组成;精轧机列分成两条轧制线,每条支线有串联式连续排列的 4 机架,其中每两个机架为一组:一个是轧制椭圆轧件用立辊机架;另一个是轧制方轧件或圆轧件的水平轧辊机架。由于采用了立辊,精轧机列实现了无扭转轧制,便于机械化送料,因此,轧制速度有了显著提高,出线速度可高达 20~40 m/s。

　　C　连续式轧机

　　线材连续式轧机在钢丝生产上已得到广泛的应用,在有色金属线材生产中的应用也十分普遍。线材生产上的连续式轧机现有两辊悬臂 45°交叉连轧机和三辊 Y 形轧机。

　　(1) 两辊悬臂 45°交叉连轧机(见图 3-2-50)主要特点是:由于轧辊轴线对地面成 45°布置,常选用方-椭圆-方以及椭圆-圆以及椭圆-椭圆孔型系,实现了无扭转轧制,因之可以加大道次加工率,可降低废品率;同时,由于实现了无扭转轧制,轧制速度可大大提高,出线速度可达 70 m/s,于是生产率也大大提高。

　　(2) Y 形轧机。这种轧机往往与连续铸锭组合成一体,构成称为普罗珀兹连铸连轧法,它由熔化→静置→铸造机→Y 形轧机组成(见图 3-2-51),它是当前电线电缆企业加工铝线杆等有色金属广泛应用的一种加工方法。

　　Y 形轧机一般有 7、9、11、13、15 或 17 个机架组成串联式机组。它的每一个机架有三个辊径相等、互成 120°交角的饼状轧辊。各机架的轧制速度都预先调整好,并根据线坯压缩率按比例地增

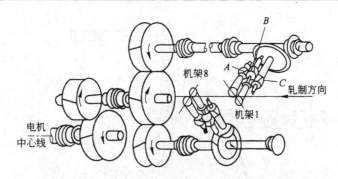

图 3-2-50　外传动式悬臂 45°交叉连轧机线杆机列

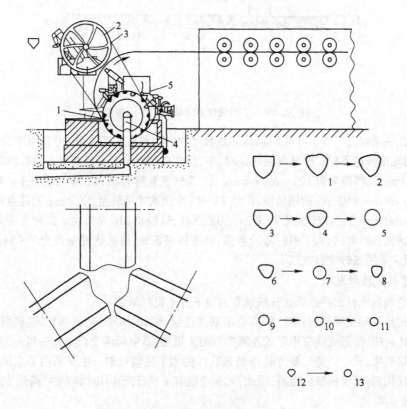

图 3-2-51　Y 形连铸连轧线杆机列
（1～13 表示变化过程）

加。图 3-2-52 为 Y 形轧机下传动机架装置图。孔型是由三个互成 120°交角的轧辊轧槽构成的,轧辊从三个方向同时压缩轧件,而下一道的三个轧辊相对旋转 180°角压缩轧件,轧件是六个方向变形,用这种方法可以生产直径为 8～20 mm 的棒材或线坯。

### 3.2.4　管材轧制

#### 3.2.4.1　热轧穿孔

　　管材的热轧穿孔通常采用斜轧穿孔法,它是将热的实心坯(锻造坯或轧坯)直接轧成毛管的一种轧制方法。斜轧穿孔是目前无缝钢管生产的主要方法,有色金属(如钛)管材也常用斜轧穿孔,特别是三辊穿孔使用较多,以轧代挤在材料加工上有扩大趋势。斜轧穿孔与挤压法生产管坯相

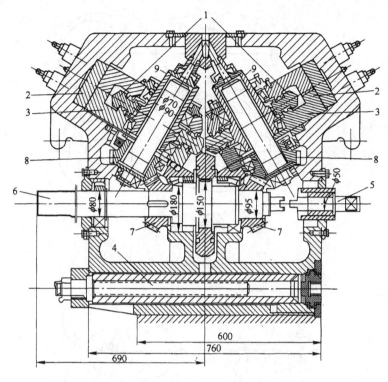

图 3-2-52 Y形轧机下传动机架装置图

1—轧辊；2—径向调整楔块；3—轴承盒；4—机架摇出移动机构；5—叉形短轴；
6—下驱动轴；7—伞齿轮；8—被动伞齿轮；9—空心轴套

比,具有生产率高、几何废料少、设备投资少等优点。但生产的品种单一,并且二辊穿孔机要求质量较高的锻坯或轧制坯。所以斜轧穿孔法仅适用于品种少、产量高和塑性好的金属管材生产。

斜轧穿孔按穿孔机上安装轧辊形状与数量的不同,有多种方式,有色金属管材热轧穿孔生产上,使用较广的为二辊桶形穿孔法(也称曼内斯曼穿孔法,见图3-2-53a)和三辊斜轧穿孔法(见图3-2-53b)。这里简要介绍二辊桶形斜轧法。

A 二辊式穿孔法(见图3-2-53a)

它由两个双锥形轧辊组成,故称桶式穿孔。轧辊的轴线与轧制轴线成一定的倾斜角,故又称斜轧。工作时,两个轧辊和旋转方向相同;铸锭是顺着轧制轴线方向进入;当铸锭被轧辊咬人之后,在力的作用下得到旋转运动和前进运动(即金属质点作螺旋运动)。对着管坯的运动方向前端,设置有固定的锥形芯头,实心铸锭在轧辊的压力作用和芯头的顶持下,因中心部位受到三向拉应力的作用而形成空腔,辗轧成毛管。管坯的外径与坯料的外径基本相同,其内径则由芯头的大端直径确定。芯头的作用是使管坯密实,控制均匀的壁厚和管坯内径尺寸。

二辊斜轧热穿孔一般可生产直径在30~600 mm、壁厚为3~60 mm的管坯。

B 斜轧穿孔的运动与力学基础

a 斜轧穿孔的运动分析

由于斜轧穿孔时,是靠旋转方向相同的两个轧辊,及其轴线各自相对轧制轴线倾斜一个送进角 $\beta$ 而布置的,使得坯料在穿孔过程中作螺旋式前进运动,如图3-2-54所示。当轧辊转速为 $n$,则轧辊表面上任意一点 $A$ 的圆周速度为:

$$v_0 = \pi D_x n / 60 \tag{3-2-51a}$$

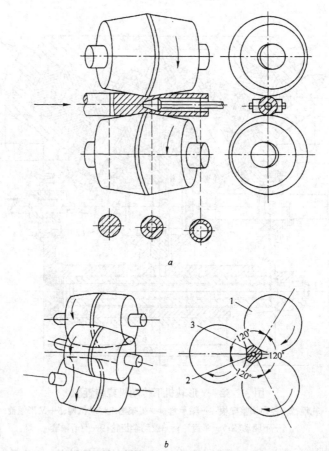

*a*

*b*

图 3-2-53　二辊桶形斜轧穿孔法(*a*)和三辊式穿孔机穿孔法(*b*)原理图
1—轧辊;2—轧件;3—芯头

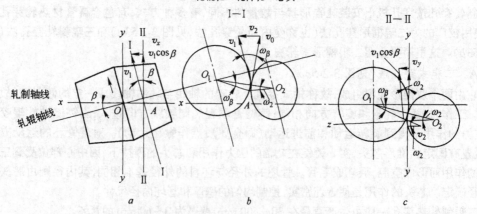

图 3-2-54　斜轧穿孔时轧辊旋转的速度分析(*a*~*c*)

式中　$D_x$——任意断面的轧辊直径。

轧辊圆周速度 $v_0$ 可分解为垂直轧辊轴线的分速度 $v_1$ 与平行于轧辊轴线的分速度 $v_2$,由图3-2-54*b* 可看出:

$$v_1 = v_0\cos\omega_\beta \qquad\qquad\qquad (3\text{-}2\text{-}51b)$$

$$v_2 = v_0\sin\omega_\beta \qquad\qquad\qquad (3\text{-}2\text{-}51c)$$

式中　$\omega_\beta$——轧制时 $O_1$ 辊上的接触角(见图 3-2-54$b$、$c$)。

由图 3-2-54$a$ 看出,任意一点 $A$ 处轧辊圆周速度在平等于轧辊轴线(轴向)的分速度为

$$v_x = v_1 \sin\beta \tag{3-2-51d}$$

将式 3-2-51$b$ 代入式 3-2-51$d$,则得:

$$v_x = v_0 \cos\omega_\beta \sin\beta \tag{3-2-51e}$$

如将式 3-2-51$a$ 代入式 3-2-51$e$ 便可得:

$$v_x = (\pi D_x n / 60) \cos\omega_\beta \sin\beta \tag{3-2-51f}$$

由图 3-2-54$c$ 可看出,轧辊辊面上任意一点 $A$ 的圆周速度在垂直于轧制线(切向)的分速度为:

$$v_y = v_1 \cos\beta \cos\omega_2 - v_2 \sin\omega_2 \tag{3-2-51g}$$

式中　$\omega_2$——轧制时 $O_2$ 辊上的接触角(见图 3-2-54$c$)。

将式 3-2-51$b$、式 3-2-51$c$ 代入式 3-2-51$g$,则得:

$$v_y = v_0 \cos\omega_\beta \cos\beta \cos\omega_2 - v_0 \sin\omega_\beta \sin\omega_2$$
$$= (\pi D_x n / 60)(\cos\omega_\beta \cos\beta \cos\omega_2 - \sin\omega_\beta \sin\omega_2) \tag{3-2-51h}$$

由式 3-2-51$f$ 和式 3-2-51$h$ 看出,由于坯料同轧辊的接触点是不断变化的,因之角 $\omega_\beta$ 和 $\omega_z$ 也随着变化,因此轧辊任意断面(辊径大小是不同的)上的分速度是不同的。

b　管坯在变形区内的滑动

在斜轧穿孔过程中,坯料作螺旋式前进运动,并且常以其轴向和切向分速度大小表示其特征。但坯料速度与轧辊的线速度不同,大量实验表明,斜轧穿孔时由于运行阻力较大,变形区内金属的流动基本上处于全后滑状态。只有距入口端10%～20%的变形区长度范围内,金属处于前滑状态。可见,沿变形区长度上存在有中性区,其特点是该项面上坯料与轧辊的切向速度相等。与平辊轧制一样,斜轧时金属相对轧辊接触表面也产生一定的滑动,所不同的是,斜轧时的滑动有轴向($x$ 向)滑动和切向($y$ 向)滑动两种,并常以金属在轴向的实际速度与其相应的轧辊分速度之比 $\eta_x$ 表示,以及金属在切向的实际速度与其相应的轧辊分速度之比 $\eta_y$ 表示。大量的实验结果表明,斜轧穿孔的切向滑动系数 $\eta_y = 0.85 \sim 1.05$,总是接近于1(在变形区内中性面上)。而斜轧穿孔时轧辊轴向速度经常是大于坯料的轴向速度,所以其轴向滑动系数经常小于1。根据经验约为 $\eta_x = 0.35 \sim 0.68$,所以金属在轴向上常处于后滑状态。根据以上分析,可知,坯料在变形区内的实际运动速度($u_x$,$u_y$)分别为:

$$u_x = \eta_x v_x \qquad u_y = \eta_y v_y \tag{3-2-51i}$$

滑动的存在,恶化了咬入条件;增加工具的磨损;降低轧件的实际运转速度,降低轧机生产率;增加单位能量消耗;此外,由于滑动所引起的轧辊磨损过快,将促使管坯内折叠的形成。根据研究,影响滑动的主要因素有:

(1) 滑动随管径的增加而增加;

(2) 随着穿孔速度的增加以及金属与轧辊接触摩擦系数的下降,滑动系数增加;

(3) 穿孔温度的增高,使其塑性增加,减少了穿孔阻力,可使滑动降低,因此一般应尽量采用较高的穿孔温度;

(4) 轧辊的调整和穿孔顶头的位置都影响到滑动量,顶头过前,阻力增大,滑动增加,轧辊靠近,管坯压缩率增加,咬入摩擦增大,滑动减少;

(5) 毛管壁厚对滑动量影响不大;

(6) 增加轧辊倾角可以减少滑动,因为咬入拉力增大。

上述影响因素的分析指的是轴向滑动的情况。由此可见,凡是促成顶头阻力增大、延伸变形

增加和摩擦系数降低的因素,即将促进滑动增加。为减少滑动量,生产中常采用的措施有:尽可能在高的温度下进行斜轧穿孔、正确调整轧机穿孔顶头的位置等。

c　管坯的扭转

若考虑坯料形状变椭的影响时,则坯料的切向速度 $u_y$ 为:

$$u_y = (\pi d_x n_x / 60)\xi_x \tag{3-2-51j}$$

式中　$n_x$——变形区内坯料任意断面上的转数;

　　　$d_x$——变形区内任意断面上的坯料直径;

　　　$u_y$——任意断面上坯料的椭圆度,常以其长轴与短轴长度之比表示,$u_y = (\pi d_x n_x / 60)$;

　　　$\xi_x$——$\xi_x = 1.03 \sim 1.10$。

将式 3-2-51h 和式 3-2-51i 代入式 3-2-51j,可得斜轧穿孔时,坯料的转速为:

$$n_x = 60 u_y / (\pi d_x \xi_x) = 60 v_y / (\pi d_x)(\eta_y / \xi_x)$$
$$= n(D_x / d_x)(\cos\omega_\beta \cos\beta \cos\omega_z - \sin\omega_\beta \sin\omega_z)(\eta_y / \xi_x) \tag{3-2-52}$$

根据以上分析可知,随着轧辊和坯料沿变形区长度上的变化,坯料转数也在变化,这意味着,金属在斜轧穿孔过程中将出现扭转变形(见图 3-2-55)。如将变形区出口处($\omega_\beta = \omega_z = 0$)代入式 3-2-51,则得到出辊口轧制毛管的转数($n_0$)为:

$$n_x = n\cos\beta(D_x / d_x)(\eta_y / \xi_x) \tag{3-2-53}$$

坯料每转一周的前进距离称为螺距,其值可按下式确定:

$$t_x = 60 u_x / (m n_0) \tag{3-2-54}$$

式中　$m$——轧辊个数。

d　斜轧时孔腔的形成

由于坯料在变形区内作螺旋运动,所以变形是逐渐实现的。轧辊每转半周,坯料在径向上被压缩一次。每次压缩值称为"单位压下量"。如图 3-2-56 所示,按变形区几何特点,主要分为三个区段:

(1)第Ⅰ段(表层变形、坯料直径压缩段)。这段上主要产生径向压缩变形,使直径变小。由于单位压下量与坯料直径相比是很小的,所以变形主要集中在实心坯的表层,因而横断面上的变形严重不均匀。在该段的后段上,毛坯中心将出现三向拉应力状态,为中心孔腔的形成准备力学条件。

(2)第Ⅱ段(穿孔段)。穿孔时管坯中心部位在接触顶头前,由于拉应力的作用,金属整体性破坏,而形成放射状裂纹,这种现象称为中裂或形成孔腔,图 3-2-57 为斜轧实心圆形坯料的轧卡试样剖面。

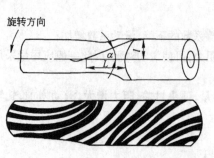

图 3-2-55　管坯在变形区中的扭转

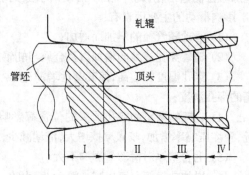

图 3-2-56　斜轧穿孔时的变形区分区情况

如上所述,Ⅰ段的末端将出现三向拉应力状态,当这一拉应力达到某一临界值时,坯料的心部将出现微小裂纹,在穿孔顶头的作用下,加之坯料的旋转,类似滚锻加工,使裂纹逐渐扩大,成为疏松区,最后形成空腔(图 3-2-58)。可见,凡是增大管坯中心部位拉应力,减低管坯塑性的因素,都将有利于孔腔形成。

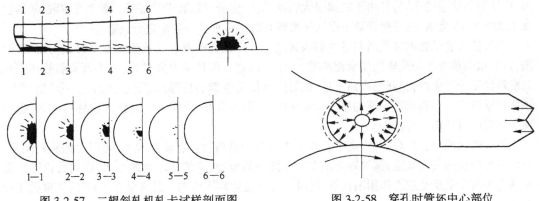

图 3-2-57　二辊斜轧机轧卡试样剖面图　　　　　图 3-2-58　穿孔时管坯中心部位
　　　　　　　　　　　　　　　　　　　　　　　　　　　三向拉应力作用示意图

(3) 第Ⅲ段(整形段)。该段上管坯外径稍有增大,主要是减少管壁,使管坯的外径与壁厚达到生产要求。

e　影响穿孔质量的因素

原料的好坏是决定管材穿孔质量的基本因素。为了保证穿孔过程的正常进行和获得高质量的管材,必须对管坯的状态、几何尺寸精度、化学成分,管材的内部组织与力学性能等提出严格的要求。

为了保证优质管材和穿孔过程的顺利进行,应当对所有管坯定心。管坯的定心是指管坯前端中心位置处,沿管坯轴线方向上做成具有一定的漏斗状孔穴。定心的目的是:(1)使管坯刚被穿孔机轧辊咬入时,顶头易于正确对准管坯轴线,以减少毛管前端的壁厚不均;(2)在总直径压缩率和轧机调整一定的条件下,可以增加管坯在顶头前与穿孔机轧辊的接触面积,从而增加了管坯咬入轧辊的拉力,有利于咬入。相反,在保证穿孔机咬入良好的条件下,可将顶头位置前移,其结果使顶头前管坯变形量(顶头前直径压缩率)减少。从而减少顶头前孔腔形成的可能性而减少内折,提高毛管质量。这一点对穿孔性较差的低塑性合金尤为重要;(3)其次还可减少穿孔过程中管坯与顶头接触瞬间时的冲击,并增加接触瞬间的接触面积,使其接触平稳,减少顶头鼻部的磨损,延长顶头的寿命。

管坯的加热是管材生产中决定轧机生产率和管材质量的重要环节,因此,对管坯应满足如下条件:(1)必须保证加热温度在规定的范围内,管坯的过热或过烧,降低了金属的塑性,造成管材力学性能不合格和恶化穿孔时的咬入条件,产生内折、轧破或轧卡这类事故。加热温度过低,变形抗力增加,增加了能耗和降低工具寿命,同时容易在穿孔时产生内折缺陷或轧卡事故。这点对于穿孔性能较差的金属会更为敏感;(2)应当保证沿管坯纵向(长度方向)和横向(断面方向)加热均匀,加热不均,不仅造成管材壁厚不均,也影响到轧制的正常进行(如轧卡),甚至由于强烈的不均匀变形而产生轧破。只有均匀的加热才能保证获得壁厚均匀的管材,同时能耗也少。

穿孔过程是在轧辊、导板和顶头的芯头所组成的孔型中完成的,因此它们三者的相互配合和正确调整,对保证穿孔质量具有十分重要的作用。

轧辊的距离愈小,即管坯承受的径向压缩量愈大,管坯中心部位产生的拉应力也愈大,因此穿孔时发送可能采用小的压缩率,一般轧制钢管时,径向压缩率在10%～16%的范围(厚壁管及高合金钢取下限)。穿孔能正常进行,小于10%的压缩率不大合适。因过小的压缩率将使咬入困难。

椭圆度(即导板间距与轧辊距离之比值,以 $e$ 表示)对于穿孔过程也有很大的影响。没有椭圆度($e=1$)时,管坯将夹在辊中穿孔无法进行,但椭圆度过大时,不仅增加了表面变椭圆的拉应力,促使表面缺陷增多,另外由于椭圆过大转动不便,也会导致轧卡。根据大量生产实践,椭圆度在1.03～1.15范围内(厚壁管取下限),导板距离即可根据这一要求进行调整。

芯头位置也是影响穿孔质量的主要因素之一。当轧辊距离和导板距离不变时,芯头位置过前,即使顶头前管坯与轧辊的接触面积减少,咬入困难。但顶头位置过后,由于顶头前管坯强烈的变形而易于产生内折,降低产品质量,或者因此使毛管椭圆度增加而形成轧卡。一般生产中,顶头位置能保证顶头前直径压缩率在4%～5%范围内最好,此时不仅能保证良好的咬入,也可减少出现内折缺陷的可能性。

加大轧辊倾角,可以同时提高穿孔的生产率和产品质量。有研究表明,采用大的轧辊倾角,可以显著减少内表面缺陷,其道理是随着轧辊倾角的增加,将使管坯螺距增大,因而可以减少管坯在芯头前承受反复应力作用的次数,同时也可能使管坯不均匀。通常以9°～12°的轧辊倾角较为适合。

### 3.2.4.2　三辊行星热轧管

#### A　三辊行星轧机发展概况

采用三辊行星轧机把连铸空心铜管坯轧制成无缝铜管,是芬兰 OUTKUMPU 公司20世纪80年代末研制成功的一种新工艺,行星轧制是这一新工艺的核心部分。第一台生产轧制无缝铜管的行星轧机于1992年在韩国投产,第二台于1994年在中国新乡金龙铜管公司投产。目前世界上已有二十余条生产线投入生产。表3-2-3为铜管行星轧机的主要技术参数。

**表 3-2-3　铜管行星轧机的主要技术参数**

| | |
|---|---|
| 管材成品规格 $\phi$/mm×mm | $(40～50)×(2.0～2.5)$ |
| 连铸管坯规格 $\phi$/mm×mm×mm | $(80～90)×(20～25)×13000$ |
| 轧辊直径 $\phi$/mm | 270 |
| 大盘转速/r·min$^{-1}$ | 400 |
| 轧辊转速/r·min$^{-1}$ | 800 |
| 轧制入口速度/mm·min$^{-1}$ | 850～1300 |
| 电机功率/kW | 主电机246＋辅助电机132 |
| 生产能力/kg·h$^{-1}$ | 1000～1500 |

三辊行星轧制早先是用于热轧钢棒和钢管,它是20世纪70年代初由德国 SIMAG 等公司研制出来的一种大压下量、高效率新型轧机,简称 PSW 轧机,其结构示意图如图3-2-59所示。它是用连铸坯进行热轧的。初期它主要用于轧制 $\phi$40～80 mm 的棒材,80年代推广到轧制 $\phi$100～200 mm 的钢管,目前已标准化,有5种规格:PSW120、PSW160、PSW220、PSW300、PSW400,其有关技术性能参见表3-2-4,最大可轧 $\phi$350 mm 的钢管。

**表 3-2-4　钢材 PSW 轧机的规格**

| 规　　格 | PSW120 | PSW160 | PSW220 | PSW300 | PSW400 |
|---|---|---|---|---|---|
| 棒材成品 $\phi$/mm | 56 | 72 | 110 | 142 | 180 |
| 管材成品 $\phi$/mm | — | 114 | 177 | 260 | 350 |

| 规　格 | PSW120 | PSW160 | PSW220 | PSW300 | PSW400 |
|---|---|---|---|---|---|
| 坯料最大尺寸 $\phi$/mm | 140 | 180 | 250 | 350 | 450 |
| 大盘转速/r·min⁻¹ | 300 | 250 | 220 | 280 | 150 |
| 电机功率/kW | 3×700 | 3×1000 | 3×1500 | 3×2000 | 3×2500 |
| 生产能力/t·h⁻¹ | 35 | 58 | 120 | 225 | 360 · |

其实,早在 20 世纪 70 年代中期,我国沈阳有色金属材料厂、上海第一铜棒厂均进行过行星轧机轧制铜及铜合金(H62、HPb59-1 等)棒材设备与工艺的研究工作,70 年代末研究出样机,主电机为 220 kW。它使用 $\phi(30\sim120)$ mm 连铸实心铜坯,预热到 700℃ 左右,一道轧成 $\phi35$ mm 的圆棒,断面收缩率达 91.5%。此外,北京科技大学、西安重型机械研究所等单位也相继对此进行过一些研究工作。但没有坚持下来,未达到生产实用要求。

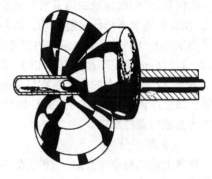

图 3-2-59　三辊行星轧机轧管示意图

B　三辊行星轧机的传动结构及工作原理

a　传动结构

三辊行星轧机的传动结构示意图如图 3-2-60 所示。主要由主传动系统组成:

(1) 主传动系统由主电机经减速机和一对伞齿轮,使装在外空心轴上的大盘旋转,从而使得装在大盘上的三个轧辊座随大盘公转。

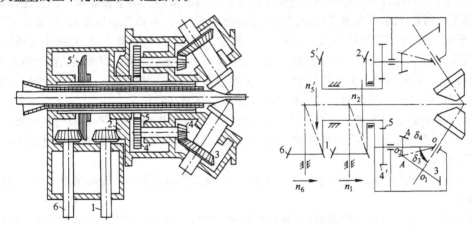

图 3-2-60　三辊行星轧机的传动系统示意图
1→2—公转轮系;6→5′→5→4′→4→3—自转轮系

(2) 辅传动系统由辅电机经减速机和一对伞齿轮驱动内空心轴→太阳轮→行星轮→装在回转大盘上的三个 120°布置行星轮和三个大伞齿轮旋转→经三个小伞齿轮驱动三个轧辊头自转。

轧辊轴线与轧制线成一定倾斜角(初期为 60°,现在小些),要实现轧制还必须使轧辊轴线绕行星轮轴线再偏转过一个角度,使轧辊轴线与轧制线成空间交叉的两直线。在结构参数设计合理的前提下,只要将主、辅电机的转速调到恰当的匹配关系,使轧辊与轧件的接触点成为瞬心,这样轧辊的旋转便成为围绕轧件的既有公转又有自转的行星运动,而轧件只作直线运动。

**b　工作原理**

经过铣面的连铸铜管坯,被送到行星轧机的铜坯储存区域,由一个传送辊把铜管坯送到轧机前的输送辊道上,在辊道上铜管坯被夹紧,将装在小车上的芯棒推入管坯的孔内。在行星轧机内,横截面的减径是由呈120°角的三个锥形轧辊来实现的,这些轧辊围绕着铜管坯既作公转又作自转的行星运动。轧辊轴线与轧制线成一定倾斜角(约为7°),通过改变主辅两套传动的速比,调节到使轧件只前进而不旋转。每个轧辊都是围绕着与之接触的轧件辗压而过发生塑性变形,从每一瞬间看,它们的接触表面只有一条狭长的带,由于轧辊是倾斜的,给轧件施加有一个前进的推力,使轧件连续不断地向前运动。这种微观的小变形的累积,宏观上就是很大的变形。因此,外径为 $\phi(80 \sim 85)$ mm × 20 mm 的铜管坯,经过一道次的轧制,直径可减小到 $\phi(44 \sim 48)$ mm × $(2.2 \sim 2.5)$ mm,面缩率达到90%以上,但是轧制压力和轧制力矩却很小,从而使结构紧凑、占地少。另外,由于这样大的变形是在很短的时间内完成的,变形热很高,结果使变形区内铜及铜合金管坯的温度剧增到700℃左右,足以使铜管发生再结晶,轧制出的铜管呈软态,无需经过退火即可送去进行盘拉加工。

**c　工艺特点分析**

根据上述轧制原理介绍,与传统的热挤压工艺生产管坯相比,三辊行星轧制具有以下主要工艺特点:

(1)大压下时轧制。由于行星轧制时,是靠轧辊旋转进行周向辗轧变形的,从每一瞬间看,它们的接触表面只有一条狭长的变形带,所以,一道次的积累变形量很大,可高达90%以上。但轧制压力和轧制力矩却比较小。而且轧出的管材壁厚比较均匀,实际表明轧出的管材壁厚偏差可控制在 ±$(4 \sim 5)$ % 以内,这对于确保后续盘拉生产高精度的空调铜是十分有利的。

(2)行星轧制的另一个重要特点是铸坯在变形区内的塑性变形主要靠周向的快速、频繁地辗轧,而使长向延伸的,而且是在短时间内发生如此大的变形,所以轧制铜管坯时,送进的冷坯,依靠变形热,使铜坯在变形区内迅速升到700℃左右,使轧出的铜管具有均匀、细小的再结晶组织,晶粒度为 $20 \sim 40$ μm(而挤压坯的晶粒度一般达 $60 \sim 100$ μm)。所以铜管坯轧前无需加热,轧后也无需退火,即可直接送去进行后续盘拉加工到壁厚 0.3 mm 薄壁铜管,因而大大减少热能消耗;装机容量可比挤压、冷轧管工艺减少 50% 以上,明显降低能耗。

(3)轧机的进出口不需要导卫装置,轧制过程中,也不使用润滑油,不会损伤和污染轧件内外表面,轧制变形区里外通有氮气保护,轧件不会被氧化,轧出管材的内外表面质量好并保证管内的高清洁度。

(4)轧出的制品头尾的组织性能均一性好,不会像挤压制品那样出现头尾差异大,十分不均的现象等。

(5)可加工重达 500 kg 的铸坯(目前最重的达 670 kg),这比一般的 3000 t 的挤压的锭坯要重得多。可轧制出特长的管坯,满足大盘重空调铜管的需要。而且行星轧制过程材料的损耗不超过 4%(其中铣面约 3%,轧制时剪头尾约 0.5%),而挤压的压余损失在 8% 以上。

(6)轧机设备结构紧凑,占地面积小,生产作业线短,易于实现生产过程的自动化、连续化,生产人员少。从原料到成品空调管,人均小时产能可达 0.5 t/(人·h)等。

当然,三辊行星轧制也有其不足之处,这主要有以下几点:

(1)旋转轧辊头在轧管表面留有波纹状轧痕,虽无明显手感深度,但需经冷拉 $2 \sim 3$ 道才能完全消除,所以不能将轧出的管材作为制品供应,必须进行后续拉拔加工。

(2)轧机的调整要求精密,也比较麻烦,只适于轧制金属牌号、品种单一、批量大的产品。

(3)轧辊头的消耗量较大,因为轧制过程中轧辊受到严重磨损,这就要求轧辊头的材质具有高的耐磨性。一般使用过程中,每轧 150~200 t 需磨光一次,每套轧辊可返修 10 次。

(4) 轧机的传动系统相当复杂,不易维护。

三辊行星轧制空调铜管新工艺经过近 10 年的生产实践,据各方面的反映与报道,经过上述分析,可以说明以下几点:

(1) 这一新工艺在铜管生产上的应用是成功的,具有很强的竞争能力;

(2) 这一新工艺特别适宜于生产合金牌号品种、规格单一,批量大的空调管材制品的要求;

(3) 按这一新工艺生产的管坯完全可以达到光面空调铜管和内螺纹高效空调铜管所需管坯的尺寸精度、以及组织性能方面的要求;十分有利于后续盘拉加工出尺寸精度高、表面质量和管内清洁度要求高、组织性能优异的空调铜管;

(4) 这一新工艺,由于设备比较复杂,生产与维护方面的技术要较高,有些技术问题也仍需进一步吸收、消化和加以研究,如轧辊材质的国产化研究,等等。

### 3.2.4.3 管材冷轧

冷轧管材应用最广泛和最有代表性的方法是周期式的冷轧管法,无论无缝钢管还是有色金属管材的生产上应用都十分广泛。除了二辊周期式冷轧管机外,现在还有多辊周期式冷轧管机、连续式冷轧管机、行星式冷轧管机等。现能生产直径 $\phi4\sim450$ mm,管材壁厚为 0.04 mm 的管材。

冷轧管材的主要方法有:

**A 二辊周期式冷轧管法**

二辊周期式轧管法的工作原理如图 3-2-61 所示。在轧辊 2 中部的凹槽中装有带变断面轧槽的孔型块 1,其最大断面与管坯 5 的外径相当,最小断面等于轧制后管材的外径,管坯 5 中插入锥形芯棒 3,后者与芯杆 4 连接。在轧制过程中,芯棒 3 与芯杆 4 只作间歇式的转动。

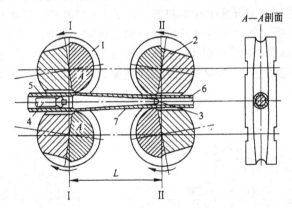

图 3-2-61 二辊周期式轧管工作原理图
1—孔型块;2—轧辊;3—芯棒;4—芯杆;5—管坯;6—成品管;7—过渡管

轧制开始时,轧辊位于孔型开口最大的极限位置 I-I,用送进机构将管坯向前送进一段距离。随后轧辊向前滚动时对管坯进行轧制,直到轧辊位于孔型开口最小的极限位置 II-II 时为止,轧出一段成品管。然后,借助回转机构使管坯转动一定角度(一般为 60°~90°)。轧辊向回滚动,再对管坯进行均整、辗轧,直到极限位置 I-I 为止,完成一个轧制周期。如此重复以实现管材的周期轧制过程。为了避免进料和转动时管坯与轧槽接触,并保证进料和转料的顺利进行在轧槽两端留有缺口。

两个轧辊的旋转往复运动是借助如图 3-2-62 所示的机构完成的。

在上下轧辊 1 的辊颈两端装有互相啮合的同步齿轮 8,上轧辊辊径的最外端装有主动齿轮

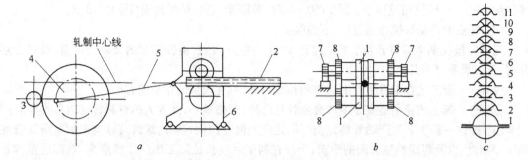

图 3-2-62　二辊式轧管机轧辊旋转往复运动机构示意图

a—机架运动机构；b—轧辊运动机构；c—轧辊孔型剖面

1—上下轧辊；2—齿条；3,7—主动齿轮；4—曲柄；5—连杆；6—工作机架；8—同步齿轮

7，主动齿轮 7 分别与固定在机座上的两个齿条 2 相啮合。装有轧辊的工作机架 6 通过连杆 5 与曲柄齿轮 4 相连接。当主动齿轮 3 使曲柄 4 旋转时，连杆带动工作机架作往复运动，从而使上下两个轧辊获得往复直线运动。

二辊周期式冷轧管法的主要特点是：道次变形（减径或减壁）量很大，可达 90% 或更大；应力状态较好，不仅用于轧制铜合金、铝合金和钛合金管，还适用于轧制其他低塑性（$D/t$ 为 60～100）的薄壁管；生产的产品力学性能、表面质量好，几何尺寸精确。缺点是设备结构复杂，投资大，生产率较低。

　　B　多辊式冷轧管法

多辊式冷轧管机有三个或四个（也有用五个或六个）工作辊（如图 3-2-63 所示），在一特殊的辊架 1 中装有三个轧辊 2，它们互成 120° 角布置。轧辊 2 上带有断面形状不同的轧槽，三个轧槽组合起来构成一个圆孔形。每个轧辊以其辊颈分别在固定于壁筒 3 中各自的"Ⅱ"形滑道上滚动，后者沿着其长度上具有一特殊的斜面。油气道和辊架（包括安装在其上的三个辊子）用曲柄连杆 7 或曲柄摆杆和杆系 8、9、10 带动做往复式线性运动。与两辊式冷轧管法不同之处是，管坯 5 中插入圆柱形芯头 6。

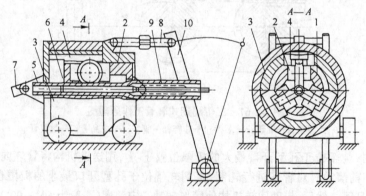

图 3-2-63　三辊冷轧管机轧制过程示意图

1—辊架；2—轧辊；3—壁筒；4—滑道；5—管坯；6—芯头；7—曲柄连杆；8～10—杆系

轧机工作时，当辊子位于滑道的低端时孔型的开口最大，断面也是最大的。此时进行送进和回转，随着辊子和滑道向前运动，由于滑道的速度 $v_1$，滑道逐渐压下辊子，使孔型断面逐渐减小，对管坯进行轧制。当辊子位于滑道的高端时，孔型的断面最小，管子获得成品尺寸。

C 连续式冷轧管法

如图 3-2-64 所示,轧机由轧辊轴线互相垂直安装的 8~9 个机架组成。轧辊外缘具有等断面的圆面积形轧槽,轧辊孔型沿管坯前进方向逐渐变小。轧制前首先将磨光的芯棒送入管坯内,同时注入润滑剂。轧制时芯棒随同管坯一道通过 $n$ 个机架,实现带张力轧制。各机架的轧辊速比必须与延伸系数分配相适应。在轧机上总断面缩率为 80% 左右,即总延伸系数为 5 左右。延伸量过大会出现壁厚不均。该法能轧制直径 $\phi125$ mm 的管坯,生产外径 $\phi50\sim100$ mm 的各种管材。连续式冷轧管的生产效率很高,特别适于品种单一、质量要求很高的管材生产。

D 多辊式连续冷轧管法

其工作原理如图 3-2-65 所示。套入芯棒的管坯同时通过十几个连续排列的机架,每个机架中安装有几对断面相同的圆形孔型的轧辊,相邻两机架中的轧辊位置相互错开(根据辊数的不同,三辊为 30°,二辊为 90°),轧制时芯棒随同管坯一起通过轧机,并实现张力轧制。

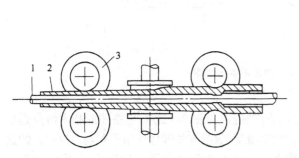

图 3-2-64 连续式冷轧管示意图
1—芯棒;2—管坯;3—轧辊

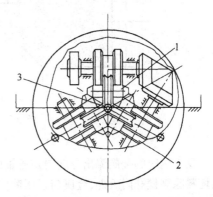

图 3-2-65 多辊式连续冷轧管机机架结构简图
1—工作辊;2—支撑架;3—芯棒

# 3.3 挤 压

## 3.3.1 挤压的基本方法与特点

挤压是对放置在挤压筒中的锭坯的一端施加压力,使之在模孔附近发生塑性变形,而从模孔流出,获得所需断面形状与尺寸的金属制品的一种金属加工方法,如图 3-3-1 所示。挤压方法可以生产管、棒、型、线材以及某些机械零件。

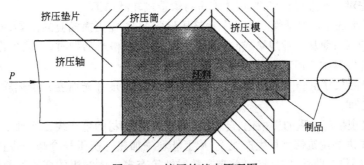

图 3-3-1 挤压的基本原理图

　　按照金属流动与挤压轴移动方向的关系,挤压有两种基本方法:正挤压和反挤压。

　　正挤压时,金属制品的流出方向与挤压轴的运动方向相同(见图 3-3-2a)。正挤压是最基本的挤压方法,以其技术最成熟、工艺操作最简单、生产灵活性最大等特点,成为金属材料加工生产上,特别是有色金属(如铝、铜、钛等有色金属及合金)加工上应用最广泛的加工方法之一。正挤压最主要的特征是金属与挤压筒内壁有相对滑动,存在很大的外摩擦。该摩擦力的方向与金属运动方向相反,它使金属流动不均匀,从而给挤压制品的质量带来不利的影响;同时使挤压能耗增加,一般挤压筒内表面上的摩擦能耗占挤压能耗的 30% ~ 40%,甚至更高;由于剧烈的摩擦发热作用,限制了铝及铝合金等中低熔点合金挤压速度的提高,加快了挤压模具的磨损。

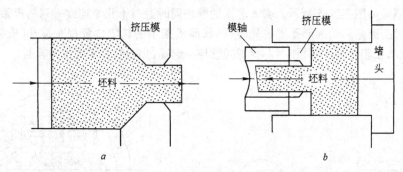

图 3-3-2　挤压的最基本方法图
a—正挤压;b—反挤压

　　反挤压时的金属流出方向与挤压轴的运动方向相反(见图 3-3-2b),反挤压的基本特点是挤压坯料除靠模孔附近外,金属与挤压筒壁间无相对滑动,故没有外摩擦的阻碍影响。反挤压的这一特点,使之与正挤压相比具有挤压力小(约低 30% ~ 40%)、金属流动比较均匀、废料少等优点。但是,反挤压时受到空心挤压轴强度的限制;以及反挤压设备的结构和工艺操作较复杂,间隙时间长;制品表面质量欠佳(分层较严重),实际应用不多。长时期以来主要用于某些机械零件的冷挤压成形加工。近年来,由于反挤压机结构和工艺操作上的改进,重新受到工业界的重视,如某些高强铝合金开始较多的采用了反挤压生产。

　　作为生产管、棒、型、线材的挤压方法,与其他塑性加工方法,如轧制、锻压加工方法等相比,有以下优点:

　　(1) 具有比轧制、锻压更为强烈的三向压应力状态,十分有利于最大限度地发挥金属的塑性和进行大变形量的加工。多数挤压情况下其挤压比 $R$(锭坯断面积与制品断面积之比)可达 50或更大,据报道纯铝最大挤压比已高达 2000 以上;同时可以加工用轧制或锻造等方法加工困难甚至无法加工的金属材料,如对于低塑性的钨、钼等较脆的金属材料,为了改善组织和提高塑性,常需用挤压法先对锭坯进行开坯,然后才能进行锻造或轧制加工。

　　(2) 具有极大的生产灵活性。在同一台挤压设备上,只需更换相应的模具,即能生产其他各种规格、品种的产品;而从一种规格或品种改换生产另一规格或品种时,工艺操作简单、方便、快捷。相对型材轧制等加工而言,挤压设备数量和投资也较少。

　　(3) 挤压制品尺寸精确、表面质量高。热挤压制品的精度和光洁度介于热轧与冷轧、冷拔或机械加工产品之间。

　　(4) 易于实现生产过程的机械化、自动化。如建筑铝型材的生产线已实现了全自动化操作,据报道国外最先进的建筑铝型材生产线上,从上坯料→加热→挤压→冷却→矫直→锯切→时效处理,只需两人操作。此外,在生产一些带有放射性等有害人体健康的金属材料时,挤压生产线比轧制生产线更易实现封闭式作业,确保操作者的安全与健康。

挤压法具有上述优点的同时,也存在一些缺点,主要有:

(1) 金属的固定废料损耗较大。在挤压终了时需留压余和切除挤压缩尾。在挤压管材时,还有穿孔料头的损失。一般几何损失占到锭坯重量的10%～15%。此外,正挤压时的锭坯长度受到一定限制,一般锭长与直径之比不宜超过3～4。所以不能依靠增加长锭坯来减少固定的压余损失,故挤压的材料利用率不高。而轧制法生产时,切头尾和切边的损失一般只占锭坯重量的1%～3%。

(2) 沿长度和断面上制品的组织与性能不均匀。这是由于挤压时,锭坯内外层和前后端变形很不均匀所致。

(3) 挤压速度低,生产效率较低。这是由于挤压的一次变形量大,以及金属与工具间的摩擦都很大,变形热与摩擦热都高,而且变形区完全为挤压筒所封闭,使金属在变形区内的温升很快,而散热条件又差。可能使坯料温度升高到某些金属的脆性区温度,引起挤压制品表面出现裂纹而成为废品。因而金属流出的速度受到较大的限制,不能挤得过快。此外,挤压生产周期中,辅助操作占用的时间较长,因而生产率比轧制法要低得多。

(4) 工具消耗大。特别是挤压高温、高强度金属材料时,模具消耗更为突出。工模具材料及制造费用较高,约占生产总成本1/3以上。

综述上述挤压方法的优、缺点,可见挤压法,非常适合于品种和规格繁多、形状复杂、尺寸精确的有色金属管、棒、型材以及线坯的生产(见图3-3-3)。对于生产具有薄壁和厚壁的、断面复杂的管材与型材,以及低塑性金属与脆性较大的材料,挤压是一种十分重要的方法,有时甚至是唯一可行的塑性加工方法。

图 3-3-3　挤压制品断面图

### 3.3.2　挤压时金属的流动规律

由于挤压制品的组织与性能、表面质量、外形尺寸和形状的精度,以及工具设计原则等皆与挤压时的流动密切相关。因此,有必要重点叙述金属挤压时的金属流动规律。

　　研究金属在挤压时流动规律有多种实验方法,如坐标网格法、低倍和高倍组织观察法,云纹法、视塑性法和光塑性法等。对于一般定性或半定量研究常用前三种方法;对于需要较精确的定量分析应选用后三种方法。理论法分析挤压金属流动的较常用方法有滑移线理论法、上限法、有限单元法等。

### 3.3.2.1　挤压时的金属流动

　　根据挤压力随挤压轴工作行程变化曲线(图 3-3-4 所示),可将正挤压过程划分成 3 个基本阶段:填充挤压阶段、基本挤压阶段和终了挤压阶段。

　　A　填充挤压阶段

　　挤压时,为了便于把锭坯放入挤压筒内,根据挤压筒内径大小,一般锭坯直径应比挤压筒小 1~10 mm(大直径挤压筒取上限),以便锭坯在加热后直径膨胀后仍能顺利地送入挤压筒中。由于挤压坯料小于挤压筒内径,因此在挤压轴压力的作用下,根据最小阻力定律,金属首先向四周间隙作径向流动,产生镦粗,直至金属充满挤压筒。这一过程称为填充挤压过程或填充挤压阶段。

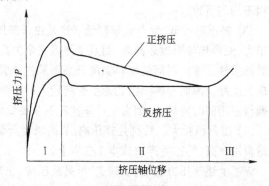

图 3-3-4　正、反挤压时典型的载荷—工作行程曲线

　　理论上常用填充系数$(R_f = F_t/F_0)$表示这一差值(挤压筒内孔横断面积 $F_t$ 与锭坯横断面积 $F_0$ 之比,两者的间隙越大,填充系数就越大)。一般希望与挤压筒的间隙适当地小些,减小填充挤压时的镦粗变形。如果间隙留得过大(即填充系数过大),金属在填充过程锭坯前端未经受大变形的部分就越多,所挤制品前端变形量小,力学性能低劣部分也越长。在穿孔挤压管材时,还会造成料头损失率增大。通常取 $R_f = 1.04~1.15$,对于大直径挤压筒,应取下限值。

　　受力分析与金属流动　　由于工具形状的约束作用,填充阶段坯料的受力情况比一般的平板间圆柱体自由镦粗稍复杂些。在坯料未与挤压筒壁接触前,对于立式挤压,基本与圆柱体镦粗相似,金属基本上是均匀向四周作径向流动(见图 3-3-5a);对于卧式挤压,由于间隙是单边的,填充金属也只能沿单边不均匀流动。在锭坯与挤压筒开始接触到填充终了过程中,此时的受力情况如图 3-3-5b 所示。同时,由于模孔的影响,坯料前端面上摩擦力的分布情况不同于挤压垫片的后端面,存在摩擦力方向互不相同的两个环形区(见图 3-3-5c)。

　　填充挤压过程中直径逐渐增大,单位压力也逐渐上升,特别是当坯料一部分金属与挤压筒壁接触后,接触摩擦及内部静水压力的增大,导致填充变形所需的力迅速增加,因而对应于挤压力－工作行程曲线上的Ⅰ区,挤压力成近似直线上升。

　　当锭坯长度与直径比值中等(3~4)时,填充阶段也会出现类似镦粗变形一样的鼓形(见图 3-3-5c)。因而很有可能在模子附近形成封闭的空腔,其中的空气或润滑剂未完全燃烧的产物在挤压时受到剧烈的压缩(最大可高达上万个大气压),这一被强烈压缩的气体将易于进入锭坯表面的微裂纹中,通过模子时又被焊合进来,形成皮下气泡或出现起皮。锭坯与挤压筒间的间隙越大,出现这种缺陷的可能性也越大。为了避免出现这种缺陷,锭坯的长度与直径之比最好不超过 3~4。对此,现在开发有一种所谓"梯温挤压"的先进工艺,即沿锭坯沿长度上的加热温度存在一定梯度。挤压时,温度高的一端靠近模孔,低的一端与垫片接触。锭坯压后,温度高的一端先变形填充挤压筒,锭坯变成大头状,将气体沿挤压垫片一端赶出挤压筒外。目前梯温加热工艺已在等温挤压和电缆包铝挤压上得到应用。

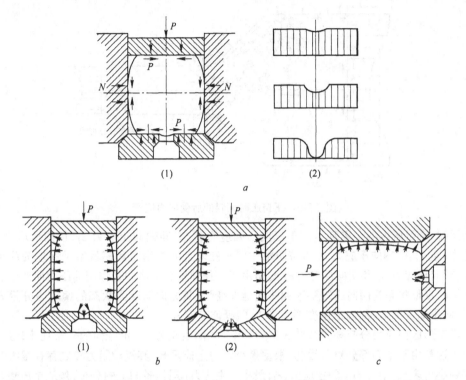

图 3-3-5  填充挤压时的受力与流动模型($a$),立式挤压填充初期($b$)及卧式挤压填充初期($c$)

在挤压管材时,锭坯必须在穿孔前进行填充挤压,否则由于金属向间隙处的填充而使穿孔针偏离中心位置,导致挤出的管材偏心。

但是填充挤压也绝非全是消极的,如挤压 7A04、2A12 等铝合金型材,为提高横向力学性能,填充挤压时必须给予锭坯 25%～35% 的镦粗变形。

B  基本挤压阶段

基本挤压阶段是从金属开始流出模孔至正常挤压过程即将结束时为止。在此阶段,当挤压工艺参数与边界条件如锭坯的温度、挤压速度、坯料与挤压筒子之间的摩擦无变化时,随着挤压过程的进行,正挤压力逐渐减少(见图 3-3-4),而反挤压时的挤压力基本保持不变。这是由于正挤压时坯料与挤压筒壁之间存在摩擦阻力,随着挤压过程的进行坯料长度减少,与挤压筒壁之间的摩擦面积也减少,使挤压力下降;而反挤压时,由于坯料与挤压筒壁之间无相对滑动,因而摩擦阻力无变化。

a  圆棒正挤压时的金属流动特点

基本挤压阶段,坯料封闭在挤压筒内,在挤压轴压力的作用下,金属只能从模孔流出。此时作用到坯料上的外力(见图 3-3-6)有:挤压轴通过垫片作用于坯料上的单位压力 $\sigma_p$,挤压筒、挤压压缩锥面和工作带给予坯料的单位正压力 $dN_t$、$dN_z$、$dN_g$ 和单位摩擦力 $\tau_t$、$\tau_z$、$\tau_g$,在一定条件下,垫片与坯料之间也会出现摩擦应力 $t_p$。

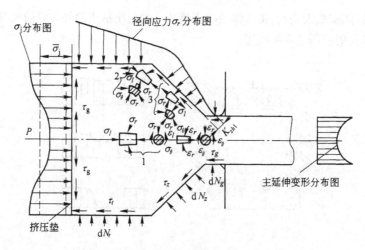

图 3-3-6　正挤压时坯料的所受应力应变

　　挤压时,变形区内的金属基本处于三向压缩应力状态,即轴向压应力 $\sigma_l$、径向压应力 $\sigma_r$、周向压应力 $\sigma_\theta$。其中轴向压应力 $\sigma_l$ 由挤压轴作用于锭坯上的作用力和模具给予锭坯的反作用力所产生;径向压应力 $\sigma_r$ 和周向压应力 $\sigma_\theta$ 则是由于挤压筒壁和模具侧壁作用的压力所产生。变形区内金属的变形状态为两向压缩变形和一向延伸变形,其方向与应力状态的偏应力分量方向一致,即径向压缩变形 $\varepsilon_r$、周向压缩变形 $\varepsilon_\theta$ 和轴向延伸变形 $\varepsilon_l$。

　　挤压变形区内应力分布规律如图 3-3-6 所示。轴向主应力 $|\sigma_l|$ 沿径向的分布规律是边部大,中心小。这是由于中心部分对着模孔,根据最小阻力定律可知,其流动阻力较之存在很大摩擦力的边部要小得多,故中心部位的主应力 $|\sigma_l|$ 最小。主应力 $|\sigma_l|$ 沿轴向上的分布,是从挤压垫片向挤压模口逐渐减小的,出模口降到零。径向主应力 $|\sigma_r|$ 的分布规律与轴向主应力 $|\sigma_l|$ 相同,这可由塑性条件($\sigma_l - \sigma_r = K$,$K$ 为出模口处材料的变形抗力)得到解释。但应注意到:轴向主应力 $|\sigma_l|$ 与径向主应力 $|\sigma_r|$ 之间的关系,不同部位会有所不同。在挤压筒内 $|\sigma_l| > |\sigma_r|$,而在变形区的压缩锥内(产生剧烈塑性变形区)为 $|\sigma_l| < |\sigma_r|$。这可以由挤压时的网格法试验得到证实,压缩锥区域内网格纵向变长,而挤压筒内的网格在径向上变宽。

　　金属基本挤压阶段的流动特点因挤压条件不同而异。图 3-3-7 所示为一般的圆棒正挤压时金属流动示意图。由图中坐标网格变化可得以下一些结论:

　　(1)锭坯断面上的纵向线在进、出变形区压缩锥时,发生了两次弯曲,其弯曲角 $\alpha$ 由中心向外层逐渐增加。这表明内外层发生有不均匀的弯曲变形。若分别将进口与出口纵向线开始弯曲的折点连接起来可构成两个曲面。这两个曲面与模锥面所包围的区域称为挤压塑性变形区,也称压缩锥。金属在此压缩锥中受到径向和周向压缩变形和轴向的延伸变形。挤压过程中,随着内外条件的变化,变形压缩锥的形状和大小将发生变化。

　　(2)在变形区压缩锥中,横线的中心部分超前量大,且越接近模孔向前的弯曲越大。这表明中心部分的金属运动速度大于外层金属,且越接近模口流速越快。图 3-3-8 为镁合金挤压时的网格变化试验结果,图 3-3-9 为根据图 3-3-8 的试验结果所计算出的在压缩锥中金属的流速图。由图中可看出,不同的挤压过程中,随着锭坯长度的减小,压缩锥中同一部位上的金属流速也逐渐增加。金属里外的流速差异是由于锭坯外层受到挤压筒壁的外摩擦作用,以及锭坯里、外部分变形抗力因冷却不一,以及模孔形状影响的结果。根据某铜合金挤压实验的结果,测得表层的运动速度约为挤压轴速度的 $0 \sim 0.25$ 倍。中心层达到 $1.35 \sim 2.1$ 倍。

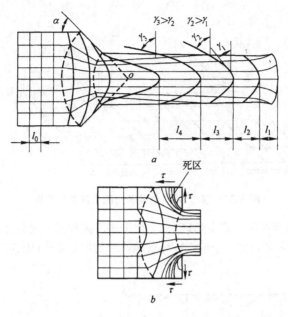

图 3-3-7　一般的圆棒正挤压时金属的流动特征图
a—锥模挤压;b—平模挤压

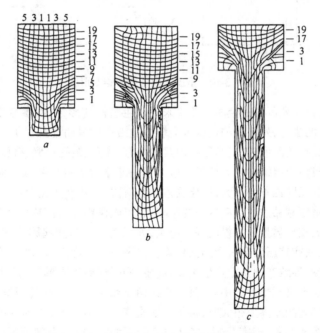

图 3-3-8　挤压镁合金时的网格变化(a~c)

　　由图 3-3-8 还可看出,中间的方形网格变为近似的矩形,外层变为平等四边形。说明外层金属除了延伸变形,还受到附加剪切变形,且剪切变形由内向外逐渐增加。此外,这一剪切变形在制品长度上是由前端向后端逐渐增加的。同时,挤压棒材制品断面上的横线间距及弯曲程度都是由前向后逐渐增加的。总之,挤压制品长度上金属的流动明显不均匀。

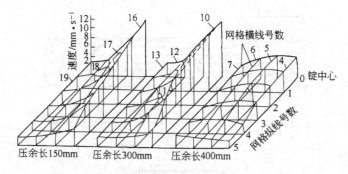

图 3-3-9　变形区内金属纵向流动速度分布图

（3）挤压筒内金属存在两个难变形区：一个位于挤压筒和模子交界处，叫前端难变形区，也叫死区（图 3-3-10 中 $abc$ 区）；另一个位于锭坯后端垫片的中心部位（图 3-3-10 中 7 区）。

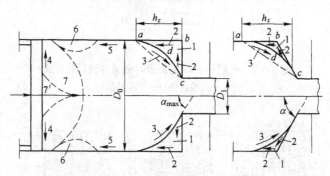

图 3-3-10　挤压筒内的金属难变形区

基本挤压阶段，位于死区内的金属一般说来不产生塑性变形，也不参与流动，但实际上并非如此，随着挤压过程的进行，死区中的金属也会缓缓地沿模面滑动流出模孔。

死区是由自然流动角而形成的，其影响因素主要有：模角、模孔位置、挤压比、摩擦力、挤压温度以及金属的强度特性与组织的均匀性等。增大模角和摩擦力将使死区增大，故平模比锥模的死区大；增加挤压比，死区锥角将增大，但死区体积相对减小；热挤压比冷挤压的死区大等。

死区的存在对挤压制品的质量有良好的影响，它可阻碍锭坯表面缺陷及杂物流入制品表面。所以平模挤压制品的表面质量比锥模的好。但是，如果挤压过程金属因冷却而使其塑性明显降低，并且挤压速度较快或挤压前金属受到强烈氧化以及采用润滑挤压筒时，可能在死区与塑性流动区交界处发生断裂，导致在制品上产生裂纹、起皮，同时还会加剧模具的磨损。

后端难变形区位于挤压垫片的中心部位，它是由于垫片与金属间的摩擦作用与冷却所造成的。当挤压筒与锭坯间的摩擦力很大时，将使后端难变形区中的金属向中心流动。但该区金属的冷却和受垫片上摩擦力的作用又难以流动，从而在附近形成一个细颈区（见图 3-3-10 中的 6区）。最后在基本挤压阶段的末期，后端难变形区形成一个倒锥状。

（4）在死区与塑性流动区交界处存在剧烈滑移带（该带内发生有剧烈的剪切变形）。这可以从挤压到任意阶段锭坯纵断面的低倍组织中观察到。在该带附近存在明显金属流线和遭受很大程度破碎的金属晶粒。剧烈的滑移区的大小与金属流动的均匀性有很大关系，流动越不均匀，此区就越大。同时随着挤压过程的进行，此区也不断扩大。该区的大小对制品的组织与性能有一定影响。晶粒过度破碎可能导致挤压制品力学性能下降，如硬铝合金挤压制品，淬火后表面会出现粗晶层(通常称为粗晶环),使制品的力学性能下降。

b 实心型材挤压时金属流动特点

由于对表面要求高,型材挤压一般使用平模挤压。实心型材挤压时,金属的流动除具有圆棒挤压的基本特征外,另有着自身的特点:

(1) 型材与坯料之间缺乏相似性,金属的流动失去了整体的对称性;

(2) 型材各部分的金属流动受比周长($L/F$)的影响显著。所谓比周长是指把型材断面假想为几个部分后,每部分的面积上外周长 $L$ 与该项部分面积 $F$ 的比值。

由于上述两方面的原因,将使型材各部分所得到的金属供给量不同,同时型材各部分受模子工作带摩擦阻力的影响也不同,因而造成挤压时金属流动不均匀。型材出模孔往往发生弯曲、扭拧等变形。图 3-3-11 所示为根据槽型型材挤压时距模面不同距离的横断面上金属的流动模型。

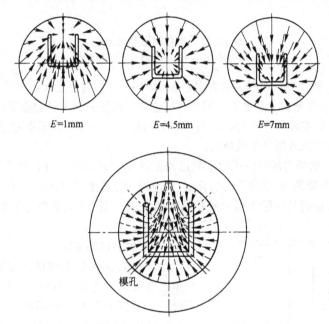

图 3-3-11 槽型型材挤压时金属流动模型

C 终了挤压阶段

终了挤压阶段是指挤压筒内的锭坯长度减小到接近稳定挤压变形区压缩锥高度时,挤压力开始上升,金属流动进入终了阶段。这一阶段中挤压力上升迅速,这是由于:挤压垫片进入到变形区,金属径向流动速度增加;挤压筒内金属体积减少,冷却快,变形抗力增加;死区金属参与流动等所致。挤压终了阶段金属流动上的主要现象是形成挤压缩尾。

a 挤压缩尾分类

挤压缩尾是挤压制品尾部出现的一种特有的缺陷,它主要产生于终了挤压阶段,可分为三类:

(1) 中心缩尾。前面已经谈到基本挤压阶段上,中心层的金属比外层的纵向流动要快。当挤压筒内的锭坯长度逐渐变短时,上述流速差也更大,而且径向流速也随之增加,加之靠近筒壁的外层金属冷却较快,因而外层金属的变形抗力增长快,更加剧了中心金属的流动。直到中心部位出现了倒锥形的"空穴",图 3-3-12$a$ 为中心缩尾过程的示意图。

由于锭坯表面常有氧化皮、偏析瘤、杂质或沾有润滑剂而不能很好地与本体金属相互焊合在一起,使这部分制品性能低劣。

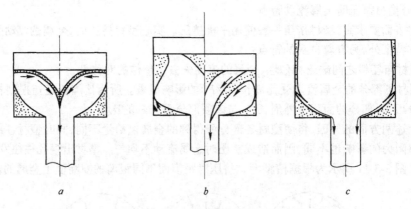

图 3-3-12　中心缩尾形成过程

$a$—中心缩尾;$b$—环形缩尾;$c$—皮下缩尾

(2) 环形缩尾。这类缩尾的位置在制品横断面的中间层,它的形状可以是一个完整的圆环、半圆环或圆环的一小部分。它是由于堆积在靠近垫片与挤压筒角落处的金属沿难变形界面向中心流动,但又未流动到锭坯的中心部位所造成的,如图 3-3-12$b$ 所示,图中左半部分为开始流入时的情况,右半部分为流入制品中的情况。

(3) 皮下缩尾。这类缩尾是挤压后期死区与塑性流动区界面出现剧烈滑移,使金属受到很大的剪切变形而导致撕裂,锭坯表面的氧化皮、润滑剂等沿断面流出而产生的,与此同时死区内的金属也参与流出,在制品表层下形成层状结构的缺陷。图 3-3-12$c$ 为皮下缩尾形成过程的示意图。

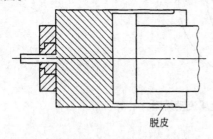

图 3-3-13　脱皮挤压过程

**b　减少缩尾的措施**

生产中减少制品中缩尾的主要措施是留压余。根据合金及锭坯直径大小和生产条件,挤压末期留一部分锭坯在挤压筒内不全部挤出。一般生产上留压余的长度约为锭坯直径的 10 % ～30 %。

对于一些铜合金的挤压为了减少缩尾,生产上常采用脱皮挤压,即用一个比挤压筒内径小 2～4 mm 的垫片进行挤压的方法。挤压时,垫片压入锭坯内,只挤出其内部的金属,而外壳留在挤压筒内,脱皮挤压过程如图 3-3-13 所示。但管材不能采用脱皮挤压,因为脱皮的不均将导致管材严重偏心。

**3.3.2.2　反挤压时的金属流动**

前已述及,反挤压的基本特点是锭坯金属的大部分与挤压筒壁之间无相对滑动。因此,塑性变形集中在模孔附近,根据实验研究,变形区的高度不小于 $0.3D$($D$ 为挤压筒直径)。由于塑性区以外的金属与筒壁间无摩擦力作用,故这部分金属的受力基本为三向等压应力状态,这是导致反挤压流动与正挤压明显不同的一个重要原因。反挤压时,筒内的金属网格横线保持垂直筒壁不变,进入模孔时才发生剧烈的弯曲,且弯曲程度比正挤压大得多;死区也小得多,且死区不能阻止锭坯表面层参与流动,而导致表面缺陷流到制品表层。这是反挤压的一个主要缺点。为此,反挤压的锭坯必须车皮或采用脱皮挤压,或采用电磁铸造的铸锭进行挤压,可在一定程度上改善制品的表面质量。

由于反挤压时的塑性变形主要集中在模孔附近,使制品的变形不均匀性大为减少,产生中心缩尾的倾向也大为减少,压余厚度可比正挤压减短一半以上,特别是长度上的组织与性能均匀性大有改观(见图 3-3-14),反挤压铝合金时,由于变形均匀性得到改善,故基本上可消除热处理后制品上的粗晶环现象。不过挤压后期,仍有可能出现皮下缩尾缺陷,其原因与正挤压相同。

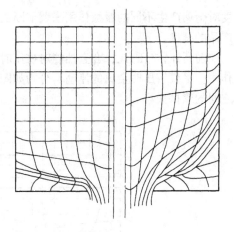

图 3-3-14 反挤压(左)与正挤压(右)金属流动示意图

### 3.3.2.3 各种因素对挤压金属流动的影响

根据前述实验研究情况,可知影响金属流动的因素主要有:挤压方法、制品的形状与尺寸、金属的特性、摩擦润滑条件、工模具与锭坯的温度、工具的结构与形状、变形程度、变形速度条件等。挤压时变形的不均匀性是绝对的,均匀是相对的。一般说来,较好的流动均匀性对应着较好的变形均匀性。下面从金属流动均匀性的观点出发,综述各种因素对金属流动的影响。

A 制品的形状与尺寸

一般而言,当其他条件相同时,挤压棒材时的金属流动比型材挤压的均匀,采用穿孔针挤压管材的流动比挤压棒材时的流动均匀。制品断面形状的对称度越低、断面宽高比越大、壁厚越不均匀、断面形状越复杂(断面的比周长越大)的型材,挤压时金属流动的均匀性越差。

B 挤压方法

挤压方法对流动均匀性的影响,一般是通过外摩擦的大小不同而产生影响,如反挤压比正挤压法的流动均匀,冷挤压比热挤压均匀,脱皮挤压比普通挤压均匀等。

C 金属与合金的特性

金属及合金的强度与塑性对挤压的流动均匀性也有很大的影响。一般说来,金属强度高的比强度低的流动均匀性好,如同一金属材料,低温下金属的强度高、黏性低,其流动性比高温挤压时较为均匀。其次,是在变形条件下坯料的表面状态,如热挤压条件下,纯铜表面的氧化皮具有较好的润滑作用,研究发现,含磷量不少于 0.02% 的脱氧铜所生成的氧化膜润滑性良好,而无氧铜和真空熔炼铜所生成的氧化膜的润滑性就差些。因而,后者挤压时的流动性便差些。所以纯铜挤压时金属流动均匀性比 α 黄铜(H80、H68、HSn70-1 等)的均匀,而 α + β 黄铜(H62、HPb59-1)、铝青铜、钛合金等热挤压时金属流动均匀性最差。一般来说,凡筒壁接触摩擦力增大时,将使流动不均匀性变差。

D 接触摩擦与润滑条件

挤压时流动的金属与工具是存在接触摩擦,其中以挤压筒壁上的摩擦对金属流动的影响大。当挤压筒上的摩擦力很小时,变形区范围小,且集中在模孔附近。金属流动比较均匀,而当筒壁上的摩擦力很大时,变形区压缩锥和死区的高度增大,金属的流动很不均匀,以致促使锭坯外层金属过早地向中心流动形成较长的缩尾。可见接触摩擦对金属的流动的均匀性起到不良的影响。但是在某些情况下,可以利用金属与工具之间的接触摩擦作用来改善金属的流动。如挤压管材时,由于锭坯中心部分的金属受到穿孔针摩擦作用和冷却作用,而使其流动较为均匀,减短产生缩尾的长度;在挤压断面壁厚变化急剧的复杂异形型材时,在设计模孔时利用不同的工作带长度对金属产生不同的摩擦作用来调节断面上各部分的流速,从而减少型材的扭拧、弯曲度,提高产品的精度。

　　如前所述,挤压方法、合金性能对挤压时金属流动均匀性的影响,主要是通过外摩擦的变化起作用。平模挤压时金属的流动可分为如图 3-3-15 所示的 4 种类型,它们主要取决于坯料与工具之间的摩擦大小。

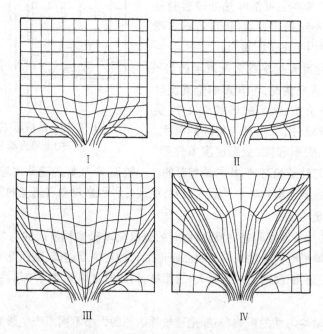

图 3-3-15　平模挤压金属的典型流动类型

　　Ⅰ型(S型)流动是一种理想的流动类型,几乎不存在金属流动死区。这一类型只有坯料与挤压筒壁、与模面之间完全不存在摩擦(理想润滑状态)的时候才能获得,实际生产中很难实现。模面处于良好润滑状态的反挤压、钢的玻璃润滑挤压接近这一流动类型。

　　Ⅱ型(A型)流动为处于良好润滑状态挤压时的流动类型,金属流动比较均匀。处于较良好润滑状态的热挤压、各种金属与合金的冷挤压属于这一类型。

　　实际上有色金属热挤压时的金属流动类型,接近于Ⅱ型流动,或者介于Ⅰ型和Ⅱ型之间。

　　Ⅲ型(B型)流动主要为发生在低熔点合金无润滑热挤压时的流动类型,例如铝及铝合金的热挤压。此时金属与挤压筒壁之间的摩擦接近于黏着摩擦状态,随着挤压的进行,塑性区逐渐扩展到整个坯料体积,挤压后期易形成缩尾缺陷。

　　Ⅳ型(C型)流动为最不均匀的流动类型,当坯料与挤压筒壁之间为黏着摩擦状态,且坯料内外温差大时出现。较高熔点金属(例如 $\alpha + \beta$ 黄铜)无润滑热挤压,且挤压速度较慢时,容易出现这种类型的流动。此时坯料表面存在较大的摩擦,且由于挤压筒温度远低于坯料的加热温度,使得坯料表面温度大幅度降低,表层金属沿筒壁流动更为困难而向中心流动,导致在挤压的较早阶段便产生缩尾现象。

　　但须指出,上述提到的具体金属或合金的流动模型,是对一般挤压条件而言的,随着挤压条件的变化,可能导致所属流动模型的改变。

E　挤压温度的影响

挤压温度主要通过以下几个方面对金属流动产生影响：(1)坯料的强度与表面状态，如前面讨论金属及合金性能的影响时所述，其实质就是坯料表面所受摩擦影响的大小不同。(2)坯料内部温度的分布，即如上所述，当坯料温度高于挤压筒温度较多，而挤压速度较低时，容易使处于挤压中的坯料中心温度高，表面温度低，加剧流动不均匀性。(3)合金相的变化，如 HPb59-1 铅黄铜在 720℃ 以上挤压时为 $\beta$ 相组织（摩擦系数为 0.15）流动比较均匀，在 720℃ 以下挤压时，变为 $(\alpha+\beta)$ 相组织（摩擦系数为 0.24），流动不均匀，而且析出的 $\beta$ 相呈带状分布，导致冷加工性能变坏。又如挤压相变温度为 875℃ 的钛合金时，在低于 875℃ 以下温度挤压时，呈 $\alpha$ 相组织的铸锭挤压时流动均匀，而在 875℃ 以上的 $\beta$ 相组织挤压时流动就不均匀。(4)导热性能的影响，一般金属加热温度增高，导热性下降，当其他条件相同时，金属导热系数的大小也有很大的影响。如紫铜的导热性比各种铜合金的要高，因而紫铜挤压时金属的流动就比较均匀。(5)温度的改变引起摩擦系数的改变。上述铅黄铜在不同相时的流动特性不同，实际上就是通过摩擦系数的变化而引起流动的不均匀。镍及其合金由于温度高产生很多氧化皮，使摩擦系数增加。铝合金及含铝的青铜、黄铜也是由于温度升高后黏结工具的现象加剧，影响流动的均匀性。挤压筒温度的升高也会增加铝对钢的黏着，影响流动的均匀性。

F　变形程度的影响

从网格实验结果看，一般来说，当挤压比增加时，坯料中心与表层金属流动速度差增加，金属流动均匀性下降。但是，如前所述，金属流动的均匀性与变形的均匀性并不是一个等同的概念。由于挤压过程中剪切变形主要集中于坯料的外层，使得挤压制品表层部位与中心部位的实际变形量相差较远。只有当挤压比较大时，剪切变形才可能深入到挤压材的内部，使制品横断面上的力学性能趋于均匀，如图 3-3-16 所示。由图不难理解，为了获得性能均匀性较好的挤压制品，生产中要求挤压比达到 8 以上（相当于变形量达到 80%～85% 以上）。

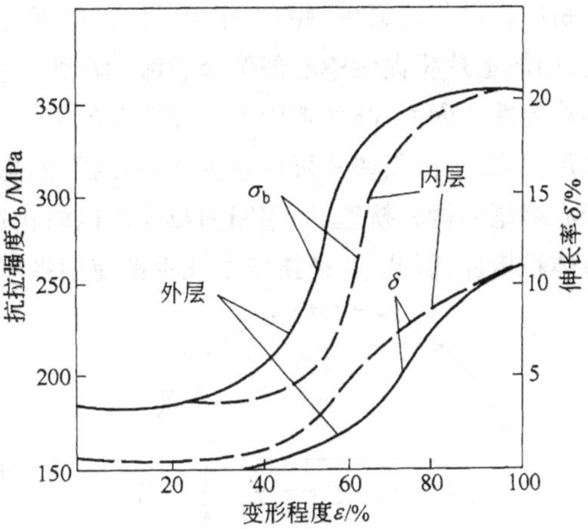

图 3-3-16　挤压制品的力学性能
与变形程度的关系曲线

G　挤压工具结构与形状的影响

a　挤压模

挤压模的类型、结构、形状与尺寸是影响挤压金属流动的重要因素。从挤压筒内金属流动的角度来看，分流模比普通实心型材模金属流动均匀，多孔模比单孔模金属流动均匀。采用分流模或多孔模挤压时，挤压筒内不容易像单孔模挤压棒材那样容易出现缩尾现象。需要附带说明的是，当只考虑挤压筒内的金属流动时，分流模实际上也是一种多孔模挤压。

挤压模角（模面与挤压轴线的夹角）是影响挤压金属流动均匀性的一个很重要的因素。图3-3-17 所示为不同模角时的网格变化示意图，表明模角越大，金属流动越不均匀。需要指出的是，这一规律只适应于小挤压比或润滑良好的挤压情况。对于大挤压比、无润滑热拉压，实验研究表明获得均匀流动的最佳模角因挤压比大小而异。

型材挤压时，模孔工作带（也称定径带）对金属流动均匀性（尤其是模孔各位置金属流动速度均匀性）具有重要的影响，以至实际生产中不等长工作带设计成为调节金属流动的十分重要的手段,也成为型材模具设计的重要技术诀窍之一。

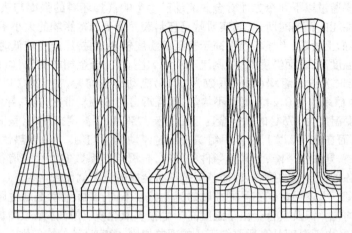

图 3-3-17　挤压比较小时模角对金属流动的影响示意图

b　挤压垫片

挤压垫片与坯料接触的工作面可以是平面、凸面或凹面。与棒材或实心材挤压用平面垫片相比,凸面垫片将促使中心部位金属流动加快,将使流动更不均匀;凹面垫片可以减少这种流动的不均匀性。因而,凸面常用于带穿孔针的管材挤压,此时挤压模一般为锥模,在挤压过程中不容易产生死区,凸面垫片可以减少压余体积,提高成材率。凹面垫片用于无压余挤压,对于易形成中心缩尾的棒材挤压,采用凹面垫片可以防止过早产生缩尾缺陷。但凹面垫片加工困难,且使压余体积增加,因此,普通挤压中几乎都使用平面垫片。

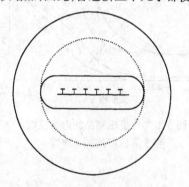

图 3-3-18　铝合金整体壁板型材挤压用扁挤压筒
（虚线表示挤压同一型材所需圆挤压筒的内径大小）

c　挤压筒

实际生产中除采用圆形挤压筒外,还可根据采用内孔为椭圆形的异形扁挤压筒。它挤压断面上宽厚比很大的铝合金整体壁板一类型材,特别有意义。因为这类宽厚比特大的型材,采用圆挤压筒挤压时,不仅金属流动极不均匀,而且由于所需挤压力大,大大增加所需挤压机的吨位。而采用扁挤压筒挤压时,由于断面形状较为相似,有利于金属的均匀流动,同时由于采用的挤压筒截面积比相应圆挤压筒截面积小得多(见图3-3-18),挤压所需设备吨位大为减小。换言之,采用扁挤压筒挤压,可以在较小吨位的挤压机上挤压具有较大外接圆直径的扁平型材。

### 3.3.3　挤压制品的组织和性能特点与控制

#### 3.3.3.1　挤压制品组织和性能的基本特点

A　挤压制品组织不均匀性

就实际生产中广泛使用的普通热挤压而言,挤压制品的组织与其他加工方法(如轧制、锻造)

相比,其特点是在制品的断面与长度方向上都很不均。一般是头部晶粒粗大,尾部晶粒细小,中心晶粒粗大,外层晶粒细小(热处理后产生粗晶环的制品除外)。例如 HPb59-1 铅黄铜挤压棒材的显微组织就明显具有上述特点。但是,在挤压铝和软铝合金一类低熔点合金时,也可能制品中后段的晶粒比前端大。挤压制品组织不均匀的另一特点是部分金属挤压制品表面出现粗大晶粒组织。

例如,在挤压制品的前端中心部分,由于变形不足,特别是在挤压比很小($\lambda < 5$)时,常保留一定程度的铸造组织。因此,生产中按照型材或棒材直径的不同,规定在前端切去 100~300 mm 的几何废料。

在挤压制品的中段主要部分上,当变形程度较大时($\lambda > 12$),其组织和性能基本上是均匀的。变形程度较小时($\lambda < 6 \sim 10$),其中心和周边上的组织特征仍然是不均匀的,而且变形程度越小,这种不均匀性越大。

挤压制品断面和长度上组织的不均匀,主要是由于不均匀变形而引起的。根据挤压流动特点的分析可知,在制品断面上,由于外层金属主要在挤压过程中受到模子形状约束和摩擦阻力的作用,使外层金属主要承受剪切变形,且一般情况下金属的实际变形程度由外层向内逐渐减少,所以在挤压制品断面上会出现组织的不均匀性;在制品长度上,同样是由于模子形状约束和外摩擦的作用,使金属流动不均匀性逐渐增加,所承受的附加剪切变形程度逐渐增大,导致制品长度上的组织不均匀。

造成挤压制品组织不均匀的另一个因素是挤压温度、速度的变化。一般在挤压比不高,挤压速度极慢的情况下,特别是像挤压锡磷青铜一类合金时,坯料在挤压筒内停留时间长,坯料前部在较高的温度下进行塑性变形,金属在变形区内和出模孔后可以进行充分的再结晶。故晶粒较大;坯料后端由于温度低(由于挤压筒的冷却作用),金属在变形区和出模孔后再结晶不完全,故晶粒较细,甚至出现纤维状冷加工组织。而在挤压铝和软铝合金时,由于坯料的加热温度与挤压筒温度相差不大,当挤压比较大或挤压速度较快时,由于变形热与坯料表面摩擦热效应较大,可使挤压中后期变形区的温度明显升高,因此也可能出现制品中后段晶粒尺寸比前端大的现象。

在挤压两相或多相合金时,由于温度的变化,使合金处在相变温度下进行塑性变形,也会造成组织的不均匀性。例如,在 720℃ 以上挤压 HPb59-1 铅黄铜时,由于高于相变温度,在挤压时不析出 α 相晶粒。挤压完毕后,温度降至相变温度 720℃ 以下,由 β 相中析出均匀的多面体 α 相晶粒。但如果挤压温度降至 720℃ 以下,α 相在变形过程中被拉成条状组织,这种条状组织在以后的正常热处理温度(低于相变温度)下多数是不能消除的。由于 β 相常温塑性低,α 相常温塑性高,所以具有连续条状分布的 α + β 合金,在常温下加工时,会因为相间变形不均匀而易产生裂纹。

B 粗晶环

粗晶环是指某些金属或合金在挤压或随后的热处理过程中,其外层出现粗大晶粒组织现象,如图 3-3-19 所示。

根据粗晶环出现的时间,可分为两类:第一类是在挤压过程中形成的粗晶环,如纯铝、MB15 镁合金挤压制品的粗晶环等。这类粗晶环的形成原因是,金属的再结晶温度比较低,而挤压温度下发生了完全再结晶。这是因为模子形状的约束与外摩擦的作用造成金属流动不均匀,外层金属所承受的变形程度比内层大,晶粒受到剧烈的剪切变形,晶格发生严重的畸变,从而使外层金属再结晶温度降低,容易发生再结晶长大,形成粗晶环组织。由于挤压不均匀变形是从制品的头部到尾部加剧的,因而粗晶环的深度也是从头部到尾部逐渐增加的。

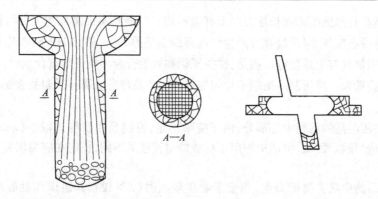

图 3-3-19　2A11 挤压棒材和 2A12 挤压型材淬火后的粗晶环组织

由于挤压不均匀变形是绝对存在的,所以任何一种挤压制品均有可能出现第一类粗晶环的倾向,只是由于有些合金的再结晶温度比较高,在挤压温度下不容易产生再结晶长大(如 3A21,HPb59-1 等挤压制品在锻造前的加热过程中同样会产生粗晶环),或者因为挤压时的流动相对比较均匀(如紫铜的氧化皮具有良好的润滑作用),不足以使外周层金属的再结晶温度明显降低,不易出现粗晶环。

第二类粗晶环是在挤压制品的热处理过程中形成的,例如含 Mn、Cr、Zr 等元素的可热处理强化的铝合金(2A11、2A12、2A02、6A02、2A50、2A14、7A04 等)。这些铝合金的挤压制品在淬火后,常出现较为严重的粗晶环组织。这类粗晶环的形成除与不均匀变形有关外,还与合金中含 Mn、Cr、Zr 等抗再结晶元素有关。Mn、Cr 等元素固溶于铝合金中能提高再结晶温度,合金中的化合物 $MnAl_6$、$CrAl_7$、$Mg_2Si$、$CuAl_2$ 等可阻止再结晶晶粒的长大。挤压时,由于模具的几何约束和强烈的外摩擦作用使得外层金属流动滞后于中心部分,外层金属内呈现很大的应力梯度和拉伸附应力状态,因此促进了 Mn 的析出,使固溶体的再结晶温度降低,产生一次再结晶,因第二相由晶内析出后弥漫分布在晶界上,阻碍了晶粒的集聚长大。因此,在挤压后铝合金制品外层呈现细晶组织。在淬火加热时,由于温度高,析出的第二相质点又重新溶解,阻碍晶粒长大的作用消失。这种情况下,一次再结晶的一些晶粒开始吞并周围的晶粒迅速长大,形成粗晶组织,即粗晶环。而在挤压制品的中心区,由于挤压时呈稳定流动状态,变形比较均匀,又由于受到压缩附应力的作用,不利于锰的析出,使中心区金属的再结晶温度仍然较高,不易形成粗晶环。

大量的实验研究表明,影响粗晶环的主要因素如下。

(1) 挤压温度的影响。随着挤压温度的增高,粗晶环的深度增加。这是由于挤压温度升高后,金属的屈服强度降低,变形不均匀性增加。坯料外层金属的结晶点阵受到更大的畸变,促进了再结晶的进行;高温挤压有利于第二相的析出与集聚,减弱了对晶粒长大的阻碍作用。

(2) 挤压筒温度的影响。当挤压筒温度高于坯料温度时,将促使不均匀变形减小,从而可减小粗晶环的深度。例如,挤压 6A02、2A50、2A14 合金时采用此制度,对减小粗晶环深度有较明显的效果。

(3) 均匀化影响。均匀化对不同铝合金的影响不一样,由于均匀化温度一般都在 470~510℃之间,在此温度范围内,6A02 一类合金中的 $MnAl_6$ 相将大量溶入基体金属,可以阻碍晶粒长大;而对于 2A12 一类合金,却会促使其中的 $MnAl_6$ 从基体中大量析出。这是由于在铸造过程中,冷却速度快,$MnAl_6$ 相来不及充分从基体中析出。因此,在均匀化时 $MnAl_6$ 相进一步由基体中析出。在长时间高温的作用下,$MnAl_6$ 弥散质点集聚长大,从而使再结晶温度和阻碍再结晶的能力降低,导致粗晶环深度增加。

(4) 合金元素的影响。合金中含锰、铬、钛、铁等元素的含量与分布状态对粗晶环有明显影响。实验研究表明,当2A12合金中锰的含量(质量分数)为0.2%～0.6%时,产生粗晶环的厚度大;而当锰含量提高到0.8%～0.9%时,可以完全消除粗晶环的产生。

(5) 应力状态的影响。实验证明,合金中存在的拉应力将促进扩散速度的增加,而压应力则降低扩散速度。挤压时,由于不均匀变形外层金属沿流动方向受拉应力作用,从而促进了$MnAl_6$等相的析出,降低了锰一类元素对再结晶的抑制作用。

(6) 热处理加热温度的影响。一般来说,热处理加热温度越高,粗晶环的深度越大。例如,淬火温度越高,将使$Mg_2Si$、$CuAl_2$等第二相弥散质点溶解增加,$MnAl_6$弥散质点聚集长大,抑制再结晶作用减弱,粗晶环深度增加;而适当降低淬火加热温度能使粗晶环减小,甚至不发生。

粗晶环是铝合金挤压制品的一种常见组织缺陷,它引起制品的力学性能和耐蚀性能降低,例如可使2A12铝合金的室温强度降低20%～30%。

减少或消除粗晶环的最根本方法是应围绕两个方面采取措施:一是尽可能减少挤压时的不均匀变形;二是控制再结晶的进行。

C 层状组织

挤压制品中常常可以观察到层状组织。所谓层状组织(也称片状组织),其特征是,制品折断断口形貌特征与木质断口类似,断口表面凹凸不平且分层明显,分层的方向与挤压制品轴向平行。继续塑性变形或热处理均无法消除这种层状组织。铝青铜挤压制品容易形成层状组织。

层状组织对制品纵向(挤压方向)力学性能影响不大,却使制品横向力学性能降低。例如,用带有层状组织的材料做成的衬套所承受的内压要比无层状组织的材料低30%左右。大量的生产实践表明,产生层状组织的基本原因是在坯料组织中存在大量的微小气孔、缩孔、或者在晶界上分布着未溶解的第二相或者杂质等,在挤压时被拉长,从而呈现层状组织。层状组织一般出现在制品的前端,这是由于在挤压后期金属变形程度大且流动紊乱,从而破坏了杂质薄膜的完整性,使层状组织程度减弱。

### 3.3.3.2 挤压制品的力学性能

A 挤压制品力学性能

挤压制品的变形和组织不均匀必然相应引起力学性能不均匀。一般来说,实心制品(未热处理)的实心部和前端的强度($\sigma_b$、$\sigma_s$)低,伸长率高,而外层的后端的强度高、伸长率低,如图3-3-20所示。

但对于挤压纯铝(3A21等)来说,由于挤压温度较低、挤压速度较快,挤压过程可能产生温升,同时挤压过程中所产生的位错和亚结构较少,因而挤压制品力学性能的不均匀特点可能与上述情况相反。

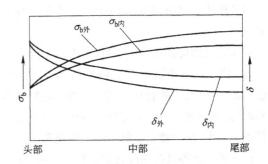

图 3-3-20 挤压棒材纵向和横向
上的力学性能不均匀性

挤压制品力学性能的不均匀性也表现在制品的纵向和横向性能差异上(即各向异性)。挤压时的主变形图是两向压缩一向拉伸变形。使金属纤维都朝着挤压方向取向,从而使其力学性能的各向异性较大。挤压比为7～8的锰青铜棒不同方向上力学性能如表3-3-1所示。一般认为,制品的纵向与横向力学性能不均匀,主要是由于变形织构的影响,但还有其他方面的原因。即挤压后的制品晶粒拉长;存在于晶粒间的化合物沿挤压方向拉长;挤压时气泡沿晶界析出等。

表 3-3-1　锰青铜棒各方向上的力学性能

| 取样方向 | 强度极限/MPa | 伸长率/% | 冲击韧性/J·m⁻¹ |
|---|---|---|---|
| 纵　向 | 463 | 41 | 3763 |
| 45° | 445 | 29 | 2528 |
| 横　向 | 419 | 20 | 2940 |

**B　挤压效应**

挤压就是指某些铝合金挤压制品与其他加工制品（如轧制、拉拔和锻造等），经相同的热处理后，前者的强度比后者高，而塑性比后者低的现象。这一效应是挤压制品所独有的特征，表 3-3-2 为几种铝合金以不同加工方法热淬火时效后的抗拉强度值。

表 3-3-2　几种铝合金以不同加工方式经相同淬火时效后的强度（MPa）

| 制品类别 | 6A02 | 2A14 | 2A11 | 2A12 | 7A04 |
|---|---|---|---|---|---|
| 轧制制品 | 312 | 540 | 433 | 463 | 497 |
| 锻　件 | 367 | 612 | 509 | | 470 |
| 挤压棒材 | 452 | 664 | 536 | 574 | 519 |

挤压效应可以在硬铝合金（2A11、2A12）、锻铝合金（6A02、2A50、2A14）和 Al-Cu-Mg-Zn 高强度铝合金（7A04、7A06）中观察到。应该指出的是，这些铝合金挤压效应只是用铸造坯料挤压时才十分明显。在经过二次挤压（即用挤压坯料挤压）后，这些铝合金的挤压效应将减少，并在一定条件下几乎完全消除。

当挤压棒材横向（沿任何方向）上进行冷变形（在挤压后热处理之前）时，挤压效应将有所降低。

产生挤压效应的原因，一般认为有以下两方面：

（1）由于挤压使制品处在强烈的三向压缩应力状态和两向压缩—一向延伸变形状态，制品内部金属流动平稳，晶粒皆沿挤压方向流动使制品内部形成较强的[111]织构，即制品内部大多数晶粒的[111]方向和挤压方向趋于一致。对于面心立方晶格的铝合金制品来说，[111]方向为强度最高的方向，从而使制品纵向的强度提高。

（2）Mn、Cr 等抗再结晶元素的存在，使挤压制品内部在热处理后仍保留着加工织构，而未发生再结晶。Mn、Cr 等元素与铝组成的二元系统状态图的特点是，结晶温度范围窄，在高温下固溶体中的溶解度小，所以形成的过饱和固溶体在结晶过程中分解出 Mn、Cr 等金属间化合物 $MnAl_6$、$CrAl_7$ 弥散质点，并分布在固溶体内树枝状晶的周围构成网状膜。又因为 Mn、Cr 在铝中的扩散系数很低，且 Mn 在固溶体中也妨碍着金属自扩散的进行，这就阻碍了合金再结晶过程的行为，使制品内部再结晶温度提高，热处理时制品内部发生不完全的再结晶，甚至不发生再结晶，所以挤压制品内部在随后热处理仍保留着加工组织。应特别指出，挤压效应只显现在制品的内部，至于其外层，常因有粗晶环而使挤压效应消失。

在大多数情况下,铝合金的挤压效应是有益的,它可保证构件具有较高的强度,节省材料消耗,减轻构件重量。但对于要求各方向上力学性能均匀的构件(如飞机大梁型材),则不希望有挤压效应。

影响挤压效应的因素如下:

(1) 坯料均匀化的影响。坯料均匀化可减弱或消除挤压效应。因在均匀化时,一般情况下金属化合物被熔解,包围着枝晶的网膜组织消失,而剩余的化合物发生聚集,这就破坏了产生挤压效应的条件。

(2) 挤压温度的影响。随着挤压的温度升高,制品的强度极限 $\sigma_b$ 显著增高。例如 6A02 铝合金的挤压温度由 320℃ 升到 420℃ 时,强度极限 $\sigma_b$ 提高近 100 MPa;2A12 合金挤压温度由 300℃ 升高到 340℃ ,强度极限提高 20 MPa。挤压温度的降低,会使金属产生冷作硬化,使晶粒间界破碎和淬火前加热中 Al-Mn 固溶体分解加剧,产生再结晶,其结果使挤压效应消失。

(3) 变形程度的影响。对于不含 Mn 或少含 Mn 的 2A12 合金来说,增大变形程度会使挤压效应降低。例如,变形程度从 72% 增加到 95% 时,强度降低而塑性增高。而当变形程度为 72.5% 时, $\sigma_b$ 为 451 MPa, $\sigma_s$ 为 308 MPa, $\delta$ 为 14%;而在变形程度为 95.5% 时, $\sigma_b$ 为 406 MPa, $\sigma_s$ 为 255 MPa, $\delta$ 为 21.4%。

当 2A12 的 Mn 含量增加时,增加变形程度将使挤压效应显著。如 Mn 含量在 0.36% ~ 1.0% 的范围内时,变形程度为 95.5% 时,合金的强度 $\sigma_b$ 最大,变形程度为 85.3% 时,合金的强度 $\sigma_b$ 中等;变形程度为 72.5% 时,合金的强度 $\sigma_b$ 最低。当 Mn 含量为 0.5% ~ 0.8% 时,变形程度对强度有最明显的影响;对于标准的 2A12 铝合金,Mn 含量正好在 0.36% ~ 1.0% 的范围内,因此,这种合金挤压材料的强度随变形程度增加而增大,但伸长率 $\delta$ 降低。

变形程度对不同含 Mn 量的 7A04 合金挤压效应的影响与 2A12 合金相似。

(4) 二次挤压的影响。二次挤压在生产小型材和棒材时普遍采用。二次挤压对不同 Mn 含量的合金的力学性能的影响是:使所有硬铝及锻铝合金的强度降低,而伸长率有某些提高,挤压效应也大大降低。

### 3.3.3.3　挤压制品的主要缺陷

#### A　裂纹

挤压棒材的裂纹分表面裂纹和中心裂纹两种;型材挤压时,常在宽高比较大的型材边部产生裂纹(即通常所谓裂边),如图 3-3-21 所示。这种表面和中心裂纹大多数形状相同,间距几乎相等,呈周期性分布,故也称之为周期性裂纹。

裂纹的产生与金属在挤压过程中的受力与流动情况有关。以棒材表面周期裂纹为例,由于模子形状的约束和摩擦的作用而使坯料表面流动受到了阻碍,棒材中心部位的流速大于外层金属的流速,从而使外层金属受到了附加拉应力作用,如图 3-3-22 所示。附加拉应力的产生改变了变形区内的基本应力状态,使表面层轴向工作应力(基本应力与附加应力的叠加)有可能成为拉应力。当这种拉应力达到金属的实际断裂极限时,表面便会出现向内扩展的裂纹,其形状与金属通过变形区域的速度有关。裂纹的产生使得局部附加拉应力得到松弛而逐渐降低,当裂纹扩展到位置 $K$ 时,裂纹顶点的工作应力降低到断裂强度极限以下,第一个裂纹不再向内部扩展;随着挤压过程的进行,棒材又会由于附加拉应力的增长积累,其表面层工作应力超过金属的断裂强度极限,便又出现第二个裂纹。如此周而复始,在制品表面便出现了周期性的裂纹。

由于越接近模子出口内、外层金属的流速差越大,附加拉应力的数值也就越大,因此,表面周期性裂纹通常在模子出口处形成。

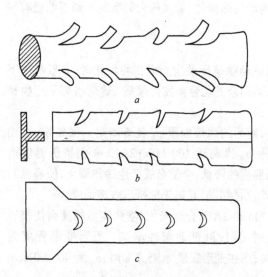

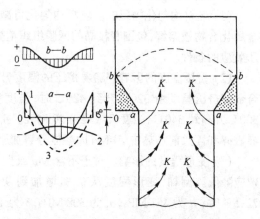

图 3-3-21　挤压制品的表面和中心周期裂纹示意图
a—棒材表面周期裂纹；b—型材表面周期裂纹；
c—棒材中心周期裂纹

图 3-3-22　附加应力分布与裂纹形成
1—附加应力；2—基本应力；3—工作应力

在生产中最易出现表面周期裂纹的合金有硬铝、锡磷青铜、铍青铜、锡黄铜 HSn70-1 等。这些合金在高温下的塑性温度范围较窄（100℃左右），挤压速度稍快，变形热来不及逸散便会使变形压缩锥内的温度急剧升高，当超出合金的塑性温度范围，在晶界处低熔点物质就要熔化，所以在拉应力的作用下容易产生裂纹。

有些合金在高温下易黏结工具出现裂纹、毛刺，这类裂纹有韧性断裂的特征，例如铝青铜 QAl10-3-1.5、硅青铜 HSi80-3、铅黄铜 HPb59-1、铍青铜 QBe2.0 等，在挤压制品的头部常可出现裂纹。

与表面周期裂纹的形成原因相反，在中心周期性裂纹的产生是由于挤压时中心流动慢而表层流动快，在中心形成了附加拉应力，当附加拉力使中心工作应力成为拉应力时，且达到金属的实际断裂强度时，便形成了裂纹。实际生产中，当坯料加热不透而出现内生外熟，或者因为挤压比太小（如钢、钛等的挤压），变形不深入，都可能使金属的中心流速小于表层流速，而产生中心周期裂纹。

防止和消除裂纹产生的主要措施如下：

（1）在条件允许的情况下，采用润滑挤压、锥模挤压等措施来减少不均匀变形。

（2）采用合理的挤压温度－速度规程，使金属在变形区内具有较高的塑性。一般来说，挤压温度高，则挤压速度要低；挤压温度低，挤压速度可适当增大。如锡磷青铜，根据现场经验，将其加热温度降至 650℃ 左右，并用慢速挤压，则很少出现裂纹。如硬铝为提高挤压速度，保证产品质量而采取等温挤压、冷挤压和润滑挤压等。

（3）增加变形区内基本压应力值，例如，适当增大模子工作带长度，增大挤压比，降低铸锭温度以及采用带反压力挤压等。

总之，一切有利于改善金属流动不均匀性的措施，均能有效地防止裂纹的产生。

B 气泡与起皮

气泡与起皮是挤压制品的常见缺陷,图 3-3-23 所示为挤压制品表面气泡与起皮形貌示意图,气泡破裂成为起皮。此外,起皮还可因为挤压筒壁上残留的金属皮黏结到锭坯表面而形成。

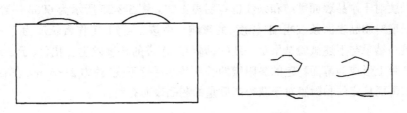

图 3-3-23 挤压制品表面的气泡与起皮示意图

形成起皮与气泡的原因大致有以下三方面:

(1) 铸锭方面的原因。铸锭内部有脏物、气泡、砂眼、裂纹等缺陷,挤压时不能焊合和压实。

(2) 工艺操作方面的原因。润滑剂过量,形成大量的气体,压入锭坯表面微裂纹内,或者填充挤压速度太快,填充变形量太大,使大量气体来不及排出而压入锭坯表层。这些压入锭坯表面的气体在通过模孔时被焊合而形成气泡,或未焊合面形成起皮。

(3) 工具方面的原因。挤压筒和穿孔针表面不光亮,或穿孔针上有裂纹,将气体带入而形成气泡或起皮。垫片与压筒尺寸配合不好,间隙太大,挤压时筒内表面残留有金属皮,下次挤压时,黏在锭坯表面被挤出模孔而形成起皮。

C 黏结、条纹与显微条纹

黏结与条纹(或称模纹)是挤压制品的主要表面缺陷之一,对于冷挤压或温挤压成形的零件,以及 6063 为代表的铝合金建筑型材,黏结与条纹甚至是最主要的、最难克服的缺陷。

冷挤压与温挤压,容易在制品的表面产生粗大条纹、金属黏结现象。一般认为,润滑膜破裂导致金属与工模具表面的直接接触是挤压制品表面出现粗大条纹、金属黏结的主要原因。但是,模具设计不合理、金属流动的剧烈不均匀、难以形成良好润滑状态等,往往也是导致黏结与条纹的重要原因。

在热挤压时,特别是铝合金型材无润滑热挤压时,黏结与条纹的产生与金属流动行为,尤其是模孔工作带附近的金属流动与变形行为密切有关。研究发现,挤压时模具工作带上往往黏附有一层很薄的金属膜,黏附薄膜的形态与变形行为决定了黏结与条纹的形成与否和严重程度。

当采用较长的工作带的模具挤压 6063 铝合金型材时,在模孔出口的工作带上,黏附膜由破碎的屑块组成。这些屑块来源于制品表面与工作带之间的剧烈摩擦作用,但它与工作带表面的黏结性较差,在工作带上沿挤压方向延伸并产生滑动,然后又黏附到制品表面,因而在形成黏结的同时使挤压条纹加剧。

而在模孔入口侧的工作带上,存在着不同于出口侧黏附膜形貌的区域。在该区域内,金属黏附膜形状完整,与工作带之间的结合较牢固,金属膜对流出模孔的制品表面产生刷洗作用而形成挤压条纹。

影响黏结与条纹的主要因素是挤压温度与工作带的长度。图 3-3-24 所示为不同挤压温度对 6063 铝合金热挤压制品表面条纹的粗细的影响。由该图可知,当挤压温度为 450℃时,条纹最细,表面精度最高。而当挤压温度低于 400℃或高于 500℃时,条纹深度迅速增加,表面精度下降。对工作带表面形貌的观察结果表明,当挤压温度过高(550℃)时,由于模具的冷却作用,在工作带上形成完整而坚硬的金属膜,加剧了条纹的形成。而在450℃以下挤压时,工作带上黏附的金属膜非常薄,以至用肉眼只能观察到许多的细小的金属点,增加了工作带的光滑度,因而挤压制品表面的条纹最细。而当挤压温度过低(350℃)时,工作带上黏附层仍很薄,但黏附颗粒粗大。

　　工作带长度对于制品表面黏结和条纹也有明显影响。图3-3-25所示为6063铝合金型材挤压时工作带长度对制品表面条纹粗细(深度)的影响。由该图可知,工作带长度为2～3mm时,条纹最细。这一结果与下述试验结果是一致的,即当工作带的长度发生变化(大于3mm)时,模孔入口侧工作带上形成的薄而稳定的黏附膜的长度基本保持不变,约为2～3mm左右。因此可以认为,均匀、薄而稳定的黏附膜对于获得高质量的制品表面有利。

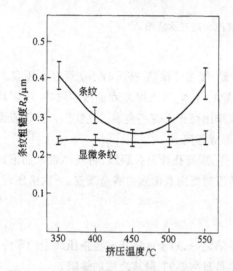

图3-3-24　挤压温度对制品表面精度的影响

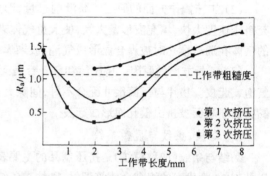

图3-3-25　工作带长度对制品表面粗糙度的影响
（挤压温度为450℃,挤压比 $R=20$,工作带粗糙度
$R_a=1.0\,\mu m$,制品流出速度为1m/s）

　　从防止黏结和产生条纹的角度来看,似乎工作带的长度越短越好,但图3-3-25表明,当工作带长度小于2mm时,制品表面粗糙度增加,条纹加剧。一般认为,当工作带过短时,模孔易发生变形,对金属变形的规整作用消失,表面粗糙度增加。

### 3.3.4　挤压力

#### 3.3.4.1　概述

　　挤压轴通过挤压垫片作用到金属坯料上的外力,称为挤压力($P$);单位垫片面积上的挤压力称为单位挤压力($p=P/F_p$);单位挤压力($p$)与变形抗力($\sigma_T$)之比,称为挤时应力状态系数($n_\sigma=p/\sigma_T$),其中,$F_p$为挤压垫片面积。

　　挤压过程中,随着挤压轴的移动,挤压力是变化的。一般在填充完成后,金属开始从模孔流出时挤压力达到最大值(见图3-3-4),这一最大挤压力值通常称为突破挤压力,合理地选择挤压设备和设计工模具都需要准确地确定最大挤压力。同时,挤压力也是现代挤压机实现计算机自动控制所不可缺少的重要参数之一。确定挤压力大小的方法分为实测法和计算法两大类。

　　挤压力实测法包括压力表读数和电测两种基本方法。压力表读数法是一种简单易行的方法。利用挤压机的压力表(一般安装在操作台面上或附近),读出挤压机工作时主缸或穿孔缸内

的工作压力 $p_b$，根据挤压机的额定压力（也称吨位）或额定穿孔力 $N$，挤压机高压液体的额定工作压力 $p_e$，即可确定挤压力或穿孔力

$$P = \eta N p_b / p_e \tag{3-3-1}$$

由于运动件之间存在摩擦，实际加在坯料上的挤压力比由压力表上的读数所确定的挤压力要低，因此上式中，应考虑挤压机的效率系数 $\eta$，通常取 $\eta = 0.95 \sim 0.98$。

压力表读数的缺点在于当挤压速度较快时，读数不易准确（因压力表指针严重晃动），且由于冲击惯性，表上读数通常比实际值偏高。此外，压力表读数难以记录压力在挤压过程的变化。

采用电测法可以克服上述缺点。电测法的基本原理是通过压力传感器，将压力转换成应变和电阻的变化，以改变测量电路的电信号输出，从而记录挤压过程中挤压力的变化情况。

实测法可以真实反映特定生产条件下挤压力及其各分量的变化，有助于研究各工艺因素对挤压力的影响规律，可用来评价各种挤压力的计算公式。

与实测法相比，计算法则是采用经验计算式，或理论解析式来计算挤压力的大小。可用于预测挤压力，但其计算结果的准确性受到有关参数合理选取的影响，如材料的变形抗力、摩擦系数、挤压温度等的合理选定。

### 3.3.4.2　挤压受力分析与应力应变状态

如前所述，正挤压过程可分为三个阶段：开始挤压阶段、基本挤压阶段和挤压结束阶段。正挤压过程的基本阶段，金属受力的基本特征如图 3-3-26 所示。图中包括有挤压垫、挤压筒壁、锥模模面和工作带上的正压力与接触摩擦应力的分布，其中图的上方为正压力的分布，下方为接触表面上的摩擦应力分布。图中挤压轴通过挤压垫作用在金属上的外力称为挤压力。这些外力随着挤压方式的不同而异，反挤压时，挤压筒壁与金属间的摩擦应力为零。不同挤压条件下，接触表面的应力分布各异且不一定按线性规律变化。但用测压针测定挤压筒壁和模面受力情况的实际研究结果表明，当挤压条件不变时，各处的正压力在挤压过程中基本不变（见图 3-3-27）。

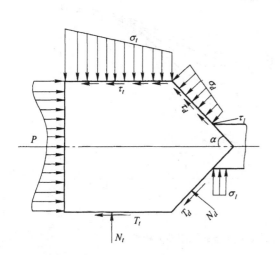

图 3-3-26　正挤压基本阶段金属受力情况

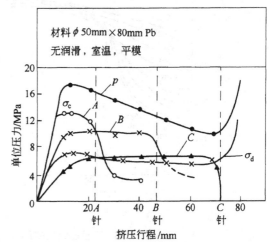

图 3-3-27　正挤压铅时筒壁各点（$A$、$B$、$C$）上压力及垫片上平均单位压力的变化

金属挤压时，金属与挤压筒以及模孔锥面之间的摩擦应力，主要取决于挤压变形温度与润滑条件，通常比较复杂。对于无润滑热挤压，理论分析与工程计算上，常取极限摩擦（黏着摩擦）状

态,即认为摩擦应力达到相应变形温度下金属的剪切屈服极限,且分布是均匀的。

　　基本挤压阶段变形区内部的应力分布也是比较复杂的 。图 3-3-28 和图 3-3-29 给出了室温无润滑正挤压铅时,基本阶段变形区内应力分布的基本模式。图 3-3-30 为用聚碳酸酯的光塑性模拟铝及铝合金、钛合金、钢铁材料等带润滑冷挤压的实验的研究结果。由此可见,虽然实验条件不同,但可以看到存在以下一些共同的特征。

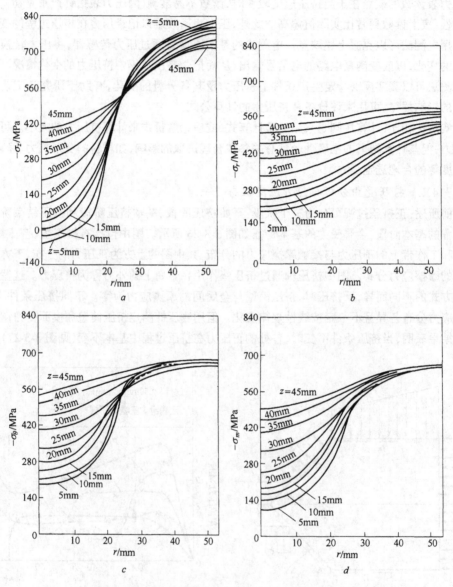

图 3-3-28　正挤压铅时变形区内部应力分布的视塑性分析结果

　　(1) 轴向应力($\sigma_z$)就其绝对值大小而言,在靠近挤压轴线的中心部小,靠近挤压筒的外周部最大。如图 3-3-26 所示,坯料的中心部正对着模孔,金属流动阻力小,而坯料的外周部由于受到模面的约束,金属流动困难,静水压力值高(图 3-3-28$d$)。

　　(2) 剪切应力在中心线(对称轴)上为零,沿半径方向至坯料与挤压筒(或挤压模)接触表面呈非线性变化。

（3）沿挤压方向的逆向，各应力分量的绝对值随着离开挤压模出口距离的增加而上升。

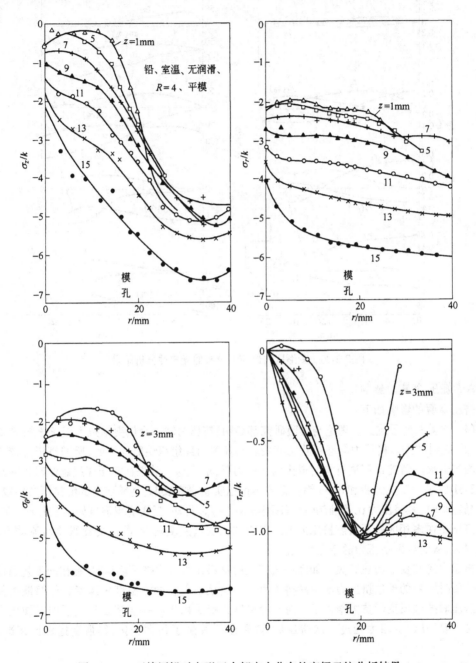

图 3-3-29　正挤压铅时变形区内部应力分布的密栅云纹分析结果

### 3.3.4.3　影响挤压力的因素

影响挤压力的因素包括：挤压坯料的性质、状态和尺寸、挤压工艺参数、外摩擦状态（润滑条件）、模具形状与尺寸、制品断面形状与尺寸以及挤压方法等。

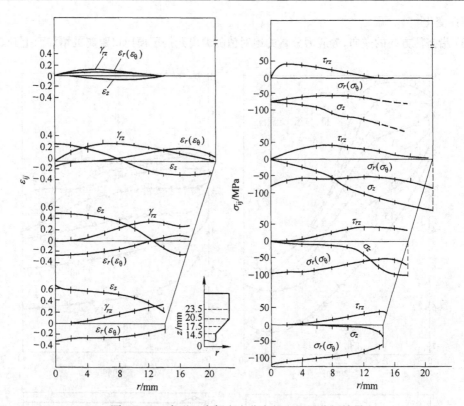

图 3-3-30　变形区内部应力分布的光塑性分析结果

A　挤压金属的影响

挤压金属的影响如下:

(1) 金属的变形抗力。理论与实验研究都表明:挤压力随着金属变形抗力成正比的增加。

(2) 坯料状态。挤压力与坯料状态有关。当坯料内部组织性能均匀时,所需挤压力较小;经充分均匀退火的铸锭比不进行均匀退火的挤压力要低,且这一效果在挤压速度越低时越明显,如图 3-3-31 所示。工业纯铝和 6063 铝合金的热挤压实验研究表明,当铸锭内部沿挤压方向取向为羽毛晶组织时,其挤压力比等轴晶时小(图 3-3-31 左)。此外,当相变点温度附近挤压时,在单相区内挤压比在多相区挤压所需挤压力低。因为在相变点温度附近,温度变化很小而流动不均匀变化很大,从而导致挤压力的变化很大。

挤压力还与变形历史有关。如经一次挤压后材料作为二次挤压坯料时,在相同工艺条件下,二次挤压时所需的单位挤压力比一次挤压力大。这是由于在同一温度－速度和外摩擦条件下,二次挤压时的金属变形抗力增大了。对于冷挤压无疑是由于经一次挤压产生了加工硬化之故,即使对于热挤压,也因为经过一次挤压后,内部组织发生了很大变化,其强度指标比铸造组织要高。

(3) 坯料长度。坯料长度对挤压力的影响,实际上是通过挤压筒内坯料与筒壁之间的摩擦阻力而起作用的。由于不同的挤压方法的摩擦状态不同,因而坯料长度对挤压力的影响也不同。

1) 正向无润滑热挤压。一般情况下坯料与筒壁之间的摩擦力达到极限值($\tau_t = k = $ const,即为常摩擦应力状态),随着坯料长度的减小,挤压力线性地减小。图 3-3-32 为纯铝热挤压时挤压力与坯料长度关系的实验曲线。但当挤压过程中坯料长度上有温度变化时,一般为非线性关系。

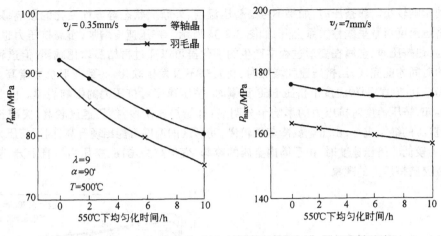

图 3-3-31　纯铝组织与均匀化时间对挤压力的影响（$v_j$ 为挤压轴速度）

2）带润滑正挤压、冷挤压、温挤压。坯料与筒壁之间服从常摩擦系数规律,由于接触摩擦表面正压力沿轴向非均匀分布,故摩擦应力也是非均匀分布。挤压力与坯料长度之间的关系一般为非线性关系。

3）反挤压。坯料与筒壁之间无相对滑动,不产生摩擦阻力,故挤压力与坯料长度无关。

B　挤压工艺参数的影响

挤压工艺参数的影响如下:

(1)挤压比。大量的理论分析与实验研究表明:挤压力与挤压比成正比关系增大。图 3-3-33 为不同温度下 6063 铝合金挤压力与挤压比关系的实验曲线。

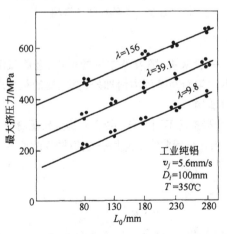

图 3-3-32　正挤压的挤压力与坯料长度的关系

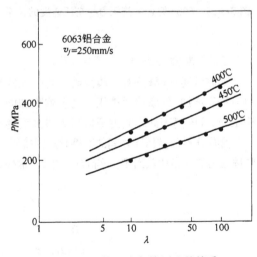

图 3-3-33　挤压力与挤压比的关系

(2)挤压温度。挤压温度对挤压力的影响是通过变形抗力的变化起作用的。一般来说,随着变形温度的升高,坯料的变形抗力下降,所需挤压力也下降。两者之间的关系因变形抗力与温度之间的关系而异。由于一般金属及合金的变形抗力是随着温度升高呈非线性关系下降的,从而挤压力与挤压温度的关系也是非线性的。

(3)挤压速度。挤压速度也是通过变形抗力的变化影响挤压力的。冷挤压时,挤压速度对挤压力的影响较小。热挤压时,如果不考虑挤压温度、外摩擦状态等方面变化的影响,则挤压力对数与挤压速度对数呈线性关系上升,如图 3-3-34 所示。挤压速度增加,所需挤压力也增加,可以解释为:热挤压时,金属在变形过程中产生的硬化虽可以通过再结晶软化减弱,但这种软化需要足够的时间才能完成,当挤压速度增加时,材料来不及发生软化,导致变形抗力增高。图 3-3-35 为 650℃和 700℃两种温度下挤压 H68 黄铜时,挤压速度对挤压力的影响规律。由曲线的变化规律可知,挤压速度对挤压力的影响十分明显:开始挤压阶段,挤压速度较高,突破挤压力较大,随着挤压的继续进行,由于金属冷却得较慢,变形区的温度可能出现升高,因而挤压力降低明显;若采用较低的挤压速度时,由于筒内金属的冷却,变形抗力增高,挤压力一直上升,甚至可能出现超过突破挤压力的现象。

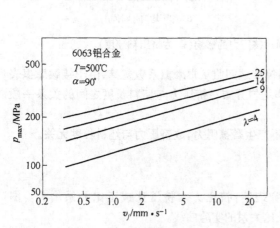

图 3-3-34　6063 铝合金挤压力与挤压速度的关系

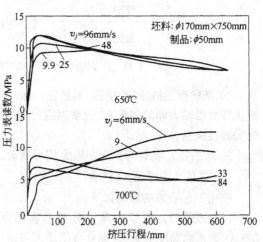

图 3-3-35　挤压速度对 H68 黄铜热挤
压力 – 行程曲线的影响

### C　外摩擦的影响

如前所述,外摩擦对金属流动具有极大的影响。一般来讲,随着外摩擦的增加,金属流动不均匀程度增加,外摩擦对挤压力的影响除加剧流动不均匀而使挤压力增加外,更主要的是金属与挤压筒、挤压模表面之间的摩擦阻力增加而使挤压力增加。

金属坯料与挤压筒之间的摩擦状态因挤压温度和润滑条件不同而异。要正确确定挤压筒壁上的摩擦应力的分布比较困难。实际应用中,通常根据挤压力 – 行程曲线确定其平均值(图 3-3-26)。

$$\tau_t = (p_{max} - p_{min})/(\pi D_1 \Delta L) \tag{3-3-2}$$

$$\Delta L = L_t - h_{sl}$$

$$h_{sl} = \begin{cases} 0 & (\alpha < \alpha_s) \\ (D_1 - d)(\cot\alpha_s - \cot\alpha)/2 & (\alpha > \alpha_s) \end{cases}$$

式中　　$p_{max}$、$p_{min}$——突破挤压力与挤压终止时的挤压力;

　　　　　$D_1$——挤压筒直径;

　　　　　$d$——模孔直径;

　　　　　$L_t$——填充后坯料长度;

　　　　　$h_{sl}$——计算死区高度;

　　　　　$\alpha$——实际模角;

$\alpha_s$——极大无死区模角,工程计算可取 $\alpha_s = 65°$。

D　挤压模形状与尺寸的影响

挤压模形状与尺寸对挤压力的影响主要有:模角、锥面形状和工作带长度等。

(1)模角。模角对挤压力的影响主要体现在变形区内的剪切变形及变形区锥表面,而克服金属与筒壁间的摩擦力及工作带上的摩擦力所需的挤压力与模角无关。理论分析表明:在一定条件下,变形区内的剪切变形所需挤压力($R_M$)随着模角的增加而增加,这是由于金属流经变形区入口与出口处经过两次附加弯曲变形增加之故;但用于克服模子锥面上摩擦阻力分量($T_M$)由于摩擦面积的减小而下降(图3-3-36)。

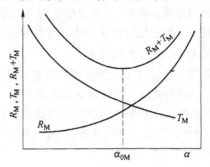

图 3-3-36　挤压力有关分量与模角关系示意图

(2)模面形状。关于模面形状对金属流动均匀性和挤压力的影响的研究表明,采用合适的模面形状能大大改善金属流动的均匀性,降低挤压力。对于铝及铝合金、铜及铜合金的热挤压,由于大多数情况下为无润滑挤压,由于挤压操作上的原因,往往采用平模或角度较大的锥模挤压。对于各种零部件的冷挤压、温挤压成形,以及钛合金及钢铁材料的热挤压,采用合适形状的曲线模挤压,以改善金属的挤压性,降低挤压生产能耗,有其重要意义。但从总体上看,有关这方面的研究(包括模面形状优化的挤压性的提高两方面)目前还很不充分。

(3)工作带的影响。随着工作带的增加,克服工作带摩擦阻力所需的挤压力增加。消耗在工作带上的挤压力分量为总挤压力的 5%～10% 左右。

(4)其他因素的影响。挤压模的结构,模孔排列位置等对挤压力也有较大的影响。当挤压条件相同,采用桥式挤压模挤压空心材比采用分流模挤压的挤压力下降 30%。采用多孔模挤压时,模孔排列位置对挤压力也有一定的影响。

E　制品断面形状的影响

在挤压条件一定的情况下,制品断面形状越复杂,所需挤压力越大。制品断面复杂程度可用 $f_1$、$f_2$ 来表示。

$$f_1 = 型材断面周长/等断面圆周长$$
$$f_2 = 型材的外接圆面积/型材断面积$$

$f_1$、$f_2$ 称为型材断面复杂系数。只有当 $f_1 > 1.5$ 时,制品断面形状对挤压力才有明显的影响。纯铝静液挤压试验结果表明,与等面积圆棒挤压相比,当 $f_1 = 1.17$ 时,挤压力上升3%;$f_1 = 1.52$ 时,挤压力上升12%;$f_1 = 1.76$ 时,挤压力上升33%;$f_1 = 4.22$ 时,挤压力上升62%。可见只有 $f_1 = 1.5～2.0$ 的范围,型材断面形状复杂系数对挤压力有较显著的影响。随着 $f_1$ 的增加,所需挤压力迅速增加;低于此范围时,挤压力增加不明显;高于此范围,随着 $f_1$ 的增加挤压力上升的速度变慢。此外,以 $f_1 f_2$ 的大小来衡量,则当 $f_1 f_2 \leqslant 2.0$ 时,断面形状对挤压力的影响很小。例如,挤压正方形棒($f_1 f_2 = 1.77$)和六角棒($f_1 f_2 = 1.27$)所需挤压力,与挤压等断面圆棒挤压力几乎相等。

F　挤压方法

不同的挤压方法所需挤压力不同。反挤压比同等条件下正挤压所需的挤压力低 30%～40%以上;侧向挤压比正挤压所需的挤压力大。此外,采用有效摩擦挤压、静液挤压、连续挤压比正挤压所需挤压力要低得多。

G　挤压操作

除了上述影响挤压力的因素外,实际生产中,还会因为工艺操作和生产技术等给挤压力大小带来很大的影响。例如,由于加热不均匀,挤压速度太低或太高,或挤压筒加热温度太低等因素,可导致挤压力在挤压过程中产生异常的变化。

### 3.3.4.4　挤压力的计算

目前用于计算挤压力的公式有很多。根据推导时的求解原理和方法,常用计算方法有:

(1) 经验公式法。是根据长期生产积累,所形成的适应于特定条件下的挤压力经验计算式。

(2) 工程法。基于近似应力平衡微分方程与近似塑性条件方程联立求解;这一方法可以建立圆棒、圆管挤压力计算的解析式,应用较方便,工程上常用。但该方法的缺点是没有考虑附加剪切变形对挤压力的影响。

(3) 上限法。基于运动学许可速度场,借助极值原理,进行上限求解所得的挤压计算公式,本法可对轴对称问题以及某些三维型材挤压时的挤压力进行求解,是目前应用比较广泛的一种方法。

(4) 塑性有限元法。这是目前应用十分广泛的一种数值计算方法,不仅可以求得总的挤压力与单位挤压力,而且可以求得变形区内任意一处金属质点的流动速度场、应力与应变场。这是一种很好的方法,不仅可以确定挤压力,而且还可以分析各处的流动与应变、应力情况,对于研究过程缺陷的形成十分有效。

下面简要介绍两个常见的挤压力计算公式。

A　工程法挤压力计算公式

本公式适用于用圆形坯料挤压实心圆棒,采用圆柱坐标轴对称问题处理。运用平衡方程和塑性条件进行分析,分别求得各部分的所需单位挤压力部分为:

工作带部分:
$$p_1 = 4f_1\sigma_T h_1/d_1 \tag{3-3-3}$$

挤压时变形区压缩锥部分:
$$p_2 = \sigma_T \ln(D_0/d_1)^2 = \sigma_T \ln\lambda \tag{3-3-4}$$

挤压筒壁摩擦阻力部分:

对于冷温正挤压,筒壁有良好润滑的状态,其接触摩擦系数为 $f_3$ 时
$$p_3 = (p_1 + p_2)\exp(2f_3 h_0/d_1) \tag{3-3-5}$$

对于热态下的正挤压,挤压筒壁接触摩擦取为黏着摩擦状态时
$$p_3 = 4\sigma_T L_D/\sqrt{3D_0} \tag{3-3-6}$$

总的单位挤压力为
$$p = p_1 + p_2 + p_3 \tag{3-3-7}$$

式中　$h_1$——工作带的高度;

$f_1$——工作带上的摩擦系数;

$\sigma_T$——材料的变形抗力值;

$d_1$——挤压圆棒的直径;

$D_0$——挤压筒直径;

$\lambda$——挤压比;

$L_D$——坯料填充挤压后的长度。

B　上限法挤压力计算公式

对于单孔模正挤压圆棒,是一个典型的球坐标轴对称问题。上限法求解时假设变形区为一

球冠,设变形区内的金属流动的许可速度场为一向球心汇聚流动速度场,运用极值原理,可求得各部分的挤压力部分为:

工作带部分:$p_1 = 4f_1\sigma_T h_1/d_1$

挤压时变形区压缩锥部分:$p_2 = \sigma_T\ln(D_0/d_1)^2(1+\cot\alpha/\sqrt{3})$

$$= \sigma_T\ln\lambda(1+\cot\alpha/\sqrt{3}) \tag{3-3-8}$$

变形区入口、出口处附加弯曲变形的所需挤压力

$$p' = (2/\sqrt{3})(\alpha/\sin^2\alpha - \cot\alpha) \tag{3-3-9}$$

挤压筒壁摩擦阻力部分:

对于冷温正挤压,筒壁有良好润滑的状态,其接触摩擦系数为 $f_3$ 时

$$p_3 = (p_1+p_2)\exp(2f_3h_0/d_1)$$

对于热态下的正挤压,筒壁接触摩擦为黏着摩擦状态时

$$p_3 = 4\sigma_T L_D/\sqrt{3D_0}$$

总的单位挤压力为

$$p = p_1 + p_2 + p' + p_3 \tag{3-3-10}$$

式中　$\alpha$——挤压模角。

关于管材挤压,特别是有关型材挤压力的计算比较麻烦,在此就不作介绍了。

### 3.3.5　挤压温度－速度规程

#### 3.3.5.1　金属及合金的可挤压性

金属的可挤压性体现在挤压力的大小,最大的生产效率(最大可达挤压速度)、挤压制品的质量,成品率,模具使用寿命等指标上。影响金属可挤压性的因素有挤压坯料、挤压温度和速度(或金属流出速度)规程、模具质量等,如图 3-3-37 所示。

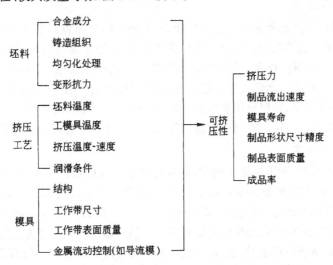

图 3-3-37　影响金属可挤压性的因素

表 3-3-3 所示为常见铝合金的可挤压性指标(也称为可挤压性指标)与挤压工艺参数的范围。铝合金的可挤压性是以 6063 铝合金的指标作为 100 时的相对经验值数据。不同的生产厂家,由于挤压条件不同,可挤压性的大小存在一定差异。

表 3-3-3　铝及铝合金的可挤压性与可挤压生产条件

| 合　金 | 可挤压性指标 | 挤压温度/℃ | 挤压比 | 制品流出速度/m·min$^{-1}$ | 分流模可挤压否 |
|---|---|---|---|---|---|
| 10××,1100 | 150 | 400~500 | −500 | 25~100 | 可 |
| 1200 | 125 | 400~500 | −500 | 25~100 | 可 |
| 2011 | 30 | | | | |
| 2014,2017 | 20 | 370~480 | 6~20 | 1.5~6 | 不可 |
| 2024 | 15 | | | | |
| 3003,3004 | 100 | 400~480 | 6~30 | 1.5~6 | 可 |
| 3203 | 100 | 400~480 | 6~30 | 1.5~6 | 可 |
| 5052 | 60 | 400~500 | | 1.5~30 | |
| 5056,5083 | 25 | 420~480 | | 1.5~30 | |
| 5086 | 30 | 420~480 | 6~30 | 1.5~30 | 不可 |
| 5454 | 50 | 420~480 | | 1.5~30 | |
| 5456 | 20 | 420~480 | | 1.5~30 | |
| 6061,6151 | 70 | | | 1.5~20 | |
| 6N01 | 90 | 420~520 | 30~80 | 1.5~80 | 可 |
| 6063,6101 | 100 | | | 1.5~80 | |
| 7001,7178 | 7 | 430~500 | 6~30 | 1.5~5.5 | 不可 |
| 7003 | 80 | 430~500 | 6~30 | 1.5~30 | 可① |
| 7075 | 10 | 360~440 | | 1.5~5.5 | 不可 |
| 7079 | 10 | 430~500 | 6~30 | 1.5~5.5 | 不可 |
| 7N01 | 60 | 430~500 | | 1.5~30 | 可① |

①大断面型材挤压困难。

### 3.3.5.2　挤压温度

金属挤压的温度主要依金属及合金的性能、对制品性能要求以及挤压工艺而定。对于热挤压,金属应尽量在高温塑性范围的温度下进行热挤压,挤压温度越高,被挤材料的变形抗力就越低,有利于降低挤压力,减少能耗。但挤压温度过高,制品表面质量变差,容易形成粗大组织。热挤压前的加热温度一般在合金熔点绝对温度的 0.75~0.85 倍。因此,应查找金属熔点和该成分合金相图上的固相点温度,确定挤压温度的上限,以避免挤压时的热脆性。其次,高温时存在相变时,最好在单相区进行挤压。同时应注意金属与合金在热态下过度氧化与黏结。

### 3.3.5.3　挤压速度

挤压速度与合金的可挤压性密切相关,如软铝合金挤压的流出速度一般可达 20 m/min,部分型材的挤压流出速度高达 80 m/min 以上,中高强度铝合金挤压速度过高时,制品表面质量显著恶化,故其挤压流出速度通常控制在 20 m/min 以下。一般的铜及铜合金由于塑性较好,而且挤压筒温低于坯料的温度许多,如挤压速度过低了可能引起坯料表面温度的过分降低,致使金属流动不均匀性增加,挤压负荷上升,甚至产生闷车。因而铜及铜合金一般都采用较快的挤压速度,其挤压流出速度一般在 100 m/min 以上,最高达到 300 m/min。

挤压速度的选择还受到挤压温度的限制。由于铝及铝合金通常在近似绝热条件下进行挤压(挤压筒温度与坯料温度十分接近),挤压速度越快,挤压过程中的发热(变形热和摩擦热)越不易逸散,从而导致铝材坯料温度上升。当模口附近的温度上升到接近被挤铝合金中的低熔点相熔化温度时,制品表面产生裂纹等缺陷,并导致制品组织性能显著恶化。特别是许多铝合金含有较多的过渡族元素,且熔点较低,挤压条件对挤压性、挤压制品的质量具有显著的影响。

挤压温度-速度条件与挤压机能力的相互关系可用如图 3-3-38 所示的挤压极限曲线来表示。图中的曲线只表示各种因素之间的相对关系,实际的挤压极限曲线因合金的种类、挤压筒的加热温度而异,但有关这方面的资料并不多见。为了提高挤压效率,保证产品质量,生产厂家有必要针对本厂的设备和生产条件,建立一系列精确的挤压极限曲线。特别是对于实现人工智能控制下的自动化生产,挤压极限曲线更是不可少的。

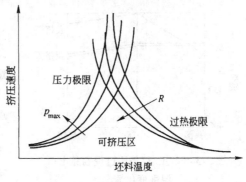

图 3-3-38 挤压极限曲线示意图

### 3.3.6 挤压新技术新方法

#### 3.3.6.1 反挤压

如前所述,反挤压时,金属挤压时制品流出方向与挤压轴运动方向相反的一种挤压方法(如图 3-3-4 所示)。与正挤压相比,反挤压的突出特点有以下几点:

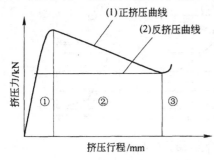

图 3-3-39 正、反挤压载荷-行程曲线
①—开始挤压阶段;②—稳定挤压阶段;
③—挤压结束阶段

(1) 挤压力低。如前所述,正挤压时,金属的流动方向与挤压轴的运动方向相同,锭坯与挤压筒内壁间存在相对滑动,因而外摩擦阻力大,一般总挤压力的 30%～40% 用于克服摩擦阻力(见图 3-3-39),因而导致流动不均匀,致使挤压制品的性能也不均匀。

反挤压时,一般是依靠挤压封头推动挤压筒运动的,而固定的空心挤压轴进入挤压筒内,因而锭坯与挤压筒内壁间不存在相对滑动,金属流出方向与不动挤压轴运动方向相反。几乎没有摩擦作用,挤压力就小多了,而且自始至终、挤压力比较平稳(见

图 3-3-39 中曲线(2)),表 3-3-4 列出了黄铜正反挤压的挤压负荷情况,由于负荷较平稳,挤压设备动力系统的利用率也较高,这是反挤压一个重要特点。

表 3-3-4 黄铜挤压生产实例(日本)

| 挤压方法 | 挤压机吨位/t | 挤压筒内径/mm | 铸锭规格/mm×mm | 挤压力/MPa | 压余量/% |
|---|---|---|---|---|---|
| 正挤压 | 1600 | 170 | 165×570 | 705 | 13.1 |
| | 2000 | 190 | 184×650 | 705 | 12.3 |
| | 2500 | 215 | 208×700 | 689 | 12.5 |
| | 3150 | 240 | 233×800 | 696 | 11.9 |
| 反挤压 | 1600 | 205 | 200×950 | 485 | 6.1 |
| | 2000 | 230 | 233×1050 | 481 | 5.7 |
| | 2500 | 255 | 247×1150 | 490 | 5.4 |
| | 3150 | 285 | 277×1300 | 494 | 5.1 |

(2) 金属温度均匀性好。正挤压时,由于变形热和摩擦热的共同影响,挤压过程的温升较大,所以首尾温差大,而反挤压时由于没有摩擦热,只有变形热的影响,而且变形区较稳定,挤压

制品的首尾温差小,前后较均匀,图 3-3-40 所示为铝材正、反挤压制品的温度变化情况。

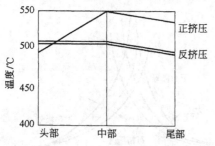

图 3-3-40　正、反挤压过程制品出口
温度变化情况

（3）反挤压制品尺寸精度偏差较小。反挤压过程由于挤压力比较稳定,而且出口温度也比较均匀,工模具的弹性变形与热膨胀对制品尺寸的影响都比较稳定,所以尺寸稳定性好、精度较高。图 3-3-41 所示为挤压角材时各主要单位的尺寸精度测量结果。

（4）挤压制品的组织性能比较均匀。反挤压由于变形区靠近模孔,挤压过程变形区的大小基本没有变化,所以制品的头尾组织性能均匀性好。

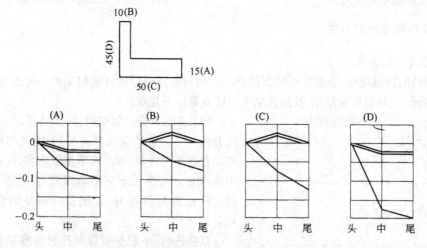

图 3-3-41　尺寸精度对比（2024 铝合金,制品长 20 m）

（5）反挤压的生产率较高。反挤压时由于变形区的温度变化小,可以采用低温快速挤压。铝合金棒材正、反挤压的温度速度比较见表 3-3-5。由表可见,反挤压棒材与正挤压相比,挤压速度提高约 50% 以上,能耗降低 15%～20%。

表 3-3-5　50MN 挤压机正、反挤压棒材的温度速度比较实例

| 合金 | 棒材规格 /mm | 挤压比 | 反 挤 压 | | | 正 挤 压 | | |
|---|---|---|---|---|---|---|---|---|
| | | | 流出速度 /m·min⁻¹ | 坯料温度/℃ | 筒温/℃ | 流出速度 /m·min⁻¹ | 坯料温度/℃ | 筒温/℃ |
| 2A12 | φ100 | 17.6 | 1.06～1.80 | 360～380 | 400 | 0.25～1.0 | 380～450 | 400 |
| | φ105 | 16.0 | 0.96～1.63 | | | | | |
| 2A11 | φ105 | 14.6 | 1.49～3.50 | 365～390 | 400 | 0.3～1.2 | 380～450 | 400 |
| 7A04 | φ110 | 14.6 | 1.40～1.93 | 365～380 | 400 | 0.18～0.8 | 380～450 | 400 |
| 2A50 | φ120 | 12.2 | 2.93～5.85 | 345～360 | 400 | 0.62～2.5 | 380～470 | 400 |

（6）反挤压的缺点主要有:工模具的结构和装配较复杂;反挤压制品易出现皮下缺陷,铸锭一定要车皮;生产操作也较麻烦;制品外接圆受挤压轴限制,一般比正挤压小 30%（不能超过挤

压筒内接圆的 70%)。

目前反挤压主要用于铝及铝合金(其中以高强铝合金的应用较多)、铜及铜合金管材与型材的挤压,以及各种铝合金、铜合金、钛合金、钢铁材料零件的冷挤压成形。

### 3.3.6.2 静液挤压

静液挤压是利用高压黏性介质给坯料施加外力而实现挤压的方法。其原理图如图 3-3-42 所示。静液挤压时的金属坯料不直接与挤压筒的表面接触,两者之间充以高压介质(单位压力高达 1000~3000 MPa 的黏性液体或黏塑性体),施加于挤压轴上的挤压力 $P$ 通过高压介质传递到坯料上而实现挤压。高压介质可以直接用一个增压器将它压入挤压筒内,或者用挤压轴压缩压筒内的介质获得。

一般情况下,静液挤压是在常温下进行的,但也可在一定温度,甚至高温下进行,如挤压工具钢。不锈钢和耐热合金的温度高达 1000~1300℃。

静液挤压与普通挤压方法相比有以下特点:

(1) 静液挤压时,坯料不与挤压筒内壁接触,作用于坯料表面的摩擦力仅为高压介质的黏性摩擦阻力。变形区内,金属与锥模表面近似于流体动力润滑状态。因此,静液挤压时的金属流动均匀,制品的力学性能在断面上和长度上相当均匀。而且其挤压力通常比普通挤压小 20%~30%。

(2) 静液挤压时坯料处于高压介质中,有利于提高坯料的变形能力,实现低温、大变形挤压。视材料的不同,挤压比可达 2~400,对于纯铝已达 2000 以上。

(3) 可使用大长度的坯料,坯料的长度与直径比最大可达 40,并对挤压力无影响,因为坯料周围有高压介质,大长度的坯料不会弯曲。利用这一特点,甚至在挤压线材时,可将线坯绕成螺旋状或绕在轴上放入挤压筒内进行挤压,从而实现半连续式静液挤压。

(4) 由于坯料与模孔之间处于流体动力润滑状态,所以摩擦力小,模孔的磨损也很小;而且挤压制品表面光洁度高。

(5) 可实现高速挤压。如铜线的静液挤压时,其

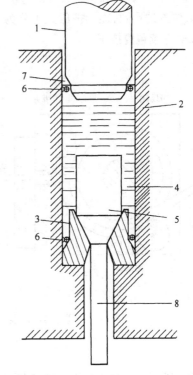

图 3-3-42 静液挤压工作原理图
1—挤压杆;2—挤压筒;3—模子;4—高压液体;5—锭坯;6—O 形密封环;7—斜切密封环;8—制品

流出速度可达 3300 m/min,挤压 LC4 高强铝合金管材时,挤压比 200 时的流出速度可达 200 m/min(普通挤压只有 1 m/min)。

静液挤压过程中,高压下的密封材料与密封结构要求极高,坯料的顶端必须预先加工成锥形,使之与锥模能很好的配合,防止高压介质的外泄;其次,挤压操作过程中高压介质充填与排泄等操作加长了挤压周期,降低了生产率;最后应指出的是,超高压操作,对生产的安全性要求极高极严等,以上各点使静液挤压的应用受到了一定限制。

目前静液挤压主要用于特殊材料的挤压,如各种包覆材料的挤压(如钛包铜电极、多芯低温超导线材等),高熔点、低塑性材料的加工(如钨、钼及合金材),以及粉末材料的挤压成形以及陶瓷材料的成形等。

### 3.3.6.3 连续挤压

与轧制、拉拔等加工方法相比,常规挤压(包括正挤压、反挤压、静液挤压)的一个最大缺点是生产的不连续性,一个挤压周期中非生产性间隙时间长,对挤压生产率的影响较大。对此,许多材料科学工作者进行了多方面的研究,提出了各种不同形式的连续挤压方法,但目前在生产上已获得应用的只有 Conform 连续挤压方法。

**A　Conform 连续挤压的原理**

Conform 连续挤压方法的工作原理如图 3-3-43 所示。坯料通过压轮喂入旋转挤压轮槽内,由坯料与旋转挤压轮之间的摩擦曳入挤压轮与槽封块构成的挤压变形腔内,在轮槽前方嵌有堵头的阻碍之下,迫使金属从安装在靴体上的模具中流出,挤压成制品。视挤压轮与靴体和模具相对安装位置的不同,连续挤压又可分为:径向连续挤压和切向连续挤压两种形式,后者常用于 Conform 连续包覆挤压。

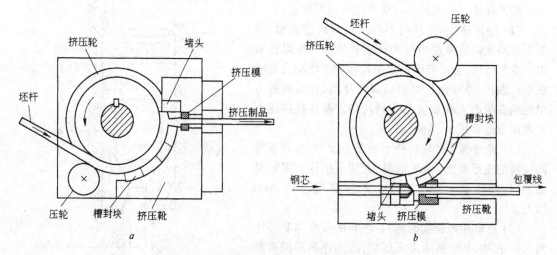

图 3-3-43　卧式单轮连续挤压机的基本结构图
a—单材挤压;b—包覆挤压

**B　Conform 连续挤压与常规挤压**

Conform 连续挤压与常规挤压相比具有以下特点:

(1) 能耗低。Conform 连续挤压过程中由于摩擦和变形热的共同作用,可使铝材在挤压前无需加热,直接喂入冷料而使变形区的温度达到铝材的挤压温度,从而挤压出热态制品。因此,对铝及铝合金 Conform 连续挤压可以省去坯料加热装置,大大降低电耗。估计,比常规挤压可节省约 3/4 的热电费用。

(2) 材料利用率高。Conform 连续挤压生产过程中,除了坯料的表面清洗处理、挤压过程的工艺泄漏量,以及工模具更换时的残料外,由于无挤压压余,切头尾量很少,因而材料利用率很高,生产统计表明:Conform 连续挤压薄壁软铝合金盘管材时,材料利用率高达 96% 以上。

(3) 制品长度大。只要连续地向挤压轮槽内喂料,便可连续不断地挤压出长度在理论上不受限制的产品,在配有大卷取设备的生产线上,可生产长度达数千米,乃至万米的薄壁软铝合金盘管材、电磁扁线、铝导线和铝包钢线等。

(4) 组织性能均匀。Conform 连续挤压中,只要连续地向挤压轮槽内喂料,坯料在变形区内的温度与压力等工艺参数均能保持稳定,很类似于一种等温或梯温挤压工艺,正由于连续挤压变形区温度与压力等工艺参数的稳定,使得所挤压的制品组织性能均匀一致。

(5) 坯料适应性强。Conform 连续挤压既可以用连铸连轧或连续铸造的铝及铝合金盘圆杆料作坯料,也可以使用金属颗粒或粉末作为坯料直接挤压成材;同时,还可以将各种连续铸造技术与 Conform 连续挤压有机地结合成一体形成 Castex 连铸连挤,直接使用金属熔体作坯料挤压成制品。

(6) 生产灵活、效率高:Conform 连续挤压可以采用扩展模挤压出比坯料规格更大的产品,生产中无须对挤压工模具和坯料预先单独进行加热,辅助生产时间短,因而生产效率极高。

(7) 设备轻巧、占地小、投资少、基础建设费用低、生产环境好且易于实现全过程的自动控制。

不足之处在于:

(1) 对坯料表面质量要求更高。Conform 连续挤压不会像传统挤压法那样不会产生挤压压余,因此,坯料表层上的氧化膜、油污和水气等污染物就容易被直接挤压在制品中,严重影响产品质量。

(2) Conform 连续挤压工艺掌握较困难。Conform 连续挤压过程的温度、速度、轮靴运转间隙等工艺参数是一种相互依存的动态调整参数。近年,Holten 机械设备制造公司开发了一种液压动态调整靴体,可以进行轮靴运转间隙的动态调整。

(3) 无法挤压出无缝铝及铝合金管材,因为穿孔芯棒无法固定在 Conform 连续挤压机器上。

(4) Conform 连续挤压设备上使用超高压液压(达 300 MPa 以上),用于靴体定位和预应力拉轴液压螺母,所需压力过高。

目前英国、美国和日本等多家公司所生产的连续挤压设备,已涌现出了单轮单槽、单轮双槽、双轮单槽等多种形式的工业用连续挤压和连续包覆挤压机,生产了 C250-C1000 系列化的连续挤压设备,我国已于 1990 年开始生产 LJ300 铝材连续挤压设备。用于铝及铝合金盘管、中小复杂型材、电线电缆,铜扁线金属包覆线材等的生产上(见图 3-3-44 和图 3-3-45)。

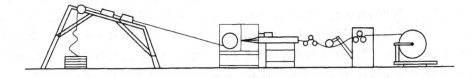

图 3-3-44 管材、线材 Conform 铝材连续挤压生产线示意图

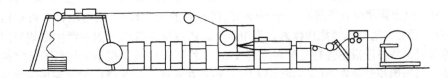

图 3-3-45 铝包钢线双金属线材 Conform 铝材连续挤压生产示意图

### 3.3.6.4　半固态挤压

半固态挤压是一种将处于液相与固相共存(半固态)的坯料充填到挤压筒内,通过挤压轴加压,使坯料流出挤压模并完全凝固,获得具有均匀断面的大长度制品的加工方法(如图 3-3-46 所示)。

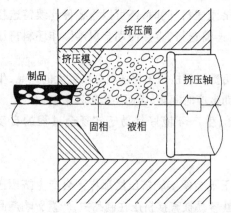

图 3-3-46　半固态挤压示意图

由于金属在半固态状态下具有变形抗力低、流动性好等特点。因而金属的半固态挤压具有如下特点:

(1) 所需挤压力显著下降,有利于挤压设备的小型号化;

(2) 可以实现大挤压比挤压,简化材料的加工工艺;

(3) 可以获得晶粒细小、且断面与长度方向组织性能较为均匀的制品;

(4) 有利于低塑性、高强度合金,金属基复合材料等难加工材料的成形。尤其是对于复合材料,有利于消除常规制备与成形过程中强化相的偏析、

与基体润湿性差等缺陷,增强复合效果。

(5) 为了实现稳定挤压,希望合金的液相与固相成分的控制比较容易。因而要求液固相共存温度(两相区温度)范围比较宽。因此,对于纯金属凝固相共存温度范围窄的合金,实现稳定固态的难度较大。

(6) 对挤压筒、挤压模的温度控制要求严格。

(7) 由于挤压筒、挤压模与坯料中的液相接触,其使用寿命较短。

(8) 只能得到完全软化的挤压制品。为了获得较高的强度,一般需要进行热处理等后处理。

经典意义上的金属半固态分为两种形态:一种是半凝固状态,即在凝固过程中形成的液相与固相共存的未完全凝固状态;另一种是半熔化状态,即完全凝固后的金属被重新加热到部分熔化的状态。但是,现代意义上的半固态还包括其组织形态特征,即通常所说的半固态,而不仅是指单纯的半固态或半凝固态。一般将一次相为细小球形颗粒的组织称为半固态组织。

获得半固态挤压用坯料的方法有两种:一种方法是在金属凝固过程中,进行强烈的搅拌,将形成的枝晶打碎或完全抑制枝晶的产生,获得由液相与细小等轴晶组成部分的糊状组织(称为半固态浆料),然后直接充填到挤压筒内进行挤压。这种方式称为流变成形(Rheoforming),或笼统称为流变铸造(Rheocasting)。另一种方法是将半固态浆料快速冷却到室温,制备半固态坯料,再通过快速加热使坯料产生局部重熔,然后进行挤压成形。这种方法称为触变成形(Thisoforming)。

对于挤压成形,半固态坯料的固相组分(或称固相率,定义为整个坯料中的固相各种含量百分数)是影响挤压成形操作性与稳定性的重要因素。固相组分越低,坯料的变形抗力越小,如图 3-3-47 所示。但当固相组分下降到少于 60% 时,挤压力的变化较小,同时坯料在自重作用下容易产生变形,因而输送与充填操作性差。固相组分低还容易在挤压过程中产生液相与固相分离现象。除非对常规挤压设备进行有针对性的改造,不然要实现低固相组分坯料的稳定挤压变形较为困难。而当固相组分在 70%~80% 以上时,坯料在外观上与普通的加热坯料恢复生产没有差别,具有一定的强度,不会由于自重而产生变形,适于输送与充填等操作,且在挤压过程中不容易产生液相与固相分离现象,可采用与常规挤压基本相同的工艺实现稳定成形。

为了实现稳定挤压,要求制品在流出模孔时达到完全凝固状态。因此,挤压模出口温度的控制十分重要。对于铝及铝合金等中低熔点的合金,为了使制品有充分的时间进行凝固,可采用较低的挤压速度进行挤压。而对于铜及铜合金、钢等高熔点金属材料,为了减轻挤压筒、挤压模的热负担,须采用较高速度进行挤压,并需对挤压模、制品采用强制冷却手段。

表 3-3-6 为 Al-5.7％Cu 合金和 A7075 合金的固相组分与挤压模模孔尺寸对半固态挤压制品表面质量的影响结果。所用挤压筒直径为 40 mm。由表可知,挤压模模孔工作带的长度对半固态挤压有明显的影响。当制品的直径较小(6 mm 以下的棒材,挤压比为 44 以上)时,工作带的长度为模孔直径的 2 倍,受欢迎坯料的固相组分在 70％时,也能获得具有良好表面质量的制品。而当制品直

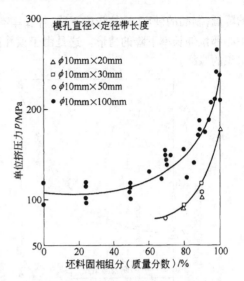

图 3-3-47 坯料的固相组分与单位
挤压力的关系(Al-5.7％Cu 合金)

径较大(直径为 10 mm 的棒材,或直径为 8、10 mm 的管材)时,对于棒材,工作带的长度达到模孔直径的 5 倍左右时,才能获得良好表面质量的制品;对于管材,虽然所要求的比值大大减小,但仍要求工作带的长度为管材直径的一倍以上,且壁厚越大,所要求的比值越大。

**表 3-3-6　半固态挤压制品的表面质量**

| 制品类型 | 模孔尺寸/mm(×mm) | | Al-5.7％Cu 合金 | | | | A7075 |
| | 直径或直径×壁厚 | 工作带长度 | 固 相 组 分/% | | | | |
| | | | 100 | 90 | 80 | 70 | 88.5 |
| 棒 材 | 2 | 4 | | ○ | ○ | ○ | ○ |
| | 3 | 6 | | ○ | ○ | ○ | ○ |
| | 4 | 8 | | ○ | ○ | ○ | ○ |
| | 6 | 12 | | ○ | ○ | ○ | ○ |
| | 10 | 10 | ○ | × | | | |
| | 10 | 20 | | × | | | |
| | 10 | 30 | | ○ | × | | |
| | 10 | 50 | | ○ | ○ | ○ | |
| 管 材 | 10×2 | 10 | | △ | | | ○ |
| | 10×1.5 | 10 | | △ | | | ○ |
| | 10×1 | 10 | | ○ | | | ○ |
| | 8×1.5 | 8 | | ○ | | | ○ |
| | 8×1 | 8 | | ○ | | | ○ |

注:1. 挤压模与坯料同时加热,Al-5.7％Cu 合金挤压温度约为 520℃,A7075 挤压温度约为 500℃。
　　2. 表中符号:○表示表面良好;△表示有局部缺陷;×表示不良。

工作带的长度对制品表面质量的上述影响规律,实际上是由模孔对制品的冷却能力大小所决定的。制品尺寸越小,其比表面大,模孔对制品的冷却能力强,制品冷却凝固快,较短的工作带长度即可使制品在出模时达到充分的凝固。相反,当制品的尺寸(直径、壁厚)较大时,其比表面积较小,模孔对制品的冷却能力下降,制品冷却凝固较慢,要求较长的工作带长度。因此不难理解对于同样外径的棒材与管材制品管材挤压时所需工作带长度比棒材挤压的小得多。

半固态挤压制品的力学性能与坯料的固相组分关系如图 3-3-48 所示。随着坯料固相组分

的降低,制品的硬度、抗拉强度下降,伸长率有所增加。此外,当制品断面尺寸较大时,可能出现中心部位伸长率下降的情形。这是由于模孔附近冷却强度不够时,制品中心部位容易形成铸造组织的缘故。

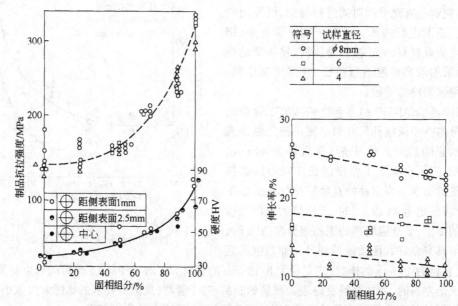

| 符号 | 试样直径 |
|------|---------|
| ○ | $\phi$8mm |
| □ | 6 |
| △ | 4 |

图 3-3-48　半固态挤压制品的力学性能

(挤压筒直径为 40 mm,模孔直径为 10 mm,工作带长度为 100 mm)

　　值得指出的是,迄今为止,半固态挤压是研究范围最广的半固态加工方法之一,但仍没有达到大规模实用化的程度。其中的主要问题是,除了半固态挤压制品的成本因素外,还有半固态坯料制备技术、温度精确控制技术(包括坯料与工模具材料的开发等技术)、耐高温工模具材料的开发要素的确立,以及挤压过程中半固态坯料凝固与流动行为等基础问题的研究需进一步深入。

# 3.4 拉　　拔

## 3.4.1　拉拔的基本方法

　　金属坯料靠拉力作用通过锥形模孔使断面缩小,以获得与模孔尺寸、形状相同的制品的塑性加工方法称之为拉拔(见图 3-4-1)。拉拔是线材、棒材、管材和型材的主要生产方法之一。

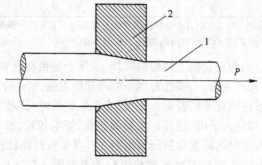

图 3-4-1　拉拔过程示意图

#### 3.4.1.1　拉拔的分类

拉拔按制品形状分为实心材拉拔与空心材拉拔两大类。

(1) 实心材拉拔。实心材拉拔主要包括棒材、型材和线材的拉拔。

1) 单道次拉拔。单道次拉拔是指拉拔时工件只通过一个模孔,只经一道次拉,一般用于棒材、型材和粗线材加工,如图 3-4-1 所示。单道次拉拔道次加工率较大,操作简单,但只能拉拔长度较短的制品,生产率低。

2) 多道次连续拉拔。多道次连续拉拔是指拉拔时工件同时通过两个或两个以上的拉模的连续拉拔过程,即一台拉拔机上同时通过两个以上的道次拉拔,一般用于生产线材(见图 3-4-2)。多道次拉拔的总加工率大,拉拔速度高(目前铜丝拉拔的最快速度高达 200 m/s),自动化程度高,生产率很高。

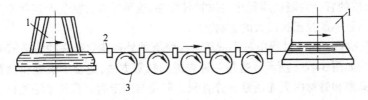

图 3-4-2　多道次连续拉拔示意图
1—放线架;2—拉拔模;3—拉拔卷筒

多道次拉拔时,根据线材运动速度与拉拔绞盘圆周速度之间的关系,有滑动式多道次连续拉拔、无滑动式多道次连续拉拔和无滑动积蓄式多道次连续拉拔等三种。

无滑动式多道次连续拉拔一般适用于拉拔硬度较高(如钢丝等)或硬度较低(如铝线等)的拉拔。而滑动多道次连续拉拔一般适用于中等硬度的金属及合金丝(如铜丝等)拉拔。但对于表面质量要求很高的铜丝,也常采用无滑动式多道次连续拉拔方法。

(2) 空心材拉拔。空心材拉拔主要包括管材及空心异型型材的拉拔。空心材拉拔的主要方法有以下几种(见图 3-4-3)。

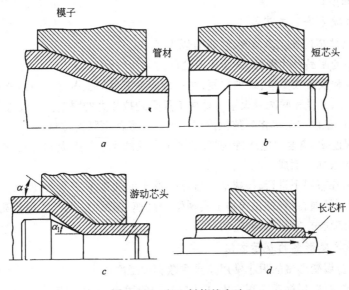

图 3-4-3　空心材拉拔方法
a—空拉管材;b—固定短芯头拉管;c—游动芯头拉管;d—长芯杆拉管

1) 空拉管。拉管时管坯内部不放芯头，通过模孔后外径和内径均减缩而长度增加(见图 3-4-3a)，而管壁略有变化(略变薄或略增厚)。经多次空拉的管材，内表面变得粗糙，严重者出现裂纹。空拉适用于小直径管材、异型管材、盘管拉拔以及管材减径和整形的拉拔。

2) 长芯杆拉管。将管坯自由地套在表面抛得十分光亮的芯杆上，使芯杆与管坯一起拉过模孔，以实现同时减径与减壁的拉管方法，如图 3-4-3d 所示。芯杆的长度应略大于拉拔管材的长度，拉拔一道次后，需要进行脱管(如用滚轧法脱管)取出芯杆。

长芯杆拉管的特点是道次加工率较大，但由于需要准备很多不同直径的芯杆，并且增加脱管工序，因此，生产上应用得较少。

3) 固定短芯头拉管。拉管时带有芯头的芯杆固定在拉床尾部的支座上，管坯通过模孔拉拔而同时实现减径与减壁，如图 3-4-3b 所示。

固定芯头拉拔的管材内表面质量比空拉管好得多，这种拉管方法生产应用十分广泛，但拉拔细管比较困难，而且不能拉拔长度大的管材。

4) 游动芯头拉管。拉拔过程中芯头依靠自身特有的外形建立起来的力平衡关系，使得芯头能稳定于模孔中，如图 3-4-3c 所示。这是一种先进的拉管方法，适合于长管和盘管的拉拔，它对提高生产率、成品率和管材内表面质量十分有利。但是与固定短芯头拉管法相比，游动芯头拉管的难度大得多，工艺条件和操作技术要求较高，配模也有一定限制。

带芯头拉管的方法常统称为衬拉，所以后三种都属于衬拉。

拉拔一般在冷态下进行，但是对于某些常温下强度高、塑性差的金属材料，如某些合金钢和铍、钨、钼等，则常采用温拉。此外，对于锌、镁合金材，为了提高其塑性，也需要采用温拉。

5) 型材拉拔。用拉拔方法可以生产许多简单断面形状的型材、异形棒材、线材和异形管材，如三角形、方形、六角形、梯形、椭圆形、工字形、槽形以及其他较为复杂的对称或不对称形状的实心或空心型材。

型材拉拔的关键在于确定坯料的形状与尺寸，如果坯料外形与成品相似，则拉拔过程可较顺利地进行，而且制品的不均匀变形小。如果两者相似性很差，则需要安排多道次拉拔，使断面形状逐渐过渡到成品形状。

### 3.4.1.2　拉拔方法的工艺特点

拉拔加工与其他塑性加工方法相比，具有以下特点：

(1) 拉拔加工的制品尺寸精确，表面粗糙度低。

(2) 拉拔工具和设备较简单，维护方便，在一台设备上可加工多种品种和规格的制品。

(3) 拉拔道次加工量和两次退火间的总加工量受到拉拔力的限制。一般道次加工率在 20% ~40% 之间，过大的道次加工率将导致拉拔制品出现缩颈甚至频繁拉断。

(4) 易于实现连续、高速化生产，特别适于加工断面细小而长度大的制品，如直径小于 5 mm 的金属丝只能靠拉拔加工而成。

拉拔加工通常在室温下进行，拉拔加工虽然一道次的加工率不太大，但其产品的尺寸精确、表面粗糙度低，特别是线材、管材拉拔易于实现生产高速、连续化，生产效率较高，主要用于轧制制品和挤压制品(如线材、管材和型材)的深加工。

### 3.4.1.3　拉拔变形量的表示方法

拉拔过程中，金属变形量的大小常用拉拔系数和加工率等表示。

拉拔系数为拉拔前、后横截面积之比$(F_0/F_k)$，一般用 $\mu$ 表示。即

$$\mu = F_0/F_k \tag{3-4-1}$$

根据塑性变形的体积不变假设,可知

$$\mu = F_0/F_k = L_k/L_0 \tag{3-4-2}$$

加工率为拉拔前、后横截面积差($F_0 - F_k$)与拉拔前横截面积的百分比,一般用 ε 表示,即

$$\varepsilon = [(F_0 - F_k)/F_0] \times 100\% \tag{3-4-3}$$

对于管材拉拔,为了操作上的方便,还常采用"减壁量"和"减径量"两个变形指标。它们为变形程度提供了一种绝对概念。

减壁量是指管材拉拔前后管壁的减少量,即

$$\Delta t = t_0 - t_k \tag{3-4-4}$$

减径量是指管材拉拔前后管材内径的减少量,即

$$\Delta d = d_0 - d_k \tag{3-4-5}$$

#### 3.4.1.4 稳定或安全拉拔的条件

拉拔过程中,为了避免制品出现缩颈或拉断,必须保证所施拉拔应力小于模孔出口端拉拔金属的屈服极限($\sigma_T$),更应小于其强度极限($\sigma_b$),即应满足拉拔安全条件

$$\sigma_l < \sigma_T < \sigma_b \tag{3-4-6}$$

拉拔时,如果 $\sigma_l > \sigma_T$,则制品从模孔中拉出后,又会发生第二次塑性变形,导致被拉细,从而引起拉拔制品纵向粗细不均;如果 $\sigma_l > \sigma_b$,将易被拉断。

通常定义所拉拔金属的强度极限($\sigma_b$)与出口处的拉拔应力($\sigma_l$)之比值为拉拔安全系数 $K$。为了避免出现产生缩颈或拉断,应使

$$K = \sigma_b/\sigma_l > 1 \tag{3-4-7}$$

$K$ 值的大小与拉拔金属的直径、状态以及变形条件(如温度、速度、反拉力等)有关,一般可取 $K = 1.4 \sim 2.0$。

当 $K < 1.4$ 时,表明拉拔力较高或金属强度较低,易出现拉拔过程不稳定或不安全,容易出现缩颈或拉断。

当 $K > 2.0$ 时,表明拉拔力较小或金属强度较高,反映所选道次加工率过小,没有充分利用金属的塑性,因而增加拉拔道次,生产周期长,生产率低。

### 3.4.2 金属圆棒拉拔时变形与应力

#### 3.4.2.1 金属在变形区内的流动与应变分布

首先了解一下圆棒拉拔时作用于工件上力以及变形力学图(图 3-4-4)。当在棒材前端施以拉拔外力 $P$ 使之通过模孔发生塑性变形时,则到模壁给予的压力 $dN$,其方向垂直于模壁。金属在模孔中运动,将在接触面上产生摩擦 $dT$,其方向与金属运动方向相反。拉拔过程的摩擦力可按库仑摩擦定律确定,即 $dT = f dN$。于是变形金属在上述外力的作用下,金属绝大部分处于一向拉伸、两向压缩的应力状态和两向压缩、一向延伸的应变状态。与挤压实心圆棒制品一样,拉拔金属圆棒也属于轴对称问题,径向应力与周向应力是相等的,即 $\sigma_r = \sigma_\theta$。

圆棒拉拔时金属在锥形模孔内的流动规律,与挤压相似,通常采用网格法实验进行观察和分析,两者基本相似,但没有挤压复杂。图 3-4-5 为用网格法获得的锥形模孔内的圆断面实心棒材子午面上坐标网格变化情况。塑性变形区一般可看作由两个球面和模孔圆锥面构成,有后端非接触弹性区、模孔内的塑性变形区和前端非接触弹性区三区,如图 3-4-5 所示。Ⅰ区与Ⅱ区的分界面为球冠面 $F_1$;而Ⅱ区与Ⅲ区分界面为球冠面 $F_2$。一般情况下,$F_1$ 与 $F_2$ 为两个同心球冠面,其球半径分别为 $R_1$ 与 $R_2$,球心为 $O$ 点,拉模锥角为 $2\alpha$。可见圆棒拉拔时的塑性变形区由

拉模锥面(锥角为 $2\alpha$)和两个球冠面 $F_1$ 与 $F_2$ 所围成。

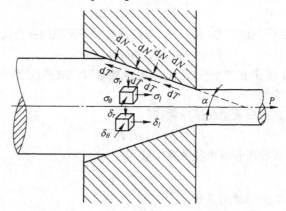

图 3-4-4  拉拔时的受力状态

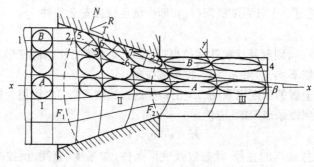

图 3-4-5  拉拔圆棒时断面坐标网格的变化
(1~7 表示网格区)

由图 3-4-5 可知,拉拔时的网格变化与挤压颇为相似:垂直 $x$-$x$ 轴的网格线通过塑性变形区的过程中逐渐发生了弯曲,即中心部分的金属出现了超前流动;靠近外层的方格子由于入口、出口处受到附加剪切变形和摩擦力的作用而产生严重的畸变,成为平行四边形。剪切变形由中心层向外层逐渐增加,并用 $\gamma$ 表示。不均匀变形使棒材各层的主应变并不相同,假定用 $\varepsilon_1$ 与 $\varepsilon_2$ 分别表示主延伸变形和主压缩变形,则

$$\varepsilon_1 = \ln(r_1/r_0) \qquad \varepsilon_2 = \ln(r_2/r_0) \tag{3-4-8}$$

式中,$r_1,r_2$ 可用下式求得(见图 3-4-6 的网格形状变化示意图)。

$$r_1 = \sqrt{(1/2)a^2 + b^2/(2\sin^2\gamma)^2 + (1/2)\sqrt{(a^2 + b^2/\sin^2\gamma)^2 - 4a^2b^2}} \tag{3-4-9}$$

$$r_2 = \sqrt{(1/2)a^2 + b^2/(2\sin^2\gamma)^2 - (1/2)\sqrt{(a^2 + b^2/\sin^2\gamma)^2 - 4a^2b^2}} \tag{3-4-10}$$

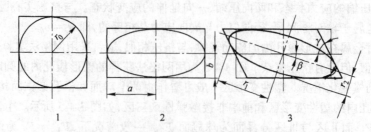

图 3-4-6  拉拔圆棒时方形网格的变化情形
1—拉拔前的网格;2—拉伸后无剪切变形的中心层网格;3—拉伸后有剪切变形的网格外层

由式 3-4-2 和式 3-4-3 可知,当式 3-4-2 中,$\gamma = 90°$时,即中心层处有:$r_1 = a , r_2 = b$

而其他各层为:

$$r_1 > a , r_2 < b$$

从而

$$\ln(r_1/r_0) > \ln(a/r_0) = \ln(F_0/F_1)$$

由此可知,主变形由中心层向外层是逐渐增大的,其分布见图 3-4-5 右端曲线。这是由于周边层除了延伸变形外,还有弯曲变形和剪切变形所致。

当道次加工率、摩擦系数 $f$ 或模角 $\alpha$ 较大时,在模子入口处会出现隆起,即出现棒材直径增大的现象(图 3-4-7A 区),这是由于金属受到阻碍向后流动的结果。这样在此形成一个一向压缩、两向延伸的主变形状态和三向压缩应力状态小隆凸形区,对于拉拔变形及润滑剂的曳入都不利。

网格横线的弯曲程度随着模角 $\alpha$ 和摩擦系数的增加而加剧;随着材料的预变形量,即材料硬度和反拉力的增加而减少。当总加工率一定时,随着拉拔道次的增多,网格横线的弯曲程度增大。图 3-4-8 所示为不同模角时,材料的预变形程度与横向线弯曲度间的关系。随着模角 $\alpha$ 增大,弯曲度变大;当模角 $\alpha$ 一定时,弯曲度随着预变形量的增加而减小。

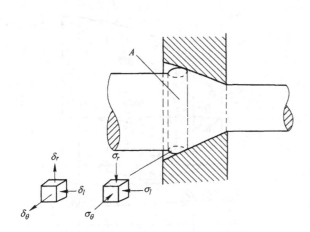

图 3-4-7　非接触区直径增大区示意图

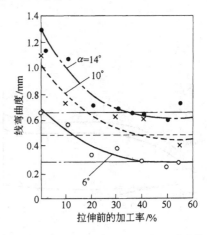

图 3-4-8　弯曲率与模角、加工率的关系曲线

网格横线弯曲度越大,说明外层的变形较中心层的变形也越大,从而导致制品内、外层力学性能的不均一。图 3-4-9 所示为 23 mm 的 H68 退火铜合金棒材通过不同模角的拉拔后断面上硬度的分布情况。由图可知,随着模角 $\alpha$ 的增大,内、外层硬度差值增加。但是当硬度达到饱和状态时,其差值就变小了。

变形不均匀性将导致拉拔后的制品产生内应力,导致某些如镁含量大于 5% 的 Al-Mg 系和 Al-Zn-Mg-Cu 系铝合金以及黄铜产生应力腐蚀和破裂。在切削加工时,残余应力的消失会使加工件产生弯曲变形。图 3-4-10 为 $\phi18.5$ mm 的钢丝拉拔到 $\phi17.0$ mm、$\phi14.5$ mm 和 $\phi10.5$ mm 时,内外层的抗张强度和收缩率测定结果,可见变形的不均匀性对制品性能的影响明显。

### 3.4.2.2　变形区内的应力分布

根据赛璐珞板拉拔时的光弹性实验,变形区内的应力分布如图 3-4-11 所示。

(1) 应力沿轴向的分布。轴向应力 $\sigma_l$ 由变形区入口端到出口端逐渐增大,周向应力 $\sigma_\theta$ 和径向应力 $\sigma_r$ 则从入口端到出口端逐渐减小(图 3-4-11)。

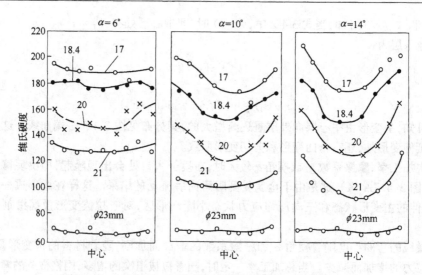

图 3-4-9　φ23 mmH68 退火棒材拉拔后断面平均硬度的分布

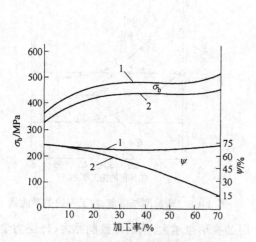

图 3-4-10　拉拔棒材内外层强度极限和
断面收缩率与加工率的关系
1—表面层；2—中心层

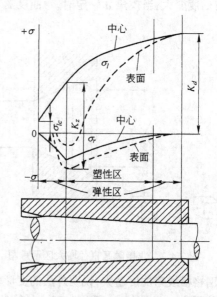

图 3-4-11　径向应力与轴向应力在
变形区的分布

　　轴向应力 $\sigma_l$ 的这一分布规律是由于稳定拉拔过程中,变形区中任一横截面在向模子出口移动时其面积逐渐减小,因此断面与变形区入口球面间的变形体积不断增大。为了实现塑性变形,通过此断面作用于变形体积的轴向应力 $\sigma_l$ 亦必然逐渐增大。径向应力 $\sigma_r$ 和周向应力 $\sigma_\theta$ 在变形区内的分布可用塑性条件给予说明,即

$$\sigma_l - (-\sigma_r) = \sigma_T \quad 或 \quad \sigma_l + \sigma_r = \sigma_T$$

　　拉拔过程中拉模的磨损情况也证实了这一分布规律。当拉拔道次加工率大时,模子出口处的磨损比道次加工率小时要轻微些。因为道次加工率大时,模子出口处的拉应力也大,而径向应力则要小些,从而产生的摩擦力和磨损也就小些。另外,还可以从模子入口端磨损总是比较快,

过早地出现球形槽沟,说明入口处的径向应力较大。

(2) 应力沿径向的分布。径向应力与周向应力由表层向中心层逐渐增大,而轴向应力的分布则相反,中心处的轴向应力最大,表面的要小。

轴向应力 $\sigma_l$ 在横断面上的分布规律同样可由上述塑性条件解释。此外拉拔时棒材内部有时出现周期性破裂——三角裂口也可说明 $\sigma_l$ 在断面上的分布规律。当模角 $\alpha$、加工率或摩擦系数较大时,以及带反拉力拉拔时,拉应力 $\sigma_l$ 亦相应增大。当棒材中心有气孔、氧化物或脆性化合物存在时,则棒材在 $\sigma_l$ 作用下应力最易于超过金属强度而使其破裂。

### 3.4.2.3　圆棒拉拔力的理论计算

拉拔力理论计算的方法较多,常用的有工程法、上限法等。下面主要以棒材拉拔为例简要介绍用工程法导出的圆棒拉拔力计算公式。

图 3-4-12 为棒材拉拔时应力分析示意图。在变形区内 $x$ 方向上取一厚度为 $\mathrm{d}x$ 的单元体,并根据单元体上作用的 $x$ 轴向的应力分量,建立平衡微分方程式:

$$(\pi/4)(\sigma_{ix} + d\sigma_{ix})(d + \mathrm{d}D)^2 = (\pi/4)\sigma_{ix}D^2 - \pi\sigma_n D(f + \tan\alpha)\mathrm{d}x$$

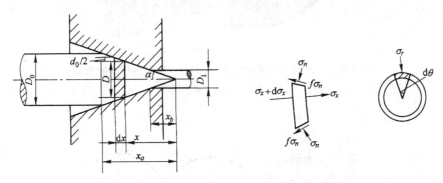

图 3-4-12　棒材拉拔时的应力分析示意图

整理,略去高阶微分项得:

$$D\sigma_{ix} + \sigma_{ix}dD + 2\sigma_n D(1 + f/\tan\alpha)dD = 0$$

将用近塑性条件:$\sigma_{ix} - (-\sigma_n) = \sigma_T$ 代入上式,化简得:

$$\mathrm{d}\sigma_{ix}/[B\sigma_{ix} - (1 + B)\sigma_{ix}] = 2dD/D$$

式中,$B = f/\tan\alpha$。

求解上述微分方程得拉拔应力计算公式为:

$$\sigma_L = \sigma_{l1} = \sigma_T[(1 + B)/B][1 - (D_1/D_0)^{2B}] + \sigma_q(D_1/D_0)^{2B}$$

式中　$\sigma_L$——拉拔应力,即出口处棒材断面上的轴向应力;

　　　$\sigma_T$——拉拔材料的平均变形抗力,可取拉拔前后金属材料的变形抗力的平均值;

　　　$\sigma_q$——拉拔入口处所施反应力;

　　　$B$——参数;

　　　$D_0$——拉拔坯料的原始直径;

　　　$D_1$——拉拔棒材(或线材)出口直径。

### 3.4.2.4　反拉力及其对变形和应力的影响

在圆棒拉拔生产中,特别是线材拉拔,采用带反拉力的拉拔方法。所谓反拉力是在被拉拔金属在进模口一端施加一个与运动方向相反的拉力 $Q$ 的一种拉拔方法。由于反拉力 $Q$ 的存在,金属在进入模孔前即产生有一定的弹性变形,使其直径稍微变小,并且导致拉应力 $\sigma_l$ 值增大,其结果必然引起径向应力 $\sigma_r$ 减小,继而使入口处摩擦应力也减小,图 3-4-13 为有无反拉力拉拔时的轴向应力、径向应力与摩擦应力的情况。径向应力的减小,有利于润滑剂曳入模孔内,减少模孔磨损和摩擦热,提高模具使用寿命。同时,也有利于减少变形的不均匀性和残余应力。图 3-4-14 为有反拉力拉拔制品断面上硬度分布的影响。

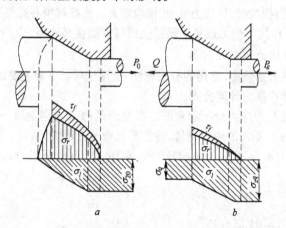

图 3-4-13 反拉力对轴向应力、径向应力和摩擦应力的影响
a—无反拉力;b—有反拉力

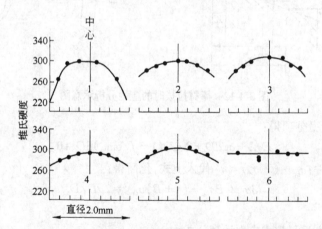

图 3-4-14 反拉力对制品断面上硬度分布的影响
1—反拉力 $Q_1 = 0$;2—$Q_2 = 450$ N;3—$Q_3 = 900$ N;4—$Q_4 = 1350$ N;
5—$Q_5 = 1800$ N;6—$Q_6 = 2250$ N

### 3.4.3 空拉管的变形与应力

空拉管时,管内虽然不放置芯头,但其壁厚在变形区内实际上常常是变化的,由于不同因素的影响,管材的壁厚最终可以变薄、变厚或保持不变。掌握空拉时管材壁厚变化规律,对于正确制订空拉管工艺以及选择管坯是十分必要的。

#### 3.4.3.1 变形区内的应力分布

空拉管时的变形力学图如图 3-4-15 所示。主应力图仍是一向拉伸、两向压缩应力状态,主变形图则根据壁厚增加或减少,可以是两向压缩、一向拉伸或一向压缩、两向拉伸,甚至是一向压缩、一向拉伸的平面应变状态。

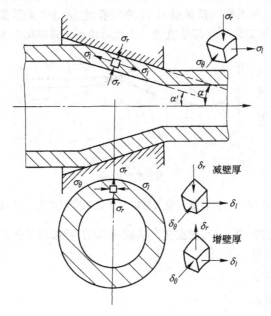

图 3-4-15　空拉管时的应力与变形图

空拉时,主应力 $\sigma_l$、$\sigma_r$ 和 $\sigma_\theta$ 在变形区轴向上的分布规律与圆棒拉拔时相似。但在径向上的分布则有较大差别,其不同点是径向应力 $\sigma_r$ 的分布规律是由外表面向中心逐渐减小,达到管材内表面时为零。这是因为管材内壁无任何支撑物以建立起反作用力之故,管材内壁上为两向应力状态。周向应力 $\sigma_\theta$ 的分布规律则由管材外表面向内表面逐渐增大。因此,空拉管时,最大主应力是 $\sigma_l$,最小主应力是 $\sigma_\theta$,$\sigma_r$ 居中(指应力的代数值)。

### 3.4.3.2　变形区内的变形特点

空拉时变形区内的变形状态是轴向延伸、周向压缩,而径向有三种可能:延伸、压缩或没有。由此可见,空拉管时变形特点就在于分析径向变形规律,亦即空拉过程中壁厚度的变化规律。

在塑性变形区内引起壁厚变化的应力是 $\sigma_l$ 与 $\sigma_\theta$,它们的作用正好相反,在轴向拉应力 $\sigma_l$ 的作用下,将使壁厚变薄;而在周向应力 $\sigma_\theta$ 的作用下,将使壁厚增厚。那么在空拉时,$\sigma_l$ 与 $\sigma_\theta$ 同时作用的情况下,壁厚如何变化就要看 $\sigma_l$ 与 $\sigma_\theta$ 哪个应力起主导作用来决定壁厚的增减情况了。

根据塑性加工力学理论,塑性变形的类型取决于应力状态的偏张量分量,即主要取决于代数值 $(\sigma_r - \sigma_m)$ 的大小(平均应力 $\sigma_m = (\sigma_l + \sigma_r + \sigma_\theta)/3$)。

当 $\sigma_r - \sigma_m > 0$,亦即 $\sigma_r > (\sigma_l + \sigma_\theta)/2$ 时,则 $\varepsilon_r > 0$,管壁增厚;

当 $\sigma_r - \sigma_m = 0$,亦即 $\sigma_r = (\sigma_l + \sigma_\theta)/2$ 时,则 $\varepsilon_r = 0$,管壁不变;

当 $\sigma_r - \sigma_m < 0$,亦即 $\sigma_r < (\sigma_l + \sigma_\theta)/2$ 时,则 $\varepsilon_r < 0$,管壁减薄。

空拉时,管壁厚度沿变形区长度上也有不同的变化,由于轴向应力 $\sigma_l$ 由模子入口向出口逐渐增大,而周向应力则逐渐减小,则 $\sigma_\theta/\sigma_l$ 的比值也是由入口至出口不断减小的。因此管厚在变形区内的变化是由入口处开始增加,达最大值后开始减薄,到模子出口处减薄最大,如图3-4-16所示。管材最终壁厚,取决于增壁与减壁幅度的大小。

### 3.4.3.3　影响空拉管壁厚变化的因素

影响空拉管壁厚变化的因素较多,其中首要的因素是管坯的相对壁厚 $t_0/D_0$($t_0$ 为壁厚,$D_0$

为管材外径)及相对拉拔应力 $\sigma_l/\beta\sigma_T$($\sigma_l$ 为拉拔应力;$\beta=1.155$;$\sigma_T$ 为平均变形抗力),前者为几何参数,后者为物理参数,凡是影响拉拔应力 $\sigma_l$ 的因素,包括道次变形量、材质、拉拔道次、拉拔速度、润滑以及模具参数等工艺条件都是通过后者而起作用。基本影响规律为:

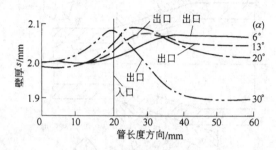

图 3-4-16　空拉软铝合金管材时变形区内管壁厚度变化情况

(1)管坯相对壁厚比值($D_0/t_0$),根据生产实践的总结,可按以下关系粗略判断:

$D_0/t_0>5\sim6$,管壁增厚;

$D_0/t_0=5\sim6$,管壁不变;

$D_0/t_0<5\sim6$,管壁减薄。

这是因为外径相同的条件下,增加壁厚将使金属向中心流动阻力加大,从而使管壁增厚量减小;对管壁相同的管坯,增加外径,减小了"曲拱"效应,而使金属向中心流动的阻力减小,从而使管坯空拉时的壁厚趋势增强。

若管坯壁厚较薄,而道次减径量又过大时,容易出现沿纵向的凹陷,即所谓"失稳",失稳现象一般发生在管坯进入模孔之初。因为,此时,壁厚与管外径之比最小,且周向压应力最大。此外,管坯的打头的形状对空拉管的稳定性也有明显影响。生产经验表明,当模角为 $10°\sim15°$ 时,若管坯 $t/D\leqslant4\%$,空拉易于失稳,为保证空拉管的稳定性,生产上控制减径量小于厚的 6 倍。

(2)拉拔金属的特性与材料状态,一般硬合金管材比软合金管材拉拔时壁厚增加量小;对于同一金属材料,硬态管材比软态管材拉拔时壁厚增加量小。

(3)拉拔道次变形量增大,增壁量减小。当加工率 $\varepsilon\geqslant40\%$ 时,尽管 $D/t\geqslant7.6$,也能出现减壁现象,因为这时空拉的相对拉拔应力值很高。

(4)拉模模角和润滑条件的不良均会引起相对拉拔应力增大,而使增壁量减小。

(5)套模(同时通过两个相叠的拉模)拉拔管材时,因为套拉的后一只拉模拉拔带有反拉力,反拉力使轴向拉应力增大,减小模壁压力和周向应力,从而使径向应变减小,可减小增壁。

空拉管的一个重要优点是可以减少管材的不均匀变形,由于壁厚较薄的部位横向应力较大,增壁趋势较大,起到对管壁"均壁"作用。

空拉管的主要缺点是随着拉拔量的增加将使管内表面变得粗糙无光泽,甚至产生纵向皱纹,对于晶粒粗大的金属材料,管内表面出现"桔皮"现象,变得十分粗糙。

### 3.4.4　衬拉

下面介绍几种主要衬拉方法的应力与变形特点:

#### 3.4.4.1　固定短芯头拉管

这种拉管方法由于管内芯头固定不动,接触摩擦面积比空拉和拉棒材的都大,故道次加工率较小。此外,此方法难以拉拔较长的管材。这主要是由于长的芯杆在自重作用下产生弯曲,芯杆在模孔中难以固定在正确的位置上。同时,长芯杆在拉拔时弹性伸长较大易引起"跳车",而使管材表面出现"竹节"缺陷。

固定短芯头拉管时,管材所受的应力与变形如图 3-4-17 所示。图中 I 区为空拉段,在该段内管材的应力与变形与管材空拉时一样。而在 II 区内,管材内径不变,壁厚与外径减小,管材的应力与变形同实心棒材拉拔的应力与变形状态一样。在定径段,管材一般只发生弹性变形。

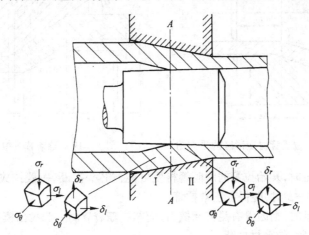

图 3-4-17　固定短芯头拉拔时的变形力学图

固定短芯头拉管的主要优点是由于管内有芯头支撑,管材尺寸精确、内表面光洁;而且与其他衬拉法相比,工模具易于制作,生产操作比较简单。

固定短芯头拉管的主要缺点是管材内外表面同时与工具间存在滑动摩擦阻力,当润滑不良时,易导致工具黏结金属,使管材内外表面产生划痕;而且拉拔时接触摩擦面积比空拉大得多,拉拔应力更高,因而道次加工率不能太大。此外,由于受拉床长度的限制,难以拉拔较长的管材。

### 3.4.4.2　游动芯头拉拔

游动芯头拉管是一种先进的管材生产方法。目前已在铜、铝及其塑性较好的金属管材生产中广泛应用。

游动芯头拉管时,应预先把芯头装入管内,为了避免拉拔开始时芯头后退脱落,可在芯头后端相应位置的管坯上打一凹坑,限制芯头后退,以便拉管时芯头处在自由活动状态。为了保持芯头的动态平衡、稳定,靠芯头圆锥段和圆柱段与金属之间产生压力和摩擦力在水平轴上的投影必须相等,方向相反,见图 3-4-18,即

$$\sum N_1\sin\beta - \sum T_1\cos\beta - \sum T_2 = 0$$

$$\sum N_1\sin\beta - \sum T_1\cos\beta = \sum T_2$$

由于
$$\sum N_1 > 0 \quad \sum T_2 > 0$$
$$\sin\beta - f\cos\beta > 0$$
$$\tan\beta > \tan\phi \quad (\tan\phi = f) \tag{3-4-11}$$

游动芯头拉管,一般必须满足以下条件:

(1) 芯头锥角 $\beta$ 应小于或等于模角 $\alpha$,即 $\beta \leqslant \alpha$(图 3-4-19);

(2) 芯头锥角 $\beta$ 必须大于或等于管材与芯头表面之间的摩擦角 $\phi$,即 $\beta > \phi$ 或 $\tan\beta > f$($f$ 为管内壁上的摩擦系数);

(3) 芯头的大头圆柱部分直径应大于模孔直径。

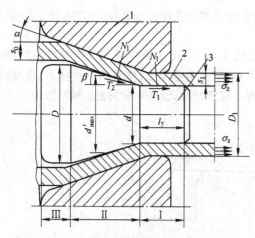 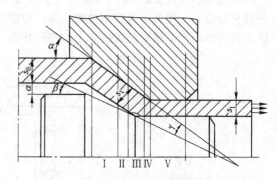

图 3-4-18　游动芯头拉拔管材变形区的受力图　　图 3-4-19　游动芯头拉拔管材的变形区

当条件(1)不满足时,开始拉管的瞬间管材便可能被芯头拉断,一般拉拔模角与芯头锥角相等或大于芯头锥角 1°～3°时,能保证正常拉管。

当条件(2)不满足时,则因没有足够摩擦力,而芯头随着管材一起拉出模孔,或由于芯头在变形区中对管材压得过紧,使管材拉断。

当条件(3)不满足时,则会损坏管材内表面,或把芯头一起带出模孔。

此外,为了便于向管坯内放入芯头,芯头大圆柱部分的直径应比管坯内径小 $0.3～1.5\,\mathrm{mm}$。

游动芯头拉管的主要优点是可以拉拔长度很大的管材,而且拉拔速度高(目前空调铜管的拉拔速度可达每分上千米),可增大加工率,生产效率很高。

游动芯头拉管的主要缺点是芯头制造比固定芯头要求精度高、难度大,此外还必须配置有专门用的上芯头、润滑内表面和制作夹头等一系列辅助装置,生产设备的一次性投资费用较高。

### 3.4.4.3　活动长芯杆拉管

活动长芯杆拉管是先将管坯套在长芯杆上,拉管时管材与长芯杆一起拉出模孔。拉出的管材内径等于长芯杆的直径(见图 3-4-20)。为了便于拉拔后从管材内脱下长芯杆和保证管材内表面质量,芯杆的长度应大于拉拔后的管材长度,长芯杆的表面必须有较低的表面粗糙度和较好的耐磨性。长芯杆拉管是一种生产细小薄壁管的常用方法。

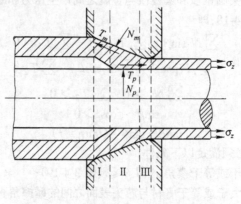

图 3-4-20　长芯杆拉管时的应力与变形

活动长芯杆拉管的主要优点是,由于金属有沿芯杆表面的向后流动,故芯杆作用于管材的内表面的摩擦力方向与拉拔方向一致,因而摩擦力不再妨碍拉管过程,反而有利于减少拉拔力。在相同变形量的情况下,与固定芯头拉管相比,拉拔力可减少 15 %～20 %,所以长芯杆拉管采用较大的道次加工率。

活动长芯杆拉管的主要缺点是拉管后脱管麻烦,需要增加脱管工序,并且拉拔的管材长度也受到一定限制。

### 3.4.5　拉拔制品中的残余应力

在拉拔过程中,由于材料内的不均匀变形而产生附加应力,拉拔后残留在制品内部形成残余应力。这种应力对产品的力学性能有显著的影响,对成品的尺寸稳定性也有不良的影响。

#### 3.4.5.1　残余应力的分布

拉拔棒材在矫直前后残余应力在轴向、径向和周向的分布情况见图 3-4-21。

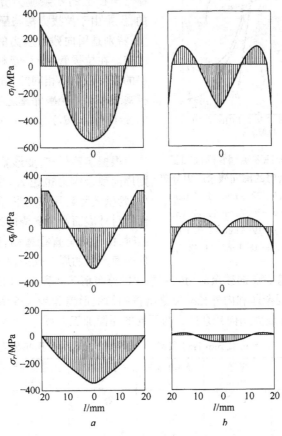

图 3-4-21　拉拔制品中的残余应力
a—辊式矫直前;b—辊式矫直后

拉拔过程中,外层金属在轴向上比中心受到较大的剪切变形和延伸变形。拉拔后由于弹性后效作用,外层较中心缩短较大,但是物体的整体性妨碍了这种自由变形,其结果在棒材的外层产生了拉应力,而中心则出现了与之平衡的压应力。

径向同样由于弹性后效的作用,棒材断面上所有的同心球形薄层皆欲增大直径,但是由于相邻层的作用,而不能自由涨大,从而在径向上产生压应力。显然,中心处的圆球涨大直径时所受阻力最大,而最外层的圆坯不受任何阻力。因此,中心处产生的压应力最大,而外层为零。

由于棒材中心部分在轴向上和径向上受到残余压应力,故此部分周向上有胀大变形的趋势。但是外层的金属阻碍其自由胀大,从而产生周向残余压应力。棒材外层则产生与之平衡的周向残余拉应力。

在拉拔细线时,如果拉拔力的作用方向与模孔轴线有偏角,则由于不均匀变形而引起的轴向上的残余应力将使线捆扭成"8"字形,给后面的工序带来不便与麻烦。

拉拔管材中的残余应力在管中的分布规律与棒材半径上的残余应力分布规律基本上是一样的,但是由于拉拔方法与配模设计不一样,残余应力,特别是周向残余应力的分布情况会有很大的改变。在拉拔管材时,管材的外表面层与内表面层的变形量是不相同的。这种变形差值可以用内径减缩率和外径减缩率之差来表示,即

$$\Delta = \left[ (d_0 - d_1)/d_0 - (D_0 - D_1)/D_0 \right] \times 100\%$$

$$(3\text{-}4\text{-}12)$$

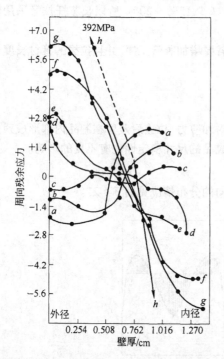

图 3-4-22　$\phi$25.4 mm H68 黄铜管断面加工率 30% 时固定芯头拉拔时的周向残余应力分布
$a$—24.4 mm × 1.02 mm;$b$—22.3 mm × 1.12 mm;
$c$—21.5 mm × 1.17 mm;$d$—20.7 mm × 1.22 mm;
$e$—19.9 mm × 1.27 mm;$f$—19.3 mm × 1.32 mm;
$g$—18.7 mm × 1.38 mm;$h$—18.1 mm × 1.42 mm

根据实验得知,变形差值(不均匀变形)越大,则周向残余应力也越大。衬拉时,除了直径减缩外,管壁还受到压缩变形,所以变形差值较小。继而管材外表面产生的周向残余压应力也较小。空拉时,由于只有直径减缩,变形差值大,从而管材外表面产生的周向残余拉应力也大。图 3-4-22 为用固定芯头拉拔 H68 管材周向残余应力在管壁中的分布情况。表 3-4-1 所列数据为管材断面积的变形率为 30% 时不同壁厚和内外径减缩量所得到的变形差和最大残余应力的数值。表 3-4-2 为空拉管时的变形差和最大周向残余应力与不同的断面加工关系。

表 3-4-1　$\phi$25.4 mm × 1.42 mm H68 黄铜管断面减缩 30% 时模孔和芯头直径及变形差值

| 模孔直径<br>/mm | 芯头直径<br>/mm | 壁厚<br>/mm | 壁厚压缩率<br>/% | 外径压缩率<br>/% | 内径压缩率<br>/% | 变形差值 | 最大周向残余<br>应力/MPa |
|---|---|---|---|---|---|---|---|
| 18.1 | 15.2 | 1.42 | 0 | 28.8 | 32.4 | 3.6 | 292 |
| 19.7 | 15.9 | 1.38 | 3.6 | 26.5 | 29.4 | 2.9 | |
| 19.3 | 16.6 | 1.32 | 7.1 | 24.1 | 26.2 | 2.1 | 51 |
| 19.9 | 17.4 | 1.27 | 10.7 | 21.5 | 22.9 | 1.4 | |
| 20.7 | 18.2 | 1.22 | 14.3 | 18.6 | 19.1 | 0.5 | 27 |
| 21.5 | 19.1 | 1.17 | 17.9 | 15.5 | 15.2 | −0.3 | |
| 22.3 | 20.1 | 1.12 | 22.4 | 12.1 | 10.9 | −1.2 | |
| 24.4 | 22.3 | 1.02 | 28.8 | 4.1 | 1.0 | −3.1 | |

表 3-4-2 $\phi25.4\,\text{mm}\times1.42\,\text{mm}$ H68 黄铜管空拉时不同断面减缩与变形差值间的关系

| 管材尺寸/mm×mm | 断面收缩率/% | 壁厚增量/% | 变形差值 | 最大周向残余应力/MPa |
|---|---|---|---|---|
| 24.1×1.42 | 4.3 | 0 | 0.6 | 173 |
| 21.2×1.53 | 10.3 | 8.9 | 3.4 | 368 |
| 20.6×1.57 | 30.3 | 10.7 | 5.8 | 593 |

由图 3-4-22 可知,由于配模不同,$a$ 和 $b$ 两条周向残余应力曲线与其他的曲线相反,管材外径受压应力,内表面受拉应力,而曲线 $c$ 则表明内外表面的残余应力趋近于零,即可以实现无周向残余应力拉拔。曲线 $h$ 的拉应力值最高,达 392 MPa。由表 3-4-1 得知,此时实际相当于空拉管,因管壁未减薄。

由表 3-4-2 可见,当空拉时管材断面加工率为 30.3% 时的变形差值达 5.8,从而产生的最大周向残余拉应力可达 593 MPa。与前一情况相比,可得如下几点结论:

(1) 为了减少管壁周向残余拉应力的数值,在衬拉时尽可能地减少减径量,增大减壁量,使变形差接近于零,实现无(周向)残余拉应力拉管。

(2) 在断面加工率相同的情况下,空拉的管材中所产生的周向残余拉应力比衬拉的大得多,且随着减径量的增加而增大。

### 3.4.5.2　残余应力的消除

A　减少不均匀变形

对拉拔坯料采取多次退火,使两次退火间的总加工率不要过分地大,减少分散变形度,减少接触表面上的摩擦,采用合适的模角以及在拉拔时使坯料与模子的轴线良好地吻合等,皆可减少不均匀性。在拉拔管材时应尽可能地采用衬拉,减少空拉量。

B　矫直加工

对拉拔制品经常采用辊式矫直方法。矫直时拉拔制品的表面层产生不大的塑性变形。此塑性变形力图使拉拔制品表面在轴向上延伸,但是受到制品内层金属的阻碍作用,表面层的金属只能在径向流动,使制品的直径增大,并在制品的表面形成一个封闭的压应力层。矫直后制品直径的增大随着制品直径增大而增加。因此,在拉拔大直径的(大于 30 mm)制品时,选用的成品模直径的大小应考虑此因素,以免矫直后超差。据报道,最后一道次给予 0.8%～1.5% 的小加工率拉拔,由于只产生表面变形,亦可达到辊式矫直相似的效果。

对拉拔后的制品施以张力,即拉伸矫直使之产生均匀的延伸变形亦可减少残余应力。例如,对黄铜棒给予 1% 的塑性延伸可使拉拔制品表面层的轴向应力减少 30%,周向应力减少 65%。

C　低温退火

利用大大低于再结晶温度的低温退火来消除制品中的残余应力,是生产上最常采用的方法,低温下金属塑性变形抗力降低可使一类,甚至是三类残余应力显著减少。

## 3.4.6　其他拉拔方法

### 3.4.6.1　集束拉拔

所谓集束拉拔,是将二根以上的圆形或异型断面的坯料同时通过圆形或异型模孔的拉拔模孔进行拉拔,以获得特殊形状的异型型材的一种细线的加工方法。目前,这种拉拔方法是生产超

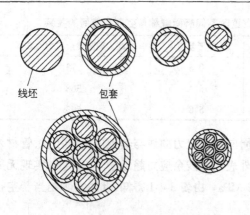

图 3-4-23　超细丝集束拉拔法原理图

细丝的一种新的加工方法。如图 3-4-23 所示，为生产不锈钢超细丝（纤维）的集束拉拔方法的原理图。它将不锈钢线坯放入低碳钢管中进行反复拉拔，从而得到双金属丝。然后将数十根这种线集束在一起再放入一根不锈钢管中进行多次拉拔。经这样多次的集束拉拔之后，将包覆的金属层溶解掉，可得到直径达 0.5 μm 细的不锈钢纤维超细丝。

包覆用金属材料应价格低廉，其变形特性和退火条件与线坯相似，并且易于用化学方法去除。管子的壁厚为管径的 10%～20%。线坯的纯度应高，非金属夹杂物尽可能少。

用集束拉拔法制得的超细丝虽然价格低廉，但是将这些丝再分成一根根使用却十分困难，另外丝的断面形状有些扁平，呈多角形，也是这种方法的缺点。

### 3.4.6.2　内螺纹管拉拔

内螺纹管是一种管内壁带有螺旋角为数十度的多头螺纹凸筋的特殊管材。它主要用于热交换器用管，目前广泛用的有家用空调机作热交换器内螺纹铜管，以及某些火力电站用锅炉用内螺纹钢管等。内螺纹管的生产方法有许多种，目前大规格管常用的有直线式旋转芯头拉拔法和小直径铜管的螺纹芯头钢球旋转法。前者只适用于直线生产大规格管材，后者适用于拉拔小直径的盘管生产。

图 3-4-24 为直线式旋转芯头拉拔大规格内螺纹管的示意图。其原理大体与光面管的拉拔类似，所不同是带一定角度的螺纹凹槽的芯头是安装在芯杆上的，而且拉拔过程中由于外力的作用，可使芯头绕芯杆旋转，不仅使管材的外径得到一定的减缩，而且在管材内表面形成螺纹凸筋。这种方法在一般的直线式链拉机上可进行，但只能拉拔长度不大的内螺纹管材。

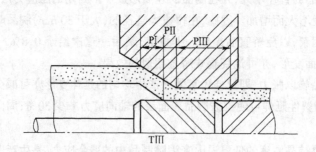

图 3-4-24　芯杆套装活动芯头拉拔内螺纹管的成齿法示意图

图 3-4-25 为螺纹芯头钢球旋转法的工作原理图。其外模为装在一空心轴套中的多个作行星运动的钢球组成，行星钢球由一台高速（20000 r/min 以上）空心轴电机带动旋转，轴套中的钢球随轴套围绕被旋转的铜管高速公转。行星钢球与铜管表面接触并施加压力，铜管受压部位的内腔恰好正是螺纹芯头，铜管在螺纹芯头和数个钢球的轮番挤下，发生塑性流动，填充到螺纹头

的凹部,于是在铜管内表面形成螺纹凸筋。这种利用高速的行星钢球配以组合芯头旋压形成内螺纹铜管的优点是,既可以在利用倒立式盘拉机进行成形,也可以在联合拉拔机上进行成形,均可生产成卷供应的管材。

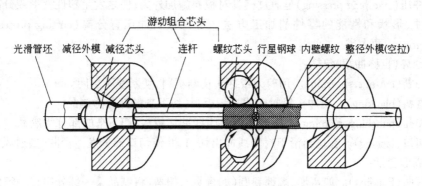

图 3-4-25　内螺纹铜管行星钢球旋压成齿示意图

### 3.4.6.3　无模拉拔

无模拉拔的原理如图 3-4-26 所示。首先将棒料的一端夹住固定不动,另一端,用可动的夹头拉拔,用感应线圈在拉拔夹头附近对棒料一边局部加热一边进行拉拔,直到该处出现局部细颈为止。当细颈达到所要求的减缩尺寸时,将热源与拉拔夹头向相反方向移动,棒料的减缩率取决于前二者的相对速度。假定拉拔夹头以 $v_1$ 的速度向右移动,加热线圈以 $v_2$ 的速度向左移动,则为了加热线圈在空间固定不动,即变形区固定在空间某一位置上,需要给予整个系统一个向右的运动速度 $v_2$。于是,棒料的原始面积 $A_1$ 以速度 $v_1$ 的速度移入变形区,拉拔后的面积 $A_2$ 以 $v_1 + v_2$ 的速度离开变形区。根据体积不变条件,则 $A_1 v_2 = A_2 (v_1 + v_2)$,因而有:

$$A_1/A_2 = (v_1 + v_2)/v_2 = v_1/v_2$$

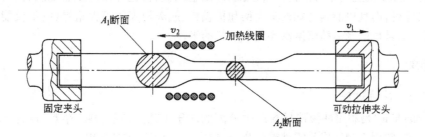

图 3-4-26　无模拉拔原理图

如果 $v_1 = v_2$,则延伸系数为 2。根据对钛合金的拉拔实验结果,其断面收缩率可达 80% 以上,这是由于钛在该加热温度下具有超塑性之故。在国外,已有用这种方法生产较长的钛管,并且用在代替软钢与合金钢的开坯方面取得了一定成效。无模拉拔的速度取决于在变形区内保持稳定的热平衡状态,此状态与材料的物理性能和电、热操作过程有关。为了提高生产率,可以用多夹头和多加热线圈同时拉拔数根料。拉拔负荷很低,故不必用笨重的设备。制品的加工精度可达 ±0.013 mm。这种拉拔方法特别适合于具有超塑性的金属材料的拉拔加工。

# 3.5　板料冲压

板料冲压(stamping pressing)是通过模具对板料施加外力,使之发生塑性变形或分离,从而获得一定尺寸、形状和性能的零件的加工方法。可见板料冲压有分离(cutting process)和成形(forming process)两大类。

板料分离(也称冲裁)包括:

(1) 切断(cut-out,shearing)。用剪刀或冲头切断板料,切断线不封闭。

(2) 落料(blanking)。用冲头沿封闭线冲切板料,切下来的部分为制品。

(3) 冲孔(punching,piercing)。用冲头沿封闭线冲切板料,切下来的部分为废品。

(4) 切口(lancing)。在坯料沿不封闭线冲出切口,并使切口部分发生弯曲,如通风罩口等。

板料成形包括:

(1) 弯曲(Bending)。如弯形、端部卷圆(如合页)、扭弯(将制品某一部分扭转一定角度)均为弯曲。

(2) 拉深(拉延)(Drawing)。拉深即将平板坯料制成空心杯形制品。有壁厚不变的拉深与壁厚变薄的拉深;

(3) 板料成形。板料成形包括翻孔、卷边、扩口、缩口、胀形、整形、滚弯、压筋、校平、压印和旋压等。

冲压加工所用的坯料为板材或带卷,一般在冷态下加工,易于实现机械化和自动化,有高的生产效率。如大型零件(例如汽车覆盖件)每分钟可生产好几件,高速冲制的小件(例如饮料罐)每分钟可达千件,所以冲压是一种高生产率的加工方法。

冲压也是一种高精度加工方法,所冲制的零件在形状和尺寸方面互换性好,可达到一般装配的使用要求,并且经过塑性变形,金属的内部组织和性能均得到改善和提高,具有重量轻、刚度好、精度高和表面光洁美观等。

板料冲压加工的应用十分广泛,不仅可以冲压金属板料,也可以冲压非金属材料;不仅可以制造细小的零件,而且也能制造如汽车大梁和覆盖件、航天器壳体等大型零件;不仅能制造一般精度的零件,而且也能制造精密度高和复杂形状的零件。

## 3.5.1　冲裁

### 3.5.1.1　冲裁过程

冲裁(blanking)是利用冲模使板料产生分离的冲压工艺。它是切断、落料、冲孔、切边、切口等工序的总称,常用于制造成品零件或为弯曲、拉深、成形工序准备坯料。

由图 3-5-1 的冲裁加工过程示意图可以看出,凸、凹模组成上下刃口,材料放在凹模上,凸模逐渐下降使材料产生变形,直至全部分离,完成冲裁。图 3-5-2 为垫圈的落料与冲孔工件。

整个冲裁过程的变形可以分为三个阶段(见图 3-5-3)。这可从冲裁力变化曲线得到证实,图 3-5-4 为 A3 钢板冲裁力随凸模行程而变化的关系曲线,图中 *AB* 为弹性变形阶段,*BC* 为塑性变形阶段,*CD* 为裂纹扩展直至材料分离的断裂阶段,*DE* 为凸模将冲裁件推出凹模口阶段。

(1) 弹性变形阶段。凸模接触板料,由于凸模加压,板料发生弹性变形与弯曲,并略有挤入凹模洞口。这时板料内应力没有超过屈服极限,若凸模卸压,板料恢复原形。

(2) 塑性变形阶段。凸模继续加压,板料内应力超过屈服极限,部分金属被挤入凹模洞口,产生塑性剪切变形,得到光亮的剪切断口。由于凸、凹模刃口处应力集中,应力首先超过抗剪强度,出现微裂纹。

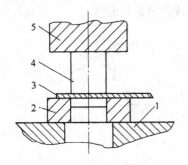

图 3-5-1  冲裁过程
1—砧座;2—凹模;3—板料;4—凸模;5—冲头

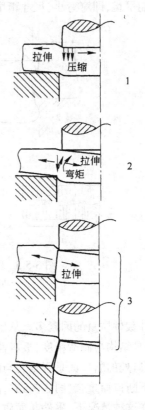

图 3-5-3  冲裁变形过程
1—弹性变形阶段;2—塑性变形阶段;3—断裂阶段

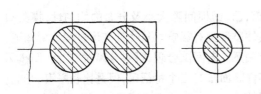

图 3-5-2  垫圈的落料与冲孔

（3）断裂阶段。凸模继续下压,凸、凹模模刃口处的微裂纹不断向板料内部扩展,板料随即分离。若凸、凹模间隙合理时,上下裂纹互相重合。

冲裁断裂后,所得冲裁断裂面虽不光滑垂直,但断面上明显可见存在三个区域（图3-5-5b）,即呈现圆角带、光亮带和断裂带。圆角带是冲裁过程中塑性变形开始时,由于金属纤维的弯曲与拉伸而形成的,且软料比硬料的圆角大。光亮带是在变形过程的第二阶段产生塑性剪切变形时形成的,有光亮垂直的表面,光亮带占全部断面的1/2～1/3,塑性良好的材料光亮带宽,塑性差的材料光亮带窄。断裂带相当于冲裁过程的第三阶段,主要是由于拉应力的作用,裂纹不断扩展,金属

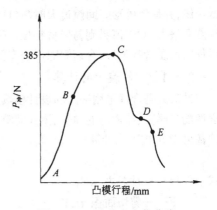

图 3-5-4  冲裁力变化曲线

纤维拉断,所以表面粗糙不光滑,并有斜度。在冲孔的断面上也具有同样的上述特征,只是三个区域的分布位置与落料方向相反。

### 3.5.1.2  冲裁件的质量

冲裁过程不仅要求冲件符合图纸的要求,还应有一定的质量要求。冲裁的质量主要指切断

面质量、尺寸精度和形状误差。切断面应平直、光洁,即无裂纹、撕裂、夹层、毛刺等缺陷。零件表面应尽可能平坦,即穹弯小,尺寸精度应保证不超过图纸规定的偏差范围。

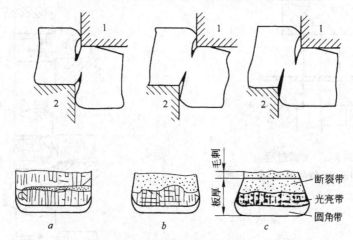

图 3-5-5　间隙大小对冲裁零件断面质量的影响
$a$—间隙过小;$b$—间隙适中;$c$—间隙过大
1—冲头;2—凹模

　　影响冲裁件质量的因素多。从生产实际中知道,凸、凹模间隙大小及分布的均匀性,模具刃口状态,模具结构与制造精度,板料性质等,对冲裁件质量都有影响。从冲裁变形过程分析知道,凸、凹模刃口处的断口面是否重合与间隙大小很有关系。若间隙合理,板料分离时,在凸、凹模刃口处的上下断口面重合(图 3-5-5$b$),因而冲出的零件断面虽有三个特征区,但是比较平直、光亮,无毛刺。在这种情况下,零件断面质量认为是良好的。

　　当间隙过小时,则上下断面互不重合,相隔一定距离(图 3-5-5$a$),材料最后分离时,断裂层出现毛刺与夹层。由于凹模刃口的挤压作用,零件断面又出现第二光亮带,其上部出现毛刺或锯齿状边缘,并呈倒锥形。间隙过大时断口面也不合理(图 3-5-5$c$),零件切断面斜度增大。对于厚料则圆角增大,对于薄料则易使材料拉入间隙中,形成拉长的毛刺。所以间隙过小或过大,冲出的零件断面质量都不好,合理间隙可查有关手册选定。

### 3.5.1.3　冲裁力的计算

　　冲裁力是合理选用冲床和设计模具重要力学参数。影响冲裁力的因素多,主要有板坯的力学性能与厚度、冲裁件的周长、模具间隙大小以及刃口锋利程度等。一般平刃口模具冲裁时,其冲裁力 $P$ 可按下式计算:

$$P^0 = F\tau^0 = Lt\tau^0$$

式中　$P^0$——冲裁力,kN;

　　　　$F$——剪切面积,mm$^2$;

　　　　$\tau^0$——板料抗剪强度,MPa;

　　　　$L$——冲裁件周长,mm;

　　　　$t$——板料厚度,mm。

　　考虑到模具刃口的磨损、模具间隙的波动、材料力学性能的变化,以及板料厚度偏差等因素,实际所需的冲裁力还须增加 30%。所以在选择冲床时,实际冲裁力 $P$ 应为:

$$P = 1.3P^0 = 1.3Lt\tau^0 = Lt\sigma_b$$

式中　$\sigma_b$——板料抗拉强度，MPa。

卸料力、顶料力及推料力一般为冲裁力 $P$ 的 $2\% \sim 10\%$。冲床所需的总压力包括克服它们的有关外力。

### 3.5.2 弯曲

弯曲是将材料弯曲成一定角度或形状的工序，如汽车大梁、自行车把手、门户合页铰链等的成形加工，都是用弯曲工序完成的。弯曲可在压力机(曲柄压力机、液压机、摩擦压力机)上进行，也可在专用的弯曲机、弯管机、滚弯机、拉弯机和自动弯曲机上进行。根据制件和所用的设备特点，弯曲可分压弯和滚弯两类。

#### 3.5.2.1 弯曲变形分析

设弯曲试样板厚为 $t$，弯曲件的内圆角半径为 $r$，定义 $K_w = r/t$ 为弯曲系数。它是衡量弯曲件变形程度的主要标志，$K_w$ 值越小，变形程度大，制件愈容易在外层开裂。

图 3-5-6 所示为试样弯曲前后断面上的网格变化情况。图 3-5-7 为弯曲断面的变化及其应力分布。分析上述两图，可以得出弯曲变形的如下规律：

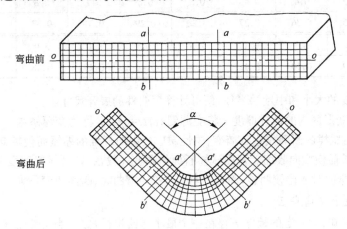

图 3-5-6　弯曲时网格的变形情况

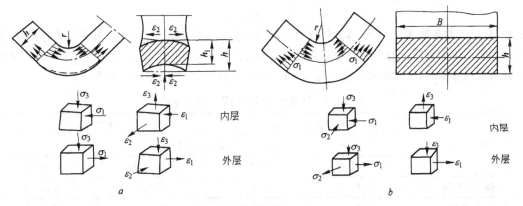

图 3-5-7　弯曲断面的变化及其应力分布

$a$—窄料坯，$B \leqslant 2h$；$b$—宽料坯，$B > 2h$

(1) 弯曲变形区域主要在圆角部分，而在直臂部分基本没有变形。

(2) 在变形区内试样的外层纵向纤维(指靠近凹模一侧)受拉而延伸($b'b' > bb$)；内层纤维

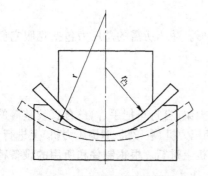

图 3-5-8　弯曲件的回弹现象

$r_凸$—回弹前弯件的半径(凸模半径);
$r$—回弹后弯件的半径(零件的要求半径)

(指靠近凸模一侧)受压而缩短($a'a'<aa$)。从内、外表面到试样中心层,其缩短程度和延伸程度逐渐变小,在缩短和延伸两个变形区之间,有一层纤维的长度不变(即弯曲件展开后的直线长度部分与弯曲部分中性层长之和相等),称为变形中性层。

(3) 由于中性层两侧承受一拉一压的变形,所以当压弯载荷卸除时,中性层两侧的弹性回复方向相反,将引起弯曲件的回弹,即使弯曲由承受载荷时的角度 $\alpha$ 减少一个 $\beta$ 值的回弹角(见图3-5-8)。

(4) 中性层向内表面方向移动,偏离原先下中位置。设中性层的半径为 $\rho$,则 $\rho$ 可由下式确定:$\rho = r + xt$,式中 $x$ 为中性层位移系数,可由表 3-5-1 查得。

**表 3-5-1　弯曲时中性层半径值($\rho$)**

| $r/t$ | <0.35 | 0.4 | 0.45 | 0.5 | 0.6 | 0.7 | 0.8 | 1.0 | 1.2 |
|---|---|---|---|---|---|---|---|---|---|
| $x$ | 0.25 | 0.26 | 0.27 | 0.28 | 0.29 | 0.31 | 0.33 | 0.35 | 0.37 |
| $r/t$ | 1.3 | 1.5 | 2.0 | 2.5 | 3.0 | 4.0 | 5.0 | 6.0 | ≥6.50 |
| $x$ | 0.39 | 0.40 | 0.42 | 0.44 | 0.46 | 0.47 | 0.48 | 0.49 | 0.50 |

根据弯曲角度的大小和中性层半径,便可计算弯曲件的展开尺寸。

(5) 弯曲时,变形区内的试样厚度 $t$ 将变薄到 $t_1$,$t = \eta t_1$,$\eta$ 称为变薄系数。

(6) 弯曲区内试样的断面发生了畸变,中性层以内纵向纤维的缩短而使横向增宽,中性层以外纵向纤维的伸长而使横向收缩。弯曲试样断面的畸变一般在窄料(板料宽度 $B$ 小于板料厚度 $2t$ 倍,即 $B \leqslant 2t$)弯曲时才比较明显,而在宽料($B > 2t$)弯曲时,断面畸变不大。

### 3.5.2.2　最小弯曲半径

由上述分析可知,对一定的板厚 $t$ 存在一个最小弯曲半径 $r_{min}$。当 $r < r_{min}$ 时,在弯曲件外表面将出现断裂。$r_{min}$ 可由下式确定:

$$r_{min} = K_{wmin}t$$

式中,最小弯曲系数 $K_{wmin}$ 不仅与材料的力学性能和热处理状态有关,而且与板平面的方向性、侧面和表面质量也有关。当弯曲线与板料轧制方向成 $20°\sim60°$ 角时,$K_{wmin}$ 取中间值;冲裁后未经退火的坯料弯曲时,应按硬化状态对待。常用金属材料的最小弯曲半径值见表 3-5-2。

**表 3-5-2　常用金属材料的最小弯曲半径**

| 材　　料 | 退火态或正火态 | | 冷作硬化态 | |
|---|---|---|---|---|
| | 弯　曲　线　位　置 | | | |
| | 垂直纤维 | 平行纤维 | 垂直纤维 | 平行纤维 |
| 08钢、10钢 | $0.1t$ | $0.4t$ | $0.4t$ | $0.8t$ |
| 15钢、20钢 | $0.1t$ | $0.5t$ | $0.5t$ | $1.0t$ |
| 25钢、30钢 | $0.2t$ | $0.6t$ | $0.6t$ | $1.2t$ |
| 35钢、40钢 | $0.3t$ | $0.8t$ | $0.8t$ | $1.5t$ |

| 材　　料 | 退火态或正火态 | | 冷作硬化态 | |
|---|---|---|---|---|
| | 弯曲线位置 | | | |
| | 垂直纤维 | 平行纤维 | 垂直纤维 | 平行纤维 |
| 45 钢、50 钢 | $0.5t$ | $1.0t$ | $1.0t$ | $1.7t$ |
| 55 钢、60 钢 | $0.7t$ | $1.3t$ | $1.3t$ | $2.0t$ |
| 磷青铜 | | | $1.0t$ | $3.0t$ |
| 半硬黄铜 | $0.1t$ | $0.35t$ | $0.5t$ | $1.2t$ |
| 软黄铜 | $0.1t$ | $0.35t$ | $0.35t$ | $0.8t$ |
| 紫铜 | $0.1t$ | $0.35t$ | $1.0t$ | $2.0t$ |
| 铝材 | $0.1t$ | $0.35t$ | $0.5t$ | $1.0t$ |

注：1. 当弯曲线与纤维方向成一定角度时，可采用垂直和平行纤维方向两者的中间值；

　　2. 在冲裁或裁剪后没有退火的坯料应按硬态金属材料对待；

　　3. 弯曲时应使有毛刺的一边靠弯曲角的内侧。

#### 3.5.2.3　弯曲件的质量

实际生产中，弯曲件形状和尺寸稳定性是弯曲件质量的重要指标。影响它的因素主要有：弯曲件的回弹、坯料定位的可靠性和受力的对称性等，其中最突出的是弯曲件的回弹。

弯曲时除了上述中性层两侧的弹性回弹外，当弯曲件宽度 $B > 3t$ 时，还会产生宽向回弹（见图 3-5-8），它是由于弯曲变形仅局限于弯曲部位，制件的其他部分处于自由状态、弹性回复时受到总体形状的牵制较小，所以制件的形状变化大。

影响弯曲件回弹的因素很多，主要有：材料的力学性能与状态。一般材料的 $\sigma_s/E$ 愈高，回弹值愈大；弯曲系数（$K_w/r$）愈小，即弯曲变形程度愈大，于是塑性变形在总变形量中比例增大，因而回弹值反而愈小，因此在保证弯曲件不开裂的前提下，减小压弯凸模的圆角半径是减小回弹的有效措施之一；凸、凹模之间的间隙小则回弹小，反之回弹加大等。回弹的理论计算非常繁琐，且难以准确。确定回弹角大小的方法有：

（1）$r/t < 5$ 时，几种常用金属材料的回弹角的取值情况见表 3-5-3。因 $r/t < 5$ 时，弯曲半径变化不大，故只考虑角度回弹即可。

表 3-5-3　单角 90°校正弯曲时的回弹角

| 材　　料 | $r/t \leqslant 1$ | $r/t = 1 \sim 2$ | $r/t = 2 \sim 3$ |
|---|---|---|---|
| A2 钢、A3 钢 | $-1° \sim 1°30'$ | $-1° \sim 1°30'$ | $-1° \sim 1°30'$ |
| 紫铜、铝、黄铜 | $0° \sim 1°30'$ | $0° \sim 3°$ | $2° \sim 4°$ |

（2）$r/t > 10$ 的自由弯曲时，工件不仅角度有回弹，弯曲半径也有较大的变化，凸模圆角半径与凸模弯曲中心角可按下式计算（图 3-5-9）。

$$r = R/K \quad \alpha = K\alpha_0$$

式中　$r$——工件弯曲半径；

　　　$R$——凸模弯曲半径；

　　　$\alpha_0$——工件弯曲中心角；

　　　$\alpha$——凸模弯曲中心角；

　　　$K$——回弹系数，$K = 1 + AR/t$（材料常数 $A = 3\sigma_s/E$）。

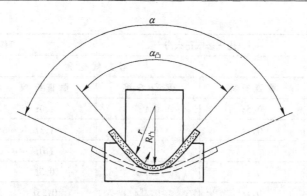

图 3-5-9　弯曲时圆角半径的变化

所以生产中准确的回弹值需要在试模调整时进行修正。

### 3.5.2.4　滚弯

滚弯即辊压成形(也称冷弯成形),是一种连续生产经济断面型材(图 3-5-10)的有效方法。它在车辆制造、集装箱、卷闸门等方面应用十分广泛。它的工艺特点为:(1)采用带材坯料,连续通过多机架的滚弯机,在上、下一对型辊间逐渐产生弯曲成形,型辊的线速度也逐级提高,适于大批量的生产;(2)易于实现成形过程的作业连续化、自动化,具有高的生产率,加工成本低;(3)纵向长度不受设备限制,适于制造断面形状复杂、纵向尺寸很长的型材;(4)制品表面质量高,可不经辅助加工进行直接抛光镀铬。

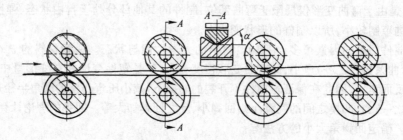

图 3-5-10　四机架滚弯过程示意图

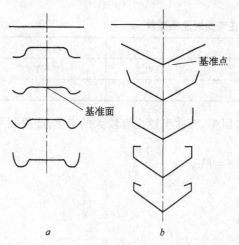

图 3-5-11　基准面(点)示意图

a—基准面;b—基准点

滚弯成形工艺原则上与一般弯曲成形相同,它的要点有:

(1)坯料宽度计算同一般弯曲,即中性层宽度 $\rho = r + xt$,式中 $r > t$ 时,$x = 0.50$;$r < t$ 时,$x = 0.33$。复杂的滚弯件的圆角部位变薄较严重,滚弯后的宽展量可达 2% ~5%。

(2)工件基准面(点)和中心线的选择。基准面(点)是设计型辊基本直径和决定运动线速度的依据(见图 3-5-11)。基准面(点)必须处于工件滚弯过程中不参加变形的区域,或者是在第一道滚弯变形后,以后几道不再变形的区域。要通过多道型辊时,基准面(点)始终处于一个水平面上。

(3) 中心线。它应尽可能与工件形状的对称中心重合,使弯曲时的变形力对称,易于保证尺寸精度。

(4) 滚弯顺序。一般采用先下弯后上弯的顺序进行成形,这时坯料边缘平直,横向流动阻力小;经变形的中间部分在以后的滚弯中不再变形,定位稳定;由于坯料计算而出现多料或短料的现象均集中到工件的边缘,便于修整。

(5) 滚弯角的选择。一次滚弯的角度不宜超过45°,一般可按表 3-5-4 选取。为补偿回弹,在以后几道滚弯中应对弯曲角度适当修正。

表 3-5-4　滚弯角度

| 板料厚度/mm | 一次弯曲角/(°) |
|---|---|
| <1 | 20~45 |
| 1~2.5 | 25~35 |
| >2.5 | 20~30 |

### 3.5.3　拉深

平板毛坯通过冲压机的拉深模制成筒形零件,或以筒形毛坯再拉制成更深长的筒形零件的成形加工方法,称为拉深或拉延。

拉深是一种十分重要的成形方法,应用很广泛,如汽车、拖拉机的一些罩形件、覆盖件、航空喷气发动机上的许多零件以及仪表、电器上的壳体,还有一些日常生活用品等都是应用拉深制成的。拉深件的种类很多,大体可分为三类:旋转体(轴对称)零件、矩形(盒形)零件和复杂形状零件。

#### 3.5.3.1　拉深时的变形

拉深时是将直径为 $D$、厚度为 $t$ 的圆形平板毛坯(图 3-5-12),经拉深模拉延,获得具有外径为 $d$ 的开口圆筒形工件。现在来分析一下圆形平板坯是如何变成圆筒形工件的。

如果将平板毛坯(图 3-5-13)的三角形阴影部分 $b_1$、$b_2$、$b_3$…切去,留下 $a_1$、$a_2$、$a_3$…,这样一些狭条,然后将这些狭条沿直径为 $d$ 的圆周弯折过来,再把它们加以焊接,就可以成为一个圆形工件了。这个圆筒形工件的直径 $d$ 可按需要裁取,其高为:$h = (D - d)/2$。但是,实验拉深过程中,并未将阴影部分的三角形材料切除,这部分材料在拉深过程中,由于产生塑性流动发生了转移,这部分“多余三角形”材料的转移,一方面要增加工件的高度 $\Delta h$,使得 $h > (D - d)/2$;另一方面要增加工件的壁厚 $\Delta t$。

采用平板圆形毛坯上画许多间距相等的同心圆和分度相等的辐射线(见图 3-5-14),由这些同心圆和辐射线组成网格。拉深后圆筒底部的网格基本保持原有形状,而圆筒壁部的网格则发生了明显的变化,原来的扇形网格变成为等距离的矩形。这说明在拉深筒形工件过程中,径向上产生了拉应力 $\sigma_1$;而切向上产生了压缩应力 $\sigma_3$。在应力 $\sigma_1$、$\sigma_3$ 的共同作用下,凸缘区的材料发生塑性变形而不断地被拉入凹模内,成为圆筒形。

实际上,研究人员通过实验也证实拉深件各部分的厚度是不一致的,一般情况下,底部略有变薄,基本上等于毛坯厚度;壁部上段增厚,愈到上缘增厚愈多;下段变薄,愈靠近下底变薄愈大,在由壁部向底部相交的圆角稍上处,则出现严重变薄,甚至断裂。筒形工件各部分的硬度变化也是不一样的,愈到上缘硬度愈高。这说明拉深过程中不同时刻,毛坯各部分由于所处位置不同,它们的应力应变状态是不一样的。实验研究表明,毛坯大致可分为五个区域(见图 3-5-15):

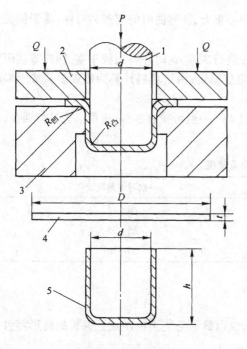

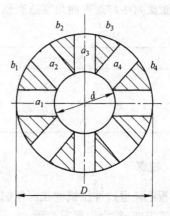

图 3-5-12　拉深过程
1—冲头；2—压板；3—凹模；4—板坯；5—工件

图 3-5-13　拉深时的材料转移示意图

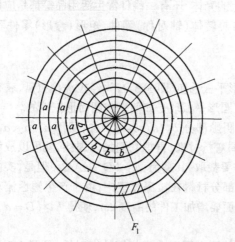

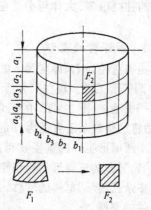

图 3-5-14　拉深过程网格变化

（1）凹模口的凸缘部分。这是完成拉深过程的主要区域。这部分坯料受到径向拉应力 $\sigma_1$ 和切向压应力 $\sigma_3$ 的作用，在它们的作用下发生塑性变形逐渐进入凹模。在厚度方向上由于压边圈的作用，产生压应力 $\sigma_2$。一般情况下，由于 $\sigma_1$ 和 $\sigma_3$ 的绝对值比 $\sigma_2$ 大得多，"多余三角形"内的材料转移主要向径向延伸，同时也向毛坯厚度方向流动而增加厚度。这时厚度方向的应变 $\varepsilon_2$ 为正值，由于愈到外缘，需要转移的材料愈多，因此，愈到外缘材料变厚愈大，材料的硬化也愈严重。如果没有压边力，自然 $\sigma_2 = 0$，这时应变 $\varepsilon_2$ 要比有压边力时的大。当"多余三角形"较大，坯料又较薄时，在切向压应力 $\sigma_3$ 的作用下会失稳而拱起，即形成所谓"起皱现象"。

（2）凹模圆角部分。这是一个过渡区，坯料的变形比较，除有(1)区的特点外，还有由于承受凹模圆角压力和弯曲作用而产生压应力 $\sigma_2$。

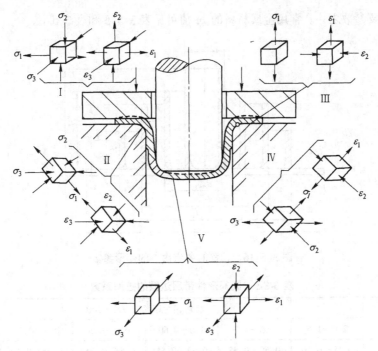

图 3-5-15  拉深时板坯的应力应变状态

(3) 筒壁部分。这部分材料已经形成筒形,它不再发生大的变形。但是继续拉深时,凸模的拉深力要经由筒壁传递到凸缘部分。因此,它承受单向拉应力 $\sigma_1$ 的作用,发生少许纵向的伸长和壁厚变薄。

(4) 凸模圆角部分。这也是过渡区域,它承受径向和切向拉应力 $\sigma_1$、$\sigma_3$ 的作用;同时,厚度方向上由于凸模的压力和弯曲作用受压应力 $\sigma_2$ 的作用。在这区域中筒壁与底部转角处稍上的地方,由于传递拉深力的截面积最小,因此产生的拉应力最大,同时在该处所需要传递的材料最少,故该处材料的变形程度最小,冷作硬化最低,材料的屈服强度也就最低。因此在拉深过程中,此处变薄最为严重,成为整个工件强度最低的地方,通常称此断面为"危险断面"。若此处的应力超过了材料的抗拉强度,则拉深件将在此处拉裂。或者即使未拉裂,但由于应力过大,此处的变薄过于严重,形成变薄超差而使工件报废。

(5) 筒底部分。此处材料在拉深前后都是平的,不产生大的变形,但由于凸模拉深力的作用(主要是凸模圆角部分),材料承受两向拉应力,厚度略有变薄。

综上所述,拉深中经常遇到的问题是破裂和起皱。一般情况下,起皱不是主要的,因为只要采用压边力,即增加 $\sigma_2$ 的作用即可解决,主要破坏形式是破裂。

### 3.5.3.2  拉深系数及拉深道次的确定

在制定拉深工艺及设计拉深模具时,首先要确定需要的拉深次数,它直接关系到成品的质量和生产成本。在确定拉深次数时,必须做到使坯料内部的应力不超过材料的抗拉强度,而且还能充分利用材料的塑性。也就是说,每次拉深力应在坯料侧壁(传递力区)强度允许的情况下,采用最大可能的变形程度。

每次拉深后圆筒直径与拉深前坯料或半成品直径之比(见图 3-5-16),称为拉深系数。即,$m_1 = d_1/D, m_2 = d_2/d_1, \cdots, m_n = d_n/d_{n-1}$。拉深系数 $m$ 可以用作表示每次拉深的变形程度。拉深系数($m$ 总是小于1)愈小,每次拉深的变形程度愈大,所需要的拉深次数也愈少。它是拉深工艺计算的主要参数之一。常用金属材料的 $m$ 值可见表 3-5-5 和表 3-5-6。

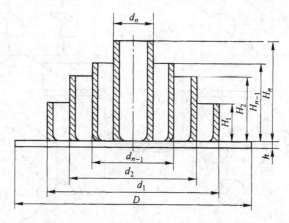

图 3-5-16　拉深时各道次中的变形参数

**表 3-5-5　圆筒形件带压边圈的拉深系数**

| 拉 深 系 数 | 板坯相对厚度$(t/D) \times 100$ | | | | | |
| --- | --- | --- | --- | --- | --- | --- |
| | 2.0~1.5 | 1.5~1.0 | 1.0~0.60 | 0.6~0.3 | 0.3~0.15 | 0.15~0.08 |
| $m_1$ | 0.48~0.50 | 0.50~0.53 | 0.53~0.55 | 0.55~0.58 | 0.58~0.60 | 0.60~0.63 |
| $m_2$ | 0.73~0.75 | 0.75~0.76 | 0.76~0.78 | 0.78~0.79 | 0.79~0.80 | 0.80~0.82 |
| $m_3$ | 0.76~0.78 | 0.78~0.79 | 0.79~0.80 | 0.80~0.81 | 0.81~0.82 | 0.82~0.84 |
| $m_4$ | 0.78~0.80 | 0.80~0.81 | 0.81~0.82 | 0.81~0.83 | 0.83~0.85 | 0.85~0.86 |
| $m_5$ | 0.80~0.82 | 0.82~0.84 | 0.84~0.85 | 0.85~0.86 | 0.86~0.87 | 0.87~0.88 |

注:1. 表中所列适于 08、10 和 15 Mn 等普通碳钢;对于塑性较差的钢材,如 20、25、A2、A3 等钢应比表中数值大
　　1.5%~2.0%;而对于塑性较好的钢材,如 05、08、10 等钢应比表中数值小 1.5%~2.0%。
　　2. 表中数据适用于未经中间退火的拉深。若采用中间退火时,可取比表中数值小 2%~3%。
　　3. 表中较小值适用于大的凹模圆角半径($r = 8 \sim 15t$),较大值适用于小的凹模圆角半径($r = 4 \sim 8t$)。

**表 3-5-6　常用有色金属材料的拉深系数**

| 材　　料 | 牌号和状态 | 第一道次的 $m_1$ | 以后各道次 $m_n$ |
| --- | --- | --- | --- |
| 铝、防锈铝 | 1030M,3A21M | 0.52~0.55 | 0.70~0.76 |
| 硬　铝 | 2A11M,2A12M | 0.56~0.58 | 0.75~0.80 |
| 紫　铜 | T2、T3、T4 | 0.50~0.55 | 0.70~0.72 |
| 黄　铜 | H62 | 0.52~0.54 | 0.68~0.72 |
| 黄　铜 | H68 | 0.50~0.52 | 0.72~0.80 |
| 无氧铜 | | 0.50~0.58 | 0.75~0.82 |
| 镍、镁镍、硅镍 | | 0.48~0.53 | 0.70~0.75 |
| 铜镍合金 | | 0.50~0.56 | 0.74~0.84 |
| 钛 | TA2、TA3 | 0.65~0.67 | 0.84~0.87 |
| 钛合金 | TA5 | 0.58~0.60 | 0.80~0.85 |
| 钽 | | 0.60~0.65 | 0.80~0.85 |
| 锌 | | 0.85~0.70 | 0.85~0.90 |

注:1. 当凹模圆角半径小于 $6t$,或材料相对厚度 $100t/D$ 小于 0.62 时,$m$ 值取大值。
　　2. 当凹模圆角半径大于 $(7\sim8)t$,或材料相对厚度 $100t/D$ 大于 0.62 时,$m$ 值取小值。

　　选定道次拉深后,便可估算拉深的道次数。对于无凸缘圆筒拉深的道次数,可按下式进行
计算:

$$n = [\log d_n - \log(m_1 D)] / \log m_n$$

式中　$n$——拉深道次数,取正整数;

　　　$d_n$——圆筒工件直径,mm;

　　　$D$——圆片坯料直径,mm;

　　$m_1$、$m_n$——第一道次和以后各道次平均拉深系数。

　　确定拉深道次数后,具体分配各道次的拉深系数时,应遵照以下原则:变形程度应逐渐减小,亦即后续道次的 $m$ 值应逐渐取大些。

### 3.5.3.3　圆筒形拉深坯料尺寸的计算

　　不变薄拉深中,材料厚度变化一般可以忽略不计。因此,坯料的展开尺寸可根据坯料与拉深件面积(加上修边余量)相等的关系,计算出坯料直径 $D$

$$D = \sqrt{4F/\pi} = \sqrt{4\sum f/\pi}$$

式中　$F$——拉深件的表面面积;

　　　$f$——分解成简单几何形状的表面面积(见图 3-5-17)。

### 3.5.3.4　拉深力计算

　　拉深力的理论计算十分繁琐,一般采用间接估算法,计算传力区所传递的最大拉深力 $P_y$ 作为选择设备吨位和设计模具的依据。取

$$P_y = K_p L t \sigma_b \quad (kN)$$

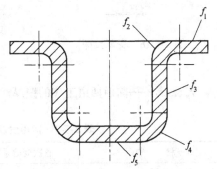

图 3-5-17　拉深制品表面面积分解图

式中　$L$——拉深凹模口周长,mm(当拉深圆筒形
　　　　　工件时,$L = \pi d$);

　　　$t$——料厚,mm;

　　　$K_p$——系数,取 0.6~1.1($m$ 小时,取大值)。

　　为了防皱,要加压边力 $Q_y$,它按下式选取

$$Q_y = K_q F q \quad (kN)$$

式中　$F$——压边面积,mm²。

　　当拉深圆形件时

$$F = \pi [D^2 - (d + 2r_d)^2]$$

式中　$r_d$——凹模圆角半径,mm;

　　　$K_q$——系数,取 1.1~1.4($m$ 小时,取大值);

　　　$q$——单位压边力,GPa,黄铜取 2 GPa,铜取 1.5 GPa,铝取 1 GPa。

　　选择冲床时,应同时考虑 $P_y$ 和 $Q_y$。

### 3.5.3.5　变薄拉深

　　前面所述为不变薄拉深,拉深前后工件的厚度基本不变。变薄拉深则在拉深过程中改变毛坯的厚度,而毛坯的直径变化很小(图 3-5-18)。变薄拉深时凸模与凹模间的间隙小于坯料的壁厚。因此,经过拉深后,坯料壁部变薄而高度增加,变薄拉深主要用于壁部与底部厚度不一致的空心零件,如化妆品用喷雾罐体、炮弹壳等。

　　变薄拉深一般用普通拉深方法制造的圆筒形件作毛坯,有时也可以直接使用平板坯。

　　变薄拉深的变形区内基本上为三向压缩应力状态与两向压缩(径向和周向)一向延伸(轴向)的应变状态,所以有时也称它为冲挤。

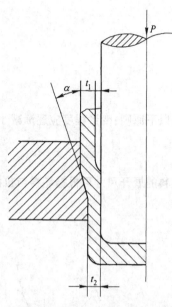

图 3-5-18　变薄拉深

变薄拉深与不变薄拉深相比,具有以下特点:

(1) 由于材料的变形是处于较大的均匀压应力作用之下,材料产生很大的冷作硬化,金属晶粒细化,强度增加;

(2) 经塑性变形后所形成的新表面粗糙度很低;

(3) 由于拉深过程中摩擦阻力大,故对润滑及模具材料的要求高。

A　毛坯尺寸计算

由于厚度在拉深过程将发生变化,因此,毛坯计算要利用变形前后材料体积不变关系。由毛坯体积不变关系,$V = \alpha V_1$(式中,$V$ 为毛坯体积;$V_1$ 为工件体积;$\alpha$ 为考虑边余量所加系数,一般取 $\alpha = 1.15 \sim 1.20$)。得到毛坯体积后,便可确定毛坯直径 $D = 1.13\sqrt{V/t_0}$,式中,$t_0$ 为毛坯板厚,即工件底厚。

B　工艺计算

具体工艺计算如下。

(1) 变薄拉深的变形程度用变薄系数表示

变薄系数　　　　　　　$\phi_n = t_n / t_{n-1}$

式中　$t_n$、$t_{n-1}$——前后两道工序的壁厚。变薄的极限值见表 3-5-7。

表 3-5-7　常用金属材料变薄拉深的极限变薄系数

| 材　料 | 首次变薄系数 $\phi_1$ | 中间各次变薄系数 $\phi_m$ | 末次变薄系数 $\phi_n$ |
|---|---|---|---|
| 铝 | 0.5～0.60 | 0.62～0.68 | 0.72～0.77 |
| 铜、黄铜(H62、H80) | 0.45～0.55 | 0.58～0.65 | 0.65～0.72 |
| 软钢 | 0.53～0.63 | 0.63～0.72 | 0.75～0.77 |
| 中强钢(0.25%～0.33%C) | 0.70～0.75 | 0.78～0.93 | 0.85～0.90 |
| 不锈钢 | 0.65～0.70 | 0.70～0.85 | 0.75～0.80 |

注:厚料取低限值;薄料取高限值。

(2) 各道次的壁厚按下式确定

$$t_1 = \phi_1 t_0, \quad t_2 = \phi_m t_1, \cdots, \quad t_n = \phi_n t_{n-1}$$

(3) 各道次工件的直径基本是不变的,但是为了使凸模能够顺利地插入坯料中,凸模直径须比坯料内径小 1%～3%,最后一道的凸模直径即为工件内径。因此,从最后一道向前推算,可得到各道次的凸模直径。

(4) 确定各道次工件的高度可按体积不变条件进行计算。

(5) 变薄拉深力的计算。为了选用设备和计算模具强度,需要确定各道次的拉深力。计算变薄拉深力的经验式如下

$$P_n = \pi d_n (t_{n-1} - t_n) \sigma_b k$$

式中　$k$——系数,考虑材料硬化的影响,黄铜取 1.6～1.8,钢取 1.8～2.25。

### 3.5.4　旋压

旋压可分板厚不变薄和变薄两类(见图 3-5-19),前者也称为普通旋压或赶形,后者也称为强

力旋压或旋薄。旋压广泛用于日用搪瓷和铝制品等生产上。它早在10世纪初由我国劳动人民所发明,14世纪传入欧洲,1840年才传入美国。近二三十年来随着航空航天工业的发展和火箭、导弹的发展,在普通旋压的基础上,又发展了强力旋压。

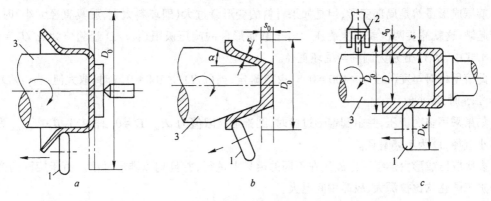

图 3-5-19 旋压
a—不变薄旋压;b、c—变薄旋压
1—旋压滚轮;2—支撑滚轮;3—芯模

### 3.5.4.1 普通旋压

普通旋压(以下简称旋压)是将毛坯固定在旋压机(可用车床代)的胎具上,使毛坯随同旋压机的主轴旋转,同时操作赶棒,使赶棒加压于毛坯,将毛坯逐渐紧贴胎具,从而获得制件所需的形状和尺寸。旋压可以完成各种形状的旋转体的拉延、翻边、缩口、胀形、卷边和切边等加工。

旋压是一种比较通用的加工方法。旋压的优点是设备和工具比较简单,可加工复杂旋转体零件,但生产率较低,劳动强度大,适于试制和小批量生产。

由图3-5-19可以看出,平毛坯通过装在尾架上的顶针和顶块夹紧在胎具上,并随主轴、胎具一起旋转,手工操作赶棒,加压于毛坯上反复赶辗,由点到线,由线到面,使毛坯逐渐完全紧贴于胎具而成形。

平圆片坯料在转化成圆筒形件的过程中,其切向受压,径向受拉。但它与普通拉深是不一样的。旋压时赶棒与坯料之间是点接触,毛坯在赶棒的作用下,产生两种变形:一种是与赶棒直接接触的材料产生局部塑性变形;另一种是坯料沿着赶棒加压方向的倒伏(弯曲)。在操作过程中控制赶棒很重要,如操作不当,则会引起材料失稳起皱、摇晃或撕裂。

旋压时,恰当地选择合理的主轴转速、赶形过渡形状以及赶棒施压的大小,是比较重要的问题。

主轴转速如果太低,坯料将不稳定;若转速太高,材料与赶棒接触次数太频繁,容易过度辗薄。合理的转速与坯料种类、厚度及芯模直径有关,其经验数值可参看表3-5-8。当坯料直径较大,厚度较小时,转速取小值,相反的则取大值。

旋压时合理的过渡形状应从毛坯的内缘(即靠近胎具底部圆角半径)开始,由内向外赶辗,逐渐使坯料转为浅锥形,然后,再由浅锥形向筒形过渡。由于锥形件抵抗失稳能力较平板毛坯高,

表 3-5-8 旋压机主轴转速

| 材　　料 | 主轴转速/$r \cdot min^{-1}$ |
|---|---|
| 软　钢 | 400~600 |
| 铝 | 800~1200 |
| 硬　铝 | 500~900 |
| 紫　铜 | 600~800 |
| 黄　铜 | 800~1100 |

因此,如果在毛坯旋压的开始阶段不起皱,以后失稳起皱的倾向就减少。

赶棒加压一般凭经验控制,加压不能太大(尤其是坯料外缘)否则易起皱。同时,着力点必须逐渐转移,使坯延伸。

旋压成形虽然是局部变形,但是如果材料的变形量过大(即坯料太大,胎具直径太小)时,便易于起皱,这就需要两次或多次旋压。对于圆筒形件的旋压极限值,$t/D$ 经验值为:$d/D = 0.6 \sim 0.8$,式中,$d$、$D$ 分别为制件与毛坯直径。

此值用相对厚度 $(t/D) \times 100 = 0.5 \sim 2.5$ 确定,当 $(t/D) \times 100 = 0.5$ 时,取大值:当 $(t/D) \times 100 = 2.5$ 时,取小值。

如果采用多次旋压,并由圆锥形过渡时,圆锥形极限值为 $d_{min}/D = 0.2 \sim 0.3$,式中,$d_{min}$ 为圆锥最小直径;$D$ 为毛坯直径。

多次旋压成形由连续道次旋压在不同的模具上进行,并且均以锥形过渡。由于旋压的变形量及加工硬化均比拉深大,故需中间退火。

旋压毛坯直径 $D$ 可参照拉深毛坯计算方法确定。但由于旋压变形量较大,实际可取比计算值减少 3% ~ 7% 左右。

### 3.5.4.2　强力旋压

强力旋压(亦称旋薄)是一种新的塑性加工方法,首先在航空航天工业、导弹制造业出现,随后用于其他军事工业和民用工业。图 3-5-18$b$、$c$ 所示为锥形件与筒形件等火箭、导弹和飞机零件,原先采用机械加工或用板料弯曲、焊接、再成形等方法制造,浪费较多的金属材料和机加工工时,而且质量不高,改为强力旋压加工后,质量提高。

强力旋压过程中,旋压机尾架顶块把毛坯紧压于芯模的顶端。芯模、毛坯和顶块随同旋压机主轴一起旋转,旋压滚轮沿靠模板以一定轨迹移动,移动时与芯模保持一定间隙,旋压滚轮加压于毛坯,压力可高达 250 ~ 300 MPa,毛坯在旋压轮压力的作用下,按芯模形状逐渐成形而成制品。

强力旋压后壁厚是按照正弦曲线变化的,即

$$S = S_0 \sin\alpha$$

式中　$S$——制品厚度;

$S_0$——坯料厚度;

$\alpha$——芯模半锥角。

强力旋压的变形程度 $\varepsilon$ 用厚度变薄率来表示

$$\varepsilon = (S_0 - S)/S_0$$

将 $S = S_0 \sin\alpha$ 代入上式,得

$$\varepsilon = 1 - \sin\alpha$$

由此可知,芯模半锥角 $\alpha$ 表示了变形程度 $\varepsilon$ 的大小;$\alpha$ 越小,变形程度就越大。在一定条件下每种材料的 $\varepsilon$ 都有它的最大极值。也就是说,每次强力旋压都有它的最小半锥角 $\alpha_{min}$;对于铝合金,其值见表 3-5-9,当制品的半锥角小于允许的极限值 $\alpha_{min}$ 时,一般需要二次旋压或多次旋压(必要时还要进行中间退火),或用其他加工方法制得锥形坯料进行旋压。实验证明,经过多次强力旋压,可达到的极限变形程度为 $\varepsilon = 0.9 \sim 0.95$。

表 3-5-9 常用金属材料强力旋压时允许的最小半锥角

| 毛坯厚度 /mm | 允许的最小半锥角 $\alpha_{min}$/(°) | | | | |
|---|---|---|---|---|---|
| | LF21M | LY12M | 20 钢 | 08F 钢 | 1Cr18Ni9Ti |
| 1.0 | 15 | 17.5 | 17.5 | 15 | 20 |
| 2.0 | 12.5 | 15 | 15 | 12.5 | 15 |
| 3.0 | 10 | 15 | 15 | 12.5 | 15 |

抛物线形、半锥线形、半球形件的强力旋压时,零件厚度变化也是遵照正弦定律,也就是旋压滚轮与芯模之间的间隙是遵照正弦定律的,否则就会出现废品。若间隙小于 $S = S_0\sin\alpha$ 时,旋压滚轮前面要出现堆积现象,甚至局部破裂;反之,若间隙大于计算值,则出现拉伸现象,坯料不粘芯模。所以,这类线型工件的强力旋压不仅要求强力旋压机要有较好的刚度,而且还要有精密的靠模(仿形)机构。

至于圆筒件的强力旋压,则不可能直接用平圆片坯料旋出,因为圆筒形件的半锥角 $\alpha$ 为零度,根据正弦定律,坯料厚度 $s_0$ 为无穷大。因此,圆筒形件强力旋压只能采用壁厚较大、长度较短而内径相同于成品工件的圆筒形坯料。坯料可用普通旋压或拉深方法获得,或用强力旋压生产出锥形件,最后由普通旋压加工成圆筒形件。圆筒形件可用一次,也可用多次强力旋压。一次旋压的最大变形量 $\varepsilon_{max} = (s_0 - s_{10})/s_0$,对于铝可达 60% ~ 70%;多次旋压时则可达 90% 以上。对于铝合金和钛合金的总变形量,参见表 3-5-10。

表 3-5-10 三种常见旋压件的最大总变形程度(%)

| 材 料 | 圆 锥 形 件 | 半 球 形 件 | 圆 筒 形 件 |
|---|---|---|---|
| 铝合金 | 50~75 | 25~50 | 70~75 |
| 钛合金(热旋压) | 30~55 | | 30~35 |

圆筒形件的强力旋压有正旋法和反旋法两类。前者的金属流动方向与旋压滚轮移动方向相同,比较省力,但管长受到芯模长度的限制,管坯制造较复杂;后者与旋压滚轮移动方向相反,比较费力,尤其是变形程度大的时候更明显,但旋压后管材长不受芯模长度限制,而且管坯制造比较容易。

## 3.5.5 成形

在板料冲压生产中,为了加工各种形状的零件和制品,除了冲裁、弯曲、拉深和旋压外,还需要有其他成形加工配合,如局部成形、翻边、缩口、胀形、压印等。成形加工按塑性变形的特点,有压缩类成形和拉伸类成形两类(见图 3-5-20)。

压缩类成形主要有缩口、外凸曲线的翻边。变形区内的主应力为压应力,材料变薄,易起皱。此类成形方法的极限变形程度不受材料塑性的限制,而受失稳的限制。失稳包括变形区的起皱和非变形区(如缩口时)的刚性支撑区的失稳。

拉伸类成形主要有翻边、内凹曲线的翻边、起伏、液压(橡皮)成形等。变形区内的主应力为拉应力,材料变薄,易破裂。此类成形方法的极限变形程度受材料的塑性限制,它对材料塑性的要求比压缩成形要高。当材料硬化指数 $n$ 较高时,以及板料的方向性较小时,则极限变形程度可以较高。

### 3.5.5.1 缩口

高度不大的工件的缩口可以在压力机上直接用缩口模进行,为了防止失稳,必要时可在工件中插入芯棒或外边加套。缩口变形程度可用缩口系数 $K_{sb}=d/D$ 表示。$K_{sb}$ 值见表 3-5-11,材料薄取上限值。采用锥形缩口模具,模具锥角 $\alpha$ 可取 $15°\sim30°$,此时缩口力较小。

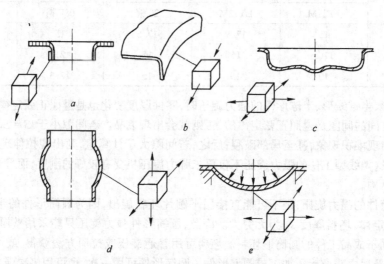

图 3-5-20　拉伸类成形
$a$—翻孔;$b$—内凹曲线翻边;$c$—起伏;$d$—胀形;$e$—液压(橡皮)成形

表 3-5-11　缩口系数 $K_{sb}$

| 材　　料 | 模具结构形式 | | |
|---|---|---|---|
| | 无支撑空心缩口 | 有外部支撑缩口 | 有内外支撑缩口 |
| 铝 | 0.68~0.72 | 0.53~0.57 | 0.27~0.32 |
| 黄　铜 | 0.65~0.70 | 0.50~0.55 | 0.27~0.32 |
| 硬铝(淬火态) | 0.75~0.80 | 0.68~0.72 | 0.40~0.43 |

### 3.5.5.2　翻孔

翻孔的变形程度用翻孔系数 $K_{fk}=d/d_{pj}$ 表示,式中,$d$ 为坯料上预留孔直径;$d_{pj}$ 为翻边后制品口部平均直径。圆孔的极限翻孔系数见表 3-5-12。方孔的翻孔系数应比圆孔小 $10\%\sim15\%$。

表 3-5-12　翻孔系数 $K_{fk}$

| 材　　料 | $K_{fk}$ | $K_{fk,min}$ |
|---|---|---|
| 软　钢 | 0.71~0.83 | 0.63~0.74 |
| 紫　铜 | 0.72 | 0.63~0.69 |
| 黄　铜 | 0.68 | 0.62 |

### 3.5.5.3　胀形

胀形是在封闭的面上胀出凸起的曲面,通常胀形过程中材料将变薄,如壶嘴等。它包括机械、液压、气压或橡皮等方法。橡皮胀形中,近年来采用聚氨酯橡胶,它比一般橡皮具有强度高、弹性好和耐油好等特点。

胀形的变形特点,主要是材料受到切向拉伸,其变形程度受伸长率限制。它常用胀形系数 $K_{zx}=D/d$ 表示胀形的变形程度($D$ 为胀形后的最大直径,$d$ 为毛坯原来直径),$K_{zx}$ 与伸长率的关系是 $\delta=K_{zx}-1$,只要知道材料的伸长率就可求得相应的极限胀形系数。当铝的 $100t/d=$

0.45～0.35 时,取 $K_{zx}=1.2\sim1.25$;当 $100t/d=0.32\sim0.28$ 时,取 $K_{zx}=1.15\sim1.2$;对高塑性铝合金厚度 $t=0.5$ mm 时,取 $K_{zx}=1.25$。当材料为退火态时,$K_{zx}$取上限值。当采用加热胀形或在坯料端面上同时加压时,可取高的 $K_{zx}$值。

### 3.5.6 高速成形

高速成形以爆炸物质的化学能、电能、磁能等,在数秒或数十微秒时间内转化为周围介质(空气或水)中的高压冲击波,使坯料在很高的速度下变形和贴模。高能成形时的高速变形条件不仅能使成形件的精度提高,而且也能使某些难成形的金属板料成形。

高速成形是由传压介质——空气或水代替刚体凸模,适合于加工某些形状复杂,难以用刚体凸模加工的制品。另外,爆炸成形所用的模具结构简单,不需要冲压设备,可能成形的工件尺寸不受设备能力限制,在试制或小批量生产大型工件时经济效益显著。

高能成形方法主要有爆炸成形、电水成形和电磁成形等几类(见表 3-5-13)。

表 3-5-13 几种高速成形方法的比较

| 加工方法 | | 能源形式 | 所用设备 | 灵活性多样性 | 成形复杂程度 | 成形尺寸 | 效率 | 组织生产 | 适用规模 |
|---|---|---|---|---|---|---|---|---|---|
| 爆炸成形 | 井下 | 炸药 | 简单 | 较大 | 较复杂 | 较大 | 低 | 困难 | 小批量 |
| | 地面 | 炸药 | 非常简单 | 大 | 复杂 | 不受限制 | 很低 | 困难 | 小批量、单件 |
| 电水成形 | | 高压电 | 复杂 | 小 | 一般 | 不大 | 较高 | 容易 | 较大批量 |
| 电磁成形 | | 高压电 | 复杂 | 小 | 一般 | 不大 | 高 | 最容易 | 较大批量 |

#### 3.5.6.1 爆炸成形

爆炸成形与爆炸胀形的原理图见图 3-5-21。在地面上成形时,可以采用一次使用的简易水筒,或用多次使用的金属水筒。为了保证成形制品的质量,除用无底模成形外,都必须考虑排气问题。

#### 3.5.6.2 电水成形和电爆成形

电水成形原理如图 3-5-22 所示。由升压变压器和整流器得到 $20\sim40$ kV 的高压直流电向电容器充电。当电容器的电压达到一定数值时,辅助间隙被击穿和放电。形成强大的冲击电流(可高达 3 万 A 以上),在介质(水)中引起冲击波及液流冲击金属使之成形。它可用于拉深、胀形、冲孔等。水电成形的加工能力决定电容器的容量 $C$(单位:F)和充电电压 $E$(单位:V),并用 $W=CE^2/2$ 计算。有时一次成形可放出能量 15 万 J,而且放出能量的时间只有几百微秒。

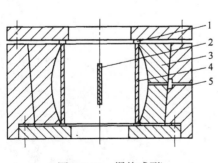

图 3-5-21 爆炸成形
1—压块;2—炸药;3—凹模;4—工件;5—排气孔

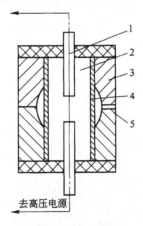

去高压电源

图 3-5-22 电水成形
1—电极;2—介质(水);3—模具;4—工件;5—排气孔

### 3.5.6.3 电磁成形

电磁成形时依靠一台升压变压器及整流器组成的 5～10 kV 的高压直流电源向电容器充电。当开头闭合时,在线圈中形成以极高速度增长和衰减的脉冲电流,并在周围形成一个强大的变化磁场。处于磁场中心的坯料内部产生了感应电流。感应电流与磁场的相互作用使坯料以很高速度贴模成形。用此方法可以进行管材的缩径、扩口和板料的拉深及其他成形加工。线圈的形状应根据工件的形状和变形特点设计。在进行中单件成形时,可采用一次使用的简单线圈——成形时即烧毁。永久性线圈应当用玻璃纤维和环氧树脂绝缘及固定,并用空气或水强制冷却。当要求强而有集中的磁场时,所用集磁环应是导电性好、强度高的金属,如铍青铜制作。电磁成形加工的材料应当具有良好的导电性能。如果坯料的导电性差,应在它的表面安放高导电的驱动片,用以驱动坯料。电磁成形设备的能力受电容器的限制,当前只用来成形厚度不大的小型工件。[1]由于设备较贵,主要用于制造难以用一般方法成形的制品。

# 4 有色金属材料塑性加工工艺

本章介绍的有色金属材料塑性加工工艺主要包括生产方法、工艺流程、工艺参数确定与产品质量控制及典型产品工艺介绍等。

有色金属材料加工产品按形状和尺寸可分为:板材、带材、条材和箔材、管材、棒材、型材以及锻材。

有色金属塑性加工方式主要有轧制、挤压、拉拔及锻造。而按变形时金属的温度,塑性加工可分为热加工、冷加工及温加工等。

热加工是金属在加工过程中能发生再结晶的塑性加工。此时,金属具有较高的塑性和较低的变形抗力,可以实现大变形,生产率高。铸态组织经过大变形量的热变形后,可以变成具有无硬化的完善的再结晶组织,性能得到提高。但是,热加工后金属组织、力学性能往往不均匀,产品表面质量、尺寸精度不如冷加工高。

冷加工是加工时金属不能发生再结晶的塑性加工,它大多在室温下进行。冷加工产品的组织与性能比热加工产品更为均匀,表面质量、尺寸精度较好。冷加工时,金属产生加工硬化,为了继续变形,必须进行中间退火,这导致工序的增加。

有时把加工时金属能发生回复,而不能发生再结晶的塑性加工称为温加工。在温加工过程中,材料在产生加工硬化的同时伴随着动态回复软化,但加工硬化程度大于软化程度,金属的变形抗力比冷变形低,塑性比冷加工好。材料的组织状态、性能不如冷加工均匀,温加工制品的表面质量和尺寸精度接近冷加工制品。

确定生产工艺要考虑产品的技术要求、金属的特性、各种生产方法的特点与技术水平和生产能力、生产的技术经济效果。

金属塑性加工工艺参数主要包括变形温度、变形程度、变形速度(速率)。制定工艺规程,确定工艺参数有两类方法:即有理论分析方法与经验对比方法。它们各有利弊,通常的做法是把两者结合起来使用。先进行一定的理论分析和计算,同时参照、对比同类厂类似产品的生产经验,制定一个初步的工艺规程与工艺参数,然后在生产实践中进一步修订完善。

## 4.1 有色金属材料生产方法与工艺流程

### 4.1.1 加工方法的选择

金属的加工方法的选择内容主要包括两个方面:

一是采用什么变形方式,即在锻、轧、挤、拉等多种变形方式中本产品选择何种变形方式。

二是采用何种变形温度类型,即用热变形还是冷变形、温变形。

加工方法的选择可以从以下几个方面考虑:

(1)产品的形状种类、规格尺寸。这是考虑产品用何种变形方法可以生产出来。

就产品的形状而言,很显然,板带采用平辊轧制方法生产,管材采用挤压、轧制、拉拔方法生产,有色金属型材一般采用挤压方法生产。

就规格尺寸而言,例如挤压,成卷供应的铝的细长管、棒、型材可用连续挤压,短而粗的大规格管材可用套杆反向挤压或旋压等。

（2）合金品种的特性与铸锭的质量。不同的加工方法有不同的变形力学特点，对金属的塑性与变形力有不同的影响。根据合金的本性和锭坯的质量可以选择不同的加工方法。铸锭的开坯一般采用三向压缩应力的加工方法，如轧制、挤压、锻造。其中塑性差的锭坯，宜采用热挤压或热锻的方法。

就挤压而言，不同性能的合金还应采用不同的挤压方法。例如，对于焊合性能良好的铝及其合金，挤压管材、空心型材可用焊合挤压。否则，例如铜合金就只能穿孔挤压。

开坯后，塑性好的金属可采用任何方法继续加工，塑性不好的金属则尽量少用含有拉应力的加工方法，如塑性较差的合金管材采用冷轧法比冷拉拔法好。

（3）不同加工温度类型的应用。热加工、冷加工都是金属塑性加工的主要方法。从热加工具有的特点出发，塑性加工尤其是其前期阶段应尽可能多采用热加工。冷加工的最大优点是产品有较高的质量，利用冷变形与退火的循环，可以得到任意形状大小、任意程度的硬化和软化制品，故冷热加工一般结合起来使用。热加工生产冷变形的坯料，再经过随后的冷加工，获得所需的合格产品，例如冷轧板带、拉制管等。从经济性考虑，在产品尺寸精度和质量要求不很高时，也可只采用热加工而获得最终产品，例如挤制品、热轧板等。

大多数合金在冷态与热态下均可加工，但一些合金由于各种原因，变形温度类型受到一定限制。例如：

1）室温下塑性较差的金属不宜采用冷加工。如镁及镁合金往往采用热加工及温加工进行生产。

2）在热变形温度下具有热脆性的金属则不宜采用热加工。例如 QSn6.5-0.1、HPb63-3 带材通常采用冷轧来生产。

3）加热时易于沾污、难以保护且其本身又具有良好冷加工性能的金属建议少用热加工。例如钽、铌等尽量采用冷加工。

4）脆塑转变温度较高、冷变形极为困难，而热变形又容易氧化的材料，如钨、钼、铬、钛及其合金可以采用温加工。

另外，较薄较小的工件，冷却快，难以实现热加工。

加工方法与变形的种类还必须综合考虑。

热加工时金属的强度低，在较大拉应力情况下可能造成金属的断裂，应采用挤压、轧制、锻造等具有三向压应力的方法。拉拔一般只适用于冷加工。

选择加工温度的类型还必须考虑产品的技术要求：

1）供应状态。热加工状态的制品是不经冷加工的；软态和各种硬状态是冷加工后经不同的退火或直接冷加工后获得，因此其最后的加工工序必然是冷加工；淬火及淬火时效状态等是热加工或冷加工后经热处理而得的制品状态。显然，除某些特殊情况外，最后的加工工序从满足这些状态的要求来说，热加工及冷加工都是适宜的。

2）表面及尺寸精度等质量要求。对表面质量及尺寸精度要求高的产品应采用冷加工作为最后的加工工序，对不宜采用冷加工的也应采用温加工。

（4）技术上先进性、经济上的合理性。

1）在保证质量的前提下，应尽可能选用投资与生产成本低，简便操作的方法，并尽可能利用已有设备条件。

2）产品批量的大小、品种的多少对所选择的生产方法的适应性、针对性、设备特点、铸锭的尺寸都提出了相应的要求。例如板材生产，产品规格多，而产量不大时，可采用单机架或块式法生产；产量大、品种较单一时则可采用连续式带式法生产。

3) 现代化工业生产中,各生产工序都希望组织在连续生产线上,便于实现整个生产过程的机械化、自动化、全程在线控制。在选择加工方法时,也应考虑要有利于实现连续作业与今后的发展余地。

以上 2)、3)点在新建车间考虑生产方法时尤其重要。

### 4.1.2 几种主要产品的加工方法

生产同一产品可能采用不同的方法,一种产品的生产也可能采用几种不同加工方法组合进行。下面分别介绍几种产品的主要加工方法:

(1) 板带材。有色金属板带材一般采用平辊轧制方法进行生产(热轧、冷轧)。对于铸态塑性较差的金属及合金如某些镍合金、钛、钨、钼、锆等,则先行锻造甚至挤压开坯。

板材的生产有块式法和带式法两种方式。块式法从坯料到成品实行单片轧制,不带张力,通常伴有中断工序。其设备及操作简单、投资少,但是生产率和成品率低,是老式的生产方式,只适用于小型车间、批量少的板材生产。对于中厚板和变断面板,则因为打卷及其他技术限制,这是唯一的方法。

带式法是生产板带材的一种最广泛的方法。用带式法生产时,实行成卷带张力轧制生产带材或最后横剪成板。它可采用大铸锭、高速度轧制,金属损失少,生产率高,容易实现生产过程的连续化和计算机控制,但是设备复杂,投资大,技术含量较高。生产宽而薄的板材,带式法因实行张力轧制而显示出优越性。带式法生产板带材有单机架(可逆式和不可逆式)、双机架及多机架半连轧、连轧几种形式。

在板带材连轧方法中,除一般锭坯加热轧制方法外还有连铸连轧法与连续铸轧法。这两种方法都有废料少、成品率高、生产工序少、周期短、生产效率高、减少能耗等优点。铸轧法在软铝板带箔坯料生产中应用较普遍。

薄的超宽板,还可用旋压法形成管后剖开展平而得。

(2) 箔材。箔材的主要生产方法是在带坯的基础上进一步平辊轧制。对于比较软的金属如铝和铝合金箔、铅箔和锡箔等,可用四辊甚至二辊轧机轧得;若采用双合轧制可轧得小于0.007 mm厚的铝箔。对于变形抗力高的金属,如钛、镍、铜以及钨、钼、钽、铌的箔材,则应采用辊径细、刚度大的多辊轧机轧制,它可将轧件单层轧至0.001 mm。另外也可采用异步轧制,生产极薄箔材。

除轧制法外,在工业上常采用电解沉积法制造印刷电路板用的铜箔和用真空蒸镀法制造包装用的铝箔。至于金箔仍采用古老的锤头拍打法生产。

(3) 管材。对塑性加工管,除热挤压管外,管材的生产大体可分为两个环节,其一是形成管坯,其二是成品管生产。

目前形成管坯的方法有铸锭挤压、空心铸锭行星轧制、铸锭斜轧穿孔等,它们属于热变形的范围。另外也可以把带材焊接成管坯或直接铸造出管坯,然后继续进行成品加工。

成品管的生产方法有拉拔、冷轧、冷轧+拉拔、旋压等,它们都属于冷变形范围,其中拉拔又分为直管拉拔与盘管拉拔。

上述管坯生产和成品管生产可以形成多种搭配方式,它们各有特点。下面对几种典型的管材加工方法予以简单说明:

1) 挤压法。挤压法生产管坯的优点是灵活性大,在同一设备下可以生产不同品种和规格的产品,产品质量比其他制坯方法优越。它广泛用于多品种的各类型工厂。对于厚壁管,异形管,大直径管,可采用挤压法一次成形,生产挤制品,但挤制管尺寸精度和表面状态较差。近年来,连续挤压法取得了较大的发展,不失为生产小型断面纯铝管棒型材一种很有前途的方法。

2) 挤压—拉拔。这种方法目前国内应用较多。它设备投资中等,适合于生产规模较小的工厂。

3) 挤压—冷轧—拉拔。这类生产方法目前现代化工厂用得最多。冷轧管法生产管材变形量大,表面质量与内在质量好,尤其对冷态塑性低、抗力高的难变形合金或者是冷加工量比较大的管材及拉伸时不易成形的薄壁管更具有优越性。但其设备造价较高,投资大,适用于生产品种多的大、中型工厂。

4) 铸造管坯—行星轧制—连续拉伸。它比挤压＋冷轧＋拉拔方法在设备投资上要经济得多,很适合紫铜盘管的生产。

5) 铸管坯(或挤压坯)—旋压。适用于生产直径大、长度短的薄壁管。

(4) 棒材型材。生产有色金属棒材和型材的方法,常用的有三种。

1) 挤压一次成形,再辅以矫直性的微量拉伸。此法是目前应用最为广泛的一种方法,它适合于有色金属棒、型材品种规格多、批量较小和断面复杂的特点,对塑性较低的合金更显优势。

2) 孔型轧制或孔型轧制—拉伸法。该法适合于合金塑性好、品种规格少而产量大的棒型材生产,其缺点是设备和生产占地面积大,难以生产复杂型材、变断面型材和壁板型材等。

3) 带材冷弯法。该法生产率高,机动灵活,可生产断面壁厚相等的简单型材。

(5) 线材。线材一般是通过线坯拉拔而成。线坯的生产有锭坯孔型轧制法、锭坯挤压法、连铸连轧法、连续拉铸法、旋锻法等。目前品种单一的铝铜线杆广泛采用连铸连轧法;连续拉铸(上引法)多用于制作紫铜线杆;合金塑性较差、批量小、质量要求高的线坯生产一般采用挤压法。钨、钼、钽、铌等高熔点金属粉末冶金坯料的线杆生产主要采用旋锻法。

线材的拉制方式有:

1) 单模拉制。适应于工件粗而短或需频繁退火及小批量生产的情况。

2) 单线或多线连续拉制。广泛用于线材生产,前者有积蓄式、滑动式和非滑动式三种类型,后者主要是滑动式。

(6) 锻件。各种锻件可以在锻锤、机械压力机、液压机等各种锻压设备上锻压,一般来说,尺寸小、形状简单、偏差要求不严的锻件可以在锤上锻造,对于变形量大、要求剧烈变形的锻件,则宜用液压机来锻造。其中,自由锻通用性强,适合于新产品的试制与小批量生产。模锻生产效率高、加工余量小、材料消耗低、操作简单,适合于较大批量生产,且模锻有利于提高金属塑性,锻件的组织性能比自由锻好。对于大型复杂的锻件,则非采用大型模锻水压机来生产不可。

### 4.1.3　工艺流程的确定

#### 4.1.3.1　生产工艺流程的内容

一个完整的金属材料生产过程包括锭坯准备、塑性变形、热处理、精整及成品包装等一系列工序。所谓工序是指用某种设备或人力对金属所进行的某种处理。把生产某一产品的各道工序按次序排列起来称为产品的生产工艺流程。在确定了产品的加工方法(包括变形方式和变形的温度类型)之后如何选择和确定其他辅助工序并与变形工序合理搭配,就是确定工艺流程应解决的问题。

#### 4.1.3.2　确定工艺流程的原则与依据

工艺流程设计总的原则和依据与加工方法的选择相同,在此基础上,一般还需要考虑以下几个方面:

(1) 金属的性质。它包括金属的加工工艺性能和生产工艺对合金组织性能等的影响规律。在选定的工艺条件和设备条件下,被加工金属应能顺利地实现所预期的变形程度,并对金属组织性能和产品质量促成有利影响,避免不利影响,从而确定相应的工序及工艺参数。例如,对偏析严重的合金(常为合金成分多、量大、液/固线间距大的合金)要考虑安排均匀化退火。铜和铜合金在加热、退火时常被氧化,故应安排酸洗,或者在真空及保护气氛下退火。硬化趋势强烈的金属如 H62 黄铜、青铜冷加工时要安排多次中间退火,而纯铝和紫铜其塑性很好,加工率在 90% 左右也不需要中间退火。应力腐蚀倾向大的黄铜硬制品要安排成品低温退火用来减少和消除内部的残余应力。对某些铝镁合金还需安排稳定力学性能的稳定性退火。对易受大气腐蚀的合金,如铝合金和镁合金在成品包装前,大多设有阳极氧化和涂油工序。

(2) 产品的质量要求与供应状态。对表面质量要求高的制品,常安排表面加工工序,如铸锭铣面、车皮、刮削或洗刷,最后的加工工序多为冷加工。当挤压重要制品时,铸锭要探伤检查。对要求强度较高的铝合金挤压制品,一般不采用两次挤压的工艺流程,以免制品失去挤压效应。根据所要求的供应状态,采取不同的终了加工及成品热处理工序。对不少制品,热处理、剪切、矫直三者的安排次序也是有讲究的。

(3) 设备能力。要注意到车间设备能力的大小,对可以选用的工序进行调整,使各设备的负荷基本均衡,充分发挥其潜力。

(4) 经济性。技术工作的好坏,最终要以经济效益来衡量。不同的工艺会有不同的技术经济指标,必须分析比较,尽可能采用综合效果最好的工艺流程。例如,对某些合金铸锭采用均匀化退火与否就有不同的取舍。

### 4.1.4 生产工艺流程图

有色金属材料生产中常见产品的典型生产工艺流程图见图 4-1-1~图 4-1-5。有关工序的说明可以参阅下面的相应章节。

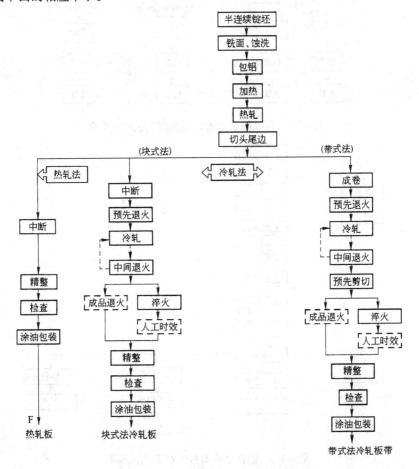

图 4-1-1　铝合金板带材生产工艺流程图

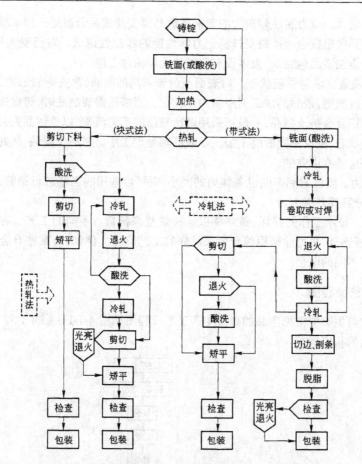

图 4-1-2　铜及铜合金板带材典型工艺流程框图

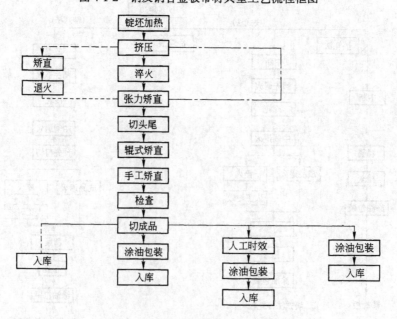

图 4-1-3　铝合金棒型材生产工艺流程图

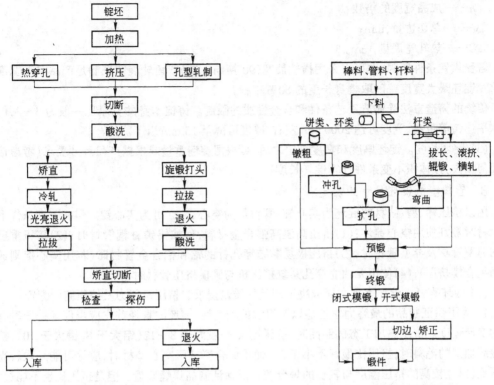

图 4-1-4　铜及铜合金管棒材生产工艺流程图　　　　图 4-1-5　模锻的工艺流程

# 4.2　热加工工艺

## 4.2.1　热加工的锭坯准备

锭坯准备包括：确定锭坯的形状、尺寸或重量，检查锭坯的内外质量，对锭坯进行必要的处理。

### 4.2.1.1　锭坯尺寸的确定

锭坯尺寸与重量主要取决于产品的尺寸规格要求，同时要考虑生产规模、设备条件、合金的性质、熔炼铸造条件等。

A　板带材锭坯尺寸的确定

板带材用扁锭坯，锭坯的尺寸用厚度×宽度×长度，即 $HBL$ 表示。

（1）锭坯厚度。锭坯的最小厚度应能保证金属承受 60% ～ 70% 的加工率，以便铸造组织转变为均匀的加工组织。锭坯重，厚度和长度大，切头、切尾损失少，则生产率和成品率高，设备利用系数大。

锭坯厚度上限受设备条件、合金特性限制。轧机能力小，轧制速度慢，或合金的高温塑性区比较狭窄，其锭坯厚度应小。按最大咬入条件一般轧辊直径与铸锭厚度之比约为 4～7。

（2）锭坯宽度。锭坯宽度主要由成品宽度确定。一般考虑轧制时的宽展量和切边量，然后取成品宽度的整数倍作为锭坯的宽度。铸锭宽度可用下式计算：

$$B = nb + \Delta b - \Delta B \tag{4-2-1}$$

式中　$b$——成品宽度，mm；

$n$——成品宽度的倍数;

$\Delta b$——总切边量,mm;

$\Delta B$——热轧宽展量,mm。

若受供锭条件所限,也可以采用横轧展宽(90°换向轧制)或角轧展宽来满足产品多种宽度的要求。锭坯最大宽度一般取辊身长度的80%左右。

传统的铸造方法受铸造工艺条件和合金性质的限制。铸锭本身的宽厚比一般为3～7,但现在水平连铸等带卷,宽度可达2000 mm左右,厚度可薄至15 mm以下。

(3)锭坯长度。锭坯厚度和宽度确定之后,可根据锭坯重量或根据产品尺寸要求(考虑倍尺与几何损失)按体积不变条件计算锭坯长度。

B 管棒型材锭坯尺寸的确定

用以挤压棒、型、线材的锭坯为实心锭,管材可为空心锭,亦可为实心锭。但在下列条件下生产管材时最好使用空心锭坯:(1)挤压高温高强合金材料,例如锡磷青铜管材时;(2)挤压重要用途的薄壁管材及异型管材时;(3)挤压极易黏结穿孔针的铝和铝合金管材时(若用实心锭则通常使用组合模挤压);(4)使用无独立穿孔系统挤压机与锥模挤压管材时。

(1)锭坯直径。锭坯直径主要取决于制品的质量要求和挤压机能力及挤压筒的配置。

1)为了保证制品的最终力学性能以及组织的均匀性,锭坯的直径首先应当保证挤压时有足够的变形程度。挤压热加工态的制品时,挤压比 $\lambda$ 一般大于8～12(铝大于8,铜大于10),挤压需继续加工的毛料时,挤压比最好不小于5。使用组合模挤压空心型材时,应尽可能采取较高的挤压比(以及较高的挤压温度与较长的焊合腔),以保证制品焊缝质量。但是挤压比也不能过大。挤压比过大,金属流动不均匀性增加,压余损失增大。金属出模速度过快,温度升高,也可能导致表面粗糙与裂纹。

2)选择锭坯直径不能超过挤压机的能力。

3)挤压大的复杂型材或多孔模挤压时,锭坯直径还应考虑满足模具设计方面的要求。

通常,挤压比控制在6～100范围内,其中大多数在20～40之间。对于铝及铝合金,挤压比的取值范围为:型材 $\lambda = 10\sim 25$,小型材最大可达100～200。棒材、扁条材 $\lambda = 10\sim 25$,管材 $\lambda = 10\sim 60$,若软合金,上述 $\lambda$ 可取上限值。组合模挤纯铝、软铝合金 $\lambda > 25$,最大可达1000以上。铜及铜合金的挤压比如表4-2-1所示。稀有金属挤压比一般取 $\lambda = 3\sim 40$。

表 4-2-1　铜及铜合金的最大挤压比与常用挤压比

| 合金牌号 | 棒　材 | | 管　材 | |
|---|---|---|---|---|
| | 最大挤压比 | 常用挤压比 | 最大挤压比 | 常用挤压比 |
| 紫　铜 | 300 | 5～37 | 120 | 31～62 |
| 黄　铜 | 500～700 | 5～47 | 80～100 | 10～30 |
| 铝青铜 | 75 | 5～46 | 35～40 | 31～62 |
| 锡青铜 | 30 | 5～25 | 10～15 | 5～20 |
| 白　铜 | 150 | | 30～50 | |

在生产中为了简便操作以及减少工具系统的更换,一般挤压机已将挤压筒尺寸规格化,故锭坯的直径也应当规格化。并且还应考虑筒锭间隙值 $\Delta D$,以保证热态铸锭顺利进入挤压筒,通常 $\Delta D$ 值:铜1～10 mm,铝2～20 mm,小挤压筒或立式挤压机取偏下值。在生产实际中,一般根据经验以挤压比作为重要依据,先确定挤压筒直径后,再按 $\Delta D$、$\Delta d$(针锭间隙值)确定铸锭尺寸。

采用实心锭时,初选尺寸按下式计算:

挤制管材锭坯直径

$$D_p = \sqrt{\lambda(D^2 - d^2)} - \Delta D \tag{4-2-2}$$

挤制棒材锭坯直径

$$D_p = D\sqrt{\lambda N} - \Delta D \tag{4-2-3}$$

挤制型材挤压筒内孔断面积

$$F_p = F\lambda N \tag{4-2-4}$$

式中　$D_p$——锭坯直径，mm；

　　　$D$——挤制管外径、圆棒直径，mm；

　　　$d$——挤制管内径，mm；

　　　$\lambda$——挤压比，即挤压筒内孔横断面积与挤出料总的横断面积的比值；

　　　$N$——模孔个数；

　　　$F$——型材横断面积。

采用空心锭挤压管材时，先按预选挤压筒直径 $D_0$ 和穿孔针直径 $d_0$ 及相应间隙值 $\Delta D$、$\Delta d$，根据下式初选锭坯尺寸。

$$D_p = D_0 - \Delta D \qquad d_p = d_0 + \Delta d$$

式中　$D_p$——锭坯外径；

　　　$d_p$——锭坯内径；

　　　$\Delta d$——锭坯内孔与穿孔针之间的直径差值，一般 $\Delta d$ 值：铜 $1\sim5$ mm，铝 $3\sim15$ mm。

（2）锭坯长度。锭坯长度取决于金属工艺性能、成品尺寸、挤压机能力、主机后出料台的长度等。综合考虑，一般希望锭坯长径比不大于 $3\sim4$。

根据体积不变条件，单孔模挤压时锭坯长度 $L_p$ 可以按下式计算：

$$L_p = \left[ \frac{n(L + l_1) + l_2}{\lambda} + h \right]\lambda_c \tag{4-2-5}$$

式中　$L_p$——锭坯长度，mm；

　　　$n$——挤压的根数；

　　　$\lambda$，$\lambda_c$——挤压比与填充系数；

　　　$L$——要求供给下道工序的毛料长度，mm；

　　　$l_1$，$l_2$——$L$ 的长度裕量与挤压料切头切尾长度，mm；

　　　$h$——留取压余长度，mm。

也可以按 $L_p = (1.5\sim3)D_p$，再根据制品长度等调整锭坯长度。

#### 4.2.1.2　锭坯的质量要求

锭坯质量方面，除锭坯尺寸与形状应满足要求外，锭坯的化学成分，表面和内部质量应符合技术标准。

锭坯的化学成分不符合技术标准或成分不均，不仅恶化加工过程的工艺性能，并且产品最终组织性能达不到要求。

锭坯表面冷隔、裂纹、气孔、偏析瘤及夹渣等缺陷导致工件表面粗糙、开裂、引起起皮或气泡、分层等。通常要用机械处理，尽可能消除上述缺陷。

锭坯内部缺陷（如缩孔、裂纹、气孔夹杂物及偏析等）、成分、组织不均，对加工过程及产品质量影响极大，为了保证合格的锭坯投产，除对锭坯进行成分分析、低倍或高倍组织检查或无损探伤之外，热加工前还要对锭坯进行必要的表面处理和热处理。

4.2.1.3　锭坯的表面处理

锭坯的表面处理可分为机械处理、化学处理(蚀洗)及表面包覆三种方法。

(1) 表面机械处理。该法是将锭坯表面或局部剥去一层,常用铣面、刨面、车皮、打磨、手工修铲刮刷等方法,消除表面缺陷。

铣面或车皮时,每面去除的最小深度视锭坯表面情况和合金品种而定。一般为铜合金 3~4 mm,铝合金 3~7 mm,超硬铝(7A04、7A09)及防锈铝(5A05、5A06 等)和某些铜合金轧制时边部易碎裂,不仅铣表面还应铣侧面。纯铝、紫铜锭坯一般可不铣面、不车皮。

(2) 表面化学处理。该法是用化学方法除去表面的油污和脏物。一般铝及铝合金锭坯的蚀洗,先用 10%~20% 的 NaOH 溶液(温度 60~80℃)蚀洗 6~12 min,然后用冷水浸洗,再用 20%~30% 的 HNO₃ 溶液中和 2~4 min,随后冷水洗,最后不小于 70℃ 热水浸洗 5~7 min,尽快干燥。包覆板必须蚀洗。含锌或镁高的铝合金,铣面后不蚀洗,否则会使锭坯表面发黑或产生白点,影响产品质量,可用汽油擦洗。

(3) 表面包覆。该法是指锭坯表面或两侧面上,衬上和锭坯大小相近的纯金属或合金板材,然后随锭坯加热、轧至成品,主要应用于某些硬铝、超硬铝等板带材。表面包铝可分为工艺包铝和防腐包铝,其每面包铝层厚度与板带材总厚度的关系为:工艺包铝不大于 1.5%,防腐包铝视板材厚度与要求不同,分别不小于 2%、4%、8%。

4.2.1.4　铸锭的均匀化退火

A　目的与对象

热加工前铸锭的均匀化退火,主要目的是改善铸造组织,尽量消除其成分组织的不均匀性,提高金属的加工性能和产品最终组织性能。它是一个高温长时间的高能耗工序,在工业生产上只对成分复杂的合金采用。一般硬铝、超硬铝、锻铝以及防锈铝、白铜、锡磷青铜、含铝和锌的镁合金等均需进行均匀化退火。对成分简单,偏析不严重及塑性好的合金,可不必进行均匀化处理。

B　退火制度

均匀化退火的工艺制度包括退火温度、加热速度、保温时间及冷却速度。

退火温度通常为铸锭实际开始熔化温度的 0.90~0.95,即应低于平衡相图上的固相线。合理的退火温度,往往要通过实验确定。

加热速度以不使铸锭产生开裂和过大的变形为原则。

保温时间,应保证在确定的退火温度下,使非平衡相溶解、晶内偏析消除。实践证明,均匀化过程的速率随时间延长而由大逐步减小,因此,过分延长保温时间是不适宜的。

均匀化后铸锭可随炉冷却,也可出炉空冷,6063 挤压锭进行风冷。对硬铝及超硬铝等不宜冷却速度太快,以免产生淬火效应。部分有色合金均匀化退火制度,参见表 4-2-2、表 4-2-3。

**表 4-2-2　部分铝合金均匀化退火制度**

| 合金牌号 | 铸锭厚度/mm | 加热温度/℃ | 保温时间/h |
|---|---|---|---|
| 2A06 | 200~300 | 480~490 | 12~15 |
| 2A11、2A12 | 200~300 | 485~495 | 12~15 |
| 2A16 | 200~300 | 515~525 | 12~15 |
| 7A04 | 300 | 450~465 | 38 |
| 2A14 | 300 | 490~500 | 15 |
| 5A03 | 200~300 | 465~475 | 12~15 |
| 5A06 | 200~300 | 465~475 | 36 |
| 3A21 | 275 | 495~620 | 13 |

**表 4-2-3　铜合金锭坯均匀化退火制度**

| 合金种类 | 均匀化温度/℃ | 保温时间/h |
|---|---|---|
| 锡青铜 | 650 | 4~6 |
| 普通白铜 | 1000~1050 | 2~4.2 |
| 锰白铜 | 1050~1150① | 2~4.2 |
| 锌白铜 | 940~970 | 2~3.5 |

① 其中 Ni + Co 为 2%~3.5% 和 Mn 为 11%~13% 的锰白铜均匀化温度为 830~870℃,均匀化时间为 1.5~2.5 h。

铸锭均匀退火大多单独进行,也可以和热加工前加热结合进行。后者将铸锭加热到均匀化退火温度,保温一定时间后降到热加工温度,进行热加工,有助于减少工序、节省能耗。

### 4.2.2 锭坯的加热及变形温度控制

变形温度是热加工过程最重要的参数。它对变形时力、能消耗和产品的组织性能都有决定性影响。热加工产品的组织性能不符合技术要求时,首先应检查变形温度是否合理。除铅、锡等低熔点金属外,绝大多数的金属与合金的热加工变形温度都高于室温,变形前要对锭坯加热。

#### 4.2.2.1 锭坯加热

锭坯加热制度包括加热温度、加热时间、升温速度及炉内气氛。

**A 加热温度的确定**

加热温度取决于变形温度。合理变形温度必须保证金属具有好的加工性能,并最终能获得高的产品质量。变形温度主要考虑变形开始温度和变形终了温度。热加工的变形温度主要从合金的状态图、塑性图与抗力图、第二类再结晶图等方面考虑。

(1) 合金状态图。它能够初步给出热加工温度范围(图4-2-1为部分固溶状态图)。热加工温度上限应低于固相线温度 $T_m$(K)。通常取$(0.90 \sim 0.95)T_m$,如果该合金含有低熔点物质,变形温度则应比该物质的熔点温度稍低。而热加工温度的下限,对于单相合金取$(0.65 \sim 0.70)T_m$,以保证得到完全的热变形状态。而对于多相合金,如图中 *I-I* 位置上的合金,其热加工温度下限应高于相变点 $20 \sim 30$℃,以防止热加工过程中发生相变。通常希望热加工温度在单相区内,即图中的影线区内。但是这也有例外,钛合金变形就有这种情况。

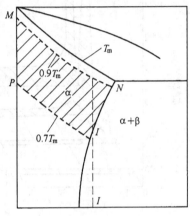

图 4-2-1 不完全固溶体

(2) 金属与合金的塑性图。塑性图是不同的变形状态或加工方式条件下金属或合金的塑性指标或韧性指标随变形温度变化的关系曲线图。从塑性图角度考虑,热加工开始的最高温度应尽量选在相应加工方式下塑性最高的温度范围附近,并注意使整个变形过程避开脆性区。

图 4-2-2 和图 4-2-3 为 Mg-Al 二元合金相图和 AZ61A 合金的塑性图,该合金相当于图 4-2-2

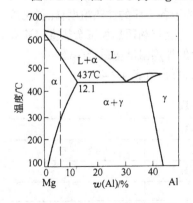

图 4-2-2 Mg-Al 二元系状态图

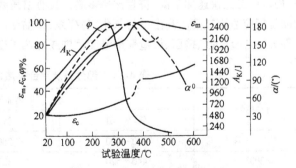

图 4-2-3 AZ61A 镁合金的塑性图

$A_K$—冲击功;$\varepsilon_m$—慢力作用下的最大压缩率;$\varepsilon_c$—冲击力

作用下的最大压缩率;$\varphi$—断面收缩率;$\alpha^0$—弯曲角度

的虚线所示。从相图 4-2-2 可知,合金在 530℃ 附近开始熔化,270℃ 以下为二相系,因此,它的热变形温度应选在 270℃ 以上的单相区。从塑性图 4-2-3 可知,当温度为 350~400℃ 时,$\psi$ 及 $\varepsilon_M$ 都有最大值。因此,不论是轧制或挤压,都可以在这个温度内以较慢的速度进行。$\varepsilon_c$ 在 350℃ 左右有突变,因此锻造温度一般应选择在 400~450℃。但若工件形状复杂,在变形期间易发生应力集中时,则应根据 $A_K$ 曲线来判定,从图可知 $A_K$ 值在 270℃ 附近降低,故此种情况下的锻造和冲压应在 250℃ 以下进行。

一些铝合金进入热脆状态的临界温度值为:6A02,520~530℃;2A12,485~495℃;7A04,470~480℃;2A11,约 520℃。在此温度范围金属抵抗拉应力的能力急剧下降,为了防止挤压裂纹,常使挤压温度比其临界温度低 50~100℃。

为应用方便,有时候也把变形抗力随温度变化的曲线附于塑性图中。在确定青铜、镍合金等变形抗力相对较大的金属加工温度时可以把塑性与抗力的变化趋势兼顾考虑,以减少变形力。

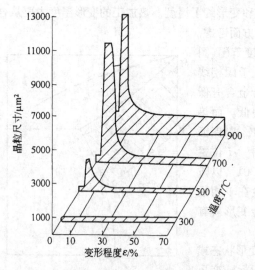

图 4-2-4　铜的第二类再结晶图

(3) 第二类再结晶图。塑性图能够给出金属与合金的适宜加工温度范围,但不能反应热变形终了时的金属组织与性能。影响热加工产品性能的好坏最重要的因素是热变形后的晶粒大小。确定热变形终了温度必须参照第二类再结晶图,以保证合适的晶粒度。从第二类再结晶图可知,变形温度高,变形程度又处在临界变形度附近往往得到粗大晶粒,应予避免。热变形温度下限要能保证变形过程中再结晶能充分迅速地进行。一般它在 $0.7T_m$ 左右。但对于热轧、热锻等需经过许多道次的连续变形才能完成的热加工过程,完成变形的最低温度约等于 $0.5T_m$。图 4-2-4 为铜的第二类再结晶图,由图中可以看出,铜的热轧终了温度在 500℃ 以上较合适,此时晶粒度也较小。

按上述原则确定了金属热变形温度范围以后,加热温度就有了最基本的依据。实际生产过程中考虑变形温度和加热温度高低时还需要根据采用的变形方式的温度效应特点、金属对温度的敏感性、制品的类别、加热炉情况等作出适度的调整。例如,关于各工序的加热温度,轧制比挤压高,慢速加工比快速加工高,挤管比挤棒高。具有挤压效应的合金与利用热加工余热直接淬火的制品温度应适当提高。高温下易氧化、易挥发、易黏结的合金的加热温度应适当降低。

部分铝合金轧制、挤压、锻造变形温度范围或加热温度范围,可参考表 4-2-4。

表 4-2-4　部分铝及铝合金热加工温度

| 合金牌号 | 热加工温度/℃ | | |
|---|---|---|---|
| | 轧　　制 | 挤　　压 | 锻　　造 |
| 1×××系 | 290~500 | 250~490 | |
| 3003 | 440~520 | 320~450 | |
| 5A02 | 480~510 | 320~450 | 350~470 |
| 5A03 | 470~500 | 320~450 | 350~470 |
| 5A05 | 450~480 | 380~450 | 350~440 |

| 合金牌号 | 热加工温度/℃ | | |
| --- | --- | --- | --- |
| | 轧 制 | 挤 压 | 锻 造 |
| 1×××系 | 290~500 | 250~490 | |
| 5A06 | 430~470 | 380~450 | 360~440 |
| 5A12 | 410~430 | 380~450 | 350~440 |
| 6A02 | 410~500 | 370~450 | 400~500 |
| 2A50 | 410~500 | 370~450 | 380~480 |
| 2A14 | 390~430 | 400~450 | 380~480 |
| 2A10 | | 320~450 | |
| 2A11 | 390~430 | 320~450 | 380~470 |
| 2A12 | 390~430 | 400~450 | 380~470 |
| 2A02 | | 440~460 | 380~470 |
| 2618 | | 370~450 | 380~480 |
| 2218 | | 370~450 | |
| 2A16 | 390~430 | 440~460 | 400~460 |
| 2A17 | | 440~460 | |
| 7A31 | 380~430 | 380~430 | |
| 7A03 | | 300~450 | |
| 7A04 | 370~410 | 300~450 | 380~450 |

B 加热时间的确定

加热时间包括升温和均热时间。加热时间与合金导热特性、铸锭尺寸、加热设备的传热方式及装料方法等因素有关。

加热时间一般宜短,它可减少氧化,防止过热过烧及黄铜脱锌,降低能耗。但加热必须保证锭坯达到所需要的加热温度并均匀热透。合金塑性越差、成分越复杂、锭坯厚度或直径越大,所需加热时间越长。除感应加热能显著缩短加热时间外,对其他加热方式,扁坯的加热时间可按下列经验公式计算:

$$t = (12 \sim 20)\sqrt{H} \qquad (4\text{-}2\text{-}6)$$

式中　$t$——锭加热时间,min;

　　　$H$——锭坯厚度,mm。

加热时间的选取要求为:铝及铝合金取上限,紫铜、黄铜取下限;青铜、白铜取中间值,镍及镍合金偏上限。圆锭的加热时间亦可把厚度 $H$ 换成直径 $d$,按上式估算,再适当调低。

不同的经验公式很大程度上依据于现场的具体情况,需要根据生产实践情况予以修正。

C 炉内气氛控制

加热炉的气氛控制主要根据金属与炉内气体之间相互作用的特征不同而异。铝、镁合金通常是用电炉加热,气氛问题不必考虑。

紫铜、低锌黄铜(H96、H90)、锡青铜、铝青铜,在高温下极易氧化并且氧化膜疏松、易于脆裂、在加工时压入金属表面造成严重的表面缺陷,这类金属(紫铜除外)在加热时一般应采用还原性气氛。无氧铜亦宜在还原性或中性气氛中加热,以防氧的渗透。

紫铜若在还原性气氛中加热则易造成"氢气病"。高锌黄铜(H62,H68)若在还原性气氛中加热将造成严重的脱锌而出现红斑。故它们及含锰镉的铜合金、镍合金宜在微氧化气氛或中性气氛中加热。

铜、镍易出现硫脆,应严格控制燃料的硫含量。钨、钼应在氢气中加热。

对于钛、锆、钽、铌等金属及合金,宜采用真空加热或惰性气体保护加热。还可以采用快速感应加热,或在其他金属如铜、钢等包套中加热和加工,以减少和避免气体的有害影响。

扁锭大都采用步进式燃料燃烧炉;圆锭大都采用感应加热炉或连续式燃料燃烧炉;铝锭也可采用连续式电阻加热炉。

#### 4.2.2.2  变形温度控制

根据前述原则确定了金属的变形温度和加热温度,但是在变形过程中由于多种因素影响,金属的实际温度是不断变化的。如何把握变形过程中的温度变化规律、合理进行温度控制以保证实现理想的变形温度,是生产实践中一个不容忽略的重要问题。变形过程的温度变化与变形金属的热效应和变形过程中的散热条件等影响温度升降因素有密切关系。

热效应导致变形金属温度升高。所有使摩擦力、变形力增大的因素都使热效应增大。变形速度越慢,变形金属的表面积越大,金属热传导系数越大,工具与金属相对温差越大,外界冷却条件越好,则金属的温降越大。反之,则温降越小,甚至造成温升。

在对变形过程的温度进行控制时,要综合考虑加工过程的实际情况,通过调整变形速度、冷却润滑条件、工具预热温度等对变形金属的实际温度予以合理调控。工具预热温度一般为:铜及铜合金挤压模具,挤压筒 300~450℃,挤压模、挤压垫 200~300℃,穿孔针 200~350℃;铝及铝合金挤压模具 300~400℃;铝合金锻造模具 250~420℃。

挤压时,采用多种温度-速度控制措施实现等温挤压(参见热加工变形速度的确定),切实保证在工件出模时有合适的温度,这一点对铝合金和锡青铜的挤压尤其重要。当制品断面尺寸或组织性能出现波动时,首先检查与调整锭坯的原始温度,无法及时调整时,则严格控制挤压速度。

变形完毕后制品的冷却速度对制品的性能也有大的影响。要根据不同类型的金属特点、产品状态要求或后续工序要求区别对待。

### 4.2.3  热加工变形程度的确定

变形程度直接关系到产品几何形状尺寸和质量。研究热变形程度,包含两个方面的内容:

一是在金属加工过程中的总的热变形程度的确定;

二是一次加热后,若变形是分多道次完成,例如轧制,其各道次变形程度的确定。

#### 4.2.3.1  热加工总变形程度的确定

确定热加工总变形程度主要考虑如下原则:

(1) 金属的性质与锭坯质量。根据金属热态塑性的好坏基本可以确定热加工变形程度。高温塑性好,塑性温度范围较宽,允许的总热变形程度大;反之则只能取小的变形程度,或通过二次加热实现所需的变形量。大多数铝、铜及其合金的热轧总加工率可达 90%以上。硬铝热变形温度范围窄,热脆倾向大,则热轧总变形程度少。锭坯质量好,加热均匀,热变形程度可以适当增大。

(2) 产品的尺寸与质量要求。为保证加工制品的力学性能及组织的均匀性,热加工总变形程度的下限应使铸造组织转变为加工组织。对于轧制,锭坯的最小厚度应能保证金属承受 60% ～70%左右的加工率,对于挤压,一般应保证挤压比在 8 以上。对于锻造,铝合金锻造比应大于等于 5,锻造各个阶段应避免单方向大压缩变形。

当热加工生产为冷变形提供坯料时,还必须考虑最终冷变形产品的尺寸,为冷加工留足必须的加工率。

(3) 加工设备的能力及配置水平。所选择的挤压比、轧制或锻造每一道次的压下率都进行力能参数检验,使其不超过设备允许的技术特性指标。加工装备的机械化、自动化程度越高,加工间隙时间越短,金属温降少,允许的热变量则可相对越大。

#### 4.2.3.2 热轧道次及道次加工率的确定

对于确定的总的热变形程度,用挤压方法加工,基本上一次变形过程即可实现。但对于轧制,由于总的变形程度是由若干道次累积完成,在锭坯厚度、总变形程度(总加工率)确定之后,还需要进一步确定轧制道次与道次加工率。

A 轧制道次的确定

平辊轧制的道次加工率以压下率 $\varepsilon$ 表示为:

$$\varepsilon = \frac{h_{前} - h_{后}}{h_{前}} \times 100\% \tag{4-2-7}$$

式中,$h_{前}$ 为轧前厚度;$h_{后}$ 为轧后厚度。

总加工率为:

$$\varepsilon_{总} = \frac{H - h}{H} \tag{4-2-8}$$

式中,$H$ 为锭坯厚度;$h$ 为热轧终了厚度。

总加工率 $\varepsilon_{总}$、平均道次加工率 $\varepsilon_{平}$ 与轧制道次 $n$ 的关系为:

$$n = \frac{\lg(1 - \varepsilon_{总})}{\lg(1 - \varepsilon_{平})} \tag{4-2-9}$$

平均道次加工率通常为 10%～40%左右,金属塑性好、抗力小、锭坯窄、设备能力大的取上限,反之取下限。重有色金属合金的最大道次加工率及平均道次加工率见表 4-2-5。

表 4-2-5　重有色合金热轧时采用的最大道次加工率 $\varepsilon_{max}$ 及道次平均加工率 $\varepsilon_{平}$ 的范围

| 类型 | 合 金 牌 号 | 锭坯宽度/mm | $\varepsilon_{max}/\%$ | $\varepsilon_{平}/\%$ |
|---|---|---|---|---|
| 1 | H62,H59,HSn62-1,HPb59-1,HMn58-2,HMn57-3-1,HFe59-1-1,HAl66-6-3-2 | <340<br>340～600<br>>600 | 45～55<br>40～50<br>35～40 | 36～41<br>32～38<br>28～33 |
| 2 | H68,H80,H90,H96,T2,TUP,HSn90-1,QMn5 | <340<br>340～600<br>>600 | 40～50<br>33～40<br>28～33 | 30～36<br>27～32<br>22～27 |
| 3 | QAl5,QAl7,QAl9-2,QSi3-1,QSn4-3,B5,B10,B19,BZn15-20,BMn3-12,BAl6-1.5 | <340<br>340～600<br>>600 | 33～40<br>28～33<br>23～28 | 26～32<br>22～28<br>20～25 |
| 4 | NY1,NY2,N6-8,BMn40-1.5,BFe30-1-1,B30,NCu28-2.5-1.5,QBe2,QSn6.5-0.1 | <340<br>340～600<br>>600 | 30～35<br>23～30<br>15～23 | 22～28<br>20～25<br>13～20 |
| 5 | Zn1,Zn2 | | 30～45 | 20～33 |
| 6 | Pb1-6 | | 20～40 | 10～22 |

　　B　道次加工率的确定

　　热轧一般是希望加大道次加工率。但道次加工率分配受到金属热态塑性、咬入条件、产品质量要求的限制。综合考虑这些因素,根据不同轧制阶段的主要矛盾,把轧制过程分成三个阶段,道次压下率可以如下安排。

　　(1) 初始轧制阶段。这个阶段由于锭坯塑性比较差,且受咬入条件的限制,只能采用较小的加工率。但也不宜过小,过小则道次增加,变形不能深透,影响组织的过渡。大型轧机往往配有立辊。轧制几道次后可根据需要采用立辊轧边,以防止热轧裂边,控制轧件宽度。

　　(2) 中间轧制阶段。经过初始阶段的轧制,铸造组织已基本转变为塑性较好的加工组织,即应充分利用高温下金属塑性较好的条件和轧机能力,尽可能采用大压下量以尽快轧到所要求厚度。最大道次加工率,对软铝及多数重有色金属可达 50%,对硬铝合金,变形深透后可达 45%以上。在中间阶段后期,压下量应使轧制压力与辊型相适应,以便控制板凸度。

　　(3) 最后轧制阶段。一般道次加工率减少。在选择最后几个道次的压下量时,应该以保证优良质量的产品为主要目的。轧件较薄时,平直度问题比较突出,此时应注意轧制时的辊型控制。从尺寸公差及轧件平直度的要求考虑,后几道的压下量应较小。最后一两道次的变形程度将对最后组织起决定作用,它还应避开临界变形程度。

　　预选道次加工率后,还要作咬入条件和设备力能参数的校核。

## 4.2.4　热加工变形速度的确定

　　单位时间的变形程度 $\dot{\varepsilon} = \dfrac{\partial e}{\partial t}$ 称为变形速率, $\bar{\varepsilon} = \dfrac{\dot{\varepsilon}}{t}$ 称为平均变形速率,也称为变形速度。在通常制定工艺规程时,为了应用的方便,变形速度也常用工具的运动速度或金属的流动速度来衡量,如轧制时的轧制速度为轧辊线速度,挤压时的挤压速度一般用金属流出模孔时的速度 $v_1$ 来衡量。上述速度有时也称为加工速度,在相同的变形程度下可以视为加工速度与变形速度成正比。

　　变形速度影响金属实际变形温度,尤其是变形终了温度,从而影响金属塑性和变形抗力、影响产品质量。提高变形速度有利于提高生产率,在保证产品质量合格和设备能力允许的情况下,尽量采用较高的速度。

　　下面根据不同加工方法的特点,介绍确定变形速度的一些基本考虑和做法。

### 4.2.4.1　轧制

　　轧制时温度效应不占主要因素,主要应考虑咬入、温降、生产率等因素。

　　对于可调速轧机,在一个轧制道次内,轧制速度可以这样安排:进料时轧制速度较低,以利咬入;咬入后升速达到高的稳定轧制速度,以提高轧机生产率,减少温降;最后速度降低,即低速抛出,以缩短轧件返回时间。

　　在轧制变形的不同阶段(即不同的轧制道次)通常采用不同的基本轧制速度。

　　(1) 开始轧制阶段。因为铸锭厚而短,绝对压下量较大,咬入困难,而且是变铸造组织为加工组织,须防铸造缺陷引起轧裂,所以采用较低的轧制速度。

　　(2) 中间轧制阶段。为了控制终轧温度和提高生产率,只要条件允许,应尽量采用高速轧制。

　　(3) 最后轧制阶段。轧件薄而长,使轧件头尾与中间温差大,为保证产品性能与精度,应根据实际情况选用适当的轧制速度。

　　随着技术的进步,有色金属轧制速度逐渐提高,对于铝板带轧机,目前国内大中型轧机最高的轧制速度为 3~4 m/s,国外最高的热轧速度已达 8 m/s。其中纯铝及少量组元的合金可以高速轧制,而 2A12、5A06 和 7A04 等铝合金轧速较低。对于铜合金大铸锭轧制,采用 0.5~4 m/s 较合适。

### 4.2.4.2 挤压

A 挤压速度的确定

确定金属的挤压速度(金属的流出速度)时要特别注意挤速对出口温度的影响。挤压速度受产品质量和设备能力的制约,由此分析得到的挤压速度极限图(温度－速度曲线)或称为挤压工艺极限图,可提供理论上的适宜温度、速度范围。生产实践中,应着重考虑以下因素。

(1)金属特性和产品类型。金属的特性,主要从塑性考虑。当金属允许的挤压温度范围较宽时可采用较高的挤压速度,反之,采用较低的挤压速度。从产品类型讲,形状越复杂,挤压速度应越低。高速挤压时可能由于温升而进入脆性区,这对铝合金最为明显,故大部分铝合金采用低温高速挤压。其中纯铝、3A21 可达 100 m/min 左右,6063、6061 以及软铝合金型材可控制在 8~20 m/min,2A12、5A05、5A06 等复杂型材可取 0.1~0.2 m/min。而大部分铜、镍、钛等合金其塑性一般都不错,可以高速挤压,其中紫铜、H96 流出速度可达 100~200 m/min,但 QSn6.5-0.1 等个别合金塑性对挤压速度特别敏感,易出现裂纹,流出速度通常为 2~3 m/min。

(2)挤压工艺方法。挤压比越小,铸锭质量越好,加热温度越低,润滑条件越好,则采用的挤压速度越高。多孔挤压、采用组合模挤压空心型材与管材时,挤压速度不能太高。反向挤压的速度高于正向挤压。

为了获得沿长度与断面上组织性能均一、表面质量好的制品,在挤压对温度、速度敏感的合金如硬铝合金等的过程中,可采取锭坯梯温加热、变速挤压、调控工模具温度等各种温度－速度控制技术,力争实现等温挤压或高速挤压。

一些有色金属不同条件下的挤压速度控制值见表 4-2-6 及表 4-2-7。

**表 4-2-6 挤压铜及铜合金常用的温度－速度规程**

| 合金牌号 | 挤压温度/℃ | 挤压速度/m·s$^{-1}$ |
|---|---|---|
| 纯铜 | 700~850 | 不限 |
| H96 | 820~850 | 不限 |
| H68 | 680~710 | 25 |
| H63 | 700~740 | 50~60 |
| HPb 59-1 | 650 | 不限 |
| HPb 58-2 | 650~670 | 不限 |
| HPb 60-2 | 650~670 | 不限 |
| HSn 70-1 | 650~670 | 10~15 |
| HSn 62-1 | 670~700 | 10~15 |
| HMn 58-2 | 710~750 | 20~30 |
| HFeMn 59-1-1 | 710~750 | 20~30 |
| 铝青铜 | 800~850 | 25~35 |
| 铬青铜 | 850~910 | 25~35 |
| QSn 6.5-0.15 | 730~750 | 10~15 |
| QSn 7-0.2 | 730~750 | 10~15 |
| 白铜 | 930~950 | 25~35 |

**表 4-2-7　某些铝及铝合金管材挤压比和温度－速度范围**

| 合金牌号 | 挤压温度/℃ | | 挤压比 λ | 金属流出速度/m·min⁻¹ |
|---|---|---|---|---|
| | 坯　料 | 挤压筒 | | |
| 1×××、6A02、6063 | 300～400 | 300～380 | ≥15～150 | ≥50 |
| 2A50、3A21 | 350～430 | 300～380 | 10～100 | 10～20 |
| 5A02 | 350～420 | 300～350 | 10～100 | 6～10 |
| 5A06、5A05 | 430～470 | 370～400 | 10～50 | 2～2.5 |
| 2A11、2A12 | 330～400 | 300～350 | 10～60 | 2～3 |

前面几节,分别介绍了确定热变形温度、变形程度、变形速度的相关知识,作为总结,这里把热挤压时的一般工艺参数综合示于表 4-2-8。

**表 4-2-8　各种有色金属材料热挤压时的工艺参数值**

| 金属材料 | | 挤压温度/℃ | 挤压比 λ | 金属流出速度/m·s⁻¹ | 单位挤压力/MPa |
|---|---|---|---|---|---|
| 铝及铝合金 | 纯　铝 | 450～550 | 约 500 | 0.42～1.25 | 300～600 |
| | 防锈铝合金 | 380～520 | 6～(30～80) | 0.25～0.50 | 400～1000 |
| | 硬铝合金 | 400～480 | 6～30 | 0.025～0.10 | 750～1000 |
| 铅及铅合金 | | 200～250 | — | 0.10～1.0 | 300～650 |
| 镁及镁合金 | 纯　镁 | 350～440 | 约 100 | 0.25～0.50 | 约 800 |
| | MB2,MB5,MB7 | 300～400 | 10～(50～80) | 0.016～0.16 | 约 1000 |
| | 镁铝合金 | 300～420 | 10～80 | 0.008～1.25 | |
| 锌及锌合金 | 纯　锌 | 250～350 | 约 200 | 0.033～0.38 | 约 700 |
| | 锌合金 | 200～320 | 约 50 | 0.033～(0.083～0.2) | 800～900 |
| 铜及铜合金 | 纯　铜 | 820～910 | 10～400 | 0.10～5.0 | 300～650 |
| | α+β 黄铜,青铜 | 650～840 | 10～(300～400) | 0.10～3.3 | 200～500 |
| | 含 10%～13%Ni 白铜 | 700～780 | 10～(150～200) | 0.10～1.67 | 600～800 |
| | 含 20%～30%Ni 白铜 | 980～1000 | — | 0.10～(0.4～0.6) | 500～850 |
| 镍及镍合金 | | 1000～1200 | 玻璃润滑约 200 石墨润滑约 20 | 0.3～3.7 | — |
| 钛及钛合金 | 纯　钛 | 370～540 870～1040 | 玻璃润滑 20～100 | 0.006～0.025 | — |
| | 钛合金 | 650～760 815～1040 | 黄油润滑 8～40 | 0.04～0.08 | — |
| 特殊合金 | 钯 | 1100～1150 | 10～18 | — | — |
| | 锆 | 850～960 | 约 30 | | |
| | 铍 | 400～1100 | 400～450℃,约 8 | | |
| | 钨 | 1400～1650 | 3～10 | | |

## 4.2.5　热加工的润滑与冷却

### 4.2.5.1　润滑与冷却的作用和要求

润滑冷却剂的目的与作用是:

(1) 降低摩擦力,减少不均匀变形,降低能耗。

(2) 冷却工模具,控制热加工时工模具的温度,轧制时进而控制辊型。

(3) 防止金属与工模具黏结,提高制品表面质量。

(4) 减少工模具磨损,提高使用寿命。

通常,同一种介质兼有润滑与冷却作用,但在不同的变形方式中有时其侧重点有所不同。

对润滑剂的要求是:润滑性好;有较高热容,冷却性好;成分和性能稳定;加工后容易清除,燃烧后灰渣少;润滑剂本身或生成物对人体无害,对环境污染少,净化简单;成本较低。

在金属塑性加工中使用润滑剂,按其形态可分为:液体润滑剂、固体润滑剂、液－固润滑剂以及熔体润滑剂,其中液体润滑剂使用最广。

#### 4.2.5.2 热轧时的冷却和润滑

热轧过程轧辊的冷却与温度控制往往比润滑更显得重要。若轧辊温度不能很好的控制,将使轧辊温度高、强度硬度降低;辊身温度分布不合理,造成辊型变化,导致轧件出现波浪;对于黏性大的金属,易发生粘辊。

铜及铜合金、镍及镍合金过去一般采用水直接冷却润滑轧辊(对于 H68,QSn6.5-0.1 等金属则不宜喷水)。现在倾向采用乳液润滑,它不仅冷却能力大,而且润滑效果好,同时减弱了水对轧辊的腐蚀,降低了轧件对轧辊的热冲击。铜、镍合金在热轧后期有时也采用涂油或喷油润滑。铜合金采用机油、50%机油加 50%煤油及煤油、菜籽油、蓖麻油等;镍及镍合金可用 90%~95%机油加 5%~10%钙钠基润滑脂或二硫化钼润滑;锌及锌合金则采用石蜡、石蜡加硬脂酸铅或重油加煤油等;钛、钨、钼热轧常用机油润滑,温轧时则可用机油加石墨或二硫化钼润滑。采用涂油或喷油润滑时,轧辊则采用间接水冷却法,即冷却水通过空心轧辊控制辊温。

铝及铝合金的冷却润滑广泛采用乳液。通常的乳化液由基础油、乳化剂、油性添加剂和水四种成分组成。乳液原液成分一般为:矿物油 80%~85%,植物油酸 8%~10%,三乙醇铵 5%~10%及少量的其他添加剂。再把原液按 1%~8%的浓度(视乳液品牌不同)加入到软化水中,即为一般生产用的乳化液。乳液一般呈弱碱性,pH值控制为 7.5~9.0。

#### 4.2.5.3 挤压时的冷却和润滑

挤压时,单位压力很大,接触摩擦时间长,模子、穿孔针工作条件恶劣,而制品也容易出现尺寸形状不符合要求,以及划痕、拉裂及金属黏结等。但挤压时的冷却和润滑难以像热轧那样在变形时持续进行,只能在每次挤压前实施。

通常,为降温可将工模具浸入水或机油中冷却,润滑则是每次挤压前对工具一次性的涂抹润滑剂。在一般情况下,穿孔针或芯棒、锥模的工作面需要润滑,平模不润滑(挤压钛合金例外)。使用组合模挤压空心型材和管材时,绝对不允许润滑。挤压垫片与锭坯接触的端面不得润滑。挤压筒或锭坯侧表面润滑对改善挤压过程的影响最大,但在复合挤压、脱皮挤压时禁止润滑。在挤压铝及铝合金以及镁合金时挤压筒多不润滑。

挤压润滑剂根据其使用的温度条件可分为两组:

(1) 1000℃ 以下采用油脂、石墨、二硫化钼、云母、滑石、肥皂、膨润土、沥青和塑料等;

(2) 1000℃ 以上采用玻璃润滑剂,如玻璃、玄武岩、晶态粉末等。

铝及铝合金挤压的常用润滑剂有 70%左右的汽缸油加石墨、硬脂酸铅、滑石粉各约 10%等各种近似成分。挤压铜合金,尤其挤压复杂铝青铜、含锡 8%以上的 Cu-Sn 合金、铁白铜等难挤压的铜合金时应润滑。润滑剂可用 70%~80%的机油、20%~30%片状石墨和沥青。模子还可用带石墨的沥青润滑,穿孔针和挤压筒用带石墨、滑石粉、铅丹($Pb_3O_4$)的机油润滑。近年来也采用以盐类为基的水溶液润滑剂。

　　玻璃润滑剂主要用于钛、镍、钨、钽、铌等金属挤压中。根据加工温度和所需的润滑剂黏度可选用合适的玻璃成分。

　　挤压用润滑剂的发展趋势是用水基石墨型润滑剂代替油基石墨型润滑剂,以及发展非石墨型耐高温润滑剂和水溶性玻璃润滑剂。

# 4.3　冷加工工艺

## 4.3.1　冷加工坯料准备

　　冷加工是加工温度低于材料的再结晶温度的塑性加工。冷加工可以作为一个独立的塑性加工过程,但在有色金属材料生产中,冷加工通常是作为热加工的后续加工。冷加工的变形方式有冷轧、冷拔、冷锻、冷挤等,本章主要叙述有色材料生产中最常见的冷轧、冷拔加工工艺。

　　冷加工的坯料大多数是热加工产品,在个别情况下则直接使用锭坯。

### 4.3.1.1　冷加工坯料形状尺寸的确定

　　A　坯料形状

　　冷加工坯料的形状要尽可能跟产品形状靠近,以减少不均匀变形和需要的加工道次。

　　B　坯料的断面尺寸

　　坯料的断面尺寸除必须为设备能力、机前机后配套设施所允许外,还需要考虑以下几个方面。

　　(1)保证成品的组织性能与形状尺寸要求。直接用锭坯作冷加工坯料时,要具有较大的总加工率,以保证铸造组织完全转变为晶粒细小均匀的加工组织。用热加工产品作为冷加工坯料时,对以退火工艺控制性能的产品,总加工率一般无严格要求,但应避开临界变形程度。为了退火后获得较好的组织和性能,此时通常采用的总加工率不少于 40% ~ 50%。对以冷变形程度控制性能的制品则应根据硬化曲线(金属力学性能与冷变形程度关系曲线)查出保证规定力学性能所需要的加工率。按照以上要求可推算出坯料的最小尺寸。

　　(2)操作上的技术可能性。管材衬拉时,为了保证各道次拉拔芯头的顺利装入,坯料的内径与外径要合理选择。例如,已知成品管的外径 $D$、内径 $d$ 和拉伸时采用的总延伸系数 $\lambda_{总}$,若安排 $n$ 道次衬拉,每拉一道内径减少 $a$ mm(亦即每道芯头比坯料内径小 $a$ mm)。

　　　　则:坯料内径
$$d_0 = d + na \tag{4-3-1}$$

　　　　坯料外径
$$D_0 = \sqrt{\lambda_{总}(D^2 - d^2) + d_0^2} \tag{4-3-2}$$

　　C　坯料的长度

　　为了提高生产率,减少切头切尾的几何损失,在设备条件允许的条件下,坯料的长度尺寸应尽量选长一些。它可在确定了坯料断面尺寸后,考虑到定尺和倍尺要求,根据体积不变条件求出。对于冷拔:

$$L_0 \geqslant \frac{nFL + FL_{切}}{F_0} = nL/\lambda_{总} + L_{切}/\lambda_{总} \tag{4-3-3}$$

式中　$F_0$、$L_0$——坯料横断面积与长度;

　　　　$F$、$L$——成品横断面积与长度;

　　　　　$n$——拟采用的倍尺数;

　　　$L_{切}$——加工时所需切头切尾总的长度;

λ<sub>总</sub>——冷变形阶段的总延伸系数。

$\lambda_总$——冷变形阶段的总延伸系数。

对于冷轧,板带坯料尺寸的确定方法与热轧类似,即坯料宽度为成品宽度加上切边损失,坯料长度根据成品的厚度和长度与选定的厚度考虑切头切尾按体积不变条件求出。

### 4.3.1.2 对坯料质量的要求

由于冷加工的特点,对冷加工坯料的要求比热加工坯料更高,尺寸公差及几何外形与表面质量要求更严格。为消除各种缺陷,冷加工坯料往往需先切边、铣面(板、带)和车皮、扒皮(管、棒)、人工修刮、蚀洗等。坯料应该处于充分软化的状态并且无任何大的组织与性能不均匀性以及其他组织缺陷,必要时要进行坯料的预备退火。

### 4.3.1.3 坯料的预备退火

热加工状态坯料在组织及性能方面影响冷加工的主要问题是再结晶不完全和残余应力,具有相变的合金因热加工后冷却过快可造成淬火效应。塑性较好的铝及软铝合金、紫铜、普通黄铜等绝大部分铜合金,可不预备退火而直接冷加工。热处理强化铝合金(如 2A12、2A11、7A04 等)、复杂黄铜,热加工后通常要进行退火,而直接采用铸锭及水平连铸带坯,铸轧坯,空心铸管坯等作冷加工坯料时,一般都要进行预备退火。还存在少数合金,如 QBe2.0 等,淬火效应有利于冷加工过程。必要时还可对这些合金在冷加工前进行预备淬火处理。

关于选择预备退火工艺参数的一般原则,与冷加工的中间退火相同。但由于预备退火后金属还要经过冷变形,有时还要经过一次或几次中间退火,因此在工艺参数的控制上不如中间退火及成品退火严格。

## 4.3.2 冷加工变形程度的确定

从坯料到成品的总加工率,在选定冷加工坯料尺寸后就已经确定。冷加工变形程度的确定,包括确定两次退火间的总加工率、成品加工率、中间退火次数、两次退火间的变形道次和道次加工率的分配。

### 4.3.2.1 两次退火间的总加工率

非成品加工阶段,希望充分发挥金属的属性,采用大的两次退火间的总加工率,以减少中间退火次数,但它必须考虑以下方面的影响:

(1) 变形的方式。同一种金属采用不同的变形方式所允许的总加工率是有差异的。轧制允许采用的总加工率及道次加工率大于拉拔采用总加工率及道次加工率。有色金属及其合金常采用两次退火间的冷轧总加工率范围见表 4-3-1,冷拔的两次退火间的平均延伸系数见表 4-3-2、表 4-3-3。

表 4-3-1 有色金属开坯和两次退火间的总加工率

| 合 金 | 总加工率/% | 合 金 | 总加工率/% |
|---|---|---|---|
| 紫铜 | 50~95 | 纯铝 | 75~95 |
| H68,H65,H62 | 50~85 | 软铝合金 | 60~85 |
| 复杂黄铜 | 30~70 | 硬铝合金 | 60~70 |
| 青铜 | 35~80 | 镁 | 15~20 |
| 纯镍 | 50~85 | 钛合金 TC1 | 25~30 |
| 镍合金 | 40~80 | TC3 | 15~25 |
| 钽和铌 | 80~85 | TA1,TA2,TA3 | 30~50 |

表 4-3-2　铜管拉拔时采用的延伸系数

| 芯头种类 | 金属与合金 | 两次退火间总延伸系数 | 平均道次延伸系数 |
|---|---|---|---|
| 固定<br>短芯头 | 紫铜,H96 | 不　限 | 1.2~1.7 |
| | H68,HSn70-1,HAl70-1.5 | 1.67~3.3 | 1.25~1.60 |
| | HAl77-2 | | |
| | H62 | 1.25~2.23 | 1.18~1.43 |
| | QSn4-0.2,QSn7-0.2 | 1.67~3.3 | 1.18~1.43 |
| | QSn6.5-0.1,B10,B30 | | |
| | L2~L6 | 1.20~2.8 | 1.20~1.40 |
| | LD2,LF21 | 1.20~2.2 | 1.2~1.35 |
| | LF2 | 1.1~2.0 | 1.1~1.30 |
| | LY11 | 1.10~2.0 | 1.10~1.30 |
| | LY12 | 1.10~1.70 | 1.10~1.25 |
| 游动<br>芯头 | 紫铜 | 不限 | 1.65~1.75 |
| | HAl77-2 | 3 | 1.70 |
| | H68,HSn70-1 | 2.5 | 1.65 |
| | H62 | 2.2 | 1.50 |

表 4-3-3　铜棒拉拔延伸系数 $\lambda$

| 合　金 | 两次退火间平均总延伸系数 | 平均道次延伸系数 |
|---|---|---|
| 紫　铜 | 不　限 | 1.15~1.40 |
| 黄　铜 | 1.2~2.2 | 1.10~1.20 |

　　(2) 设备条件。总加工率大小还与设备类型和参数有关。例如,多辊轧机的冷轧总加工率就比一般二辊和四辊轧机大。

　　(3) 对产品质量的影响。加大两次退火间的总加工率有利于第二相更为破碎,对产品性能有利。但总加工率过大时容易造成各种裂纹、断带、拉伸断头,恶化表面质量。总加工率还要注意避开临界变形程度,以免退火后形成粗晶。

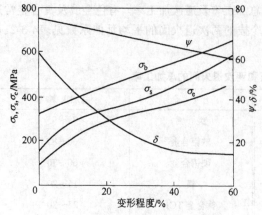

图 4-3-1　H62 力学性能与变形程度的关系(原始晶粒 0.045 mm)

### 4.3.2.2　成品加工率

　　成品加工率是指为控制产品最终性能及表面质量,金属在最后一次中间退火后的成品加工阶段应该具备的冷变形程度。

　　硬态或特硬态产品及以冷变形程度控制性能的半硬态产品,可以根据产品技术标准对力学性能的要求,按加工硬化曲线来确定成品总加工率范围。例如,根据有关标准规定,由 H62 板带各状态的力学性能要求(表 4-3-4)和 H62 金属硬化曲线(图 4-3-1)可知,成品加工率 $\varepsilon$ 应分别为:T 态 45%~60%,Y 态 20%~25%,Y$_2$ 态 7%~15%。

表 4-3-4 H62 力学性能要求

| 状　态 | T | Y | $Y_2$ | M |
|---|---|---|---|---|
| $\sigma_b$(不小于)/MPa | 600 | 420 | 350 | 300 |
| $\delta$(不小于)/% | 2.5 | 10 | 25 | 40 |

利用冷变形后经退火来控制性能的半硬态和软态产品及淬火时效产品的性能主要取决于成品热处理工艺,但成品加工率对成品热处理工艺及最终性能也有一定的影响,成品加工率越大,成品退火温度可相应降低,时间缩短,且伸长率较高。

成品热处理前的变形程度,一般来说它可以根据第一类再结晶图(加工率、退火温度、晶粒度的关系图)大致选择,对于冷轧板带一般不低于 40%～50%,对于冷拉拔制品则成品加工率没有严格要求,但注意避免临界变形程度。

对于表面要求的光亮的板带产品,有时要在最终热处理后进行压光轧制。此时,考虑成品加工率时要预留 1%～5% 左右的冷轧压下量才能得到表面光亮的制品。

#### 4.3.2.3　中间退火次数的确定

冷加工中间退火次数 $N$ 可以依下式计算:

冷轧:
$$N = \frac{\lg(1-\varepsilon_{总})}{\lg(1-\bar{\varepsilon}_{退})} - 1 \tag{4-3-4}$$

冷拔:
$$N = \frac{\lg\lambda_{总}}{\lg\bar{\lambda}_{退}} - 1 \tag{4-3-5}$$

式中　$\varepsilon_{总}$、$\lambda_{总}$——从冷加工坯料到最终成品的总压下率与总延伸系数;

$\bar{\varepsilon}_{退}$、$\bar{\lambda}_{退}$——两次退火间的平均压下率与平均延伸系数。

此后再对实际采用的两次退火间的总加工率作少许调整,来满足成品加工率的要求。

#### 4.3.2.4　变形道次与道次加工率分配

两次退火间的总加工率一般要经过数个变形道次才能完成,上述各阶段总加工率确定之后应确定变形道次,合理分配各道次加工率。两次退火间的变形道次可以按下式确定。

对于冷轧
$$n = \frac{\lg(1-\varepsilon_{退})}{\lg(1-\bar{\varepsilon}_{道})} \tag{4-3-6}$$

对于拉拔
$$n = \frac{\lg\lambda_{退}}{\lg\bar{\lambda}_{道}} \tag{4-3-7}$$

式中　$\varepsilon_{退}$、$\lambda_{退}$——两次退火间的总压下率与总延伸系数;

$\bar{\varepsilon}_{道}$、$\bar{\lambda}_{道}$——道次平均压下率与道次平均延伸系数。

冷变形道次加工率的分配,应考虑金属的塑性、变形抗力、设备能力、对产品质量的影响等因素。前面几道次,金属处于软化状态,可采用大的加工率,有利于使变形深入,减少道次。往后随着加工硬化程度增加,道次加工率逐渐减少。最后几道采用较小的变形程度,使变形力和工具弹性变形小,有利于保证产品尺寸,平辊轧制时有利于辊型控制和板形控制,在工具表面光滑、润滑良好的情况下,对产品还有表面压光作用。

冷轧板带材时一般应使各道次的变形力不过于悬殊,这对稳定工艺、调整辊型有利。另外,应校核咬入条件。连轧时还要注意各机架保证秒流量相等。冷拔时应校核拉拔安全系数,使拉拔应力小于材料的 $\sigma_s$ 或 $\sigma_b$。

通常道次加工率分配有图 4-3-2 所示两种类型。

若坯料处于完全软化状态,坯料尺寸偏差较小,可以采用第一种方案(Ⅰ),从一开始就采用大的道次加工率,往后随着加工硬化程度增加,道次加工率逐渐减少。

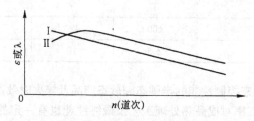

图 4-3-2　道次加工率分配示意图

　　若坯料尺寸偏差较大或组织性能不均一,塑性未充分改善,则可采用第二种方案(Ⅱ),开始一两道变形程度稍小,随后即采用大的变形程度,在后面道次再逐渐减少变形程度,对塑性较差和未经预备退火的复相合金,往往必须采用这种方案。

　　纯铝和软铝合金板带轧制的允许道次压下率为 50%～70%,一般采用 40%～50%,硬合金为 40% 左右,一般采用 30% 以下;重有色金属道次压下率一般在 45% 以下。并且,成卷冷轧可比单张冷轧采用较大的加工率。轧件宽度增加相应减少加工率。

　　管棒材拉拔时的道次延伸系数见表 4-3-2、表 4-3-3、表 4-3-5。管材拉拔时还有一个减径与减壁的变形量如何合理搭配的问题。一般的处理原则是:坯料尺寸的选择应保证减壁所需的道次小于或等于减径所需的道次,配模时道次减径量不宜过大,应遵循"少缩多薄"的原则。

表 4-3-5　短芯头拉拔铝管材的延伸系数

| 合 金 牌 号 | 道次延伸系数 | 两次退火间总延伸系数 | 合 金 牌 号 | 道次延伸系数 | 两次退火间总延伸系数 |
|---|---|---|---|---|---|
| 1060～8A06 | 1.2～1.4 | 1.2～2.8 | 2A11 | 1.1～1.30 | 1.1～2.0 |
| 5A02 | 1.1～1.3 | 1.1～2.0 | 2A12,5A03 | 1.1～1.25 | 1.1～1.7 |
| 3A21,6A02 | 1.2～1.35 | 1.2～2.2 | 5A05,5A06 | 1.05～1.20 | 1.05～1.5 |

　　无论采用何种方案,最后成品道次,主要考虑产品尺寸精度和平直度,变形程度一般安排都比较小,对于轧制,成品道次的压下率为百分之几或百分之十几,对于拉拔可以近似按下式选取:

$$\lambda_k = \sqrt{\bar{\lambda}_{道}} \tag{4-3-8}$$

式中　$\lambda_k$——成品道次的延伸系数;

　　　$\bar{\lambda}_{道}$——平均道次延伸系数。

　　一般,中间道次的延伸系数大约为 1.25～1.5,而成品道次的延伸系数大约为 1.10～1.20。部分铝板带的轧制规范见表 4-3-6。

表 4-3-6　部分铝及铝合金板带冷轧轧制规范

| 合金牌号 | 带坯厚度/mm | 终轧厚度/mm | 总加工率/% | 道次数 | 道次压下制度 | 轧　　机 |
|---|---|---|---|---|---|---|
| 1×××系(H18 状态) | 4.5 | 0.15 | 96.7 | 5 | 4.5—2.3—1.15—0.58—0.29—0.15 | $\phi$650 mm/1270 mm×1850 mm 四辊轧机 |
| 3×××系(H18 状态) | 6.0 | 0.30 | 95.3 | 5 | 6.0—3.2—1.8—1.0—0.6—0.3 | $\phi$650 mm/1270 mm×1850 mm 四辊轧机 |

续表 4-3-6

| 合金牌号 | 带坯厚度/mm | 终轧厚度/mm | 总加工率/% | 道次数 | 道次压下制度 | 轧 机 |
|---|---|---|---|---|---|---|
| 5A05<br>5A06<br>5083 | 5.0 | 0.45 | 78 | 10 | 5.0—4.4—3.6—3.0—2.4—中间退火—2.0—1.4—1.0—0.7—0.55—0.45 | $\phi$650 mm/1400 mm×2800 mm 四辊轧机 |
| 2A11<br>2A12<br>2A06 | 5.0 | 0.45 | 67 | 8 | 5.0—4.3—3.2—2.5—2.0—中间退火—1.35—0.85—0.60—0.45 | $\phi$650 mm/1400 mm×2800 mm 四辊轧机 |

### 4.3.3 冷加工变形速度的确定

冷加工速度的大小直接决定生产率的高低,它是衡量冷加工技术水平高低的重要指标,提高冷加工速度是冷加工工艺发展的一个方向,这一点轧制中更为明显。一般讲,提高冷加工速度对加工过程以及产品质量是有利的。

#### 4.3.3.1 冷轧速度

在旧式轧机上,轧制速度一般为 1 m/s 左右。随着轧制技术的进步,轧制速度也得到很大提高。现代高速冷轧机均为调速冷轧机,除很少数低塑性或易裂边的合金采用较低的轧制速度外,国外目前最高轧制速度,铜及铜合金为 20 m/s 以上,铝及铝合金近 50 m/s,一般轧制速度在10~20 m/s。轧制极薄带材,尤其是铝箔精轧,轧制速度不宜太高,以免发生断带。

与热轧类似,在冷轧带材时,为有利于咬入,提高生产率,也往往采用低速咬入及抛出,高速稳定轧制制度。当辊温过高裂边严重时,应适当降低轧制速度。成品精轧道次为保证板形,采用较低的轧制速度。压光或抛光轧制也应采用较低速度。

#### 4.3.3.2 冷轧时的张力

在带材冷轧过程中,几乎都采用张力。张力是指前后卷筒给带材的拉力或者机架之间带材相互作用的拉力。它与轧制速度有所联系。

张力可以降低单位压力和总的轧制压力;前张力使轧制力矩减少,而后张力使轧制力矩增加。调整张力能控制带材厚度,控制板形,改善轧件平直度。张力还可防止带材跑偏,保持轧制稳定,为增大卷重、提高轧制速度创造了条件。

确定张力的大小应考虑合金品种、轧制条件、产品尺寸与质量要求。一般随着合金的变形抗力及轧制厚度与宽度增加,张力相应增大。最大张应力不应超过合金的屈服极限,以免发生断带;最小张应力必须保证带材卷紧卷齐。合适的张应力 $q$ 按 $q=(0.2\sim0.4)\sigma_{0.2}$ 选定。厚带或合金塑性好、裂边倾向小时取上限。轧制过程要求张力稳定。

#### 4.3.3.3 拉拔速度

拉拔速度的考虑基本原则与冷轧相似,但由于其变形力学特点、摩擦润滑条件、工具因素、设备特点等限制,拉伸速度比轧制速度要低。目前,链拉的拉伸速度一般在 0.3~2 m/s 之间,最大可达 3 m/s 以上。采用游动芯头进行盘管拉伸,拉伸速度一般为 3~10 m/s,最大可达 25 m/s。

### 4.3.4 冷加工的润滑与冷却

#### 4.3.4.1 对冷加工润滑剂的要求

冷加工的润滑与冷却的目的和作用与热加工中的润滑和冷却类似。适当的润滑剂有助于提高加工速度,加大道次率以获得厚度更薄的制品。

对冷加工润滑冷却剂的基本要求与热加工相同,但对润滑剂润滑性能及不对制品表面质量产生有害影响方面的要求更高。冷加工中采用润滑冷却剂,除了润滑与冷却作用外,有时还有洗涤即冲刷灰屑的作用。为防止污染工件、堵塞模孔,润滑剂要加强过滤与净化措施。

#### 4.3.4.2　冷轧时的润滑与冷却

铝及铝合金冷轧特别是高速轧制时多采用全油润滑。其润滑油主要由轻质矿物油加 1% ~ 10% 的添加剂组成。铝板带在粗轧或中轧时由于压下量大,产生的热量多,近年,也倾向采用浓度为 2% ~ 8% 的乳液,或用乳液和纯油同时使用的混合润滑法。冷轧铝箔一般都用纯油进行润滑,通常采用纯的轻质矿物油或者矿物油与植物油和油酸等混合油。

冷轧重有色金属常用煤油、汽油、变压器油、锭子油、机油等矿物油加上 5% 左右的油酸或硬脂酸、甘油及松香等添加剂或用乳液进行冷却和润滑。冷轧硬合金薄带、水箱铜带还把矿物油和植物油(菜油)混合使用。

镍、钛、钨、钼等金属板带冷轧主要采用黏度较低的矿物油(变压器油)加上油性剂、极压剂、耐磨剂、防锈剂等添加剂进行润滑冷却,锌板加工则可采用石蜡作为润滑剂。

#### 4.3.4.3　拉拔时的润滑与冷却

拉拔时模子体积小,与变形金属持续接触时间长,温升比较显著,对润滑剂的润滑性能与冷却性能都有较高的要求,尤其在高速拉拔时,更应注意冷却性能。拉拔时润滑剂的附着与导入条件比冷轧更困难,这就要求润滑剂有更强的黏附能力,通常在粗拔时润滑剂应有较高的黏度,精拔时黏度可小一些,以免退火时影响表面质量,有的金属为增强附着能力,还要对坯料进行预处理。

拉拔的金属品种与产品形状、种类比冷轧更丰富,具体要求与侧重点也各有不同,采用的润滑剂种类繁多。铜及铜合金主要用乳液、油类、石蜡乳液润滑,铝及铝合金使用较多的是矿物油为基的油类润滑剂,钨、钼用石墨乳(石墨 + 稀机油),钽、铌用蜂蜡或石蜡润滑。钛及钛合金在拉拔前对坯料进行表面处理,然后再分别涂以二硫化钼水剂或氧化锌加肥皂或石墨乳等润滑剂,经干燥后拉拔。

### 4.3.5　冷加工过程中的退火

冷加工过程中的退火,除了前面介绍过的坯料的均匀化退火或预备退火外,主要有中间退火、成品退火。

#### 4.3.5.1　中间退火

中间退火指冷加工过程中两个塑性加工工序之间的退火。其目的是为了消除加工硬化,以利继续冷加工。一般除塑性好、变形抗力低的金属(如纯铝、紫铜)或者从冷加工坯料至成品变形量小、加工设备能力大等情况不需中间退火外,大多数有色金属在冷加工过程中均要中间退火。

中间退火的温度一般应该以使金属发生充分再结晶(即高于再结晶温度)而又不造成晶粒过分长大为原则,但对回复阶段即能消除加工硬化的金属如钨、钼等则不应使其再结晶,以免金属脆化。一般情况下,中间退火与预备退火采用同一规程,与软制品的成品退火相比较,则温度应适当高一些。

保温时间的确定应保证再结晶的充分完成并力求退火性能均匀。

中间退火通常都采用快速加热,但锡磷青铜材退火必须缓慢加热。

单相合金退火后可快速冷却,紫铜可在高温下水冷。对于产生相变的合金,则一般在退火后应以较慢的速度冷却。(α + β)两相黄铜、5A12 防锈铝可在空气中冷却。具有淬火强化效应的铜合金及 7A04、2A12 等铝合金,需随炉冷至某一温度后再进行空冷。

部分铝及铝合金的中间退火制度参见表 4-3-7。

表 4-3-7 部分铝及铝合金中间退火制度

| 合 金 | 坯料厚度 /mm | 加 热 制 度 | | 冷 却 方 法 |
|---|---|---|---|---|
| | | 加热温度/℃ | 保温时间/h | |
| 1035,8A06 | | 340~360 | 1.0 | 出炉空冷 |
| 5A03 | <0.6 | 370~390 | 1.0 | 出炉空冷 |
| 5A05 | <1.2 | 370~390 | 1.0 | 出炉空冷 |
| 5A06 | <2.0 | 340~360 | 1.0 | 出炉空冷 |
| 2A11,2A12 | <0.8 | 390~410 | 1.0 | 炉冷至270℃,出炉空冷 |
| 2A16 | <0.8 | 390~410 | 1.0 | 炉冷至270℃,出炉空冷 |
| 7A04 | <1.0 | 390~410 | 1.0 | 炉冷至270℃,出炉空冷 |

铜及铜合金的中间退火制度及拉制管材退火制度参见表 4-3-8 与表 4-3-9。

表 4-3-8 部分铜及铜合金退火制度

| 合 金 | 退火温度/℃ | | 保温时间/min |
|---|---|---|---|
| | 中间退火 | 成品退火 | |
| HPb59-1,HMn58-2,QAl7,QAl5 | 600~750 | 500~600 | 30~40 |
| HPb63-3,QSn6.5-0.1,QSn6.5-0.4 QSn7-0.2,QSn4-3 | 600~650 | 530~630 | 30~40 |
| BFe3-1-1,BZn15-20,BAl6-1.5,BMn40-1.5 | 700~850① | 630~700 | 40~60 |
| QMn1.5,QMn5 | 700~750 | 480~500 | 30~40 |
| B19,B30 | 780~810 | 500~600 | 40~60 |
| H80,H68,HSn62-1 | 500~600 | 450~500 | 30~40 |
| H59,H62 | 600~700 | 550~650 | 30~40 |
| BMn3-12 | 700~750 | 500~520 | 40~60 |
| TU₁,TU₂,TUP | 500~600 | 380~440 | 30~40 |
| T2,H90,HSn70-1,HFe59-1-1 | 500~600 | 420~500 | 30~40 |
| QCd1.0,QCr0.5,QZr0.4,QTi0.5 | 700~850 | 420~480 | 30~40 |

① 含高镍和铁白铜取上限(780~850℃);含镍低的锌白铜和铝白铜取下限(700~750℃)。

表 4-3-9 拉制管材退火制度

| 合金牌号 | 壁厚/mm | 中间退火温度/℃ | 成品退火温度/℃ | | | 保温时间/min |
|---|---|---|---|---|---|---|
| | | | 软制品 | 半硬制品 | 硬制品 | |
| 纯铜,H96 | <1.0 | 520~550 | 420~480 | 380~400 | — | 45~70 |
| | 1.0~1.7 | 530~580 | 480~550 | 450~500 | — | |
| | 1.8~2.5 | 550~600 | 520~550 | 480~510 | — | |
| | 2.6~4.0 | 570~600 | 580~620 | 480~520 | — | |
| | >4.0 | 600~650 | 620~640 | 480~520 | — | |
| H62 | <1.0 | 520~580 | 450~480 | 380~430 | 340~380 | 60~80 |
| | 1.0~1.7 | 520~600 | 450~520 | 400~450 | 350~400 | |
| | 1.8~2.5 | 550~580 | 470~530 | 430~460 | 370~400 | |
| | 2.6~3.5 | 580~620 | 510~550 | 480~510 | 390~420 | |
| | >3.5 | 580~630 | 520~550 | 490~520 | 410~430 | |

| 合 金 牌 号 | 壁厚/mm | 中间退火温度/℃ | 成品退火温度/℃ | | | 保温时间/min |
|---|---|---|---|---|---|---|
| | | | 软制品 | 半硬制品 | 硬制品 | |
| H63 | >1.3~2.0 | 620~650 | — | 359~360 | — | 60~90 |
| H68 | 1.0~4.0 | 560~700 | 470~540 | 400~450 | 340~380 | 80~90 |
| HSn70-1 | >4.0 | 660~700 | 520~580 | 450~480 | | |
| HAl77-2 | 1.0~4.0 | 650~700 | 600~700 | 500~600 | | |
| QSn4-0.3 | 1.0~4 | 600~700 | 500~550 | 200~250 | | 50~70 |
| B10,B30 | 1.0~4.0 | 700~780 | 650~740 | 580~650 | 500~550 | 80~90 |
| BZn15-20 | | | | | | |
| QSn4-0.3 | 1.0~4.0 | 600~700 | 300~350 | 200~250 | | 50~70 |
| | >4.0 | 650~700 | 320~350 | 200~250 | — | |
| BMn40-1.5 | 1.0~2.0 | 750~800 | 700~750 | — | 400~430 | 80~100 |
| | >2.0 | 800~850 | 700~750 | — | 400~430 | |
| BFe10-1-1 | 1.0~3.0 | 730~790 | 680~720 | 510~540 | — | |
| BFe30-1-1 | 1.0~3.0 | 760~840 | 740~780 | 580~600 | — | |

#### 4.3.5.2　成品退火

成品退火是在冷加工变形完成后为控制成品的性能和组织,以保证符合技术标准要求而进行的最终退火。成品退火分完全退火和低温退火。完全退火用于生产软态产品。低温退火目的有两个:一是为获得半硬态产品;二是为消除内应力,稳定材料形状、尺寸及性能。成品退火的工艺制度与质量要求比中间退火要求更严格。

**A　成品完全退火**

完全退火温度一般比再结晶温度高 100~200℃。为了防止晶粒粗大、表面氧化吸气等,应尽量降低退火上限温度。但在需要利用第二相的溶解与沉淀改善第二相的形状(如球化)或分布(如消除带状分布)时,退火温度可适当提高。

保温时间与炉型有很大关系,周期式退火需几十分钟或几个小时,连续作业炉则仅需几分钟。为了强化热处理过程,提高生产效率,应尽量采用高温短时保温的退火工艺。成品退火加热速度与冷却速度的考虑同中间退火。

常用变形铝合金软态成品退火制度见表 4-3-10。

**表 4-3-10　变形铝合金软态成品退火制度**

| 合　　金 | 空气炉退火温度/℃ | 产品厚度/mm | 保温时间/min | | |
|---|---|---|---|---|---|
| | | | 盐浴炉 | 空气循环炉 | 静止空气炉 |
| 2A11,2A12 2A06,2A16 | 350~400 | 1.0~6.0 | | 60~180 | |
| 5A02,5A03 | 350~420 | 0.3~3.0 | | 50 | 60 |
| | | 3.1~6.0 | | 90 | 120 |
| 5A05,5A06 | 310~335 | 6.1~10.0 | | 60~120 | 80~180 |
| 1035,8A06 3A21 | 350~420 450~500 (盐浴炉) | 0.3~3.0 3.1~6.0 6.1~10.0 | 7~30 7~40 15~50 | 50 60 80 | 60 80 100 |

### B 成品低温退火

半硬状态制品可用控制成品冷加工率,或用控制成品退火工艺来控制其最终性能。半硬态产品低温退火温度,应在再结晶开始温度与终了温度之间,使退火后的显微组织产生一部分再结晶。合适的退火温度应根据合金的退火温度与力学性能的关系确定。生产中常采用低温长时间的退火制度,以免局部过热和性能不均匀。低温退火必须缓慢而均匀加热与冷却,以免引起新的热应力。

部分有色金属半硬态成品退火制度参见表 4-3-11。

**表 4-3-11 半硬态成品退火制度**

| 合 金 | 品种 | 产品厚度/mm | 退火温度/℃ | 保温时间/min | 炉内气氛 |
|---|---|---|---|---|---|
| 5A03,5A05,5A06 | 板材 | | 150~240 | 60~120 | |
| 3A21,6A02 | 板材 | | 260~300 | 60~90 | |
| 5A02,1×××系 | 板材 | | 150~260 | 60~120 | |
| H68 | 带 | 0.30~0.45 | 280~310 | 120~150 | 蒸汽 |
| | | 0.50~0.55 | 290~310 | 120~150 | |
| | | 0.60~1.20 | 310~330 | 120~150 | |
| H62 | 带 | 0.30~0.45 | 300~320 | 120~150 | 蒸汽 |
| | | 0.50~1.20 | 310~330 | 120~150 | |

单纯的去除应力退火可在较宽的温度范围进行。硬态制品的去除应力退火的温度应控制在再结晶开始温度以下。去除应力退火应在冷加工后及时进行。管材消除内应力退火温度及时间见表 4-3-12。

**表 4-3-12 管材消除内应力退火温度及时间**

| 金 属 | 退火温度/℃ | 保温时间/min |
|---|---|---|
| H62,H68 | 340~380 | 60~70 |
| BZn15-20 | 300~350 | 70~80 |
| H62波导管 | 200~250 | 50~60 |

#### 4.3.5.3 退火气氛

退火过程金属与炉气作用,可能发生金属的氧化与吸气等问题,必须根据产品质量要求、合金特性控制退火气氛。

退火时根据炉内介质情况,可分为普通退火、保护性气氛退火和真空退火。

铝及铝合金退火,对退火气氛无特殊要求。其他金属普通退火一般采用液体或气体燃料,常采用控制空气与燃料供给量比例来控制炉膛气氛,它往往只用于对退火质量要求相对低的退火环节。

保护性气氛退火即光亮退火。铜、镍、镁、钛、钨、钼等合金退火一般尽量采用保护气氛退火。保护气氛一般是还原性或中性气氛。铜及铜合金用的保护气氛主要是由氨分解得到的不同配比的氮加氢。钨、钼材料用氢气作保护气体。

真空退火一般用于产量小、产品质量要求高的退火情况,一些合金不宜真空退火。

除了保护气氛和真空退火外,某些铜合金、镍合金、钛合金采用如盐浴、铝浴等液体介质加热,也可以减少金属的氧化和吸气。

### 4.3.6　其他辅助工序

要保证产品质量,除了前面介绍的锭坯准备、塑性变形、热处理等工序外,其他辅助工序也很重要。下面简要介绍有色金属材料生产中通常涉及到的辅助工序。

#### 4.3.6.1　剪切与锯切

它分为锭坯锯切、中间剪切、锯切和成品剪切、锯切,目的是去除坯料头尾、边部及其他有缺陷的部位,中断制品,以便为下一道工序准备适当尺寸的坯料或得到合格成品。剪切与锯切通常在横剪机(斜刃剪)、纵剪机(圆盘剪)、联合剪切机、锯切机(圆盘锯、铣刀锯、带锯)、自动切管机等设备上进行。

#### 4.3.6.2　表面处理

为了消除工件表面缺陷,便于后续加工,或为了提高制品的表面质量,在有色材料生产中,常对制品进行表面机械处理与化学处理。表面处理有以下几种情况:

(1) 热加工后坯料铣面、车皮。热加工后坯料(如铜及铜合金等)进行铣面、铣边、车皮、扒皮去掉表层缺陷或氧化物等,以便继续冷加工。它们在专门的铣面机或刨床、铣床、车床上进行。铜及铜合金每面铣 0.25～0.5 mm。

(2) 酸洗。酸洗是指在热加工或热处理后对铜、镍等金属与合金酸洗去掉表面氧化层。酸洗可利用浸泡式酸洗槽或牵引式连续酸洗机进行。酸洗的流程为:酸洗—冷水冲洗—热水浸泡—干燥。酸洗液通常是采用 5%～20% 的硫酸、硝酸水溶液,对不易洗净的纯铜、青铜、锌白铜等合金有时加入 0.5%～1% 的重铬酸钾等,以加快反应速度,酸洗温度为 30～60℃,时间为 5～30 min,而铝材的蚀洗则包括除油、碱洗、酸洗、热水和冷水洗、干燥等工艺过程。

(3) 表面脱脂。表面脱脂指在退火前或成品检查等工序前消除铝、铜等金属及合金表面的油污、乳浊液。表面脱脂通常使用碱液或其他专门清洗剂进行,脱脂后必须充分漂洗干净和晾干。

(4) 压光与抛光。对表面要求很光滑、很光亮的板带产品有时采用压光或抛光工艺。表面压光采用辊面十分光洁的大辊径二辊轧机进行,不仅可降低表面粗糙度,也有矫平作用。表面抛光采用抛光辊加抛光剂进行。

(5) 表面涂层。表面涂层指对铝及铝合金等金属产品表面均匀喷涂一层涂料,以增加抗蚀性,使表面美观。

#### 4.3.6.3　夹头制作

这是拉拔中特有的工序。管棒型材拉拔前为了使头部顺利穿过模孔,被拉拔夹头夹持,要把被加工件前端弄小,这即为夹头制作。夹头长度视坯料直径不同,长度约为 100～200 mm。常用的制作夹头方法有辗头、锻头、破口等,它们分别在辗头机、气锤、旋锻机以及其他专用设备上进行。

#### 4.3.6.4　矫直矫平

矫直矫平的目的是为了消除管棒型材的弯曲、扭拧等缺陷和板带材的波浪、瓢曲、弯曲等板形缺陷,提高它们的平直度,提高最终产品质量或便于继续加工。矫直矫平时制品除发生弹性变形外,都受到很少量的塑性变形。矫直矫平可以利用辊式矫直机(板带材—平辊,型材—型辊,管棒材—双曲面辊)、张力矫直机(型材普遍应用)、压力矫直机等设备进行。对于带材还可利用现代化的连续拉伸弯曲矫平机组进行矫平。

#### 4.3.6.5　检查与检验

中间检查是为了发现、剔除并便于通过中间修复等方法及时消除前面工序造成的问题与缺陷,以免在后续工序中产生缺陷或废品。成品检查是根据产品技术标准对产品尺寸、外形、表面质量、组织与性能等按标准规定的规则与试验方法进行全面检查,确保产品质量符合技术标准。

#### 4.3.6.6　成品涂油与包装

成品经检验合格后,有的产品如铝及铝合金等,在包装之前涂上防锈油,以防止产品在贮存和运输过程中遭受腐蚀,保持表面光亮。成品包装是产品加工中最后一道工序。包装的目的是为了防止产品在贮存和运输过程中遭受机械损伤、化学腐蚀或混料等,确保产品完好无损地供给用户。成品涂油或包装由人工或利用机械进行。

## 4.4　有色金属加工产品缺陷与质量控制

加工产品必须满足产品标准对质量的要求。不论热加工产品还是冷加工产品质量问题,可以从外形和尺寸、表面质量、化学成分、力学性能、工艺性能、理化性能、宏观组织和微观组织几方面来衡量。下面对加工产品的主要缺陷与产品质量控制问题进行分析说明。

### 4.4.1　外形与尺寸偏差

加工产品的外形与尺寸偏差必须符合要求。对板带箔材,要求板形良好,不发生大的波浪、侧弯(镰刀弯)等(图4-4-1)。对管材、棒材、型材要求平直,断面尺寸及形状符合要求,型材还需扭拧度在一定的限度内。

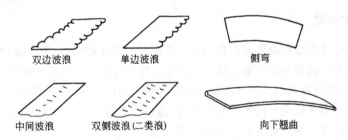

双边波浪　　　　单边波浪　　　　侧弯

中间波浪　　　双侧波浪(二类浪)　　　向下翘曲

图 4-4-1　板形缺陷示意图

通常,把对产品尺寸与外形偏差要求的严格程度称为产品精度,产品精度按其允许偏差的大小分为普通精度和高精度。

造成产品弯、扭、波浪以及尺寸不符,有下面一些原因:

(1) 工模具原始形状尺寸与硬度及安装等不符合要求,或加工过程有关工艺因素调整不当、温度及压力的作用使工具形状尺寸位置产生不希望出现的变化。

例如,轧制板带时,轧辊原始辊型磨削不当,轧辊磨损严重,辊温、道次压下量、冷却润滑剂调节不当,导致辊型与辊缝变化,造成厚度公差不符合要求和波浪。挤压管材时,挤压筒、挤压轴、穿孔针、模子中心不一致,挤压筒磨损过大,挤压筒、模子、挤压垫之间的间隙过大,模孔或垫片本身偏心或厚度不同,穿孔针上涂油不均,铸锭未充分填充就穿孔,都将造成偏心。穿孔针弯曲则造成管材弯曲甚至开膛破裂的废品。拉伸制品及冷轧管材的尺寸不符合要求以及弯曲等问题的产生,最主要原因也是工模具设计、安装不合理以及工模具的磨损不均匀所造成。

(2) 加工时温度-速度不同,也将造成尺寸和外形的波动。

例如,热加工时,加工温度高,制品热收缩大,最终尺寸将变小。冷轧带卷时,开车及停车速度较正常速度为小,带卷的头尾部分厚度较大。挤压速度太快,也将造成型材的扭拧。

(3) 坯料的形状尺寸不符合要求,组织与性能不均匀,可能造成制品外形及尺寸的变化。

### 4.4.2　表面质量

加工产品要求表面光洁,色泽好,无裂纹、气泡、起皮、压入,擦伤、划伤、印痕、污迹等其他缺陷少而轻微。关于裂纹问题,后面将集中叙述,这里先分析一般的表面缺陷。

各种表面缺陷有:

(1) 由于机械作用造成的表面缺陷。它主要是由于操作不仔细或场地、坯料不清洁,工模具粗糙或有缺陷所带来的擦伤、划伤、非金属及碎金属压入等。

(2) 由于工模具的缺陷与工艺上的某些不适当造成的表面缺陷。这主要是印痕与压折。例如,轧辊表面的某些缺损会直接造成板带凸痕,拉伸芯杆调整不当、太细太弯、芯杆抖动、拉伸加工率不合理、拉伸速度太快等导致拉管时的环状痕、道次减径量过大、管坯偏心产生的管材表面皱纹。板带材的压折是严重波浪后继续轧压所致。

(3) 由于一系列物理-化学作用造成的表面缺陷。这些缺陷包括有吸气、表面氧化、挥发、腐蚀、表面斑纹、黏结等现象。这些缺陷与加热及退火时温度高、时间长、炉内气氛不好、润滑剂使用与去除不当等因素有关。

(4) 坯料缺陷的遗传或暴露所造成的表面缺陷。例如,锭坯含有一定量气体,在加工后出现气泡、起皮,冷加工坯料晶粒粗大使制品表面粗糙、出现橘皮,坯料存在微小裂纹使制品带来更严重的开裂等等。

### 4.4.3　加工时的断裂

加工时,易发生各种表面裂纹和内部裂纹。轧制时的裂纹有裂边、中间裂、表面横向裂纹、张嘴(层裂)、内部断裂。这些裂纹一般在热轧时严重。挤压时最常见的是表面周期性裂纹,有时也出现中心裂纹。拉拔时有表面周期性裂纹(劈裂)或中心裂纹(三角口)。锻造时有时表面纵向裂纹(饼材锻造时),角部横裂与内部十字形开裂(横向交替锻造方坯时)、中心裂纹(平锤横向锻压圆柱坯时)。裂纹是一种绝对废品,必须尽力防止。

加工中裂纹的形成是由于被加工金属中局部部位的拉应力超过相应条件下金属断裂强度的结果。可以从金属本身组织性能和变形时拉应力的形成两个方面来分析加工中裂纹的产生原因与防止措施问题。

裂纹开始于金属内部晶间与晶内的显微破坏,随着塑性变形过程的进行而不断发展。锭坯质量不好常是导致热裂的主要原因。金属加热或退火过程中出现的晶粒粗大、过热过烧、低熔点杂质熔化,燃料中含有有害成分,使裂纹容易形成。

当金属在变形时发生回复、再结晶及溶解沉淀等热扩散过程有利于显微破坏的修复。为减少或避免裂纹的出现,应促进修复过程的进行。

塑性加工中,由于金属与工具接触面的摩擦、变形区的几何因素 $\left(高径比\dfrac{H}{D}或高宽比\dfrac{H}{B}等\right)$、工具形状和坯料形状不合理、金属温度不均、组织性质不均等因素的影响,在变形时往往出现不均匀变形,导致附加拉应力的产生。当附加拉应力与基本应力迭加超过相应条件下金属的断裂强度时,则发生断裂。可以说除了工件材质本身的因素外,金属加工中,绝大多数的断裂都是由于不均匀变形所产生的附加拉应力而造成的。此外,有时锭坯内部本身存在的应力,或者加热时出现的热应力,合金相变过程中产生的相变应力,也可能促进裂纹的生成。

根据上述基本原因(材料、工艺、不均匀变形)进行分析,采取相应对策,可减少和避免裂纹的出现。

### 4.4.4 组织与性能

影响产品性能的本质因素是成分和组织。加工过程的各种工艺因素通过影响金属内部组织的变化来影响性能。对于一般结构材料产品性能主要是指力学性能。制品的成分和组织存在的问题,更直接的表现就是其力学性能不合格。

造成制品组织与性能不合格有如下原因。

(1) 锭坯的化学成分及组织状态不良,热加工时铸造组织未得到充分改善;

(2) 热变形温度 – 速度过高,变形程度过小,加热或退火工艺不当出现的过热或过烧或晶粒粗大;

(3) 热加工终了温度不合适,冷加工的成品总加工率或成品加工前一次退火工艺控制不当或配合不好导致的加工硬化程度控制不当;

(4) 热处理制度不正确或变形时温度、冷却速度控制不当;

(5) 锭坯的成分及组织不均匀,变形温度、退火温度不均匀,变形不均匀等造成的组织与性能不均匀;

(6) 各向异性。各向异性是指塑性加工产品在不同方向上性能呈现差异。从广义上讲也属于一种性能不均匀。

加工制品各向异性主要由于纤维组织(流线)、带状组织与层状组织、变形织构、再结晶织构造成。

一般产品,容许材料具有不太明显的各向异性,有些材料还要利用各向异性,以提高某一方向的性能,如挤压效应。当材料要求性能均一(例如对横向性能有严格要求)应尽量减少各向异性。

### 4.4.5 产品的质量控制

质量保证是一项系统工程,一个产品的整体质量牵涉到产品的生产与管理的各个环节。根据前面的分析,概括地说,为了防止加工产品出现的各种缺陷,全面提高产品质量,主要应从以下几个方面采取措施:

(1) 坯料因素。合理调整金属的化学成分,改善铸锭质量,设法使成分组织均匀,减少坯料本身缺陷,正确地选择坯料形状尺寸。

(2) 工模具因素。合理设计工模具形状、尺寸,保证其硬度使其表面光洁,变形过程中注意合理调控工模具温度。

(3) 变形工艺因素。选择合适的变形程度,采取合理的温度 – 速度制度,采取各种工艺措施,特别注意减少外摩擦的有害影响,改善变形力学条件,尽量减少变形的不均匀性,保持变形温度的均一性,尤其是要维持适当的变形终了温度。

(4) 热处理因素。采取合适的温度 – 时间制度,注意炉内气氛,尽量使被处理材料温度均匀。

(5) 其他因素。勤于观察,细心操作,加强管理,注意各种辅助工序。生产过程中的制品质量问题要及时发现、纠正和去除,不带入下一道工序。

生产过程中情况是复杂的,有些质量问题也不是单一因素造成的,针对具体问题,我们应全面分析,找出问题出现的可能原因,采取相应的针对性措施。

# 4.5　典型产品生产工艺简介

## 4.5.1　轧制铝箔

　　铝箔具有铝本身的一般性质。它易于压花、着色、涂层和印花,还可与纸或塑料复合,形成复合铝箔,此外铝箔具有良好的防潮、绝热等性能。它广泛应用于包装、装饰、家电、电子等方面。铝箔的生产方法有轧制法和真空沉积法。本节只介绍轧制法生产铝箔(素箔)。轧制铝箔的厚度范围为0.004～0.2 mm。铝箔毛料采用连续铸轧料或铸锭热轧料再经冷轧而得,毛料卷坯的厚度为0.40～0.60 mm,铝箔轧制对毛料质量有严格要求。轧制时采用全油润滑。薄规格铝箔必须采用双合轧制(叠轧)。轧制速度、张力、工艺润滑油是厚度调节和质量控制的重要手段。下面以厚度为0.5 mm毛料,生产0.007 mm工业纯铝箔为例,简介轧制铝箔的生产工艺过程(表4-5-1)。

**表 4-5-1　0.007 mm×1000 mm 退火状态(O状态)工业纯铝箔生产工艺过程**

| 序号 | 工序名称 | 设备名称 | 工艺技术特点 |
|---|---|---|---|
| 1 | 退火 | 车底式电阻退火炉 | 退火时金属温度380～440℃,保温1～2 h左右。退火后平均晶粒直径不得大于0.1 mm,性能软而均匀 |
| 2 | 铝箔粗轧 | 四辊不可逆铝箔粗轧机 | 0.5 mm坯料5个道次轧到0.014 mm:0.5—0.22—0.1—0.055—0.028—0.014,低黏度轧制油润滑 |
| 3 | 合卷 | 合卷机 | 合卷可以在轧制线上与轧制同时进行,也可以单独在双合机上完成。合卷时须剪去侧边,保证两层齐整,并需向两层铝箔间喷洒雾状的润滑油 |
| 4 | 铝箔精轧 | 四辊不可逆铝箔精轧机 | 叠轧:0.014 mm×2 mm 一次轧至0.007 mm×2 mm 轧制速度:700～1000 mm/min |
| 5 | 分卷分切 | 分卷分切机 | 轧制完应尽快进行分卷和退火。将铝箔分解成单层,切成用户所需要的宽度和长度,卷到芯轴上 |
| 6 | 成品退火 | 箱式电阻炉 | 软化退火:温度为280～300℃,退火时间为30 h左右(单纯的除油退火温度为180～200℃,退火时间为20 h左右),慢速加热、慢速冷却 |
| 7 | 检验 | 人工 | 按GB3198—1996对表面状况、针孔情况、厚度等进行检查 |
| 8 | 包装、入库 | 人工或机械 | 按订货要求或后续加工需要作相应处理 |

## 4.5.2　6063 建筑型材

　　6063属低合金化的 Al-Mg-Si 系可时效硬化铝合金,其生产工艺过程见表4-5-2。该合金有高的热塑性和热焊性。可以高速挤压成各种型材,是典型的挤压用合金。其淬火温度范围广,临界淬火速度小。制品具有中等强度,表面光洁,容易阳极氧化和着色。主要用于建筑装饰结构材料;该合金的主要缺点是:有停放效应,淬火后如室温停放时间过长再时效,会对强度带来不利影响。

### 表 4-5-2 6063(T5)小型建筑型材生产工艺过程

| 序号 | 工序名称 | 设备名称 | 工艺技术特点 |
|---|---|---|---|
| 1 | 熔炼 | 柴油反射炉 | 原铝锭、铝硅中间合金同时装炉,熔化后加镁,熔温:740~750℃,覆盖剂 KCl + NaCl + Na$_3$AlF$_3$ + CaF,清渣剂:冰晶石/氯化铵 = 2/1,通氮气 5~10 min,精炼后静置 15 min |
| 2 | 铸造 | 半连续铸造机 | 铸温 720~730℃,铸速 4~50 mm/min,成组铸造,长 6 m |
| 3 | 均匀化退火 | 均匀化退火炉 | 温度 560~580℃,保温 6 h,出炉后快冷 |
| 4 | 加热 | 感应加热炉 | 快速加热,加热锭温为 425~465℃,加热时间小于 20 min。对于质量高的小直径铸锭,部分厂家不进行均匀化退火,而采用电阻加热炉,进行带均匀化性质的挤前加热 |
| 5 | 挤压 | 卧式挤压机 | 挤压筒温度 410~430℃,模具加热温度 430~460℃,快速挤压,出口速度 30~60 m/min,使出模温度达到 500℃以上 |
| 6 | 淬火 | 风淬机组 | 薄壁制品在承料台直接进行风淬,风速 5 m/s 以上,强制风冷至 200℃以下,厚壁制品可喷雾淬火 |
| 7 | 矫直 | 拉力矫直机 | 型材冷至 50℃以下进行拉伸矫直,拉伸速度 40~60 mm/s,伸长率控制在 1%~2% |
| 8 | 定尺锯切 | 圆盘锯 | 定尺 6 m 或按用户要求长度锯切 |
| 9 | 人工时效 | 电阻时效炉 | 淬火后尽快时效,停留时间最多不超过 4 h,时效温度 200℃,保温 2 h |
| 10 | 检验 | 人工 | 按相应标准进行 |
| 11 | 包装、入库 | 人工或机械 | 根据需要交氧化着色车间进行氧化着色处理或入库 |

### 4.5.3 IC引线框架铜合金带材生产

引线框架是支撑半导体集成电路芯片、散热和连接外部电路的关键部件。引线框架材料要求具有高强度、高导电性、高导热性、良好的焊接性、耐蚀性、塑封性、抗氧化性、冲制性、光刻性等一系列综合性能。生产 IC 引线框架带材的方法有两种:一是大铸锭高精度轧制,另一种是卧式连铸卷坯经铣面后再进行高精度轧制。但为了保证优良的综合性能,坯料一般都采用大锭热轧。

下面介绍两种大量使用的铜合金框架材料的生产工艺过程。

KFC(TFe0.01)高导型,成分(%)为:Cu99.8,Fe0.05,P0.015。

C19400(QFe2.5),高强中导型,成分(%)为:Cu97.0,Fe2.1~2.6,P0.015~0.15,Zn0.5~0.2,Sn 不大于 0.3,Pb 不大于 0.03,杂质不大于 0.15。其生产工艺过程见表 4-5-3。

**表 4-5-3　引线框架带材生产工艺过程**

| 序号 | 工序名称 | 设备名称 | 工艺条件及参数 | |
|---|---|---|---|---|
| | | | C19400,(0.15~0.38)mm×(26~63)mm ×1 mm 带材 | KFC,(0.1~0.25)mm×(25~44)mm ×1 mm |
| 1 | 熔炼 | 感应炉 | 控制合金成分,无夹杂 | 控制合金成分,无夹杂 |
| 2 | 铸造 | 立式半连铸 | 140 mm×620 mm×2000 mm | 锭坯 170 mm×(620~1070)mm× (4000~5000)mm |
| 3 | 加热 | 煤气加热炉 | 850~870℃ | 850~870℃,微氧化气氛 |
| 4 | 热轧 | 二辊或四辊可逆轧机 | 轧至 13 mm 卷坯,厚度公差 +0.1mm,喷水冷却 | 轧至13 mm×(650~1070)mm卷坯, 厚度公差±0.15 mm |
| 5 | 铣面 | 双面铣床 | 铣表面和侧边,至12.4 mm,每面铣 0.3 mm | 铣表面与侧边至12.4 mm |
| 6 | 冷粗、中轧 | 高精度四冷轧机 φ450 mm/ 1070 mm× 1250 mm | 轧至 12 mm 卷坯,纵向、横向厚度偏差±0.05 mm 以内 | 轧至 12 mm,横向厚度偏差 ±0.02 mm |
| 7 | 退火 | 罩式炉 | 500℃,4~6 h,加氢、氮气保护 | 480℃±5℃,氮气保护 |
| 8 | 冷轧 | 高精度四辊冷轧机或 20 辊轧机 φ260 mm /700 mm ×750 mm | 轧成成品卷材厚度,全油润滑 | 板形控制 ESSON60 油润滑 |
| 9 | 退火 | 气垫式退火炉 | 480~500℃,通过速度 10~30 m/min,氮气保护,$\sigma_b$400~450 MPa,$\delta_{10}$12%~ 18%,硬度 HV128~134,电导率60%~ 70% IACS | 500℃,10~30 m/min,性能:$\sigma_b$390~ 440 MPa,$\delta_{10}$4.5%~15.5%,HV115~ 135,电导率 82%~90% IACS |
| 10 | 清洗 | 清洁机组 | 碱洗除油清洗 | 碱洗除油清洗 |
| 11 | 拉弯娇直 | 挤弯娇直机 | 消除残余应力,改善板形,板形小于 10I | 板形小于 10I |
| 12 | 纵剪 | 纵剪机 | 按用户要求宽度剪切,一般宽度公差 ±0.05 mm、边部毛刺不大于 0.01 mm、 侧弯小于 0.8/1000 | 按用户要求剪切,一般宽度公差 ±0.05 mm,边部毛刺不大于 0.01 mm, 侧弯小于 0.8/1000 |
| 13 | 包装 | | 注意防潮、防锈、防损伤、防窜动 | 注意防潮、防锈、防损伤、防窜动 |

### 4.5.4　H62 黄铜带生产

　　H62 属(α+β)双向黄铜,它的力学性能、切削加工性能好,易钎焊和焊接。热加工塑性良好,冷加工塑性较差,往往需多次中间退火。它易产生腐蚀裂纹。根据水箱制造工艺和使用特点,在尺寸精度、平直度、表面质量及性能均匀性等方面,对水箱铜带的质量要求比一般带材要严格(见 GB2061—1980)。H62 水箱铜带生产工艺过程见表 4-5-4。

表 4-5-4　0.1 mm×96 mmY₂ 态 H62 水箱铜带生产工艺过程

| 序号 | 工序名称 | 设备名称 | 工艺技术特点 |
|---|---|---|---|
| 1 | 熔炼 | 工频炉 | 熔温:1060~1100℃,木炭覆盖 |
| 2 | 铸造 | 半连续铸造机 | 铸温1060℃,铸速0.5 m/min |
| 3 | 加热 | 环形煤气加热炉 | 800~850℃,2~2.5 h,微氧化性气氛 |
| 4 | 热轧 | ϕ850 mm×1500 mm 二辊可逆轧机 | 经9道次轧成12 mm×640 mm带坯,终轧温度不小于650℃,高压水冷却轧辊,轧辊为凹辊型 |
| 5 | 铣面 | 铣床 | 铣面后厚为11.6 mm |
| 6 | 粗轧 | ϕ660 mm×1000 mm 二辊可逆轧机 | 经9道次轧成5.5 mm×640 mm带卷 |
| 7 | 退火 | 电阻退火炉 | 600℃,出炉时喷水冷却 |
| 8 | 冷轧 | ϕ400 mm/1000 mm×1000 mm 三机架串联轧机 | 经3道次轧制:5.5→3.7→2.8→2.5(mm) |
| 9 | 退火 | 电阻退火炉 | 600℃,出炉时喷水冷却 |
| 10 | 冷轧 | ϕ400 mm/1000 mm×1000 mm 三机架串联轧机 | 经3道次轧成1.0 mm×640 mm带卷:2.5→1.8→1.45→1.2(mm) |
| 11 | 退火 | 电阻退火炉 | 600℃,出炉时喷水冷却 |
| 12 | 酸洗 | 酸洗机列 | 15%~20%H₂SO₄溶液 |
| 13 | 冷轧 | ϕ250 mm/750 mm×800 mm 四辊可逆轧机 | 经4道次轧成0.4 mm×640 mm带卷:1.2→0.8→0.65→0.5→0.4(mm) |
| 14 | 剖分 | 圆盘剪切机 | 剖成3条0.4 mm×205 mm带卷 |
| 15 | 退火 | 电阻退火炉 | 560℃ |
| 16 | 酸洗 | 酸洗机列 | 15%~20%H₂SO₄溶液 |
| 17 | 冷轧 | ϕ150 mm/500 mm×400 mm 四辊可逆轧机 | 经4道次轧成0.13 mm×205 mm带卷:0.4→0.23→0.17→0.13(mm) |
| 18 | 退火 | 真空退火炉 | 360~400℃,7.0~7.5 h,N₂保护 |
| 19 | 精轧 | ϕ150 mm/500 mm×400 mm 四辊可逆轧机 | 经1道次轧成0.1 mm×205 mm |
| 20 | 剪切 | 剪切机列 | 剖成2条0.1 mm×96 mm带卷 |
| 21 | 检验 | 人工 | 按 GB2061—1980 标准执行,其中杯突试验深度应在4~6.5 mm范围内 |
| 22 | 包装 | 人工 | 按 GB2061—2004 标准执行 |

## 4.5.5 钨丝

钨、钼是一种体心立方金属,具有高熔点(分别为 3410℃和 2622℃),高的强度和硬度,高的塑-脆性转变温度和明显再结晶室温脆性,是一种难变形材料。

钨丝是电光源和电子工业中一种重要的基础材料。掺杂钨丝生产工序包括钨冶炼、粉末冶金制坯和塑性加工几个主要阶段。其压坯断面尺寸一般为 10 mm×10 mm~14 mm×14 mm 见方。经烧结后体积发生收缩,且通常含有 5%~10%的孔隙。钨丝塑性加工主要采用旋锻(或孔型轧制)和拉拔方式进行。

(1) 钨棒的旋锻。旋锻是通过一系列不同规格的旋锻机对钨坯条加工至供拉丝用的半成品钨棒,最终直径为 2~3 mm。每台旋锻机前均配有加热炉,采用氢气或煤气保护加热,旋锻加热温度从最初道次的 1600~1800℃至最后道次的 1150~1250℃。旋锻初期,道次变形量不宜过大。随着变形程度的增加,道次变形量可适当加大。在旋锻过程中,变形量超过 60%时需要进行再结晶退火,退火温度为 1800~2500℃。钨棒再结晶退火有直接通电加热、高频感应加热以及钨(钼)丝炉加热三种方式。钨坯也可以采用孔型轧制,大压下量加工,生产效率高,变形也比较均匀。但轧制多用于开坯,此后可用旋锻法进一步减径。

(2)拉丝。因为钨的塑－脆性转变温度和明显再结晶室温脆性,故钨丝的拉拔必须采用热温拉拔。拉丝时根据丝径的大小有粗拉和细拉之分。粗拉时丝径一般在 0.25 mm 以上,一般采用直热式煤气加热,开始粗拉时采用直线式链拉机,然后采用 MB2500B-MB500B 的转盘式拉拔机,常采用硬质合金拉丝模。细拉时丝径为 0.25 mm 以下,大都采用间接电加热。细拉采用 MB300B 直至 MB30B 的拉拔机,并采用金刚石模拉拔。拉拔温度从粗拉至细拉在 1200~400℃ 范围,随着丝径的减小,加热温度逐道次降低,而拉丝速度相应提高。一般道次压缩率控制在 10%~25%,由粗到细变形量逐渐减少,从 $\phi2~3$ mm 拉到最细的 0.01 mm 要用几十个道次。拉丝模必须加热。拉丝常采用石墨乳作润滑剂。拉拔阶段必须进行几次中间退火。但退火温度不宜过高,以避免钨的晶粒球化和长大。拉拔方法生产钨丝,直径通常在 0.01 mm 以上,对于小于 0.01 mm 的超细钨丝则采用蚀洗法进一步减径。

(3)精整。钨丝拉拔后再经过蚀洗装置蚀洗,去掉石墨和氧化层成为白丝并减径,经复绕机复绕及剪切、矫直检查等工序而成为成品入库。

### 4.5.6　内螺纹铜盘管

随着空调器制造技术的不断进步,对高效、节能、环保的要求愈来愈高,内螺纹铜管制作冷凝器与光管相比可增加热交换面积 2~3 倍,加之形成的湍流的作用,提高热交换效率 20%~30%,节能 15%。目前内螺纹铜管的合金牌号主要是 $TP_2$,加入 P(磷)0.015%~0.025%,是为了提高其焊接性能。采用铸造管坯－行星轧制－连续拉伸－行星刚球旋压成形是当前生产效率高、成材率高、能耗低的主流生产工艺。其生产工艺过程见表 4-5-5。

表 4-5-5　9.52 mm×0.27 mm×0.16 mm 内螺纹管生产工艺

| 序号 | 工序名称 | 设备名称 | 工艺过程 |
|---|---|---|---|
| 1 | 熔炼 | 有芯工频感应炉 | 装料顺序:碎料—电解铜—木炭覆盖,熔化后加入磷铜中间合金,熔炼温度 1100~1200℃ |
| 2 | 铸造 | 水平连铸机 | 铸造温度 1100℃左右,氮气或煤气保护,铸造速度 180 m/min,空心铸锭尺寸 $\phi84$ mm×22 mm |
| 3 | 铣面 | 外圆铣面机 | 铣去壁厚 0.5~0.8 mm |
| 4 | 行星轧制 | 三辊行星轧机 | 轧出尺寸 $\phi47$ mm×2.3 mm |
| 5 | 制作夹头 | 打头机 | 扩口、打扁、装游动芯头、打头 |
| 6 | 三连拉 | ZL28 直拉机、LL18 两连直拉机 | 拉后尺寸 $\phi29$ mm×1.25 mm |
| 7 | 盘拉 | $\phi2200$ mm 倒立式盘拉机 | 拉 4~5 道,拉后尺寸 $\phi12.7$ mm×0.37 mm,拉速 250~550 mm/min |
| 8 | 中间退火 | 在线退火装置 | 温度 520~550℃,速度 200 m/min |
| 9 | 内螺纹成形 | 旋压式内螺纹成形机 | $\phi12.7$ mm×0.37 mm→9.52 mm×0.27 mm×0.16 mm,电机转速 20000 r/min,成形速度 45~50 m/min |
| 10 | 探伤、复绕 | 涡流探伤仪、复绕机 | 按相应标准和用户要求执行 |
| 11 | 检查 | 人工 | 按标准执行 |
| 12 | 成品退火 | 井式退火炉 | 温度 480℃,保温 40 min |
| 13 | 包装入库 | 人工 | |

# 参 考 文 献

1　[德]马图哈 K H. 非铁合金的结构与性能. 丁道云等译. 北京:科学出版社,1999

2　William D Callister. Jr. Materials Science and Engineering:An Introduction. New York:John Wiley & Sons, Inc. ,1994

3　Davis J R. Aluminum and Aluminum Alloys,Ohio:ASM International,1998

4　Michael M. Avedesian and Hugh Baker,Magnesium and Magnesium Alloy,Ohio:ASM International,1999

5　Kainer K U. Magnesium——Alloys and Technologies WILEY-VCH GmbH & Co. KGaA,2003

6　Konrad J,Kundig A. Copper. Ohio:ASM International,1999

7　Fujishiro S,Eylon D,Kishi T. Metallurgy and Technology of Practical Titanium Alloys,1999

8　Zhou L,et al. Titanium'98(Proceedings of Xi'an International Titanium Conference),Beijing,International Academic Publishers,1999

9　莫畏等. 钛冶金. 北京:冶金工业出版社,1998

10　辛湘杰等. 钛的腐蚀、防护及工程应用. 合肥:安徽科学技术出版社,1988

11　周彦邦. 钛合金铸造概论. 北京:航空工业出版社,2000

12　王金友等. 航空用钛合金. 上海:上海科学技术出版社,1985

13　丹尼尔·艾伦. 钛在能源与工业中的应用. 张祖光等译. 北京:机械工业出版社,1986

14　王肇信等. 钽铌冶金学. 稀有金属冶金学会钽铌冶金专业委员会,1998

15　陈存中. 有色金属熔炼与铸锭. 北京:冶金工业出版社,1988

16　陆树荪等. 有色铸造合金及熔炼. 北京:国防工业出版社,1982

17　胡汉起. 金属凝固. 北京:冶金工业出版社,1985

18　周尧和等. 凝固技术. 北京:机械工业出版社,1998

19　李庆春等. 铸件形成理论基础. 北京:机械工业出版社,1982

20　傅杰等. 特种冶炼. 北京:冶金工业出版社,1982

21　洪伟. 有色金属连铸设备. 北京:冶金工业出版社,1987

22　王振东等. 感应炉熔炼. 北京:冶金工业出版社,1986

23　王祝堂,田荣璋. 铝合金及其加工手册(第三版). 长沙:中南大学出版社,2005

24　田荣璋,王祝堂. 铜合金及其加工手册. 长沙:中南大学出版社,2002

25　轻合金材料加工手册编写组. 轻合金材料加工手册. 北京:冶金工业出版社,1980

26　稀有金属手册编辑委员会. 稀有金属手册(下册). 北京:冶金工业出版社,1995

27　稀有金属加工手册编写组. 稀有金属材料加工手册. 北京:冶金工业出版社,1984

28　安继儒等. 中外常用金属材料手册. 西安:陕西科学技术出版社,1998

29　杨守山. 有色金属塑性加工学. 北京:冶金工业出版社,1982

30　吕炎. 锻造工艺学. 北京:机械工业出版社,1995

31　中国机械工程学会锻压学会. 锻压手册. 北京:机械工业出版社,2002

32　马怀宪. 金属塑性加工学——挤压、拉拔与管材冷轧. 北京:冶金工业出版社,1991

33　王廷溥. 金属塑性加工学——轧制理论与工艺. 北京:冶金工业出版社,1988

34　谢建新,刘静安. 金属挤压理论与技术. 北京:冶金工业出版社,2001

35　吴诗惇. 挤压理论. 北京:国防工业出版社,1994

36　傅祖铸. 有色金属板带材生产. 长沙:中南工业大学出版社,1990

37　郑璇. 民用铝板、带、箔材料生产. 北京:冶金工业出版社,1992

38　金兹伯格 V B. 板带材轧制工艺学. 马东清等译. 北京:冶金工业出版社,1998

39　丁修方. 轧制过程自动化. 北京:冶金工业出版社,1986

40　张才安. 无缝钢管生产技术. 重庆:重庆大学出版社,1997

41 李硕本.冲压工艺学.北京:机械工业出版社,1982
42 卢险峰.冲压工艺模具学.北京:机械工业出版社,1998
43 李寿萱.钣金成形原理与工艺.西安:西北工业大学出版社,1985
44 张志文.锻造工艺学.北京:机械工业出版社,1985
45 冶金百科全书编辑部.冶金百科全书(金属塑性加工卷).北京:冶金工业出版社,1999
46 肖亚庆.铝加工技术实用手册.北京:冶金工业出版社,2005
47 谢建新.材料加工新技术与新工艺.北京:冶金工业出版社,2004
48 洛阳铜加工厂.游动芯头拉伸铜管.北京:冶金工业出版社,1978
49 日本塑性加工学会.押出レ加工.东京:日本东京コロナ社,1990
50 [日]五弓勇雄.金属塑性加工技术.陈天忠,张荣国译.北京:冶金工业出版社,1987